TURING 图灵程序设计丛书 Linux/UNIX系列

Beginning Linux Programming 4th Edition

Linux程序设计

第4版

U0281455

[英] Neil Matthew
Richard Stones

陈健 宋健建 译

人民邮电出版社

北　京

图书在版编目（CIP）数据

Linux程序设计：第4版／（英）马修（Matthew, N.），
（英）斯通斯（Stones, R.）著；陈健，宋健建译. --
北京：人民邮电出版社，2010.6
（图灵程序设计丛书）
书名原文：Beginning Linux Programming, 4th
Edition
ISBN 978-7-115-22821-5

Ⅰ．①L… Ⅱ．①马… ②斯… ③陈… ④宋… Ⅲ．①
Linux操作系统－程序设计 Ⅳ．①TP316.89

中国版本图书馆CIP数据核字(2010)第071258号

内 容 提 要

本书讲述了 Linux 系统及其他 UNIX 风格的操作系统上的程序开发，主要内容包括标准 Linux C 语言函数库和由不同的 Linux 或 UNIX 标准指定的各种工具的使用方法，大多数标准 Linux 开发工具的使用方法，通过 DBM 和 MySQL 数据库系统存储 Linux 中的数据，为 X 视窗系统建立图形化用户界面等。本书通过先介绍程序设计理论，再以适当的例子和清晰的解释来阐明它的方式，帮助读者迅速掌握相关的知识。

本书适合 Linux 的初学者及希望利用 Linux 进行开发的程序人员阅读，也适合作为高等院校计算机相关专业师生的参考教材。

◆ 著　　　　[英] Neil Matthew Richard Stones

　　译　　　　陈　健　宋健建

　　责任编辑　傅志红

　　执行编辑　印星星

◆ 人民邮电出版社出版发行　　　北京市丰台区成寿寺路11号
　　邮编　100164　电子邮件　315@ptpress.com.cn
　　网址　http://www.ptpress.com.cn
　　北京天宇星印刷厂印刷

◆ 开本：800×1000　1/16
　　印张：41.25　　　　　　　2010年6月第1版
　　字数：1133千字　　　　　2024年12月北京第44次印刷
　　著作权合同登记号　图字：01-2008-3298号

定价：129.80元
读者服务热线：(010)84084456-6009　印装质量热线：(010)81055316
反盗版热线：(010)81055315
广告经营许可证：京东市监广登字 20170147 号

版 权 声 明

序

    所有的计算机程序员都会随手记下大量笔记，其中的代码示例往往来自前人对使用手册的深入钻研，或者来自Usenet新闻组，来自后者的代码有时连最盲目的探索者也不敢照搬照抄（当然也有另一种观点认为，他们都可以自由地访问Usenet新闻组，并且从来没有停止过对其中代码的使用），但采用这种风格的图书可以说少之又少，这不能不说是一件很奇怪的事情。在因特网中，存在着大量针对程序设计和系统管理特定领域的、短小精悍而又切中问题关键的文档。Linux文档项目发表了一系列的文档，内容涵盖了Linux的各个方面，从在同一台机器上同时安装Linux和Windows到将你的咖啡机连接到Linux系统。你可以通过网址http://www.tldp.org来查看Linux文档项目。

    从另一方面来看，现在的图书市场充斥着大量这样的图书，它们要么是大部头的巨著，内容详尽而全面，使得你没有时间把它们读完；要么就是完全面向初学者的入门图书，你购买它们只是为了送给朋友（开个玩笑而已）。只有很少的书籍尝试着对大量实际应用领域的基本概念和做法进行介绍。本书就是其中之一，它是对程序员笔记的摘要，经过破译（要认清程序员的笔迹可并非易事）和编辑，并将它们有机地组织起来。

    本书这一版经过了审阅和更新，反映了目前Linux开发的现状。

Alan Cox
Linux内核维护者

前　　言

欢迎阅读本书第4版，这是一本针对在Linux系统和其他UNIX风格的操作系统上进行程序开发的易于使用的指南性读物。

在本书中，我们的目标是介绍对于Linux程序员来说非常重要的主题，这些主题的涵盖面非常广泛。书名中的"beginning"更多的是指书中的内容而不是读者的技能。我们对本书的内容组织进行了精心的安排，以帮助读者更多地了解Linux所提供的功能，而不管读者现有的经验有多少。Linux程序设计是一个很大的领域，我们的目标是对广泛领域中的大量主题都进行介绍，从而让读者在每个主题上都具备足够的入门知识。

读者对象

如果你是一位程序员，希望利用Linux（或UNIX）提供给软件开发者的工具来加快程序开发的进度，尽量减少编程时间并让你的程序充分利用Linux系统所提供的功能，那么本书将非常适合你。书中明确清晰的解释和分步骤的实验，将帮助你迅速提高编程能力和掌握所有的关键技术。

我们假设读者具备一些C或C++语言的编程经验，这些经验可能来自Windows系统或其他一些操作系统。但我们会尽量保持书中示例程序的简单，即便你不是一个C语言编程专家，也可以轻松地阅读本书。如果存在需要直接比较Linux程序设计和C/C++程序设计的情况，我们都会在书中指出。

> 如果你刚开始学习Linux，请注意，这不是一本介绍Linux安装和配置的图书。如果你想多学习一些Linux系统管理方面的知识，请阅读其他的参考书籍，如Christopher Negus的Linux Bible 2007 Edition Wiley, ISBN 978-0470082799)。

本书的目标是作为一本教程，向读者介绍大多数Linux系统上都有的各种工具和函数/函数库集，同时本书也可以作为一本方便使用的参考手册。本书的特点是简单易懂、内容广泛、示例丰富。

主要内容

本书希望让你达到以下几个学习目标。

❑ 掌握标准Linux C语言函数库和由各种Linux或UNIX标准指定的其他工具的使用方法。

❑ 掌握如何使用大多数标准Linux开发工具。

❑ 学会通过DBM和MySQL数据库系统存储Linux中的数据。

❑ 理解如何为X视窗系统建立图形用户界面。我们将同时使用GTK（GNOME环境的基础）和Qt（KDE环境的基础）函数库。

❑ 拥有开发自己的实际应用程序的信心和能力。

在讨论这些主题时，我们首先介绍编程理论，然后通过适当的例子和清晰的解释来阐明它。通过这种方式，你可以在第一遍的学习中就能够迅速掌握相关知识。如有必要，你还可以回顾这些内容以重温所有的基本要素。

书中小示例程序主要是为了演示一组函数的用法或某些新概念的实际使用情况。贯穿全书有一个大型的示例项目：一个简单的用于记录音乐CD详细资料的数据库应用程序。随着知识面的扩展，你可以按照自己的意愿开发、重新实现和扩展这个项目。虽然如此，这个CD应用程序对本书的任何一章来说都不是必需的，所以只要你愿意也可以忽略它，但我们认为它对书中讨论的技术提供了一些有用的和深入的示范，并且它还有助于讲解每个高级主题。我们对这个应用程序的第一次讨论出现在本书第2章的结尾处，它显示了一个非常大的shell脚本是如何组织的，shell如何处理用户输入、如何构造菜单以及如何存储和检索数据。

在简要介绍完编译程序、链接函数库和访问在线手册的基本概念后，将全面介绍shell编程。然后你将投入到C语言程序设计中，我们在这里讨论的内容包括文件操作、从Linux环境中获取信息、处理终端的输入输出和curses函数库（它使得交互式的输入和输出更易于管理）。最后你将用C语言重新实现CD应用程序。应用程序的设计方法没有变化，但新的代码中将用curses函数库提供一个基于屏幕的用户界面。

接下来我们讨论数据管理。为了学习dbm数据库函数库的使用方法，我们将再次重新实现这个应用程序，但这次实现所采用的设计方法将贯穿本书后续的一些章节。在其后的一章中，我们将介绍数据是如何使用MySQL存储在一个关系数据库中的，并且我们还将在该章的稍后部分重新使用这种数据存储技术，以便读者了解两种技术的区别。随着这些应用程序的规模越来越大，我们接下来需要介绍调试、源代码控制、软件发行和makefile文件等具体内容。

接下来，你将看到不同的Linux进程是如何使用各种技术进行通信的，以及Linux程序是如何使用套接字来支持不同机器之间的TCP/IP网络通信的，包括与使用不同处理器架构的机器之间通信的问题。

在掌握了Linux程序设计的基础之后，我们开始讨论图形化程序的创建方法。我们将通过两章的篇幅来介绍相关内容。首先介绍GTK+工具包，它是GNOME开发环境的基础；然后介绍Qt工具包，它是KDE开发环境的基础。

在本书的最后一章，我们简要介绍了Linux的标准，正是这些标准使得不同厂商的Linux发行版保持了足够的相似性，从而使我们编写的程序可以在不同的Linux发行版上运行。

正如你所期望的，本书还包括许多其他内容，但我们希望这里给出的简单介绍能够让你对将讨论的内容有一个清晰的概念。

准备工作

在本书中，我们将给予读者一种Linux程序设计的体验。为了更好地理解各章的内容，你应该在阅读本书时，实际运行书中的程序示例。这将提供一个很好的编程实践体验，并将启发你创建自己的程序。我们希望读者一边阅读一边在Linux系统上实际操作。

Linux可以用在许多不同的系统上。其适应性使得只要设备中有一个处理器芯片，Linux就可以以这样或那样的方式在其上运行。可以运行Linux系统的设备包括基于Alpha、ARM、IBM Cell、Itanium、PA-RISC、PowerPC、SPARC、SuperH、68k以及各种x86系列处理器（32位和64位）的计算机。

我们使用两台不同配置的Linux系统来编写本书并开发书中的程序示例，所以我们可以确信，只要你的机器可以运行Linux，你就可以很好的利用本书。此外，在本书的技术审核阶段，我们还在其他版本的Linux系统中测试了书中的全部代码。

　　我们在编写本书时主要使用的是基于$x86$的系统，但我们所讨论的内容很少是只适用于$x86$的。虽然在一台有8 MB内存的486机器上运行Linux也是可能的，但要想成功地运行一个现代Linux发行版并运行本书中的程序示例，我们建议你使用Fedora、openSUSE或Ubuntu等比较流行的Linux发行版的最新版本，并采用它们所推荐的硬件配置。

　　在软件需求方面，我们建议使用你偏爱的Linux发行版的最新版本，并应用当前更新（大多数厂商会通过自动更新的方式在线提供这些更新）以保证你的系统打上了所有的补丁。Linux和GNU工具集都是以GNU通用公共许可证（GPL）的形式发布的。一个典型的Linux发行版的大多数其他组件也都使用GPL许可证或其他开放源码许可证之一，这意味着它们都具有某些特性，其中之一就是自由。它们的源代码总是可以被自由获取，没有人可以剥夺这种自由。关于GPL的详细资料请见http://www.gnu.org/licenses/。关于开放源码定义和它所使用的各种许可证的详细资料请见http://www.opensource.org/。你总是可以获取到对GNU/Linux的支持——你可以自己研究源代码、雇用他人或购买厂商的付费支持。

源代码

　　当试验本书中的程序示例时，你可以手工输入所有的代码，也可以使用和本书配套的源代码文件。本书使用的所有程序源代码都可以从http://www.wrox.com上下载。在该网站中，你只需找到本书所在页面（通过搜索框或使用书名列表），然后在本书内容介绍页面点击Download Code（下载代码）链接，就可以获得本书的所有源代码了。

　　　　因为很多图书都有类似的书名，所以通过ISBN搜索图书是最佳的方式。本书的ISBN为978-0-470-14762-7。

　　在下载了源代码之后，你就可以用压缩工具对其解压。此外，你也可以访问Wrox代码下载主页（http://www.wrox.com/dynamic/books/download.aspx），获取本书和其他Wrox图书的源代码。

代码下载说明

　　我们尽力向读者提供能够清晰阐明书中所讨论概念的示例程序和代码片段。需要指出的是，为了尽可能地解释清楚书中介绍的新功能，我们将采用一种或两种代码风格。

　　特别要指出的是，我们并没有对调用的每个函数的返回值进行检查，以判断它是否与我们预期的一样。在真正的应用程序代码中，我们肯定要做这样的检查工作，而读者也应该对错误处理采取严格的措施。（本书的第3章将讨论一些捕获和处理错误的方法。）

GNU 通用公共许可证

　　书中的所有源代码都遵循GNU通用公共许可证第二版（http://www.gnu.org/licenses/old-licenses/gpl-2.0.html）的条款。下面的许可说明适用于本书所有的源代码：

```
This program is free software; you can redistribute it and/or modify
it under the terms of the GNU General Public License as published by
the Free Software Foundation; either version 2 of the License, or
(at your option) any later version.
```

```
This program is distributed in the hope that it will be useful,
but WITHOUT ANY WARRANTY; without even the implied warranty of
MERCHANTABILITY or FITNESS FOR A PARTICULAR PURPOSE.  See the
GNU General Public License for more details.

You should have received a copy of the GNU General Public License
along with this program; if not, write to the Free Software
Foundation, Inc., 59 Temple Place, Suite 330, Boston, MA  02111-1307  USA
```

排版约定

为了帮助读者更好地理解本书内容，随时把握学习重点，全书将使用以下一些排版约定：

> 书中像这样的文字框中记录的是一些重要的、不应该被忘记的、非常关键的信息。它们与周边的内容直接相关。

对当前讨论内容的技巧、提示、窍门和旁白都会像这样缩进放置并将字体设置为楷体。

当我们进行介绍时，我们将把一些重要的单词用楷体印刷，需要读者输入的字符用**粗体**印刷。组合键的格式为：Ctrl+A。

我们使用3种不同的方式来印刷代码和终端会话：

```
$ who
root      tty1          Sep 10 16:12
rick      tty2          Sep 10 16:10
```

对于命令行，它的样式如上面代码的顶部所示，而它的输出结果则以常规风格印刷。字符$是提示符（如果命令需要超级用户来执行，则提示符会用字符#来替代），粗体字的文本是需要读者输入的命令，然后按下回车键执行该命令。其后采用相同字体但不是黑体的所有文本都是该黑体字命令的输出。在上面的例子中，你输入命令who，然后将在命令下面看到输出的结果。

Linux定义的函数和结构的原型使用黑体字来印刷，如下所示：

```
#include <stdio.h>

int printf (const char *format, ...);
```

在我们的代码示例中，带有底纹的部分是新的、重要的内容，如下所示：

```
/* 这样印刷的是新的、重要的代码。 */
```

而如果代码采用的是如下所示不带底纹的风格，就表示它的内容没有那么重要：

```
/* 这样印刷的是以前出现过的代码。 */
```

当程序代码的内容在一章中有增加时，后来添加的代码首次出现时以加底纹的风格给出，其后就不再加底纹了。例如，一个新的程序如下所示：

```
/* 代码示例 */
/* 到此结束 */
```

如果我们在该章的稍后部分增加了这个程序的内容，新增代码将带有底纹：

```
/* 代码示例 */
/* 这一行和下一行 */
/* 是新增的代码 */
/* 到此结束 */
```

我们要提到的最后一个约定是，我们在每个程序示例开始之前都会加上一个"实验"标题，其目的是为了将代码分隔开，突出显示其组成部分，同时可以显示应用程序的进度。当我们觉得有必要时，还会在代码之后加上"实验解析"部分，来解释代码中与前面理论有关的关键之处。我们发现这两个约定有助于把非常难于理解的代码清单分解为相对简单的部分。

勘误表

我们已经尽力保证本书的文字和程序代码没有任何错误。但是人无完人，错误总是难免的。如果你找到了本书中的错误，比如拼写错误或代码错误，我们将非常感谢可以得到你的反馈。指正错误不仅可以为其他读者节省时间，同时也可以帮助我们提高图书的品质。

要找到本书的勘误表，请访问http://www.wrox.com，然后使用搜索框或书名列表来找到本书。在本书的页面，点击Book Errata（图书勘误表）链接。在该链接指向的页面中，你可以看到由Wrox编辑发布的所有针对本书提交的勘误。你也可以通过网址http://www.wrox.com/misc-pages/booklist.shtml找到一个完整的图书列表，其中包括指向每本书勘误表的链接。

如果在本书的勘误表中没有找到你发现的错误，可以访问网址http://www.wrox.com/contact/techsupport.shtml，填写该页面上的表格以将你发现的错误发送给我们。我们将检查你发送过来的信息，如果它是正确的，我们将在本书的勘误表中发布该信息，并在本书的下一版中修正该问题。

p2p.wrox.com

为参与作者和同行的讨论，你可以加入P2P论坛，它的网址是p2p.wrox.com。这个论坛是一个基于Web的系统，你可以在其上发布与Wrox图书和相关技术有关的消息，并与其他读者和技术用户交流。这个论坛还提供了订阅功能，当有你感兴趣的主题发布时，论坛会通过电子邮件把这些消息发送给你。Wrox的作者、编辑、其他行业专家和与你一样的读者都会到这个论坛探讨一些问题。

在http://p2p.wrox.com中，你将找到很多不同的论坛，这些论坛不仅有助于你阅读本书，而且也有助于你开发自己的应用程序。要加入这些论坛，你只需按如下步骤操作即可。

(1) 访问p2p.wrox.com并点击Register链接。

(2) 阅读使用条款并点击Agree按钮。

(3) 填写加入论坛所必需的信息和你想要提供的其他可选信息，然后点击Submit按钮。

(4) 你将收到一封电子邮件，该邮件告诉你如何验证你的账号并完成加入程序。

> 注意，不加入P2P论坛也可以阅读论坛中的消息，但是如果你想要发布自己的消息，你就必须加入论坛。

加入论坛后，你就可以发布新消息并回复其他用户发布的消息了。你可以在任何时间阅读Web站点上的消息。如果希望某个论坛能将最新的消息通过电子邮件发送给你，你可以点击论坛列表中该论坛名称旁边的Subscribe to this Forum图标。

要获得如何使用Wrox P2P的更多信息，你可以阅读P2P FAQ列表中的问题及其答复，这些问题与论坛软件的工作原理及很多与P2P和Wrox图书相关的常见问题有关。要阅读FAQ，你可以点击任何P2P页面上的FAQ链接。

致谢

感谢许多帮助本书出版的人。

Neil要感谢他的妻子Christine，谢谢她的理解，感谢他的孩子Alex和Adrian，没有抱怨他们的父亲只顾在书房中写作。

Rick要感谢他的妻子Ann以及孩子Jennifer和Andrew，他们非常理解和支持自己的父亲在晚上和周末要全神贯注地写书。

我们要感谢Wiley出版社的工作人员，正是他们的努力使得本书的第4版得以发行。感谢Carol Long启动了这个项目并整理了合同，感谢Sara Shlaer杰出的编辑工作和Timothy Boronczyk出色的技术审查。我们还要感谢Jenny Watsonfor找出了书中所有的冗余内容，并让本书顺利通过管理层的审核，感谢Bill Barton确保本书完美地组织和呈现，还要感谢文字编辑Kim Cofer。我们还非常感谢Eric Foster-Johnson对本书第16章和第17章所作的出色工作。可以说，如果没有大家的共同努力，本书不可能做到像现在这么好。

我们还要感谢我们的老板，Scientific Generics、Mobicom和Celesio在本书4个版本的出版过程中给予的支持。

最后，我们要向两位帮助促成本书出版的重要人士致以崇高的敬意。首先是Richard Stallman，他开发了优秀的GNU工具，提出了自由软件环境的思想（现在它已通过GNU/Linux成为现实）。第二位是Linus Torvalds，他开展并持续鼓舞着协同开发工作，向我们提供了一个不断改善的Linux内核。

目　录

第 1 章

入 门

1

在本章中，你将发现Linux是什么，以及它与它的灵感之源——UNIX有何关系。我们将带领你了解Linux开发系统提供了哪些机制，并且编写和运行你的第一个程序。在本章中，我们将介绍以下几方面的内容：

- ❏ UNIX、Linux和GNU
- ❏ Linux程序及其编程语言
- ❏ 如何寻找开发资源
- ❏ 静态库和共享库
- ❏ UNIX哲学

1.1 UNIX、Linux 和 GNU 简介

近年来，Linux已成为一种现象。几乎每天，Linux都以某种方式出现在媒体上。我们已经数不清在Linux上有多少应用程序以及有多少机构（包括一些政府部门和城市管理部门）在使用Linux了。主要的硬件厂商（如IBM和Dell）现在都已支持Linux，主要的软件厂商（如Oracle）也都已支持他们的软件运行在Linux之上。Linux已真正成为一个切实可行的操作系统，特别是在服务器市场中。

Linux的成功要归功于在它之前诞生的系统和应用程序——UNIX和GNU软件。本节将介绍Linux是怎样产生的，以及它植根于何处。

1.1.1 什么是 UNIX

UNIX操作系统最初是由贝尔实验室开发的，当时的贝尔实验室是电信业巨头AT&T（美国电报电话公司）旗下的一员。UNIX是在20世纪70年代为DEC（数字设备公司）的PDP系列计算机设计的，它现在已成为一种非常流行的多用户、多任务操作系统。UNIX操作系统可以运行在大量不同种类的硬件平台上，其适用范围从PC工作站一直到多处理器服务器和超级计算机。

1. UNIX简史

严格来说，UNIX是由Open Group（开放组织）管理的一个商标，它指的是一种遵循特定规范的计算机操作系统。这个规范也称为单一UNIX规范（The Single UNIX Specification），它定义了所有必需的UNIX操作系统函数的名称、接口和行为。这个规范在很大程度上是早期由IEEE（电气和电子工程师协会）开发的P1003或POSIX规范的超集。

许多类UNIX系统都是具有商业性质的，如IBM的AIX、HP的HP-UX和Sun的Solaris。还有一些可以免费获得，如FreeBSD和Linux。如今只有少数系统完全遵守开放组织的规范，从而允许它们挂上"UNIX"的商标。

在过去，不同UNIX系统之间的兼容性一直是一个实际存在的问题，尽管POSIX规范在这一方面起了很大的帮助。现在，通过遵守一些简单的规则，创建可以运行在所有UNIX和类UNIX系统上的应用程序已成为可能。关于Linux和UNIX标准的更多细节内容可以在本书的第18章中找到。

2. UNIX哲学

在后续的章节里，我们希望能够向读者传达一种Linux（UNIX）程序设计的风格。虽然不管在哪种平台上用C语言编程在很多方面都是一样的，但UNIX和Linux开发者对编程和系统开发确实有其独特的观点。

UNIX操作系统（包括Linux）鼓励一种特定的编程风格。下面列出了一些典型的UNIX程序和系统所具有的特点。

- **简单性**：许多很有用的UNIX工具是非常简单的，因此也是很小并易于理解的。"小而简单"（KISS：Keep It Small and Simple）是一种值得学习的技术。越大、越复杂的系统注定包含越大、越复杂的错误，而调试是我们所有人都想避免的苦差事。

- **集中性**：通常，让一个程序很好地执行一项任务要好过把所有功能都乱七八糟地堆在一起。功能臃肿的程序难于使用和维护，只有单一目标的程序更容易随着更好的算法或界面被开发出来而得到改进。在UNIX中，当用户出现新的需求时，我们通常是把小工具组合起来以完成更复杂的任务，而不是试图将一个用户期望的所有功能放在一个大程序里。

- **可重用组件**：将应用程序的核心实现为库。具有简单而灵活的编程接口、文档齐备的库可以帮助其他人开发出同类程序，或者把这些技术应用到新的应用领域。dbm库就是一个例子，它是一组可重用的函数，而不是单一的数据库管理程序。

- **过滤器**：许多UNIX应用程序可用作过滤器。也就是说，它们对输入进行转换并产生输出。正如你将在后面看到的，UNIX提供了一些机制，让我们可以把一些UNIX程序通过一种新颖的方式组合起来，以开发出相当复杂的应用程序。当然，这种类型的重用是靠我们前面提到的开发方法支撑的。

- **开放的文件格式**：比较成功并流行的UNIX程序都使用纯ASCII码的文本文件或XML文件作为配置文件和数据文件。如果你在开发程序时采用了任一种做法，那你做对了！它使用户可以用标准工具来修改和搜索配置项，并且可以开发出新工具在数据文件上执行新的功能。ctags源代码交叉引用系统就是一个好例子，它把符号位置信息以适合于搜索程序使用的正则表达式的形式记录下来。

- **灵活性**：你不能期待用户都能非常正确地使用你的程序。所以，你在编程时应尽量考虑到灵活性，尽量避免随意限制字段长度或记录数目。如果你能做到的话，则你编写的网络程序既能在单机上运行，也能跨网络运行。永远不要认为你知道用户想做的一切事。

1.1.2　什么是 Linux

可能你已经知道，Linux是一个可以自由发布的类UNIX内核实现，它是一个操作系统的底层核心。因为Linux以UNIX系统为其灵感来源，所以Linux程序和UNIX程序是非常相似的。事实上，几乎所有为UNIX编写的程序都可以在Linux上编译运行。而且，一些专用于UNIX商业版本的商业应用软件，也可以不加改变地以二进制形式运行在Linux系统上。

Linux是由赫尔辛基大学的Linus Torvalds开发的，期间得到了因特网上广大UNIX程序员的帮助。它最初只是受Andy Tanenbaum教授的Minix（一个小型的类UNIX系统）启发而开发的程序，纯属个人爱好，但后来它自身逐步发展成为一个完整的系统。其开发目的是保证Linux除包含可以自由发布的代码外，不会集成任何专有代码。

　　现在，使用不同类型CPU的计算机系统都有Linux的版本可以运行其上，包括基于32位和64位Intel x86及其兼容处理器的个人计算机、使用SUN SPARC、IBM PowerPC、AMD Opteron、Intel Itanium的工作站和服务器，甚至一些手持PDA和Sony PS2/PS3游戏机。只要这个设备有处理器，就会有人试图让Linux运行其上。

1.1.3　GNU 项目和自由软件基金会

　　Linux能够存在并发展到今天是无数人共同努力的结果。操作系统内核本身仅仅是可用开发系统的一小部分。传统上，商业化的UNIX系统都包含提供系统服务和工具的应用程序。对Linux系统来说，这些额外的程序是由许多程序员编写并自由发布的。

　　Linux社区（以及其他的软件开发组织）支持自由软件的概念，即软件本身不应受限，它们应遵守GNU（GNU是GNU's Not UNIX的递归缩写）通用公共许可证（GPL）。虽然获得软件可能要支付一定的费用，但此后就可以随意使用它们，并且它们通常是以源代码的形式发布的。

　　自由软件基金会（Free Software Foundation）由Richard Stallman创立，他是UNIX及其他系统上最著名的文本编辑软件之一GNU Emacs的开发者。Stallman是自由软件这一概念的倡导者，并发起了GNU项目，这个项目的宗旨是：试图创建一个与UNIX系统兼容，但并不受UNIX名字和源代码私有权限制的操作系统和开发环境。可能有一天，GNU处理硬件和管理运行程序的方式会变得与UNIX完全不同，但它仍然会继续支持UNIX类型的应用程序。

　　GNU项目已为软件社区提供了许多UNIX系统上应用程序的仿制品。所有这些程序，即GNU软件，都是在GNU通用公共许可证（GPL）的条款下发布的。你可以在http://www.gnu.org上找到该许可证的一份副本。这份许可证阐述了copyleft（copyleft是一个生造的词，是英文copyright的反话）的概念。copyleft的目的是防止有人给自由软件的使用加上限制。

　　下面是在GPL条款下发布的一些主要的GNU项目软件。

- ❑ GCC：GNU编译器集，它包括GNU C编译器。
- ❑ G++：C++编译器，是GCC的一部分。
- ❑ GDB：源代码级的调试器。
- ❑ GNU make：UNIX make命令的免费版本。
- ❑ Bison：与UNIX yacc兼容的语法分析程序生成器。
- ❑ bash：命令解释器（shell）。
- ❑ GNU Emacs：文本编辑器及环境。

　　许多其他的软件包也是在遵守自由软件的原则和GPL条款的情况下开发和发行的，包括电子表格、源代码控制工具、编译器和解释器、因特网工具、图形图像处理工具（如Gimp），以及两个完整的基于对象的环境（GNOME和KDE）。我们将在第16章和第17章讨论GNOME和KDE。

　　现在有这么多可用的自由软件，再加上Linux内核，我们可以说：创建一个GNU的、自由的类UNIX系统的目标已经通过Linux系统实现了。由于认识到GNU软件所做出的贡献，现在许多人通常都把Linux系统称为GNU/Linux。

　　你可以在http://www.gnu.org上找到更多关于自由软件的概念。

1.1.4　Linux 发行版

　　正如我们前面提到的，Linux实际上只是一个内核。你可以获得内核源代码，编译并安装它，然后获得并安装许多其他自由发布的软件，从而完成一个完整Linux系统的安装。我们通常将这样安装所得的系统称为Linux系统，这是因为它包含的远不止一个Linux内核。系统中大多数的工具都来自于自由软件基金会的GNU项目。

你可能会意识到，仅从源代码开始创建Linux系统是一件很不容易的事。幸运的是，许多人制作了准备好安装的Linux发行版（通常称为flavor），它一般可下载或以CD-ROM/DVD为载体。它不仅包含内核，还包含许多其他编程工具和应用程序。它通常都会包含一个X视窗系统的实现，即在许多UNIX系统上都有的一个图形化环境。Linux发行版通常还带有安装程序和附加文档（这些一般也都在CD上），帮助你安装自己的Linux系统。一些著名的Linux发行版（特别是在Intel *x*86系列处理器上的发行版）有Red Hat Enterprise Linux及其社区开发版的Fedora、Novell SuSE Linux及其免费的openSUSE变体、Ubuntu Linux、Slackware、Gentoo和Debian GNU/Linux，更多Linux发行版的详细信息可访问DistroWatch网站http://distrowatch.com。

1.2 Linux 程序设计

许多人认为Linux程序设计就是用C语言编程。的确，UNIX最初是用C语言编写的，并且UNIX的大多数应用程序也是用C语言编写的，但C语言并不是Linux程序员或UNIX程序员的唯一选择。在本书中，我们将介绍几种其他的选择。

> 事实上，UNIX的第一个版本是在1969年用PDP 7机器的汇编语言编写的。差不多也在那个时候，Dennis Ritchie发明了C语言，并于1973年与Ken Thompson一起用C语言重写了整个UNIX内核，这在那个连系统软件都是用汇编语言编写的时代的确是个了不起的壮举。

对Linux系统来说，有各种各样的编程语言可供选用，其中许多是免费的，它们可以通过CD-ROM光盘获得或在因特网上通过FTP站点下载。表1-1列出了Linux程序员可用的部分编程语言。

表 1-1

Ada	C	C++
Eiffel	Forth	Fortran
Icon	Java	JavaScript
Lisp	Modula 2	Modula 3
Oberon	Objective C	Pascal
Perl	PostScript	Prolog
Python	Ruby	Smalltalk
PHP	Tcl/Tk	Bourne Shell

我们将在第2章向读者显示如何用Linux的shell（bash）来开发小规模到中等规模的应用程序。在本书的其他章节，我们主要集中在C语言上。我们将集中精力从C语言程序员的视角探究Linux编程接口。我们假设读者具备C语言编程的基础。

1.2.1 Linux 程序

Linux应用程序表现为两种特殊类型的文件：可执行文件和脚本文件。可执行文件是计算机可以直接运行的程序，它们相当于Windows中的.exe文件。脚本文件是一组指令的集合，这些指令将由另一个程序（即解释器）来执行，它们相当于Windows中的.bat文件、.cmd文件或解释执行的BASIC程序。

Linux并不要求可执行文件或脚本文件具有特殊的文件名或扩展名。文件系统属性（我们将在第2章中讨论）用来指明一个文件是否为可执行的程序。在Linux中，你可以用编译过的程序代替脚本（反之亦然）而不会影响其他程序或调用者。事实上，在用户级别，这两者本质上没有任何不同。

当登录进Linux系统时，你与一个shell程序（通常是bash）进行交互，它像Windows中的命令提示窗口一样运行程序。它在一组指定的目录路径下按照你给出的程序名搜索与之同名的文件。搜索的目录路径存储在shell变量PATH里，这一点与Windows也很类似。搜索路径（你也可以添加这个路径）由系统管理员配置，它通常包含如下一些存储系统程序的标准路径。

❑ /bin：二进制文件目录，用于存放启动系统时用到的程序。

❑ /usr/bin：用户二进制文件目录，用于存放用户使用的标准程序。

❑ /usr/local/bin：本地二进制文件目录，用于存放软件安装的程序。

系统管理员（例如root用户）登录后使用的PATH变量可能还包含存放系统管理程序的目录，如/sbin和/usr/sbin。

可选的操作系统组件和第三方应用程序可能被安装在/opt目录下，安装程序可以通过用户安装脚本将路径添加到PATH环境变量中。

> 从PATH中删除目录并不是一个好主意，除非确信你了解这么做的后果。

注意，Linux像UNIX一样，使用冒号（:）分隔PATH变量里的条目，而不是像MS-DOS和Windows使用分号（;）。（UNIX使用冒号:在先，所以应该问微软为什么Windows要采用不同的方式，而不是问UNIX为什么与之不同！）下面是一个PATH变量的例子：

```
/usr/local/bin:/bin:/usr/bin:.:/home/neil/bin:/usr/X11R6/bin
```

上面的PATH变量包含的条目有：标准程序存放位置、当前目录（.）、一个用户的家目录和X视窗系统的目录。

> 记住，Linux用正斜线（/）分隔文件名里的目录名，而不是像Windows那样用反斜线（\）。
> 而且这次还是UNIX的用法在先。

1.2.2　文本编辑器

编写和输入本书中的代码需要使用一个编辑器。在典型的Linux系统上有许多编辑器可用，较流行的编辑器是vi。

本书的两位作者都喜欢Emacs，所以我们建议你花一点时间来学习这个功能强大的编辑器。几乎所有的Linux发行版都将Emacs作为可选的安装包，你也可以从GNU网站http://www.gnu.org上得到它，或者在XEmacs网站http://www.xemacs.org上得到它的图形化环境版本。

要更深入地学习Emacs，你可以使用它的在线指南。首先运行emacs命令以启动编辑器，然后输入Ctrl+H，接着输入字母t就进入了在线指南。Emacs也有完整的用户手册。在Emacs中输入Ctrl+H，接着输入字母i即可以得到相关信息。有些版本的Emacs可能包含访问手册和指南的菜单。

1.2.3　C语言编译器

在POSIX兼容的系统中，C语言编译器被称为c89。历史上，C语言编译器被简称为cc。许多年来，不同厂商销售的类UNIX系统中所带的C语言编译器均包含不同的功能和选项，但它们一般都称为cc。

在准备起草POSIX标准时，事实上已经不可能制订出兼容所有厂商的标准cc命令了。于是，POSIX

委员会决定为C语言编译器创建新的标准命令，这就是c89。只要使用这个命令，在任何机器上，它的编译选项都相同。

Linux系统尽量实现这些标准。在Linux系统中，你会发现c89、cc和gcc这些命令全部或部分地指向系统的C语言编译器，通常是GNU C编译器，或gcc。在UNIX系统中，C语言编译器几乎总被称为cc。

在本书中，我们将使用gcc，这是因为它随Linux的发行版一起提供，并且它支持C语言的ANSI标准语法。如果你发现你的UNIX系统中没有gcc，我们建议你设法获取并安装它。你可以在http://www.gnu.org上找到它。我们在本书中用到gcc之处，你都可以直接将其替换为你的系统中C语言编译器相应的命令。

实 验 **你的第一个Linux C语言程序**

在本例中，通过编写、编译和运行你的第一个Linux程序来开始Linux的C语言程序开发之旅。还是从最有名的Hello World程序开始吧。

(1) 下面是文件`hello.c`的源代码：

```
#include <stdio.h>

#include <stdlib.h>


int main()

{

    printf("Hello World\n");

    exit(0);

}
```

(2) 编译、链接和运行程序。

```
$ gcc -o hello hello.c

$ ./hello

Hello World

$
```

实验解析

你调用GNU C语言编译器（在Linux中，大多数情况下用cc也可以）将C语言源代码转换为可执行文件hello。然后运行这个程序，它将打印出欢迎信息。虽然这只是最简单的一个例子，但如果在你的系统上能做到这一点，你就能编译、运行本书中以后所有的例子了。如果无法完成上述操作，请检查你的系统以确保已安装了C语言编译器。例如，许多Linux发行版有个名为Software Development（软件开发）的安装选项（或类似选项），你应该在Linux系统安装过程中选中该项，从而确保安装了所需的软件包。

因为这是你运行的第一个程序，所以有些问题最好现在就指出来。hello程序很可能在你的家目录中。如果PATH变量不包含指向你的家目录的条目，shell就找不到hello程序。更进一步，如果PATH变量中包含的其中一个目录包含另一个名为hello的程序，shell就会执行那个程序。如果PATH中这样

1

的目录出现在你的家目录之前，这种情况也会发生。为了避免这种潜在的问题，你可以在程序名前加上一个 ./（例如 ./hello）。它特别指示shell去执行当前目录下给定名称的程序。（符号 . 代表当前目录。）

如果你忘记用 -o name 选项告诉编译器可执行程序的名字，编译器就会把程序放在一个名为 a.out 的文件里（a.out 的含义是 assembler output，即汇编输出）。如果你确信编译了一个程序但又找不到它，别忘了看看有没有 a.out 文件！在UNIX的早期历史中，想在系统上玩游戏的人通常把游戏作为 a.out 来运行，以避免被系统管理员捉到，因此一些UNIX系统每晚会定期地删除所有名为 a.out 的文件。

1.2.4 开发系统导引

对Linux开发人员来说，了解软件工具和开发资源在系统中存放的位置是很重要的。以下几节将简单介绍一些重要的目录和文件。

1. 应用程序

应用程序通常存放在系统为之保留的特定目录中。系统为正常使用提供的程序，包括用于程序开发的工具，都可在目录 /usr/bin 中找到；系统管理员为某个特定的主机或本地网络添加的程序通常可在目录 /usr/local/bin 或 /opt 中找到。

系统管理员一般喜欢使用 /opt 和 /usr/local 目录，因为它们分离了厂商提供及后续添加的文件与系统本身提供的应用程序。一直保持以这种方式组织文件的好处在你需要升级操作系统时就可以看出来了，因为只有目录 /opt 和 /usr/local 里的内容需要保留。我们建议对于系统级的应用程序，你可以将它放在 /usr/local 目录中来运行和访问所需的文件。对于开发用和个人的应用程序，最好在你的家目录中使用一个文件夹来存放它。

其他一些功能特性和编程系统可能有其自己的目录结构和程序目录。其中最主要的一个就是X视窗系统，它通常安装在 /usr/X11 或 /usr/bin/X11 目录中。Linux发行版通常使用X视窗系统的X.Org基金会版本，它基于修订版7（X11R7）。其他类UNIX系统可能选择X视窗系统的其他版本，它们被安装到不同的位置，如Solaris提供的Sun Open Windows被安装到 /usr/openwin 目录中。

GNU编译系统的驱动程序gcc（你已在本章前面的编程示例中用过）一般位于 /usr/bin 或 /usr/local/bin 目录中，但它会从其他位置运行各种编译器支持的应用程序。这个位置是在编译编译器本身时指定的，并且它随主机类型的不同而不同。对Linux系统来说，这个位置可能是 /usr/lib/gcc/ 目录下的一个版本特定的子目录。在撰写本书时，这个目录在本书其中一位作者的机器上是 /usr/lib/gcc/i586-suse-linux/4.1.3。GNU C/C++编译器的各个工具和GNU专用的头文件都保存在这里。

2. 头文件

用C语言及其他语言进行程序设计时，你需要用头文件来提供对常量的定义和对系统函数及库函数调用的声明。对C语言来说，这些头文件几乎总是位于 /usr/include 目录及其子目录中。那些依赖于特定Linux版本的头文件通常可在目录 /usr/include/sys 和 /usr/include/linux 中找到。

其他编程系统也有各自的头文件，这些头文件被存储在可被相应编译器自动搜索到的目录里。例如，X视窗系统的 /usr/include/X11 目录和GNU C++的 /usr/include/c++ 目录。

在调用C语言编译器时，你可以使用 -I 标志来包含保存在子目录或非标准位置中的头文件。例如：

```
$ gcc -I/usr/openwin/include fred.c
```

它指示编译器不仅在标准位置，也在 /usr/openwin/include 目录中查找程序 fred.c 中包含的头文件。请参看C语言编译器的使用手册（man gcc）以了解更多细节。

用grep命令来搜索包含某些特定定义和函数原型的头文件是很方便的。假设想知道用于从程序中返回退出状态的#define定义的名字，你只需切换到/usr/include目录下，然后用grep命令搜索可能的名字部分，如下所示：

```
$ grep EXIT_ *.h
...
stdlib.h:#define        EXIT_FAILURE    1       /* Failing exit status.  */
stdlib.h:#define        EXIT_SUCCESS    0       /* Successful exit status.  */
...
$
```

上面的grep命令在当前目录下的所有以.h结尾的文件中搜索字符串EXIT_。在本例中，它在stdlib.h文件中找到了你需要的定义。

3. 库文件

库是一组预先编译好的函数的集合，这些函数都是按照可重用的原则编写的。它们通常由一组相互关联的函数组成以执行某项常见的任务，比如屏幕处理函数库（curses和ncurses库）和数据库访问例程（dbm库）。我们将在后续的章节中介绍一些函数库。

标准系统库文件一般存储在/lib和/usr/lib目录中。C语言编译器（或更确切地说是链接程序）需要知道要搜索哪些库文件，因为在默认情况下，它只搜索标准C语言库。这是从那个计算机速度还很慢而且CPU运行周期还很昂贵的时代遗留下来的问题。仅把库文件放在标准目录中，就希望编译器能够找到它是不够的，库文件必须遵循特定的命名规范并且需要在命令行中明确指定。

库文件的名字总是以lib开头，随后的部分指明这是什么库（例如，c代表C语言库，m代表数学库）。文件名的最后部分以.开始，然后给出库文件的类型：

- ❑ .a代表传统的静态函数库；
- ❑ .so代表共享函数库（见后面的解释）。

函数库通常同时以静态库和共享库两种格式存在，你可用ls /usr/lib命令查看。你可以通过给出完整的库文件路径名或用-l标志来告诉编译器要搜索的库文件。例如：

```
$ gcc -o fred fred.c /usr/lib/libm.a
```

这条命令要求编译器编译文件fred.c，将编译产生的程序文件命名为fred，并且除了搜索标准的C语言函数库外，还搜索数学库以解决函数引用问题。下面的命令也能产生类似的结果：

```
$ gcc -o fred fred.c -lm
```

-lm（在字母l和m之间没有空格）是简写方式（简写在UNIX环境里很有用），它代表的是标准库目录（本例中是/usr/lib）中名为libm.a的函数库。-lm标志的另一个好处是如果有共享库，编译器会自动选择共享库。

虽然库文件和头文件一样，通常都保存在标准位置，但你也可以通过使用-L（大写字母）标志为编译器增加库的搜索路径。例如：

```
$ gcc -o x11fred -L/usr/openwin/lib x11fred.c -lX11
```

这条命令用/usr/openwin/lib目录中的libX11库版本来编译和链接程序x11fred。

4. 静态库

函数库最简单的形式是一组处于"准备好使用"状态的目标文件。当程序需要使用函数库中的某个函数时，它包含一个声明该函数的头文件。编译器和链接器负责将程序代码和函数库结合在一起以组成一个单独的可执行文件。你必须使用-l选项指明除标准C语言运行库外还需使用的库。

　　静态库，也称作归档文件（archive），按惯例它们的文件名都以.a结尾。比如，标准C语言函数库/usr/lib/libc.a和X11函数库/usr/lib/libX11.a。

　　你可以很容易地创建和维护自己的静态库，只要使用ar（代表archive，即建立归档文件）程序和使用gcc –c命令对函数分别进行编译。你应该尽可能把函数分别保存到不同的源文件中。如果函数需要访问公共数据，你可以把它们放在同一个源文件中，并使用在该文件中声明的静态变量。

实　验　**静态库**

　　在本例中，你将创建一个小型函数库，它包含两个函数，然后你将在一个示例程序中调用其中一个函数。这两个函数分别是fred和bill，它们只打印欢迎信息。

　　(1) 首先，为两个函数分别创建各自的源文件（将它们分别命名为fred.c和bill.c）。下面是第一个源文件：

```
#include <stdio.h>

void fred(int arg)
{
    printf("fred: we passed %d\n", arg);
}
```

下面是第二个源文件：

```
#include <stdio.h>

void bill(char *arg)
{
    printf("bill: we passed %s\n", arg);
}
```

　　(2) 你可以分别编译这些函数以产生要包含在库文件中的目标文件。这可以通过调用带有–c选项的C语言编译器来完成，–c选项的作用是阻止编译器创建一个完整的程序。如果此时试图创建一个完整的程序将不会成功，因为你还未定义main函数。

```
$ gcc -c bill.c fred.c
$ ls *.o
bill.o  fred.o
```

　　(3) 现在编写一个调用bill函数的程序。首先，为你的库文件创建一个头文件。这个头文件将声明你的库文件中的函数，它应该被所有希望使用你的库文件的应用程序所包含。把这个头文件包含在源文件fred.c和bill.c中是一个好主意，它将帮助编译器发现所有错误。

```
/*
    This is lib.h. It declares the functions fred and bill for users
```

```
*/

void bill(char *);

void fred(int);
```

(4) 调用程序（`program.c`）非常简单。它包含库的头文件并且调用库中的一个函数。

```
#include <stdlib.h>

#include "lib.h"


int main()

{

    bill("Hello World");

    exit(0);

}
```

(5) 现在，你可以编译并测试这个程序了。你暂时为编译器显式指定目标文件，然后要求编译器编译你的文件并将其与先前编译好的目标模块`bill.o`链接。

```
$ gcc -c program.c

$ gcc -o program program.o bill.o

$ ./program

bill: we passed Hello World

$
```

(6) 现在，你将创建并使用一个库文件。你使用ar程序创建一个归档文件并将你的目标文件添加进去。这个程序之所以称为ar，是因为它将若干单独的文件归并到一个大的文件中以创建归档文件或集合。注意，你也可以用ar程序来创建任何类型文件的归档文件（与许多UNIX工具一样，ar是一个通用工具）。

```
$ ar crv libfoo.a bill.o fred.o

a - bill.o

a - fred.o
```

(7) 库文件创建好了，两个目标文件也已添加进去。在某些系统，尤其是从Berkeley UNIX衍生的系统中，要想成功地使用函数库，你还需要为函数库生成一个内容表。你可以通过ranlib命令来完成这一工作。在Linux中，当你使用的是GNU的软件开发工具时，这一步骤并不是必需的（但做了也无妨）。

```
$ ranlib libfoo.a
```

你的函数库现在可以使用了。你可以在编译器使用的文件列表中添加该库文件以创建你的程序，如下所示：

```
$ gcc -o program program.o libfoo.a
$ ./program
bill: we passed Hello World
$
```

　　你也可以使用-l选项来访问函数库，但因其未保存在标准位置，所以你必须使用-L选项来告诉编译器在何处可以找到它，如下所示：

```
$ gcc -o program program.o -L. -lfoo
```

　　-L.选项告诉编译器在当前目录（.）中查找函数库。-lfoo选项告诉编译器使用名为libfoo.a的函数库（或者名为libfoo.so的共享库，如果它存在的话）。要查看哪些函数被包含在目标文件、函数库或可执行文件里，你可以使用nm命令。如果你查看program和libfoo.a，你就会看到函数库libfoo.a中包含fred和bill两个函数，而program里只包含函数bill。当程序被创建时，它只包含函数库中它实际需要的函数。虽然程序中的头文件包含函数库中所有函数的声明，但这并不会将整个函数库包含在最终的程序中。

　　如果你熟悉Windows软件开发，就会发现两者之间有许多相似之处，如表1-2所示。

表　1-2

项　　目	UNIX	Windows
目标模块	func.o	FUNC.OBJ
静态函数库	lib.a	LIB.LIB
程序	program	PROGRAM.EXE

5. 共享库

　　静态库的一个缺点是，当你同时运行许多应用程序并且它们都使用来自同一个函数库的函数时，内存中就会有同一函数的多份副本，而且在程序文件自身中也有多份同样的副本。这将消耗大量宝贵的内存和磁盘空间。

　　许多支持共享库的UNIX系统和Linux可以克服上述不足。对共享库及其在不同系统上实现方式的详细讨论超出了本书的范围，所以我们将仅讨论Linux下的实现。

　　共享库的保存位置与静态库是一样的，但共享库有不同的文件名后缀。在一个典型的Linux系统中，标准数学库的共享版本是/usr/lib/libm.so。

　　当一个程序使用共享库时，它的链接方式是这样的：程序本身不再包含函数代码，而是引用运行时可访问的共享代码。当编译好的程序被装载到内存中执行时，函数引用被解析并产生对共享库的调用，如果有必要，共享库才被加载到内存中。

　　通过这种方法，系统可以只保留共享库的一份副本供许多应用程序同时使用，并且在磁盘上也仅保存一份。另一个好处是共享库的更新可以独立于依赖它的应用程序。例如，文件/lib/libm.so就是对实际库文件修订版本（/lib/libm.so.N，其中N代表主版本号，在写作本书时它是6）的符号链接。当Linux启动应用程序时，它会考虑应用程序需要的函数库版本，以防止函数库的新版本致使旧的应用程序不能使用。

> 　　下面例子的输出取自SUSE 10.3发行版。如果你使用的不是这个发行版，输出可能略有不同。

　　对Linux系统来说，负责装载共享库并解析客户程序函数引用的程序（动态装载器）是ld.so，也可能是ld-linux.so.2、ld-lsb.so.2或ld-lsb.so.3。用于搜索共享库的额外位置可以在文件/etc/ld.so.conf中配置，如果修改了这个文件，你需要执行命令ldconfig来处理它（例如，安装了X视窗系统后需要添加X11共享库）。

你可以通过运行工具ldd来查看一个程序需要的共享库。例如，如果你在自己的示例程序上运行ldd，你将看到如下所示的输出结果：

```
$ ldd program
      linux-gate.so.1 =>  (0xffffe000)
      libc.so.6 => /lib/libc.so.6 (0xb7db4000)
      /lib/ld-linux.so.2 (0xb7efc000)
```

在本例中，你看到标准C语言函数库（libc）是共享的（.so）。程序需要的主版本号是6。其他UNIX系统在访问共享库时也会有类似的安排，详情请参考你的系统文档。

共享库在许多方面类似于Windows中使用的动态链接库。.so库对应于.DLL文件，它们都是在程序运行时加载，而.a库类似于.LIB文件，它们都包含在可执行程序中。

1.3 获得帮助

绝大多数Linux系统都为系统编程接口和标准工具提供了很好的文档。这是因为，从早期的UNIX系统开始，程序员就被鼓励为他们的应用程序提供手册页。这些手册页都可以通过电子形式获得，有时也会以印刷品的形式提供。

man命令可用来访问在线手册页。这些手册页在质量和细节上千差万别。有些可能只是让读者参考其他更详细的文档，而另外一些则给出了一个工具所支持的所有选项和命令的完整列表。无论是哪种情况，手册页都是一个好的起点。

GNU软件和其他一些自由软件还使用名为info的在线文档系统。你可以通过专用程序info或通过emacs编辑器中的info命令来在线浏览全部的文档。info系统的优点是，你可以通过链接和交叉引用来浏览文档并可直接跳转到相关的章节。对文档作者来说，info系统的优点是它的文件可以由排版印刷文档使用的同一个源文件自动生成。

实 验 **手册页和info**

让我们来看看GNU C语言编译器（gcc）的文档。

(1) 首先查看手册页。

```
$ man gcc

GCC(1)                              GNU                              GCC(1)



NAME
      gcc - GNU project C and C++ compiler

SYNOPSIS
      gcc [-c|-S|-E] [-std=standard]
          [-g] [-pg] [-Olevel]
          [-Wwarn...] [-pedantic]
          [-Idir...] [-Ldir...]
          [-Dmacro[=defn]...] [-Umacro]
          [-foption...] [-mmachine-option...]
          [-o outfile] infile...

      Only the most useful options are listed here; see below
```

```
for the remainder.  g++ accepts mostly the same options as
gcc.

DESCRIPTION
        When you invoke GCC, it normally does preprocessing, com
        pilation, assembly and linking.  The ``overall options''
        allow you to stop this process at an intermediate stage.
        For example, the -c option says not to run the linker.
        Then the output consists of object files output by the
        assembler.

        Other options are passed on to one stage of processing.
        Some options control the preprocessor and others the com
        piler itself. Yet other options control the assembler and
        linker; most of these are not documented here, since we
        rarely need to use any of them.
...
```

如果你愿意，你可以阅读编译器支持的各个选项的相关信息。这个例子中的手册页相当长，但它只是GNU C（和C++）整个文档中的一小部分。

在阅读手册页时，你可以按空格键读下一页，按Enter键（或Return键，如果你的键盘上是Return键的话）读下一行，按q键退出。

(2) 为了获得更多关于GNU C的信息，你可以使用info命令。

```
$ info gcc
```

```
File: gcc.info,  Node: Top,  Next: G++ and GCC,  Up: (DIR)
Introduction
************

   This manual documents how to use the GNU compilers, as well as their
features and incompatibilities, and how to report bugs.  It corresponds
to GCC version 4.1.3.  The internals of the GNU compilers, including how
to port them to new targets and some information about how to write
front ends for new languages, are documented in a separate manual.
*Note Introduction: (gccint)Top.

* Menu:

* G++ and GCC::     You can compile C or C++ Applications.
* Standards::       Language standards supported by GCC.
* Invoking GCC::    Command options supported by `gcc'.
* C Implementation:: How GCC implements the ISO C specification.
* C Extensions::    GNU extensions to the C language family.
* C++ Extensions::  GNU extensions to the C++ language.
* Objective-C::     GNU Objective-C runtime features.
* Compatibility::   Binary Compatibility
--zz-Info: (gcc.info.gz)Top, 39 lines --Top-------------------------------
Welcome to Info version 4.8. Type ? for help, m for menu item.
```

你将看到一个很长的选项菜单，你可以通过选择其中的选项在一个完全文本化的文档中移动。菜单项和层次化的页面布局允许你浏览很大的文档。如果印在纸上的话，GNU C的文档有好几百页之多。

当然，info系统也包含它自己的一个info形式的帮助页。如果按下Ctrl+H组合键，你将看到一些帮助信息，其中包括一个如何使用info的指南。info程序在许多Linux的发行版里都有，它也可以安装在其他UNIX系统上。

1.4   小结

在本章中，我们了解了Linux程序设计的相关内容及Linux与商业版本UNIX系统的相同之处。我们介绍了UNIX开发者可用的各种各样的编程系统。我们还通过一个简单的程序和函数库演示了基本的C语言工具，并将其与Windows中的对应内容进行了比较。

shell程序设计

我们在本书的开始刚刚介绍了用C语言进行Linux程序设计,现在却要调转方向学习编写shell程序,这是为什么?在其他的一些操作系统中,命令行界面只是对图形化界面的一个补充。但对于Linux而言,却并非如此。作为Linux灵感来源的UNIX系统最初根本就没有图形化界面,所有的任务都是通过命令行来完成的。因此,UNIX的命令行系统得到了很大的发展,并且成为一个功能强大的系统。Linux系统沿袭了这一特点,许多强大的功能都可以从shell中轻松实现。因为shell对Linux是如此的重要,并且对自动化简单的任务非常有用,所以我们认为应该尽早介绍shell程序设计。

在本章中,我们将通过一些交互性(基于屏幕)的例子来向读者展示编写shell程序时要用到的语法、结构和命令。这些内容将成为对shell主要特性及其效果的一个很有用的概要介绍。同时,我们也顺便介绍两个在shell中经常用到的特别有用的命令行工具:grep和find。在介绍grep时,我们还将介绍正则表达式的基础知识,它在Linux的工具和程序设计语言(如Perl、Ruby和PHP)中都有应用。在本章的最后,你将学习如何编写一个真正的脚本程序,本书的后续章节里将用C语言对它进行重写和扩充。本章将介绍以下内容:

- ❑ 什么是shell
- ❑ 基本思路
- ❑ 微妙的语法:变量、条件判断和程序控制
- ❑ 命令列表
- ❑ 函数
- ❑ 命令和命令的执行
- ❑ here文档
- ❑ 调试
- ❑ grep命令和正则表达式
- ❑ find命令

因此,无论你是在系统管理工作中正面对着复杂的shell脚本,或是想实现自己最新的了不起(但其实是非常简单)的想法,或只是想加快完成一些重复性的任务,本章对你都很适用。

2.1 为什么使用 shell 编程

使用shell进行程序设计的原因之一是,你可以快速、简单地完成编程。而且,即使是最基本的Linux安装也会提供一个shell。因此,如果你有一个简单的构想,则可以通过它来检查自己的想法是否可行。shell也非常适合于编写一些执行相对简单的任务的小工具,因为它们更强调的是易于配置、易于维护

和可移植性，而不是很看重执行的效率。你还可以使用shell对进程控制进行组织，使命令按照预定顺序在前一阶段命令成功完成的前提下顺序执行。

虽然shell表面上和Windows的命令提示符相似，但是它具备更强大的功能以完成相当复杂的程序。你不仅可以通过它执行命令、调用Linux工具，还可以自己编写程序。shell执行shell程序，这些程序通常被称为脚本，它们是在运行时解释执行的。这使得调试工作比较容易进行，因为你可以逐行地执行指令，而且节省了重新编译的时间。然而，这也使得shell不适合用来完成时间紧迫型和处理器忙碌型的任务。

2.2   一点哲学

现在，我们来关注一点UNIX（当然也是Linux）的哲学。UNIX架构非常依赖于代码的高度可重用性。如果你编写了一个小巧而简单的工具，其他人就可以将它作为一根链条上的某个环节来构成一条命令。Linux让用户满意的原因之一就是它提供了各种各样的优秀工具。下面是一个简单的例子：

```
$ ls -al | more
```

这个命令使用了ls和more工具并通过管道实现了文件列表的分屏显示。每个工具就是一个组成部件。通常你可以将许多小巧的脚本程序组合起来以创建一个庞大而复杂的程序。

例如，如果你想打印bash使用手册的参考副本，可以使用如下命令：

```
$ man bash | col -b | lpr
```

此外，因为Linux具备自动文件类型处理功能，所以使用这些工具的用户一般不必了解它们是用哪种语言编写的。如果想要这些工具运行得更快，常见的做法是首先在shell中实现工具的原型，一旦确定值得这么做，然后再用C或C++、Perl、Python或者其他执行得更快速的语言来重新实现它们。相反，如果在shell中这些工具工作得已足够好，就不必再重新实现它们。

是否需要重新实现脚本程序取决于你是否需要对它进行优化，是否需要将程序移植到其他系统，是否需要让它更易于修改以及它是否偏离了其最初的设计目的（这种情况经常发生）。

> 如果你对shell脚本充满好奇，Linux系统中已经装有许多的shell脚本例子，包括软件包安装程序、.xinitrc和startx文件以及/etc/rc.d目录中用于启动时配置系统的脚本程序。

2.3   什么是 shell

在开始讨论如何使用shell进行程序设计之前，我们先来回顾一下shell的作用以及Linux系统中提供的各种shell。shell是一个作为用户与Linux系统间接口的程序，它允许用户向操作系统输入需要执行的命令。这点与Windows的命令提示符类似，但正如先前所提到的，Linux shell的功能更强大。例如，我们可以使用<和>对输入输出进行重定向，使用|在同时执行的程序之间实现数据的管道传递，使用$(...)获取子进程的输出。在Linux中安装多个shell是完全可行的，用户可以挑选一种自己喜欢的shell来使用。图2-1显示了shell（实际上是两种shell：bash和csh）和其他程序环绕在Linux内核的四周。

由于Linux是高度模块化的系统，所以你可以从各种不同的shell中选择一种来使用，虽然它们中的大多数都是从最初的Bourne shell

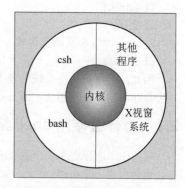

图   2-1

演变而来的。在Linux系统中，总是作为 /bin/sh 安装的标准 shell 是 GNU 工具集中的 bash（GNU Bourne-Again Shell）。因为它作为一个优秀的 shell，总是安装在 Linux 系统上，而且它是开源的并且可以被移植到几乎所有的类 UNIX 系统上，所以我们把它作为将要使用的 shell。在本章中，我们将使用 bash 的第3版，并且在大多数情况下只使用那些所有 POSIX 兼容的 shell 都具备的功能。我们假设 bash 被安装为 /bin/sh 并且它是你的登录所使用的默认 shell。在大多数 Linux 发行版中，默认的 shell 程序 /bin/sh 实际上是对程序 /bin/bash 的一个连接。

你可以使用如下命令来查看 bash 的版本号：

```
$ /bin/bash --version
GNU bash, version 3.2.9(1)-release (i686-pc-linux-gnu)
Copyright (C) 2005 Free Software Foundation, Inc.
```

> 　　如果你想要切换到另一个 shell（例如，bash 不是你的系统中默认的 shell），你只需直接执行需要的 shell 程序（例如，/bin/bash）就可以运行新的 shell 并且改变命令提示符了。如果你使用的是 UNIX 系统并且 bash 没有被安装，你可以从 GNU Web 网站 www.gnu.org 上免费下载它。它的源代码具有高度的可移植性，它在你的 UNIX 版本上编译成功几乎不会有什么问题。

当你创建 Linux 用户时，你可以设置这个用户要使用的 shell，这个工作既可以在创建用户时完成，也可以在创建用户之后，通过修改用户信息来完成。图2-2显示了使用 Fedora 选择用户 shell 的界面。

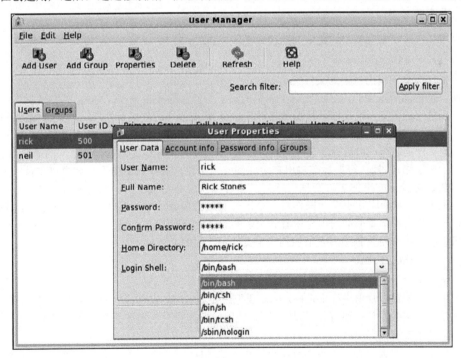

图　2-2

还有许多免费的或商业的 shell 可以使用，表2-1对常用的 shell 做了一个简单的总结。

表 2-1

shell名称	相关历史
sh（Bourne）	源于UNIX早期版本的最初的shell
csh、tcsh、zsh	C shell及其变体，最初是由Bill Joy在Berkeley UNIX上创建的。它可能是继bash和Korn shell之后第三个最流行的shell
ksh、pdksh	korn shell和它的公共域兄弟pdksh（public domain korn shell）由David Korn编写，它是许多商业版本UNIX的默认shell
bash	来自GNU项目的bash或Bourne Again Shell是Linux的主要shell。它的优点是可以免费获取其源代码，即使你的UNIX系统目前没有运行它，它也很可能已经被移植到该系统中。bash与Korn shell有许多相似之处

除了C shell和少数变体以外，所有这些shell都很相似，并且都与X/Open 4.2和POSIX 1003.2规范中对于shell的规定非常一致。POSIX 1003.2对于shell的规定很少，但在X/Open中的扩展规定则提供了一个更加友好、功能更加强大的shell。X/Open通常是一个提出更多要求的规范，但遵循它的系统也更加友好。

2.4 管道和重定向

在深入探讨shell程序设计的细节之前，我们需要先介绍一下如何才能对Linux程序（不仅仅是shell程序）的输入输出进行重定向。

2.4.1 重定向输出

读者可能已经对某些类型的重定向比较熟悉了，例如：

```
$ ls -l > lsoutput.txt
```

这条命令把ls命令的输出保存到文件lsoutput.txt中。

然而，重定向所包含的内容可比这个简单的例子所显示的要多得多。你将在第3章学习更多关于标准文件描述符的内容，现在你只需知道文件描述符0代表一个程序的标准输入，文件描述符1代表标准输出，而文件描述符2代表标准错误输出。你可以单独地重定向其中任何一个。事实上，你还可以重定向其他文件描述符，但对标准文件描述符0、1、2以外的文件描述符进行重定向的情况很少见。

上面的例子通过>操作符把标准输出重定向到一个文件。在默认情况下，如果该文件已经存在，它的内容将被覆盖。如果你想改变默认行为，你可以使用命令set -o noclobber（或set -C）设置noclobber选项，从而阻止重定向操作对一个已有文件的覆盖。你可以使用set +o noclobber命令取消该选项。你将在本章后面的内容中看到更多的set命令选项。

你可以用>>操作符将输出内容附加到一个文件中。例如：

```
$ ps >> lsoutput.txt
```

这条命令会将ps命令的输出附加到指定文件的尾部。

如果想对标准错误输出进行重定向，你需要把想要重定向的文件描述符编号加在>操作符的前面。因为标准错误输出的文件描述符编号为2，所以使用2>操作符。当需要丢弃错误信息并阻止它显示在屏幕上时，这个方法很有用。

假设你想用kill命令在一个脚本程序里终止一个进程，那么总是存在这种可能性，即在kill命令执行之前，那个需要终止的进程就已经结束了。如果出现这种情况，kill命令将向标准错误输出写一条错误信息，并且在默认情况下，这条信息将会显示在屏幕上。通过对标准输出和标准错误输出都进行重定向，你就可以阻止kill命令向屏幕上写任何内容了。

下面的命令将把标准输出和标准错误输出分别重定向到不同的文件中：

```
$ kill -HUP 1234 >killout.txt 2>killerr.txt
```

如果你想把两组输出都重定向到一个文件中，你可以用>&操作符来结合两个输出。如下所示：

```
$ kill -1 1234 >killouterr.txt 2>&1
```

这条命令将把标准输出和标准错误输出都重定向到同一个文件中。请注意操作符出现的顺序。这条命令的含义是"将标准输出重定向到文件killouterr.txt，然后将标准错误输出重定向到与标准输出相同的地方。"如果顺序有误，重定向将不会按照你预期的那样执行。

因为可以通过返回码（我们将在本章的后面对其进行详细介绍）来了解kill命令的执行结果，所以通常并不需要保存标准输出或标准错误输出的内容。你可以用Linux的通用"回收站"/dev/null来有效地丢弃所有的输出信息，如下所示：

```
$ kill -1 1234 >/dev/null 2>&1
```

2.4.2　重定向输入

你不仅可以重定向标准输出，还可以重定向标准输入。例如：

```
$ more < killout.txt
```

很明显，在Linux下这样做意义不大，因为Linux的more命令可以接受文件名作为参数，这与Windows命令行中对应的命令不同。

2.4.3　管道

你可以用管道操作符|来连接进程。Linux与MS-DOS不同，在Linux下通过管道连接的进程可以同时运行，并且随着数据流在它们之间的传递可以自动地进行协调。举一个简单的例子，你可以使用sort命令对ps命令的输出进行排序。

如果不使用管道，你就必须分几个步骤来完成这个任务，如下所示：

```
$ ps > psout.txt
$ sort psout.txt > pssort.out
```

一个更精巧的解决方案是用管道来连接进程，如下所示：

```
$ ps | sort > pssort.out
```

如果想在屏幕上分页显示输出结果，你可以再连接第三个进程more，将它们都放在同一个命令行上，如下所示：

```
$ ps | sort | more
```

允许连接的进程数目是没有限制的。假设你想看看系统中运行的所有进程的名字，但不包括shell本身，可以使用下面的命令：

```
$ ps -xo comm | sort | uniq | grep -v sh | more
```

这个命令首先按字母顺序排序ps命令的输出，再用uniq命令去除名字相同的进程，然后用grep -v sh命令删除名为sh的进程，最终将结果分页显示在屏幕上。

如你所见，与使用一系列单独的命令并且每个命令都带有自己的临时文件相比，这是一个更精巧的解决方案。但这里有一点需要引起注意：如果你有一系列的命令需要执行，相应的输出文件是在这一组命令被创建的同时立刻被创建或写入的，所以决不要在命令流中重复使用相同的文件名。如果你尝试执行如下命令：

```
cat mydata.txt | sort | uniq > mydata.txt
```

你最终将得到一个空文件，因为你在读取文件mydata.txt之前就已经覆盖了这个文件的内容。

2.5   作为程序设计语言的 shell

现在你已了解了一些基本的shell操作，是时候开始介绍一些真正的shell脚本程序了。编写shell脚本程序有两种方式。你可以输入一系列命令让shell交互地执行它们，也可以把这些命令保存到一个文件中，然后将该文件作为一个程序来调用。

2.5.1   交互式程序

在命令行上直接输入shell脚本是一种测试短小代码段的简单而快捷的方式。如果你正在学习shell脚本或仅仅是为了进行测试，使用这种方式是非常有用的。

假设你想要从大量C语言源文件中查找包含字符串POSIX的文件。与其使用grep命令在每个文件中搜索字符串，然后再分别列出包含该字符串的文件，不如用下面的交互式脚本来执行整个操作：

```
$ for file in *
> do
> if grep -l POSIX $file
> then
> more $file
> fi
> done
posix
This is a file with POSIX in it - treat it well
$
```

请注意，当shell期待进一步的输入时，正常的$ shell提示符将改变为>提示符。你可以一直输入下去，由shell来判断何时输入完毕并立刻执行脚本程序。

在这个例子中，grep命令输出它找到的包含POSIX字符串的文件，然后more命令将文件的内容显示在屏幕上。最后，返回shell提示符。还要注意的是，你用shell变量来处理每个文件，以使该脚本自文档化。你也可以将变量名起为i，但是变量名file更容易理解。

shell还提供了通配符扩展（通常称为globbing）。你一定已注意到可以用通配符*来匹配一个字符串。但是你可能不知道可以用通配符?来匹配单个字符，而[set]允许匹配方括号中任何一个单个字符，[^set]对方括号中的内容取反，即匹配任何没有出现在给出的字符集中的字符。扩展的花括号{}（只能用在部分shell中，其中包括bash）允许你将任意的字符串组放在一个集合中，以供shell进行扩展。例如：

```
$ ls my_{finger,toe}s
```

这个命令将列出文件my_fingers和my_toes，它使用shell来检查当前目录下的每个文件。当我们在本章结尾详细介绍grep命令和正则表达式的强大功能时，我们将回过头来再次研究匹配模式中的这些规则。

有经验的Linux用户可能会用一种更有效的方式来执行这个简单的操作。也许使用如下的命令：

```
$ more `grep -l POSIX *`
```

或使用功能相同的另一种命令形式：

```
$ more $(grep -l POSIX *)
```

此外，下面的命令将输出包含POSIX字符串的文件名：

```
$ grep -l POSIX * | more
```

在上面的脚本中，你看到shell利用其他命令（如grep和more）来完成主要的工作。shell本身只是允许你将几个现有的命令结合在一起，以构成一个新的功能强大的命令。你将在后面的脚本示例中看到通配符扩展的多次应用，并且我们还将在本章中介绍grep命令和正则表达式时详细讨论整个扩展的细节。

如果每次想要执行一系列命令时，你都要经过这么一个冗长的输入过程，将非常令人烦恼。你需要将这些命令保存到一个文件中，即我们常说的shell脚本，这样你就可以在需要的时候随时执行它们了。

2.5.2　创建脚本

首先，你必须用一个文本编辑器来创建一个包含命令的文件，将其命名为first，它的内容如下所示：

```
#!/bin/sh

# first
# This file looks through all the files in the current
# directory for the string POSIX, and then prints the names of
# those files to the standard output.

for file in *
do
  if grep -q POSIX $file
  then
    echo $file
  fi
done

exit 0
```

程序中的注释以#符号开始，一直持续到该行的结束。按照惯例，我们通常把#放在第一列。在作出这样一个笼统的陈述之后，请注意第一行#!/bin/sh，它是一种特殊形式的注释，#!字符告诉系统同一行上紧跟在它后面的那个参数是用来执行本文件的程序。在这个例子中，/bin/sh是默认的shell程序。

> 请注意注释中使用的是绝对路径。考虑到向后兼容性，这个路径按惯例最好不要超过32个字符，因为一些老版本的UNIX在使用# !时只能使用这个限制之内的字符数，虽然Linux通常不存在这样的限制。

因为脚本程序本质上被看作是shell的标准输入，所以它可以包含任何能够通过你的PATH环境变量引用到的Linux命令。

exit命令的作用是确保脚本程序能够返回一个有意义的退出码（在本章的后面将对此进行详细介绍）。当程序以交互方式运行时，我们很少需要检查它的退出码，但如果你打算从另一个脚本程序里调用这个脚本程序并查看它是否执行成功，那么返回一个适当的退出码就很重要了。即使你从来也没打算允许你的脚本程序被另一个脚本程序调用，你也应该在退出时返回一个合理的退出码。请相信自己的脚本程序是有用的，它总有一天会作为其他脚本程序的一部分而被重用。

在 shell 程序设计里，0 表示成功。因为这个脚本程序并不能检查到任何错误，所以它总是返回一个表示成功的退出码。我们将在本章后面详细介绍 exit 命令时，再回过头来解释用 0 表示成功的原因。

请注意，这个脚本没有使用任何的文件扩展名或后缀。一般情况下，Linux 和 UNIX 很少利用文件扩展名来决定文件的类型。你可以为脚本使用 .sh 或者其他扩展名，但 shell 并不关心这一点。大多数预安装的脚本程序并没有使用任何文件扩展名，检查这些文件是否是脚本程序的最好方法是使用 file 命令，例如，file first 或 file /bin/bash。你可以使用任何适用于你的工作环境或适合于你的方式。

2.5.3 把脚本设置为可执行

现在你已经有了自己的脚本文件，运行它有两种方法。比较简单的方法是调用 shell，并把脚本文件名当成一个参数，如下所示：

```
$ /bin/sh first
```

这可以工作，但如果能像对待其他 Linux 命令那样，只输入脚本程序的名字就可以调用它就更好了。你可以使用 chmod 命令来改变这个文件的模式，使得这个文件可以被所有用户执行，如下所示：

```
$ chmod +x first
```

> 当然，这并不是使用 chmod 命令将一个文件设置为可执行的唯一方式，请用 man chmod 命令查看它的八进制参数和其他选项用法。

然后你可以用下面的命令来执行它：

```
$ first
```

你可能会看到一条错误信息告诉你未找到命令。这种情况很可能发生，因为 shell 环境变量 PATH 并没有被设置为在当前目录下查找要执行的命令。要解决这个问题，一种办法是在命令行上直接输入命令 PATH=$PATH:. 或编辑你的 .bash_profile 文件，将刚才这条命令添加到文件的末尾，然后退出登录后再重新登录进来。另外，你也可以在保存脚本程序的目录中输入命令 ./first，该命令的作用是把脚本程序的完整的相对路径告诉 shell。

用 ./ 来指定路径还有另一个好处，它能够保证你不会意外执行系统中与你的脚本文件同名的另一个命令。

> 你不应该用这种方法来修改超级用户（一般其用户名为 root）的 PATH 变量。这是一个安全方面的漏洞，因为以 root 用户身份登录的系统管理员可能会因此误调用了某个标准命令的伪装版本。本书其中一位作者就曾经这样做过一次，目的当然是为了向系统管理员指出这一点！即使对于普通用户，把当前目录包括在 PATH 变量中也多少有些危险。因此，如果你非常关心系统的安全，最好的办法是养成在执行当前目录中的所有命令时，在其前面都加上一个 ./ 的好习惯。

在确信你的脚本程序能够正确执行后，你可以把它从当前目录移到一个更合适的地方去。如果这个命令只供你本人使用，你可以在自己的家目录中创建一个 bin 目录，并且将该目录添加到你自己的 PATH 变量中。如果你想让其他人也能够执行这个脚本程序，你可以将 /usr/local/bin 或其他系统目录作为添加新程序的适当位置。如果你在系统上没有 root 权限，你可以要求系统管理员帮你复制你的文件，当然你首先必须让他们相信这些程序的价值才行。为了防止其他用户修改脚本程序，哪怕只是意外地修改，你也应该去掉脚本程序的写权限。系统管理员用来设置文件属主和访问权限的一系列命令如下所示：

```
# cp first /usr/local/bin
# chown root /usr/local/bin/first
# chgrp root /usr/local/bin/first
# chmod 755 /usr/local/bin/first
```

注意，你在这里不是修改访问权限标志的特定部分，而是使用chmod命令的绝对格式，因为你清楚地知道你需要的访问权限。

如果你愿意，还可以使用chmod命令相对长一些但可能含义更明确的格式，如下所示：

```
# chmod u=rwx,go=rx /usr/local/bin/first
```

更多chmod命令的详细资料请参考它的使用手册。

> 　　在Linux系统中，如果你拥有包含某个文件的目录的写权限，就可以删除这个文件。为安全起见，应该确保只有超级用户才能对你想保证文件安全的目录执行写操作。因为目录只是另一种类型的文件，所以拥有对一个目录文件写权限的用户可以添加和删除目录文件中的名称。

2.6　shell 的语法

现在你已看过一个简单的shell程序示例，是时候来深入研究shell强大的程序设计能力了。shell是一种很容易学习的程序设计语言，它可以在把各个小程序段组合为一个大程序之前就能很容易地对它们分别进行交互式的测试。你还可以用bash shell编写出相当庞大的结构化程序。在接下来的几节里，我们将学习以下内容：

- ❏ 变量：字符串、数字、环境和参数
- ❏ 条件：shell中的布尔值
- ❏ 程序控制：if、elif、for、while、until、case
- ❏ 命令列表
- ❏ 函数
- ❏ shell内置命令
- ❏ 获取命令的执行结果
- ❏ here文档

2.6.1　变量

在shell里，使用变量之前通常并不需要事先为它们做出声明。你只是通过使用它们（比如当你给它们赋初始值时）来创建它们。在默认情况下，所有变量都被看作字符串并以字符串来存储，即使它们被赋值为数值时也是如此。shell和一些工具程序会在需要时把数值型字符串转换为对应的数值以对它们进行操作。Linux是一个区分大小写的系统，因此shell认为变量foo与Foo是不同的，而这两者与FOO又是不同的。

在shell中，你可以通过在变量名前加一个$符号来访问它的内容。无论何时你想要获取变量内容，你都必须在它前面加一个$字符。当你为变量赋值时，你只需要使用变量名，该变量会根据需要被自动创建。一种检查变量内容的简单方式就是在变量名前加一个$符号，再用echo命令将它的内容输出到终端上。

在命令行上，你可以通过设置和检查变量 salutation 的不同值来实际查看变量的使用：

```
$ salutation=Hello
$ echo $salutation
Hello
$ salutation="Yes Dear"
$ echo $salutation
Yes Dear
$ salutation=7+5
$ echo $salutation
7+5
```

> 注意，如果字符串里包含空格，就必须用引号把它们括起来。此外，等号两边不能有空格。

你可以使用 read 命令将用户的输入赋值给一个变量。这个命令需要一个参数，即准备读入用户输入数据的变量名，然后它会等待用户输入数据。通常情况下，在用户按下回车键时，read 命令结束。当从终端上读取一个变量时，你一般不需要使用引号，如下所示：

```
$ read salutation
Wie geht's?
$ echo $salutation
Wie geht's?
```

1. 使用引号

在继续学习之前，你先需要弄清楚 shell 的一个特点：引号的使用。

一般情况下，脚本文件中的参数以空白字符分隔（例如，一个空格、一个制表符或者一个换行符）。如果你想在一个参数中包含一个或多个空白字符，你就必须给参数加上引号。

像 $foo 这样的变量在引号中的行为取决于你所使用的引号类型。如果你把一个 $ 变量表达式放在双引号中，程序执行到这一行时就会把变量替换为它的值；如果你把它放在单引号中，就不会发生替换现象。你还可以通过在 $ 字符前面加上一个 \ 字符以取消它的特殊含义。

字符串通常都被放在双引号中，以防止变量被空白字符分开，同时又允许 $ 扩展。

实 验   **变量的使用**

这个例子显示了引号在变量输出中的作用：

```
#!/bin/sh

myvar="Hi there"

echo $myvar
echo "$myvar"
echo '$myvar'
echo \$myvar

echo Enter some text
read myvar

echo '$myvar' now equals $myvar
exit 0
```

输出结果如下：

```
$ ./variable
Hi there
Hi there
$myvar
$myvar
Enter some text
Hello World
$myvar now equals Hello World
```

实验解析

变量myvar在创建时被赋值字符串Hi there。你用echo命令显示该变量的内容，同时显示了在变量名前加一个$符号就能得到变量的内容。你看到使用双引号并不影响变量的替换，但使用单引号和反斜线就不进行变量的替换。你还使用read命令从用户那里读入一个字符串。

2. 环境变量

当一个shell脚本程序开始执行时，一些变量会根据环境设置中的值进行初始化。这些变量通常用大写字母做名字，以便把它们和用户在脚本程序里定义的变量区分开来，后者按惯例都用小写字母做名字。具体创建的变量取决于你的个人配置。在系统的使用手册中列出了许多这样的环境变量，表2-2列出了其中一些主要的变量。

表 2-2

环境变量	说 明
$HOME	当前用户的家目录
$PATH	以冒号分隔的用来搜索命令的目录列表
$PS1	命令提示符，通常是$字符，但在bash中，你可以使用一些更复杂的值。例如，字符串[\u@\h \W]$就是一个流行的默认值，它给出用户名、机器名和当前目录名，当然也包括一个$提示符
$PS2	二级提示符，用来提示后续的输入，通常是>字符
$IFS	输入域分隔符。当shell读取输入时，它给出用来分隔单词的一组字符，它们通常是空格、制表符和换行符
$0	shell脚本的名字
$#	传递给脚本的参数个数
$$	shell脚本的进程号，脚本程序通常会用它来生成一个唯一的临时文件，如/tmp/tmpfile_$$

> 如果想通过执行env <command>命令来查看程序在不同环境下是如何工作的，请查阅env命令的使用手册。你也将在本章的后面看到如何使用export命令在子shell中设置环境变量。

3. 参数变量

如果脚本程序在调用时带有参数，一些额外的变量就会被创建。即使没有传递任何参数，环境变量$#也依然存在，只不过它的值是0罢了。

参数变量见表2-3。

表   2-3

参数变量	说 明
$1, $2, ...	脚本程序的参数
$*	在一个变量中列出所有的参数,各个参数之间用环境变量IFS中的第一个字符分隔开。如果IFS被修改了,那么$*将命令行分割为参数的方式就将随之改变
$@	它是$*的一种精巧的变体,它不使用IFS环境变量,所以即使IFS为空,参数也不会挤在一起

通过下面的例子,你可以很容易地看出$@和$*之间的区别:

```
$ IFS=''
$ set foo bar bam
$ echo "$@"
foo bar bam
$ echo "$*"
foobarbam
$ unset IFS
$ echo "$*"
foo bar bam
```

如你所见,双引号里面的$@把各个参数扩展为彼此分开的域,而不受IFS值的影响。一般来说,如果你想访问脚本程序的参数,使用$@是明智的选择。

除了使用echo命令查看变量的内容外,你还可以使用read命令来读取它们。

实 验   使用参数和环境变量

下面的脚本程序演示了一些简单的变量操作。当输入脚本程序的内容并把它保存为文件try_var后,别忘了用chmod +x try_var命令把它设置为可执行。

```
#!/bin/sh

salutation="Hello"
echo $salutation
echo "The program $0 is now running"
echo "The second parameter was $2"
echo "The first parameter was $1"
echo "The parameter list was $*"
echo "The user's home directory is $HOME"

echo "Please enter a new greeting"
read salutation

echo $salutation
echo "The script is now complete"
exit 0
```

运行这个脚本程序,你将得到如下所示的输出结果:

```
$ ./try_var foo bar baz
Hello
The program ./try_var is now running
The second parameter was bar
The first parameter was foo
The parameter list was foo bar baz
```

```
The user's home directory is /home/rick
Please enter a new greeting
Sire
Sire
The script is now complete
$
```

实验解析

这个脚本程序创建变量salutation并显示它的内容，然后显示各种参数变量以及环境变量$HOME都已存在并有了适当的值。

我们将在后面进一步介绍参数替换。

2.6.2 条件

所有程序设计语言的基础是对条件进行测试判断，并根据测试结果采取不同行动的能力。在讨论它之前，我们先来看看在shell脚本程序里可以使用的条件结构，然后再来看看使用这些条件的控制结构。

一个shell脚本能够对任何可以从命令行上调用的命令的退出码进行测试，其中也包括你自己编写的脚本程序。这也就是为什么要在所有自己编写的脚本程序的结尾包括一条返回值的exit命令的重要原因。

test或[命令

在实际工作中，大多数脚本程序都会广泛使用shell的布尔判断命令[或test。在一些系统上，这两个命令的作用是一样的，只是为了增强可读性，当使用[命令时，我们还使用符号]来结尾。把[符号当作一条命令多少有点奇怪，但它在代码中确实会使命令的语法看起来更简单、更明确、更像其他的程序设计语言。

> 在一些老版本的UNIX shell中，这些命令调用的是一个外部程序，但在较新的shell版本中，它们已成为shell的内置命令。我们将在本章后面介绍各种命令时再次讨论这个问题。
>
> 因为test命令在shell脚本程序以外用得很少，所以那些很少编写shell脚本的Linux用户往往会将自己编写的简单程序命名为test。如果程序不能正常工作，很可能是因为它与shell中的test命令发生了冲突。要想查看系统中是否有一个指定名称的外部命令，你可以尝试使用which test这样的命令来检查执行的是哪一个test命令，或者使用./test这种执行方式以确保你执行的是当前目录下的脚本程序。如有疑问，你只需养成在调用脚本的前面加上./的习惯即可。

我们以一个最简单的条件为例来介绍test命令的用法：检查一个文件是否存在。用于实现这一操作的命令是test -f <filename>，所以在脚本程序里，你可以写出如下所示的代码：

```
if test -f fred.c
then
...
fi
```

你还可以写成下面这样：

```
if [ -f fred.c ]
then
...
fi
```

test命令的退出码（表明条件是否被满足）决定是否需要执行后面的条件代码。

> 注意，你必须在[符号和被检查的条件之间留出空格。要记住这一点，你可以把[符号看作和test命令一样，而test命令之后总是应该有一个空格。
>
> 如果你喜欢把then和if放在同一行上，就必须要用一个分号把test语句和then分隔开。如下所示：
>
> ```
> if [ -f fred.c ]; then
> ...
> fi
> ```

test命令可以使用的条件类型可以归为3类：字符串比较、算术比较和与文件有关的条件测试，表2-4、表2-5和表2-6描述了这3种条件类型。

表   2-4

字符串比较	结 果
string1 = string2	如果两个字符串相同则结果为真
string1 != string2	如果两个字符串不同则结果为真
-n string	如果字符串不为空则结果为真
-z string	如果字符串为null（一个空串）则结果为真

表   2-5

算术比较	结 果
expression1 -eq expression2	如果两个表达式相等则结果为真
expression1 -ne expression2	如果两个表达式不等则结果为真
expression1 -gt expression2	如果expression1大于expression2则结果为真
expression1 -ge expression2	如果expression1大于等于expression2则结果为真
expression1 -lt expression2	如果expression1小于expression2则结果为真
expression1 -le expression2	如果expression1小于等于expression2则结果为真
! expression	如果表达式为假则结果为真，反之亦然

表   2-6

文件条件测试	结 果
-d file	如果文件是一个目录则结果为真
-e file	如果文件存在则结果为真。要注意的是，历史上-e选项不可移植，所以通常使用的是-f选项
-f file	如果文件是一个普通文件则结果为真
-g file	如果文件的set-group-id位被设置则结果为真
-r file	如果文件可读则结果为真
-s file	如果文件的大小不为0则结果为真
-u file	如果文件的set-user-id位被设置则结果为真
-w file	如果文件可写则结果为真
-x file	如果文件可执行则结果为真

读者可能想知道什么是set-group-id和set-user-id（也叫做set-gid和set-uid）位。set-uid位授予了程序其拥有者的访问权限而不是其使用者的访问权限，而set-gid位授予了程序其所在组的访问权限。这两个特殊位是通过chmod命令的选项u和g设置的。set-gid和set-uid标志对shell脚本程序不起作用，它们只对可执行的二进制文件有用。

我们稍微超前了一些，但是接下来的测试/bin/bash文件状态的例子可以让你看出如何使用它们：

```
#!/bin/sh

if [ -f /bin/bash ]
then
  echo "file /bin/bash exists"
fi

if [ -d /bin/bash ]
then
  echo "/bin/bash is a directory"
else
  echo "/bin/bash is NOT a directory"
fi
```

各种与文件有关的条件测试的结果为真的前提是文件必须存在。上述列表仅仅列出了test命令比较常用的选项，完整的选项清单请查阅它的使用手册。如果你使用的是bash，那么test命令是shell的内置命令，使用help test命令可以获得test命令更详细的信息。我们将在本章后面用到这里给出的部分选项。

现在你已学习了"条件"，下面你将看到使用它们的控制结构。

2.6.3 控制结构

shell有一组控制结构，它们与其他程序设计语言中的控制结构很相似。

在下面的各小节中，各语句的语法中的statements表示when、while或until测试条件满足时，将要执行的一系列命令。

1. if语句

if语句非常简单：它对某个命令的执行结果进行测试，然后根据测试结果有条件地执行一组语句。如下所示：

if condition
then
  statements
else
  statements
fi

实 验 **使用if语句**

if语句的一个常见用法是提一个问题，然后根据回答作出决定，如下所示：

```
#!/bin/sh

echo "Is it morning? Please answer yes or no"
read timeofday

if [ $timeofday = "yes" ]; then
  echo "Good morning"
else
  echo "Good afternoon"
fi

exit 0
```

这将给出如下所示的输出：

```
Is it morning? Please answer yes or no
yes
Good morning
$
```

这个脚本程序用[命令对变量timeofday的内容进行测试，测试结果由if命令判断，由它来决定执行哪部分代码。

> 请注意，你用额外的空白符来缩进if结构内部的语句。这只是为了照顾人们的阅读习惯，shell会忽略这些多余的空白符。

2. elif语句

遗憾的是，上面这个非常简单的脚本程序存在几个问题。其中一个问题是，它会把所有不是yes的回答都看做是no。你可以通过使用elif结构来避免出现这样的情况，它允许你在if结构的else部分被执行时增加第二个检查条件。

实　验　用elif结构做进一步检查

你可以对上面的脚本程序做些修改，让它在用户输入yes或no以外的其他任何数据时报告一条出错信息。这是通过将else替换为elif并且增加另一个测试条件的方法来完成的。

```
#!/bin/sh

echo "Is it morning? Please answer yes or no"
read timeofday

if [ $timeofday = "yes" ]
then
  echo "Good morning"

elif [ $timeofday = "no" ]; then
  echo "Good afternoon"
else
  echo "Sorry, $timeofday not recognized. Enter yes or no"
  exit 1
fi

exit 0
```

实验解析

这个脚本程序与上一个例子很相似，但新增的elif命令会在第一个if条件不满足的情况下进一步测试变量。如果两次测试的结果都不成功，就打印一条出错信息并以1为退出码结束脚本程序，调用者可以在调用程序中利用这个退出码来检查脚本程序是否执行成功。

3. 一个与变量有关的问题

刚才所做的修改弥补了一个非常明显的缺陷，但这个脚本程序还潜藏着一个更隐蔽的问题。运行这个新的脚本程序，但是这次不回答问题，而是直接按下回车键（或是某些键盘上的Return键）。你将看到如下所示的出错信息：

```
[: =: unary operator expected
```

哪里出问题了呢？问题就在第一个if语句中。在对变量timeofday进行测试的时候，它包含一个空字符串，这使得if语句成为下面这个样子：

```
if [ = "yes" ]
```

而这不是一个合法的条件。为了避免出现这种情况，你必须给变量加上引号，如下所示：

```
if [ "$timeofday" = "yes" ]
```

这样，一个空变量提供的就是一个合法的测试了：

```
if [ "" = "yes" ]
```

新脚本程序如下所示：

```
#!/bin/sh

echo "Is it morning? Please answer yes or no"
read timeofday

if [ "$timeofday" = "yes" ]
then
  echo "Good morning"
elif [ "$timeofday" = "no" ]; then
  echo "Good afternoon"
else
  echo "Sorry, $timeofday not recognized. Enter yes or no"

  exit 1
fi

exit 0
```

这个脚本对用户直接按下回车键来回答问题的情况也能够应付自如了。

> 如果你想让echo命令去掉每一行后面的换行符，可移植性最好的办法是使用printf命令（请见本章后面的printf一节）而不是echo命令。有的shell用echo -e命令来完成这一任务，但并不是所有的系统都支持该命令。bash使用echo -n命令来去除换行符，所以如果确信自己的脚本程序只运行在bash上，你就可以使用如下的语法：

```
echo -n "Is it morning? Please answer yes or no: "
```

请注意，你需要在结束引号前留出一个额外的空格，这使得在用户输入响应前有一个间隙，从而看起来更加整洁。

4. for语句

我们可以用for结构来循环处理一组值，这组值可以是任意字符串的集合。它们可以在程序里被列出，更常见的做法是使用shell的文件名扩展结果。

它的语法很简单：

for variable **in** values
do
　　statements
done

实　验　**使用固定字符串的for循环**

循环值通常是字符串，所以你可以这样写程序：

```
#!/bin/sh

for foo in bar fud 43
do
  echo $foo
done
exit 0
```

该程序的输出结果如下所示：

```
bar
fud
43
```

> 如果你把第一行由for foo in bar fud 43修改为for foo in "bar fud 43"会怎样呢？别忘了，加上引号就等于告诉shell把引号之间的一切东西都看作是一个字符串。这是在变量里保留空格的一种办法。

实验解析

这个例子创建了一个变量foo，然后在for循环里每次给它赋一个不同的值。因为shell在默认情况下认为所有变量包含的都是字符串，所以字符串43在使用中与字符串fud是一样合法有效的。

实　验　**使用通配符扩展的for循环**

正如我们前面所提到的，for循环经常与shell的文件名扩展一起使用。这意味着在字符串的值中使用一个通配符，并由shell在程序执行时填写出所有的值。

你已经在最早的first例子中见过这种做法了。该脚本程序用shell扩展把*扩展为当前目录中所有文件的名字，然后它们依次作为for循环中的变量$file使用。

我们来快速地看看另外一个通配符扩展的例子。假设你想打印当前目录中所有以字母f开头的脚本文件，并且你知道自己的所有脚本程序都以.sh结尾，你就可以这样做：

```
#!/bin/sh

for file in $(ls f*.sh); do
  lpr $file
done
exit 0
```

实验解析

这个例子演示了$(command)语法的用法，我们将在后面的内容中对它做更详细地介绍（参见2.6.6节）。简单地说，for命令的参数表来自括在$()中的命令的输出结果。

shell扩展f*.sh给出所有匹配此模式的文件的名字。

> 请记住，shell脚本程序中所有的变量扩展都是在脚本程序被执行时而不是在编写它时完成的。所以，变量声明中的语法错误只有在执行时才会被发现，就像前面我们给空变量加引号的例子中看到的那样。

5. while语句

因为在默认情况下，所有的shell变量值都被认为是字符串，所以for循环特别适合于对一系列字符串进行循环处理，但如果你事先并不知道循环要执行的次数，那么它就显得不是那么有用了。

如果需要重复执行一个命令序列，但事先又不知道这个命令序列应该执行的次数，你通常会使用一个while循环，它的语法如下所示：

while condition; **do**
  statements
done

请看下面的例子，这是一个非常简陋的密码检查程序：

```
#!/bin/sh

echo "Enter password"
read trythis

while [ "$trythis" != "secret" ]; do
  echo "Sorry, try again"
  read trythis
done
exit 0
```

这个脚本程序的一个输出示例如下所示：

```
Enter password
password
Sorry, try again
secret
$
```

很明显，这不是一种询问密码的非常安全的办法，但它确实演示了while语句的作用。do和done之间的语句将反复执行，直到条件不再为真。在这个例子中，你检查的条件是变量trythis的值是否等于secret。循环将一直执行直到$trythis等于secret。随后你将继续执行脚本程序中紧跟在done后面的语句。

6. until 语句

until 语句的语法如下所示:

until condition
do
  statements
done

它与 while 循环很相似,只是把条件测试反过来了。换句话说,循环将反复执行直到条件为真,而不是在条件为真时反复执行。

> 一般来说,如果需要循环至少执行一次,那么就使用 while 循环;如果可能根本都不需要执行循环,就使用 until 循环。

下面是一个 until 循环的例子,你设置一个警报,当某个特定的用户登录时,该警报就会启动,你通过命令行将用户名传递给脚本程序。如下所示:

```
#!/bin/bash

until who | grep "$1" > /dev/null
do
    sleep 60
done

# now ring the bell and announce the expected user.

echo -e '\a'
echo "**** $1 has just logged in ****"

exit 0
```

如果用户已经登录,那么循环就不需要执行。所以在这种情况下,使用 until 语句比使用 while 语句更自然。

7. case 语句

case 结构比你目前为止见过的其他结构都要稍微复杂一些。它的语法如下所示:

case variable in
  pattern [| pattern] ...) statements;;
  pattern [| pattern] ...) statements;;
  ...
esac

这看上去有些令人生畏,但 case 结构允许你通过一种比较复杂的方式将变量的内容和模式进行匹配,然后再根据匹配的模式去执行不同的代码。这要比使用多条 if、elif 和 else 语句来执行多个条件检查要简单得多。

> 请注意,每个模式行都以双分号 (;;) 结尾。因为你可以在前后模式之间放置多条语句,所以需要使用一个双分号来标记前一个语句的结束和后一个模式的开始。

因为 case 结构具备匹配多个模式然后执行多条相关语句的能力,这使得它非常适合于处理用户的输入。弄明白 case 工作原理的最好方法就是通过例子来进行说明。我们将使用 3 个实验例子逐步深入地对它进行介绍,每次都对模式匹配进行改进。

> 你在case结构的模式中使用如*这样的通配符时要小心。因为case将使用第一个匹配的模式，即使后续的模式有更加精确的匹配也是如此。

实 验 **case示例一：用户输入**

你可以用case结构编写一个新版的输入测试脚本程序，让它更具选择性并且对非预期输入也更宽容：

```
#!/bin/sh

echo "Is it morning? Please answer yes or no"
read timeofday

case "$timeofday" in
    yes)  echo "Good Morning";;
    no )  echo "Good Afternoon";;
    y  )  echo "Good Morning";;
    n  )  echo "Good Afternoon";;
    *  )  echo "Sorry, answer not recognized";;
esac

exit 0
```

实验解析

当case语句被执行时，它会把变量timeofday的内容与各字符串依次进行比较。一旦某个字符串与输入匹配成功，case命令就会执行紧随右括号)后面的代码，然后就结束。

case命令会对用来做比较的字符串进行正常的通配符扩展，因此你可以指定字符串的一部分并在其后加上一个*通配符。只使用一个单独的*表示匹配任何可能的字符串，所以我们总是在其他匹配字符串之后再加上一个*以确保如果没有字符串得到匹配，case语句也会执行某个默认动作。之所以能够这样做是因为case语句是按顺序比较每一个字符串，它不会去查找最佳匹配，而仅仅是查找第一个匹配。因为默认条件通常都是些"最不可能出现"的条件，所以使用*对脚本程序的调试很有帮助。

实 验 **case示例二：合并匹配模式**

上面例子中的case结构明显比多个if语句的版本更精致，但通过合并匹配模式，你可以编写一个更加清晰的版本。如下所示：

```
#!/bin/sh

echo "Is it morning? Please answer yes or no"
read timeofday

case "$timeofday" in
    yes | y | Yes | YES )    echo "Good Morning";;
    n* | N* )                echo "Good Afternoon";;
    * )                      echo "Sorry, answer not recognized";;
esac

exit 0
```

这个脚本程序在每个 case 条目中都使用了多个字符串，case 将对每个条目中的多个不同的字符串进行测试，以决定是否需要执行相应的语句。这使得脚本程序不仅长度变短，而且实际上也更容易阅读。这个脚本程序同时还显示了 * 通配符的用法，虽然这样做有可能匹配意料之外的模式。例如，如果用户输入 never，它就会匹配 n* 并显示出 Good Afternoon，而这并不是我们希望的行为。另外需要注意的是 * 通配符扩展在引号中不起作用。

实 验 case 示例三：执行多条语句

最后，为了让这个脚本程序具备可重用性，你需要在使用默认模式时给出另外一个退出码。如下所示：

```sh
#!/bin/sh

echo "Is it morning? Please answer yes or no"
read timeofday

case "$timeofday" in
    yes | y | Yes | YES )
            echo "Good Morning"
            echo "Up bright and early this morning"
            ;;
    [nN]*)
            echo "Good Afternoon"
            ;;
    *)
            echo "Sorry, answer not recognized"
            echo "Please answer yes or no"
            exit 1
            ;;
esac

exit 0
```

为了演示模式匹配的不同用法，这个代码改变了 no 情况下的匹配方法。你还看到了如何在 case 语句中为每个模式执行多条语句。注意，你必须很小心地把最精确的匹配放在最开始，而把最一般化的匹配放在最后。这样做很重要，因为 case 将执行它找到的第一个匹配而不是最佳匹配。如果你把 *) 放在开头，那不管用户输入的是什么，都会匹配这个模式。

请注意，esac 前面的双分号（;;）是可选的。在 C 语言程序设计中，即使少一个 break 语句都算是不好的程序设计做法，但在 shell 程序设计中，如果最后一个 case 模式是默认模式，那么省略最后一个双分号（;;）是没有问题的，因为后面没有其他的 case 模式需要考虑了。

为了让 case 的匹配功能更强大，你可以使用如下的模式：

```
[yY] | [Yy][Ee][Ss] )
```

这限制了允许出现的字母，但它同时也允许多种多样的答案并且提供了比 * 通配符更多的控制。

8. 命令列表

有时，你想要将几条命令连接成一个序列。例如，你可能想在执行某个语句之前同时满足好几个不同的条件，如下所示：

```
if [ -f this_file ]; then
    if [ -f that_file ]; then
        if [ -f the_other_file ]; then
            echo "All files present, and correct"
        fi
    fi
fi
```

或者你可能希望至少在这一系列条件中有一个为真，像下面这样：

```
if [ -f this_file ]; then
    foo="True"
elif [ -f that_file ]; then
    foo="True"
elif [ -f the_other_file ]; then
    foo="True"
else
    foo="False"
fi
if [ "$foo" = "True" ]; then
    echo "One of the files exists"
fi
```

虽然这可以通过使用多个if语句来实现，但如你所见，写出来的程序非常笨拙。shell提供了一对特殊的结构，专门用于处理命令列表，它们是AND列表和OR列表。虽然它们通常在一起使用，但我们将分别介绍它们的语法。

● AND列表

AND列表结构允许你按照这样的方式执行一系列命令：只有在前面所有的命令都执行成功的情况下才执行后一条命令。它的语法是：

```
statement1 && statement2 && statement3 && ...
```

从左开始顺序执行每条命令，如果一条命令返回的是true，它右边的下一条命令才能够执行。如此持续直到有一条命令返回false，或者列表中的所有命令都执行完毕。&&的作用是检查前一条命令的返回值。

每条语句都是独立执行，这就允许你把许多不同的命令混合在一个单独的命令列表中，就像下面的脚本程序显示的那样。AND列表作为一个整体，只有在列表中的所有命令都执行成功时，才算它执行成功，否则就算它失败。

实　验　**AND列表**

在下面的脚本程序中，你执行touch file_one命令（检查文件是否存在，如果不存在就创建它）并删除file_two文件。然后用AND列表检查每个文件是否存在并通过echo命令给出相应的指示。

```
#!/bin/sh

touch file_one
```

```
rm -f file_two

if [ -f file_one ] && echo "hello" && [ -f file_two ] && echo " there"
then
    echo "in if"
else
    echo "in else"
fi

exit 0
```

执行这个脚本程序，你将看到如下所示的结果：

```
hello
in else
```

实验解析

touch 和 rm 命令确保当前目录中的有关文件处于已知状态。然后 && 列表执行 [-f file_one] 语句，这条语句肯定会执行成功，因为你已经确保该文件是存在的了。因为前一条命令执行成功，所以 echo 命令得以执行，它也执行成功（echo 命令总是返回 true）。当执行第三个测试 [-f file_two] 时，因为该文件并不存在，所以它执行失败了。这条命令的失败导致最后一条 echo 语句未被执行。而因为该命令列表中的一条命令失败了，所以 && 列表的总的执行结果是 false，if 语句将执行它的 else 部分。

● OR 列表

OR 列表结构允许我们持续执行一系列命令直到有一条命令成功为止，其后的命令将不再被执行。它的语法是：

```
statement1 || statement2 || statement3 || ...
```

从左开始顺序执行每条命令。如果一条命令返回的是 false，它右边的下一条命令才能够被执行。如此持续直到有一条命令返回 true，或者列表中的所有命令都执行完毕。

|| 列表和 && 列表很相似，只是继续执行下一条语句的条件现在变为其前一条语句必须执行失败。

实 验   OR 列表

沿用上一个例子，但要修改下面程序清单里阴影部分的语句：

```
#!/bin/sh
```

```
rm -f file_one

if [ -f file_one ] || echo "hello" || echo " there"
then
    echo "in if"
else
    echo "in else"
fi

exit 0
```

这个脚本程序的输出是：

```
hello
in if
```

实验解析

头两行代码简单的为脚本程序的剩余部分设置好相应的文件。第一条命令[-f file_one]失败了，因为这个文件不存在。接下来执行echo语句，它返回true，因此||列表中的后续命令将不会被执行，因为||列表中有一条命令（echo）返回的是true，所以if语句执行成功并将执行其then部分。

这两种结构的返回结果都等于最后一条执行语句的返回结果。

这些列表类型结构的执行方式与C语言中对多个条件进行测试的执行方式很相似。只需执行最少的语句就可以确定其返回结果。不影响返回结果的语句不会被执行。这通常被称为**短路求值**（short circuit evaluation）。

将这两种结构结合在一起将更能体现逻辑的魅力。请看：

```
[ -f file_one ] && command for true || command for false
```

在上面的语句中，如果测试成功就会执行第一条命令，否则执行第二条命令。你最好用这些不寻常的命令列表来进行实验，但在通常情况下，你应该用括号来强制求值的顺序。

9. 语句块

如果你想在某些只允许使用单个语句的地方（比如在AND或OR列表中）使用多条语句，你可以把它们括在花括号{}中来构造一个语句块。例如，在本章后面给出的应用程序中，你将看到如下所示的代码：

```
get_confirm && {
    grep -v "$cdcatnum" $tracks_file > $temp_file
    cat $temp_file > $tracks_file
    echo
    add_record_tracks
}
```

2.6.4　函数

你可以在shell中定义函数。如果你想编写大型的shell脚本程序，你会想到用它们来构造自己的代码。

作为另一种选择，你可以把一个大型的脚本程序分成许多小一点的脚本程序，让每个脚本完成一个小任务。但这种做法有几个缺点：在一个脚本程序中执行另外一个脚本程序要比执行一个函数慢得多；返回执行结果变得更加困难，而且可能存在非常多的小脚本。你应该考虑自己的脚本程序中是否有可以明显的单独存在的最小部分，并将其作为是否应将一个大型脚本程序分解为一组小脚本的衡量尺度。

要定义一个shell函数，你只需写出它的名字，然后是一对空括号，再把函数中的语句放在一对花括号中，如下所示：

```
function_name () {
  statements
}
```

实　验　**一个简单的函数**

我们从一个非常简单的函数开始：

```
#!/bin/sh

foo() {
    echo "Function foo is executing"
}

echo "script starting"
foo
echo "script ended"

exit 0
```

运行这个脚本程序会显示如下的输出信息：

```
script starting
Function foo is executing
script ended
```

实验解析

这个脚本程序还是从自己的顶部开始执行，这一点与其他脚本程序没什么分别。但当它遇见 foo(){结构时，它知道脚本正在定义一个名为 foo 的函数。它会记住 foo 代表着一个函数并从 } 字符之后的位置继续执行。当执行到单独的行 foo 时，shell 就知道应该去执行刚才定义的函数了。当这个函数执行完毕以后，执行过程会返回到调用 foo 函数的那条语句的后面继续执行。

你必须在调用一个函数之前先对它进行定义，这有点像 Pascal 语言里函数必须先于调用而被定义的概念，只是在 shell 中不存在前向声明。但这并不会成为什么问题，因为所有脚本程序都是从顶部开始执行，所以只要把所有函数定义都放在任何一个函数调用之前，就可以保证所有的函数在被调用之前就被定义了。

当一个函数被调用时，脚本程序的位置参数（$*、$@、$#、$1、$2 等）会被替换为函数的参数。这也是你读取传递给函数的参数的办法。当函数执行完毕后，这些参数会恢复为它们先前的值。

> 一些老版本的 shell 在函数执行之后可能不会恢复位置参数的值。所以如果你想让自己的脚本程序具备可移植性，就最好不要依赖这一行为。

你可以通过 return 命令让函数返回数字值。让函数返回字符串值的常用方法是让函数将字符串保存在一个变量中，该变量然后可以在函数结束之后被使用。此外，你还可以 echo 一个字符串并捕获其结果，如下所示：

```
foo () { echo JAY;}

...

result="$(foo)"
```

请注意，你可以使用 local 关键字在 shell 函数中声明局部变量，局部变量将仅在函数的作用范围内有效。此外，函数可以访问全局作用范围内的其他 shell 变量。如果一个局部变量和一个全局变量的名字相同，前者就会覆盖后者，但仅限于函数的作用范围之内。例如，你可以对上面的脚本程序进行如下的修改来查看执行结果：

```
#!/bin/sh

sample_text="global variable"
```

```
foo() {

    local sample_text="local variable"
    echo "Function foo is executing"
    echo $sample_text
}

echo "script starting"
echo $sample_text

foo

echo "script ended"
echo $sample_text

exit 0
```

如果在函数里没有使用return命令指定一个返回值,函数返回的就是执行的最后一条命令的退出码。

实 验 **从函数中返回一个值**

下一个脚本程序my_name演示了函数的参数是如何传递的,以及函数如何返回一个true或false值。你使用一个参数来调用该脚本程序,该参数是你想要在问题中使用的名字。

(1) 在shell头之后,我们定义了函数yes_or_no:

```
#!/bin/sh

yes_or_no() {
  echo "Is your name $* ?"
  while true
  do
    echo -n "Enter yes or no: "
    read x
    case "$x" in
      y | yes ) return 0;;
      n | no )  return 1;;
      * )       echo "Answer yes or no"
    esac
  done
}
```

(2) 然后是主程序部分:

```
echo "Original parameters are $*"

if yes_or_no "$1"
then
  echo "Hi $1, nice name"
else
  echo "Never mind"
fi
exit 0
```

这个脚本程序的典型输出如下所示：

```
$ ./my_name Rick Neil
Original parameters are Rick Neil
Is your name Rick ?
Enter yes or no: yes
Hi Rick, nice name
$
```

实验解析

脚本程序开始执行时，函数yes_or_no被定义，但先不会执行。在if语句中，脚本程序执行到函数yes_or_no时，先把$1替换为脚本程序的第一个参数Rick，再把它作为参数传递给这个函数。函数将使用这些参数（它们现在被保存在$1、$2等位置参数中）并向调用者返回一个值。if结构再根据这个返回值去执行相应的语句。

如你所见，shell有着丰富的控制结构和条件语句。接下来，你需要学习一些shell的内置命令，然后你就要在不使用编译器的情况下解决一个实际的程序设计问题了！

2.6.5   命令

你可以在shell脚本程序内部执行两类命令。一类是可以在命令提示符中执行的"普通"命令，也称为外部命令（external command），一类是我们前面提到的"内置"命令，也称为内部命令（internal command）。内置命令是在shell内部实现的，它们不能作为外部程序被调用。然而，大多数的内部命令同时也提供了独立运行的程序版本——这一需求是POSIX规范的一部分。通常情况下，命令是内部的还是外部的并不重要，只是内部命令的执行效率更高。

我们在这里将只介绍那些在编写脚本程序时会用到的主要命令，不分内部还是外部。作为一个Linux用户，你可能还知道许多其他可以在命令提示符下执行的合法命令。请记住，除了我们在这里介绍的内置命令外，它们同样也可以在脚本程序中使用。

1. break命令

你可以用这个命令在控制条件未满足之前，跳出for、while或until循环。你可以为break命令提供一个额外的数值参数来表明需要跳出的循环层数，但我们并不建议读者这么做，因为它将大大降低程序的可读性。在默认情况下，break只跳出一层循环。

```
#!/bin/sh

rm -rf fred*
echo > fred1
echo > fred2
mkdir fred3
echo > fred4

for file in fred*
do
    if [ -d "$file" ]; then
        break;
    fi
done

echo first directory starting fred was $file
```

```
rm -rf fred*
exit 0
```

2. :命令

冒号（:）命令是一个空命令。它偶尔会被用于简化条件逻辑，相当于true的一个别名。由于它是内置命令，所以它运行的比true快，但它的输出可读性较差。

你可能会看到将它用作while循环的条件，while :实现了一个无限循环，代替了更常见的while true。

: 结构也会被用在变量的条件设置中，例如：

```
: ${var:=value}
```

如果没有:, shell将试图把$var当作一条命令来处理。

> 在一些shell脚本，主要是一些旧的shell脚本中，你可能会看到冒号被用在一行的开头来表示一个注释。但现代的脚本总是用#来开始一个注释行，因为这样做执行效率更高。

```
#!/bin/sh

rm -f fred
if [ -f fred ]; then
    :
else
    echo file fred did not exist
fi

exit 0
```

3. continue命令

非常类似C语言中的同名语句，这个命令使for、while或until循环跳到下一次循环继续执行，循环变量取循环列表中的下一个值。

```
#!/bin/sh

rm -rf fred*
echo > fred1
echo > fred2
mkdir fred3
echo > fred4

for file in fred*
do
    if [ -d "$file" ]; then
        echo "skipping directory $file"
      continue
    fi
    echo file is $file
done

rm -rf fred*
exit 0
```

continue可以带一个可选的参数以表示希望继续执行的循环嵌套层数，也就是说你可以部分地跳出嵌套循环。这个参数很少使用，因为它会导致脚本程序极难理解。例如：

```
for x in 1 2 3
do
  echo before $x
  continue 1
  echo after $x
done
```

它的输出是：

```
before 1
before 2
before 3
```

4．. 命令

点（.）命令用于在当前shell中执行命令：

```
. ./shell_script
```

通常，当一个脚本执行一条外部命令或脚本程序时，它会创建一个新的环境（一个子shell），命令将在这个新环境中执行，在命令执行完毕后，这个环境被丢弃，留下退出码返回给父shell。但外部的source命令和点命令（这两个命令差不多是同义词）在执行脚本程序中列出的命令时，使用的是调用该脚本程序的同一个shell。

因为在默认情况下，shell脚本程序会在一个新创建的环境中执行，所以脚本程序对环境变量所作的任何修改都会丢失。而点命令允许执行的脚本程序改变当前环境。当你要把一个脚本当作"包裹器"来为后续执行的一些其他命令设置环境时，这个命令通常就很有用。例如，如果你正同时参与几个不同的项目，你就可能会遇到需要使用不同的参数来调用命令的情况，比如说调用一个老版本的编译器来维护一个旧程序。

在shell脚本程序中，点命令的作用有点类似于C或C++语言里的#include指令。尽管它并没有从字面意义上包含脚本，但它的确是在当前上下文中执行命令，所以你可以使用它将变量和函数定义结合进脚本程序。

实　验　点（.）命令

下面的例子在命令行中使用点命令，但你完全可以把它用在一个脚本程序中。

(1) 假设你有两个包含环境设置的文件，它们分别针对两个不同的开发环境。为了设置老的、经典命令的环境，你可以使用文件classic_set，它的内容如下所示：

```
#!/bin/sh

version=classic
PATH=/usr/local/old_bin:/usr/bin:/bin:.
PS1="classic> "
```

(2) 对于新命令，使用文件latest_set：

```
#!/bin/sh

version=latest
PATH=/usr/local/new_bin:/usr/bin:/bin:.
PS1=" latest version> "
```

你可以通过将这些脚本程序和点命令结合来设置环境，就像下面的示例那样：

```
$ . ./classic_set
classic> echo $version
classic
classic> . ./latest_set
latest version> echo $version
latest
latest version>
```

实验解析

这个脚本程序使用点命令执行，所以每个脚本程序都是在当前shell中执行。这使得脚本程序可以改变当前shell中的环境设置，即使脚本程序执行结束后，这些改变仍然有效。

5. echo命令

虽然，X/Open建议在现代shell中使用printf命令，但我们还是依照常规使用echo命令来输出结尾带有换行符的字符串。

一个常见的问题是如何去掉换行符。遗憾的是，不同版本的UNIX对这个问题有着不同的解决方法。Linux常用的解决方法如下所示：

```
echo -n "string to output"
```

但你也经常会遇到：

```
echo -e "string to output\c"
```

第二种方法echo -e确保启用了反斜线转义字符（如\c代表去掉换行符，\t代表制表符，\n代表回车）的解释。在老版本的bash中，对反斜线转义字符的解释通常都是默认启用的，但最新版本的bash通常在默认情况下都不对反斜线转义字符进行解释。你所使用的Linux发行版的详细行为请查看相关手册。

> 如果你需要一种删除结尾换行符的可移植方法，则可以使用外部命令tr来删除它，但它执行的速度比较慢。如果你需要自己的脚本兼容UNIX系统并且需要删除换行符，最好坚持使用printf命令。如果你的脚本只需要运行在Linux和bash上，那么echo -n是不错的选择，虽然你可能需要在脚本的开头加上#!/bin/bash，以明确表示你需要bash风格的行为。

6. eval命令

eval命令允许你对参数进行求值。它是shell的内置命令，通常不会以单独命令的形式存在。我们借用X/Open规范中的一个小例子来演示它的用法：

```
foo=10
x=foo
y='$'$x
echo $y
```

它输出$foo，而

```
foo=10
x=foo
eval y='$'$x
echo $y
```

输出10。因此，eval命令有点像一个额外的$，它给出一个变量的值的值。

eval命令十分有用，它允许代码被随时生成和运行。虽然它的确增加了脚本调试的复杂度，但它可以让你完成使用其他方法难以或者根本无法完成的事情。

7. exec命令

exec命令有两种不同的用法。它的典型用法是将当前shell替换为一个不同的程序。例如：

```
exec wall "Thanks for all the fish"
```

脚本中的这个命令会用wall命令替换当前的shell。脚本程序中exec命令后面的代码都不会执行，因为执行这个脚本的shell已经不存在了。

exec的第二种用法是修改当前文件描述符：

```
exec 3< afile
```

这使得文件描述符3被打开以便从文件afile中读取数据。这种用法非常少见。

8. exit n命令

exit命令使脚本程序以退出码n结束运行。如果你在任何一个交互式shell的命令提示符中使用这个命令，它会使你退出系统。如果你允许自己的脚本程序在退出时不指定一个退出状态，那么该脚本中最后一条被执行命令的状态将被用作返回值。在脚本程序中提供一个退出码总是一个良好的习惯。

在shell脚本编程中，退出码0表示成功，退出码1~125是脚本程序可以使用的错误代码。其余数字具有保留含义，如表2-7所示。

表　2-7

退 出 码	说　　明
126	文件不可执行
127	命令未找到
128及以上	出现一个信号

用0表示成功对于许多C/C++程序员来说可能有些不寻常。在脚本程序中，这种做法的一大优点是：它使得你可以使用多达125个用户自定义的错误代码，而不需要使用一个全局的错误代码变量。

下面是一个简单的例子，如果当前目录下存在一个名为.profile的文件，它就返回0表示成功：

```
#!/bin/sh

if [ -f .profile ]; then
    exit 0
fi

exit 1
```

如果你是个精益求精的人，或至少追求更简洁的脚本，那么你可以组合使用前面介绍过的AND和OR列表来重写这个脚本程序，只需要一行代码：

```
[ -f .profile ] && exit 0 || exit 1
```

9. export命令

export命令将作为它参数的变量导出到子shell中，并使之在子shell中有效。在默认情况下，在一个shell中被创建的变量在这个shell调用的下级（子）shell中是不可用的。export命令把自己的参数创建为一个环境变量，而这个环境变量可以被当前程序调用的其他脚本和程序看见。从更技术的角度来说，被导出的变量构成从该shell衍生的任何子进程的环境变量。我们用下面两个脚本程序export1和export2来说明它的用法。

实 验 导出变量

(1) 我们先列出脚本程序export2：

```sh
#!/bin/sh

echo "$foo"
echo "$bar"
```

(2) 然后是脚本程序export1。在这个脚本的结尾，我们调用了export2：

```sh
#!/bin/sh

foo="The first meta-syntactic variable"
export bar="The second meta-syntactic variable"

export2
```

如果你运行这个脚本程序，你将得到如下的输出：

```
$ ./export1

The second meta-syntactic variable
$
```

实验解析

export2脚本只是回显两个变量的值。export1脚本同时设置两个变量，但只导出变量bar，所以当它其后调用export2时，变量foo的值已丢失，但变量bar的值已被导出到第二个脚本中。脚本输出中第一个空行的出现是因为$foo在export2中没有定义，回显一个null变量将输出一个空行。

一旦一个变量被shell导出，它就可以被该shell调用的任何脚本使用，也可以被后续依次调用的任何shell使用。如果脚本export2调用了另一个脚本，bar的值对新脚本来说仍然有效。

> set -a或set -o allexport命令将导出它之后声明的所有变量。

10. expr命令

expr命令将它的参数当作一个表达式来求值。它的最常见用法就是进行如下形式的简单数学运算：

```
x=`expr $x + 1`
```

反引号（``）字符使x取值为命令expr $x + 1的执行结果。你也可以用语法$()替换反引号``，如下所示：

```
x=$(expr $x + 1)
```

expr命令的功能十分强大，它可以完成许多表达式求值计算。表2-8列出了主要的一些求值计算。

表　2-8

表达式求值	说　　明
expr1 | expr2	如果 expr1 非零，则等于 expr1，否则等于 expr2
expr1 & expr2	只要有一个表达式为零，则等于零，否则等于 expr1
expr1 = expr2	等于
expr1 > expr2	大于
expr1 >= expr2	大于等于
expr1 < expr2	小于
expr1 <= expr2	小于等于
expr1 != expr2	不等于
expr1 + expr2	加法
expr1 - expr2	减法
expr1 * expr2	乘法
expr1 / expr2	整除
expr1 % expr2	取余

在较新的脚本程序中，expr 命令通常被替换为更有效的 $((...)) 语法，这个我们会在本章后面的内容中介绍。

11. printf 命令

只有最新版本的 shell 才提供 printf 命令。X/Open 规范建议我们应该用它来代替 echo 命令，以产生格式化的输出，但看来几乎没什么人接受这一建议。

它的语法是：

```
printf "format string" parameter1 parameter2 ...
```

格式字符串与 C/C++ 中使用的非常相似，但有一些自己的限制。主要是不支持浮点数，因为 shell 中所有的算术运算都是按照整数来进行计算的。格式字符串由各种可打印字符、转义序列和字符转换限定符组成。格式字符串中除了 % 和 \ 之外的所有字符都将按原样输出。

表 2-9 列出了它支持的转义序列。

表　2-9

转义序列	说　　明
\"	双引号
\\	反斜线字符
\a	报警（响铃或蜂鸣）
\b	退格字符
\c	取消进一步的输出
\f	进纸换页字符
\n	换行符
\r	回车符
\t	制表符
\v	垂直制表符
\ooo	八进制值 ooo 表示的单个字符
\xHH	十六进制值 HH 表示的单个字符

字符转换限定符相当复杂，所以我们在这里只列出最常见的用法。更详细的介绍可以参考bash的在线手册或printf在线手册的第一部分（man 1 printf）。如果在手册的第一部分找不到，你可以尝试查找手册的第三部分。字符转换限定符由一个%和跟在后面的一个转换字符组成。主要的转换字符如表2-10所示。

表 2-10

字符转换限定符	说 明
d	输出一个十进制数字
c	输出一个字符
s	输出一个字符串
%	输出一个%字符

格式字符串然后被用来解释printf后续参数的含义并输出结果。例如：

```
$ printf "%s\n" hello
hello
$ printf "%s %d\t%s" "Hi There" 15 people
Hi There 15     people
```

注意，你必须使用双引号括住Hi There字符串，使之成为一个单独的参数。

12. return命令

return命令的作用是使函数返回。我们在前面介绍函数时已提到过它。return命令有一个数值参数，这个参数在调用该函数的脚本程序里被看做是该函数的返回值。如果没有指定参数，return命令默认返回最后一条命令的退出码。

13. set命令

set命令的作用是为shell设置参数变量。许多命令的输出结果是以空格分隔的值，如果需要使用输出结果中的某个域，这个命令就非常有用。

假设你想在一个shell脚本中使用当前月份的名字。系统本身提供了一个date命令，它的输出结果中包含了字符串形式的月份名称，但是你需要把它与其他区域分隔开。你可以将set命令和$(...)结构相结合来执行date命令，并且返回想要的结果。date命令的输出把月份字符串作为它的第二个参数：

```
#!/bin/sh

echo the date is $(date)
set $(date)
echo The month is $2

exit 0
```

这个程序把date命令的输出设置为参数列表，然后通过位置参数$2获得月份。

注意，我们以date命令作为一个简单的例子来说明怎么提取位置参数。由于date命令的输出受本地语言的影响较大，所以在实际工作中，你应该使用date +%B命令来提取月份名字。date命令还有许多其他格式选项，详细资料请参考它的手册页。

你还可以通过set命令和它的参数来控制shell的执行方式。其中最常用的命令格式是set -x，它让一个脚本程序跟踪显示它当前执行的命令。我们将在本章后面介绍程序调试时讨论set命令和它更多的选项。

14. shift命令

shift命令把所有参数变量左移一个位置，使$2变成$1，$3变成$2，以此类推。原来$1的值将被丢弃，而$0仍将保持不变。如果调用shift命令时指定了一个数值参数，则表示所有的参数将左移指定的次数。$*、$@和$#等其他变量也将根据参数变量的新安排做相应的变动。

在扫描处理脚本程序的参数时，经常要用到shift命令。如果你的脚本程序需要10个或10个以上的参数，你就需要用shift命令来访问第十个及其后面的参数。

例如，你可以像下面这样依次扫描所有的位置参数：

```
#!/bin/sh

while [ "$1" != "" ]; do
    echo "$1"
    shift
done

exit 0
```

15. trap命令

trap命令用于指定在接收到信号后将要采取的行动，我们将在本书后面的内容中详细介绍信号。trap命令的一种常见用途是在脚本程序被中断时完成清理工作。历史上，shell总是用数字来代表信号，但新的脚本程序应该使用信号的名字，它们定义在头文件signal.h中，在使用信号名时需要省略SIG前缀。你可以在命令提示符下输入命令trap -l来查看信号编号及其关联的名称。

> 对于那些不熟悉信号的人们来说，信号是指那些被异步发送到一个程序的事件。在默认情况下，它们通常会终止一个程序的运行。

trap命令有两个参数，第一个参数是接收到指定信号时将要采取的行动，第二个参数是要处理的信号名。

trap command signal

请记住，脚本程序通常是以从上到下的顺序解释执行的，所以你必须在你想保护的那部分代码之前指定trap命令。

如果要重置某个信号的处理方式到其默认值，只需将command设置为-。如果要忽略某个信号，就把command设置为空字符串''。一个不带参数的trap命令将列出当前设置的信号及其行动的清单。

表2-11列出了X/Open规范里面规定的能够被捕获的比较重要的一些信号（括号里面的数字是对应的信号编号）。更多细节请参考signal在线手册的第7部分（man 7 signal）。

表 2-11

信　号	说　明
HUP(1)	挂起，通常因终端掉线或用户退出而引发
INT(2)	中断，通常因按下Ctrl+C组合键而引发
QUIT(3)	退出，通常因按下Ctrl+\组合键而引发
ABRT(6)	中止，通常因某些严重的执行错误而引发
ALRM(14)	报警，通常用来处理超时
TERM(15)	终止，通常在系统关机时发送

实 验 **信号处理**

下面的脚本演示了一些简单的信号处理方法：

```sh
#!/bin/sh

trap 'rm -f /tmp/my_tmp_file_$$' INT
echo creating file /tmp/my_tmp_file_$$
date > /tmp/my_tmp_file_$$

echo "press interrupt (CTRL-C) to interrupt ...."
while [ -f /tmp/my_tmp_file_$$ ]; do
    echo File exists
    sleep 1
done
echo The file no longer exists

trap INT
echo creating file /tmp/my_tmp_file_$$
date >  /tmp/my_tmp_file_$$

echo "press interrupt (control-C) to interrupt ...."
while [ -f /tmp/my_tmp_file_$$ ]; do
    echo File exists
    sleep 1
done

echo we never get here
exit 0
```

如果你运行这个脚本，在每次循环时按下Ctrl+C组合键（或任何你系统上设定的中断键），将得到如下所示的输出：

```
creating file /tmp/my_tmp_file_141
press interrupt (CTRL-C) to interrupt ....
File exists
File exists
File exists
File exists
The file no longer exists
creating file /tmp/my_tmp_file_141
press interrupt (CTRL-C) to interrupt ....
File exists
File exists
File exists
File exists
```

实验解析

在这个脚本程序中，我们先用trap命令安排它在出现一个INT（中断）信号时执行rm -f /tmp/my_tmp_file_$$命令删除临时文件。脚本程序然后进入一个while循环，只要临时文件存在，循环就一直持续下去。当用户按下Ctrl+C组合键时，脚本程序就会执行rm -f /tmp/my_tmp_file_$$语句，然后继续下一个循环。因为临时文件现在已经被删除了，所以第一个while循环将正常退出。

接下来，脚本程序再次调用trap命令，这次是指定当一个INT信号出现时不执行任何命令。脚本

程序然后重新创建临时文件并进入第二个while循环。这次当用户按下Ctrl+C组合键时，没有语句被指定执行，所以采取默认处理方式，即立即终止脚本程序。因为脚本程序被立即终止了，所以最后的echo和exit语句永远都不会被执行。

16. unset命令

unset命令的作用是从环境中删除变量或函数。这个命令不能删除shell本身定义的只读变量（如IFS）。这个命令并不常用。

下面的脚本第一次输出字符串Hello World，但第二次只输出一个换行符：

```sh
#!/bin/sh

foo="Hello World"
echo $foo

unset foo
echo $foo
```

> 使用foo=语句产生的效果与上面脚本中的unset命令产生的效果差不多，但并不等同。foo=语句将变量foo设置为空，但变量foo仍然存在，而使用unset foo语句的效果是把变量foo从环境中删除。

17. 另外两个有用的命令和正则表达式

在学习如何应用shell编程中的这个新知识点之前，让我们再来看另外两个非常有用的命令，它们虽然不是shell的一部分，但在编写shell程序时经常用到。同时，我们也将介绍正则表达式，一种出现在所有Linux以及与之关联程序中的模式匹配特征。

● find命令

你将看到的第一个命令是find。这是个用于搜索文件的命令，它极其有用，但Linux初学者常常觉得它不易使用，这不仅仅是因为它有选项、测试和动作类型的参数，还因为其中一个参数的处理结果可能会影响到后续参数的处理。

在深入研究这些选项、测试和参数之前，让我们首先看一个非常简单的例子，它用来在本地机器上查找名为test的文件。为了确保你具有搜索整个机器的权限，请以root用户身份来执行这个命令：

```
# find / -name test -print
/usr/bin/test
#
```

根据你所使用系统的不同，你可能还会找到其他几个名称也为test的文件。正如你可能猜测的那样，这个命令的含义是：从根目录开始查找名为test的文件，并且输出该文件的完整路径。这非常简单。

然而，这个命令的执行确实需要花费很长的时间，并且网络上的Windows机器的硬盘也会高速转动。这是因为Linux机器挂载（使用SAMBA）了一大块Windows机器的文件系统，看起来似乎是Windows文件系统也被搜索了，尽管我们知道要查找的文件应该在Linux机器上。

这就是我们要介绍的第一个选项发挥作用的时候了。如果你指定-mount选项，你就可以告诉find命令不要搜索挂载的其他文件系统的目录。

```
# find / -mount -name test -print
/usr/bin/test
#
```

我们仍然能找到文件，但这次搜索速度会更快，同时也不必再搜索挂载的其他文件系统。

find命令的完整语法格式如下所示：

find [path] [options] [tests] [actions]

path部分很容易理解：你既可以使用绝对路径，如/bin，也可以使用相对路径，如.。如果需要，你也可以指定多个路径，如find /var /home。

find命令有许多选项可用，表2-12列出了一些主要的选项。

表 2-12

选 项	含 义
-depth	在查看目录本身之前先搜索目录的内容
-follow	跟随符号链接
-maxdepth N	最多搜索N层目录
-mount(或-xdev)	不搜索其他文件系统中的目录

下面是测试部分。可以提供给find命令的测试非常多，每种测试返回的结果有两种可能：true或false。find命令开始工作时，它按照顺序将定义的每种测试依次应用到它搜索到的每个文件上。如果一个测试返回false，find命令就停止处理它当前找到的这个文件，并继续搜索。如果一个测试返回true，find命令将继续下一个测试或对当前文件采取行动。表2-13只列出了最常用的测试，请参考find命令的手册页以了解所有可以使用的测试。

表 2-13

测 试	含 义
-atime N	文件在N天之前被最后访问过
-mtime N	文件在N天之前被最后修改过
-name pattern	文件名(不包括路径名)匹配提供的模式pattern，为了确保pattern被传递给find命令而不是由shell来处理，pattern必须总是用引号括起
-newer otherfile	文件比otherfile文件要新
-type c	文件的类型为c，c是一个特殊类型。最常见的是d（目录）和f（普通文件）。其他可用的类型请参考手册页
-user username	文件的拥有者是指定的用户username

你还可以用操作符来组合测试。大多数操作符有两种格式：短格式和长格式，如表2-14所示。

表 2-14

操作符，短格式	操作符，长格式	含 义
!	-not	测试取反
-a	-and	两个测试都必须为真
-o	-or	两个测试有一个必须为真

你可以通过使用圆括号来强制测试和操作符的优先级。由于圆括号对shell来说有其特殊的含义，所以你还必须使用反斜线来引用圆括号。此外，如果你在文件名处使用的是匹配模式，你就必须在模式上使用引号以确保模式没有被shell扩展，而是直接传递给find命令。例如，如果你想写一个测试"搜索的文件比文件X要新，或者文件名以下划线开头"，你可以这样写：

```
\(-newer X -o -name "_*" \)
```

我们将在下一个"实验解析"部分之后举这样一个例子。

实　验　使用带测试的find命令

在当前目录下搜索比文件while2要新的文件：

```
$ find . -newer while2 -print
.
./elif3
./words.txt
./words2.txt
./_trap
$
```

这个结果看起来不错，不过在结果中还包括了当前目录，而这并不是你想要的，你只对普通文件感兴趣。所以你会增加一个额外的测试-type f：

```
$ find . -newer while2 -type f -print
./elif3
./words.txt
./words2.txt
./_trap
$
```

实验解析

它是如何工作的呢？你指定find命令应该在当前目录（.）中搜索比文件while2要新的文件（-newer while2），如果这个测试通过，然后再测试这个文件是否是一个普通文件（-type f）。最后，你使用前面已经讲过的-print来确认搜索到的文件。

现在来查找以下划线开头的文件或比while2文件要新的文件，但在两种情况下都必须是普通文件。这个例子将演示如何使用圆括号来对测试进行组合：

```
$ find . \( -name "_*" -or -newer while2 \) -type f -print
./elif3
./words.txt
./words2.txt
./_break
./_if
./_set
./_shift
./_trap
./_unset
./_until
$
```

可以看出完成这个任务并不是很困难。你必须转义圆括号使得它们不会被shell处理，而且还需要将*号用引号括起使得它被直接传递给find命令。

现在你已可以可靠地搜索文件了。下面来看看在发现匹配指定条件的文件之后，你可以执行的动作。表2-15只列出了最常见的动作，完整的动作列表请见find命令的手册页。

-exec和-ok命令将命令行上后续的参数作为它们参数的一部分，直到被\;序列终止。实际上，-exec和-ok命令执行的是一个嵌入式命令，所以嵌入式命令必须以一个转义的分号结束，使得find命令可以决定什么时候它可以继续查找用于它自己的命令行选项。魔术字符串{}是-exec或-ok命令的一个特殊类型的参数，它将被当前文件的完整路径取代。

表 2-15

动 作	含 义
-exec command	执行一条命令。这是最常见的动作之一。请见这个表格之后的解释以了解参数是如何传递给这个命令的。这个动作必须使用\;字符对来结束
-ok command	与-exec类似，但它在执行命令之前会针对每个要处理的文件，提示用户进行确认。这个动作必须使用\;字符对来结束
-print	打印文件名
-ls	对当前文件使用命令ls-dils

上面的解释可能并不容易理解，但通过一个例子可以将其解释得更清楚。我们来看一个比较简单的例子，它使用一条非常安全的命令ls：

```
$ find . -newer while2 -type f -exec ls -l {} \;
-rwxr-xr-x    1 rick      rick            275 Feb  8 17:07 ./elif3
-rwxr-xr-x    1 rick      rick            336 Feb  8 16:52 ./words.txt
-rwxr-xr-x    1 rick      rick           1274 Feb  8 16:52 ./words2.txt
-rwxr-xr-x    1 rick      rick            504 Feb  8 18:43 ./_trap
$
```

如你所见，find命令非常有用。你只需通过一点练习就可以很好地掌握它。无论如何，这点练习是完全值得的，所以请使用find命令来进行实验。

● grep命令

我们将介绍的第二个非常有用的命令是grep，这个不寻常的名字代表的是通用正则表达式解析器（General Regular Expression Parser，简写为grep）。你使用find命令在系统中搜索文件，而使用grep命令在文件中搜索字符串。事实上，一种非常常见的用法是在使用find命令时，将grep作为传递给-exec的一条命令。

grep命令使用一个选项、一个要匹配的模式和要搜索的文件，它的语法如下所示：

grep [options] PATTERN [FILES]

如果没有提供文件名，则grep命令将搜索标准输入。

我们首先来查看grep命令的一些主要选项，它们列在了表2-16中，完整的选项列表请见grep命令的手册页。

表 2-16

选 项	含 义
-c	输出匹配行的数目，而不是输出匹配的行
-E	启用扩展表达式
-h	取消每个输出行的普通前缀，即匹配查询模式的文件名
-i	忽略大小写
-l	只列出包含匹配行的文件名，而不输出真正的匹配行
-v	对匹配模式取反，即搜索不匹配行而不是匹配行

实 验 **基本的grep命令用法**

我们来看一些使用grep命令的简单例子：

```
$ grep in words.txt
When shall we three meet again.  In thunder, lightning, or in rain?
I come, Graymalkin!
$ grep -c in words.txt words2.txt
words.txt:2
words2.txt:14
$ grep -c -v in words.txt words2.txt
words.txt:9
words2.txt:16
$
```

实验解析

第一个例子未使用选项，它只是在文件 words.txt 中搜索字符串 in，然后输出匹配的行。文件名未输出是因为你只在一个文件中进行搜索。

第二个例子在两个不同的文件中计算匹配行的数目。在这种情况下，文件名被输出。

最后一个例子使用 -v 选项对搜索取反，在两个文件中计算不匹配行的数目。

● 正则表达式

正如你所看到的，grep 命令的基本用法非常容易掌握。现在是时候介绍正则表达式的基础知识了，它允许你实现更复杂的匹配。正如我们在本章前面提到的那样，正则表达式被广泛应用于 Linux 和许多其他开源编程语言中。你可以在 vi 编辑器或 Perl 脚本中使用它们，而且不论它们出现在哪里，其基本原理都是一样的。

在正则表达式的使用过程中，一些字符是以特定方式处理的。最常使用的特殊字符如表 2-17 所示。

表　2-17

字　　符	含　　义
^	指向一行的开头
$	指向一行的结尾
.	任意单个字符
[]	方括号内包含一个字符范围，其中任何一个字符都可以被匹配，例如字符范围 a～e，或在字符范围前面加上 ^ 符号表示使用反向字符范围，即不匹配指定范围内的字符

如果想将上述字符用作普通字符，就需要在它们前面加上 \ 字符。例如，如果想使用 $ 字符，你需要将它写为 \$。

在方括号中还可以使用一些有用的特殊匹配模式，如表 2-18 所示。

表　2-18

匹配模式	含　　义
[:alnum:]	字母与数字字符
[:alpha:]	字母
[:ascii:]	ASCII 字符
[:blank:]	空格或制表符
[:cntrl:]	ASCII 控制字符
[:digit:]	数字
[:graph:]	非控制、非空格字符

（续）

匹配模式	含　义
[:lower:]	小写字母
[:print:]	可打印字符
[:punct:]	标点符号字符
[:space:]	空白字符，包括垂直制表符
[:upper:]	大写字母
[:xdigit:]	十六进制数字

另外，如果指定了用于扩展匹配的-E选项，那些用于控制匹配完成的其他字符可能会遵循正则表达式的规则（见表2-19）。对于grep命令来说，我们还需要在这些字符之前加上\字符。

表　2-19

选　项	含　义
?	匹配是可选的，但最多匹配一次
*	必须匹配0次或多次
+	必须匹配1次或多次
{n}	必须匹配n次
{n,}	必须匹配n次或n次以上
{n,m}	匹配次数在n到m之间，包括n和m

这看上去有点复杂，但如果你实际应用它，将会发现它并不像第一眼看上去那么复杂。掌握正则表达式的最简单方法就是尝试一些实验。

(1) 我们的第一个例子是查找以字母e结尾的行。你可能会猜到需要使用特殊字符$，如下所示：

```
$ grep  e$ words2.txt
Art thou not, fatal vision, sensible
I see thee yet, in form as palpable
Nature seems dead, and wicked dreams abuse
$
```

如你所见，这个命令找到了以字母e结尾的行。

(2) 现在假设想要查找以字母a结尾的单词。要完成这一任务，你需要使用方括号括起的特殊匹配字符。在本例中，你将使用的是[[:blank:]]，它用来测试空格或制表符：

```
$ grep a[[:blank:]] words2.txt
Is this a dagger which I see before me,
A dagger of the mind, a false creation,
Moves like a ghost. Thou sure and firm-set earth,
$
```

(3)下面我们来查找以Th开头的由3个字母组成的单词。在本例中，你既需要使用[[:space:]]来划定单词的结尾，还需要用字符（.）来匹配一个额外的字符：

```
$ grep Th.[[:space:]] words2.txt
The handle toward my hand? Come, let me clutch thee.
The curtain'd sleep; witchcraft celebrates
Thy very stones prate of my whereabout,
$
```

(4) 最后，我们用扩展 grep 模式来搜索只有 10 个字符长的全部由小写字母组成的单词。我们通过指定一个匹配字母 a 到 z 的字符范围和一个重复 10 次的匹配来完成这一任务：

```
$ grep -E [a-z]\{10\} words2.txt
And such an instrument I was to use.
The curtain'd sleep; witchcraft celebrates
Thy very stones prate of my whereabout,
$
```

我们在这里只涉及了正则表达式中最重要的内容。与 Linux 中大多数事物一样，系统中的大量文档可以帮助你了解更多的细节，但学习正则表达式最好的方法是实际操作。

2.6.6　命令的执行

编写脚本程序时，你经常需要捕获一条命令的执行结果，并把它用在 shell 脚本程序中。也就是说，你想要执行一条命令，并把该命令的输出放到一个变量中。

你可以用在本章前面 set 命令示例中介绍的 $(command) 语法来实现，也可以用一种比较老的语法形式 `command`，这种用法目前依然很常见。

> 请注意，在脚本程序里执行命令的比较老的语法形式时，使用的是反引号（`），而不是我们在前面使用的单引号（'）（单引号的作用是防止变量扩展）。只有当你需要使自己的脚本程序具备非常好的可移植性时，你才应该使用这种比较老的方法。

所有的新脚本程序都应该使用 $(...) 形式，引入这一形式的目的是为了避免在使用反引号执行命令时，处理其内部的 $、`、\ 等字符所需要应用的相当复杂的规则。如果在反引号 `...` 结构中需要用到反引号，它就必须通过 \ 字符进行转义。这些相对晦涩的字符往往会让程序员感到困惑，有时即使是经验丰富的 shell 脚本程序员也必须反复进行实验，才能确保在反引号命令中引号的使用不会出错。

$(command) 的结果就是其中命令的输出。注意，这不是该命令的退出状态，而是它的字符串形式的输出结果。例如：

```
#!/bin/sh

echo The current directory is $PWD
echo The current users are $(who)

exit 0
```

因为当前目录是一个 shell 环境变量，所以程序的第一行不需要使用这个命令执行结构。但如果我们想要在脚本程序中使用 who 命令的输出结果，就需要使用这个结构。

如果想要将命令的结果放到一个变量中，你可以按通常的方法来给它赋值，如下所示：

```
whoisthere=$(who)
echo $whoisthere
```

这种把命令的执行结果放到变量中的能力是非常强大的，它使得在脚本程序中使用现有命令并捕获其输出变得很容易。如果需要把一条命令在标准输出上的输出转换为一组参数，并且将它们用做为另一个程序的参数，你会发现命令 xargs 可以帮你完成这一工作。具体细节请参考它的手册页。

有时，当你打算调用的命令在输出你想要的内容之前先输出了一些空白字符，或者它输出的内容比你想要的要多的时候也会出现问题。此时，你可以用前面介绍的 set 命令来解决。

1. 算术扩展

我们已经介绍过expr命令，通过它可以处理一些简单的算术命令，但这个命令执行起来相当慢，因为它需要调用一个新的shell来处理expr命令。

一种更新更好的办法是使用$((...))扩展。把你准备求值的表达式括在$((...))中能够更有效地完成简单的算术运算。如下所示：

```
#!/bin/sh

x=0
while [ "$x" -ne 10 ]; do
    echo $x
    x=$(($x+1))
done

exit 0
```

> 注意，这与x=$(...)命令不同，两对圆括号用于算术替换，而我们之前见到的一对圆括号用于命令的执行和获取输出。

2. 参数扩展

你已经见过形式最简单的参数赋值和扩展了，如下所示：

```
foo=fred
echo $foo
```

但当你想在变量名后附加额外的字符时就会遇到问题。假设你想编写一个简短的脚本程序，来处理名为1_tmp和2_tmp的两个文件。你可能会这样写：

```
#!/bin/sh

for i in 1 2
do
    my_secret_process $i_tmp
done
```

但是在每次循环中，你都会看到如下所示的出错信息：

```
my_secret_process: too few arguments
```

哪里出错了呢？

问题在于shell试图替换变量$i_tmp的值，而这个变量其实并不存在。shell并不会认为这是一个错误，仅仅会将它替换为一个空值，因此根本不会有参数被传递给my_secret_process。为了保护变量名中类似于$i部分的扩展，你需要把i放在花括号中，如下所示：

```
#!/bin/sh

for i in 1 2
do
    my_secret_process ${i}_tmp
done
```

在每次循环中，变量i的值替换了${i}，从而给出正确的文件名。也就是说，你把参数的值替换进了一个字符串。

你可以在shell中采用多种参数替换方法。对于多参数处理问题来说，这些方法通常会提供一种精巧的解决方案。表2-20列出了一些常见的参数扩展方法。

表　2-20

参数扩展	说　　明
${param:-default}	如果param为空，就把它设置为default的值
${#param}	给出param的长度
${param%word}	从param的尾部开始删除与word匹配的最小部分，然后返回剩余部分
${param%%word}	从param的尾部开始删除与word匹配的最长部分，然后返回剩余部分
${param#word}	从param的头部开始删除与word匹配的最小部分，然后返回剩余部分
${param##word}	从param的头部开始删除与word匹配的最长部分，然后返回剩余部分

当处理字符串时，这些替换通常是很有用的。特别是上表中对字符串进行部分删除的最后4个参数扩展方法，在处理文件名和路径时非常有用，请看下面的例子。

实　验　**参数的处理**

下面脚本程序的各个部分分别演示了各种参数匹配操作符的用法：

```
#!/bin/sh

unset foo
echo ${foo:-bar}

foo=fud
echo ${foo:-bar}

foo=/usr/bin/X11/startx
echo ${foo#*/}
echo ${foo##*/}

bar=/usr/local/etc/local/networks
echo ${bar%local*}
echo ${bar%%local*}

exit 0
```

它的输出结果如下：
```
bar
fud
usr/bin/X11/startx
startx
/usr/local/etc/
/usr/
```

实验解析

第一条语句${foo:-bar}给出的值是bar，这是因为在这条语句执行时foo没有值。这条语句执行后，变量foo未发生变化，它还停留在未设置状态。

> 如果这条语句是${foo:=bar}，那么变量$foo就会被赋值。这个字符串操作符的作用是，检查变量foo是否存在且不为空。如果它不为空，就返回它的值，否则就把变量foo赋值为bar并返回这个值。
>
> ${foo:?bar}语句将在变量foo不存在或它设置为空的情况下，输出foo:bar并异常终止脚本程序。最后，${foo:+bar}语句将在变量foo存在且不为空的情况下返回bar。选择可太多了！

{foo#*/}语句仅仅匹配并删除最左边的/（记住，*匹配零个或多个字符）。{foo##*/}语句匹配并删除尽可能多的字符，所以它删除最右边的/及其前面的所有字符。

{bar%local*}语句匹配从右边起直到第一次出现local（及跟在它后面的所有字符），而{bar%%local*}语句则从右边起尽可能多地匹配字符，直到遇到最靠左边的local。

因为UNIX和Linux系统都非常依赖过滤器的思想，所以一个操作的结果常常必须手工进行重定向。假设你想使用cjpeg程序将一个GIF文件转换为一个JPEG文件：

```
$ cjpeg image.gif > image.jpg
```

但有时，你可能希望对大量文件执行这类操作，那么如何实现自动重定向呢？很简单，像下面这样做即可：

```
#!/bin/sh

for image in  *.gif
do
  cjpeg $image > ${image%%gif}jpg
done
```

这个脚本名为giftojpeg，它为当前目录中的每个GIF文件创建一个对应的JPEG文件。

2.6.7 here 文档

在shell脚本程序中向一条命令传递输入的一种特殊方法是使用here文档。它允许一条命令在获得输入数据时就好像是在读取一个文件或键盘一样，而实际上是从脚本程序中得到输入数据。

here文档以两个连续的小于号<<开始，紧跟着一个特殊的字符序列，该序列将在文档的结尾处再次出现。<<是shell的标签重定向符，在这里，它强制命令的输入是一个here文档。这个特殊字符序列的作用就像一个标记，它告诉shell here文档结束的位置。因为这个标记序列不能出现在传递给命令的文档内容中，所以应该尽量使它既容易记忆又相当不寻常。

实　验　使用here文档

最简单的例子就是给cat命令提供输入数据，如下所示：

```
#!/bin/sh

cat <<!FUNKY!
hello
this is a here
document
!FUNKY!
```

它的输出如下所示：

```
hello
this is a here
document
```

here文档功能可能看起来相当奇怪，但其实它的作用很大。因为它可以用来调用交互式的程序，比如一个编辑器，并向它提供一些事先定义好的输入。但它更常见的用途是在脚本程序中输出大量的文本，就像你在刚才的示例中看到的那样，从而可以避免用echo语句来输出每一行。你可以在标识符两端都使用感叹号（!）来确保不会引起混淆。

如果想按预定的方式处理一个文件中的几行，你可以使用ed行编辑器，并在脚本程序中通过here文档向它提供命令。

实　验　here文档的另一个用法

(1) 我们从名为`a_text_file`的文件开始，它的内容如下所示：

```
That is line 1
That is line 2
That is line 3
That is line 4
```

(2) 你可以通过结合使用here文档和`ed`编辑器来编辑这个文件：

```
#!/bin/sh

ed a_text_file <<!FunkyStuff!
3
d
.,\$s/is/was/
w
q
!FunkyStuff!

exit 0
```

运行这个脚本程序，现在这个文件的内容是：

```
That is line 1
That is line 2
That was line 4
```

实验解析

这个脚本程序只是调用ed编辑器并向它传递命令，先让它移动到第三行，然后删除该行，再把当前行（因为第三行刚刚被删除了，所以当前行现在就是原来的最后一行，即第四行）中的is替换为was。完成这些操作的ed命令来自脚本程序中的here文档——在标记!FunkyStuff!之间的那些内容。

> 注意，我们在here文档中用\字符来防止$字符被shell扩展。\字符的作用是对$进行转义，让shell知道不要尝试把$s/is/was/扩展为它的值，而它也确实没有值。shell把\$传递为$，再由ed编辑器对它进行解释。

2.6.8　调试脚本程序

　　脚本程序的调试通常都很容易，但并没有特定的工具帮助我们进行调试。在本节中，我们将简单讲述一些常用的方法。

　　出现错误时，shell一般都会打印出包含错误的行的行号。如果这个错误并不是非常明显，你可以添加一些额外的echo语句来显示变量的内容，也可以通过在shell中交互式地输入代码片段来对它们进行测试。

　　因为脚本程序是解释执行的，所以在脚本程序的修改和重试过程中没有编译方面的额外开支。跟踪脚本程序中复杂错误的主要方法是设置各种shell选项。为此，你可以在调用shell时加上命令行选项，或是使用set命令。表2-21列出了各种选项。

表　2-21

命令行选项	set选项	说　　明
sh -n <script>	set -o noexec set -n	只检查语法错误，不执行命令
sh -v <script>	set -o verbose set -v	在执行命令之前回显它们
sh -x <script>	set -o xtrace set -x	在处理完命令之后回显它们
sh -u <script>	set -o nounset set -u	如果使用了未定义的变量，就给出出错消息

　　你可以用-o选项启用set命令的选项标志，用+o选项取消设置，对简写版本也是一样的处理方法。你可以通过使用xtrace选项来得到一份简单的执行跟踪报告。在调试的初始阶段，你可以先使用命令行选项的方法，但如果想获得更好的调试效果，你可以将xtrace标志（用来启用或关闭执行命令的跟踪）放到脚本程序中问题代码的前后。执行跟踪功能让shell在执行每行语句之前，先输出该行并对该行中变量进行扩展。

　　使用下面的命令来启用xtrace选项：

```
set -o xtrace
```

　　再用下面的命令来关闭xtrace选项：

```
set +o xtrace
```

　　默认情况下，变量扩展的层次由每行代码前的+号个数指出。你可以通过对shell配置文件中的shell变量PS4进行设置，将+号修改为更有意义的字符。

　　在shell中，你还可以通过捕获EXIT信号，从而在脚本程序退出时查看到程序的状态。具体做法是在脚本程序的开始处添加类似下面这样的一条语句：

```
trap 'echo Exiting: critical variable = $critical_variable' EXIT
```

2.7　迈向图形化: dialog 工具

　　在结束讨论shell脚本程序之前，我们还将介绍一个特性。尽管严格来说，它并不是shell的一部分，但是在通常情况下，它仅仅在shell程序设计中有用，所以我们将在这里讨论它。

　　如果你知道你的脚本程序只需要运行在Linux控制台上，则可以使用dialog工具命令，它以一种非常整洁的方式润色你的脚本程序。这个命令使用文本模式的图形和色彩，但它的确提供了友好的面向图形的解决方案。

> 一些 Linux 发行版默认并没有安装 dialog 工具。例如，对于 Ubuntu 来说，你可能必须添加公开维护的套件库来找到一个现成的版本。在其他 Linux 发行版中，你可能会找到一个已安装的替代工具 gdialog。它和 dialog 工具非常相似，但它依赖 GNOME 用户接口来显示其对话框。然而，你得到的回报是你获得了一个真正的图形化界面。一般来说，你可以将任何使用 dialog 工具的程序中对 dialog 工具的调用替换为对 gdialog 工具的调用，从而获得程序的一个图形化版本。我们将在本节最后提供一个使用 gdialog 的程序示例。

dialog 工具的整体思想非常简单：一个带有各种各样参数和选项的程序，它可以显示各种类型的图形框，范围涵盖从最简单的 Yes/No 框到输入框，甚至菜单选项。这个工具通常在用户执行某种类型的输入后返回，返回结果可以通过退出状态获得，或在用户输入文本时，通过标准错误流来获取。

在详细介绍它之前，我们先来看一个非常简单的使用 dialog 的例子。你可以在命令行上直接使用 dialog，这对于程序的原型设计很有用。现在让我们创建一个简单的消息框，来显示传统意义上的第一个程序：

```
dialog --msgbox "Hello World" 9 18
```

执行它就会在屏幕上显示一个图形化的消息框，你可以通过 OK 对话框关闭它（见图 2-3）。

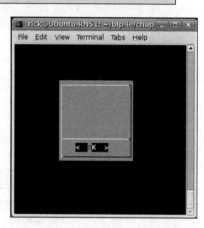

图 2-3

现在你已看出 dialog 的使用非常容易，接下来我们对它的各种可能性进行详细地介绍。表 2-22 列出了你可以创建的对话框的主要类型。

表 2-22

类　　　型	用于创建类型的选项	含　　义
复选框	--checklist	允许用户显示一个选项列表，每个选项都可以被单独选择
信息框	--infobox	在显示消息后，对话框将立刻返回，但并不清除屏幕
输入框	--inputbox	允许用户输入文本
菜单框	--menu	允许用户选择列表中的一项
消息框	--msgbox	向用户显示一条消息，同时显示一个 OK 按钮，用户可以通过选择该按钮继续操作
单选框	--radiolist	允许用户选择列表中的一个选项
文本框	--textbox	允许用户在带有滚动条的文本框中显示一个文件的内容
是/否框	--yesno	允许用户提问，用户可以选择 yes 或 no

还有一些其他的对话框类型（例如，进度框和密码框）可用。如果你想了解更多不常用的对话框类型，你也可以参考在线手册页。

如果想获得任何类型的允许文本输入或进行选择的对话框的输出，你必须捕获标准错误流，通常是把它指向某个临时文件以便后续处理。要想获得 Yes/No 对话框的输出结果，只需查看它的退出码，与所有设计良好的程序一样，返回 0 表示成功（例如，选择 yes 选项），返回 1 表示失败。

所有的对话框类型都有各种各样的用于控制的参数，比如控制显示的对话框的大小和形状。我们首先列出每种类型需要的参数（见表2-23），然后在命令行上演示其中一部分参数的用法。最后，你将看到一个简单的将几种对话框结合起来的程序。

表　2-23

对话框类型	参　　数
--checklist	text height width list-height [tag text status]...
--infobox	text height width
--inputbox	text height width [initial string]
--menu	text height width menu-height [tag item]...
--msgbox	text height width
--radiolist	text height width list-height [tag text status]...
--textbox	filename height width
--yesno	text height width

除此之外，所有的对话框类型都有几个相同的参数选项。在此我们不一一列出，只介绍两个选项：--title和–clear。前者用于指定对话框的标题，后者用来完成清屏操作。完整的选项列表请查询手册页。

让我们直接跳到一个很复杂的例子。一旦你理解了这个例子，所有其他的程序就非常简单了！在这个例子中，你将创建一个标题为Check me的复选框，它包括一条提示信息Pick Numbers。复选框高15字符，宽25字符，每个选项高3个字符。最后，你列出要显示的选项并设置了默认的开关选择。

```
dialog --title "Check me" --checklist "Pick Numbers" 15 25 3 1 "one" "off" 2 "two"
"on" 3 "three" "off"
```

图2-4显示了该命令执行的结果。

实验解析

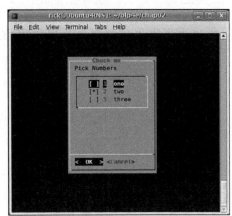

图　2-4

在本例中，--checklist参数用于创建一个复选框。--title选项将标题设置为Check me，下一个参数是提示信息Pick Numbers。

你接下来设置对话框的大小。它高15行，宽25个字符，3行被用于菜单。这个大小并不是最合适的，但是你可以从中看到内容的排列方式。

选项的设置看上去有点棘手，但你只需要记住每个菜单选项有3个值：

❑ 编号；

❑ 文本；

❑ 状态。

第一个菜单项的编号是1，显示的文本是one，状态设置为off。第二个菜单项的值分别是2、two和选中。依次继续直到菜单项设置完毕。

是不是很容易？你可以在命令行上尝试一下，看看它的使用有多么简单。为了能将这些放在一个程序中，你需要能够访问用户输入的结果。这一点很容易实现，对于文本输入，你只需要重定向标准错误流或检查环境变量$?的内容，$?的值实际上就是前一个命令的退出状态。

实　验　**一个更复杂的使用 dialog 工具的程序**

我们来看一个名为 questions 的简单程序，它关注用户的响应：

(1) 首先，该程序通过显示一个简单的对话框来告诉用户发生的事情。你不需要获得返回值或任何用户的输入，所以这看起来非常简单和友好：

```
#!/bin/sh

# Ask some questions and collect the answer

dialog --title "Questionnaire" --msgbox "Welcome to my simple survey" 9 18
```

(2) 然后用一个简单的 yes/no 对话框来询问用户是否要继续操作。我们用环境变量 $? 来检查用户是否选择了 yes（返回码为 0）。如果用户不想继续操作，就使用一个简单的信息框显示信息，信息框在退出之前不需要用户的输入。

```
dialog --title "Confirm" --yesno "Are you willing to take part?"  9 18
if [ $? != 0 ]; then
  dialog --infobox "Thank you anyway" 5 20
  sleep 2
  dialog --clear
  exit 0
fi
```

(3) 我们使用一个输入框来询问用户的姓名。重定向标准错误流 2 到临时文件 _1.txt，然后再将它放到变量 Q_NAME 中：

```
dialog --title "Questionnaire" --inputbox "Please enter your name" 9 30 2>_1.txt
Q_NAME=$(cat _1.txt)
```

(4) 现在显示一个菜单，它有 4 个不同的选项。你再次重定向标准错误流并且把它装载到一个变量中：

```
dialog --menu "$Q_NAME, what music do you like best?" 15 30 4 1 "Classical" 2
"Jazz" 3 "Country" 4 "Other" 2>_1.txt
Q_MUSIC=$(cat _1.txt)
```

(5) 用户选择的菜单项编号将被保存到临时文件 _1.txt 中，同时这个结果被放入变量 Q_MUSIC 中，以便你对结果进行测试：

```
if [ "$Q_MUSIC" = "1" ]; then
  dialog --title "Likes Classical" --msgbox "Good choice!" 12 25
else
  dialog --title "Doesn't like Classical" --msgbox "Shame" 12 25
fi
```

(6) 最后，清除对话框并退出程序：

```
sleep 2
dialog --clear
exit 0
```

图 2-5 显示了屏幕上的输出信息。

实验解析

本例通过将 dialog 命令和一些简单的 shell 编程语句相结合，讲解了如何仅仅使用 shell 脚本来构建简单的 GUI 程序。程序从一个简单的欢迎页面开始，然后使用一个简单的 --yesno 对话框询问用户是否愿意继续操作。程序使用变量$?来检查用户的回答。如果用户同意，程序将获得用户的姓名并将它保存在变量Q_NAME中，然后使用--menu对话框询问用户喜欢哪种类型的音乐。通过将用户选择的菜单项编号保存到变量Q_MUSIC中，程序可以看到用户的回答并给出适当的回应。

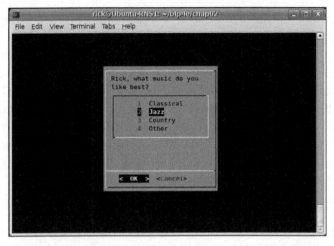

图 2-5

如果你运行的是一个基于GNOME的GUI，并且正在使用它提供的终端会话，你就可以使用gdialog命令来代替dialog。这两个命令有着相同的参数，因此你只需将调用的命令从dialog改为gdialog即可，其他的代码完全不需改动。图2-6显示了在Ubuntu系统中，使用上面脚本程序的gdialog版本时，屏幕的输出结果。

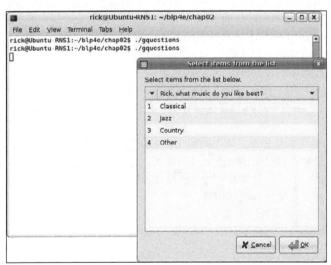

图 2-6

这是从一个脚本程序中生成可用的GUI界面的非常简单的方法。

2.8　综合应用

至此，你已学习完作为程序设计语言的shell的主要功能。是时候运用你所学的知识来编写一个实际的示例程序了。

贯穿全书，你将编写一个CD数据库应用程序，从而更好地掌握所学的知识。首先从shell脚本开始，但很快你就会用C语言重写该程序，并给它加上数据库等新功能。

2.8.1　需求

假设你收集了大量的CD唱片，现在为了方便管理，你将设计和实现一个管理CD唱片的程序。在学习Linux程序设计的过程中，实现这样一个电子CD唱片目录看起来是一个比较理想的项目。

开始阶段，你至少应该能够做到把每张CD唱片的基本资料保存起来，如唱片的名称、音乐类型、艺术家或作曲家的名字等。你可能还想再保存一些简单的曲目信息。你希望能够以每张CD唱片为单位进行搜索，而不是以曲目资料为单位。为了让这个小小的应用程序比较完整，你还希望能够在这个应用程序中对唱片资料进行输入、更新和删除。

2.8.2　设计

3项需求（对数据进行更新、检索和显示）应该采用一个简单的菜单就足够了。由于所有需要存储的数据全部都是文本，而且假设你收集的CD唱片不是很多，因此你就没有必要使用一个复杂的数据库，使用一些简单的文本文件即可。将资料保存在文本文件中将使应用程序比较简单，而且如果你的需求发生了变化，操纵文本文件总是要比操纵其他类型的文件更加容易。在万不得已的情况下，你甚至还可以使用一个编辑器来手工输入和删除数据，而不必非要通过编写程序来完成。

你需要为数据存储作出一个重要的设计决策：一个文件够用吗？如果够用，它应该采用什么样的格式？除曲目信息以外，你想要保存的大部分资料在每张CD唱片上只出现一次（我们暂不考虑某些CD唱片包含多位作曲家或艺术家作品的情况），而且几乎所有CD唱片都有多个曲目。

你需要对可以存储在CD唱片上的曲目数量加一个限制吗？这看起来是一个非常随意和没有必要的限制，所以还是立刻放弃这个想法吧！

如果对曲目数量没有限制，你就有以下3种选择。

❑ 只使用一个文件，用一行来保存"标题"信息，再用*n*行保存该CD唱片上的曲目信息。

❑ 将每张CD唱片的所有信息都放置在一行上，允许该行一直延续直到没有曲目信息需要保存为止。

❑ 把标题信息和曲目信息分开，用不同的文件来分别保存它们。

只有第三种做法能够让你灵活地修改文件的格式，如果今后你想把数据库转换为关系数据库格式的话（将在第7章详细介绍），你就需要修改文件格式，因此我们选择第三种方法。

下一个决策是要在文件里放入哪些信息。

我们决定对每张CD唱片保存以下信息：

❑ CD唱片的目录编号；

❑ 标题；

❑ 曲目类型（古典、摇滚、流行、爵士等）；

❑ 作曲家或艺术家。

对曲目，我们只保存两条信息：

❑ 曲目编号;

❑ 曲名。

为了把这两个文件结合起来,你必须把曲目信息和CD唱片上的其他信息关联起来。为此,你需要使用CD唱片的目录编号。因为它对每张CD唱片都是唯一的,所以它在标题文件中只出现一次,在曲目文件中对每首曲目也只出现一次。

让我们来看一个示例标题文件,如表2-24所示。

表 2-24

目录编号	标 题	曲目类型	作 曲 家
CD123	Cool sax	爵士	Bix
CD234	Classic violin	古典	Bach
CD345	Hits99	流行	Various

它所对应的曲目文件,如表2-25所示。

表 2-25

目录编号	曲目编号	曲 名
CD123	1	Some jazz
CD123	2	More jazz
CD234	1	Sonata in D minor
CD345	1	Dizzy

这两个文件通过目录编号结合在一起。请记住,标题文件中的一个数据项一般都对应曲目文件中的多行数据。

你需要决定的最后一件事情是如何分隔数据项。在关系数据库里,长度固定的数据字段比较常见,但它并非总是最方便的。另一种常见方法是使用逗号,这个例子就选择了这个方法(即用逗号分隔变量,或CSV文件)。

在接下来的"实验"部分,为了不至于让你迷失方向,我们把将要用到的函数列在下面:

```
get_return()
get_confirm()
set_menu_choice()
insert_title()
insert_track()
add_record_tracks()
add_records()
find_cd()
update_cd()
count_cds()
remove_records()
list_tracks()
```

实 验 CD唱片应用程序

(1) 和以前一样,这个示例脚本程序的第一行用于确保自己可以作为一个shell脚本程序来执行,接下来是一些版权信息:

```
#!/bin/bash

# Very simple example shell script for managing a CD collection.
# Copyright (C) 1996-2007 Wiley Publishing Inc.

# This program is free software; you can redistribute it and/or modify it
# under the terms of the GNU General Public License as published by the
# Free Software Foundation; either version 2 of the License, or (at your
# option) any later version.

# This program is distributed in the hopes that it will be useful, but
# WITHOUT ANY WARRANTY; without even the implied warranty of
# MERCHANTABILITY or FITNESS FOR A PARTICULAR PURPOSE. See the GNU General
# Public License for more details.

# You should have received a copy of the GNU General Public License along
# with this program; if not, write to the Free Software Foundation, Inc.
# 675 Mass Ave, Cambridge, MA 02139, USA.
```

(2) 首先要做的事情就是，确保设置好脚本程序将要用到的一些全局变量，包括标题文件、曲目文件和一个临时文件。我们还设置Ctrl+C组合键的中断处理，以确保在用户中断脚本程序时删除临时文件：

```
menu_choice=""
current_cd=""
title_file="title.cdb"
tracks_file="tracks.cdb"
temp_file=/tmp/cdb.$$
trap 'rm -f $temp_file' EXIT
```

(3) 现在开始定义函数。因为脚本程序是从文件的第一行开始执行，所以这样做可以确保在调用任何一个函数之前都能够找到它的定义。为了避免在几个地方反复编写同样的代码，最开始的两个函数是简单的工具型函数：

```
get_return() {
  echo -e "Press return \c"
  read x
  return 0
}

get_confirm() {
  echo -e "Are you sure? \c"
  while true
  do
    read x
    case "$x" in
      y | yes | Y | Yes | YES )
        return 0;;
      n | no  | N | No  | NO )
        echo
        echo "Cancelled"
        return 1;;
      *) echo "Please enter yes or no" ;;
    esac
  done
}
```

(4) 接下来是主菜单函数 set_menu_choice。菜单的内容是动态变化的，当用户选择了某张CD唱片后，主菜单中会多出几个选项。

> 注意，echo-e命令可能不能被移植到某些shell中。

```
set_menu_choice() {
  clear
  echo "Options :-"
  echo
  echo "   a) Add new CD"
  echo "   f) Find CD"
  echo "   c) Count the CDs and tracks in the catalog"
  if [ "$cdcatnum" != "" ]; then
    echo "   l) List tracks on $cdtitle"
    echo "   r) Remove $cdtitle"
    echo "   u) Update track information for $cdtitle"
  fi
  echo "   q) Quit"
  echo
  echo -e "Please enter choice then press return \c"
  read menu_choice
  return
}
```

(5) 接下来是两个很短小的函数 insert_title 和 insert_track，它们用于向数据库文件里添加数据。虽然有的人不喜欢这种长度只有一行的函数，但它们有助于让其他函数的含义更清晰易解。

紧跟着这两个函数的是一个比较大的函数 add_record_tracks，它会用到上述两个短小的函数。这个函数使用模式匹配来确保用户未输入逗号（因为我们把逗号用做数据字段之间的分隔符），使用算术操作在用户输入曲目时递增当前曲目的编号：

```
insert_title() {
  echo $* >> $title_file
  return
}

insert_track() {
  echo $* >> $tracks_file
  return
}

add_record_tracks() {
  echo "Enter track information for this CD"
  echo "When no more tracks enter q"
  cdtrack=1
  cdttitle=""
  while [ "$cdttitle" != "q" ]
  do
      echo -e "Track $cdtrack, track title? \c"
      read tmp
      cdttitle=${tmp%%,*}
      if [ "$tmp" != "$cdttitle" ]; then
        echo "Sorry, no commas allowed"
```

```
      continue
    fi
    if [ -n "$cdttitle" ] ; then
      if [ "$cdttitle" != "q" ]; then
        insert_track $cdcatnum,$cdtrack,$cdttitle
      fi
    else
      cdtrack=$((cdtrack-1))
    fi
  cdtrack=$((cdtrack+1))
  done
}
```

(6) add_records 函数用于输入新 CD 唱片的标题信息：

```
add_records() {
  # Prompt for the initial information

  echo -e "Enter catalog name \c"
  read tmp
  cdcatnum=${tmp%%,*}

  echo -e "Enter title \c"
  read tmp
  cdtitle=${tmp%%,*}

  echo -e "Enter type \c"
  read tmp
  cdtype=${tmp%%,*}

  echo -e "Enter artist/composer \c"
  read tmp
  cdac=${tmp%%,*}

  # Check that they want to enter the information

  echo About to add new entry
  echo "$cdcatnum $cdtitle $cdtype $cdac"

  # If confirmed then append it to the titles file

  if get_confirm ; then
    insert_title $cdcatnum,$cdtitle,$cdtype,$cdac
    add_record_tracks
  else
    remove_records
  fi

  return
}
```

(7) find_cd 函数的作用是使用 grep 命令在 CD 唱片标题文件中查找 CD 唱片的有关资料。你需要知道查询字符串在标题文件里出现的次数，但 grep 命令的返回值只能告诉你该字符串是匹配了 0 次还是多次。为了解决这一问题，我们把 grep 命令的输出保存到一个临时文件中，文件中的每行对应一次匹配，然后再统计该文件的行数。

　　单词统计命令wc在其输出中使用空格符分隔被统计文件中的行数、单词数和字符个数。我们使用$(wc -l $temp_file)标记从wc命令的输出结果中提取出第一个参数，并赋值给变量linesfound。如果要用到wc命令输出中的其他参数，你可以利用set命令把shell参数变量设置为wc命令的输出结果。

　　我们把IFS（内部数据字段分隔符）设置为一个逗号，这样你就可以读取以逗号分隔的数据字段了。另一个可选择的命令是cut。

```
find_cd() {
  if [ "$1" = "n" ]; then
    asklist=n
  else
    asklist=y
  fi
  cdcatnum=""
  echo -e "Enter a string to search for in the CD titles \c"
  read searchstr
  if [ "$searchstr" = "" ]; then
    return 0
  fi

  grep "$searchstr" $title_file > $temp_file

  set $(wc -l $temp_file)
  linesfound=$1

  case "$linesfound" in
  0)    echo "Sorry, nothing found"
        get_return
        return 0
        ;;
  1)    ;;
  2)    echo "Sorry, not unique."
        echo "Found the following"
        cat $temp_file
        get_return
        return 0
  esac

  IFS=","
  read cdcatnum cdtitle cdtype cdac < $temp_file
  IFS=" "

  if [ -z "$cdcatnum" ]; then
    echo "Sorry, could not extract catalog field from $temp_file"
    get_return
    return 0
  fi

  echo
  echo Catalog number: $cdcatnum
  echo Title: $cdtitle
  echo Type: $cdtype
```

```
    echo Artist/Composer: $cdac
    echo
    get_return

    if [ "$asklist" = "y" ]; then
      echo -e "View tracks for this CD? \c"
        read x
      if [ "$x" = "y" ]; then
        echo
        list_tracks
        echo
      fi
    fi
    return 1
}
```

(8) update_cd函数用于重新输入CD唱片的资料。注意，你想要搜索（使用grep）的行是以
$cdcatnum开头（通过标志^）并且其后跟着一个逗号，因此你需要把$cdcatnum变量的扩展放在一对
花括号{}里，这样你就可以搜索紧跟在CD目录编号之后的逗号了。这个函数还在get_confirm返回
true的情况下，用花括号将要执行的多个语句组成一个语句块。

```
update_cd() {
  if [ -z "$cdcatnum" ]; then
    echo "You must select a CD first"
    find_cd n
  fi
  if [ -n "$cdcatnum" ]; then
    echo "Current tracks are :-"
    list_tracks
    echo
    echo "This will re-enter the tracks for $cdtitle"
    get_confirm && {
      grep -v "^${cdcatnum}," $tracks_file > $temp_file
      mv $temp_file $tracks_file
      echo
      add_record_tracks
    }
  fi
  return
}
```

(9) count_cds函数用于快速统计数据库中CD唱片个数和曲目总数：

```
count_cds() {
  set $(wc -l $title_file)
  num_titles=$1
  set $(wc -l $tracks_file)
  num_tracks=$1
  echo found $num_titles CDs, with a total of $num_tracks tracks
  get_return
  return
}
```

(10) remove_records函数用于从数据库文件中删除数据项，它通过grep -v命令删除所有匹配

的字符串。注意，你必须使用一个临时文件来完成这一工作。

如果你使用下面这样的命令：

```
grep -v "^$cdcatnum" > $title_file
```

$title_file文件就会在grep命令开始执行之前，被>输出重定向操作设置为空文件，结果导致grep命令将从一个空文件里读取数据。

```
remove_records() {
  if [ -z "$cdcatnum" ]; then
    echo You must select a CD first
    find_cd n
  fi
  if [ -n "$cdcatnum" ]; then
    echo "You are about to delete $cdtitle"
    get_confirm && {
      grep -v "^${cdcatnum}," $title_file > $temp_file
      mv $temp_file $title_file
      grep -v "^${cdcatnum}," $tracks_file > $temp_file
      mv $temp_file $tracks_file
      cdcatnum=""
      echo Entry removed
    }
    get_return
  fi
  return
}
```

(11) list_tracks函数还是使用grep命令来找出你想要的行，它通过cut命令来访问你想要的字段，然后通过more命令提供按页输出。如果你对比一下用C语言重新实现这段大约20行左右的代码需要多少条语句的话，你就不得不佩服shell是一个功能多么强大的工具了。

```
list_tracks() {
  if [ "$cdcatnum" = "" ]; then
    echo no CD selected yet
    return
  else
    grep "^${cdcatnum}," $tracks_file > $temp_file
    num_tracks=$(wc -l $temp_file)
    if [ "$num_tracks" = "0" ]; then
      echo no tracks found for $cdtitle
    else {
      echo
      echo "$cdtitle :-"
      echo
      cut -f 2- -d , $temp_file
      echo
    } | ${PAGER:-more}
    fi
  fi
  get_return
  return
}
```

(12) 现在所有的函数都已定义好了，你可以进入主程序部分了。开头的几行先确保需要的文件处于一个已知状态，然后调用主菜单函数 set_menu_choice，再根据它的输出进行相应的操作。

如果用户选择了退出，程序就先删除临时文件，再显示结束信息，最后成功退出（退出码为0）：

```
rm -f $temp_file
if [ ! -f $title_file ]; then
  touch $title_file
fi
if [ ! -f $tracks_file ]; then
  touch $tracks_file
fi

# Now the application proper

clear
echo
echo
echo "Mini CD manager"
sleep 1

quit=n
while [ "$quit" != "y" ];
do
  set_menu_choice
  case "$menu_choice" in
    a) add_records;;
    r) remove_records;;
    f) find_cd y;;
    u) update_cd;;
    c) count_cds;;
    l) list_tracks;;
    b)
      echo
      more $title_file
      echo
      get_return;;
    q | Q ) quit=y;;
    *) echo "Sorry, choice not recognized";;
  esac
done

#Tidy up and leave

rm -f $temp_file
echo "Finished"
exit 0
```

2.8.3 应用程序的说明

脚本程序开始处的 trap 命令用于设置在用户按下 Ctrl+C 组合键时的中断处理。根据终端设置的不同，Ctrl+C 组合键可能引发 EXIT 或 INT 信号。

实现菜单选择还有其他的办法，特别值得一提的是 bash 或 ksh 提供的 select 结构（但它未被列在 X/Open 规范中）。它是一个专门用来处理菜单选择的结构。如果你并不介意脚本程序移植性稍差的话，可以考虑使用它。你还可以利用here文档来实现为用户提供多行信息。

你可能已注意到，当添加一个新的CD唱片记录时，程序并没有检查其主键。新代码只是忽略使用同样主键的后续唱片标题，但把它们的曲目添加到第一个使用该主键的CD唱片的曲目清单中。如下所示：

```
1 First CD Track 1
2 First CD Track 2
1 Another CD
2 With the same CD key
```

我们将把这个问题及其他改进留给读者，请充分发挥你们的想象力和创造力，因为你可以在GPL条款之下任意修改这些代码。

2.9 小结

在本章中，你已看到shell本身就是一种功能强大的程序设计语言。它能够轻松调用其他程序并对它们的输出进行处理，这种能力使得shell成为完成文本和文件处理任务的一个理想工具。

当你下一次需要一个小工具程序时，请考虑一下你是否可以通过将一些Linux命令组合进一个shell脚本程序来解决自己的问题。你会惊讶自己竟然在不使用编译器的情况下，使用shell就可以编写出大量的工具程序。

## 第 3 章

文 件 操 作

3

在本章中，你将了解Linux中的文件、目录以及相关操作。你将学习如何创建、打开、读写和关闭文件，还将学习程序是如何处理目录的（例如创建、扫描和删除目录）。在上一章我们讨论了shell之后，现在，你将开始用C语言进行编程了。

在开始讨论Linux对文件I/O的处理方法之前，我们先回顾一下与文件、目录和设备相关的概念。为了对文件和目录进行处理，你需要用到系统调用（这是UNIX和Linux中与Windows API对应的概念），但系统中同时还存在一整套库函数——标准I/O库（stdio），可以更有效地进行文件处理。

在本章的大部分内容中，我们将详细讨论处理文件和目录的各种调用。因此，本章将涵盖如下各种与文件相关的主题：

- 文件和设备
- 系统调用
- 库函数
- 底层文件访问
- 管理文件
- 标准I/O库
- 格式化输入和输出
- 文件和目录的维护
- 扫描目录
- 错误及其处理
- /proc文件系统
- 高级主题：fcntl和mmap

3.1 Linux 文件结构

你可能会问："为什么要在这里讨论文件结构呢？我早知道它了。"这么说吧，与UNIX一样，Linux环境中的文件具有特别重要的意义，因为它们为操作系统服务和设备提供了一个简单而一致的接口。在Linux中，一切（或几乎一切）都是文件。

这就意味着，通常程序完全可以像使用文件那样使用磁盘文件、串行口、打印机和其他设备。在本书后面的内容中，我们将介绍一些例外情况，比如第15章中的网络连接。但大多数情况下，你只需要使用5个基本的函数——open、close、read、write和ioctl。

目录也是文件，但它是一种特殊类型的文件。在现代的UNIX（包括Linux）版本中，即使是超级用户可能也不再被允许直接对目录进行写操作了。所有用户通常都使用上层的 `opendir/readdir` 接口来读取目录，而无需了解特定系统中目录实现的具体细节。我们将在本章的后面介绍专门的目录函数。

可以这么说，Linux中的任何事物都可以用一个文件来表示，或者通过特殊的文件提供。虽然它们会与你熟悉的传统文件有一些细微的区别，但两者的基本原理是一致的。下面就让我们来看看到目前为止我们提到的一些特殊文件。

3.1.1 目录

文件，除了本身包含的内容以外，它还会有一个名字和一些属性，即"管理信息"，包括文件的创建／修改日期和它的访问权限。这些属性被保存在文件的inode（节点）中，它是文件系统中的一个特殊的数据块，它同时还包含文件的长度和文件在磁盘上的存放位置。系统使用的是文件的inode编号，目录结构为文件命名仅仅是为了便于人们使用。

目录是用于保存其他文件的节点号和名字的文件。目录文件中的每个数据项都是指向某个文件节点的链接，删除文件名就等于删除与之对应的链接（文件的节点号可以通过 `ls -i` 命令查看）。你可以通过使用 `ln` 命令在不同的目录中创建指向同一个文件的链接。

删除一个文件时，实质上是删除了该文件对应的目录项，同时指向该文件的链接数减1。该文件中的数据可能仍然能够通过其他指向同一文件的链接访问到。如果指向某个文件的链接数（即 `ls -l` 命令的输出中跟在访问权限后面的那个数字）变为零，就表示该节点以及其指向的数据不再被使用，磁盘上的相应位置就会被标记为可用空间。

文件被安排在目录中，目录中可能还包含子目录。这些构成了我们所熟悉的文件系统层次结构。用户（比如 `neil`）通常会将自己的文件保存在家目录中，这可能是目录 /home/neil，该目录还将包含用于保存电子邮件、商业信函、工具程序等的子目录。注意，许多UNIX和Linux的shell都允许用户通过波浪线符号（~）直接进入自己的家目录。要想进入他人的家目录，就键入~user（~加用户名）即可。如你所知，每个用户的家目录通常是一个上层目录的子目录，这个上层目录是专为此目的而创建的，在本例中，它就是 /home 目录。

> 注意，糟糕的是，标准库函数不能理解文件名参数中的shell波浪线速记符号，所以你必须始终在自己的程序中使用真实的文件名。

图 3-1

/home 目录本身又是根目录 / 的一个子目录，根目录位于目录层次的最顶端，它在它的各级子目录中包含着系统中的所有文件。根目录中通常包含用于存放系统程序（二进制可执行文件）的 /bin 子目录、用于存放系统配置文件的 /etc 子目录和用于存放系统函数库的 /lib 子目录。代表物理设备并为这些设备提供接口的文件按照惯例会被放在 /dev 子目录中。图3-1显示了一个典型的Linux目录结构的一部分。关于Linux文件系统布局的更多信息请见第18章中有关Linux文件系统标准的讨论。

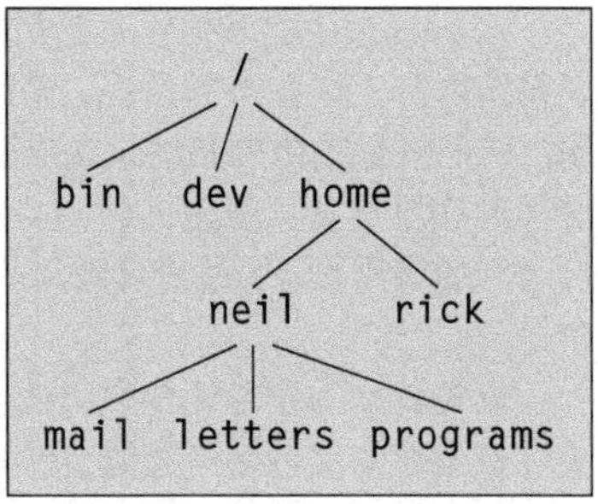

3.1.2 文件和设备

甚至硬件设备在Linux中通常也被表示（映射）为文件。例如，作为超级用户，你可以使用如下命令将IDE CD-ROM驱动器挂载为一个文件：

```
# mount -t iso9660 /dev/hdc /mnt/cdrom
# cd /mnt/cdrom
```

这个命令将CD-ROM设备（在本例中，是在系统启动时被装载为/dev/hdc的第二个主IDE设备，其他类型的设备对应不同的/dev条目）中的当前内容挂载为/mnt/cdrom目录下的文件结构。然后，你就可以像往常一样浏览CD-ROM的目录，只不过该目录中的内容是只读的。

UNIX和Linux中比较重要的设备文件有3个：/dev/console、/dev/tty和/dev/null。

1. /dev/console

这个设备代表的是系统控制台。错误信息和诊断信息通常会被发送到这个设备。每个UNIX系统都会有一个指定的终端或显示屏用来接收控制台消息。过去，它可能是一台专用的打印终端。在现代的工作站和Linux上，它通常是"活跃"的虚拟控制台；而在X视窗系统中，它会是屏幕上一个特殊的控制台窗口。

2. /dev/tty

如果一个进程有控制终端的话，那么特殊文件/dev/tty就是这个控制终端（键盘和显示屏，或键盘和窗口）的别名（逻辑设备）。例如，由系统自动运行的进程和脚本就没有控制终端，所以它们不能打开/dev/tty。

在能够使用该设备文件的情况下，/dev/tty允许程序直接向用户输出信息，而不管用户具体使用的是哪种类型的伪终端或硬件终端。在标准输出被重定向时，这一功能非常有用。使用命令ls -R | more显示一个长目录列表就是一个这样的例子，more程序需要提示用户进行键盘操作之后才能显示下一页内容。你将在第5章中看到更多使用/dev/tty的例子。

注意，虽然/dev/console设备只有一个，但通过/dev/tty却能够访问许多不同的物理设备。

3. /dev/null

/dev/null文件是空（null）设备。所有写向这个设备的输出都将被丢弃，而读这个设备会立刻返回一个文件尾标志，所以在cp命令里可以把它用做复制空文件的源文件。人们常把不需要的输出重定向到/dev/null。

> 创建空文件的另一个方法是使用touch <filename>命令，该命令的作用是改变文件的修改时间。如果指定的文件不存在，就创建它，但该命令并不会把有内容的文件变成空文件。

```
$ echo do not want to see this >/dev/null
$ cp /dev/null empty_file
```

/dev目录中的其他设备包括：硬盘和软盘、通信端口、磁带驱动器、CD-ROM、声卡以及一些代表系统内部工作状态的设备。该目录中甚至还有/dev/zero设备，它可以作为创建空文件的null字节源。访问该目录中的某些设备需要具有超级用户权限，普通用户不能通过编写程序来直接访问如硬盘这样的底层设备。设备文件的名字会随系统的不同而不同。Linux发行版通常都提供了以超级用户身份运行的应用程序，用来管理那些以其他用户身份无法访问的设备，例如，用于挂载文件系统的mount命令。

设备被分为字符设备和块设备。两者区别在于访问设备时是否需要一次读写一整块。一般情况下，块设备是那些支持某些类型文件系统的设备，例如硬盘。

在本章中，我们将集中讨论磁盘文件和目录。我们将在第5章中讨论另一种设备——用户终端。

3.2 系统调用和设备驱动程序

你只需用很少量的函数就可以对文件和设备进行访问和控制。这些函数被称为系统调用，由UNIX（和Linux）直接提供，它们也是通向操作系统本身的接口。

　　操作系统的核心部分，即内核，是一组设备驱动程序。它们是一组对系统硬件进行控制的底层接口。例如，磁带机就有一个与之对应的设备驱动程序，它知道如何启动磁带、如何对它前后回绕、如何对它进行读写等。它还知道磁带必以固定长度的数据块为单位进行读写。因为磁带在实质上是一个顺序存取设备，所以驱动程序并不能直接访问磁带上的数据块，而是必须先把它回绕到正确的位置。

　　为了向用户提供一个一致的接口，设备驱动程序封装了所有与硬件相关的特性。硬件的特有功能通常可通过ioctl（用于I/O控制）系统调用来提供。

　　/dev目录中的设备文件的用法都是相同的，它们都可以被打开、读、写和关闭。例如，用来访问普通文件的open调用同样可以用来访问用户终端、打印机或磁带机。

　　下面是用于访问设备驱动程序的底层函数（系统调用）。

- ❏ open：打开文件或设备。
- ❏ read：从打开的文件或设备里读数据。
- ❏ write：向文件或设备写数据。
- ❏ close：关闭文件或设备。
- ❏ ioctl：把控制信息传递给设备驱动程序。

　　系统调用ioctl用于提供一些与特定硬件设备有关的必要控制（与正常的输入输出相反），所以它的用法随设备的不同而不同。例如，ioctl调用可以用于回绕磁带机或设置串行口的流控特性。因此，ioctl并不需要具备可移植性。此外，每个驱动程序都定义了它自己的一组ioctl命令。

　　这些系统调用和其他系统调用的文档一般放在手册页的第二节。提供系统调用参数列表和返回类型的函数原型及相关的#define常量都由include文件提供。每个系统调用独有的要求可参见各个系统调用的说明。

3.3　库函数

　　针对输入输出操作直接使用底层系统调用的一个问题是它们的效率非常低。为什么呢？

- ❏ 使用系统调用会影响系统的性能。与函数调用相比，系统调用的开销要大些，因为在执行系统调用时，Linux必须从运行用户代码切换到执行内核代码，然后再返回用户代码。减少这种开销的一个好方法是，在程序中尽量减少系统调用的次数，并且让每次系统调用完成尽可能多的工作。例如，每次读写大量的数据而不是每次仅读写一个字符。
- ❏ 硬件会限制对底层系统调用一次所能读写的数据块大小。例如，磁带机通常一次能写的数据块长度是10k。所以，如果你试图写的数据量不是10k的整数倍，磁带机还是会以10k为单位卷绕磁带，从而在磁带上留下了空隙。

　　为了给设备和磁盘文件提供更高层的接口，Linux发行版（和UNIX）提供了一系列的标准函数库。它们是一些由函数构成的集合，你可以把它们应用到自己的程序中，比如提供输出缓冲功能的标准I/O库。你可以高效地写任意长度的数据块，库函数则在数据满足数据块长度要求时安排执行底层系统调用。这就极大降低了系统调用的开销。

　　库函数的文档一般被放在手册页的第三节，并且库函数往往会有一个与之对应的标准头文件，例如与标准I/O库对应的头文件是stdio.h。

　　图3-2是对前面几小节讨论的总结，它显示了Linux系统中各种文件函数与用户、设备驱动程序、内核和硬件之间的关系。

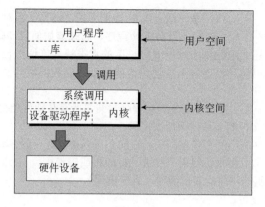

图   3-2

3.4 底层文件访问

每个运行中的程序被称为**进程**（process），它有一些与之关联的文件描述符。这是一些小值整数，你可以通过它们访问打开的文件或设备。有多少文件描述符可用取决于系统的配置情况。当一个程序开始运行时，它一般会有3个已经打开的文件描述符：

- ❑ 0：标准输入
- ❑ 1：标准输出
- ❑ 2：标准错误

你可以通过系统调用open把其他文件描述符与文件和设备相关联，稍后讲解。其实使用自动打开的文件描述符就已经可以通过write系统调用来创建一些简单的程序了。

3.4.1 **write** 系统调用

系统调用write的作用是把缓冲区buf的前nbytes个字节写入与文件描述符fildes关联的文件中。它返回实际写入的字节数。如果文件描述符有错或者底层的设备驱动程序对数据块长度比较敏感，该返回值可能会小于nbytes。如果这个函数返回0，就表示未写入任何数据；如果它返回的是-1，就表示在write调用中出现了错误，错误代码保存在全局变量errno里。

下面是write系统调用的原型：

#include <unistd.h>

size_t write(int fildes, const void *buf, size_t nbytes);

有了这些知识，你就可以编写第一个程序simple_write.c了：

```
#include <unistd.h>
#include <stdlib.h>

int main()
{
    if ((write(1, "Here is some data\n", 18)) != 18)
        write(2, "A write error has occurred on file descriptor 1\n",46);

    exit(0);
}
```

这个程序只是在标准输出上显示一条消息。当程序退出运行时，所有已经打开的文件描述符都会自动关闭，所以你不需要明确地关闭它们。但处理被缓冲的输出时，情况就不一样了。

```
$ ./simple_write
Here is some data
$
```

需要再次提醒的是，write可能会报告写入的字节比你要求的少。这并不一定是个错误。在程序中，你需要检查errno以发现错误，然后再次调用write写入剩余的数据。

3.4.2 read 系统调用

系统调用read的作用是：从与文件描述符fildes相关联的文件里读入nbytes个字节的数据，并把它们放到数据区buf中。它返回实际读入的字节数，这可能会小于请求的字节数。如果read调用返回0，就表示未读入任何数据，已到达了文件尾。同样，如果返回的是-1，就表示read调用出现了错误。

```
#include <unistd.h>
```

```
size_t read(int fildes, void *buf, size_t nbytes);
```

下面这个程序simple_read.c把标准输入的前128个字节复制到标准输出。如果输入少于128个字节，就把它们全体复制过去。

```
#include <unistd.h>
#include <stdlib.h>

int main()
{
    char buffer[128];
    int nread;

    nread = read(0, buffer, 128);
    if (nread == -1)
        write(2, "A read error has occurred\n", 26);

    if ((write(1,buffer,nread)) != nread)
        write(2, "A write error has occurred\n",27);

    exit(0);
}
```

运行这个程序，你会看到：

```
$ echo hello there | ./simple_read
hello there
$ ./simple_read < draft1.txt
Files
In this chapter we will be looking at files and directories and how to manipulate
them. We will learn how to create files,$
```

第一次运行程序时，你使用echo通过管道为程序提供输入。在第二次运行时，你通过文件重定向输入。此时，你可以看到文件draft1.txt的第一部分出现在了标准输出上。

请注意，下一个shell提示符出现在输出数据最后一行的尾部，因为在这个例子中，128个字节的数据并没有构成一个完整的行。

3.4.3 open 系统调用

为了创建一个新的文件描述符，你需要使用系统调用open。

```
#include <fcntl.h>
#include <sys/types.h>
#include <sys/stat.h>

int open(const char *path, int oflags);
int open(const char *path, int oflags, mode_t mode);
```

> 严格来说，在遵循POSIX 规范的系统上，使用open系统调用并不需要包括头文件 sys/types.h和sys/stat.h，但在某些UNIX系统上，它们可能是必不可少的。

简单地说，open建立了一条到文件或设备的访问路径。如果调用成功，它将返回一个可以被read、write和其他系统调用使用的文件描述符。这个文件描述符是唯一的，它不会与任何其他运行中的进程共享。如果两个程序同时打开同一个文件，它们会分别得到两个不同的文件描述符。如果它们都对文件进行写操作，那么它们会各写各的，它们分别接着上次离开的位置继续往下写。它们的数据不会交织在一起，而是彼此互相覆盖。两个程序对文件的读写位置（偏移值）不同。你可以通过使用文件锁功能来防止出现冲突，我们将在第7章里介绍该功能。

准备打开的文件或设备的名字作为参数path传递给函数，oflags参数用于指定打开文件所采取的动作。

oflags参数是通过命令文件访问模式与其他可选模式相结合的方式来指定的。open调用必须指定表3-1中所示的文件访问模式之一。

表   3-1

模 式	说 明
O_RDONLY	以只读方式打开
O_WRONLY	以只写方式打开
O_RDWR	以读写方式打开

open调用还可以在oflags参数中包括下列可选模式的组合（用"按位或"操作）。

❑ O_APPEND：把写入数据追加在文件的末尾。

❑ O_TRUNC：把文件长度设置为零，丢弃已有的内容。

❑ O_CREAT：如果需要，就按参数mode中给出的访问模式创建文件。

❑ O_EXCL：与O_CREAT一起使用，确保调用者创建出文件。Open调用是一个原子操作，也就是说，它只执行一个函数调用。使用这个可选模式可以防止两个程序同时创建同一个文件。如果文件已经存在，open调用将失败。

其他可以使用的oflag值请参考open调用的手册页，它们出现在该手册页的第二节（使用man 2 open命令查看）。

open调用在成功时返回一个新的文件描述符（它总是一个非负整数），在失败时返回-1并设置全局变量errno来指明失败的原因。我们将在本章后面对errno做进一步讨论。新文件描述符总是使用未用描述符的最小值，这个特征在某些情况下非常有用。例如，如果一个程序关闭了它的标准输出，然后再次调用open，文件描述符1就会被重新使用，并且标准输出将被有效地重定向到另一个文件或设备。

POSIX规范还标准化了一个creat调用，但它并不常用。这个调用不仅会像我们预期的那样创建文件，还会打开文件。它的作用相当于以oflags标志O_CREAT|O_WRONLY|O_TRUNC来调用open。

任何一个运行中的程序能够同时打开的文件数是有限制的。这个限制通常是由limits.h头文件中的常量OPEN_MAX定义的，它的值随系统的不同而不同，但POSIX要求它至少为16。这个限制本身还受到本地系统全局性限制的影响，所以一个程序未必总是能够打开这么多文件。在Linux系统中，这个限制可以在系统运行时调整，所以OPEN_MAX并不是一个常量。它通常一开始被设置为256。

3.4.4 访问权限的初始值

当你使用带有O_CREAT标志的open调用来创建文件时，你必须使用有3个参数格式的open调用。第三个参数mode是几个标志按位或后得到的，这些标志在头文件sys/stat.h中定义，如下所示。

- ❑ S_IRUSR：读权限，文件属主。
- ❑ S_IWUSR：写权限，文件属主。
- ❑ S_IXUSR：执行权限，文件属主。
- ❑ S_IRGRP：读权限，文件所属组。
- ❑ S_IWGRP：写权限，文件所属组。
- ❑ S_IXGRP：执行权限，文件所属组。
- ❑ S_IROTH：读权限，其他用户。
- ❑ S_IWOTH：写权限，其他用户。
- ❑ S_IXOTH：执行权限，其他用户。

请看下面的例子：

```
open ("myfile", O_CREAT, S_IRUSR|S_IXOTH);
```

它的作用是创建一个名为myfile的文件，文件属主拥有读权限，其他用户拥有执行权限,且只设置了这些权限。

```
$ ls -ls myfile
0 -r-------x   1 neil      software          0 Sep 22 08:11 myfile*
```

有几个因素会对文件的访问权限产生影响。首先，指定的访问权限只有在创建文件时才会使用。其次，用户掩码（由shell的umask命令设定）会影响到被创建文件的访问权限。open调用里给出的mode值将与当时的用户掩码的反值做AND操作。举例来说，如果用户掩码被设置为001，并且指定了S_IXOTH模式标志，那么其他用户对创建的文件不会拥有执行权限，因为用户掩码中指定了不允许向其他用户提供执行权限。因此，open和creat调用中的标志实际上是发出设置文件访问权限的请求，所请求的权限是否会被设置取决于当时umask的值。

1. umask

umask是一个系统变量，它的作用是：当文件被创建时，为文件的访问权限设定一个掩码。执行umask命令可以修改这个变量的值。它是一个由3个八进制数字组成的值。每个数字都是八进制值1、2、4的OR操作结果。它们的具体含义见表3-2，这3个数字分别对应着用户（user）、组（group）和其他用户（other）的访问权限。

表 3-2

数 字	取 值	含 义
1	0	允许属主任何权限

（续）

数　字	取　值	含　义
	4	禁止属主的读权限
	2	禁止属主的写权限
	1	禁止属主的执行权限
2	0	允许组任何权限
	4	禁止组的读权限
	2	禁止组的写权限
	1	禁止组的执行权限
3	0	允许其他用户任何权限
	4	禁止其他用户的读权限
	2	禁止其他用户的写权限
	1	禁止其他用户的执行权限

例如，如果要禁止组的写和执行权限，同时禁止其他用户的写权限，那么umask值应该如表3-3所示。

表　3-3

数　字	取　值
1	0
2	2
	1
3	2

每个数字的取值OR在一起，因此第2个数字的值是2 | 1，结果为3。最终的umask值为032。

当你通过open或creat调用创建文件时，mode参数将与当前的umask值进行比较。在mode参数中被设置的位如果在umask值中也被设置了，那么它就会从文件的访问权限中删除。因此，用户完全可以设置自己的环境，比如"不准创建允许其他用户有写权限的文件，即使创建该文件的程序要求该权限也不行。"这样做虽然并不能阻止程序或用户在随后使用chmod命令（或者在程序中使用chmod系统调用）来添加其他用户的写权限，但它确实能够帮助用户，使他们不必对每个新文件都去检查和设置其访问权限。

2. close系统调用

你可以使用close调用终止文件描述符fildes与其对应文件之间的关联。文件描述符被释放并能够重新使用。close调用成功时返回0，出错时返回-1。

```
#include <unistd.h>

int close(int fildes);
```

注意，检查close调用的返回结果非常重要。有的文件系统，特别是网络文件系统，可能不会在关闭文件之前报告文件写操作中出现的错误，这是因为在执行写操作时，数据可能未被确认写入。

3. ioctl系统调用

ioctl调用有点像是个大杂烩。它提供了一个用于控制设备及其描述符行为和配置底层服务的接口。终端、文件描述符、套接字甚至磁带机都可以有为它们定义的ioctl，具体细节可以参考特定设备的手册页。POSIX规范只为流（stream）定义了ioctl调用，但它超出了本书讨论的范围。下面是ioctl的原型：

```
#include <unistd.h>

int ioctl(int fildes, int cmd, ...);
```

ioctl对描述符fildes引用的对象执行cmd参数中给出的操作。根据特定设备所支持操作的不同，它还可能会有一个可选的第三参数。

例如，在Linux系统上对ioctl的如下调用将打开键盘上的LED灯：

```
ioctl(tty_fd, KDSETLED, LED_NUM|LED_CAP|LED_SCR);
```

实验 一个文件复制程序

在学习了关于open、read和write系统调用的知识以后，我们来编写一个底层程序copy_system.c，用来逐个字符地把一个文件复制到另外一个文件。

在本章中，我们将采用多种方法来完成这一工作，以比较各种方法的执行效率。为简单起见，我们将假设输入文件已经存在，输出文件不存在，并且所有的读写操作都成功。当然，在实际程序里，我们必须检验这些假设是否成立！

(1) 首先，你需要有一个用于测试的输入文件，长度为1MB，取名为file.in。

(2) 然后编译copy_system.c：

```
#include <unistd.h>
#include <sys/stat.h>
#include <fcntl.h>
#include <stdlib.h>

int main()
{
    char c;
    int in, out;

    in = open("file.in", O_RDONLY);
    out = open("file.out", O_WRONLY|O_CREAT, S_IRUSR|S_IWUSR);
    while(read(in,&c,1) == 1)
        write(out,&c,1);

    exit(0);
}
```

注意，#include <unistd.h>行必须首先出现，因为它定义的与POSIX规范有关的标志可能会影响到其他的头文件。

(3) 运行这个程序，将得到如下的输出结果：

```
$ TIMEFORMAT="" time ./copy_system
4.67user 146.90system 2:32.57elapsed 99%CPU
...
$ ls -ls file.in file.out
1029 -rw-r---r-  1 neil    users      1048576 Sep 17 10:46 file.in
1029 -rw-------  1 neil    users      1048576 Sep 17 10:51 file.out
```

实验解析

我们在这里使用time工具对这个程序的运行时间进行了测算。Linux使用TIMEFORMAT变量来重置默认的POSIX时间输出格式，POSIX时间格式不包括CPU使用率。你可以看到在这台相当老的系统上，1MB的输入文件file.in被成功复制到file.out，后者只允许属主拥有读写权限。但这次复制花费了大约两分半钟，并且几乎消耗了所有的CPU时间。之所以这么慢，是因为它必须完成超过两百万次的系统调用。

近些年来，Linux在系统调用和文件系统性能方面有了很大改善。一个类似的测试在Linux 2.6内核下只需不到14秒就完成了。

```
$ TIMEFORMAT="" time ./copy_system
2.08user 10.59system 0:13.74elapsed 92%CPU
...
```

实 验   另一个文件复制程序

你可以通过复制大一些的数据块来改善效率较低的问题，请看下面这个改进后的程序copy_block.c，它每次复制长度为IK的数据块，用的还是系统调用：

```c
#include <unistd.h>
#include <sys/stat.h>
#include <fcntl.h>
#include <stdlib.h>

int main()
{
    char block[1024];
    int in, out;
    int nread;

    in = open("file.in", O_RDONLY);
    out = open("file.out", O_WRONLY|O_CREAT, S_IRUSR|S_IWUSR);
    while((nread = read(in,block,sizeof(block))) > 0)
        write(out,block,nread);

    exit(0);
}
```

先删除旧的输出文件，然后运行这个程序：

```
$ rm file.out
$ TIMEFORMAT="" time ./copy_block
0.00user 0.02system 0:00.04elapsed 78%CPU
...
```

实验解析

改进后的程序只花费了百分之几秒的时间，因为它只需做大约2 000次系统调用。当然，这些时间与系统本身的性能有很大的关系，但它们确实显示了系统调用需要巨大的开支，因此值得对其使用进行优化。

3.4.5   其他与文件管理有关的系统调用

还有许多其他的系统调用能够操作这些底层文件描述符。通过它们，程序可以控制文件的使用方式和返回文件的状态信息。

1. lseek系统调用

lseek系统调用对文件描述符fildes的读写指针进行设置。也就是说，你可以用它来设置文件的下一个读写位置。读写指针既可被设置为文件中的某个绝对位置，也可以把它设置为相对于当前位置或文件尾的某个相对位置。

```
#include <unistd.h>
#include <sys/types.h>

off_t lseek(int fildes, off_t offset, int whence);
```

offset参数用来指定位置，而whence参数定义该偏移值的用法。whence可以取下列值之一：

❑ SEEK_SET：offset是一个绝对位置。

❑ SEEK_CUR：offset是相对于当前位置的一个相对位置。

❑ SEEK_END：offset是相对于文件尾的一个相对位置。

lseek返回从文件头到文件指针被设置处的字节偏移值，失败时返回-1。参数offset的类型off_t是一个与具体实现有关的整数类型，它定义在头文件sys/types.h中。

2. fstat、stat和lstat系统调用

fstat系统调用返回与打开的文件描述符相关的文件的状态信息，该信息将会写到一个buf结构中，buf的地址以参数形式传递给fstat。

下面是它们的原型：

```
#include <unistd.h>
#include <sys/stat.h>
#include <sys/types.h>

int fstat(int fildes, struct stat *buf);
int stat(const char *path, struct stat *buf);
int lstat(const char *path, struct stat *buf);
```

> 注意：包含头文件sys/types.h是可选的，但由于一些系统调用的定义针对那些某天可能会做出调整的标准类型使用了别名，所以要在程序中使用系统调用时，我们还是推荐将这个头文件包含进去。

相关函数stat和lstat返回的是通过文件名查到的状态信息。它们产生相同的结果，但当文件是一个符号链接时，lstat返回的是该符号链接本身的信息，而stat返回的是该链接指向的文件的信息。

stat结构的成员在不同的类UNIX系统上会有所变化，但一般会包括表3-4中所示的内容。

表 3-4

stat成员	说 明
st_mode	文件权限和文件类型信息
st_ino	与该文件关联的inode
st_dev	保存文件的设备
st_uid	文件属主的UID号
st_gid	文件属主的GID号
st_atime	文件上一次被访问的时间
st_ctime	文件的权限、属主、组或内容上一次被改变的时间
st_mtime	文件的内容上一次被修改的时间
st_nlink	该文件上硬链接的个数

stat结构中返回的st_mode标志还有一些与之关联的宏，它们定义在头文件sys/stat.h中。这些宏包括对访问权限、文件类型标志以及一些用于帮助测试特定类型和权限的掩码的定义。

访问权限标志与前面介绍的open系统调用中的内容是一样的。文件类型标志如下所示。

❑ S_IFBLK：文件是一个特殊的块设备。

❑ S_IFDIR：文件是一个目录。

❑ S_IFCHR：文件是一个特殊的字符设备。

❑ S_IFIFO：文件是一个FIFO（命名管道）。

❑ S_IFREG：文件是一个普通文件。

❑ S_IFLNK：文件是一个符号链接。

以下是其他模式标志。

❑ S_ISUID：文件设置了SUID位。

❑ S_ISGID：文件设置了SGID位。

下面列出了用于解释st_mode标志的掩码。

❑ S_IFMT：文件类型。

❑ S_IRWXU：属主的读/写/执行权限。

❑ S_IRWXG：属组的读/写/执行权限。

❑ S_IRWXO：其他用户的读/写/执行权限。

下面是一些用来帮助确定文件类型的宏定义。它们只是对经过掩码处理的模式标志和相应的设备类型标志进行比较。

❑ S_ISBLK：测试是否是特殊的块设备文件。

❑ S_ISCHR：测试是否是特殊的字符设备文件。

❑ S_ISDIR：测试是否是目录。

❑ S_ISFIFO：测试是否是FIFO。

❑ S_ISREG：测试是否是普通文件。

❑ S_ISLNK：测试是否是符号链接。

例如，如果想测试一个文件代表的不是一个目录，设置了属主的执行权限，并且不再有其他权限，你可以使用如下的代码进行测试：

```
struct stat statbuf;
mode_t modes;

stat("filename",&statbuf);
modes = statbuf.st_mode;

if(!S_ISDIR(modes) && (modes & S_IRWXU) == S_IXUSR)
    ...
```

3. dup和dup2系统调用

dup系统调用提供了一种复制文件描述符的方法，使我们能够通过两个或者更多个不同的描述符来访问同一个文件。这可以用于在文件的不同位置对数据进行读写。dup系统调用复制文件描述符fildes，返回一个新的描述符。dup2系统调用则是通过明确指定目标描述符来把一个文件描述符复制为另外一个。

它们的原型如下：

```
#include <unistd.h>

int dup(int fildes);
int dup2(int fildes, int fildes2);
```

当你通过管道在多个进程间进行通信时，这些调用也很有用。我们将在第13章对dup系统调用进行深入讨论。

3.5 标准 I/O 库

标准I/O库（stdio）及其头文件stdio.h为底层I/O系统调用提供了一个通用的接口。这个库现在已经成为ANSI标准C的一部分，而你前面见到的系统调用却还不是。标准I/O库提供了许多复杂的函数用于格式化输出和扫描输入。它还负责满足设备的缓冲需求。

在很多方面，你使用标准I/O库的方式和使用底层文件描述符一样。你需要先打开一个文件以建立一个访问路径。这个操作的返回值将作为其他I/O库函数的参数。在标准I/O库中，与底层文件描述符对应的是流（stream），它被实现为指向结构FILE的指针。

> 注意，不要把这里的文件流与C++语言中的输入输出流（iostream）以及AT&T UNIX System V Release 3中引入的进程间通信中的STREAMS模型相混淆，STREAMS模型不在本书的讨论范围之内。要想进一步了解STREAMS，请查阅X/Open规范（http://www.opengroup.org）和随System V版本一起提供的*AT&T STREAMS Programming Guide*（《AT&T STREAMS程序设计指南》）。

在启动程序时，有3个文件流是自动打开的。它们是stdin、stdout和stderr。它们都是在stdio.h头文件里定义的，分别代表着标准输入、标准输出和标准错误输出，与底层文件描述符0、1和2相对应。

在本节里，我们将介绍标准I/O库中的下列库函数：

- ❏ fopen、fclose
- ❏ fread、fwrite
- ❏ fflush-
- ❏ fseek-
- ❏ fgetc、getc、getchar
- ❏ fputc、putc、putchar
- ❏ fgets、gets
- ❏ printf、fprintf和sprintf
- ❏ scanf、fscanf和sscanf

3.5.1 fopen 函数

fopen库函数类似于底层的open系统调用。它主要用于文件和终端的输入输出。如果你需要对设备进行明确的控制，那最好使用底层系统调用，因为这可以避免用库函数带来的一些潜在问题，如输入/输出缓冲。

该函数原型如下：

```
#include <stdio.h>

FILE *fopen(const char *filename, const char *mode);
```

fopen打开由filename参数指定的文件,并把它与一个文件流关联起来。mode参数指定文件的打开方式,它取下列字符串中的值。

- "r"或"rb":以只读方式打开。
- "w"或"wb":以写方式打开,并把文件长度截短为零。
- "a"或"ab":以写方式打开,新内容追加在文件尾。
- "r+"或"rb+"或"r+b":以更新方式打开(读和写)。
- "w+"或"wb+"或"w+b":以更新方式打开,并把文件长度截短为零。
- "a+"或"ab+"或"a+b":以更新方式打开,新内容追加在文件尾。

字母b表示文件是一个二进制文件而不是文本文件。

请注意,UNIX和Linux并不像MS-DOS那样区分文本文件和二进制文件。UNIX和Linux把所有文件都看作为二进制文件。另一个需要注意的地方是mode参数,它必须是一个字符串,而不是一个字符。所以总是应该使用双引号,而不是单引号。

fopen在成功时返回一个非空的FILE *指针,失败时返回NULL值,NULL值在头文件stdio.h里定义。可用的文件流数量和文件描述符一样,都是有限制的。实际的限制是由头文件stdio.h中定义的FOPEN_MAX来定义的,它的值至少为8,在Linux系统中,通常是16。

3.5.2   fread 函数

fread库函数用于从一个文件流里读取数据。数据从文件流stream读到由ptr指向的数据缓冲区里。fread和fwrite都是对数据记录进行操作,size参数指定每个数据记录的长度,计数器nitems给出要传输的记录个数。它的返回值是成功读到数据缓冲区里的记录个数(而不是字节数)。当到达文件尾时,它的返回值可能会小于nitems,甚至可以是零。

该函数原型如下:

```
#include <stdio.h>

size_t fread(void *ptr, size_t size, size_t nitems, FILE *stream);
```

对所有向缓冲区里写数据的标准I/O函数来说,为数据分配空间和检查错误是程序员的责任。请参见本章后面对ferror和feof函数的介绍。

3.5.3   fwrite 函数

fwrite库函数与fread有相似的接口。它从指定的数据缓冲区里取出数据记录,并把它们写到输出流中。它的返回值是成功写入的记录个数。

该函数原型如下:

```
#include <stdio.h>

size_t fwrite (const void *ptr, size_t size, size_t nitems, FILE *stream);
```

请注意,我们不推荐把fread和fwrite用于结构化数据。部分原因在于用fwrite写的文件在不同的计算机体系结构之间可能不具备可移植性。

3.5.4   fclose 函数

fclose库函数关闭指定的文件流stream,使所有尚未写出的数据都写出。因为stdio库会对数据进行缓冲，所以使用 fclose 是很重要的。如果程序需要确保数据已经全部写出，就应该调用 fclose 函数。虽然当程序正常结束时，会自动对所有还打开的文件流调用 fclose 函数，但这样做你就没有机会检查由 fclose 报告的错误了。

该函数原型如下：

```
#include <stdio.h>

int fclose(FILE *stream);
```

3.5.5　fflush 函数

fflush 库函数的作用是把文件流里的所有未写出数据立刻写出。例如，你可以用这个函数来确保在试图读入一个用户响应之前，先向终端送出一个交互提示符。使用这个函数还可以确保在程序继续执行之前重要的数据都已经被写到磁盘上。有时在调试程序时，你还可以用它来确认程序是正在写数据而不是被挂起了。注意，调用 fclose 函数隐含执行了一次 flush 操作，所以你不必在调用 fclose 之前调用 fflush。

该函数原型如下：

```
#include <stdio.h>

int fflush(FILE *stream);
```

3.5.6　fseek 函数

fseek 函数是与 lseek 系统调用对应的文件流函数。它在文件流里为下一次读写操作指定位置。offset 和 whence 参数的含义和取值与前面的 lseek 系统调用完全一样。但 lseek 返回的是一个 off_t 数值，而 fseek 返回的是一个整数：0 表示成功，-1 表示失败并设置 errno 指出错误。

该函数原型如下：

```
#include <stdio.h>

int fseek(FILE *stream, long int offset, int whence);
```

3.5.7　fgetc、getc 和 getchar 函数

fgetc 函数从文件流里取出下一个字节并把它作为一个字符返回。当它到达文件尾或出现错误时，它返回 EOF。你必须通过 ferror 或 feof 来区分这两种情况。

这些函数的原型如下：

```
#include <stdio.h>

int fgetc(FILE *stream);
int getc(FILE *stream);
int getchar();
```

getc 函数的作用和 fgetc 一样，但它有可能被实现为一个宏，如果是这样，stream 参数就可能被计算不止一次，所以它不能有副作用（例如，它不能影响变量）。此外，你也不能保证能够使用 getc 的地址作为一个函数指针。

getchar 函数的作用相当于 getc(stdin)，它从标准输入里读取下一个字符。

3.5.8 fputc、putc 和 putchar 函数

fputc函数把一个字符写到一个输出文件流中。它返回写入的值，如果失败，则返回EOF。

```
#include <stdio.h>

int fputc(int c, FILE *stream);
int putc(int c, FILE *stream);
int putchar(int c);
```

类似于fgetc和getc之间的关系，putc函数的作用也相当于fputc，但它可能被实现为一个宏。

putchar函数相当于putc(c,stdout)，它把单个字符写到标准输出。注意，putchar和getchar都是把字符当作int类型而不是char类型来使用的。这就允许文件尾（EOF）标识取值-1，这是一个超出字符数字编码范围的值。

3.5.9 fgets 和 gets 函数

fgets函数从输入文件流stream里读取一个字符串。

```
#include <stdio.h>

char *fgets(char *s, int n, FILE *stream);
char *gets(char *s);
```

fgets把读到的字符写到s指向的字符串里，直到出现下面某种情况：遇到换行符，已经传输了n-1个字符，或者到达文件尾。它会把遇到的换行符也传递到接收字符串里，再加上一个表示结尾的空字节\0。一次调用最多只能传输n-1个字符，因为它必须把空字节加上以结束字符串。

当成功完成时，fgets返回一个指向字符串s的指针。如果文件流已经到达文件尾，fgets会设置这个文件流的EOF标识并返回一个空指针。如果出现读错误，fgets返回一个空指针并设置errno以指出错误的类型。

gets函数类似于fgets，只不过它从标准输入读取数据并丢弃遇到的换行符。它在接收字符串的尾部加上一个null字节。

> 注意：gets对传输字符的个数并没有限制，所以它可能会溢出自己的传输缓冲区。因此，你应该避免使用它并用fgets来代替。许多安全问题都可以追溯到在程序中使用了可能造成各种缓冲区溢出的函数，gets就是一个这样的函数，所以千万要小心！

3.6 格式化输入和输出

如果你曾经用C语言编写过程序，那么你应该对那些按设计格式输出数据的库函数比较熟悉。这些函数包括向一个文件流输出数据的printf系列函数和从一个文件流读取数据的scanf系列函数。

3.6.1 printf、fprintf 和 sprintf 函数

printf系列函数能够对各种不同类型的参数进行格式编排和输出。每个参数在输出流中的表示形式由格式参数format控制，它是一个包含需要输出的普通字符和称为**转换控制符代码**的字符串，转换控制符规定了其余的参数应该以何种方式被输出到何种地方。

```
#include <stdio.h>
```

```
int printf(const char *format, ...);
int sprintf(char *s, const char *format, ...);
int fprintf(FILE *stream, const char *format, ...);
```

printf函数把自己的输出送到标准输出。fprintf函数把自己的输出送到一个指定的文件流。sprintf函数把自己的输出和一个结尾空字符写到作为参数传递过来的字符串s里。这个字符串必须足够容纳所有的输出数据。

printf系列函数还有一些其他的成员,它们以各自不同的方式对其参数进行处理。更详细的资料请参考printf的手册页。

普通字符在输出时不发生变化。转换控制符让printf取出传递过来的其他参数并对它们的格式进行编排。转换控制符总是以%字符开头。下面是一个简单的例子:

```
printf("Some numbers: %d, %d, and %d\n", 1, 2, 3);
```

它在标准输出上产生如下的输出:

```
Some numbers: 1, 2, and 3
```

要想输出%字符,你需要使用%%,这样就不会与转换控制符混淆了。

下面是一些常用的转换控制符。

❑ %d, %i:以十进制格式输出一个整数。

❑ %o, %x:以八进制或十六进制格式输出一个整数。

❑ %c:输出一个字符。

❑ %s:输出一个字符串。

❑ %f:输出一个(单精度)浮点数。

❑ %e:以科学计数法格式输出一个双精度浮点数。

❑ %g:以通用格式输出一个双精度浮点数。

让传递到printf函数里的参数数目和类型与format字符串里的转换控制符相匹配是非常重要的。整数参数的类型可以用一个可选的长度限定符来指定。它可以是h,例如%hd表示这是一个短整数(short int),或者l,例如%ld表示这是一个长整数(long int)。有的编译器能够对printf语句进行检查,但并非万无一失。如果你使用的是GNU编译器gcc,你可以在编译命令中添加-Wformat选项以实现这一功能。

下面是另外一个例子:

```
char initial = 'A';
char *surname = "Matthew";
double age = 13.5;

printf("Hello Mr %c %s, aged %g\n", initial, surname, age);
```

它的输出是:

```
Hello Mr A Matthew, aged 13.5
```

你可以利用字段限定符对数据的输出格式做进一步的控制。它扩展了转换控制符的功能,使得转换控制符能够对输出数据的间隔进行控制。它的常见用法是设置浮点数的小数位数或设置字符串两端的空格数。

字段限定符是转换控制符里紧跟在%字符后面的数字。表3-5中列出了一些转换控制符示例及其输出情况。为了说明得更清楚,我们用垂直线字符来表示输出边界。

表   3-5

格 式	参 数	输 出
%10s	"Hello"	| Hello|
%-10s	"Hello"	|Hello |
%10d	1234	| 1234|
%-10d	1234	|1234 |
%010d	1234	|0000001234 |
%10.4f	12.34	| 12.3400|
%*s	10,"Hello"	| Hello|

上表中的所有示例都输出到一个10个字符宽的区域里。注意：负值的字段宽度表示数据在该字段里以左对齐的格式输出。可变字段宽度用一个星号（*）来表示。在这种情况下，下一个参数用来表示字段宽。%字符后面以0开头表示数据前面要用数字0填充。根据POSIX规范的要求，printf不对数据字段进行截断，而是扩充数据字段以适应数据的宽度。因此，如果你想打印一个比字段宽度长的字符串，数据字段会加宽，如表3-6所示。

表   3-6

格 式	参 数	| 输 出 |
%10s	"HelloTherePeeps"	|HelloTherePeeps|

printf函数返回一个整数以表明它输出的字符个数。但在sprintf的返回值里没有算上结尾的那个null空字符。如果发生错误，这些函数会返回一个负值并设置errno。

3.6.2 scanf、fscanf 和 sscanf 函数

scanf系列函数的工作方式与printf系列函数很相似，只是前者的作用是从一个文件流里读取数据，并把数据值放到以指针参数形式传递过来的地址处的变量中。它们也使用一个格式字符串来控制输入数据的转换，它所使用的许多转换控制符都与printf系列函数的一样。

```
#include <stdio.h>

int scanf(const char *format, ...);
int fscanf(FILE *stream, const char *format, ...);
int sscanf(const char *s, const char *format, ...);
```

scanf函数读入的值将保存到对应的变量里去，这些变量的类型必须正确，并且它们必须精确匹配格式字符串。否则，内存数据就可能会遭到破坏，从而使程序崩溃。编译器是不会对此做出错误提示的，但如果你运气够好，你可能会看到一个警告信息！

scanf系列函数的format格式字符串里同时包含着普通字符和转换控制符，就像printf函数中一样。但在scanf系列函数中，那些普通字符是用于指定在输入数据里必须出现的字符。

下面是一个简单的例子：

```
int num;
scanf("Hello %d", &num);
```

这个scanf调用只有在标准输入中接下来的五个字符匹配"Hello"的情况下才会成功。然后，如果后面的字符构成了一个可识别的十进制数字，该数字就将被读入并赋值给变量num。格式字符串中的空格用于忽略输入数据中位于转换控制符之间的各种空白字符（空格、制表符、换页符和换行符）。这意味着在下面两种输入情况下，这个scanf调用都会执行成功，并把1234放到变量num里：

```
Hello     1234
Hello1234
```

输入的空白字符在进行数据转换时一般也会被忽略。这意味着，格式字符串%d将持续读取输入，忽略空格和换行符，直到找到一组数字为止。如果预期的字符没有在输入流里出现，转换将失败，scanf也将返回。

> 如果不注意，这会产生问题。如果用户在输入中应该出现一个整数的地方放的是一个非数字字符，就可能在程序里导致一个无限循环。

下面是一些其他的转换控制符。

- ❏ %d：读取一个十进制整数。
- ❏ %o、%x：读取一个八进制或十六进制整数。
- ❏ %f、%e、%g：读取一个浮点数。
- ❏ %c：读取一个字符（不会忽略空格）。
- ❏ %s：读取一个字符串。
- ❏ %[]：读取一个字符集合（见下面的说明）。
- ❏ %%：读取一个%字符。

类似于printf，scanf的转换控制符里也可以加上对输入数据字段宽度的限制。长度限定符（h对应于短，l对应于长）指明接收参数的长度是否比默认情况更短或更长。这意味着，%hd表示要读入一个短整数，%ld表示要读入一个长整数，而%lg表示要读入一个双精度浮点数。

以星号（*）开头的控制符表示对应位置上的输入数据将被忽略。这意味着，这个数据不会被保存，因此不需要使用一个变量来接收它。

我们使用%c控制符从输入中读取一个字符。它不会跳过起始的空白字符。

我们使用%s控制符来扫描字符串，但使用时必须小心。它会跳过起始的空白字符，并且会在字符串里出现的第一个空白字符处停下来，所以，你最好用它来读取单词而不是一般意义上的字符串。此外，如果没有使用字段宽度限定符，它能够读取的字符串的长度是没有限制的，所以接收字符串必须有足够的空间来容纳输入流中可能的最长字符串。较好的选择是使用一个字段限定符，或者结合使用fgets和sscanf从输入中读入一行数据，再对它进行扫描。这样可以避免可能被恶意用户利用的缓冲区溢出。

我们使用%[]控制符读取由一个字符集合中的字符构成的字符串。格式字符串%[A-Z]将读取一个由大写字母构成的字符串。如果字符集中的第一个字符是^，就表示将读取一个由不属于该字符集合中的字符构成的字符串。因此，读取一个其中带空格的字符串，并且在遇到第一个逗号时停止，你可以用%[^,]。

给定下面输入行：

```
Hello, 1234, 5.678, X, string to the end of the line
```

下面的scanf调用会正确读入4个数据项：

```
char s[256];
int n;
float f;
char c;

scanf("Hello,%d,%g, %c, %[^\n]", &n,&f,&c,s);
```

scanf函数的返回值是它成功读取的数据项个数，如果在读第一个数据项时失败了，它的返回值就将是零。如果在匹配第一个数据项之前就已经到达了输入的结尾，它就会返回EOF。如果文件流发生读错误，流错误标志就会被设置并且错误变量errno将被设置以指明错误类型。详细情况请参考本章3.6.4节中的内容。

一般来说，对scanf系列函数的评价并不高，这主要有下面3方面原因。

❑ 从历史来看，它们的具体实现都有漏洞。

❑ 它们的使用不够灵活。

❑ 使用它们编写的代码不容易看出究竟正在解析什么。

此外，你应尝试使用其他函数，如fread或fgets来读取输入行，再用字符串函数把输入分解成你需要的数据项。

3.6.3 其他流函数

stdio函数库里还有一些其他的函数使用流参数或标准流stdin、stdout和stderr，如下所示。

❑ fgetpos：获得文件流的当前（读写）位置。

❑ fsetpos：设置文件流的当前（读写）位置。

❑ ftell：返回文件流当前（读写）位置的偏移值。

❑ rewind：重置文件流里的读写位置。

❑ freopen：重新使用一个文件流。

❑ setvbuf：设置文件流的缓冲机制。

❑ remove：相当于unlink函数，但如果它的path参数是一个目录的话，其作用就相当于rmdir函数。

所有这些库函数在手册页的第三节中都有说明。

你可以使用文件流函数来重新实现前面的文件复制程序。请看下面的copy_stdio.c程序。

实 验　第三个文件复制程序

这个程序与前面的版本很相似，但逐个字符的复制工作改为通过调用stdio.h头文件里定义的函数来完成：

```c
#include <stdio.h>
#include <stdlib.h>

int main()
{
    int c;
    FILE *in, *out;

    in = fopen("file.in","r");
    out = fopen("file.out","w");

    while((c = fgetc(in)) != EOF)
        fputc(c,out);

    exit(0);
}
```

像前面那样运行这个程序，你得到的结果是：

```
$ TIMEFORMAT="" time ./copy_stdio
0.06user 0.02system 0:00.11elapsed 81%CPU
...
```

实验解析

这一次程序运行了0.11秒，虽然不如底层数据块复制版本快，但比那个一次复制一个字符的版本要快得多。这是因为stdio库在FILE结构里使用了一个内部缓冲区，只有在缓冲区满时才进行底层系统调用。读者可以利用stdio库函数自行编写出实现逐行复制和数据块复制的程序，将它们的执行性能与我们在本章里给出的3个示例程序进行比较。

3.6.4　文件流错误

为了表明错误，许多stdio库函数会返回一个超出范围的值，比如空指针或EOF常数。此时，错误由外部变量errno指出：

```
#include <errno.h>

extern int errno;
```

注意，许多函数都可能改变errno的值。它的值只有在函数调用失败时才有意义。你必须在函数表明失败之后立刻对其进行检查。你应该总是在使用它之前将它先复制到另一个变量中，因为像fprintf这样的输出函数本身就可能改变errno的值。

你也可以通过检查文件流的状态来确定是否发生了错误，或者是否到达了文件尾。

```
#include <stdio.h>

int ferror(FILE *stream);
int feof(FILE *stream);
void clearerr(FILE *stream);
```

ferror函数测试一个文件流的错误标识，如果该标识被设置就返回一个非零值，否则返回零。

feof函数测试一个文件流的文件尾标识，如果该标识被设置就返回非零值，否则返回零。我们可以像下面这样使用它：

```
if(feof(some_stream))
    /* We're at the end */
```

clearerr函数的作用是清除由stream指向的文件流的文件尾标识和错误标识。它没有返回值，也未定义任何错误。你可以通过使用它从文件流的错误状态中恢复。例如，在"磁盘已满"错误解决之后，继续开始写入文件流。

3.6.5　文件流和文件描述符

每个文件流都和一个底层文件描述符相关联。你可以把底层的输入输出操作与高层的文件流操作混合使用，但一般来说，这并不是一个明智的做法，因为数据缓冲的后果难以预料。

```
#include <stdio.h>

int fileno(FILE *stream);
FILE *fdopen(int fildes, const char *mode);
```

你可以通过调用fileno函数来确定文件流使用的是哪个底层文件描述符。它返回指定文件流使用的文件描述符，如失败就返回-1。如果你需要对一个已经打开的文件流进行底层访问时（例如，对它调用fstat），这个函数将很有用。

你可以通过调用fdopen函数在一个已打开的文件描述符上创建一个新的文件流。实质上，这个函数的作用是为一个已经打开的文件描述符提供stdio缓冲区，这样解释可能更容易理解一些。

fdopen函数的操作方式与fopen函数是一样的，只是前者的参数不是一个文件名，而是一个底层的文件描述符。如果你已经通过open系统调用创建了一个文件（可能是出于为了更好地控制其访问权限的目的），但又想通过文件流来对它进行写操作，这个函数就很有用了。fdopen函数的mode参数与fopen函数的完全一样，但它必须符合该文件在最初打开时所设定的访问模式。fdopen返回一个新的文件流，失败时返回NULL。

3.7　文件和目录的维护

标准库和系统调用为文件和目录的创建与维护提供了全面的支持。

3.7.1　chmod 系统调用

你可以通过chmod系统调用来改变文件或目录的访问权限。这构成了shell程序chmod的基础。
该函数原型如下：

```
#include <sys/stat.h>

int chmod(const char *path, mode_t mode);
```

path参数指定的文件被修改为具有mode参数给出的访问权限。参数mode的定义与open系统调用中的一样，也是对所要求的访问权限进行按位OR操作。除非程序被赋予适当的特权，否则只有文件的属主或超级用户可以修改它的权限。

3.7.2　chown 系统调用

超级用户可以使用chown系统调用来改变一个文件的属主。

```
#include <sys/types.h>
#include <unistd.h>

int chown(const char *path, uid_t owner, gid_t group);
```

这个调用使用的是用户ID和组ID的数字值（通过getuid和getgid调用获得）和一个用于限定谁可以修改文件属主的系统值。如果已经设置了适当的特权，文件的属主和所属组就会改变。

> POSIX规范实际上允许非超级用户改变文件的属主。虽然所有"正确的"POSIX系统都不允许这样做，但严格来说，这是它的一个扩展规定（FIPS 151-2）里要求的。我们在本书里讨论的系统都遵守XSI（X/Open System Interface，X/Open系统接口)规范，并且执行文件的所有权规则。

3.7.3　unlink、link 和 symlink 系统调用

你可以使用unlink系统调用来删除一个文件。

unlink系统调用删除一个文件的目录项并减少它的链接数。它在成功时返回0，失败时返回-1。如果想通过调用这个函数来成功删除文件，你就必须拥有该文件所属目录的写和执行权限。

```
#include <unistd.h>

int unlink(const char *path);
int link(const char *path1, const char *path2);
int symlink(const char *path1, const char *path2);
```

如果一个文件的链接数减少到零，并且没有进程打开它，这个文件就会被删除。事实上，目录项总是被立刻删除，但文件所占用的空间要等到最后一个进程（如果有的话）关闭它之后才会被系统回收。rm程序使用的就是这个调用。文件上其他的链接表示这个文件还有其他名字，这通常是由ln程序创建的。你可以使用link系统调用在程序中创建一个文件的新链接。

先用open创建一个文件，然后对其调用unlink是某些程序员用来创建临时文件的技巧。这些文件只有在被打开的时候才能被程序使用，当程序退出并且文件关闭的时候它们就会被自动删除掉。

link系统调用将创建一个指向已有文件path1的新链接。新目录项由path2给出。你可以通过symlink系统调用以类似的方式创建符号链接。注意，一个文件的符号链接并不会增加该文件的链接数，所以它不会像普通（硬）链接那样防止文件被删除。

3.7.4 mkdir 和 rmdir 系统调用

你可以使用mkdir和rmdir系统调用来建立和删除目录。

```
#include <sys/types.h>
#include <sys/stat.h>

int mkdir(const char *path, mode_t mode);
```

mkdir系统调用用于创建目录，它相当于mkdir程序。mkdir调用将参数path作为新建目录的名字。目录的权限由参数mode设定，其含义将按open系统调用的O_CREAT选项中的有关定义设置。当然，它还要服从umask的设置情况。

```
#include <unistd.h>

int rmdir(const char *path);
```

rmdir系统调用用于删除目录，但只有在目录为空时才行。rmdir程序就是用这个系统调用来完成工作的。

3.7.5 chdir 系统调用和 getcwd 函数

程序可以像用户在文件系统里那样来浏览目录。就像你在shell里使用cd命令来切换目录一样，程序使用的是chdir系统调用。

```
#include <unistd.h>

int chdir(const char *path);
```

程序可以通过调用getcwd函数来确定自己的当前工作目录。

```
#include <unistd.h>

char *getcwd(char *buf, size_t size);
```

getcwd函数把当前目录的名字写到给定的缓冲区buf里。如果目录名的长度超出了参数size给出的缓冲区长度（一个ERANGE错误），它就返回NULL。如果成功，它返回指针buf。

如果在程序运行过程中,目录被删除(EINVAL错误)或者有关权限发生了变化(EACCESS错误),getcwd也可能会返回NULL。

3.8 扫描目录

Linux系统上一个常见问题就是扫描目录,也就是确定一个特定目录下存放的文件。在shell程序设计中,这很容易做到——只需让shell做一次表达式的通配符扩展。在过去,UNIX操作系统的各种变体都允许用户通过编程访问底层文件系统结构。你仍然可以把目录当作一个普通文件那样打开,并直接读取目录数据项,但不同的文件系统结构及其实现已经使这种方法没什么可移植性了。现在,一整套标准的库函数已经被开发出来,使得目录的扫描工作变得简单多了。

与目录操作有关的函数在dirent.h头文件中声明。它们使用一个名为DIR的结构作为目录操作的基础。被称为目录流的指向这个结构的指针(DIR *)被用来完成各种目录操作,其使用方法与用来操作普通文件的文件流(FILE *)非常相似。目录数据项本身则在dirent结构中返回,该结构也是在dirent.h头文件里声明的,这是因为用户不应直接改动DIR结构中的数据字段。

我们将介绍下面这几个函数:

- opendir
- readdir
- telldir
- seekdir
- closedir

3.8.1 opendir 函数

opendir函数的作用是打开一个目录并建立一个目录流。如果成功,它返回一个指向DIR结构的指针,该指针用于读取目录数据项。

```
#include <sys/types.h>
#include <dirent.h>

DIR *opendir(const char *name);
```

opendir在失败时返回一个空指针。注意,目录流使用一个底层文件描述符来访问目录本身,所以如果打开的文件过多,opendir可能会失败。

3.8.2 readdir 函数

readdir函数返回一个指针,该指针指向的结构里保存着目录流dirp中下一个目录项的有关资料。后续的readdir调用将返回后续的目录项。如果发生错误或者到达目录尾,readdir将返回NULL。POSIX兼容的系统在到达目录尾时会返回NULL,但并不改变errno的值,只有在发生错误时才会设置errno。

```
#include <sys/types.h>
#include <dirent.h>

struct dirent *readdir(DIR *dirp);
```

注意,如果在readdir函数扫描目录的同时还有其他进程在该目录里创建或删除文件,readdir将不保证能够列出该目录里的所有文件(和子目录)。

dirent结构中包含的目录项内容包括以下部分。

❑ ino_t d_ino：文件的inode节点号。

❑ char d_name[]：文件的名字。

要想进一步了解目录中某个文件，你需要使用在本章前面介绍过的stat调用。

3.8.3 telldir 函数

telldir函数的返回值记录着一个目录流里的当前位置。你可以在随后的seekdir调用中利用这个值来重置目录扫描到当前位置。

```
#include <sys/types.h>
#include <dirent.h>

long int telldir(DIR *dirp);
```

3.8.4 seekdir 函数

seekdir函数的作用是设置目录流dirp的目录项指针。loc的值用来设置指针位置，它应该通过前一个telldir调用获得。

```
#include <sys/types.h>
#include <dirent.h>

void seekdir(DIR *dirp, long int loc);
```

3.8.5 closedir 函数

closedir函数关闭一个目录流并释放与之关联的资源。它在执行成功时返回0，发生错误时返回-1。

```
#include <sys/types.h>
#include <dirent.h>

int closedir(DIR *dirp);
```

在下面的printdir.c程序中，你将把许多文件处理函数集中在一起以实现一个简单的目录列表功能。目录中的每个文件单独列在一行上。每个子目录会在它的名字后面加上一个斜线字符/，子目录中的文件在缩进四个空格后依次排列。

程序会逐个切换到每个下级子目录里，这样使它找到的文件都有一个可用的名字。也就是说，它们都可以被直接传递给opendir函数。如果目录的嵌套层次太深，程序执行就会失败，这是因为对允许打开的目录流数目是有限制的。

我们当然可以采取一个更通用的做法，让程序能够通过一个命令行参数来指定起点（从哪个目录开始）。请查阅有关工具程序（如ls和find）的Linux源代码来找到实现更通用程序的方法。

实 验 一个目录扫描程序

(1) 程序的开始是一些必要的头文件。接下来是printdir函数，它的作用是输出当前目录的内容。它将递归遍历各级子目录，使用depth参数来控制缩排。

```
#include <unistd.h>
#include <stdio.h>
```

```
#include <dirent.h>
#include <string.h>
#include <sys/stat.h>
#include <stdlib.h>

void printdir(char *dir, int depth)
{
    DIR *dp;
    struct dirent *entry;
    struct stat statbuf;

    if((dp = opendir(dir)) == NULL) {
        fprintf(stderr,"cannot open directory: %s\n", dir);
        return;
    }
    chdir(dir);
    while((entry = readdir(dp)) != NULL) {
        lstat(entry->d_name,&statbuf);
        if(S_ISDIR(statbuf.st_mode)) {
            /* Found a directory, but ignore . and .. */
            if(strcmp(".",entry->d_name) == 0 ||
                strcmp("..",entry->d_name) == 0)
                continue;
            printf("%*s%s/\n",depth,"",entry->d_name);
            /* Recurse at a new indent level */
            printdir(entry->d_name,depth+4);
        }
        else printf("%*s%s\n",depth,"",entry->d_name);
    }
    chdir("..");
    closedir(dp);
}
```

(2) 下面是main函数：

```
int main()
{
    printf("Directory scan of /home:\n");
    printdir("/home",0);
    printf("done.\n");

    exit(0);
}
```

这个程序扫描home目录并产生如下所示的输出（经过简化）。如果想扫描其他用户的目录，你可能需要超级用户的权限。

```
$ ./printdir
Directory scan of /home:
neil/
    .Xdefaults
    .Xmodmap
    .Xresources
    .bash_history
    .bashrc
```

```
.kde/
    share/
        apps/
            konqueror/
                dirtree/
                    public_html.desktop
                toolbar/
                bookmarks.xml
                konq_history
            kdisplay/
                color-schemes/
BLP4e/
    Gnu_Public_License
    chapter04/
        argopt.c
        args.c
    chapter03/
        file.out
        mmap.c
        printdir
done.
```

实验解析

　　绝大部分操作都是在printdir函数里完成的。在用opendir函数检查完指定目录是否存在后，printdir调用chdir进入指定目录。如果readdir函数返回的数据项不为空，程序就检查该数据项是否是一个目录。如果不是，程序就根据depth的值缩进打印该文件数据项的内容。

　　如果该数据项是一个目录，你就需要对它进行递归遍历。在跳过.和..数据项（它们分别代表当前目录和上一级目录）后，printdir函数调用自己并再次进入一个同样的处理过程。那它又是如何退出这些循环的呢？一旦while循环完成，chdir("..")调用将把它带回到目录树的上一级，从而可以继续进行上级目录的遍历。调用closedir(dp)关闭目录是为了确保打开的目录流数目不超出其需要。

　　作为对第4章所介绍的Linux环境的一个简短尝试，让我们来看一个能够使这个程序更具通用性的方法。这个程序的功能受限是因为它只能对目录/home进行操作。如果我们按下面的方法对main函数进行修改，就能把它变成一个更有用的目录浏览器：

```
int main(int argc, char* argv[])
{
    char *topdir = ".";
    if (argc >= 2)
      topdir=argv[1];

    printf("Directory scan of %s\n",topdir);
    printdir(topdir,0);
    printf("done.\n");

    exit(0);
}
```

　　我们修改了3条语句，增加了5条语句，它现在是一个通用的工具程序了。它多了一个可选的目录名参数，其默认值是当前目录。你可以通过下面的命令运行它：

```
$ ./printdir2 /usr/local | more
```

输出结果将分页显示，用户可以通过翻页查看其输出。可以说，用户现在有了一个非常方便、通用的目录树浏览器。你不必花费过多精力就可以为这个程序再增加空间占用统计、遍历深度限制等其他功能。

3.9 错误处理

正如你已经看到的，本章介绍的许多系统调用和函数都会因为各种各样的原因而失败。它们会在失败时设置外部变量errno的值来指明失败的原因。许多不同的函数库都把这个变量用做报告错误的标准方法。值得重申的是，程序必须在函数报告出错之后立刻检查errno变量，因为它可能被下一个函数调用所覆盖，即使下一个函数自身并没有出错，也可能会覆盖这个变量。

错误代码的取值和含义都列在头文件errno.h里，如下所示。

❑ EPERM：操作不允许。

❑ ENOENT：文件或目录不存在。

❑ EINTR：系统调用被中断。

❑ EIO：I/O错误。

❑ EBUSY：设备或资源忙。

❑ EEXIST：文件存在。

❑ EINVAL：无效参数。

❑ EMFILE：打开的文件过多。

❑ ENODEV：设备不存在。

❑ EISDIR：是一个目录。

❑ ENOTDIR：不是一个目录。

有两个非常有用的函数可以用来报告出现的错误，它们是strerror和perror。

3.9.1 strerror 函数

strerror函数把错误代码映射为一个字符串，该字符串对发生的错误类型进行说明。这在记录错误条件时十分有用。

该函数原型如下：

```
#include <string.h>

char *strerror(int errnum);
```

3.9.2 perror 函数

perror函数也把errno变量中报告的当前错误映射到一个字符串，并把它输出到标准错误输出流。该字符串的前面先加上字符串s（如果不为空）中给出的信息，再加上一个冒号和一个空格。

该函数原型如下：

```
#include <stdio.h>

void perror(const char *s);
```

请看下面的例子：

```
perror("program");
```

它可能在标准错误输出中给出如下的输出结果：

```
program: Too many open files
```

3.10 /proc 文件系统

我们在前面提到过，Linux将一切事物都看作为文件，硬件设备在文件系统中也有相应的条目。我们使用底层系统调用这样一种特殊方式通过/dev目录中的文件来访问硬件。

控制硬件的软件驱动程序通常可以以某种特定方式配置，或者能够报告相关信息。例如，一个硬盘控制程序可以被配置为使用一个特殊的DMA模式。一块网卡可以报告它是否协商了一个高速、双工的连接。

用于与设备驱动程序进行通信的工具在过去就已经十分常见。例如，hdparm可以用来配置一些磁盘参数，ifconfig可以报告网络统计信息。近年来，倾向于提供更一致的方式来访问驱动程序的信息。事实上，这种一致的方式甚至延伸到包括与Linux内核的各种元素的通信。

Linux提供了一个特殊的文件系统procfs，它通常以/proc目录的形式呈现。该目录中包含了许多特殊文件用来对驱动程序和内核信息进行更高层的访问。只要应用程序有正确的访问权限，它们就可以通过读写这些文件来获得信息或设置参数。

/proc目录中的文件会随系统的不同而不同，当Linux版本中有更多的驱动程序和设施支持procfs文件系统时，该目录中就会包含更多的文件。在这里，我们将介绍一些/proc目录中常用的文件，并简单讨论它们的用途。

用来撰写本章内容的电脑上的/proc目录列表包括如下项目：

```
1/        10514/    20254/    6/        9057/     9623/     ide/          mtrr
10359/    10524/    29/       698/      9089/     9638/     interrupts    net/
10360/    10530/    2983/     699/      9118/     acpi/     iomem         partitions
10381/    10539/    3/        710/      9119/     asound/   ioports       scsi/
10438/    10541/    30/       711/      9120/     buddyinfo irq/          self@
10441/    10555/    3069/     742/      9138/     bus/      kallsyms      slabinfo
10442/    10688/    3098/     7808/     9151/     cmdline   kcore         splash
10478/    10689/    3099/     7813/     92/       config.gz keys          stat
10479/    10784/    31/       8357/     9288/     cpuinfo   key-users     swaps
10482/    113/      3170/     8371/     93/       crypto    kmsg          sys/
10484/    115/      3171/     840/      9355/     devices   loadavg       sysrq-trigger
10486/    116/      3177/     8505/     9407/     diskstats locks         sysvipc/
10495/    1167/     32288/    8543/     9457/     dma       mdstat        tty/
10497/    1168/     3241/     8547/     9479/     driver/   meminfo       uptime
10498/    1791/     352/      8561/     9618/     execdomains misc        version
10500/    19557/    4/        8677/     9619/     fb        modules       vmstat
10502/    19564/    4010/     888/      9621/     filesystems mounts@     zoneinfo
10510/    2/        5/        8910/     9622/     fs/       mpt/
```

在多数情况下，只需直接读取这些文件就可以获得状态信息。例如，/proc/cpuinfo给出的是cpu的详细信息：

```
$ cat /proc/cpuinfo
processor       : 0
vendor_id       : GenuineIntel
cpu family      : 15
model           : 2
model name      : Intel(R) Pentium(R) 4 CPU 2.66GHz
```

```
stepping          : 8
cpu MHz           : 2665.923
cache size        : 512 KB
fdiv_bug          : no
hlt_bug           : no
f00f_bug          : no
coma_bug          : no
fpu               : yes
fpu_exception     : yes
cpuid level       : 2
wp                : yes
flags             : fpu vme de pse tsc msr pae mce cx8 apic sep mtrr pge mca cmov pat
pse36 clflush dts acpi mmx fxsr sse sse2 ss up
bogomips          : 5413.47
clflush size      : 64
```

类似地,/proc/meminfo 和/proc/version 分别给出的是内存使用情况和内核版本信息:

```
$ cat /proc/meminfo
MemTotal:        776156 kB
MemFree:          28528 kB
Buffers:         191764 kB
Cached:          369520 kB
SwapCached:          20 kB
Active:          406912 kB
Inactive:        274320 kB
HighTotal:            0 kB
HighFree:             0 kB
LowTotal:        776156 kB
LowFree:          28528 kB
SwapTotal:      1164672 kB
SwapFree:       1164652 kB
Dirty:               68 kB
Writeback:            0 kB
AnonPages:        95348 kB
Mapped:           49044 kB
Slab:             57848 kB
SReclaimable:     48008 kB
SUnreclaim:        9840 kB
PageTables:        1500 kB
NFS_Unstable:         0 kB
Bounce:               0 kB
CommitLimit:    1552748 kB
Committed_AS:    189680 kB
VmallocTotal:    245752 kB
VmallocUsed:      10572 kB
VmallocChunk:    234556 kB
HugePages_Total:      0
HugePages_Free:       0
HugePages_Rsvd:       0
Hugepagesize:      4096 kB
$ cat /proc/version
Linux version 2.6.20.2-2-default (geeko@buildhost) (gcc version 4.1.3 20070218
(prerelease) (SUSE Linux)) #1 SMP Fri Mar 9 21:54:10 UTC 2007
```

每次读取这些文件的内容时,它们所提供的信息都会及时更新。所以再读一次 meminfo 文件会给出最新的信息。

你可以通过特定内核函数获得更多的信息，它们位于/proc目录的子目录中。例如，你可以通过/proc/net/sockstat文件获得网络套接字的使用统计：

```
$ cat /proc/net/sockstat
sockets: used 285
TCP: inuse 4 orphan 0 tw 0 alloc 7 mem 1
UDP: inuse 3
UDPLITE: inuse 0
RAW: inuse 0
FRAG: inuse 0 memory 0
```

/proc目录中的有些条目不仅可以被读取，而且可以被修改。例如，系统中所有运行的程序同时能打开的文件总数是Linux内核的一个参数。它的当前值可通过读取/proc/sys/fs/file-max文件得到：

```
$ cat /proc/sys/fs/file-max
76593
```

这个值被设置为76 593。如果你需要增大该值，则可以通过写同一个文件来实现。如果你正在运行一个需要同时打开很多文件的应用程序套件（例如，一个使用了很多表的数据库系统），你可能就需要这么做。

> 对/proc目录中的文件进行写操作需要超级用户的权限。你在修改数据时需要特别小心，写入不适当的值可能会引发严重的问题，比如系统崩溃和数据丢失。

如果要将系统范围的文件句柄限制增加为80 000，你只需将新的上限值写入file-max文件即可：

```
# echo 80000 >/proc/sys/fs/file-max
```

现在，当你再次读取该文件时，你就可以看到新设定的值：

```
$ cat /proc/sys/fs/file-max
80000
```

/proc目录中以数字命名的子目录用于提供正在运行的程序的信息。你将在第11章中学习程序如何以进程的方式执行。

现在，你只需要知道每个进程都有一个唯一的标识符：一个在1～32 000的数字。ps命令会给出当前正在运行进程的列表。例如，在本章正在编写的时候：

```
neil@suse103:~/BLP4e/chapter03> ps -a
  PID TTY          TIME CMD
 9118 pts/1    00:00:00 ftp
 9230 pts/1    00:00:00 ps
10689 pts/1    00:00:01 bash
neil@suse103:~/BLP4e/chapter03>
```

你可以看到有几个正在运行bash shell的终端会话和一个正在运行ftp程序的文件传输会话。你可以通过查看/proc目录来获得更多关于ftp会话的细节。

ftp的进程标识符是9118，所以你需要查看/proc/9118来获得关于它的更多细节：

```
$ ls -l /proc/9118
total 0
0 dr-xr-xr-x 2 neil users 0 2007-05-20 07:43 attr
0 -r-------- 1 neil users 0 2007-05-20 07:43 auxv
0 -r--r--r-- 1 neil users 0 2007-05-20 07:35 cmdline
```

```
0 -r--r--r-- 1 neil users 0 2007-05-20 07:43 cpuset
0 lrwxrwxrwx 1 neil users 0 2007-05-20 07:43 cwd -> /home/neil/BLP4e/chapter03
0 -r-------- 1 neil users 0 2007-05-20 07:43 environ
0 lrwxrwxrwx 1 neil users 0 2007-05-20 07:43 exe -> /usr/bin/pftp
0 dr-x------ 2 neil users 0 2007-05-20 07:19 fd
0 -rw-r--r-- 1 neil users 0 2007-05-20 07:43 loginuid
0 -r--r--r-- 1 neil users 0 2007-05-20 07:43 maps
0 -rw------- 1 neil users 0 2007-05-20 07:43 mem
0 -r--r--r-- 1 neil users 0 2007-05-20 07:43 mounts
0 -r-------- 1 neil users 0 2007-05-20 07:43 mountstats
0 -rw-r--r-- 1 neil users 0 2007-05-20 07:43 oom_adj
0 -r--r--r-- 1 neil users 0 2007-05-20 07:43 oom_score
0 lrwxrwxrwx 1 neil users 0 2007-05-20 07:43 root -> /
0 -rw------- 1 neil users 0 2007-05-20 07:43 seccomp
0 -r------- 1 neil users 0 2007-05-20 07:43 smaps
0 -r--r--r-- 1 neil users 0 2007-05-20 07:33 stat
0 -r--r--r-- 1 neil users 0 2007-05-20 07:43 statm
0 -r--r--r-- 1 neil users 0 2007-05-20 07:33 status
0 dr-xr-xr-x 3 neil users 0 2007-05-20 07:43 task
0 -r--r--r-- 1 neil users 0 2007-05-20 07:43 wchan
```

你可以看到各种特殊文件，它们可以告诉你该进程的相关信息。

从上面的输出中你可以知道程序/usr/bin/pftp正在运行，它的当前工作目录是/home/neil/BLP4e/chapter03。通过查看这个目录下的其他文件，你还可以看到启动它的命令行以及它的shell环境。cmdline和environ文件以一系列null终止的字符串来提供这些信息，所以你在查看它们时需要小心。我们将在第4章对Linux环境进行深入讨论。

```
$ od -c /proc/9118/cmdline
0000000   f  t  p  \0  1  9  2  .  1  6  8  .  0  .  1  2
0000020  \0
0000021
```

你可以看到ftp是由命令行ftp 192.168.0.12启动的。

fd子目录提供该进程正在使用的打开的文件描述符的信息。这个信息在确定一个程序同时打开了多少文件时十分有用。每个打开的描述符都有对应的一个条目，条目名字与描述符的数字相匹配。在本例中，你可以看到ftp如我们所预期的那样打开了0、1、2和3描述符。它们分别是标准输入、标准输出和标准错误描述符以及一个到远程服务器的连接。

```
$ ls /proc/9118/fd
0  1  2  3
```

3.11 高级主题：fcntl 和 mmap

本节我们将讨论的主题你可能会想跳过，因为它们很少会被用到。话虽如此，但我们还是把它放在这里供你参考，因为在解决一些棘手问题时，它们可以提供比较简单的解决方案。

3.11.1 fcntl 系统调用

fcntl系统调用对底层文件描述符提供了更多的操纵方法。

```
#include <fcntl.h>

int fcntl(int fildes, int cmd);
int fcntl(int fildes, int cmd, long arg);
```

利用fcntl系统调用，你可以对打开的文件描述符执行各种操作，包括对它们进行复制、获取和设置文件描述符标志、获取和设置文件状态标志，以及管理建议性文件锁等。

对不同操作的选择是通过选取命令参数cmd不同的值来实现的，其取值定义在头文件fcntl.h中。根据所选择命令的不同，系统调用可能还需要第三个参数arg。

- ❑ fcntl(fildes, F_DUPFD, newfd)：这个调用返回一个新的文件描述符，其数值等于或大于整数newfd。新文件描述符是描述符fildes的一个副本。根据已打开文件数目和newfd值的情况，它的效果可能和系统调用dup(fildes)完全一样。
- ❑ fcntl(fildes, F_GETFD)：这个调用返回在fcntl.h头文件里定义的文件描述符标志，其中包括FD_CLOEXEC，它的作用是决定是否在成功调用了某个exec系列的系统调用之后关闭该文件描述符。
- ❑ fcntl(fildes, F_SETFD, flags)：这个调用用于设置文件描述符标志，通常仅用来设置FD_CLOEXEC。
- ❑ fcntl(fildes, F_GETFL)和fcntl(fildes, F_SETFL, flags)：这两个调用分别用来获取和设置文件状态标志和访问模式。你可以利用在fcntl.h头文件中定义的掩码O_ACCMODE来提取出文件的访问模式。其他标志包括那些当open调用使用O_CREAT打开文件时作为第三参数出现的标志。注意，你不能设置所有的标志，特别是不能通过fcntl设置文件的权限。

你还可以通过fcntl实现建议性文件锁。详细信息请参考fcntl手册页的第二节，或者阅读本书的第7章，我们将在那里讨论文件锁。

3.11.2 mmap 函数

UNIX提供了一个有用的功能以允许程序共享内存，Linux内核从2.0版本开始已经把这一功能包括进来。mmap（内存映射）函数的作用是建立一段可以被两个或更多个程序读写的内存。一个程序对它所做出的修改可以被其他程序看见。

这一功能还可以用在文件的处理上。你可以使某个磁盘文件的全部内容看起来就像是内存中的一个数组。如果文件由记录组成，而这些记录又能够用C语言中的结构来描述的话，你就可以通过访问结构数组来更新文件的内容了。

这要通过使用带特殊权限集的虚拟内存段来实现。对这类虚拟内存段的读写会使操作系统去读写磁盘文件中与之对应的部分。

mmap函数创建一个指向一段内存区域的指针，该内存区域与可以通过一个打开的文件描述符访问的文件的内容相关联。

```
#include <sys/mman.h>

void *mmap(void *addr, size_t len, int prot, int flags, int fildes, off_t off);
```

你可以通过传递off参数来改变经共享内存段访问的文件中数据的起始偏移值。打开的文件描述符由fildes参数给出。可以访问的数据量（即内存段的长度）由len参数设置。

你可以通过addr参数来请求使用某个特定的内存地址。如果它的取值是零，结果指针就将自动分配。这是推荐的做法，否则会降低程序的可移植性，因为不同系统上的可用地址范围是不一样的。

prot参数用于设置内存段的访问权限。它是下列常数值的按位OR结果。

- ❑ PROT_READ：允许读该内存段。
- ❑ PROT_WRITE：允许写该内存段。
- ❑ PROT_EXEC：允许执行该内存段。

❑ PROT_NONE：该内存段不能被访问。

flags参数控制程序对该内存段的改变所造成的影响，可以使用的选项如表3-7所示。

表　3-7

MAP_PRIVATE	内存段是私有的，对它的修改只对本进程有效
MAP_SHARED	把对该内存段的修改保存到磁盘文件中
MAP_FIXED	该内存段必须位于addr指定的地址处

msync函数的作用是：把在该内存段的某个部分或整段中的修改写回到被映射的文件中（或者从被映射文件里读出）。

#include <sys/mman.h>

int msync(void *addr, size_t len, int flags);

内存段需要修改的部分由作为参数传递过来的起始地址addr和长度len确定。flags参数控制着执行修改的具体方式，可以使用的选项如表3-8所示。

表　3-8

MS_ASYNC	采用异步写方式
MS_SYNC	采用同步写方式
MS_INVALIDATE	从文件中读回数据

munmap函数的作用是释放内存段：

#include <sys/mman.h>

int munmap(void *addr, size_t len);

下面的程序mmap.c演示了如何利用mmap和数组方式的存取操作来修改一个结构化数据文件。注意，2.0版本之前的Linux内核不完全支持mmap的这种用法。这个程序在Sun Solaris和其他操作系统上也能够正确运行。

实　验　**使用mmap函数**

(1) 我们先定义一个RECORD数据结构，然后创建出NRECORDS个记录，每个记录中保存着它们各自的编号。然后把这些记录都追加到文件records.dat里去。

```
#include <unistd.h>
#include <stdio.h>
#include <sys/mman.h>
#include <fcntl.h>
#include <stdlib.h>

typedef struct {
    int integer;
    char string[24];
} RECORD;

#define NRECORDS (100)

int main()
{
```

```
RECORD record, *mapped;
int i, f;
FILE *fp;

fp = fopen("records.dat","w+");
for(i=0; i<NRECORDS; i++) {
    record.integer = i;
    sprintf(record.string,"RECORD-%d",i);
    fwrite(&record,sizeof(record),1,fp);
}
fclose(fp);
```

(2) 接着，我们把第43条记录中的整数值由43修改为143，并把它写入第43条记录中的字符串。

```
fp = fopen("records.dat","r+");
fseek(fp,43*sizeof(record),SEEK_SET);
fread(&record,sizeof(record),1,fp);

record.integer = 143;
sprintf(record.string,"RECORD-%d",record.integer);

fseek(fp,43*sizeof(record),SEEK_SET);
fwrite(&record,sizeof(record),1,fp);
fclose(fp);
```

(3) 现在把这些记录映射到内存中，然后访问第43条记录，把它的整数值修改为243（同时更新该记录中的字符串），使用的还是内存映射的方法。

```
f = open("records.dat",O_RDWR);
mapped = (RECORD *)mmap(0, NRECORDS*sizeof(record),
                     PROT_READ|PROT_WRITE, MAP_SHARED, f, 0);

mapped[43].integer = 243;
sprintf(mapped[43].string,"RECORD-%d",mapped[43].integer);

msync((void *)mapped, NRECORDS*sizeof(record), MS_ASYNC);
munmap((void *)mapped, NRECORDS*sizeof(record));
close(f);

exit(0);
}
```

在第13章中，你将学习另外一种共享内存机制：System V共享内存。

3.12 小结

在本章中，你学习了Linux提供的直接访问文件和设备的方法。你看到了建立在这些底层函数之上的库函数是如何为程序设计问题提供灵活的解决方案的。现在，你已经能够只用很少几行代码就编写出功能相当强大的目录扫描例程了。

你还学习了文件和目录处理。在此基础之上，你已可以使用更具结构化的、基于文件的解决方案将在第2章最后编写的初级的CD唱片应用程序转换为一个C语言程序了。但目前你还无法给这个程序增加新的功能，所以对整个程序的重写工作将推迟到你学习了如何处理屏幕显示和键盘输入之后再进行，而这些内容正是接下来两章的主题。

第 4 章

Linux环境

当为Linux（或UNIX和类UNIX系统）编写程序时，你必须考虑到程序将在一个多任务环境中运行。这意味着在同一时间会有多个程序运行，它们共享内存、磁盘空间和CPU周期等机器资源。甚至同一程序也会有多个实例同时运行。最重要的是，这些程序能够互不干扰，能够了解它们的环境，并且能正确运行，不产生冲突（例如，试图与其他程序同时写同一个文件）。

在本章中，我们将介绍程序运行的环境，程序如何通过环境来获得有关其运行条件的信息，以及用户怎样改变程序的行为。我们将重点介绍以下内容：

- ❑ 向程序传递参数
- ❑ 环境变量
- ❑ 查看时间
- ❑ 临时文件
- ❑ 获得有关用户和主机的信息
- ❑ 生成和配置日志信息
- ❑ 了解系统各项资源的限制

4.1 程序参数

当一个用C语言编写的Linux或UNIX程序运行时，它是从main函数开始的。对这些程序而言，main函数的声明如下所示：

```
int main(int argc, char *argv[])
```

其中argc是程序参数的个数，argv是一个代表参数自身的字符串数组。

你可能也会看到Linux的C程序将main函数简单的声明为：

```
main()
```

这样也行，因为默认的返回值类型是int，而且函数中不用的形式参数不需要声明。argc和argv仍在，但如果不声明它们，你就不能使用它们。

无论操作系统何时启动一个新程序，参数argc和argv都被设置并传递给main。这些参数通常由另一个程序提供，这个程序一般是shell，它要求操作系统启动该新程序。shell接受用户输入的命令行，将命令行分解成单词，然后把这些单词放入argv数组。请记住：Linux的shell一般会在设置argc和argv之前对文件名参数进行通配符扩展，而MS-DOS的shell则期望程序接受带通配符的参数，并执行它们自己的通配符扩展。

例如，如果我们给shell输入如下命令：

```
$ myprog left right 'and center'
```

程序myprog将从main函数开始，main带的参数是：

```
argc: 4
argv: {"myprog", "left", "right", "and center"}
```

注意，参数个数包括程序名自身，argv数组也包含程序名并将它作为第一个元素argv[0]。因为我们在shell命令里使用了引号，所以第四个参数是一个包含了空格的字符串。

如果你用ISO/ANSI C语言编写过程序，就会对上面的这些很熟悉。main的参数对应shell脚本里的位置参数$0、$1等。ISO/ANSI C只规定main必须返回int，而X/Open规范则早已给出了如上所示的明确声明。

命令行参数在向程序传递信息方面是很有用的。例如，我们可以在一个数据库应用程序中使用命令行参数来传递想用的数据库的名字，这样就可以在多个数据库上使用同一个程序。许多工具程序也使用命令行参数来改变程序的行为或设置选项。通常，你可以使用一个以短横线(-)开头的命令行参数来设置这些所谓的标志（flag）或开关（switch）。例如，sort程序可以用一个开关来进行逆向排序（与正常排序相反）：

```
$ sort -r file
```

命令行选项很常用，因此按相同的方式使用它们对程序的使用者来说是很有好处的。过去，每个工具程序采用它们各自的方式来使用命令行选项，这带来了一些混乱。例如，请看下面这些命令使用参数的方式：

```
$ tar cvfB /tmp/file.tar 1024
$ dd if=/dev/fd0 of=/tmp/file.dd bs=18k
$ ps ax
$ gcc --help
$ ls -lstr
$ ls -l -s -t -r
```

我们建议在应用程序中，所有的命令行开关都应以一个短横线开头，其后包含单个字母或数字。如果需要，不带后续参数的选项可以在一个短横线后归并到一起。所以，上面的两个ls命令示例就遵循了以上准则。如果某个选项需要值，则该值应作为独立的参数紧跟在该选项后。dd命令示例违背了这一准则，因为它使用了多字符的选项，而且选项未以短横线开头（if=/dev/fd0），而tar命令则把选项和它们的值完全分开！我们建议最好能为单字符开关增加一个更长的、更有意义的开关名，这样你就可以使用-h或--help选项来获得帮助了。

有些程序还有一个奇怪的地方，就是用选项+x（举例来说）执行与-x相反的功能。例如，在第2章中，我们使用命令set-o xtrace来设置shell执行跟踪，使用命令set+o xtrace来关闭它。

撇开风格各异的语法格式不谈，单是记住所有这些程序选项的顺序和含义就已经非常困难了。通常，你只有求助于-h(帮助)选项或man手册页（如果程序员提供了的话）。你将在本章稍后看到，getopt提供了对这些问题的一个优雅的解决方案。不过现在，我们还是先看看传递到程序中的参数是怎样处理的。

实 验　程序参数

下面这个程序args.c对其参数进行检查：

```
#include <stdio.h>
#include <stdlib.h>
```

```
int main(int argc, char *argv[])
{
    int arg;

    for(arg = 0; arg < argc; arg++) {
        if(argv[arg][0] == '-')
            printf("option: %s\n", argv[arg]+1);
        else
            printf("argument %d: %s\n", arg, argv[arg]);
    }
    exit(0);
}
```

当运行这个程序时，它只是打印其参数和发现的选项。我们的意图是，让该程序接受一个字符串
参数和一个由-f选项引入的可选的文件名参数。其他的选项也可以被定义。

```
$ ./args -i -lr 'hi there' -f fred.c
argument 0: ./args
option: i
option: lr
argument 3: hi there
option: f
argument 5: fred.c
```

实验解析

这个程序利用计数参数argc建立一个循环来检查所有的程序参数。它通过检查首字母是否是短横
线来发现选项。

在本例中，如果打算支持-l选项和-r选项，那么我们就忽略了一个事实：-lr选项应该和-l -r
一样处理。

X/Open规范（可以在http://opengroup.org/上找到）定义了命令行选项的标准用法（工具语法指南），
同时定义了在C语言程序中提供命令行开关的标准编程接口：getopt函数。

4.1.1   getopt

为了帮助我们遵循这些准则，Linux提供了getopt函数，它支持需要关联值和不需要关联值的选
项，而且简单易用。

```
#include <unistd.h>

int getopt(int argc, char *const argv[], const char *optstring);
extern char *optarg;
extern int optind, opterr, optopt;
```

getopt函数将传递给程序的main函数的argc和argv作为参数，同时接受一个选项指定符字符串
optstring，该字符串告诉getopt哪些选项可用，以及它们是否有关联值。optstring只是一个字符
列表，每个字符代表一个单字符选项。如果一个字符后面紧跟一个冒号（:），则表明该选项有一个关
联值作为下一个参数。bash中的getopts命令执行类似的功能。

例如，我们可以用下面的调用来处理上面的例子：

```
getopt(argc, argv, "if:lr");
```

它允许几个简单的选项：-i、-l、-r和-f，其中-f选项后要紧跟一个文件名参数。使用相同的

参数,但以不同的顺序来调用命令将改变程序的行为。你可以在本章的下一个实验部分进行尝试。

getopt的返回值是argv数组中的下一个选项字符(如果有的话)。循环调用getopt就可以依次得到每个选项。getopt有如下行为。

❏ 如果选项有一个关联值,则外部变量optarg指向这个值。

❏ 如果选项处理完毕,getopt返回-1,特殊参数--将使getopt停止扫描选项。

❏ 如果遇到一个无法识别的选项,getopt返回一个问号(?),并把它保存到外部变量optopt中。

❏ 如果一个选项要求有一个关联值(例如例子中的-f),但用户并未提供这个值,getopt通常将返回一个问号(?)。如果我们将选项字符串的第一个字符设置为冒号(:),那么getopt将在用户未提供值的情况下返回冒号(:)而不是问号(?)。

外部变量optind被设置为下一个待处理参数的索引。getopt利用它来记录自己的进度。程序很少需要对这个变量进行设置。当所有选项参数都处理完毕后,optind将指向argv数组尾部可以找到其余参数的位置。

有些版本的getopt会在第一个非选项参数处停下来,返回-1并设置optind的值。而其他一些版本,如Linux提供的版本,能够处理出现在程序参数中任意位置的选项。注意,在这种情况下,getopt实际上重写了argv数组,把所有非选项参数都集中在一起,从argv[optind]位置开始。对GNU版本的getopt而言,这一行为是由环境变量POSIXLY_CORRECT控制的,如果它被设置,getopt就会在第一个非选项参数处停下来。此外,还有些getopt版本会在遇到未知选项时打印出错信息。注意,根据POSIX规范的规定,如果opterr变量是非零值,getopt就会向stderr打印一条出错信息。

实 验 **getopt函数**

在这个实验中,你将在程序中使用getopt函数,并将新程序命名为argopt.c:

```c
#include <stdio.h>
#include <unistd.h>
#include <stdlib.h>

int main(int argc, char *argv[])
{
    int opt;

    while((opt = getopt(argc, argv, ":if:lr")) != -1) {
        switch(opt) {
        case 'i':
        case 'l':
        case 'r':
            printf("option: %c\n", opt);
            break;
        case 'f':
            printf("filename: %s\n", optarg);
            break;
        case ':':
            printf("option needs a value\n");
            break;
        case '?':
            printf("unknown option: %c\n", optopt);
            break;
```

```
        }
    }
    for(; optind < argc; optind++)
        printf("argument: %s\n", argv[optind]);
    exit(0);
}
```

现在，当运行这个程序时，你将发现所有命令行参数都被自动处理了：

```
$ ./argopt -i -lr 'hi there' -f fred.c -q
option: i
option: l
option: r
filename: fred.c
unknown option: q
argument: hi there
```

实验解析

这个程序循环调用getopt对选项参数进行处理，直到处理完毕，此时getopt返回-1。每个选项（包括未知选项和缺少关联值的选项）都有相应的处理动作。根据使用的getopt版本，你看到的输出可能和上面显示的略有不同，尤其是出错信息部分，但含义都是明确的。

当所有选项都处理完毕后，程序像以前一样把其余参数都打印出来，但这次是从optind位置开始。

4.1.2 getopt_long

许多Linux应用程序也接受比我们在前面例子中所用的单字符选项含义更明确的参数。GNU C函数库包含getopt的另一个版本，称作getopt_long，它接受以双划线（--）开始的长参数。

实 验 getopt_long

你可以使用getopt_long创建一个新版本的示例程序，它可以使用与前面选项等效的长参数选项：

```
$ ./longopt --initialize --list 'hi there'  --file fred.c -q
option: i
option: l
filename: fred.c
./longopt: invalid option -- q
unknown option: q
argument: hi there
```

事实上，新的长选项和原来的单字符选项可以混合使用。只要它们能够被区分开，长选项也可以缩写。有关联值的长选项可以按照格式--option=value作为单个参数给出，如下所示：

```
$ ./longopt --init -l --file=fred.c 'hi there'
option: i
option: l
filename: fred.c
argument: hi there
```

新程序longopt.c如下所示，其中，以阴影显示的部分为支持长选项而对argopt.c所做的修改：

```
#include <stdio.h>
#include <unistd.h>
```

```
#include <stdlib.h>

#define _GNU_SOURCE
#include <getopt.h>

int main(int argc, char *argv[])
{
    int opt;
    struct option longopts[] = {
        {"initialize", 0, NULL, 'i'},
        {"file", 1, NULL, 'f'},
        {"list", 0, NULL, 'l'},
        {"restart", 0, NULL, 'r'},
        {0,0,0,0}};

    while((opt = getopt_long(argc, argv, ":if:lr", longopts, NULL)) != -1) {
        switch(opt) {
        case 'i':
        case 'l':
        case 'r':
            printf("option: %c\n", opt);
            break;
        case 'f':
            printf("filename: %s\n", optarg);
            break;
        case ':':
            printf("option needs a value\n");
            break;
        case '?':
            printf("unknown option: %c\n", optopt);
            break;
        }
    }
    for(; optind < argc; optind++)
        printf("argument: %s\n", argv[optind]);
    exit(0);
}
```

实验解析

getopt_long函数比getopt多两个参数。第一个附加参数是一个结构数组，它描述了每个长选项并告诉getopt_long如何处理它们。第二个附加参数是一个变量指针，它可以作为optind的长选项版本使用。对于每个识别的长选项，它在长选项数组中的索引就写入该变量。在本例中，你不需要这一信息，因此第二个附加参数是NULL。

长选项数组由一些类型为struct option的结构组成，每个结构描述了一个长选项的行为。该数组必须以一个包含全0的结构结尾。

长选项结构在头文件getopt.h中定义，并且该头文件必须与常量_GNU_SOURCE一同包含进来，该常量启用getopt_long功能。

```
struct option {
    const char *name;
    int has_arg;
    int *flag;
```

```
    int val;
};
```
该结构的成员如表4-1所示。

表　4-1

选项成员	说　　明
name	长选项的名字。缩写也可以接受，只要不与其他选项混淆
has_arg	该选项是否带参数。0表示不带参数，1表示必须有一个参数，2表示有一个可选参数
flag	设置为NULL表示当找到该选项时，getopt_long返回在成员val里给出的值。否则，getopt_long返回0，并将val的值写入flag指向的变量
val	getopt_long为该选项返回的值

要了解GNU对getopt扩展的其他选项及相关函数，请参考getopt的手册页。

4.2 环境变量

我们在第2章讨论过环境变量。这是一些能用来控制shell脚本和其他程序行为的变量。你还可以用它们来配置用户环境。例如，每个用户有一个环境变量HOME，它定义了用户的家目录，即该用户会话的默认开始位置。正如你已看到的，你可以在shell提示符中检查环境变量：

$ **echo $HOME**
/home/neil

你也可以使用shell的set命令来列出所有的环境变量。

UNIX规范为各种应用定义了许多标准环境变量，包括终端类型、默认的编辑器、时区等。C语言程序可以通过putenv和getenv函数来访问环境变量。

```
#include <stdlib.h>

char *getenv(const char *name);
int putenv(const char *string);
```

环境由一组格式为"名字=值"的字符串组成。getenv函数以给定的名字搜索环境中的一个字符串，并返回与该名字相关的值。如果请求的变量不存在，它就返回null。如果变量存在但无关联值，它将运行成功并返回一个空字符串，即该字符串的第一个字节是null。由于getenv返回的字符串是存储在getenv提供的静态空间中，所以如果想进一步使用它，你就必须将它复制到另一个字符串中，以免它被后续的getenv调用所覆盖。

putenv函数以一个格式为"名字=值"的字符串作为参数，并将该字符串加到当前环境中。如果由于可用内存不足而不能扩展环境，它会失败并返回-1。此时，错误变量errno将被设置为ENOMEM。

在下面的实验中，你将编写一个程序来打印所选的任意环境变量的值。如果给程序传递第二个参数，你还将设置环境变量的值。

实　验　**getenv和putenv**

(1) 紧接在main函数声明后的几行代码用于确保程序environ.c被正确调用，它只带有一个或两个参数：

```
#include <stdlib.h>
#include <stdio.h>
```

```
#include <string.h>

int main(int argc, char *argv[])
{
    char *var, *value;

    if(argc == 1 || argc > 3) {
        fprintf(stderr,"usage: environ var [value]\n");
        exit(1);
    }
```

(2) 然后，调用getenv从环境中取出变量的值：

```
    var = argv[1];
    value = getenv(var);
    if(value)
        printf("Variable %s has value %s\n", var, value);
    else
        printf("Variable %s has no value\n", var);
```

(3) 接下来，检查程序调用时是否有第二个参数。如果有，则通过构造一个格式为“名字=值”的字符串并调用putenv来设置变量的值：

```
    if(argc == 3) {
        char *string;
        value = argv[2];
        string = malloc(strlen(var)+strlen(value)+2);
        if(!string) {
            fprintf(stderr,"out of memory\n");
            exit(1);
        }
        strcpy(string,var);
        strcat(string,"=");
        strcat(string,value);
        printf("Calling putenv with: %s\n",string);
        if(putenv(string) != 0) {
            fprintf(stderr,"putenv failed\n");
            free(string);
            exit(1);
        }
    }
```

(4) 最后，再次调用getenv来查看变量的新值：

```
        value = getenv(var);
        if(value)
            printf("New value of %s is %s\n", var, value);
        else
            printf("New value of %s is null??\n", var);
    }
    exit(0);
}
```

运行这个程序，你可以查看和修改环境变量：

```
$ ./environ HOME
Variable HOME has value /home/neil
```

```
$ ./environ FRED
Variable FRED has no value
$ ./environ FRED hello
Variable FRED has no value
Calling putenv with: FRED=hello
New value of FRED is hello
$ ./environ FRED
Variable FRED has no value
```

注意：环境仅对程序本身有效。你在程序里做的改变不会反映到外部环境中，这是因为变量的值不会从子进程（你的程序）传播到父进程（shell）。

4.2.1　环境变量的用途

程序经常使用环境变量来改变它们的工作方式。用户可以通过以下方式设置环境变量的值：在默认环境中设置、通过登录shell读取的.profile文件来设置、使用shell专用的启动文件（rc）或在shell命令行上对变量进行设定。例如：

```
$ ./environ FRED
Variable FRED has no value
$ FRED=hello ./environ FRED
Variable FRED has value hello
```

shell将行首的变量赋值作为对环境变量的临时改变。在上面的第二个例子中，程序environ将运行在一个变量FRED有一个赋值的环境中。

举个例子，在CD数据库应用程序的未来版本中，你可以通过改变一个环境变量，比如CDDB，来指定所用的数据库。这样，每个用户就能指定自己的默认值，或者在每次运行时使用shell命令来设定：

```
$ CDDB=mycds; export CDDB
$ cdapp
```

或

```
$ CDDB=mycds cdapp
```

　　环境变量是一把双刃剑，使用它的时候要小心！与命令行选项相比，它们对用户来说更加"隐蔽"，这样就使得程序的调试变得更加困难。从某种意义上来说，环境变量就像全局变量一样，它们会改变程序的行为，产生不可预期的结果。

4.2.2　environ 变量

正如你已看到的，程序的环境由一组格式为"名字=值"的字符串组成。程序可以通过environ变量直接访问这个字符串数组。environ变量的声明如下所示：

```
#include <stdlib.h>

extern char **environ;
```

实　验　environ变量

下面这个程序showenv.c使用environ变量打印环境变量：

```
#include <stdlib.h>
#include <stdio.h>
```

```
extern char **environ;

int main()
{
    char **env = environ;

    while(*env) {
        printf("%s\n",*env);
        env++;
    }
    exit(0);
}
```

当在Linux系统中运行该程序时，你将得到如下的输出（略做删减）。这些变量的数目、出现顺序和值取决于操作系统的版本、所用的shell以及程序运行时的用户设置。

```
$ ./showenv
HOSTNAME=tilde.provider.com

LOGNAME=neil
MAIL=/var/spool/mail/neil
TERM=xterm
HOSTTYPE=i386
PATH=/usr/local/bin:/bin:/usr/bin:
HOME=/usr/neil
LS_OPTIONS=-N --color=tty -T 0
SHELL=/bin/bash
OSTYPE=Linux
...
```

实验解析

这个程序遍历environ变量（一个以null结尾的字符串数组），并打印出整个环境。

4.3　时间和日期

通常能确定时间和日期对一个程序来说是非常有用的。程序可能希望记录它运行的时间，或者可能需要在某些时候改变它的运行方式。例如，一个游戏可能拒绝在工作时间运行，或者一个定时备份程序可能想等到每天的凌晨才开始一个自动备份。

所有的UNIX系统都使用同一个时间和日期的起点：格林尼治时间（GMT）1970年1月1日午夜（0点）。这是"UNIX纪元的起点"，Linux也不例外。Linux系统中所有的时间都以从那时起经过的秒数来衡量。这和MS-DOS处理时间的方法类似，只是MS-DOS纪元始于1980年。其他系统使用其他的纪元起始时间。

时间通过一个预定义的类型time_t来处理。这是一个大到能够容纳以秒计算的日期和时间的整数类型。在Linux系统中，它是一个长整型，与处理时间值的函数一起定义在头文件time.h中。

绝不要想当然地以为，时间就是32位的。在使用32位time_t类型的UNIX和Linux系统中，时间将在2038年回绕。到那时，我们希望系统都开始使用大于32位的time_t类型。随着最近64位处理器进入主流处理器市场，这一趋势几乎是必然的。

```
#include <time.h>
```

```
time_t time(time_t *tloc);
```

你可以通过调用time函数得到底层的时间值，它返回的是从纪元开始至今的秒数。如果tloc不是
一个空指针，time函数还会把返回值写入tloc指针指向的位置。

实　验　**time函数**

下面这个简单的程序envtime.c演示了time函数的用法：

```
#include <time.h>
#include <stdio.h>
#include <unistd.h>
#include <stdlib.h>

int main()
{
    int i;
    time_t the_time;

    for(i = 1; i <= 10; i++) {
        the_time = time((time_t *)0);
        printf("The time is %ld\n", the_time);
        sleep(2);
    }
    exit(0);
}
```

运行这个程序，它会在20秒时间内每两秒钟打印一次底层的时间值。

```
$ ./envtime
The time is 1179643852
The time is 1179643854
The time is 1179643856
The time is 1179643858
The time is 1179643860
The time is 1179643862
The time is 1179643864
The time is 1179643866
The time is 1179643868
The time is 1179643870
```

实验解析

这个程序用一个空指针参数调用time函数，返回以秒数计算的时间和日期。程序休眠两秒后再重
复调用time函数，总共调用10次。

以从1970年开始计算的秒数来表示时间和日期，对测算某些事情持续的时间是很有用的。你可以
把它考虑为简单地把两次调用time得到的值相减。然而ISO/ANSI C标准委员会经过审议，并没有规定
用time_t类型来测量任意时间之间的秒数，他们发明了一个函数difftime，该函数用来计算两个
time_t值之间的秒数并以double类型返回它。

```
#include <time.h>
```

```
double difftime(time_t time1, time_t time2);
```

difftime函数计算两个时间值之间的差，并将time1-time2的值作为浮点数返回。对Linux来说，time函数的返回值是一个易于处理的秒数，但考虑到最大限度的可移植性，你最好使用difftime。

为了提供（对人类）更有意义的时间和日期，你需要把时间值转换为可读的时间和日期。有一些标准函数可以帮我们做到这一点。

gmtime函数把底层时间值分解为一个结构，该结构包含一些常用的成员：

```
#include <time.h>
```

struct tm *gmtime(const time_t *timeval);

tm结构被定义为至少包含表4-2所示的成员。

表 4-2

tm成员	说　　明
int tm_sec	秒，0~61
int tm_min	分，0~59
int tm_hour	小时，0~23
int tm_mday	月份中的日期，1~31
int tm_mon	月份，0~11（一月份为0）
int tm_year	从1900年开始计算的年份
int tm_wday	星期几，0~6（周日为0）
int tm_yday	年份中的日期，0~365
int tm_isdst	是否夏令时

tm_sec的范围允许临时闰秒或双闰秒。

实　验　gmtime函数

下面这个程序gmtime.c利用tm结构和gmtime函数打印出当前时间和日期：

```
#include <time.h>
#include <stdio.h>
#include <stdlib.h>

int main()
{
    struct tm *tm_ptr;
    time_t the_time;

    (void) time(&the_time);
    tm_ptr = gmtime(&the_time);

    printf("Raw time is %ld\n", the_time);
    printf("gmtime gives:\n");
    printf("date: %02d/%02d/%02d\n",
        tm_ptr->tm_year, tm_ptr->tm_mon+1, tm_ptr->tm_mday);
    printf("time: %02d:%02d:%02d\n",
        tm_ptr->tm_hour, tm_ptr->tm_min, tm_ptr->tm_sec);
    exit(0);
}
```

运行这个程序，你将得到含义明显的时间和日期：

```
$ ./gmtime; date
Raw time is 1179644196
gmtime gives:
date: 107/05/20
time: 06:56:36
Sun May 20 07:56:37 BST 2007
```

实验解析

这个程序调用 time 函数得到底层的时间值，然后调用 gmtime 将该值转换为一个包含有用的时间和日期值的结构。最后，程序用 printf 将这些信息打印出来。严格来说，你不应该用这种方法打印原始时间值，因为我们并不能保证它在所有系统上都是 long 类型的值。我们在运行 gmtime 程序后立即运行 date 命令以比较它们的输出。

不过，这儿有个小问题。如果在格林尼治标准时间（GMT）之外的时区运行这个程序，或者所在的地方像本例中那样采用了夏令时，你会发现时间（可能还有日期）是不对的。这是因为 gmtime 按 GMT 返回时间（现在 GMT 被称为世界标准时间，或 UTC）。Linux 和 UNIX 这样做是为了同步全球各地的所有程序和系统。不同时区同一时刻创建的文件都会有相同的创建时间。要看当地时间，你需要使用 localtime 函数。

```
#include <time.h>

struct tm *localtime(const time_t *timeval);
```

localtime 函数和 gmtime 一样，除了它返回的结构中包含的值已根据当地时区和是否采用夏令时做了调整。如果把上面程序中的 gmtime 换成 localtime，再编译运行一次，你就会看到正确的时间和日期了。

要把已分解出来的 tm 结构再转换为原始的 time_t 时间值，你可以使用 mktime 函数：

```
#include <time.h>

time_t mktime(struct tm *timeptr);
```

如果 tm 结构不能被表示为 time_t 值，mktime 将返回-1。

为了得到更"友好"的时间和日期表示，像 date 命令输出的那样，你可以使用 asctime 函数和 ctime 函数：

```
#include <time.h>

char *asctime(const struct tm *timeptr);
char *ctime(const time_t *timeval);
```

asctime 函数返回一个字符串，它表示由 tm 结构 timeptr 所给出的时间和日期。这个返回的字符串有类似下面的格式：

```
Sun Jun  9 12:34:56 2007\n\0
```

它总是这种长度为 26 个字符的固定格式。ctime 函数等效于调用下面这个函数：

```
asctime(localtime(timeval))
```

它以原始时间值为参数，并将它转换为一个更易读的本地时间。

实 验 **ctime函数**

在本例中，使用下面的代码来查看ctime函数的用法：

```c
#include <time.h>
#include <stdio.h>
#include <stdlib.h>

int main()
{
    time_t timeval;

    (void)time(&timeval);
    printf("The date is: %s", ctime(&timeval));
    exit(0);
}
```

编译并运行这个ctime.c程序，你将看到如下所示的输出：

```
$ ./ctime
The date is: Sat Jun  9 08:02:08 2007
```

实验解析

ctime.c程序调用time函数得到底层时间值，让ctime做所有的艰巨工作，把时间值转换成可读的字符串，然后打印它。

为了对时间和日期字符串的格式有更多控制，Linux和现代的类UNIX系统提供了strftime函数。它很像是一个针对时间和日期的sprintf函数，工作方式也很类似：

#include <time.h>

size_t strftime(char *s, size_t maxsize, const char *format, const struct tm *timeptr);

strftime函数格式化timeptr指针指向的tm结构所表示的时间和日期，并将结果放在字符串s中。字符串被指定（至少）maxsize个字符长。format字符串用于控制写入字符串s的字符。与printf一样，它包含将被传给字符串的普通字符和用于格式化时间和日期元素的转换控制符。转换控制符见表4-3。

表 4-3

转换控制符	说　明	转换控制符	说　明
%a	星期几的缩写	%u	星期几，1~7（周一为1）
%A	星期几的全称	%U	一年中的第几周，01~53（周日是一周的第一天）
%b	月份的缩写		
%B	月份的全称	%V	一年中的第几周，01~53（周一是一周的第一天）
%c	日期和时间		
%d	月份中的日期，01~31	%w	星期几，0~6（周日为0）
%H	小时，00~23	%x	本地格式的日期
%I	12小时制中的小时，01~12	%X	本地格式的时间
%j	年份中的日期，001~366	%y	年份减去1900
%m	年份中的月份，01~12	%Y	年份
%M	分钟，00~59	%Z	时区名
%p	a.m.（上午）或p.m.（下午）	%%	字符%
%S	秒，00~61		

因此，date命令输出的普通日期就相当于strftime格式字符串中的：

```
"%a %b %d %H:%M:%S %Y"
```

为了读取日期，你可以使用strptime函数，该函数以一个代表日期和时间的字符串为参数，并创建表示同一日期和时间的tm结构：

```
#include <time.h>

char *strptime(const char *buf, const char *format, struct tm *timeptr);
```

format字符串的构建方式和strftime的format字符串完全一样。strptime在字符串扫描方面类似于sscanf函数，也是查找可识别字段，并把它们写入对应的变量中。只是这里是根据format字符串来填充tm结构的成员。不过，strptime的转换控制符与strftime的相比，限制要稍微松一些，因为strptime中的星期几和月份用缩写和全称都行，两者都匹配strptime中的%a控制符，此外，strftime对小于10的数字总以0开头，而strptime则把它看作是可选的。

strptime返回一个指针，指向转换过程处理的最后一个字符后面的那个字符。如果碰到不能转换的字符，转换过程就在该处停下来。调用程序需要检查是否已从传递的字符串中读入了足够多的数据，以确保tm结构中写入了有意义的值。

实　验　**strftime函数和strptime函数**

请留意下面这个程序中选用的转换控制符：

```
#include <time.h>
#include <stdio.h>
#include <stdlib.h>

int main()
{
    struct tm *tm_ptr, timestruct;
    time_t the_time;
    char buf[256];
    char *result;

    (void) time(&the_time);
    tm_ptr = localtime(&the_time);
    strftime(buf, 256, "%A %d %B, %I:%M %p", tm_ptr);

    printf("strftime gives: %s\n", buf);

    strcpy(buf,"Thu 26 July 2007, 17:53 will do fine");

    printf("calling strptime with: %s\n", buf);
    tm_ptr = &timestruct;

    result = strptime(buf,"%a %d %b %Y, %R", tm_ptr);
    printf("strptime consumed up to: %s\n", result);

    printf("strptime gives:\n");
    printf("date: %02d/%02d/%02d\n",
        tm_ptr->tm_year % 100, tm_ptr->tm_mon+1, tm_ptr->tm_mday);
```

```
    printf("time: %02d:%02d\n",
        tm_ptr->tm_hour, tm_ptr->tm_min);
    exit(0);
}
```

编译并运行这个程序strftime.c，你将得到：

```
$ ./strftime
strftime gives: Saturday 09 June, 08:16 AM
calling strptime with: Thu 26 July 2007, 17:53 will do fine
strptime consumed up to:  will do fine
strptime gives:
date: 07/07/26
time: 17:53
```

实验解析

　　strftime程序通过调用time和localtime得到当前的本地时间。然后，它通过调用带有合适的格式参数的strftime将时间转换成可读的格式。为演示strptime的用法，程序构建了一个包含日期和时间的字符串，然后调用strptime将原始时间和日期值提取并打印出来。转换控制符%R是strptime中对%H:%M的缩写形式。

　　注意：要成功地扫描日期，strptime需要一个准确的格式字符串，这一点非常重要。一般来说，该函数不会准确扫描读自用户的日期，除非用户输入的格式非常严格。

　　编译strftime.c时，你可能会看到编译器有一个警告信息。这是因为GNU库在默认情况下并未声明strptime函数。要解决这个问题，你需要明确请求使用X/Open的标准功能，这需要在包含time.h头文件之前加上如下一行：

```
#define _XOPEN_SOURCE
```

4.4　临时文件

　　很多情况下，程序会利用一些文件形式的临时存储手段。这些临时文件可能保存着一个计算的中间结果，也可能是关键操作前的文件备份。例如，一个数据库应用程序在删除记录时就可能使用临时文件。该文件收集需要保留的数据库条目，然后在处理结束后，这个临时文件就变成新的数据库，原来文件则被删除。

　　临时文件的这种用法很常见，但也有一个隐藏的缺点。你必须确保应用程序为临时文件选取的文件名是唯一的。否则，因为Linux是一个多任务系统，另一个程序就可能选择同样的文件名，从而导致两个程序互相干扰。

　　用tmpnam函数可以生成一个唯一的文件名：

```
#include <stdio.h>

char *tmpnam(char *s);
```

　　tmpnam函数返回一个不与任何已存在文件同名的有效文件名。如果字符串s不为空，文件名也会写入它。对tmpnam的后续调用会覆盖存放返回值的静态存储区，所以如果tmpnam要被多次调用，就有必要给它传递一个字符串参数了。这个字符串的长度至少要有L_tmpnam（通常为20）个字符。tmpnam可以被一个程序最多调用TMP_MAX次（至少为几千次），每次它都会返回一个不同的文件名。

　　如果遇到需要立刻使用临时文件的情况，你可以用tmpfile函数在给它命名的同时打开它。这点非常重要，因为另一个程序可能会创建出一个与tmpnam返回的文件名同名的文件。tmpfile函数则完全避免了这个问题的发生：

```
#include <stdio.h>

FILE *tmpfile(void);
```

　　tmpfile函数返回一个文件流指针，它指向一个唯一的临时文件。该文件以读写方式打开（通过w+方式的fopen），当对它的所有引用全部关闭时，该文件会被自动删除。

　　如果出错，tmpfile返回空指针并设置errno的值。

实　验　**tmpnam和tmpfile**

　　让我们来看看这两个函数的用法：

```
#include <stdio.h>
#include <stdlib.h>

int main()
{
    char tmpname[L_tmpnam];
    char *filename;
    FILE *tmpfp;

    filename = tmpnam(tmpname);

    printf("Temporary file name is: %s\n", filename);
    tmpfp = tmpfile();
    if(tmpfp)
        printf("Opened a temporary file OK\n");
    else
        perror("tmpfile");
    exit(0);
}
```

　　编译并运行程序tmpnam.c，你可以看到tmpnam生成的唯一文件名：

```
$ ./tmpnam
Temporary file name is: /tmp/file2S64zc
Opened a temporary file OK
```

实验解析

　　这个程序调用tmpnam为临时文件生成一个唯一的文件名。如果要用它，你必须尽可能快地打开它以减小另一个程序用同样的名字打开文件的风险。tmpfile调用同时创建和打开一个临时文件，这样就避免了这一风险。事实上，当编译一个使用tmpnam函数的程序时，GNU C编译器会对它的使用给出警告信息。

　　UNIX有另一种生成临时文件名的方式，就是使用mktemp和mkstemp函数。Linux也支持这两个函数，它们与tmpnam类似，不同之处在于可以为临时文件名指定一个模板，模板可以让你对文件的存放位置和名字有更多的控制：

```
#include <stdlib.h>

char *mktemp(char *template);
int mkstemp(char *template);
```

mktemp函数以给定的模板为基础创建一个唯一的文件名。template参数必须是一个以6个x字符结尾的字符串。mktemp函数用有效文件名字符的一个唯一组合来替换这些x字符。它返回一个指向生成的字符串的指针，如果不能生成一个唯一的名字，它就返回一个空指针。

mkstemp函数类似于tmpfile，它也是同时创建并打开一个临时文件。文件名的生成方法和mktemp一样，但是它的返回值是一个打开的、底层的文件描述符。

你应该在程序中使用"创建并打开"函数tmpfile和mkstemp，而不要使用tmpnam和mktemp。

4.5 用户信息

除了著名的init程序以外，所有的Linux程序都是由其他程序或用户启动的。你将在第11章中对运行中的程序或进程的交互进行更深入的学习。用户通常是在一个响应他们命令的shell中启动程序。你已经看到，程序能够通过检查环境变量和读取系统时钟来在很大程度上了解它所处的运行环境。程序也能够发现它的使用者的相关信息。

当一个用户要登录进Linux系统时，他有一个用户名和密码。一旦用户名和密码通过验证，用户就可以进入一个shell。从内部机制来说，用户还有一个唯一的用户标识符UID。Linux运行的每个程序实际上都是以某个用户的名义在运行，因此都有一个关联的UID。

你可以对程序进行设置，让它们的运行看上去好像是由另一个用户启动的。当一个程序的SUID位被置位时，它的运行就好像是由该可执行文件的属主启动的。当su命令被执行时，程序的运行就好像它是由超级用户启动的，它随后验证用户的访问权限，将UID改为目标账户的UID值并执行该账户的登录shell。采用这种方式还可以允许一个程序的运行就好像是由另一个用户启动的，它经常被系统管理员用来执行一些维护任务。

既然UID是用户身份的关键，我们就从它开始吧。

UID有它自己的类型——uid_t，它定义在头文件sys/types.h中。它通常是一个小整数。有些UID是系统预定义的，其他的则是系统管理员在添加新用户时创建的。一般情况下，用户的UID值都大于100。

```
#include <sys/types.h>
#include <unistd.h>

uid_t getuid(void);
char *getlogin(void);
```

getuid函数返回程序关联的UID，它通常是启动程序的用户的UID。

getlogin函数返回与当前用户关联的登录名。

系统文件/etc/passwd包含一个用户账号数据库。它由行组成，每行对应一个用户，包括用户名、加密口令、用户标识符（UID）、组标识符（GID）、全名、家目录和默认shell。下面是一个示例行：

```
neil:zBqxfqedfpk:500:100:Neil Matthew:/home/neil:/bin/bash
```

如果编写一个程序，它能确定启动它的用户的UID，那么你就可以对它进行扩展，让它查找密码文件以找到用户的登录名和全名。但我们并不推荐这种做法，因为为了提高系统的安全性，现代的类UNIX系统都不再使用简单的密码文件了。许多系统，包括Linux，都有一个使用shadow密码文件的选项，原来的密码文件中不再包含任何有用的加密口令信息（这些信息通常存放在/etc/shadow文件中，这是一个普通用户不能读取的文件）。为此，人们定义了一组函数来提供一个标准而又有效的获取用户信息的编程接口：

```
#include <sys/types.h>
#include <pwd.h>

struct passwd *getpwuid(uid_t uid);
struct passwd *getpwnam(const char *name);
```

密码数据库结构passwd定义在头文件pwd.h中，它包含表4-4中的成员。

表　4-4

passwd成员	说　　明
char *pw_name	用户登录名
uid_t pw_uid	UID号
gid_t pw_gid	GID号
char *pw_dir	用户家目录
char *pw_gecos	用户全名
char *pw_shell	用户默认shell

有些UNIX系统可能对用户全名字段使用一个不同的名字。在某些系统（如Linux）上，它是pw_gecos，而在其他系统上，它是pw_comment。这就意味着，我们不能对它给出一个统一的用法。

getpwuid和getpwnam函数都返回一个指针，该指针指向与某个用户对应的passwd结构。这个用户通过getpwuid的UID参数或通过getpwnam的用户登录名参数来确定。出错时，它们都返回一个空指针并设置errno。

实　验　**用户信息**

下面的程序user.c从密码数据库中提取出一些用户信息：

```
#include <sys/types.h>
#include <pwd.h>
#include <stdio.h>
#include <unistd.h>
#include <stdlib.h>

int main()
{
    uid_t uid;
    gid_t gid;

    struct passwd *pw;
    uid = getuid();
    gid = getgid();

    printf("User is %s\n", getlogin());

    printf("User IDs: uid=%d, gid=%d\n", uid, gid);

    pw = getpwuid(uid);
    printf("UID passwd entry:\n name=%s, uid=%d, gid=%d, home=%s, shell=%s\n",
```

```
        pw->pw_name, pw->pw_uid, pw->pw_gid, pw->pw_dir, pw->pw_shell);

    pw = getpwnam("root");
    printf("root passwd entry:\n");
    printf("name=%s, uid=%d, gid=%d, home=%s, shell=%s\n",
        pw->pw_name, pw->pw_uid, pw->pw_gid, pw->pw_dir, pw->pw_shell);
    exit(0);
}
```

它给出如下的输出，在不同的Linux和UNIX版本中，输出结果可能会稍有差异：

```
$ ./user
User is neil
User IDs: uid=1000, gid=100
UID passwd entry:
 name=neil, uid=1000, gid=100, home=/home/neil, shell=/bin/bash
root passwd entry:
name=root, uid=0, gid=0, home=/root, shell=/bin/bash
```

实验解析

这个程序先调用getuid获得当前用户的UID，再把这个UID用在getpwuid函数中来获得密码文件中保存的详细信息。此外，我们还演示了通过在getpwnam中给出用户名root来获得用户信息的方法。

如果查看Linux的源代码，你就能在id命令的源代码中看到另一个使用getuid函数的例子。

如果要扫描密码文件中的所有信息，你可以使用getpwent函数。它的作用是依次取出文件数据项：

```
#include <pwd.h>
#include <sys/types.h>

void endpwent(void);
struct passwd *getpwent(void);
void setpwent(void);
```

getpwent函数依次返回每个用户的信息数据项。当到达文件尾时，它返回一个空指针。如果已经扫描了足够多的数据项，你可以使用endpwent函数来终止处理过程。setpwent函数重置读指针到密码文件的开始位置，这样下一个getpwent调用将重新开始一个新的扫描。这些函数的操作方式与我们在第3章讨论的目录扫描函数opendir、readdir和closedir非常相似。

（有效的和实际的）用户和组标识符还可以被其他一些不太常用的函数获得：

```
#include <sys/types.h>
#include <unistd.h>

uid_t geteuid(void);

gid_t getgid(void);
gid_t getegid(void);
int setuid(uid_t uid);
int setgid(gid_t gid);
```

组标识符和有效用户标识符的详细资料请参考系统的手册页，虽然你可能会发现自己根本不需要对它们进行处理。

只有超级用户才能调用setuid和setgid函数。

4.6   主机信息

正如程序可以查找用户信息一样，程序也可以获得运行它的计算机的有关细节。uname命令就提供这类信息。我们还可以通过同名的系统调用在C语言程序中提供同样的信息——请使用man 2 uname命令在手册页的系统调用部分（第2部分）查找它的用法。

主机信息在许多情况下都是很有用的。你可能希望根据程序运行的机器在网络上的名字来定制程序的行为，比如说，这台机器是学生用的还是管理员用的。从许可证的角度考虑，你可能希望限制程序只能在一台机器上运行。所有这些都意味着你需要一个方法来确定程序运行在哪台机器上。

如果系统安装了网络组件，你可以通过gethostname函数很容易地获取它的网络名：

```
#include <unistd.h>

int gethostname(char *name, size_t namelen);
```

gethostname函数把机器的网络名写入name字符串。该字符串至少有namelen个字符长。成功时，gethostname返回0，否则返回-1。

你可以通过uname系统调用获得关于主机的更多详细信息：

```
#include <sys/utsname.h>

int uname(struct utsname *name);
```

uname函数把主机信息写入name参数指向的结构。utsname结构定义在头文件sys/utsname.h中，它至少包含表4-5所示的成员。

表   4-5

utsname成员	说 明
char sysname[]	操作系统名
char nodename[]	主机名
char release[]	系统发行级别
char version[]	系统版本号
char machine[]	硬件类型

uname在成功时返回一个非负整数，否则返回-1并设置errno来指出错误。

实 验   **主机信息**

下面的程序hostget.c能够提取出一些主机信息：

```
#include <sys/utsname.h>
#include <unistd.h>
#include <stdio.h>
#include <stdlib.h>

int main()
{
    char computer[256];
    struct utsname uts;

    if(gethostname(computer, 255) != 0 || uname(&uts) < 0) {
```

```
        fprintf(stderr, "Could not get host information\n");
        exit(1);
    }

    printf("Computer host name is %s\n", computer);
    printf("System is %s on %s hardware\n", uts.sysname, uts.machine);
    printf("Nodename is %s\n", uts.nodename);
    printf("Version is %s, %s\n", uts.release, uts.version);
    exit(0);
}
```

它给出如下所示的Linux特有的输出。如果你的机器联网了，你可能会看到一个包含网络名在内的扩展主机名。

```
$ ./hostget
Computer host name is suse103
System is Linux on i686 hardware
Nodename is suse103
Version is 2.6.20.2-2-default, #1 SMP Fri Mar 9 21:54:10 UTC 2007
```

实验解析

这个程序调用gethostname来获得主机的网络名。在上面的例子中，它获得名字suse103。有关这台基于Intel Pentium-4的Linux计算机的更多信息通过uname调用返回。注意，uname返回的字符串的格式是与具体实现相关的，在本例中，版本字符串包含内核编译的日期。

使用uname函数的另外一个例子请参看uname命令的Linux源代码。

每台主机的唯一标识符可以通过gethostid函数获得：

#include <unistd.h>

long gethostid(void);

gethostid函数返回与主机对应的一个唯一值。许可证管理者利用它来确保软件程序只能在拥有合法许可证的机器上运行。在Sun工作站上，该函数返回计算机生产时设置在非易失性存储器中的一个数字，它对系统硬件来说是唯一的。其他系统，如Linux，返回一个基于该机器因特网地址的值，但这对许可证管理来说还不够安全。

4.7 日志

许多应用程序需要记录它们的活动。系统程序经常需要向控制台或日志文件写消息。这些消息可能指示错误、警告或是与系统状态有关的一般信息。例如，su程序会把某个用户尝试得到超级用户权限但失败的事实记录下来。

通常这些日志信息被记录在系统文件中，而这些系统文件又被保存在专用于此目的的目录中。它可能是/usr/adm或/var/log目录。对一个典型的Linux安装来说，文件/var/log/messages包含所有系统信息，/var/log/mail包含来自邮件系统的其他日志信息，/var/log/debug可能包含调试信息。根据你所使用Linux版本的不同，可以通过查看/etc/syslog.conf文件或者/etc/syslog-ng/syslog-ng.conf文件来检查系统配置。

下面是一些日志信息的示例：

```
Mar 26 18:25:51 suse103 ifstatus:     eth0     device: Advanced Micro Devices
 [AMD] 79c970 [PCnet32 LANCE] (rev 10)
Mar 26 18:25:51 suse103 ifstatus:     eth0     configuration: eth-id-
00:0c:29:0e:91:72
...
May 20 06:56:56 suse103 SuSEfirewall2: Setting up rules from
 /etc/sysconfig/SuSEfirewall2 ...
May 20 06:56:57 suse103 SuSEfirewall2: batch committing...
May 20 06:56:57 suse103 SuSEfirewall2: Firewall rules successfully set
...
Jun  9 09:11:14 suse103 su: (to root) neil on /dev/pts/18 09:50:35
```

这里，你可以看到记录的各种类型的信息。前几个是由Linux内核在启动和检测已安装硬件时自己报告的信息。然后是防火墙记录它重新配置的信息。最后，su程序报告用户neil获得了超级用户权限。

　　　　查看日志信息可能需要有超级用户特权。

有些UNIX系统并不像上面这样提供可读的日志文件，而是为管理员提供一些工具来读取系统事件的数据库。具体情况请参考系统文档。

虽然系统消息的格式和存储方式不尽相同，但产生消息的方法却是标准的。UNIX规范通过syslog函数为所有程序产生日志信息提供了一个接口：

```
#include <syslog.h>

void syslog(int priority, const char *message, arguments...);
```

syslog函数向系统的日志设施（facility）发送一条日志信息。每条信息都有一个priority参数，该参数是一个严重级别与一个设施值的按位或。严重级别控制日志信息的处理方式，设施值记录日志信息的来源。

定义在头文件syslog.h中的设施值包括LOG_USER（默认值）——它指出消息来自一个用户应用程序，以及LOG_LOCAL0、LOG_LOCAL1直到LOG_LOCAL7，它们的含义由本地管理员指定。

严重级别按优先级递减排列，如表4-6所示。

表 4-6

优 先 级	说　　明
LOG_EMERG	紧急情况
LOG_ALERT	高优先级故障，例如数据库崩溃
LOG_CRIT	严重错误，例如硬件故障
LOG_ERR	错误
LOG_WARNING	警告
LOG_NOTICE	需要注意的特殊情况
LOG_INFO	一般信息
LOG_DEBUG	调试信息

根据系统配置，LOG_EMERG信息可能会广播给所有用户，LOG_ALERT信息可能会EMAIL给管理员，LOG_DEBUG信息可能会被忽略，而其他信息则写入日志文件。当编写的程序需要使用日志记录功能时，你只需要在希望创建日志信息时调用syslog函数即可。

syslog创建的日志信息包含消息头和消息体。消息头根据设施值及日期和时间创建。消息体根据syslog的message参数创建，该参数的作用类似printf中的格式字符串。syslog的其他参数要根据

message字符串中printf风格的转换控制符而定。此外，转换控制符%m可用于插入与错误变量errno当前值对应的出错消息字符串。这对于记录错误消息很有用。

实　验　**syslog函数**

在这个程序中，你试图打开一个不存在的文件：

```
#include <syslog.h>
#include <stdio.h>
#include <stdlib.h>

int main()
{
    FILE *f;

    f = fopen("not_here","r");
    if(!f)
        syslog(LOG_ERR|LOG_USER,"oops - %m\n");
    exit(0);
}
```

编译并运行这个程序syslog.c，你没有看到输出，但是/var/log/messages文件尾现在有如下一行：

```
Jun  9 09:24:50 suse103 syslog: oops - No such file or directory
```

实验解析

在这个程序中，你试图打开一个不存在的文件。在文件打开失败后，调用syslog在系统日志中记录这一事件。

注意：日志信息并未指明是哪个程序调用了日志设施，它仅仅记录syslog被调用以记录一条信息的事实。%m转换控制符被替换为一个错误描述，在本例中就是"文件没有找到"。这比仅仅报告一个原始的错误码更有用。

在头文件syslog.h中还定义了一些能够改变日志记录行为的其他函数。它们是：

#include <syslog.h>

void closelog(void);
void openlog(const char *ident, int logopt, int facility);
int setlogmask(int maskpri);

你可以通过调用openlog函数来改变日志信息的表示方式。它可以设置一个字符串ident，该字符串会添加在日志信息的前面。你可以通过它来指明是哪个程序创建了这条信息。facility参数记录一个将被用于后续syslog调用的默认设施值，其默认值是LOG_USER。logopt参数对后续syslog调用的行为进行配置，它是0个或多个表4-7中参数的按位或。

表　4-7

logopt参数	说　明
LOG_PID	在日志信息中包含进程标识符，这是系统分配给每个进程的一个唯一值
LOG_CONS	如果信息不能被记录到日志文件中，就把它们发送到控制台
LOG_ODELAY	在第一次调用syslog时才打开日志设施
LOG_NDELAY	立即打开日志设施，而不是等到第一次记录日志时

openlog函数会分配并打开一个文件描述符，并通过它来写日志。你可以调用closelog函数来关闭它。注意，在调用syslog之前无需调用openlog，因为syslog会根据需要自行打开日志设施。

你可以使用setlogmask函数来设置一个日志掩码，并通过它来控制日志信息的优先级。优先级未在日志掩码中置位的后续syslog调用都将被丢弃。所以你可以通过这个方法关闭LOG_DEBUG消息而不用改变程序主体。

你可以用LOG_MASK(priority)为日志信息创建一个掩码，它的作用是创建一个只包含一个优先级的掩码。你还可以用LOG_UPTO(priority)来创建一个由指定优先级之上的所有优先级（包括指定优先级）构成的掩码。

实 验 **logmask程序**

在本例中，你将看到日志掩码的作用：

```c
#include <syslog.h>
#include <stdio.h>
#include <unistd.h>
#include <stdlib.h>

int main()
{
    int logmask;

    openlog("logmask", LOG_PID|LOG_CONS, LOG_USER);
    syslog(LOG_INFO,"informative message, pid = %d", getpid());
    syslog(LOG_DEBUG,"debug message, should appear");
    logmask = setlogmask(LOG_UPTO(LOG_NOTICE));
    syslog(LOG_DEBUG,"debug message, should not appear");
    exit(0);
}
```

这个logmask.c程序没有输出，但是在一个典型的Linux系统中，在/var/log/messages文件尾，你会看到如下信息：

```
Jun  9 09:28:52 suse103 logmask[19339]: informative message, pid = 19339
```

接收调试日志信息的文件（根据日志配置而定，通常是/var/log/debug，有时也可能是/var/log/messages）会包含如下信息：

```
Jun  9 09:28:52 suse103 logmask[19339]: debug message, should appear
```

实验解析

这个程序用它自己的名字logmask初始化日志设施，并要求日志信息中包含进程标识符。一般信息记录到文件/var/log/messages中，调试信息记录到文件/var/log/debug中。第二条调试信息没有出现，这是因为你调用setlogmask忽略了优先级低于LOG_NOTICE的所有信息（注意，这种做法在早期Linux内核中可能不支持）。

如果你的Linux安装没有启用调试信息日志记录功能，或者采用的是其他配置情况，你可能看不到调试信息。要启用所有的调试信息，请查看系统中针对syslog或syslog-ng的文档以找到正确的配置方法。

logmask.c还用到了getpid函数，它和与其紧密相关的getppid函数的定义如下所示：

```
#include <sys/types.h>
#include <unistd.h>

pid_t getpid(void);
pid_t getppid(void);
```

这两个函数分别返回调用进程和调用进程的父进程的进程标识符（PID）。要了解PID的更多内容，请参考第11章的内容。

4.8 资源和限制

Linux系统上运行的程序会受到资源限制的影响。它们可能是硬件方面的物理性限制（例如内存）、系统策略的限制（例如，允许使用的CPU时间）或具体实现的限制（如整数的长度或文件名中所允许的最大字符数）。UNIX规范定义了一些可由应用程序决定的限制。第7章对限制及突破限制的后果做了进一步讨论。

头文件limits.h中定义了许多代表操作系统方面限制的显式常量，如表4-8所示。

表 4-8

限制常量	含　义
NAME_MAX	文件名中的最大字符数
CHAR_BIT	char类型值的位数
CHAR_MAX	char类型的最大值
INT_MAX	int类型的最大值

还有许多其他对应用程序有用的限制，请参考你自己系统中的头文件。

注意：NAME_MAX是特定于文件系统的。为了写可移植性更好的代码，你应该使用pathconf函数。详细信息请参考pathconf的手册页。

头文件sys/resource.h提供了资源操作方面的定义，其中包括对程序长度、执行优先级和文件资源等方面限制进行查询和设置的函数：

```
#include <sys/resource.h>

int getpriority(int which, id_t who);
int setpriority(int which, id_t who, int priority);
int getrlimit(int resource, struct rlimit *r_limit);
int setrlimit(int resource, const struct rlimit *r_limit);
int getrusage(int who, struct rusage *r_usage);
```

id_t是一个整数类型，它用于用户和组标识符。在头文件sys/resource.h中定义的rusage结构用来确定当前程序已耗费了多少CPU时间，它至少包含表4-9所示的两个成员。

表 4-9

rusage成员	说　明
struct timeval ru_utime	使用的用户时间
struct timeval ru_stime	使用的系统时间

timeval结构定义在头文件sys/time.h中，它包含成员tv_sec和tv_usec，分别代表秒和微秒。

一个程序耗费的CPU时间可分为用户时间（程序执行自身的指令所耗费的时间）和系统时间（操作系统为程序执行所耗费的时间，即执行输入输出操作的系统调用或其他系统函数所花费的时间）。

getrusage函数将CPU时间信息写入参数r_usage指向的rusage结构中。参数who可以是表4-10所示的常量之一。

表 4-10

who常量	说　　明
RUSAGE_SELF	仅返回当前程序的使用信息
RUSAGE_CHILDREN	还包括子进程的使用信息

我们将在第11章讨论子进程和任务优先级，但考虑到完整性，我们将在这里简单介绍它们对系统资源的影响。就现在而言，了解下面一点就够了：每个运行的程序都有一个与之关联的优先级，优先级越高的程序将分配到更多的CPU可用时间。

普通用户只能降低其程序的优先级，而不能升高。

应用程序可以用getpriority和setpriority函数确定和更改它们（和其他程序）的优先级。被优先级函数检查或更改的进程可以用进程标识符、组标识符或用户来确定。which参数指定了对待who参数的方式，如表4-11所示。

表 4-11

which参数	说　　明
PRIO_PROCESS	who参数是进程标识符
PRIO_PGRP	who参数是进程组
PRIO_USER	who参数是用户标识符

因此，为确定当前进程的优先级，你可以调用：

priority = getpriority(PRIO_PROCESS, getpid());

setpriority函数用于设置一个新的优先级（如果可能的话）。

默认的优先级是0。正数优先级用于后台任务，它们只在没有其他更高优先级的任务准备运行时才执行。负数优先级使一个程序运行更频繁，获得更多的CPU可用时间。优先级的有效范围是−20~+20。这很容易让人困惑，因为数值越高，执行优先级反而越低。

getpriority在成功时返回一个有效的优先级，失败时返回-1并设置errno变量。因为-1本身是一个有效的优先级，所以在调用getpriority之前应将errno设置为0，并在函数返回时检查它是否仍为0。setpriority在成功时返回0，否则返回-1。

系统资源方面的限制可以通过getrlimit和setrlimit来读取和设置。这两个函数都利用一个通用结构rlimit来描述资源限制。该结构定义在头文件sys/resource.h中，它包含表4-12所示的成员。

表 4-12

rlimit成员	说　　明
rlim_t rlim_cur	当前的软限制
rlim_t rlim_max	硬限制

类型rlim_t是一个整数类型，它用来描述资源级别。一般来说，软限制是一个建议性的最好不要超越的限制，如果超越可能会导致库函数返回错误。硬限制如果被超越，则可能会导致系统通过发送信号的方式来终止程序的运行。例如，当CPU时间限制被超越时系统会发送SIGXCPU信号，数据长度限制被超越时系统会发送SIGSEGV信号。程序可以把自己的软限制设置为小于硬限制的任何值。它也可以减小自己的硬限制。但只有以超级用户权限运行的程序才能增加硬限制。

有许多系统资源可以进行限制，它们由rlimit函数中的resource参数指定，并在头文件sys/resource.h中定义，如表4-13所示。

表 4-13

resource参数	说　明
RLIMIT_CORE	内核转储（core dump）文件的大小限制（以字节为单位）
RLIMIT_CPU	CPU时间限制（以秒为单位）
RLIMIT_DATA	数据段限制（以字节为单位）
RLIMIT_FSIZE	文件大小限制（以字节为单位）
RLIMIT_NOFILE	可以打开的文件数限制
RLIMIT_STACK	栈大小限制（以字节为单位）
RLIMIT_AS	地址空间（栈和数据）限制（以字节为单位）

下面的实验给出了一个程序limits.c，它模拟一个典型的应用程序。该程序设置并超越了一个资源限制。

实　验　资源限制

(1) 首先，把你在程序中要用到的所有函数对应的头文件包含进来：

```
#include <sys/types.h>
#include <sys/resource.h>
#include <sys/time.h>
#include <unistd.h>
#include <stdio.h>
#include <stdlib.h>
#include <math.h>
```

(2) void work()函数将一个字符串写入一个临时文件10 000次，然后做一些算术运算以产生CPU负载：

```
void work()
{
    FILE *f;
    int i;
    double x = 4.5;

    f = tmpfile();
    for(i = 0; i < 10000; i++) {
        fprintf(f,"Do some output\n");
        if(ferror(f)) {
            fprintf(stderr,"Error writing to temporary file\n");
            exit(1);
        }
```

```
    }
    for(i = 0; i < 1000000; i++)
        x = log(x*x + 3.21);
}
```

(3) main函数调用work函数，然后用getrusage函数来发现它耗费的CPU时间，并把该信息显示在屏幕上：

```
int main()
{
    struct rusage r_usage;
    struct rlimit r_limit;
    int priority;

    work();
    getrusage(RUSAGE_SELF, &r_usage);

    printf("CPU usage: User = %ld.%06ld, System = %ld.%06ld\n",
        r_usage.ru_utime.tv_sec, r_usage.ru_utime.tv_usec,
        r_usage.ru_stime.tv_sec, r_usage.ru_stime.tv_usec);
```

(4) 接着，main函数分别调用getpriority和getrlimit来发现它的当前优先级和文件大小限制：

```
    priority = getpriority(PRIO_PROCESS, getpid());
    printf("Current priority = %d\n", priority);

    getrlimit(RLIMIT_FSIZE, &r_limit);
    printf("Current FSIZE limit: soft = %ld, hard = %ld\n",
        r_limit.rlim_cur, r_limit.rlim_max);
```

(5) 最后，我们用setrlimit设置文件大小限制并再次调用work，这次work函数的执行会失败，因为它试图创建一个太大的文件：

```
    r_limit.rlim_cur = 2048;
    r_limit.rlim_max = 4096;
    printf("Setting a 2K file size limit\n");
    setrlimit(RLIMIT_FSIZE, &r_limit);

    work();
    exit(0);
}
```

当运行这个程序时，你可以看到消耗的CPU资源有多少以及程序运行的默认优先级。一旦设置了文件大小限制，程序就不能往临时文件里写入多于2 048个字节了。

```
$ cc -o limits limits.c -lm
$ ./limits
CPU usage: User = 0.140008, System = 0.020001
Current priority = 0
Current FSIZE limit: soft = -1, hard = -1
Setting a 2K file size limit
File size limit exceeded
```

你可以用nice命令启动程序来改变程序的优先级。这里，你看到程序的优先级变成了+10。因此，程序的执行时间变长了。

```
$ nice ./limits
CPU usage: User = 0.152009, System = 0.020001
Current priority = 10
Current FSIZE limit: soft = -1, hard = -1
Setting a 2K file size limit
File size limit exceeded
```

实验解析

limits程序通过调用work函数来模拟一个典型程序的行为。它执行一些运算并产生一些输出，在本例中，它输出大约150K字节的数据到临时文件。它调用资源函数来发现其优先级和文件大小限制。在本例中，文件大小限制未设置，所以你想创建多大的文件就可以创建多大的文件（只要磁盘空间允许）。随后，程序设置它的文件大小限制为2K并再次执行一些工作。此时，work函数的调用失败了，因为它不能创建太大的临时文件。

> 你也可以通过bash的ulimit命令为在某一特定shell中运行的程序设置限制。

在本例中，出错信息Error writing to temporary file（写临时文件出错）可能不会像你期望的那样打印出来。这是因为当资源限制被超越时，一些系统（如Linux 2.2和后续版本）会通过发送信号SIGXFSZ的方式来终止程序。你将在第11章学习有关信号及其使用的更多知识。其他一些POSIX兼容的系统可能只是让资源限制被超越的函数返回一个错误。

4.9　小结

在本章中，你了解了Linux环境，并对程序运行的条件进行了研究。你学习了命令行参数和环境变量，它们都能用来改变程序的默认行为，并提供有用的程序选项。

你还看到程序怎样利用库函数来处理日期和时间值，获得自身、用户及它运行之上的计算机的相关信息。

因为Linux程序通常都要共享主机上的宝贵资源，所以本章也对如何确定和管理资源的问题做了介绍。

第 5 章

终　　端

在本章中，你将看到如何完善第2章中的基本应用程序。该程序最明显的不足就是其用户界面，虽然它实现了所需功能，但并不好用。在本章中，你将学习如何更好的控制用户终端，包括控制键盘输入及屏幕输出。不仅如此，你还将学习如何保证编写的程序能够从用户那里获取输入（即使用户对程序使用了输入重定向），以及确保程序的输出显示在屏幕的正确位置上。

虽然，重新实现CD数据库应用程序的构想只有到第7章的结束才能见到曙光，但你将在本章为第7章做大量的底层准备工作。第6章是基于curses的，但它并不是古老的咒语①，而是一个函数库，它提供了控制终端屏幕显示的高级代码。同时，我们还将通过介绍一些Linux和UNIX的哲学思想以及终端输入和输出的概念来阐明早期UNIX社团成员的想法。也许，我们在这里给出的底层访问方式正是您正在寻找的。我们将在这里介绍的绝大部分内容同样适用于运行在终端窗口中的程序，如运行在KDE的Kconsole、GNOME的gnome-terminal或者是标准X11的xterm中的程序。

在本章中，你将学习以下内容：
- ❑ 对终端进行读写
- ❑ 终端驱动程序和通用终端接口
- ❑ termios
- ❑ 终端的输出和terminfo
- ❑ 检测键盘击键动作

5.1　对终端进行读写

在第3章中，你了解到当一个程序在命令提示符中被调用时，shell负责将标准输入和标准输出流连接到你的程序。通过在程序中使用getchar和printf函数，你可以很容易地对这些默认流进行读写，实现程序和用户之间的交互。

在下面的实验中，你将使用上面提到的两个函数getchar和printf重写菜单例程，新程序的文件名为menu1.c。

| 实　验 | 用C语言编写的菜单例程 |

（1）程序开始部分的语句定义了一个用来显示菜单内容的字符串数组和getchoice函数的原型：

```
#include <stdio.h>
#include <stdlib.h>
```

---

① 英文单词curse是咒语的意思。——译者注

```
char *menu[] = {
    "a - add new record",
    "d - delete record",
    "q - quit",
    NULL,

};

int getchoice(char *greet, char *choices[]);
```

(2) main函数以刚才定义的样本菜单字符串数组menu为参数调用getchoice函数：

```
int main()
{
    int choice = 0;

    do
    {
        choice = getchoice("Please select an action", menu);
        printf("You have chosen: %c\n", choice);
    } while(choice != 'q');
    exit(0);
}
```

(3) 下面是这个程序的核心代码：负责显示菜单及读取用户输入的函数getchoice：

```
int getchoice(char *greet, char *choices[])
{
    int chosen = 0;
    int selected;
    char **option;

    do {
        printf("Choice: %s\n",greet);
        option = choices;
        while(*option) {
            printf("%s\n",*option);
            option++;
        }
        selected = getchar();
        option = choices;
        while(*option) {
            if(selected == *option[0]) {
                chosen = 1;
                break;
            }
            option++;
        }
        if(!chosen) {
            printf("Incorrect choice, select again\n");
        }
    } while(!chosen);
    return selected;
}
```

getchoice函数显示程序的介绍信息greet和样本菜单choices，并要求用户输入代表某个菜单选项的首字符。接下来，程序进入循环，直到getchar函数返回与option字符串数组中某个数组成员的首字母匹配的字符为止。

编译并运行这个程序，你会发现它并没有像你所期望的那样工作。下面的例子说明了这一问题：

```
$ ./menu1
Choice: Please select an action
a - add new record
d - delete record
q - quit
a
You have chosen: a
Choice: Please select an action
a - add new record
d - delete record
q - quit
Incorrect choice, select again
Choice: Please select an action
a - add new record
d - delete record
q - quit
q
You have chosen: q
$
```

用户必须要输入"a/回车/q/回车"等才能做出选择。从上面的例子中可以看出，这个程序至少有两个问题。最严重的问题是，每当你做出正确的选择后，屏幕上都会出现错误提示Incorrect choice, select again（错误的选择，请重新选择）。另一个问题是，只有在按下回车键后程序才会读取输入。

1. 标准模式和非标准模式

这两个问题是紧密相关的。默认情况下，只有在用户按下回车键后，程序才能读到终端的输入。在大多数情况下，这样做是有益的，因为它允许用户使用退格键（Backspace）或删除键（Delete）来纠正输入中的错误，用户只在对自己在屏幕上看到的内容满意时，才会按下回车键把键入的数据传递给程序。

这种处理方式被称为规范模式（canonical mode）或标准模式（standard mode）。所有的输入都基于行进行处理，在一个输入行完成前（通常是用户按下回车键之前），终端接口负责管理所有的键盘输入，包括退格键，应用程序读不到用户输入的任何字符。

与标准模式相对的是非标准模式（non-canonical mode），在这种模式中，应用程序对用户输入字符的处理拥有更大的控制权。我们稍后会再回到这两种模式上来。

除此之外，Linux终端处理程序能够把中断字符转换为对应的信号（例如，按下Ctrl+C可以中断程序）从而自动替用户完成对退格键和删除键的处理，用户无需在自己编写的每个程序中重新实现它。我们将在第11章详细介绍信号。

那么，这个程序的问题究竟在哪里呢？是这样的，Linux会暂存用户输入的内容，直到用户按下回车键，然后将用户选择的字符及紧随其后的回车符一起传递给程序。所以，每当你输入一个菜单选择时，程序就调用getchar函数处理该字符，而当程序在下一次循环中再次调用getchar函数时，它会立刻返回一个回车符。

　　程序真正看到的字符并不是ASCII码的回车符CR（十进制表示为13，十六进制表示为0D），而是换行符LF（十进制表示为10，十六进制表示为0A）。这是因为，Linux同UNIX系统一样，在其内部都是以换行符作为文本行的结束。也就是说，UNIX用一个单独的换行符来表示一行的结束，而其他的操作系统（如MS-DOS）用回车符和换行符两个字符的结合来表示一行的结束。如果输入或输出设备本身需要发送或接收一个回车符，则由Linux终端处理程序负责完成它。如果你已经习惯MS-DOS或其他操作系统的环境，你可能会对Linux的这种做法感到有一些奇怪。但这样做的最大好处是，它使得在Linux系统中，文本文件和二进制文件无任何实际的区别。只有在对终端、某些打印机或绘图仪进行输入输出时，你才需要对回车符进行处理。

　　在下面的代码中，通过忽略额外的换行符来纠正菜单例程中的主要错误：

```
do {
        selected = getchar();
} while(selected == '\n');
```

　　它解决了燃眉之急，你将看到如下所示的输出：

```
$ ./menu1
Choice: Please select an action
a - add new record
d - delete record
q - quit
a
You have chosen: a
Choice: Please select an action
a - add new record
d - delete record
q - quit
q
You have chosen: q
$
```

　　我们将在本章的后面针对这个程序的第二个问题"必须按下回车键才能让程序继续执行"，给出一个更加精巧的解决方案。

2. 处理重定向输出

　　Linux程序，甚至是交互式的Linux程序，经常会把它们的输入或输出重定向到文件或其他程序。我们来看看把程序的输出重定向到一个文件时出现的情况：

```
$ ./menu1 > file
a
q
$
```

　　你可以把这种处理方式看作是成功的，因为程序的输出确实被重定向到文件，而不是显示在终端上。但有时你并不想这么做，或者你希望对准备让用户看到的提示信息与其他输出进行区别对待，前者仍然输出到终端上，而后者可以被安全地重定向。

　　如果想知道标准输出是否被重定向了，只需检查底层文件描述符是否关联到一个终端即可。系统调用isatty就是用来完成这一任务的。你只需将有效的文件描述符传递给它，它就可判断出该描述符是否连接到一个终端。

```
#include <unistd.h>

int isatty(int fd);
```

如果打开的文件描述符 fd 连接到一个终端，则系统调用 isatty 返回 1，否则返回 0。

在这个程序中，你使用的是文件流，但 isatty 只能对文件描述符进行操作。为了提供必要的转换，你需要把 isatty 调用与在第 3 章中介绍的 fileno 函数结合使用。

如果 stdout（标准输出）已被重定向，你该做什么呢？直接退出不是一个好办法，因为用户无法知道程序为什么会运行失败。向 stdout 输出一条消息也不起作用，因为这条消息也会被重定向。一种解决方法是将消息写到 stderr（标准错误输出），它不会被 shell 的 >file 命令重定向。

实　验　检查是否存在输出重定向

沿用上面实验中创建的 menu1.c 程序，在其中加上新的 include 语句，对 main 函数进行如下的修改，并重新将该程序命名为 menu2.c。

```
#include <unistd.h>
...
int main()
{
    int choice = 0;

    if(!isatty(fileno(stdout))) {
        fprintf(stderr,"You are not a terminal!\n");
        exit(1);
    }
    do {
        choice = getchoice("Please select an action", menu);
        printf("You have chosen: %c\n", choice);
    } while(choice != 'q');
    exit(0);
}
```

请看这个程序给出的样本输出：

```
$ ./menu2
Choice: Please select an action
a - add new record
d - delete record
q - quit
q
You have chosen: q
$ menu2 > file
You are not a terminal!
$
```

实验解析

新代码段用 isatty 函数来测试标准输出是否已连接到一个终端，如果没有，则退出程序。shell 也用同一种技术来判断是否需要提供终端提示符。将 stdout 和 stderr 同时重定向也是可能的，而且极为常见。你可以像下面这样把错误流重定向到另一个文件：

```
$ ./menu2 >file 2>file.error
$
```

或者如下面这样，将两个输出流重定向到同一个文件：

```
$ ./menu2 >file 2>&1
$
```

如果你不熟悉输出重定向的语法，请仔细阅读本书的第2章。在该章中，我们详细介绍了它的语法。在本例中，你需要将错误信息直接发送到用户终端上。

5.2 与终端进行对话

如果不希望程序中与用户交互的部分被重定向，但允许其他的输入和输出被重定向，你就需要将与用户交互的部分与stdout、stderr分离开。为此，你可直接对终端进行读写。由于Linux本身是多用户系统，它通常拥有多个终端，这些终端或者是直接连接的，或者是通过网络进行连接的，那么，你怎样才能找到要使用的正确终端呢？

幸运的是，Linux和UNIX提供了一个特殊设备/dev/tty来解决这一问题，该设备始终是指向当前终端或当前的登录会话。由于Linux把一切事物都看作为文件，所以你可以用一般文件的操作方式来对/dev/tty进行读写。

在下面的实验中，你通过向getchoice函数传递参数的方法来加强对输出的控制，修改后的程序为menu3.c。

实　验 使用**/dev/tty**

以menu2.c程序为蓝本，对其做如下修改，使得输入和输出直接指向/dev/tty：

```c
#include <stdio.h>
#include <unistd.h>
#include <stdlib.h>

char *menu[] = {
    "a - add new record",
    "d - delete record",
    "q - quit",
    NULL,
};

int getchoice(char *greet, char *choices[], FILE *in, FILE *out);

int main()
{
    int choice = 0;
    FILE *input;
    FILE *output;

    if(!isatty(fileno(stdout))) {
        fprintf(stderr,"You are not a terminal, OK.\n");
    }

    input = fopen("/dev/tty", "r");
    output = fopen("/dev/tty", "w");
    if(!input || !output) {
        fprintf(stderr,"Unable to open /dev/tty\n");
        exit(1);
    }
    do {
```

```
        choice = getchoice("Please select an action", menu, input, output);
        printf("You have chosen: %c\n", choice);
    } while(choice != 'q');
    exit(0);
}


int getchoice(char *greet, char *choices[], FILE *in, FILE *out)
{
    int chosen = 0;
    int selected;
    char **option;

    do {
        fprintf(out,"Choice: %s\n",greet);
        option = choices;
        while(*option) {
            fprintf(out,"%s\n",*option);
            option++;
        }
        do {
            selected = fgetc(in);
        } while(selected == '\n');
        option = choices;
        while(*option) {
            if(selected == *option[0]) {
                chosen = 1;
                break;
            }
            option++;
        }
        if(!chosen) {
            fprintf(out,"Incorrect choice, select again\n");
        }
    } while(!chosen);
    return selected;
}
```

现在，当运行这个程序并将输出进行重定向时，你仍然可以在终端上看到菜单提示信息，但程序的其他输出（如表明菜单项已被选择）则被重定向到文件中。

```
$ ./menu3 > file
You are not a terminal, OK.
Choice: Please select an action
a - add new record
d - delete record
q - quit
d
Choice: Please select an action
a - add new record
d - delete record
q - quit
q
$ cat file
You have chosen: d
You have chosen: q
```

5.3　终端驱动程序和通用终端接口

有时，程序需要更精细的终端控制能力，而不是仅通过简单的文件操作来完成对终端的一些控制。Linux提供了一组编程接口用来控制终端驱动程序的行为，从而使得更好地控制终端的输入和输出。

5.3.1　概述

如图5-1所示，你可以通过一组函数调用（通用终端接口，简称GTI）来控制终端，这组函数调用与用于读写数据的函数是分离的，这就使得读写数据的接口非常简洁，同时又允许用户可以对终端的行为进行更精细的控制。但这并不意味着终端I/O接口也非常简洁，相反，它需要支持大量不同类型的硬件。

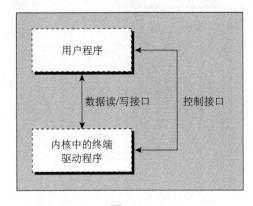

图　5-1

用UNIX的术语来说，控制接口定义了一个"线路规程"，它使程序在指定终端驱动程序的行为时拥有极大的灵活性。

下面是你能够控制的主要功能。

❑ **行编辑**：是否允许用退格键进行编辑。

❑ **缓存**：是立即读取字符，还是等待一段可配置的延迟之后再读取它们。

❑ **回显**：允许控制字符的回显，例如读取密码时。

❑ **回车/换行（CR/LF）**：定义如何在输入/输出时映射回车/换行符，比如打印\n字符时应该如何处理。

❑ **线速**：这一功能很少用于PC控制台，但对调制解调器或通过串行线连接的终端就很重要。

5.3.2　硬件模型

在学习通用终端接口之前，你十分有必要先理解它所要驱动的硬件模型。

图5-2所示的概念布局图（某些早期UNIX站点的实际情况就是这样）是让一台UNIX机器通过串行口连接一台调制解调器，再通过电话线连接到用户端的调制解调器，该调制解调器最终连接到用户的终端。事实上，这正是某些小型ISP（因特网服务提供商）在因特网早期使用的一种配置情况。这种连接方式可以看作是客户/服务器模型的一个"远亲"，它用于程序运行在大型主机上，而用户工作在哑终端的情况。

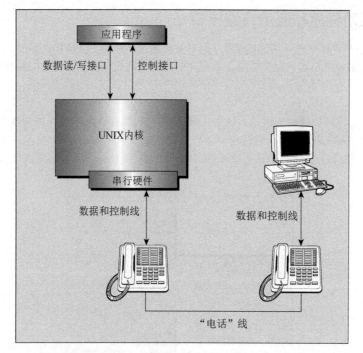

图   5-2

如果你工作在一台运行着Linux系统的PC上，可能会认为这个模型过于复杂。但因为本书的两位作者都有调制解调器，所以如果愿意的话，就可以按照图中的方式用一对调制解调器和电话线将两人的电脑连接起来，并通过终端仿真程序（如minicom）远程登录到对方的机器上。当然，如今的快速宽带接入已让这种类型的连接方式过时，但这个硬件模型仍有其用处。

使用这样一个硬件模型的好处是，绝大多数现实世界中的情况都只是这一最复杂情况的子集。如果这个模型忽略了一些功能，那么它就不能很好的支持各种现实情况。

5.4 termios 结构

termios是在POSIX规范中定义的标准接口，它类似于系统V中的termio接口。通过设置termios类型的数据结构中的值和使用一小组函数调用，你就可以对终端接口进行控制。termios数据结构和相关函数调用都定义在头文件termios.h中。

如果程序需要调用定义在termios.h头文件中的函数，它就需要与一个正确的函数库进行链接，这个函数库可能是标准的C函数库或者curses函数库（取决于你的安装情况）。如果需要，在编译本章中的示例程序时，在编译命令的末尾加上-lcurses。在一些老版本的Linux系统中，curses库被命名为new curses。在这种情况下，库名和链接参数就需要相应地改为ncurses和-lncurses。

可以被调整来影响终端的值按照不同的模式被分成如下几组：

❑ 输入模式
❑ 输出模式

❑ 控制模式
❑ 本地模式
❑ 特殊控制字符

最小的termios结构的典型定义如下（X/Open规范允许包含附加字段）：

```
#include <termios.h>
struct termios {
    tcflag_t c_iflag;
    tcflag_t c_oflag;
    tcflag_t c_cflag;
    tcflag_t c_lflag;
    cc_t     c_cc[NCCS];
};
```

结构成员的名称与上面列出的5种参数类型相对应。

你可以调用函数tcgetattr来初始化与一个终端对应的termios结构，该函数的原型如下：

```
#include <termios.h>
```

```
int tcgetattr(int fd, struct termios *termios_p);
```

这个函数调用把当前终端接口变量的值写入termios_p参数指向的结构。如果这些值其后被修改了，你可通过调用函数tcsetattr来重新配置终端接口，该函数的原型如下：

```
#include <termios.h>
```

```
int tcsetattr(int fd, int actions, const struct termios *termios_p);
```

参数actions控制修改方式，共有3种修改方式，如下所示。

❑ TCSANOW：立刻对值进行修改。
❑ TCSADRAIN：等当前的输出完成后再对值进行修改。
❑ TCSAFLUSH：等当前的输出完成后再对值进行修改，但丢弃还未从read调用返回的当前可用的任何输入。

　　注意，程序有责任将终端设置恢复到程序开始运行之前的状态，这一点是非常重要的。首先保存这些值，然后在程序结束时恢复它们，这永远是程序的职责。

接下来，我们将仔细分析各种模式和相关的函数调用。一些模式的细节非常晦涩、专业，而且很少使用，所以我们在此只介绍主要的功能。如果读者需要了解更多内容，请查阅man帮助手册或POSIX、X/Open的规范文档。

你首先应该了解的是本地模式，它也是最重要的一种模式。我们在本章中编写的第一个应用程序出现了两个问题，其中第二个问题（用户必须按下回车键才能让程序读取输入）的解决方法是使用标准模式或非标准模式，即你可以让程序等待一行输入完毕后再进行处理，或让它一有字符键入就立刻处理。

5.4.1 输入模式

输入模式控制输入数据（终端驱动程序从串行口或键盘接收到的字符）在被传递给程序之前的处理方式。你通过设置termios结构中c_iflag成员的标志对它们进行控制。所有的标志都被定义为宏，并可通过按位或的方式结合起来。这也是所有终端模式都采用的方法。

可用于c_iflag成员的宏如下所示。

- ❏ BRKINT：当在输入行中检测到一个终止状态（连接丢失）时，产生一个中断。
- ❏ IGNBRK：忽略输入行中的终止状态。
- ❏ ICRNL：将接收到的回车符转换为新行符。
- ❏ IGNCR：忽略接收到的回车符。
- ❏ INLCR：将接收到的新行符转换为回车符。
- ❏ IGNPAR：忽略奇偶校验错误的字符。
- ❏ INPCK：对接收到的字符执行奇偶校验。
- ❏ PARMRK：对奇偶校验错误做出标记。
- ❏ ISTRIP：将所有接收到的字符裁减为7比特。
- ❏ IXOFF：对输入启用软件流控。
- ❏ IXON：对输出启用软件流控。

如果BRKINT和IGNBRK标志都未被设置，则输入行中的终止状态就被读取为NULL（0x00）字符。

用户一般无需频繁修改输入模式，因为它的默认值通常就是最合适的，所以我们在这里就不过多讨论了。

5.4.2　输出模式

输出模式控制输出字符的处理方式，即由程序发送出去的字符在传递到串行口或屏幕之前是如何处理的。正如你预料的那样，许多处理方式正好与输入模式对应。它还有几个其他标志，主要用于慢速终端，因为这些终端在处理回车符等字符时需要花费一定的时间。几乎所有这些标志不是多余的（因为现在的终端速度比以前要快得多），就是用具有终端处理能力的terminfo数据库处理会更有效（在本章的后面你会用到该数据库）。

你通过设置termios结构中c_oflag成员的标志对输出模式进行控制。可用于c_oflag成员的宏如下所示。

- ❏ OPOST：打开输出处理功能。
- ❏ ONLCR：将输出中的换行符转换为回车/换行符。
- ❏ OCRNL：将输出中的回车符转换为新行符。
- ❏ ONOCR：在第0列不输出回车符。
- ❏ ONLRET：不输出回车符。[①]
- ❏ OFILL：发送填充字符以提供延时。
- ❏ OFDEL：用DEL而不是NULL字符作为填充字符。
- ❏ NLDLY：新行符延时选择。
- ❏ CRDLY：回车符延时选择。
- ❏ TABDLY：制表符延时选择。
- ❏ BSDLY：退格符延时选择。
- ❏ VTDLY：垂直制表符延时选择。
- ❏ FFDLY：换页符延时选择。

---

① 原文为A newline also does a carriage return，这里的译文是参考Linux在线帮助手册man termios中的解释，原文为Don't output CR。译者认为在线帮助手册中的解释更清楚。——译者注

如果没有设置OPOST，则所有其他标志都被忽略。

由于输出模式用得也不多，所以我们在此也不做过多的讨论。

5.4.3　控制模式

控制模式控制终端的硬件特性。你通过设置termios结构中c_cflag成员的标志对控制模式进行配置。可用于c_cflag成员的宏如下所示。

- ❏ CLOCAL：忽略所有调制解调器的状态行。
- ❏ CREAD：启用字符接收器。
- ❏ CS5：发送或接收字符时使用5比特。
- ❏ CS6：发送或接收字符时使用6比特。
- ❏ CS7：发送或接收字符时使用7比特。
- ❏ CS8：发送或接收字符时使用8比特。
- ❏ CSTOPB：每个字符使用两个停止位而不是一个。
- ❏ HUPCL：关闭时挂断调制解调器。
- ❏ PARENB：启用奇偶校验码的生成和检测功能。
- ❏ PARODD：使用奇校验而不是偶校验。

　　如果设置了HUPCL标志，当终端驱动程序检测到与终端对应的最后一个文件描述符被关闭时，它将通过设置调制解调器的控制线来挂断电话线路。

控制模式主要用于串行线连接调制解调器的情况，虽然它也可用来和终端进行"对话"。但与通过使用termios的控制模式来修改默认的线路行为相比，直接修改终端配置文件通常更加容易一些。

5.4.4　本地模式

本地模式控制终端的各种特性。你通过设置termios结构中c_lflag成员的标志对本地模式进行配置。可用于c_lflag成员的宏如下所示。

- ❏ ECHO：启用输入字符的本地回显功能。
- ❏ ECHOE：接收到ERASE时执行退格、空格、退格的动作组合。
- ❏ ECHOK：接收到KILL字符时执行行删除操作。
- ❏ ECHONL：回显新行符。
- ❏ ICANON：启用标准输入处理（参见下面的说明）。
- ❏ IEXTEN：启用基于特定实现的函数。
- ❏ ISIG：启用信号。
- ❏ NOFLSH：禁止清空队列。
- ❏ TOSTOP：在试图进行写操作之前给后台进程发送一个信号。

这里最重要的两个标志是ECHO和ICANON。前者的作用是抑制键入字符的回显，而后者是将终端在两个截然不同的接收字符处理模式间进行切换。如果设置了ICANON标志，就启用标准输入行处理模式，否则，就启用非标准模式。

5.4.5　特殊控制字符

特殊控制字符是一些字符组合，如Ctrl+C，当用户键入这样的组合键时，终端会采取一些特殊的处理方式。termios结构中的c_cc数组成员将各种特殊控制字符映射到对应的支持函数。每个字符的位置（它在数组中的下标）是由一个宏定义的，但并不限制这些字符必须是控制字符。

根据终端是否被设置为标准模式（即termios结构中c_lflag成员是否设置了ICANON标志），c_cc数组有两种差别很大的用法。

要特别注意的一点是，在两种不同的模式下，数组下标值有一部分是重叠的。出于这个原因，你一定要注意不要将两种模式各自的下标值混用。

下面是在标准模式中可以使用的数组下标。

❑ VEOF：EOF字符。

❑ VEOL：EOL字符。

❑ VERASE：ERASE字符。

❑ VINTR：INTR字符。

❑ VKILL：KILL字符。

❑ VQUIT：QUIT字符。

❑ VSUSP：SUSP字符。

❑ VSTART：START字符。

❑ VSTOP：STOP字符。

下面是在非标准模式中可以使用的数组下标。

❑ VINTR：INTR字符。

❑ VMIN：MIN值。

❑ VQUIT：QUIT字符。

❑ VSUSP：SUSP字符。

❑ VTIME：TIME值。

❑ VSTART：START字符。

❑ VSTOP：STOP字符。

1. 字符

由于这些特殊字符和非标准值对于输入字符的高级处理非常重要，所以我们在这里对它们进行详细的解释，如表5-1所示。

表 5-1

字 符	说 明
INTR	该字符使终端驱动程序向与终端相连的进程发送SIGINT信号。我们将在第11章对信号做进一步介绍
QUIT	该字符使终端驱动程序向与终端相连的进程发送SIGQUIT信号
ERASE	该字符使终端驱动程序删除输入行中的最后一个字符
KILL	该字符使终端驱动程序删除整个输入行
EOF	该字符使终端驱动程序将输入行中的全部字符传递给正在读取输入的应用程序。如果输入行为空，read调用将返回0，就好像在文件结尾调用read一样
EOL	该字符的作用类似行结束符，效果和常用的新行符相同
SUSP	该字符使终端驱动程序向与终端相连的进程发送SIGSUSP信号。如果你的UNIX系统支持作业控制功能，当前应用程序将被挂起
STOP	该字符的作用是"截流"，即阻止向终端的进一步输出。它用于支持XON/XOFF流控，通常被设置为ASCII的XOFF字符，即组合键Ctrl+S
START	该字符重新启动被STOP字符暂停的输出，它通常被设置为ASCII的XON字符

2. TIME和MIN值

TIME和MIN的值只能用于非标准模式，两者结合起来共同控制对输入的读取。此外，两者的结合使用还能控制在一个程序试图读取与一个终端关联的文件描述符时将发生的情况。

两者的结合分为如下 4 种情况。

❑ MIN = 0和TIME = 0：在这种情况下，read调用总是立刻返回。如果有等待处理的字符，它们就会被返回；如果没有字符等待处理，read调用返回0，并且不读取任何字符。

❑ MIN = 0和TIME > 0：在这种情况下，只要有字符可以处理或者是经过TIME个十分之一秒的时间间隔，read调用就返回。如果因为超时而未读到任何字符，read返回0，否则read返回读取的字符数目。

❑ MIN > 0和TIME = 0：在这种情况下，read调用将一直等待，直到有MIN个字符可以读取时才返回，返回值是读取的字符数量。到达文件尾时返回0。

❑ MIN > 0和TIME > 0：这是最复杂的一种情况。当read被调用时，它会等待接收一个字符。在接收到第一个字符及后续的每个字符后，一个字符间隔定时器被启动(如果定时器已在运行，则重启它)。当有MIN个字符可读或两个字符之间的时间间隔超过TIME个十分之一秒时，read调用返回。这个功能可用于区分是单独按下了Escape键还是按下一个以Escape键开始的功能组合键。但要注意的是，网络通信或处理器的高负载将使得类似这样的定时器失去作用。

通过设置非标准模式与使用MIN和TIME值，程序可以逐个字符地处理输入。

3. 通过shell访问终端模式

如果在使用shell时想查看当前的termios设置情况，可以使用下面的命令：

```
$ stty -a
```

在我的Linux系统上（它对标准termios结构进行了一些扩展），这个命令的输出如下：

```
speed 38400 baud; rows 24; columns 80; line = 0;
intr = ^C; quit = ^\; erase = ^?; kill = ^U; eof = ^D; eol = <undef>;
eol2 = <undef>; swtch = <undef>; start = ^Q; stop = ^S; susp = ^Z; rprnt = ^R;
werase = ^W; lnext = ^V; flush = ^O; min = 1; time = 0;
-parenb -parodd cs8 -hupcl -cstopb cread -clocal -crtscts
-ignbrk -brkint -ignpar -parmrk -inpck -istrip -inlcr -igncr icrnl -ixon -ixoff
-iuclc -ixany -imaxbel iutf8
opost -olcuc -ocrnl onlcr -onocr -onlret -ofill -ofdel nl0 cr0 tab0 bs0 vt0 ff0
isig icanon iexten echo echoe echok -echonl -noflsh -xcase -tostop -echoprt
echoctl echoke
```

从上面的命令输出中，你可以看到，EOF字符是Ctrl+D并且启用了本地回显。当在做终端控制的练习时，一不小心就会将终端设置为非标准状态，这将使得终端的使用非常困难。下面几种方法可以帮你摆脱这种困境。

❑ 第一种方法是使用如下命令（这要求你的stty版本支持这种用法）：

```
$ stty sane
```

❑ 如果回车键和新行符(用于终止输入行)的映射关系丢失了，你可能就需要输入命令stty sane，然后按下Ctrl+J（它对应新行符），而不是按下回车键Enter。

❑ 第二种方法是用命令stty -g将当前的stty设置保存到某种可以重新读取的形式中。使用的命令如下：

```
$ stty -g > save_stty
..
```

```
<experiment with settings>
..
$ stty $(cat save_stty)
```

❑ 注意，对最后一个stty命令，你可能还需要使用Ctrl+J的组合键来代替回车键Enter。你也可以在shell脚本中使用相同的方法：

```
save_stty="$(stty -g)"
<alter stty settings>
stty $save_stty
```

❑ 如果上面两种方法都不能解决问题，还有第三种方法，就是从另一个终端登录，用ps命令查找不能使用的那个shell的进程号，然后用命令kill HUP <进程号>强制中止该shell。因为系统总是在给出登录提示符之前重置stty参数，所以你就可以正常地登录系统了。

4. 在命令提示符下设置终端模式

你还可以在命令提示符下用stty命令直接设置终端模式。

比如说，如果想让shell脚本可以读取单字符，你就需要关闭终端的标准模式，同时将MIN设为1，TIME设为0。使用的命令如下：

```
$ stty -icanon min 1 time 0
```

现在终端已被设置为可立刻读取字符了。如果重新运行第一个程序menu1，你会发现它将按照设计的要求正常工作。

你还可以对第2章的密码检查程序加以改进，在程序提示输入密码前将回显功能关闭。使用的命令如下：

```
$ stty -echo
```

注意，在使用上面命令之后要记住用命令stty echo将回显功能再次恢复启用。

5.4.6　终端速度

termios结构提供的最后一个功能是控制终端速度，但termios结构中并没有与终端速度对应的成员，它是通过函数调用来进行设置的。要注意的是，输入速度和输出速度是分开处理的。

4个函数调用的原型如下：

```
#include <termios.h>

speed_t cfgetispeed(const struct termios *);
speed_t cfgetospeed(const struct termios *);
int cfsetispeed(struct termios *, speed_t speed);
int cfsetospeed(struct termios *, speed_t speed);
```

注意，这些函数作用于termios结构，而不是直接作用于端口。这意味着，要想设置新的终端速度，你就必须首先用函数tcgetattr获取当前终端设置，然后使用上述函数之一设置终端速度，最后使用函数tcsetattr写回termios结构。只有在调用了函数tcsetattr之后，终端速度才会改变。

上面函数调用中speed参数可设置的值很多，下面是最重要的。

❑ B0：挂起终端。
❑ B1200：1200波特。
❑ B2400：2400波特。
❑ B9600：9600波特。

❏ B19200：19200波特。
❏ B38400：38400波特。
标准中没有定义大于38400波特的速度，也无标准方法用来支持串行口的速度大于它。

包括Linux在内的一些操作系统，为了支持更高的速度，补充定义了值B57600、B115200和B230400。如果使用的Linux版本比较低，它可能没有定义这些值，但可以通过命令setserial来获取57600和115200这样的非标准速度。要注意的是，在这种情况下，只有当先设置了B38400后，才能使用这些速度。这两种方法都不具备可移植性，所以你在使用它们时要考虑清楚。

5.4.7 其他函数

在控制终端方面还有一些其他的函数。它们直接对文件描述符进行操作，不需要读写termios结构。它们的定义如下：

```
#include <termios.h>

int tcdrain(int fd);
int tcflow(int fd, int flowtype);
int tcflush(int fd, int in_out_selector);
```

这些函数的功能如下所示。

❏ 函数tcdrain的作用是让调用程序一直等待，直到所有排队的输出都已发送完毕。
❏ 函数tcflow用于暂停或重新开始输出。
❏ 函数tcflush用于清空输入、输出或者两者都清空。

我们已介绍完了termios结构，下面来看几个实用的例子。其中最简单的大概要算读取密码时禁止回显了。通过关闭ECHO标志即可做到这一点。

| 实 验 | 使用termios结构的密码程序 |

(1) 密码程序password.c以下面的定义开始：

```
#include <termios.h>
#include <stdio.h>
#include <stdlib.h>

#define PASSWORD_LEN 8

int main()
{
    struct termios initialrsettings, newrsettings;
    char password[PASSWORD_LEN + 1];
```

(2) 接下来，增加一行语句来获取标准输入的当前设置，并把这些值保存到刚才创建的termios结构中：

```
    tcgetattr(fileno(stdin), &initialrsettings);
```

(3) 对原始的设置值做一份副本以便在程序结束时还原设置。在termios结构变量newrsettings中关闭ECHO标志，然后提示用户输入密码：

```
newrsettings = initialrsettings;
newrsettings.c_lflag &= ~ECHO;

printf("Enter password: ");
```

(4) 接下来, 用newrsettings变量中的值设置终端属性并读取用户输入的密码。最后, 将终端属性还原到原来的样子并输出刚才读取的密码, 但这让刚才的努力都 "白费" 了(这只是为了说明回显功能恢复了, 在实际程序中不要输出密码)。

```
if(tcsetattr(fileno(stdin), TCSAFLUSH, &newrsettings) != 0) {
    fprintf(stderr,"Could not set attributes\n");
}
else {
    fgets(password, PASSWORD_LEN, stdin);
    tcsetattr(fileno(stdin), TCSANOW, &initialrsettings);
    fprintf(stdout, "\nYou entered %s\n", password);
}
exit(0);
}
```

运行这个程序, 你将看到如下的输出:

```
$ ./password
Enter password:
You entered hello

$
```

实验解析

在这个例子中, 用户输入hello, 但在Enter password:提示符后并不显示用户输入的内容, 直到用户按下回车键后程序才有输出。

请注意只修改你需要修改的标志, 使用的语法结构是X &= ~FLAG(它的作用是清除变量X中由FLAG标志定义的比特)。如果需要, 你可以用语法结构X |= FLAG对由FLAG标志定义的单个比特进行置位, 虽然在上面的例子中并不需要这样做。

在设置终端属性时, 你用TCSAFLUSH丢弃用户在程序准备好读取数据之前输入的任何内容。这样的处理方式是为了培养用户的一个好习惯, 即在回显功能关闭之前不要试图输入自己的密码。在程序结束之前, 你还恢复了终端的原始设置。

termios结构的另一种常见用法是, 将终端设置为这样一种状态: 一旦输入字符, 程序就立刻读取它。这是通过关闭标准模式并结合使用MIN和TIME设置来实现的。

实 验 读取每个字符

利用新学到的知识, 你可以对菜单程序做一些修改。下面的程序menu4.c基于menu3.c, 它在后者中插入了许多来自password.c中的代码。修改的内容以阴影显示, 并在下面的步骤中进行了解释。

(1) 在程序的开始, 必须包含一个新的头文件:

```
#include <stdio.h>
#include <unistd.h>
#include <stdlib.h>
#include <termios.h>
```

```
char *menu[] = {
    "a - add new record",
    "d - delete record",
    "q - quit",
    NULL,
};
```

(2) 接下来，需要在main函数中声明一些新变量：

```
int getchoice(char *greet, char *choices[], FILE *in, FILE *out);

int main()
{
    int choice = 0;
    FILE *input;
    FILE *output;
    struct termios initial_settings, new_settings;
```

(3) 在调用getchoice函数之前，需要改变终端的特性，插入下面这些语句：

```
    if (!isatty(fileno(stdout))) {
        fprintf(stderr,"You are not a terminal, OK.\n");
    }

    input = fopen("/dev/tty", "r");
    output = fopen("/dev/tty", "w");
    if(!input || !output) {
        fprintf(stderr, "Unable to open /dev/tty\n");
        exit(1);
    }
    tcgetattr(fileno(input),&initial_settings);
    new_settings = initial_settings;
    new_settings.c_lflag &= ~ICANON;
    new_settings.c_lflag &= ~ECHO;
    new_settings.c_cc[VMIN] = 1;
    new_settings.c_cc[VTIME] = 0;
    new_settings.c_lflag &= ~ISIG;
    if(tcsetattr(fileno(input), TCSANOW, &new_settings) != 0) {
        fprintf(stderr,"could not set attributes\n");
    }
```

(4) 在退出程序之前，还需要将终端属性还原为原来的值：

```
    do {
        choice = getchoice("Please select an action", menu, input, output);
        printf("You have chosen: %c\n", choice);
    } while (choice != 'q');
    tcsetattr(fileno(input),TCSANOW,&initial_settings);
    exit(0);
}
```

(5) 由于在非标准模式下，默认的回车和换行符之间的映射已不存在了，所以需要对回车符\r进行检查。

```
int getchoice(char *greet, char *choices[], FILE *in, FILE *out)
{
    int chosen = 0;
    int selected;
```

```
    char **option;

    do {
        fprintf(out, "Choice: %s\n",greet);
        option = choices;
        while(*option) {
            fprintf(out, "%s\n",*option);
            option++;
        }
        do {
            selected = fgetc(in);
        } while (selected == '\n' || selected == '\r');
        option = choices;
        while(*option) {
            if(selected == *option[0]) {
                chosen = 1;
                break;
            }
            option++;
        }
        if(!chosen) {
            fprintf(out, "Incorrect choice, select again\n");
        }
    } while(!chosen);
    return selected;
}
```

除非你做出安排,否则,当用户按下Ctrl+C组合键时,程序将终止。你可以通过在本地模式下清除ISIG标志来禁用对这些特殊字符的处理。要做到这一点,你需要在main函数中增加如下一条语句,如前面的步骤所示:

```
    new_settings.c_lflag &= ~ISIG;
```

如果将这些修改放入菜单程序,则只要用户一键入字符就会立刻得到程序的响应,而且用户键入的字符不会回显。

```
$ ./menu4
Choice: Please select an action
a - add new record
d - delete record
q - quit
You have chosen: a
Choice: Please select an action
a - add new record
d - delete record
q - quit
You have chosen: q
$
```

如果按下组合键Ctrl+C,它将被直接传递给程序,并被程序认为是一个不正确的菜单选择。

5.5 终端的输出

通过使用termios结构,你可以控制键盘的输入。但我们希望对程序输出到屏幕上的内容也能具有同样的控制能力。在本章的一开始,你用printf函数将字符输出到屏幕上,但还没有办法将输出的内容放置到屏幕上的特定位置。

5.5.1 终端的类型

许多UNIX系统都是通过终端来使用的，虽然如今在很多情况下，"终端"可能实际上只是在PC上运行的一个终端仿真程序或者是窗口环境中的一个终端应用程序，比如X11中的xterm。

历史上，不同的制造厂商生产了大量的各种类型的硬件终端。虽然它们几乎都用escape转义序列（以escape字符开头的字符串）来控制光标的位置和终端的其他属性——比如黑体和闪烁等，但在具体实现手段上并没有统一的标准。某些陈旧的终端还使用不同的卷屏方式，这将导致使用退格键时可能会删除字符，也可能不会删除字符，凡此种种，不一而足。

> escape转义序列有一个ANSI标准，它以数字设备公司（DEC公司）的VT系列终端所使用的转义序列为基础，但并不完全一致。许多软件终端程序提供了对标准硬件终端如VT100、VT220、ANSI等的仿真功能。

对程序员来说，如果他希望编写一个可以控制屏幕输出的软件，并且能够运行在各种类型的终端之上，则硬件终端的多样性是程序员要面对的一个主要问题。例如，ANSI终端使用转义序列Escape,[,A将光标移动到上一行，而ADM-3a终端（多年前它是一种很常见的终端）只需使用一个控制字符Ctrl+K就可以完成这一任务。

编写能够应付连接到UNIX系统上的各种不同类型终端的程序，看上去是一项非常让人畏惧的任务。这样的程序必须针对每种类型的终端编写相应的代码。

让人欣慰的是，terminfo软件包的出现解决了这一问题。程序不再需要去迎合每种类型的终端，取而代之的是，程序通过查询终端类型数据库来找到正确的终端信息。在大多数现代UNIX系统（包括Linux）中，这个软件包和另一个软件包curses集成在一起。你将在下一章学习后者。

为了使用terminfo函数，你通常需要在程序中包括curses头文件curses.h和terminfo自己的头文件term.h。在一些Linux系统上，你可能不得不使用被称为ncurses的curses实现，并在程序中包括ncurses.h头文件以提供对terminfo函数的原型定义。

5.5.2 识别终端类型

Linux环境包含一个变量TERM，它的值被设置为当前正在使用的终端类型。这通常是由系统在用户登录时自动设置的。系统管理员可以针对每个直接连接的终端设置默认的终端类型，对于通过网络远程连接的用户，可以提示用户选择自己的终端类型。TERM环境变量的值可以通过telnet进行协商，并由rlogin程序进行传递。

用户可以通过查询shell来了解，从系统的角度看自己正在使用的终端是何种类型的：

```
$ echo $TERM
xterm
$
```

在这个例子中，shell是通过xterm程序（一个X视窗系统中的终端仿真程序）或是提供类似功能的程序（如KDE的Konsole或GNOME的gnome-terminal）运行的。

terminfo软件包包含一个由大量不同类型终端的功能标志和escape转义序列等信息构成的数据库，并且为使用它们提供了一个统一的编程接口。一个使用这个软件包的程序能够随着数据库的扩展来适应未来的终端类型，对不同类型终端的支持不再需要由应用程序自身来提供。

terminfo的功能标志由属性描述，它们被保存在一组编译好的terminfo文件中，这些文件通常可以在/usr/lib/terminfo或/usr/share/terminfo目录中找到。每个终端（包括许多不同类型的打印机，它们也可以通过terminfo来定义）都有一个定义其功能标志和如何访问其特征的文件。为避免创建一个很大的目录，真正的文件都保存在下一级的子目录中，子目录名就是终端类型名的第一个字母。例如，VT100终端的定义就放在文件...terminfo/v/vt100中。

每个终端类型对应一个terminfo文件，文件格式是可读的源代码，然后通过tic命令将源文件编译为更加紧凑、有效的格式，以方便应用程序的使用。奇怪的是，X/Open规范提到了源文件和编译格式的定义，但却未提到把源文件转换为编译格式的tic命令。你可以用infocmp程序输出已编译terminfo数据项的可读版本。

下面是VT100终端对应的terminfo文件的样本：

```
$ infocmp vt100
vt100|vt100-am|dec vt100 (w/advanced video),
 am, mir, msgr, xenl, xon,
 cols#80, it#8, lines#24, vt#3,
 acsc=``aaffggjjkkllmmnnooppqqrrssttuuvvwwxxyyzz{{||}}~~,
 bel=^G, blink=\E[5m$<2>, bold=\E[1m$<2>,
 clear=\E[H\E[J$<50>, cr=\r, csr=\E[%i%p1%d;%p2%dr,
 cub=\E[%p1%dD, cub1=\b, cud=\E[%p1%dB, cud1=\n,
 cuf=\E[%p1%dC, cuf1=\E[C$<2>,
 cup=\E[%i%p1%d;%p2%dH$<5>, cuu=\E[%p1%dA,
 cuu1=\E[A$<2>, ed=\E[J$<50>, el=\E[K$<3>,
 el1=\E[1K$<3>, enacs=\E(B\E)0, home=\E[H, ht=\t,
 hts=\EH, ind=\n, ka1=\EOq, ka3=\EOs, kb2=\EOr, kbs=\b,
 kc1=\EOp, kc3=\EOn, kcub1=\EOD, kcud1=\EOB,
 kcuf1=\EOC, kcuu1=\EOA, kent=\EOM, kf0=\EOy, kf1=\EOP,
 kf10=\EOx, kf2=\EOQ, kf3=\EOR, kf4=\EOS, kf5=\EOt,
 kf6=\EOu, kf7=\EOv, kf8=\EOl, kf9=\EOw, rc=\E8,
 rev=\E[7m$<2>, ri=\EM$<5>, rmacs=^O, rmkx=\E[?1l\E>,
 rmso=\E[m$<2>, rmul=\E[m$<2>,
 rs2=\E>\E[?3l\E[?4l\E[?5l\E[?7h\E[?8h, sc=\E7,
 sgr=\E[0%?%p1%p6%|%t;1%;%?%p2%t;4%;%?%p1%p3%|%t;7%;%?%p4%t;5%;m%?%p9%t^N%e^O%;,
 sgr0=\E[m^O$<2>, smacs=^N, smkx=\E[?1h\E=,
 smso=\E[1;7m$<2>, smul=\E[4m$<2>, tbc=\E[3g,
```

每个terminfo定义由3种类型的数据项组成。每个数据项被称为capname，它们分别用于定义终端的一种功能标志。

布尔功能标志指出终端是否支持某个特定的功能。例如，如果终端支持XON/XOFF流控，则在该终端对应的terminfo文件中定义布尔功能标志xon。

数值功能标志定义长度，例如：lines定义的是屏幕上可以显示的行数，cols定义的是屏幕上可以显示的列数。具体数字和功能标志名之间用字符#隔开。如果要定义一个有80列24行显示范围的终端，可以写为cols#80, lines#24。

字符串功能标志稍微复杂一些。它用来定义两种截然不同的终端功能：用于访问终端功能的输出字符串和当用户按下特定按键（通常是功能键或在数字小键盘上的特殊键）时终端接收到的输入字符串。有些字符串功能标志非常简单，例如el表示"删除到行尾"。在VT100终端上，用于完成这一功能的escape转义序列是Esc,[,K，在terminfo源文件中写为el=\E[K。

特殊键的定义也采用类似的方法。例如，VT100终端上的F1功能键发送的escape转义序列是Esc,O,P，它被定义为kf1=\EOP。

当escape转义序列本身还需要带有参数时,情况会变得更加复杂。大多数终端都能将光标移动到一个特定的行列位置。很明显,为光标可能移动到的每个位置定义一个功能标志是不现实的,解决方法是使用一个通用的字符串功能标志,在使用这个字符串时,通过插入参数来确定光标要移动到的确定位置。例如,VT100终端通过转义序列Esc,[,<row>,;,<col>,H将光标移动到一个特定位置。在terminfo源文件中,它被写为相当复杂的字符串cup=\E[%i%p1%d;%p2%dH$<5>。

下面给出了它的含义。

❑ \E:发送Escape字符。

❑ [:发送[字符。

❑ %i:增加参数值。

❑ %p1:将第一个参数放入栈。

❑ %d:将栈上的数字输出为一个十进制数。

❑ ;:发送;字符。

❑ %p2:将第二个参数放入栈。

❑ %d:将栈上的数字输出为一个十进制数。

❑ H:发送H字符。

这种写法看起来非常复杂,但它允许参数以固定的顺序排列,与终端期望它们出现在最终escape转义序列中的顺序无关。%i的作用是增加参数的值,它是必不可少的,因为标准的光标寻址方法是将屏幕的左上角看做是(0,0),而VT100终端把这个位置定义为(1,1)。最后的$<5>表示需要延迟一段时间,该时间的长度为输出五个字符所花费的时间,终端将利用这段时间来处理光标的移动。

我们可以自己定义许多功能标志,但幸运的是,大多数UNIX和Linux系统已经预定义好了大部分终端的功能标志。如果需要增加一个新终端,你可以在terminfo的手册页中找到完整的功能标志列表。一种比较好的方法是首先找到与新终端类似的一个终端,以它为出发点,将新终端定义为这个已有终端的变体,或者逐个对新终端的功能标志进行定义,按需要修改它们。

除了terminfo的手册页以外,你还可以参考由O'Reilly出版的*Termcap and Terminfo*(作者是John Strand、Linda Mui和Tim)。

5.5.3 使用 terminfo 功能标志

现在,你已知道如何定义终端的功能标志,你还需知道如何访问它们。当使用terminfo时,你要做的第一件事情就是调用函数setupterm来设置终端类型,这将为当前的终端类型初始化一个TERMINAL结构。然后,你就可以查看当前终端的功能标志并使用它们的功能了。setupterm函数的调用方法如下所示:

```
#include <term.h>

int setupterm(char *term, int fd, int *errret);
```

setupterm库函数将当前终端类型设置为参数term指向的值,如果term是空指针,就使用环境变量TERM的值。参数fd为一个打开的文件描述符,它用于向终端写数据。如果参数errret不是一个空指针,则函数的返回值保存在该参数指向的整型变量中,下面给出了可能写入的值。

❑ -1:terminfo数据库不存在。

❑ 0:terminfo数据库中没有匹配的数据项。

❑ 1：成功。

setupterm函数在成功时返回常量OK，失败时返回ERR。如果errret被设置为空指针，setupterm函数会在失败时输出一条诊断信息并导致程序直接退出，就像下面这个例子：

```
#include <stdio.h>
#include <term.h>
#include <curses.h>
#include <stdlib.h>

int main()
{
    setupterm("unlisted",fileno(stdout),(int *)0);
    printf("Done.\n");
    exit(0);
}
```

在你的系统中运行这个程序的结果可能和这里给出的不完全一样，但含义是很清楚的。字符串Done不会输出，因为setupterm函数会在执行失败时导致程序直接退出。

```
$ cc -o badterm badterm.c -lncurses
$ ./badterm
'unlisted': unknown terminal type.
$
```

请注意这个例子中的编译命令行：在这个Linux系统上，我们使用的是curses函数库的ncurses实现，并使用位于标准位置的标准头文件。在这类系统上，你可以直接在程序中包含curses.h头文件，并在编译时为库文件指定-lncurses选项。

对于菜单选择函数来说，你希望它能够首先清屏，然后在屏幕上移动光标并将数据写到屏幕的不同位置。在成功调用setupterm函数后，你即可通过如下 3 个函数调用来访问terminfo的功能标志，每个函数对应一个功能标志类型：

```
#include <term.h>

int tigetflag(char *capname);
int tigetnum(char *capname);
char *tigetstr(char *capname);
```

函数tigetflag、tigetnum和tigetstr分别返回terminfo中的布尔功能标志、数值功能标志和字符串功能标志的值。失败时（例如，某个功能标志不存在），tigetflag函数返回-1，tigetnum函数返回-2，tigetstr函数返回(char *)-1。

你可以用terminfo数据库来查找当前终端的显示区大小，下面的程序sizeterm.c通过获取cols和lines功能标志来实现这一功能：

```
#include <stdio.h>
#include <term.h>
#include <curses.h>
#include <stdlib.h>

int main()
{
    int nrows, ncolumns;

    setupterm(NULL, fileno(stdout), (int *)0);
```

```
    nrows = tigetnum("lines");
    ncolumns = tigetnum("cols");
    printf("This terminal has %d columns and %d rows\n", ncolumns, nrows);
    exit(0);
}
```

```
$ echo $TERM
vt100
$ ./sizeterm
This terminal has 80 columns and 24 rows
$
```

如果在一台工作站的一个窗口中运行这个程序，输出结果将反映当前窗口的大小，如下所示：

```
$ echo $TERM
xterm
$ ./sizeterm
This terminal has 88 columns and 40 rows
$
```

如果用tigetstr函数来获取xterm终端类型的光标移动功能标志cup的值，你将会得到一个参数化的结果\E[%p1%d;%p2%dH。

这个功能标志需要两个参数：光标要移动到的行号和列号。这两个坐标都是从0开始计算的，（0,0）表示屏幕的左上角。

你可以使用tparm函数用实际的数值替换功能标志中的参数，一次最多可以替换9个参数，并返回一个可用的escape转义序列。该函数的定义如下：

```
#include <term.h>
```

```
char *tparm(char *cap, long p1, long p2, ..., long p9);
```

当用tparm函数构造好终端的escape转义序列后，你必须将其发送到终端。要想正确地完成这一操作，你不能通过printf函数将字符串发送到终端，而必须使用系统提供的如下几个特殊函数，这些函数可以正确地处理终端完成一个操作所需要的延时：

```
#include <term.h>
```

```
int putp(char *const str);
int tputs(char *const str, int affcnt, int (*putfunc)(int));
```

putp函数在成功时返回OK，失败时返回ERR。它以一个终端控制字符串为参数，并将其发送到标准输出stdout。

所以，如果要将光标移动到屏幕上的第5行第30列，你可以使用如下代码段：

```
char *cursor;
char *esc_sequence;
cursor = tigetstr("cup");
esc_sequence = tparm(cursor,5,30);
putp(esc_sequence);
```

tputs函数是为不能通过标准输出stdout访问终端的情况准备的，它可以指定一个用于输出字符的函数。tputs函数的返回值是用户指定的函数putfunc的返回结果。参数affcnt的作用是表明受这一变化影响的行数，它一般被设置为1。真正用于输出控制字符串的函数的参数和返回值类型必须与putchar函数相同。事实上，函数调用putp(string)就等同于函数调用tputs(string,1,putchar)。

在下一个例子中，你将看到tputs函数使用用户指定的输出函数的情况。

注意，一些老版本的Linux将tputs函数的最后一个参数定义为int(*putfunc)(char)，如果是这样，你就必须修改下面实验中的char_to_terminal函数的定义。

如果通过手册页查找与tparm函数以及终端功能标志相关的信息，你可能会看到函数tgoto。用该函数来移动光标会更加简单，但我们并未使用它，原因是在1997年版的X/Open规范（单一UNIX规范版本2）中并未包含该函数的定义。因此，我们建议读者在新编写的程序中也不要使用这类函数。

向菜单选择函数里添加屏幕处理功能的准备工作已基本就绪，现在唯一未提到的就是清屏操作。这一操作可以通过使用clear功能标志来完成，它首先清屏，然后将光标放到屏幕的左上角。但有些终端并不支持clear功能标志，此时，你需要首先将光标移动到屏幕的左上角，然后使用命令ed（delete to end of display，删除到显示区域结尾）。

将上面这些内容结合在一起，你将编写样本菜单程序的最终版本screenmenu.c，它将把菜单选项"画"在屏幕上供用户选择。

实　验　完整的终端控制

你可以重新编写menu4.c中的getchoice函数以提供完整的终端控制功能。在下面的程序清单中，我们省略了main函数，因为无需对其进行修改。其他与menu4.c不一致的地方都以灰色背景显示。

```
#include <stdio.h>
#include <unistd.h>
#include <stdlib.h>
#include <termios.h>
#include <term.h>
#include <curses.h>

static FILE *output_stream = (FILE *)0;

char *menu[] = {
    "a - add new record",
    "d - delete record",
    "q - quit",
    NULL,
};

int getchoice(char *greet, char *choices[], FILE *in, FILE *out);
int char_to_terminal(int char_to_write);

int main()
{
...
}

int getchoice(char *greet, char *choices[], FILE *in, FILE *out)
{
    int chosen = 0;
    int selected;
    int screenrow, screencol = 10;
```

```
    char **option;
    char *cursor, *clear;

    output_stream = out;

    setupterm(NULL,fileno(out), (int *)0);
    cursor = tigetstr("cup");
    clear = tigetstr("clear");

    screenrow = 4;
    tputs(clear, 1, (int *) char_to_terminal);
    tputs(tparm(cursor, screenrow, screencol), 1, char_to_terminal);
    fprintf(out, "Choice: %s, greet);
    screenrow += 2;
    option = choices;
    while(*option) {
        tputs(tparm(cursor, screenrow, screencol), 1, char_to_terminal);
        fprintf(out,"%s", *option);
        screenrow++;
        option++;
    }
    fprintf(out, "\n");

    do {
        fflush(out);
        selected = fgetc(in);
        option = choices;
        while(*option) {
            if(selected == *option[0]) {
                chosen = 1;
                break;
            }
            option++;
        }
        if(!chosen) {
            tputs(tparm(cursor, screenrow, screencol), 1, char_to_terminal);
            fprintf(out,"Incorrect choice, select again\n");
        }
    } while(!chosen);
    tputs(clear, 1, char_to_terminal);
    return selected;
}

int char_to_terminal(int char_to_write)
{
    if (output_stream) putc(char_to_write, output_stream);
    return 0;
}
```

将这个程序保存为menu5.c。

实验解析

重新编写的getchoice函数实现的菜单内容与前面的例子完全一样，但其屏幕输出部分进行了修改以充分利用terminfo的功能标志。在用户进行下一次选择前，程序会有清屏操作，如果想在清屏之前让信息You have chosen:在屏幕上多停留一会儿，你可以在main函数中增加一条调用sleep函数的语句，如下所示：

```
do {
        choice = getchoice("Please select an action", menu, input, output);
        printf("\nYou have chosen: %c\n", choice);
        sleep(1);
    } while (choice != 'q');
```

这个程序里的最后一个函数char_to_terminal包含了对putc函数的调用，我们将在第3章介绍putc函数。为使本章内容更加完整，我们再看一个如何检测用户击键动作的程序示例。

5.6 检测击键动作

曾经为MS-DOS编写程序的人们经常会在Linux系统中寻找一个与kbhit函数等同的函数，kbhit函数可在没有实际进行读操作之前检测是否某个键被按过。遗憾的是，他们找不到这样的函数，因为Linux系统中没有与其直接等同的函数。但UNIX程序员对此并不在意，因为在UNIX下编写的程序几乎不或很少忙于等待某个事件的发生。由于kbhit函数的主要用途就是等待某个击键动作的发生，所以在UNIX和Linux系统上未实现类似的函数。

但当需要移植MS-DOS下的程序时，如果能够模拟kbhit函数所完成的功能将会很方便。你可以用非标准输入模式来实现它。

实 验 你自己的kbhit函数

(1) 程序开始是标准的程序头和一组对终端设置结构的声明，变量peek_character将用在测试击键动作的代码中，然后是程序后面会用到的一些函数的原型定义。

```
#include <stdio.h>
#include <stdlib.h>
#include <termios.h>
#include <term.h>
#include <curses.h>
#include <unistd.h>
static struct termios initial_settings, new_settings;
static int peek_character = -1;
void init_keyboard();
void close_keyboard();
int kbhit();
int readch();
```

(2) main 函数首先调用init_keyboard函数来配置终端，然后每隔一秒循环调用一次kbhit函数。如果按键为q，就退出循环并调用close_keyboard函数恢复终端为标准模式，最后退出程序。

```
int main()
{
    int ch = 0;

    init_keyboard();
    while(ch != 'q') {
```

```
            printf("looping\n");
            sleep(1);
            if(kbhit()) {
                ch = readch();
                printf("you hit %c\n",ch);
            }
        }

    close_keyboard();
    exit(0);
}
```

(3) init_keyboard函数和close_keyboard函数分别在程序的开始和结束对终端进行配置。

```
void init_keyboard()
{
    tcgetattr(0,&initial_settings);
    new_settings = initial_settings;
    new_settings.c_lflag &= ~ICANON;
    new_settings.c_lflag &= ~ECHO;
    new_settings.c_lflag &= ~ISIG;
    new_settings.c_cc[VMIN] = 1;
    new_settings.c_cc[VTIME] = 0;
    tcsetattr(0, TCSANOW, &new_settings);
}
void close_keyboard()
{
    tcsetattr(0, TCSANOW, &initial_settings);
}
```

(4) 下面就是检测是否有击键动作的kbhit函数：

```
int kbhit()
{
    char ch;
    int nread;

    if(peek_character != -1)
        return 1;
    new_settings.c_cc[VMIN]=0;
    tcsetattr(0, TCSANOW, &new_settings);
    nread = read(0,&ch,1);
    new_settings.c_cc[VMIN]=1;
    tcsetattr(0, TCSANOW, &new_settings);

    if(nread == 1) {
        peek_character = ch;
        return 1;
    }
    return 0;
}
```

(5) 按键对应的字符由下一个函数readch读取，它会将变量peek_character重置为-1以进入下一次循环。

```
int readch()
{
    char ch;

    if(peek_character != -1) {
        ch = peek_character;
        peek_character = -1;
        return ch;
    }
    read(0,&ch,1);
    return ch;
}
```

运行这个程序，你将看到如下的输出结果：

```
$ ./kbhit
looping
looping
looping
you hit h
looping
looping
looping
you hit d
looping
you hit q
$
```

实验解析

init_keyboard函数将终端配置为"read调用直到有字符可以读取时才返回"的工作模式(MIN=1，TIME=0)。kbhit函数将这个模式修改为 "read调用检查输入并立刻返回" 的工作模式（MIN=0，TIME=0)。最后，在程序退出前恢复终端的初始设置。

注意，在kbhit函数中，你实际上已将按键对应的字符读取了，但它只在需要时才通过readch函数返回。

5.7   虚拟控制台

Linux提供了虚拟控制台的功能，一组终端设备共享PC电脑的屏幕、键盘和鼠标。通常情况下，一个Linux安装将配置8个或12个虚拟控制台。虚拟控制台通过字符设备文件/dev/ttyN使用，其中N代表一个数字，从1开始。

如果使用字符界面登录Linux系统，在Linux启动并运行后，你首先会看到一个login提示符，在输入用户名和密码登录后，你所使用的终端设备就是系统中的第一个虚拟控制台，即终端设备/dev/tty1。

使用命令who和ps，你即可看到目前登录进系统的用户，以及在这个虚拟控制台上运行的shell和执行的程序：

```
$ who
neil      tty1    Mar  8 18:27
$ ps -e
```

```
     PID TTY         TIME CMD
    1092 tty1    00:00:00 login
    1414 tty1    00:00:00 bash
    1431 tty1    00:00:00 emacs
```

你可以看到用户neil已登录进系统，并在虚拟控制台/dev/tty1上运行程序emacs。

Linux系统通常在前6个虚拟控制台上运行一个getty进程，这样用户即可用同一个屏幕、键盘和鼠标在6个不同的虚拟控制台上登录。你可以用ps命令看到getty进程：

```
$ ps -e
     PID TTY         TIME CMD
    1092 tty1    00:00:00 login
    1093 tty2    00:00:00 mingetty
    1094 tty3    00:00:00 mingetty
    1095 tty4    00:00:00 mingetty
    1096 tty5    00:00:00 mingetty
    1097 tty6    00:00:00 mingetty
```

你可以看到，SuSE Linux系统默认的getty程序mingetty运行在另外5个虚拟控制台上，并等待用户的登录。

你可以通过一个特殊的组合键Ctrl+Alt+F<N>在不同的虚拟控制台之间进行切换，其中N是你希望切换到的虚拟控制台所对应的数字。例如，如果想切换到第2个虚拟控制台，你就按下组合键Alt+Ctrl+F2，按下组合键Ctrl+Alt+F1将返回到第一个虚拟控制台。（注意：当在字符界面而不是图形界面进行虚拟控制台的切换时，需要使用组合键Alt+F<N>[①]。）

如果Linux系统使用的是图形登录界面，例如通过startx程序或通过视窗管理器xdm，X视窗系统将使用第一个未使用的虚拟控制台，通常是/dev/tty7。在使用X视窗系统时，你可以用组合键Ctrl+Alt+F<N>切换到字符控制台，用组合键Ctrl+Alt+F7切换回X视窗系统。

你可以同时在Linux系统上运行多个X视窗会话，如下所示：

```
$ startx -- :1
```

Linux将在下一个未使用的虚拟控制台上启动X服务器，在此例中，下一个未使用的控制台是/dev/tty8，然后，你即可用组合键Ctrl+Alt+F8和Ctrl+Alt+F7在两个虚拟控制台之间进行切换。

在其他方面，虚拟控制台的行为都与普通硬件终端一样。如果一个进程拥有正确的权限，它即可打开一个虚拟控制台，采用与读写普通硬件终端一样的方式对其进行读写。

5.8 伪终端

许多类UNIX系统，包括Linux，都有一个被称为伪终端的功能。这些终端的行为与我们在本章所用的终端非常相似，唯一区别是伪终端没有对应的硬件设备。它们可以用来为其他程序提供终端形式的接口。

例如，两个象棋程序可以通过伪终端进行对弈，尽管程序本身是为与人类棋手通过实际终端进行对弈而设计的。这需要有个应用程序作为中介，它将一个程序的棋子走法传递给另一个程序，反之亦然。中介程序通过伪终端来欺骗象棋程序，让它在没有实际终端的情况下正常运行。

过去，伪终端都是以系统特定的方式实现的，但现在它们已被合并到单一UNIX规范中，称为

---

① 原文为使用组合键Ctrl+F<N>，似有误，实际上，在使用字符界面时，最常用的虚拟控制台切换组合键是Alt+F<N>。

——译者注

UNIX98伪终端或PTY。

5.9　小结

在本章中，你学习了对终端进行控制的三个不同方面。在本章的第一部分，你学习了如何检测重定向，如何直接与终端进行对话，即使在标准文件描述符被重定向的情况下。你了解了终端的硬件模型及其历史演变过程。接下来，你学习了通用终端接口和termios结构，后者提供了对Linux终端处理的细节控制。你还学习了terminfo数据库及其相关函数的使用方法，它们以终端独立的方式来管理屏幕输出。然后，你学习了如何立刻检测用户的击键。最后，你学习了Linux的虚拟控制台和伪终端。

## 第 6 章

使用curses函数库管理基于文本的屏幕

在第5章中,你学习了如何加强对字符输入的控制,以及如何以终端无关的方式提供字符输出。使用通用终端接口(GTI或termios)和通过tparm及其相关函数控制escape转义序列都存在一个问题,那就是它们需要使用大量的底层代码。对大多数程序来说,它们更需要的是一个高层接口。我们希望能够简单绘制屏幕,并能用一组函数自动处理与终端相关的问题。

在本章中,你就将学习函数库curses。curses标准作为一个重要的过渡,位于简单的文本行程序和完全图形化界面(一般也更难于编程)的X视窗系统程序(如GTK+/GNOME和Qt/KDE)之间。Linux还提供svgalib函数库(一个底层图形函数库),但它并不是UNIX的标准函数库,因此,在其他类UNIX操作系统中一般并未提供该函数库。许多全屏幕的应用程序都使用curses函数库,它易于使用,并且提供了终端无关的方式来编写全屏幕的基于字符的程序。在编写这类程序时,使用curses函数库总是比直接使用escape转义序列要容易得多。curses还可以管理键盘,它还提供了一种简单易用的非阻塞字符输入模式。

读者可能会发现,在Linux控制台上运行本章中的一些例子时,并不总是能够获得预期的效果。这是因为,当curses函数库和控制台终端定义的结合出现偏差时,使用curses函数库的程序的输出结果就会有些问题,但如果在X视窗系统的xterm窗口中运行这些例子,其输出结果就与你预期的完全一样了。

本章将介绍以下几方面的内容:

❑ curses函数库的使用
❑ curses函数库的概念
❑ 基本的输入输出控制
❑ 多窗口的使用
❑ keypad模式的使用
❑ 彩色显示

在本章最后,我们将用C语言重新实现CD唱片管理程序,将其作为对目前为止所学知识的一个总结。

6.1　用 curses 函数库进行编译

curses函数库能够优化光标的移动并最小化需要对屏幕进行的刷新,从而也减少了必须向字符终端发送的字符数目。虽然比起使用哑终端和慢速调制解调器的年代,输出字符的数量已显得不那么重要，但curses函数库仍是程序员工具箱中一个有用的工具。

　　由于curses是一个函数库，所以在需要使用它时，你必须在程序中包含对应的头文件、函数声明和宏定义。curses函数库有多种不同的实现版本，最早的版本出现在BSD版本的UNIX系统中，后来被集成到系统V风格的UNIX系统中，其后又由X/Open组织对curses进行了标准化。Linux使用的curses版本是ncurses（又称为new curses），它是在Linux系统上开发的、针对系统V版本4.0上curses函数库的免费仿真软件。这个版本可以方便地移植到其他UNIX版本中，虽然它还包括了一些附加的不可移植的功能。现在甚至还有针对MS-DOS和Windows系统的curses版本。如果使用的UNIX系统自带的curses函数库不支持某些功能，你可以尝试获取一份ncurses函数库来替换它。Linux用户通常都会发现系统已预装好了ncurses函数库，或至少安装好了运行基于curses函数库的程序所需的组件。如果ncurses的开发函数库并没有在Linux发行版中预装（系统中没有头文件curses.h或用于链接的curses库文件），它们通常会以一个标准软件包的形式存在于大多数主要的Linux发行版中，例如，它可能被命名为libncurses5-dev。

> 　　X/Open规范定义了两个级别的curses函数库：基本curses函数库和扩展curses函数库。扩展curses函数库包含一组混杂的附加函数，比如处理多列字符和控制颜色的函数。除在本章的后面会讨论颜色的使用外，我们主要介绍的都是基本curses函数。

　　当对使用curses函数库的程序进行编译时，你必须在程序中包含头文件curses.h，并在编译命令行中用-lcurses选项来链接curses函数库。在许多Linux系统中，你可以直接使用curses，但你会发现实际使用的是更好的、更新的ncurses实现版本。

　　你可以检查自己的curses的配置情况，命令

```
ls -l /usr/include/*curses.h
```
用来查看curses头文件，命令

```
ls -l /usr/lib/lib*curses*
```
用来检查库文件。如果发现头文件curses.h和ncurses.h都只是链接文件，而且系统中存在一个ncurses库文件，那么你就可以使用如下命令来编译本章中的程序：

$ gcc program.c -o program -lcurses

　　但如果curses配置并未自动使用ncurses函数库，那么你可能不得不在程序中明确包含头文件ncurses.h而不是curses.h来强制使用ncurses函数库，同时需要执行如下的编译命令：

$ gcc -I/usr/include/ncurses program.c -o program -lncurses

其中，-I选项用于指定搜索头文件的目录。

　　　　在可下载的源代码中包含的Makefile文件默认会假设你的配置使用的是curses，如果你的系统不是这种情况，你必须修改该文件或手工编译本章的程序。

　　如果不能确认你的系统中的curses究竟是如何配置的，你可以参考ncurses的手册页或查看其他在线文档，常见的在线文档目录位于/usr/share/doc/之下。在该目录中，你会发现curses或ncurses子目录，通常在该名称后面还会附加版本号。

6.2　curses 术语和概念

　　curses例程工作在屏幕、窗口和子窗口之上。所谓屏幕就是你正在写的设备（通常是终端屏幕，

也可能是xterm屏幕)。屏幕占据了设备上全部的可用显示面积,当然,如果设备是X视窗中的一个终端窗口,则屏幕就是该终端窗口内所有可用的字符位置。无论何时,至少存在一个curses窗口,我们称之为stdscr,它与物理屏幕的尺寸完全一样。你可以创建一些尺寸小于该屏幕的窗口,窗口可以互相重叠,它们还可以拥有自己的多个子窗口,但每个子窗口必须总是被包含在它的父窗口内。

curses函数库用两个数据结构来映射终端屏幕,它们是stdscr和curscr。两者中,stdscr更重要一些,它会在curses函数产生输出时被刷新。stdscr数据结构对应的是"标准屏幕",它的工作方式与stdio函数库中的标准输出stdout非常相似。它是curses程序中的默认输出窗口。curscr数据结构和stdscr相似,但它对应的是当前屏幕的样子。在程序调用refresh函数之前,输出到stdscr上的内容不会显示在屏幕上。curses函数库会在refresh函数被调用时比较stdscr(屏幕将会是什么样子)与第二个数据结构curscr(屏幕当前的样子)之间的不同之处,然后用这两个数据结构之间的差异来刷新屏幕。

有的curses程序需要知道curses维护的stdscr结构,因为有些curses函数需要以该结构为参数。但真正的stdscr结构是与具体实现相关的,它决不能被直接访问。curses程序无需使用curscr数据结构。

综上所述,在curses程序中输出字符的过程如下所示。

(1) 使用curses函数刷新逻辑屏幕。

(2) 要求curses用refresh函数来刷新物理屏幕。

除了易于编程以外,分成两个步骤来完成字符输出的好处还在于,curses屏幕的刷新效率很高。虽然这点对控制台屏幕来说并不重要,但如果你是通过慢速网络连接到主机上来运行程序,则屏幕刷新效率的提高意义就很大了。

一个curses程序会多次调用逻辑屏幕输出函数,例如在屏幕上移动光标到达正确的位置,然后输出文本、绘制线框。在程序执行的某些阶段,用户需要看到全部的输出结果。这时curses一般会通过调用refresh函数计算出让物理屏幕和逻辑屏幕相对应的最佳途径。curses通过使用合适的终端功能标志及优化光标的移动来刷新屏幕,与立刻执行所有的屏幕写操作相比,curses所需要输出的字符要少得多。

逻辑屏幕的布局通过一个字符数组来实现,它以屏幕的左上角——坐标(0,0)为起点,通过行号和列号来组织,如图6-1所示。

所有的curses函数使用的坐标都是y值(行号)在前、x值(列号)在后。每个位置不仅包含该屏幕位置处的字符,还包含它的属性。可显示的属性依赖物理终端的功能标志,但一般至少会支持粗体和下划线这两个属性。Linux控制台通常还支持反白显示和色彩属性,后面将介绍这方面的内容。

图 6-1

由于curses函数库在使用时需要创建和删除一些临时的数据结构,所以所有的curses程序必须在开始使用curses函数库之前对其进行初始化,并在结束使用后允许curses恢复原先设置。这两项工作是由initscr和endwin函数分别完成的。

实 验 一个"Hello World" curses程序

在本例中,你将编写一个非常简单的curses程序screen1.c,来显示这些及其他一些基本函数的使用方法。然后我们再介绍它们的函数原型。

(1) 在程序里加上curses.h头文件，在main函数中增加初始化和重置curses库的函数调用：

```
#include <unistd.h>
#include <stdlib.h>
#include <curses.h>

int main() {
    initscr();

...

    endwin();
    exit(EXIT_SUCCESS);
}
```

(2) 在初始化和重置操作之间，增加将光标移动到逻辑屏幕上坐标（5,15）处、输出"Hello World"，然后刷新物理屏幕的代码。最后，调用函数sleep(2)将程序暂停两秒钟，以便在程序结束前看到输出的结果：

```
    move(5, 15);
    printw("%s", "Hello World");
    refresh();

    sleep(2);
```

运行程序时，你将在空白屏幕的左上部分看到"Hello World"字符串，如图6-2所示。

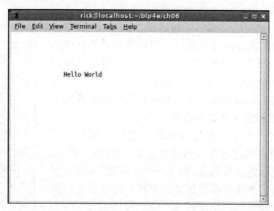

图 6-2

实验解析

这个程序初始化curses函数库，将光标移动到屏幕上的某个位置，然后显示一些文本。稍停片刻后，它关闭curses函数库并退出。

6.3 屏幕

正如你所看到的，所有的curses程序必须以initscr函数开始，以endwin函数结束。下面是它们的头文件定义：

```
#include <curses.h>

WINDOW *initscr(void);
int endwin(void);
```

initscr函数在一个程序中只能调用一次。如果成功，它返回一个指向stdscr结构的指针；如果失败，它就输出一条诊断错误信息并使程序退出。

endwin函数在成功时返回OK，失败时返回ERR。你可以先调用endwin函数退出curses，然后通过调用clearok(stdscr,1)和refresh函数继续curses操作。这实际上是首先让curses忘记物理屏幕的样子，然后强迫它执行一次完整的屏幕原文重现。

6.3.1 输出到屏幕

curses函数库提供了一些用于刷新屏幕的基本函数，它们是：

```
#include <curses.h>

int addch(const chtype char_to_add);
int addchstr(chtype *const string_to_add);
int printw(char *format, ...);
int refresh(void);
int box(WINDOW *win_ptr, chtype vertical_char, chtype horizontal_char);
int insch(chtype char_to_insert);

int insertln(void);
int delch(void);
int deleteln(void);
int beep(void);
int flash(void);
```

curses有其自己的字符类型chtype，它可能比标准的char类型包含更多的二进制位。在ncurses的标准Linux版本中，chtype实际上是unsigned long类型的一个typedef类型定义。

add系列函数在光标的当前位置添加指定的字符或字符串。printw函数采用与printf函数相同的方法对字符串进行格式化，然后将其添加到光标的当前位置。refresh函数的作用是刷新物理屏幕，成功时返回OK，发生错误时返回ERR。box函数用来围绕一个窗口绘制方框。

> 在标准curses函数库中，垂直和水平线字符可能只能使用普通字符。但在扩展curses函数库中，你可以利用两个定义ACS_VLINE和ACS_HLINE来分别提供垂直和水平线字符，它们可以让你绘制更好看的方框，但这需要终端支持这些画线字符。一般来说，这个功能在xterm窗口中比在标准控制台中工作得更好，但系统对该功能的支持往往是不完整的，所以如果需要考虑程序的可移植性，我们建议最好不要在程序中使用它们。

insch函数插入一个字符，将已有字符向右移，但此操作对行尾的影响并未定义，具体情况取决于你所使用的终端。insertln函数的作用是插入一个空白行，将现有行依次向下移一行。两个delete函数的作用与上述两个insert函数正好相反。

如果要让程序发出声音，你可以调用beep函数。但因为有极少部分终端不能发出声音，所以有些curses设置会在调用beep函数时让屏幕闪烁。如果你在一个比较繁忙的办公室上班，蜂鸣就可能产生于各种机器设备，这时，你可能更愿意选择屏幕闪烁这种方式。正如你预期的那样，flash函数的作用就是使屏幕闪烁，但如果无法产生闪烁效果，它将尝试在终端上发出声音。

6.3.2　从屏幕读取

你可以从屏幕上读取字符，虽然这个功能并不常用，因为一般来说，要想了解屏幕上所写内容很容易。但如果需要该功能，可用下面这些函数实现它：

```
#include <curses.h>

chtype inch(void);
int instr(char *string);
int innstr(char *string, int number_of_characters);
```

inch 函数总是可用的，但 instr 和 innstr 函数并不总被支持。inch 函数返回光标当前位置的字符及其属性信息。注意，inch 函数返回的并不是一个字符，而是一个 chtype 类型的变量，而 instr 和 innstr 函数则将返回内容写到字符数组中。

6.3.3　清除屏幕

清除屏幕上的某个区域主要有 4 种方法，它们是：

```
#include <curses.h>

int erase(void);
int clear(void);
int clrtobot(void);
int clrtoeol(void);
```

erase 函数在每个屏幕位置写上空白字符。clear 函数的功能类似 erase 函数，它也是用于清屏，但它还通过在内部调用一个底层函数 clearok 来强制重现屏幕原文。clearok 函数会强制执行清屏操作，并在下次调用 refresh 函数时重现屏幕原文。

clear 函数通常是使用一个终端命令来清除整个屏幕，而不是尝试删除当前屏幕上每个非空白的位置。因此，clear 函数是一种可以彻底清除屏幕的可靠方法。当屏幕显示变得混乱时，clear 函数和 refresh 函数的结合提供了一种有效的重新绘制屏幕的手段。

clrtobot 函数清除当前光标位置直到屏幕结尾的所有内容。clrtoeol 函数清除当前光标位置直到光标所处行行尾的所有内容。

6.3.4　移动光标

用于移动光标的函数只有 1 个，另有 1 个函数用来控制在刷新屏幕后 curses 将光标放置的位置：

```
#include <curses.h>

int move(int new_y, int new_x);
int leaveok(WINDOW *window_ptr, bool leave_flag);
```

move 函数用来将逻辑光标的位置移到指定地点。记住，屏幕坐标以左上角（0,0）为起点。在大多数 curses 版本中，有两个包含物理屏幕尺寸大小的外部整数 LINES 和 COLUMNS，它们可用于决定参数 new_y 和 new_x 的最大可取值。调用 move 函数本身并不会使物理光标移动，它仅改变逻辑屏幕上的光标位置，下次的输出内容就将出现在该位置上。如果希望物理屏幕上的光标位置在调用 move 函数之后立刻有变化，就需在它之后立刻调用 refresh 函数。

leaveok 函数设置了一个标志，该标志用于控制在屏幕刷新后 curses 将物理光标放置的位置。默认情况下，该标志为 false，这意味着屏幕刷新后，硬件光标将停留在屏幕上逻辑光标所处的位置。如果该标志被设置为 true，则硬件光标会被随机地放置在屏幕上的任意位置。一般来说，默认选项更符合用户的需求,这能确保光标停留在一个有意义的位置。

6.3.5 字符属性

每个curses字符都可以有一些属性用于控制该字符在屏幕上的显示方式,前提是用于显示的硬件设备能够支持要求的属性。预定义的属性有A_BLINK、A_BOLD、A_DIM、A_REVERSE、A_STANDOUT和A_UNDERLINE。你可以用下面这些函数来设置单个属性或同时设置多个属性:

```
#include <curses.h>

int attron(chtype attribute);
int attroff(chtype attribute);
int attrset(chtype attribute);
int standout(void);
int standend(void);
```

attrset函数设置curses属性,attron和attroff函数在不影响其他属性的前提下启用或关闭指定的属性。standout和standend函数提供了一种更加通用的强调或“突出”模式,在大多数终端上,它通常被映射为反白显示。

实 验 **移动、插入和属性**

现在,你已掌握了许多管理屏幕的方法,下面可以尝试编写一个更复杂的例子moveadd.c了。你将在程序中包含多个对refresh和sleep函数的调用,以便了解在程序执行的每个阶段屏幕的显示情况。一般情况下,curses程序会尽可能少地刷新屏幕,因为这并不是一种很有效的操作。这里的代码主要是方便演示。

(1) 在程序的开始包含一些必要的头文件,定义几个字符数组和一个指向这些数组的指针,然后对curses结构进行初始化:

```
#include <stdio.h>
#include <unistd.h>
#include <stdlib.h>
#include <string.h>
#include <curses.h>


int main()
{
    const char witch_one[] = " First Witch  ";
    const char witch_two[] = " Second Witch ";
    const char *scan_ptr;

    initscr();
```

(2) 现在是最初要显示的3组文本,它们会以1秒为间隔依次显示在屏幕上。请注意对文本属性标志的开关:

```
    move(5, 15);
    attron(A_BOLD);
    printw("%s", "Macbeth");
    attroff(A_BOLD);
    refresh();
```

6

```
    sleep(1);

    move(8, 15);
    attron(A_STANDOUT);
    printw("%s", "Thunder and Lightning");
    attroff(A_STANDOUT);
    refresh();
    sleep(1);

    move(10, 10);
    printw("%s", "When shall we three meet again");
    move(11, 23);
    printw("%s", "In thunder, lightning, or in rain ?");
    move(13, 10);
    printw("%s", "When the hurlyburly's done,");
    move(14,23);
    printw("%s", "When the battle's lost and won.");
    refresh();
    sleep(1);
```

(3) 确定演员并将他们的名字以一次一个字符的方式插入到指定的位置：

```
    attron(A_DIM);
    scan_ptr = witch_one + strlen(witch_one) - 1;
    while(scan_ptr != witch_one) {
        move(10,10);
        insch(*scan_ptr--);
    }
    scan_ptr = witch_two + strlen(witch_two) - 1;
    while (scan_ptr != witch_two) {
        move(13, 10);
        insch(*scan_ptr--);
    }
    attroff(A_DIM);
    refresh();
    sleep(1);
```

(4) 最后，将光标移动到屏幕的右下角，然后结束程序：

```
    move(LINES - 1, COLS - 1);

    refresh();
    sleep(1);

    endwin();
    exit(EXIT_SUCCESS);
}
```

当运行这个程序时，最终的屏幕如图6-3所示。

糟糕的是，这里的屏幕截图并未很好地表现出屏幕完整的效果，它也未能显示出光标的位置，光标的位置应该在屏幕的右下角。

你可能会发现，与标准控制台相比，xterm能更加准确、可靠地显示curses程序的输出效果。

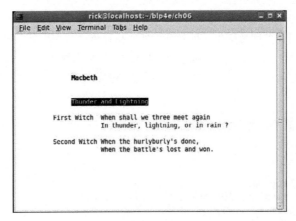

图　6-3

在初始化一些变量和curses屏幕之后，使用move函数在屏幕上移动光标。通过attron和attroff函数来控制显示在屏幕上指定位置的文本的属性。然后，程序使用insch函数来演示如何插入字符。最后，程序关闭curses函数库并结束。

6.4　键盘

curses函数库不仅提供了控制屏幕显示的易用接口，还提供了控制键盘的简单方法。

6.4.1　键盘模式

键盘读取例程由键盘模式控制。用于设置键盘模式的函数有：

```
#include <curses.h>

int echo(void);
int noecho(void);
int cbreak(void);
int nocbreak(void);
int raw(void);
int noraw(void);
```

两个echo函数用于开启或关闭输入字符的回显功能。其余4个函数调用用于控制在终端上输入的字符传送给curses程序的方式。

为解释清楚cbreak函数的作用，你需要首先理解何为默认输入模式。当curses程序通过调用initscr函数开始运行时，输入模式被设置为预处理模式（或称为cooked模式）。这意味着所有处理都是基于行的，也就是说，只有在用户按下回车键之后，输入的数据才会被传送给程序。在这种模式下，键盘特殊字符被启用，所以按下合适的组合键即可在程序中产生一个信号，如果是通过串行口或调制解调器等连接终端，则流控也处于启用状态。程序可通过调用cbreak函数将输入模式设置为cbreak模式，在这种模式下，字符一经键入就被立刻传递给程序，而不像在cooked模式中那样首先缓存字符，直到用户按下回车键后才将用户输入的字符传递给程序。cbreak模式与cooked模式一样，键盘特殊字符也被启用，但一些简单的特殊字符，如退格键Backspace会被直接传递给程序处理，所以如果想让退格键保留原来的功能，你就必须自己在程序中实现它。

　　raw函数调用的作用是关闭特殊字符的处理，所以执行该函数调用后，再想通过输入特殊字符序列来产生信号或进行流控就不可能了。nocbreak函数调用将输入模式重新设置为cooked模式，但特殊字符的处理方式保持不变。noraw函数调用同时恢复cooked模式和特殊字符处理功能。

6.4.2　键盘输入

　　读取键盘输入非常简单，主要的函数有：

```
#include <curses.h>

int getch(void);
int getstr(char *string);
int getnstr(char *string, int number_of_characters);
int scanw(char *format, ...);
```

　　这些函数的行为与它们的非curses版本getchar、gets和scanf非常相似。要注意的是，getstr函数对其返回的字符串的长度没有限制，所以使用这个函数时要非常小心。如果所使用的curses版本支持getnstr函数（它可以对读取的字符数目加以限制），你就应该尽可能地用它来替代getstr函数。这与你在第3章中看到的gets和fgets函数非常类似。

　　下面是一个短小的示例程序ipmode.c，它演示了如何处理键盘。

实　验　键盘模式和输入

　　(1) 首先，设置程序并执行初始化curses函数库的调用：

```
#include <unistd.h>
#include <stdlib.h>
#include <curses.h>
#include <string.h>

#define PW_LEN 256
#define NAME_LEN 256

int main() {
    char name[NAME_LEN];
    char password[PW_LEN];
    const char *real_password = "xyzzy";
    int i = 0;

    initscr();

    move(5, 10);
    printw("%s", "Please login:");

    move(7, 10);
    printw("%s", "User name: ");
    getstr(name);

    move(8, 10);
    printw("%s", "Password: ");
    refresh();
```

(2) 用户输入密码时，你不能让密码回显在屏幕上。然后，检查用户输入的密码是否等于xyzzy：

```
cbreak();
noecho();

memset(password, '\0', sizeof(password));
while (i < PW_LEN) {
    password[i] = getch();
    if (password[i] == '\n') break;
    move(8, 20 + i);
    addch('*');
    refresh();
    i++;
}
```

(3) 最后，重新启用键盘回显，并给出密码验证成功或失败的信息：

```
echo();
nocbreak();

move(11, 10);
if (strncmp(real_password, password, strlen(real_password)) == 0)
    printw("%s", "Correct");
else printw("%s", "Wrong");
printw("%s", " password");
refresh();
sleep(2);

endwin();
exit(EXIT_SUCCESS);
}
```

实验解析

关闭键盘输入回显并将输入模式设置为cbreak后，你设置一块内存区域用于接收用户输入的密码。每个输入的密码字符被立即处理并在屏幕的下一个位置上显示一个*号。你需要在每次输出*号后刷新屏幕，然后，用strncmp函数来比较用户输入的密码和保存在程序中的正确密码。

如果使用的curses函数库版本很老，你可能需要在getstr函数调用之前加上一个refresh函数调用。在ncurses版本中，getstr函数调用会自动刷新屏幕。

6.5 窗口

到目前为止，你一直将终端用作为一个全屏幕的输出介质。对短小、简单的程序来说，这样做一般已足够了，但curses函数库的功能远不止如此。你可以用curses函数库在物理屏幕上同时显示多个不同尺寸的窗口。本节中介绍的许多函数只被X/Open规范定义的扩展curses函数库支持，但因为ncurses函数库也支持它们，所以在大多数平台中使用它们并不会出现问题。现在是时候开始学习多窗口的使用方法了。你还将看到如何将所使用的这些函数通用化，并应用到多窗口的情况下。

6.5.1 WINDOW 结构

虽然前面已介绍过标准屏幕stdscr，但目前为止，你几乎没有使用它的必要。因为，几乎所有我们前面讨论过的函数都假设它们工作在stdscr之上，因此，stdscr无需作为一个参数传递给这些函数。

标准屏幕stdscr只是WINDOW结构的一个特例，就像标准输出stdout是文件流的一个特例一样。WINDOW结构通常定义在头文件curses.h中，虽然研究该结构是有意义的，但程序应该永远都不要直接访问它，因为该结构在不同的curses版本中的实现方式不同。

你可以用函数调用newwin和delwin来创建和销毁窗口：

```
#include <curses.h>

WINDOW *newwin(int num_of_lines, int num_of_cols, int start_y, int start_x);
int delwin(WINDOW *window_to_delete);
```

newwin函数的作用是创建一个新窗口，该窗口从屏幕位置（start_y，start_x）开始，行数和列数分别由参数num_of_lines和num_of_cols指定。它返回一个指向新窗口的指针，如果新窗口创建失败则返回null。如果想让新窗口的右下角正好落在屏幕的右下角上，你可以将该函数的行、列参数设为0。所有的窗口范围都必须在当前屏幕范围之内，如果新窗口的任何部分落在当前屏幕范围之外，则newwin函数调用将失败。通过newwin函数创建的新窗口完全独立于所有已存在的窗口。默认情况下，它被放置在任何已有窗口之上，覆盖（但不是改变）它们的内容。

delwin函数的作用是删除一个先前通过newwin函数创建的窗口。因为调用newwin函数可能会给新窗口分配内存，所以当不再需要这些窗口时，不要忘记通过delwin函数将其删除。

> 注意，千万不要尝试删除curses自己的窗口stdscr和curscr！

创建新窗口后，怎样才能对它们进行写操作呢？答案是，几乎所有你已见过的函数都有对应特定窗口进行操作的通用版本，并且为方便用户的使用，它们还都具备光标移动的功能。

6.5.2 通用函数

你已使用过函数addch和printw在屏幕上增加字符。这两个函数，包括其他一些函数，都可以通过加上一些前缀变为通用函数。前缀w用于窗口、mv用于光标移动、mvw用于在窗口中移动光标。如果查看大多数curses函数库实现中的curses头文件，你会发现你所使用过的许多函数都只是调用这些通用函数的简单的宏定义（#define语句）。

如果给函数增加了w前缀，就必须在该函数的参数表的最前面增加一个WINDOW指针参数。如果给函数增加的是mv前缀，则需要在函数的参数表的最前面增加两个参数，分别是纵坐标y和横坐标x，这两个坐标值指定了执行操作的位置。坐标值y和x是相对于窗口而不是相对于屏幕的，坐标(0,0)代表窗口的左上角。

如果给函数增加了mvw前缀，就需要多传递3个参数，它们分别是一个WINDOW指针、y和x坐标值。让人困惑的是，WINDOWS指针参数总是出现在屏幕坐标值之前，虽然从前缀的写法来看，y和x参数应是首先出现的。

作为一个例子，下面列出了函数addch和printw的所有原型定义集：

```
#include <curses.h>

int addch(const chtype char);
int waddch(WINDOW *window_pointer, const chtype char)
int mvaddch(int y, int x, const chtype char);
int mvwaddch(WINDOW *window_pointer, int y, int x, const chtype char);
```

```
int printw(char *format, ...);
int wprintw(WINDOW *window_pointer, char *format, ...);
int mvprintw(int y, int x, char *format, ...);
int mvwprintw(WINDOW *window_pointer, int y, int x, char *format, ...);
```

其他许多函数，例如inch，也有加上诸如mv和w前缀的通用函数。

6.5.3 移动和更新窗口

通过下面这些函数，你可以移动和重新绘制窗口：

```
#include <curses.h>

int mvwin(WINDOW *window_to_move, int new_y, int new_x);
int wrefresh(WINDOW *window_ptr);
int wclear(WINDOW *window_ptr);
int werase(WINDOW *window_ptr);
int touchwin(WINDOW *window_ptr);
int scrollok(WINDOW *window_ptr, bool scroll_flag);
int scroll(WINDOW *window_ptr);
```

mvwin函数的作用是在屏幕上移动一个窗口。因为不允许窗口的任何部分超出屏幕范围，所以如果在调用mvwin函数时，将窗口的某个部分移动到屏幕区域之外，mvwin函数调用将会失败。

wrefresh、wclear和werases函数分别是前面介绍的refresh、clear和erases函数的通用版本。它们只是多了一个WINDOW指针参数，从而可针对特定的窗口进行操作，而不仅仅局限于stdscr。

touchwin函数非常特殊，它的作用是通知curses函数库其指针参数指向的窗口内容已发生改变。这就意味着，在下次调用wrefresh函数时，curses必须重新绘制该窗口，即使用户实际上并未修改该窗口中的内容。当屏幕上重叠着多个窗口时，你可以通过该函数来安排要显示的窗口。

两个scroll函数控制窗口的卷屏。如果传递给scrollok函数的是布尔值true（通常是非零值），则允许窗口卷屏。而默认情况下，窗口是不能卷屏的。scroll函数的作用只是把窗口内容上卷一行。一些curses函数库的实现版本中还有函数wsctl，它有一个指定卷行行数的参数，而且该参数还可以指定为负值。我们将在本章的稍后部分再次讨论卷屏问题。

6

实 验 管理多窗口

现在，你已知道如何管理多个窗口了，接下来，你可以把刚学到的这些新函数应用在程序multiw1.c中。为简洁起见，在程序中忽略了错误检查。

(1) 与往常一样，我们先安排好各种定义：

```
#include <unistd.h>
#include <stdlib.h>
#include <curses.h>

int main()
{
    WINDOW *new_window_ptr;
    WINDOW *popup_window_ptr;
    int x_loop;
    int y_loop;
    char a_letter = 'a';

    initscr();
```

(2) 然后，用字符填充基本窗口，填充完逻辑屏幕后就开始刷新物理屏幕：

```
move(5, 5);
    printw("%s", "Testing multiple windows");
    refresh();

    for (y_loop = 0; y_loop < LINES - 1; y_loop++) {
        for (x_loop = 0; x_loop < COLS - 1; x_loop++) {
            mvwaddch(stdscr, y_loop, x_loop, a_letter);
            a_letter++;
            if (a_letter > 'z') a_letter = 'a';
        }
    }

    /* Update the screen */
    refresh();
    sleep(2);
```

(3) 现在，创建一个尺寸为10×20的新窗口，为它添加一些文本，然后将该窗口绘制到屏幕上：

```
new_window_ptr = newwin(10, 20, 5, 5);
    mvwprintw(new_window_ptr, 2, 2, "%s", "Hello World");
    mvwprintw(new_window_ptr, 5, 2, "%s",
                "Notice how very long lines wrap inside the window");
    wrefresh(new_window_ptr);
    sleep(2);
```

(4) 接下来，对背景窗口中的内容做些修改。当再次刷新屏幕时，new_window_ptr指向的窗口将被遮盖住：

```
a_letter = '0';
    for (y_loop = 0; y_loop < LINES -1; y_loop++) {
      for (x_loop = 0; x_loop < COLS - 1; x_loop++) {
          mvwaddch(stdscr, y_loop, x_loop, a_letter);
          a_letter++;
          if (a_letter > '9')
              a_letter = '0';
      }
    }

    refresh();
    sleep(2);
```

(5) 此时，如果调用wrefresh来刷新新窗口，则什么也不会发生，因为你并未对新窗口做过改动：

```
wrefresh(new_window_ptr);
    sleep(2);
```

(6) 但如果先对新窗口调用一次touchwin函数，让curses误以为新窗口中的内容已发生变化，则下一个wrefresh函数调用将再次把新窗口调到屏幕的最前面：

```
touchwin(new_window_ptr);
    wrefresh(new_window_ptr);
    sleep(2);
```

(7) 接下来，再增加另一个加框的重叠窗口：

```
popup_window_ptr = newwin(10, 20, 8, 8);
box(popup_window_ptr, '|', '-');
mvwprintw(popup_window_ptr, 5, 2, "%s", "Pop Up Window!");
wrefresh(popup_window_ptr);
sleep(2);
```

(8) 然后，在清屏和删除这两个新窗口之前在屏幕上轮流显示它们：

```
touchwin(new_window_ptr);
wrefresh(new_window_ptr);
sleep(2);
wclear(new_window_ptr);
wrefresh(new_window_ptr);
sleep(2);
delwin(new_window_ptr);
touchwin(popup_window_ptr);
wrefresh(popup_window_ptr);
sleep(2);
delwin(popup_window_ptr);
touchwin(stdscr);
refresh();
sleep(2);
endwin();
exit(EXIT_SUCCESS);
}
```

遗憾的是，我们无法让读者在书中看到这一切发生的过程。图6-4显示了绘制第一个弹出窗口后的屏幕截图。

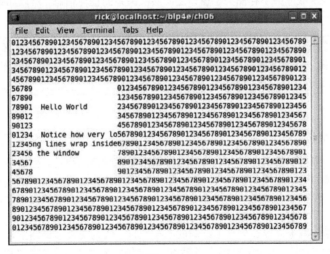

图 6-4

在改变背景窗口后，在屏幕上又绘制了一个弹出窗口，这时屏幕的显示如图6-5。

实验解析

在通常的初始化过程之后，程序使用字母填充标准屏幕，以便用户看到添加在其上的新curses窗口。然后，程序演示了如何在背景之上添加一个新窗口，以及新窗口中文本的折行效果。你还看到了如何使用touchwin来强制curses重新绘制窗口，即使窗口内容未发生任何改变。

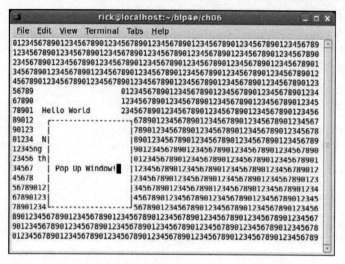

图　6-5

接着，程序添加了第二个窗口，该窗口覆盖了第一个窗口的内容，这演示了curses是如何管理重叠窗口的。最后，程序关闭curses函数库并退出。

从上面的示例代码中可以看出，为了让窗口在屏幕上以正确的顺序显示，你必须在刷新窗口时非常小心。因为curses函数库并不存储关于窗口之间层次关系的任何信息，所以如果要求curses刷新多个窗口，你必须自己管理窗口之间的层次关系。

> 为确保curses能够以正确的顺序绘制窗口，你必须以正确的顺序对它们进行刷新。其中一个办法就是，将所有窗口的指针存储到一个数组或列表中，你通过这个数组或列表来维护它们应该显示在屏幕上的顺序。

6.5.4　优化屏幕刷新

从上一节的例子中可以看出，对多个窗口进行刷新需要一定的技巧，但还不至于太麻烦。但当要更新的终端是通过慢速链路连接到主机时，这个潜在的问题就会变得非常严重。幸运的是，现在这种情况已经很少见了，但实际上处理这个问题非常简单，所以，为了内容的完整性，我们在这里介绍这个问题的解决方法。

我们的目标是尽量减少需要在屏幕上绘制的字符数目，因为在慢速链路上，屏幕绘制的速度可能会慢得让人难以忍受。curses函数库为此提供了一种特殊手段，这需要用到下面两个函数：wnoutrefresh和doupdate：

```
#include <curses.h>

int wnoutrefresh(WINDOW *window_ptr);
int doupdate(void);
```

wnoutrefresh函数用于决定把哪些字符发送到屏幕上，但它并不真正地发送这些字符，真正将更新发送到终端的工作由doupdate函数来完成。如果只是调用wnoutrefresh函数，然后立刻调用doupdate函数，则它的效果与直接调用wrefresh完全一样。但如果想重新绘制多个窗口，你可以为每个窗口分别调用wnoutrefresh函数（当然要按正确的顺序来操作），然后只需在调用最后一个wnoutrefresh之后调用一次doupdate函数即可。这允许curses依次为每个窗口执行屏幕更新计算工作，最后仅把最终的更新结果输出到屏幕上。这种做法可以最大限度地减少curses需要发送的字符数目。

6.6 子窗口

介绍完多窗口后，我们来看一种多窗口的特例：子窗口。子窗口的创建和删除可以用以下几个函数来完成：

```
#include <curses.h>

WINDOW *subwin(WINDOW *parent, int num_of_lines, int num_of_cols,
               int start_y, int start_x);
int delwin(WINDOW *window_to_delete);
```

subwin函数的参数几乎与newwin函数完全一样，子窗口的删除过程也和其他窗口一样，都是通过调用delwin函数来完成。如同对待新窗口一样，你可以使用以mvw为前缀的函数来写子窗口。事实上，在大多数情况下，子窗口的行为与新窗口非常相似，两者之间只有一个重要的区别：子窗口没有自己独立的屏幕字符存储空间，它们与其父窗口（在创建子窗口时指定）共享同一字符存储空间。这意味着，对子窗口中内容的任何修改都会反映到其父窗口中，所以删除子窗口时，屏幕显示不会发生任何变化。

乍看起来，子窗口好像没有用处。为何不直接在父窗口中修改呢？子窗口最主要的用途是，提供了一种简洁的方式来卷动另一窗口里的部分内容。在编写curses程序时，我们经常会需要卷动屏幕的某个小区域。通过将这个小区域定义为一个子窗口，然后对其进行卷动，就能达到我们想要的效果。

使用子窗口有个强加的限制：在应用程序刷新屏幕之前必须先对其父窗口调用touchwin函数。

6

实 验 子窗口

现在你已看到了这些新函数，下面这个简短的例子将显示它们是如何工作的，以及它们与先前使用的窗口函数有何不同。

(1) 首先是subsc1.c的初始化代码部分，它用一些文本初始化基本窗口的显示：

```
#include <unistd.h>
#include <stdlib.h>
#include <curses.h>

int main()

{
    WINDOW *sub_window_ptr;
    int x_loop;
    int y_loop;
    int counter;
```

```
char a_letter = '1';

initscr();

for (y_loop = 0; y_loop < LINES - 1; y_loop++) {
    for (x_loop = 0; x_loop < COLS - 1; x_loop++) {
        mvwaddch(stdscr, y_loop, x_loop, a_letter);
        a_letter++;
        if (a_letter > '9') a_letter = '1';
    }
}
```

(2) 现在创建一个新的卷动子窗口。根据前面的建议，必须在刷新屏幕之前对父窗口调用 touchwin 函数：

```
sub_window_ptr = subwin(stdscr, 10, 20, 10, 10);
scrollok(sub_window_ptr, 1);

touchwin(stdscr);
refresh();
sleep(1);
```

(3) 接下来，删除子窗口中的内容，重新输出一些文字，然后刷新它。滚动文本是通过 loop 循环来实现的：

```
werase(sub_window_ptr);
mvwprintw(sub_window_ptr, 2, 0, "%s", "This window will now scroll");
wrefresh(sub_window_ptr);
sleep(1);

for (counter = 1; counter < 10; counter++) {
    wprintw(sub_window_ptr, "%s", "This text is both wrapping and \
                scrolling.");
    wrefresh(sub_window_ptr);
    sleep(1);
}
```

(4) 循环结束后，删除子窗口，然后再次刷新基本屏幕：

```
delwin(sub_window_ptr);

touchwin(stdscr);
refresh();
sleep(1);

endwin();
exit(EXIT_SUCCESS);
}
```

图6-6是程序执行结束后，你看到的屏幕显示情况。

实验解析

在安排指针 sub_window_ptr 指向 subwin 函数调用的结果后，把子窗口设置为可卷动。即使在删除了子窗口和重新刷新了基本窗口（stdscr）之后，屏幕上的文本依然保持原来的样子，这是因为子窗口实际更新的是 stdscr 中的字符数据。

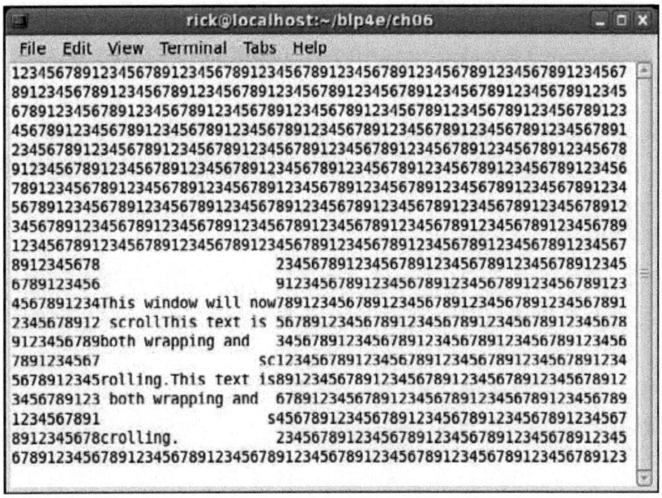

图 6-6

6.7 keypad 模式

你已看到curses提供的一些用于处理键盘的功能。一般键盘至少都会包含方向键和功能键,许多键盘还带有数字小键盘以及诸如Insert、Home等其他按键。

对于大多数终端来说,解码这些按键是一件很困难的事,因为它们往往会发送以escape字符开头的字符串序列。应用程序不仅要区分"单独按下Escape键"和"按下某个功能键而生成的以Escape字符开头的字符串序列",还必须处理不同的终端对于同一逻辑按键使用不同字符串序列的情况。

幸运的是,curses函数库提供了一个精巧的用于管理功能键的功能。对每个终端来说,它的每个功能键所对应的转义序列都被保存,通常是保存在一个terminfo结构中,而头文件curses.h通过一组以KEY_为前缀的定义来管理逻辑键。

curses在启动时会关闭转义序列与逻辑键之间的转换功能,该功能需要通过调用keypad函数来启用。该函数调用成功时,返回OK,否则就返回ERR。

```
#include <curses.h>
```

```
int keypad(WINDOW *window_ptr, bool keypad_on);
```

将keypad_on参数设置为true,然后调用keypad函数来启用keypad模式。在该模式中,curses将接管按键转义序列的处理工作,读键盘操作不仅能够返回用户按下的键,还将返回与逻辑按键对应的KEY_定义。

使用keypad模式有下面3个小小的限制。

❏ 识别escape转义序列的过程是与时间相关的。许多网络协议会将字符组合成数据包(这将导致escape转义序列的识别不准确),或者是将字符串分割开(这将导致功能键的转义序列有可能被识别为一个单独的Escape按键和其他独立的字符串)。这种情况在广域网和其他慢速链路上将更为严重。这一问题的唯一解决方法是设法对终端进行编程,让它针对用户希望使用的每个功能键只发送一个单独的、唯一的字符,虽然这将限制可使用的控制字符的数目。

❑ 为了让curses能够区分"单独按下Escape键"和"一个以Escape字符开头的键盘转义序列"，它必须等待一小段时间。有时候，在启用了keypad模式后，处理Escape按键所造成的非常细微的延时都可能会被注意到。

❑ curses不能处理二义性的escape转义序列。如果终端上两个不同的按键会产生完全相同的转义序列，curses将不会处理这个转义序列，因为它不知道该返回哪个逻辑按键。

实　验　使用keypad模式

下面这个小程序keypad.c演示了keypad模式的使用方法。当运行这个程序时，按下Esc按键并注意观察细微的延时。程序将在这段延时里判断这个Esc是一个escape转义序列的开头还是一个单独的按键：

(1) 首先对程序和curses函数库进行初始化，然后启用keypad模式：

```
#include <unistd.h>
#include <stdlib.h>
#include <curses.h>

#define LOCAL_ESCAPE_KEY    27

int main()
{
    int key;

    initscr();
    crmode();
    keypad(stdscr, TRUE);
```

(2) 接下来，关闭回显功能以防止光标在你按下方向键时发生移动。然后清屏并显示一些文本。程序将等待用户的击键动作，除非用户的按键是字母Q或发生了错误，否则按键所对应的字符将显示在屏幕上。如果按键匹配终端上的某个转义序列，就把这个转义序列显示在屏幕上：

```
    noecho();
    clear();
    mvprintw(5, 5, "Key pad demonstration. Press 'q' to quit");
    move(7, 5);
    refresh();
    key = getch();

    while(key != ERR && key != 'q') {
        move(7, 5);
        clrtoeol();

        if ((key >= 'A' && key <= 'Z') ||
            (key >= 'a' && key <= 'z')) {
            printw("Key was %c", (char)key);
        }
        else {
            switch(key) {
            case LOCAL_ESCAPE_KEY: printw("%s", "Escape key"); break;
            case KEY_END: printw("%s", "END key"); break;
            case KEY_BEG: printw("%s", "BEGINNING key"); break;
```

```
        case KEY_RIGHT: printw("%s", "RIGHT key"); break;
        case KEY_LEFT: printw("%s", "LEFT key"); break;
        case KEY_UP: printw("%s", "UP key"); break;
        case KEY_DOWN: printw("%s", "DOWN key"); break;
        default: printw("Unmatched - %d", key); break;
        } /* switch */
    } /* else */

    refresh();
    key = getch();
} /* while */

endwin();
exit(EXIT_SUCCESS);
}
```

实验解析

在启用keypad模式之后，你看到了该模式是如何识别键盘上的各种其他按键的，这些按键都将生成escape转义序列。你还将注意到Escape键的检测要略慢于其他按键。

6.8 彩色显示

以前，只有极少数的哑终端支持彩色显示功能，所以大多数早期的curses函数库都不支持色彩。如今，ncurses和其他大多数现代的curses实现版本都提供了对它的支持。但遗憾的是，curses函数库的"哑屏幕"背景影响了其API，curses只能以一种非常受限的方式来使用彩色，这反映了早期彩色终端显示色彩能力的缺乏。

屏幕上的每个字符位置都可以从多种颜色中选择一种作为它的前景色或背景色。例如，你可以在红色背景上写绿色的文本。

curses函数库对颜色的支持有些与众不同，即字符颜色的定义及其背景色的定义并不完全独立。你必须同时定义一个字符的前景色和背景色，我们将它称之为颜色组合（color pair）。

在使用curses函数库的颜色功能之前，你必须检查当前终端是否支持彩色显示功能，然后对curses的颜色例程进行初始化。为完成这个任务，你需要使用两个函数：has_colors和start_color：

```
#include <curses.h>

bool has_colors(void);
int start_color(void);
```

如果终端支持彩色显示，has_colors函数将返回true。然后，你需要调用start_color函数，如果该函数成功初始化了颜色显示功能，它将返回OK。一旦start_color函数被成功调用，变量COLOR_PAIRS将被设置为终端所能支持的颜色组合数目的最大值，一般常见的最大值为64。变量COLORS定义可用颜色数目的最大值，一般只有8种。在内部实现中，每种可用的颜色以一个从0到63的数字作为其唯一的ID号。

在把颜色作为属性使用之前，你必须首先调用init_pair函数对准备使用的颜色组合进行初始化。对颜色属性的访问是通过COLOR_PAIR函数来完成的：

```
#include <curses.h>
```

```
int init_pair(short pair_number, short foreground, short background);
int COLOR_PAIR(int pair_number);
int pair_content(short pair_number, short *foreground, short *background);
```

头文件 curses.h 通常会定义一些基本颜色，它们的名字以 COLOR_ 为前缀。另外还有个函数 pair_content，它的作用是获取已定义的颜色组合的信息。

下面的语句将红色前景绿色背景定义为一号颜色组合：

```
init_pair(1, COLOR_RED, COLOR_GREEN);
```

然后，通过调用 COLOR_PAIR 函数，将该颜色组合作为属性来访问：

```
wattron(window_ptr, COLOR_PAIR(1));
```

上面这条语句的作用是把屏幕上后续添加的内容设置为绿色背景上的红色内容。

因为一个 COLOR_PAIR 就是一个属性，所以可以把它与其他属性结合起来。在个人电脑上，你通常通过"按位或"将 COLOR_PAIR 属性和附加属性 A_BOLD 相结合来实现高浓度的颜色：

```
wattron(window_ptr, COLOR_PAIR(1) | A_BOLD);
```

下面通过示例程序 color.c 来查看这些函数的使用情况。

实　验　彩色

(1) 首先检查这个程序的显示终端是否支持彩色显示，如果支持，就启用彩色显示：

```
#include <unistd.h>
#include <stdlib.h>
#include <stdio.h>
#include <curses.h>

int main()
{
    int i;

    initscr();

    if (!has_colors()) {
        endwin();
        fprintf(stderr, "Error - no color support on this terminal\n");
        exit(1);
    }

    if (start_color() != OK) {
        endwin();
        fprintf(stderr, "Error - could not initialize colors\n");
        exit(2);
    }
```

(2) 现在，你可以打印出终端可用颜色数目的最大值及支持的颜色组合的最大值。然后，程序创建 7 个颜色组合并一次显示一个：

```
    clear();
    mvprintw(5, 5, "There are %d COLORS, and %d COLOR_PAIRS available",
            COLORS, COLOR_PAIRS);
```

```
    refresh();

    init_pair(1, COLOR_RED, COLOR_BLACK);
    init_pair(2, COLOR_RED, COLOR_GREEN);
    init_pair(3, COLOR_GREEN, COLOR_RED);
    init_pair(4, COLOR_YELLOW, COLOR_BLUE);
    init_pair(5, COLOR_BLACK, COLOR_WHITE);
    init_pair(6, COLOR_MAGENTA, COLOR_BLUE);
    init_pair(7, COLOR_CYAN, COLOR_WHITE);

    for (i = 1; i <= 7; i++) {
        attroff(A_BOLD);
        attrset(COLOR_PAIR(i));
        mvprintw(5 + i, 5, "Color pair %d", i);
        attrset(COLOR_PAIR(i) | A_BOLD);
        mvprintw(5 + i, 25, "Bold color pair %d", i);
        refresh();
        sleep(1);
    }

    endwin();
    exit(EXIT_SUCCESS);
}
```

这个示例程序给出如图6-7所示的输出结果，图中缺少了实际的色彩，这是当然的，因为这是一张黑白的屏幕截图。

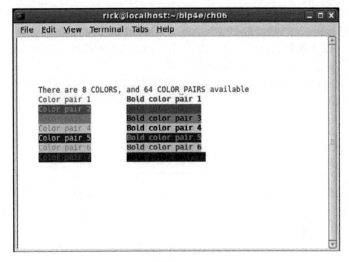

图　6-7

实验解析

在检查确认屏幕支持彩色显示之后，程序初始化颜色处理并定义了一些颜色组合。然后，程序使用这些颜色组合将一些文本写到屏幕上，以显示不同颜色组合的效果。

重新定义颜色

早期的哑终端同一时间只能显示非常有限的颜色种类，但允许用户对可用的颜色集进行配置，出于对这类终端的支持考虑，curses函数库可通过init_color函数对颜色进行重新定义：

```
#include <curses.h>

int init_color(short color_number, short red, short green, short blue);
```

这个函数可以将一个已有的颜色（范围从0到COLORS）以新的亮度值重新定义，亮度值的范围从0到1 000。这有点像为GIF格式的图片定义颜色值。

6.9 pad

在编写更高级的curses程序时，有时需要先建立一个逻辑屏幕，然后再把它的全部或部分内容输出到物理屏幕上。有时候，如果能有一个尺寸大于物理屏幕的逻辑屏幕，一次只显示该逻辑屏幕的某个部分，其效果往往会更好。

但使用到目前为止所学过的curses函数来实现这一功能并不容易，因为任何窗口的尺寸都不能大于物理屏幕。curses提供了一个特殊的数据结构pad来解决这一问题，它可以控制尺寸大于正常窗口的逻辑屏幕。

pad结构非常类似WINDOW结构，所有执行写窗口操作的curses函数同样可用于pad。pad还有其自己的创建函数和刷新函数。

创建pad的方式与创建正常窗口的方式基本相同：

```
#include <curses.h>

WINDOW *newpad(int number_of_lines, int number_of_columns);
```

需要注意的是，这个函数的返回值是一个指向WINDOW结构的指针，这一点与newwin函数相同。pad用delwin函数来删除，这与正常窗口的删除一样。

pad使用不同的函数执行刷新操作。因为一个pad并不局限于某个特定的屏幕位置，所以必须指定希望放到屏幕上的pad范围及其放置在屏幕上的位置。prefresh函数用于完成这一功能：

```
#include <curses.h>

int prefresh(WINDOW *pad_ptr, int pad_row, int pad_column,
             int screen_row_min, int screen_col_min,
             int screen_row_max, int screen_col_max);
```

这个函数的作用是将pad从坐标（pad_row，pad_column）开始的区域写到屏幕上指定的显示区域，该显示区域的范围从坐标（screen_row_min，screen_col_min）到（screen_row_max，screen_col_max）。

curses还提供了函数pnoutrefresh，它的作用与函数wnoutrefresh一样，都是为了更有效地更新屏幕。

我们通过程序pad.c来查看这些函数的使用方法。

实 验 使用pad

(1) 在程序的开始首先初始化pad结构，然后创建一个pad，创建pad的函数将返回一个指向该pad的指针。用字符填充这个pad结构（它比终端显示区域的长度及宽度各多出50个字符）：

```
#include <unistd.h>
#include <stdlib.h>
#include <curses.h>

int main()
{
    WINDOW *pad_ptr;
    int x, y;
    int pad_lines;
    int pad_cols;
    char disp_char;

    initscr();
    pad_lines = LINES + 50;
    pad_cols = COLS + 50;
    pad_ptr = newpad(pad_lines, pad_cols);
    disp_char = 'a';

    for (x = 0; x < pad_lines; x++) {
        for (y = 0; y < pad_cols; y++) {
            mvwaddch(pad_ptr, x, y, disp_char);
            if (disp_char == 'z') disp_char = 'a';
            else disp_char++;
        }
    }
```

(2) 现在将pad的不同区域绘制到屏幕的不同位置上，然后结束程序：

```
    prefresh(pad_ptr, 5, 7, 2, 2, 9, 9);
    sleep(1);
    prefresh(pad_ptr, LINES + 5, COLS + 7, 5, 5, 21, 19);
    sleep(1);
    delwin(pad_ptr);
    endwin();
    exit(EXIT_SUCCESS);
}
```

运行这个程序，你将看到如图6-8所示的输出结果。

图 6-8

6.10　CD 唱片应用程序

现在，你已学习完curses函数库提供的功能，下面可以开发一个样本应用程序了。下面的C语言版本的样本程序使用了curses函数库，这使得屏幕显示的信息更加整齐规范，并且它用一个滚动窗口来显示曲目清单。

整个应用程序长达8页，所以我们将其分割为几个部分。完整的源代码curses_app.c可以从Wrox出版社的Web站点上获取。这个程序与本书中的其他程序一样，都遵循GNU公共许可证。

> CD数据库应用程序的这个版本使用了前面章节所提供的信息。它源于第2章里的shell脚本程序。我们并未针对C语言实现版本对该程序进行重新设计，所以你还可以从这个版本中看到很多原来shell脚本的特征。要注意的是，这个实现版本还有一些明显的不足，我们将在后面的修订版本中加以解决。

我们将这个应用程序的代码分割为几个部分，并以下面各小节的标题加以说明。这里所使用的代码编排规定与本书的其他部分不太一样，在这里，阴影部分的代码只用于显示对应用程序里其他函数的调用。

6.10.1　新 CD 唱片应用程序的开始部分

代码的第一部分只用于声明将在后面用到的变量和函数，并初始化一些数据结构：

(1) 首先，包含所有必需的头文件，并定义一些全局常量：

```
#include <unistd.h>
#include <stdlib.h>
#include <stdio.h>
#include <string.h>
#include <curses.h>

#define MAX_STRING 80          /* Longest allowed response     */
#define MAX_ENTRY 1024         /* Longest allowed database entry */

#define MESSAGE_LINE 6         /* Misc. messages on this line  */
#define ERROR_LINE   22        /* Line to use for errors       */
#define Q_LINE       20        /* Line for questions           */
#define PROMPT_LINE  18        /* Line for prompting on        */
```

(2) 现在，需要定义一些全局变量。变量current_cd用于保存正在处理的当前CD唱片的标题。该变量的第一个字符被初始化为空字符null，表示用户还未选择CD唱片。\0并不是绝对必需的，但它能确保该变量被初始化了，而这通常是件好事。变量current_cat用于记录当前CD唱片的分类号。

```
static char current_cd[MAX_STRING] = "\0";
static char current_cat[MAX_STRING];
```

(3) 接下来是一些文件名的声明。为简单起见，这个版本中的文件名都是固定的，临时文件的文件名也是如此。

> 但如果有两个用户在同一目录下同时运行这个程序，就会出现问题。获得数据库文件名的更好方法是通过程序的参数或是环境变量。我们也需要一种更好的方法来生成一个唯一的临时文件名，这可以通过POSIX的tmpnam函数来完成。我们将在第8章使用MySQL存储数据时解决这些问题。

```
const char *title_file = "title.cdb";
const char *tracks_file = "tracks.cdb";
const char *temp_file = "cdb.tmp";
```

(4) 最后，给出所有函数的原型定义：

```
void clear_all_screen(void);
void get_return(void);
int get_confirm(void);
int getchoice(char *greet, char *choices[]);
void draw_menu(char *options[], int highlight,
                int start_row, int start_col);
void insert_title(char *cdtitle);
void get_string(char *string);
void add_record(void);
void count_cds(void);
void find_cd(void);
void list_tracks(void);
void remove_tracks(void);
void remove_cd(void);
void update_cd(void);
```

(5) 在查看这些函数的具体实现之前，你需要定义一些菜单结构（实际上是一个菜单选项的数组）。当一个菜单选项被选中时，其第一个字符将被返回。例如，如果菜单选项是Add New CD，那么当这个选项被选中时，字符a将被返回。当用户选中一张CD唱片后，扩展的菜单选项extended_menu将被显示：

```
char *main_menu[] =
{
    "add new CD",
    "find CD",
    "count CDs and tracks in the catalog",
    "quit",
    0,
};

char *extended_menu[] =
{
    "add new CD",
    "find CD",
    "count CDs and tracks in the catalog",
    "list tracks on current CD",
    "remove current CD",
    "update track information",
    "quit",
    0,
};
```

上面的内容结束了程序的初始化过程。接下来，可以开始进入程序中的函数了。但首先，需要了解这些函数之间的相互关系，如图6-9所示，一共有16个函数，分为如下3类：

❑ 绘制菜单
❑ 将CD唱片资料添加到数据库中
❑ 获取和显示CD唱片数据

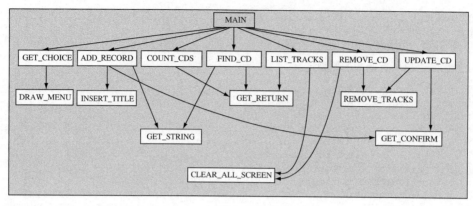

图 6-9

6.10.2 main 函数

main函数允许用户从菜单中进行选择，直到选中quit（退出）为止，如下所示：

```c
int main()
{
    int choice;
    initscr();
    do {
        choice = getchoice("Options:",
                            current_cd[0] ? extended_menu : main_menu);
        switch (choice) {
        case 'q':
            break;
        case 'a':
            add_record();
            break;
        case 'c':
            count_cds();
            break;
        case 'f':
            find_cd();
            break;
        case 'l':
            list_tracks();
            break;
        case 'r':
            remove_cd();
            break;
        case 'u':
            update_cd();
            break;
        }
    } while (choice != 'q');
    endwin();
    exit(EXIT_SUCCESS);
}
```

下面我们分别对程序中的3类函数进行分析。

6.10.3 建立菜单

本节查看与程序的用户接口相关的3个函数。

(1) main函数调用的getchoice函数是本节的主要函数。getchoice函数的参数有：greet——介绍信息，choices——指向主菜单或扩展菜单（这取决于用户是否选择了一张CD唱片）。你可以在前面的main函数中看到main_menu或extended_menu是如何作为参数传递的：

```c
int getchoice(char *greet, char *choices[])
{
    static int selected_row = 0;
    int max_row = 0;
    int start_screenrow = MESSAGE_LINE, start_screencol = 10;
    char **option;
    int selected;
    int key = 0;

    option = choices;
    while (*option) {
        max_row++;
        option++;
    }
/* protect against menu getting shorter when CD deleted */
    if (selected_row >= max_row)
        selected_row = 0;
    clear_all_screen();
    mvprintw(start_screenrow - 2, start_screencol, greet);
    keypad(stdscr, TRUE);
    cbreak();
    noecho();
    key = 0;
    while (key != 'q' && key != KEY_ENTER && key != '\n') {
        if (key == KEY_UP) {
            if (selected_row == 0)
                selected_row = max_row - 1;
            else
                selected_row--;
        }
        if (key == KEY_DOWN) {
            if (selected_row == (max_row - 1))
                selected_row = 0;
            else
                selected_row++;
        }
        selected = *choices[selected_row];
        draw_menu(choices, selected_row, start_screenrow,
                            start_screencol);
        key = getch();
    }
    keypad(stdscr, FALSE);
    nocbreak();
    echo();

    if (key == 'q')
```

```
        selected = 'q';

    return (selected);
}
```

(2) getchoice函数内部调用了两个函数：clear_all_screen和draw_menu。我们先来看看draw_menu函数：

```
void draw_menu(char *options[], int current_highlight,
               int start_row, int start_col)
{
    int current_row = 0;
    char **option_ptr;
    char *txt_ptr;
    option_ptr = options;
    while (*option_ptr) {
        if (current_row == current_highlight) attron(A_STANDOUT);
        txt_ptr = options[current_row];
        txt_ptr++;
        mvprintw(start_row + current_row, start_col, "%s", txt_ptr);
        if (current_row == current_highlight) attroff(A_STANDOUT);
        current_row++;
        option_ptr++;
    }

    mvprintw(start_row + current_row + 3, start_col,
             "Move highlight then press Return ");
    refresh();
}
```

(3) 接下来是clear_all_screen函数，让人惊讶的是，它只是清屏并重写软件标题。如果用户选中了一张CD唱片，则在屏幕上显示它的信息：

```
void clear_all_screen()
{
    clear();
    mvprintw(2, 20, "%s", "CD Database Application");
    if (current_cd[0]) {
        mvprintw(ERROR_LINE, 0, "Current CD: %s: %s\n",
                 current_cat, current_cd);
    }
    refresh();
}
```

6.10.4 操作数据库文件

本节介绍用于添加或更新CD数据库的函数。被main函数调用的函数有：add_record、update_cd和remove_cd。

1. 添加记录

(1) 添加一张新CD唱片的资料到数据库：

```
void add_record()
{
    char catalog_number[MAX_STRING];
```

```
        char cd_title[MAX_STRING];
        char cd_type[MAX_STRING];
        char cd_artist[MAX_STRING];
        char cd_entry[MAX_STRING];

        int screenrow = MESSAGE_LINE;
        int screencol = 10;

        clear_all_screen();
        mvprintw(screenrow, screencol, "Enter new CD details");
        screenrow += 2;

        mvprintw(screenrow, screencol, "Catalog Number: ");
        get_string(catalog_number);
        screenrow++;

        mvprintw(screenrow, screencol, "      CD Title: ");
        get_string(cd_title);
        screenrow++;

        mvprintw(screenrow, screencol, "       CD Type: ");
        get_string(cd_type);
        screenrow++;

        mvprintw(screenrow, screencol, "         Artist: ");
        get_string(cd_artist);
        screenrow++;

        mvprintw(PROMPT_LINE-2, 5, "About to add this new entry:");
        sprintf(cd_entry, "%s,%s,%s,%s",
                catalog_number, cd_title, cd_type, cd_artist);
        mvprintw(PROMPT_LINE, 5, "%s", cd_entry);
        refresh();
        move(PROMPT_LINE, 0);
        if (get_confirm()) {
            insert_title(cd_entry);
            strcpy(current_cd, cd_title);
            strcpy(current_cat, catalog_number);
        }
    }
```

(2) get_string函数的作用是从屏幕当前位置读取一个字符串，并将其末尾可能存在的新行符删除：

```
void get_string(char *string)
{
    int len;

    wgetnstr(stdscr, string, MAX_STRING);
    len = strlen(string);
    if (len > 0 && string[len - 1] == '\n')
        string[len - 1] = '\0';
}
```

(3) get_confirm函数提示并读取用户的确认信息。它读取用户的输入字符串，检查该字符串的第一个字符是否是Y或y，如果是其他字符，则认为用户未确认：

```
int get_confirm()
{
    int confirmed = 0;
    char first_char;
    mvprintw(Q_LINE, 5, "Are you sure? ");
    clrtoeol();
    refresh();

    cbreak();
    first_char = getch();
    if (first_char == 'Y' || first_char == 'y') {
        confirmed = 1;
    }
    nocbreak();

    if (!confirmed) {
        mvprintw(Q_LINE, 1, "      Cancelled");
        clrtoeol();
        refresh();
        sleep(1);
    }
    return confirmed;
}
```

(4) 最后，我们来看insert_title函数。它的作用是将标题字符串添加到标题文件的末尾，从而在CD数据库中添加一个标题记录：

```
void insert_title(char *cdtitle)
{
    FILE *fp = fopen(title_file, "a");
    if (!fp) {
        mvprintw(ERROR_LINE, 0, "cannot open CD titles database");
    } else {
        fprintf(fp, "%s\n", cdtitle);
        fclose(fp);
    }
}
```

2. 更新记录

(1) main函数调用的另一个文件操作函数是update_cd。这个函数使用了一个带边框、可卷屏的子窗口，它需要用到一些常量，由于这些常量在后面的list_tracks函数中还会用到，所以这些常量被定义为全局常量。

```
#define BOXED_LINES     11
#define BOXED_ROWS      60
#define BOX_LINE_POS     8
#define BOX_ROW_POS      2
```

(2) update_cd函数允许用户重新输入当前CD唱片中的曲目。在删除以前的曲目记录后，它会提示用户输入新资料：

```
void update_cd()
{
```

```
    FILE *tracks_fp;
    char track_name[MAX_STRING];
    int len;
    int track = 1;
    int screen_line = 1;
    WINDOW *box_window_ptr;
    WINDOW *sub_window_ptr;

    clear_all_screen();
    mvprintw(PROMPT_LINE, 0, "Re-entering tracks for CD. ");
    if (!get_confirm())
        return;
    move(PROMPT_LINE, 0);
    clrtoeol();

    remove_tracks();

    mvprintw(MESSAGE_LINE, 0, "Enter a blank line to finish");

    tracks_fp = fopen(tracks_file, "a");
```

我们将在下面继续列出这个函数的剩余代码。在这里，我们稍作停顿，解释一下如何在带边框的卷屏窗口中输入数据。这里使用的技巧是先创建一个子窗口，围绕它画一个边框，然后在这个带边框的子窗口中再添加一个新的卷屏子窗口。

```
box_window_ptr = subwin(stdscr, BOXED_LINES + 2, BOXED_ROWS + 2,
                        BOX_LINE_POS - 1, BOX_ROW_POS - 1);
if (!box_window_ptr)
    return;
box(box_window_ptr, ACS_VLINE, ACS_HLINE);

sub_window_ptr = subwin(stdscr, BOXED_LINES, BOXED_ROWS,
                        BOX_LINE_POS, BOX_ROW_POS);
if (!sub_window_ptr)
    return;
scrollok(sub_window_ptr, TRUE);
werase(sub_window_ptr);
touchwin(stdscr);

do {
    mvwprintw(sub_window_ptr, screen_line++, BOX_ROW_POS + 2,
              "Track %d: ", track);
    clrtoeol();
    refresh();
    wgetnstr(sub_window_ptr, track_name, MAX_STRING);
    len = strlen(track_name);
    if (len > 0 && track_name[len - 1] == '\n')
        track_name[len - 1] = '\0';
if (*track_name)
fprintf(tracks_fp, "%s,%d,%s\n", current_cat, track, track_name);
    track++;
    if (screen_line > BOXED_LINES - 1) {
```

```
                        /* time to start scrolling */
                        scroll(sub_window_ptr);
                        screen_line --;
                }
        } while (*track_name);
        delwin(sub_window_ptr);

        fclose(tracks_fp);
}
```

3. 删除记录

(1) main函数调用的最后一个操作数据库的函数是remove_cd：

```
void remove_cd()
{
        FILE *titles_fp, *temp_fp;
        char entry[MAX_ENTRY];
        int cat_length;

        if (current_cd[0] == '\0')
                return;

        clear_all_screen();
        mvprintw(PROMPT_LINE, 0, "About to remove CD %s: %s. ",
                        current_cat, current_cd);
        if (!get_confirm())
                return;

        cat_length = strlen(current_cat);

        /* Copy the titles file to a temporary, ignoring this CD */
        titles_fp = fopen(title_file, "r");
        temp_fp = fopen(temp_file, "w");

        while (fgets(entry, MAX_ENTRY, titles_fp)) {
                /* Compare catalog number and copy entry if no match */
                if (strncmp(current_cat, entry, cat_length) != 0)
                        fputs(entry, temp_fp);
        }
        fclose(titles_fp);
        fclose(temp_fp);

        /* Delete the titles file, and rename the temporary file */
        unlink(title_file);
        rename(temp_file, title_file);

        /* Now do the same for the tracks file */
        remove_tracks();

        /* Reset current CD to 'None' */
        current_cd[0] = '\0';
}
```

(2) 现在，只需要列出remove_tracks函数。该函数的作用是删除当前CD唱片中的曲目记录。它同时被update_cd函数和remove_cd函数调用：

```
void remove_tracks()
{
    FILE *tracks_fp, *temp_fp;
    char entry[MAX_ENTRY];
    int cat_length;

    if (current_cd[0] == '\0')
        return;

    cat_length = strlen(current_cat);

    tracks_fp = fopen(tracks_file, "r");
    if (tracks_fp == (FILE *)NULL) return;
    temp_fp = fopen(temp_file, "w");

    while (fgets(entry, MAX_ENTRY, tracks_fp)) {
        /* Compare catalog number and copy entry if no match */
        if (strncmp(current_cat, entry, cat_length) != 0)
            fputs(entry, temp_fp);
    }
    fclose(tracks_fp);
    fclose(temp_fp);

    /* Delete the tracks file, and rename the temporary file */
    unlink(tracks_file);
    rename(temp_file, tracks_file);
}
```

6.10.5　查询 CD 数据库

本节介绍如何访问数据，为便于访问，数据被存储在一对平面文件中，并以逗号作为字段的分隔符：

(1) 所有收集嗜好的本质都是为了了解你收集的东西数量有多少。下面这个函数就是用来执行这个任务的。它对数据库进行扫描并统计出总的唱片数目和曲目数：

```
void count_cds()
{
    FILE *titles_fp, *tracks_fp;
    char entry[MAX_ENTRY];
    int titles = 0;
    int tracks = 0;

    titles_fp = fopen(title_file, "r");
    if (titles_fp) {
        while (fgets(entry, MAX_ENTRY, titles_fp))
            titles++;
        fclose(titles_fp);
    }
    tracks_fp = fopen(tracks_file, "r");
    if (tracks_fp) {
        while (fgets(entry, MAX_ENTRY, tracks_fp))
            tracks++;
        fclose(tracks_fp);
```

6

```
    }
    mvprintw(ERROR_LINE, 0,
            "Database contains %d titles, with a total of %d tracks.",
            titles, tracks);
    get_return();
}
```

(2) 如果不小心将最喜欢的CD唱片的标签弄丢了，不用担心！由于已经将CD唱片的详细信息录入数据库，所以可以通过调用find_cd函数来查找曲目清单。它提示用户输入一个字符串，根据该字符串在数据库中进行匹配检索，并把找到的CD唱片标题放入全局变量current_cd中：

```
void find_cd()
{
    char match[MAX_STRING], entry[MAX_ENTRY];
    FILE *titles_fp;
    int count = 0;
    char *found, *title, *catalog;

    mvprintw(Q_LINE, 0, "Enter a string to search for in CD titles: ");
    get_string(match);

    titles_fp = fopen(title_file, "r");
    if (titles_fp) {
        while (fgets(entry, MAX_ENTRY, titles_fp)) {

            /* Skip past catalog number */
            catalog = entry;
            if (found == strstr(catalog, ",")) {
                *found = '\0';
                title = found + 1;

                /* Zap the next comma in the entry to reduce it to
                   title only */
                if (found == strstr(title, ",")) {
                    *found = '\0';

                    /* Now see if the match substring is present */
                    if (found == strstr(title, match)) {
                        count++;
                        strcpy(current_cd, title);
                        strcpy(current_cat, catalog);
                    }
                }
            }
        }
        fclose(titles_fp);
    }
    if (count != 1) {
        if (count == 0) {
            mvprintw(ERROR_LINE, 0, "Sorry, no matching CD found. ");
        }
        if (count > 1) {
            mvprintw(ERROR_LINE, 0,
```

```
                          "Sorry, match is ambiguous: %d CDs found. ", count);
            }
            current_cd[0] = '\0';
            get_return();
        }
    }
```

虽然catalog指向的数组比current_cat要大，并且很可能会覆盖内存，但在fgets函数中的检查就不会发生上述问题。

(3) 还需要把用户选中的CD唱片中的曲目列在屏幕上。这里会用到在上一小节中为update_cd函数中的子窗口使用所定义的全局常量：

```
void list_tracks()
{
    FILE *tracks_fp;
    char entry[MAX_ENTRY];
    int cat_length;
    int lines_op = 0;
    WINDOW *track_pad_ptr;
    int tracks = 0;
    int key;
    int first_line = 0;

    if (current_cd[0] == '\0') {
        mvprintw(ERROR_LINE, 0, "You must select a CD first. ");
        get_return();
        return;
    }
    clear_all_screen();
    cat_length = strlen(current_cat);

    /* First count the number of tracks for the current CD */
    tracks_fp = fopen(tracks_file, "r");
    if (!tracks_fp)
        return;
    while (fgets(entry, MAX_ENTRY, tracks_fp)) {
        if (strncmp(current_cat, entry, cat_length) == 0)
            tracks++;
    }
    fclose(tracks_fp);

     /* Make a new pad, ensure that even if there is only a single
        track the PAD is large enough so the later prefresh() is always
        valid. */
    track_pad_ptr = newpad(tracks + 1 + BOXED_LINES, BOXED_ROWS + 1);
    if (!track_pad_ptr)
        return;

    tracks_fp = fopen(tracks_file, "r");
    if (!tracks_fp)
        return;
```

6

```
        mvprintw(4, 0, "CD Track Listing\n");

        /* write the track information into the pad */
        while (fgets(entry, MAX_ENTRY, tracks_fp)) {

            /* Compare catalog number and output rest of entry */
            if (strncmp(current_cat, entry, cat_length) == 0) {
                mvwprintw(track_pad_ptr, lines_op++, 0, "%s",
                        entry + cat_length + 1);
            }
        }
        fclose(tracks_fp);

        if (lines_op > BOXED_LINES) {
            mvprintw(MESSAGE_LINE, 0,
                    "Cursor keys to scroll, RETURN or q to exit");
        } else {
            mvprintw(MESSAGE_LINE, 0, "RETURN or q to exit");
        }
        wrefresh(stdscr);
        keypad(stdscr, TRUE);
        cbreak();
        noecho();
        key = 0;
        while (key != 'q' && key != KEY_ENTER && key != '\n') {
            if (key == KEY_UP) {
                if (first_line > 0)
                    first_line--;
            }
            if (key == KEY_DOWN) {
                if (first_line + BOXED_LINES + 1 < tracks)
                    first_line++;
            }

            /* now draw the appropriate part of the pad on the screen */
            prefresh(track_pad_ptr, first_line, 0,
                    BOX_LINE_POS, BOX_ROW_POS,
                    BOX_LINE_POS + BOXED_LINES, BOX_ROW_POS + BOXED_ROWS);
            key = getch();
        }

        delwin(track_pad_ptr);
        keypad(stdscr, FALSE);
        nocbreak();
        echo();
}
```

(4) 前面两个函数都调用了 get_return 函数，它的作用是提示用户按下回车键并读取它，其他字符将被忽略：

```
void get_return()
{
    int ch;
    mvprintw(23, 0, "%s", " Press return ");
```

```
    refresh();
    while ((ch = getchar()) != '\n' && ch != EOF);
}
```

运行这个程序，你将看到如图6-10所示的输出结果。

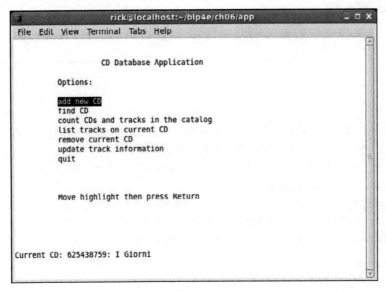

图 6-10

6.11 小结

在本章中，我们介绍了curses函数库。curses为基于文本的程序提供了控制屏幕和读取键盘输入的好方法。与通用终端接口（GTI）和直接terminfo数据库访问相比，虽然curses并未提供那么多的控制功能，但它更易于使用。如果你正在编写一个全屏的、基于文本的应用程序，就应该考虑使用curses函数库来管理屏幕和键盘。

6

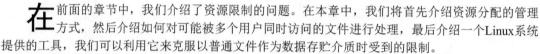

第 7 章

数 据 管 理

在前面的章节中，我们介绍了资源限制的问题。在本章中，我们将首先介绍资源分配的管理方式，然后介绍如何对可能被多个用户同时访问的文件进行处理，最后介绍一个Linux系统提供的工具，我们可以利用它来克服以普通文件作为数据存贮介质时受到的限制。

我们可将这些问题归纳为数据管理的3个方面。

❑ **动态内存管理**：可以做什么以及Linux不允许做什么。

❑ **文件锁定**：协调锁、共享文件的锁定区域和避免死锁。

❑ **dbm数据库**：一个大多数Linux系统都提供的、基本的、不基于SQL的数据库函数库。

7.1 内存管理

在所有计算机系统中，内存都是一种稀缺资源。无论有多少可用内存，它总是显得不够。在过去，人们还认为256 MB的内存已经足够了。但现在，即使对桌面系统，2 GB的内存也已经是其最低要求了，服务器系统通常需要的内存量就更多了。

从最早期的操作系统版本开始，UNIX风格的操作系统就以一种非常干净的方式来管理内存，因为Linux系统实现了X/Open规范，所以它也继承了这一特点。除了一些特殊的嵌入式应用程序以外，Linux程序决不允许直接访问物理内存。也许应用程序看起来好像可以这样做，但应用程序看到的只是一个精心控制的假象而已。

Linux为应用程序提供了一个简洁的视图，它能反映一个巨大的可直接寻址的内存空间。此外，Linux还提供了内存保护机制，它避免了不同的应用程序之间的互相干扰。如果机器被正确配置并且有足够的交换空间，Linux还允许应用程序访问比实际物理内存更大的内存空间。

7.1.1 简单的内存分配

使用标准C语言函数库中的`malloc`调用来分配内存：

```
#include <stdlib.h>
void *malloc(size_t size);
```

注意，遵循X/Open规范的Linux与一些UNIX系统不同，它不要求包含`malloc.h`头文件。此外，用来指定待分配内存字节数量的参数`size`不是一个简单的整型，虽然它通常是一个无符号整型。

你可以在大多数Linux系统上分配大量的内存。让我们从一个非常简单的例子开始，但这个例子却足以打败旧式的基于MS-DOS的程序，因为在DOS下的程序不能访问超过640 K内存映射限制的内存范围。

实　验　**简单的内存分配**

输入下面这个程序memory1.c：

```
#include <unistd.h>
#include <stdlib.h>
#include <stdio.h>

#define A_MEGABYTE (1024 * 1024)

int main()
{
    char *some_memory;
    int  megabyte = A_MEGABYTE;
    int exit_code = EXIT_FAILURE;

    some_memory = (char *)malloc(megabyte);
    if (some_memory != NULL) {
        sprintf(some_memory, "Hello World\n");
        printf("%s", some_memory);
        exit_code = EXIT_SUCCESS;
    }
    exit(exit_code);
}
```

运行这个程序时，它的输出如下所示：

```
$ ./memory1
Hello World
```

实验解析

这个程序要求malloc函数给它返回一个指向1MB内存空间的指针。首先检查并确保malloc函数被成功调用，然后通过使用其中的部分内存来表明分配的内存确实已经存在。当运行这个程序时，你会看到程序输出Hello World，这表明malloc确实返回了1MB的可用内存。我们并未对这个1MB的空间进行全面检查，对于malloc调用的代码总得有点信任吧！

注意，由于malloc函数返回的是一个void *指针，因此需要通过类型转换，将其转换至你需要的char *类型指针。malloc函数可以保证其返回的内存是地址对齐的，所以它可以被转换为任何类型的指针。

可以这样做的原因很简单，因为目前大多数Linux系统都使用32位的整数和32位的指针来指向内存，32位的指针可寻址的地址空间可达4 GB。系统直接用32位的指针来寻址，而不再需要段寄存器或其他技巧的能力被称为32位平面内存模型。这个模型还被用于32位版本的Windows XP和Vista系统。但你并不能因此认为整数永远都是32位的，因为正有越来越多的64位Linux版本投入实际使用。

7.1.2　分配大量的内存

现在，你已经看到Linux能轻松打破MS-DOS内存模型的上限，我们不妨给它出个更难的题目。下面这个程序将请求系统分配比机器本身所拥有的物理内存更多的内存。你可能会认为，malloc会在接近实际物理内存容量的某个地方出现问题，因为内核和其他运行中的程序也会占用部分内存。

实 验	请求全部的物理内存

在程序memory2.c中，我们将请求比机器物理内存容量更多的内存。你需要根据机器的具体情况来调整宏定义PHY_MEM_MEGS：

```
#include <unistd.h>
#include <stdlib.h>
#include <stdio.h>

#define A_MEGABYTE (1024 * 1024)
#define PHY_MEM_MEGS   1024 /* Adjust this number as required */

int main()
{
    char *some_memory;
    size_t  size_to_allocate = A_MEGABYTE;
    int  megs_obtained = 0;

    while (megs_obtained < (PHY_MEM_MEGS * 2)) {
        some_memory = (char *)malloc(size_to_allocate);
        if (some_memory != NULL) {
            megs_obtained++;
            sprintf(some_memory, "Hello World");
            printf("%s - now allocated %d Megabytes\n", some_memory, megs_obtained);
        }
        else {
            exit(EXIT_FAILURE);
        }
    }
    exit(EXIT_SUCCESS);
}
```

这个程序的输出如下所示，我们对输出结果做了一些简化：

```
$ ./memory2
Hello World - now allocated 1 Megabytes
Hello World - now allocated 2 Megabytes
...
Hello World - now allocated 2047 Megabytes
Hello World - now allocated 2048 Megabytes
```

实验解析

这个程序与前面的例子十分类似。它只是通过循环来不断申请越来越多的内存，直到它已分配了在PHY_MEM_MEGS中定义的物理内存容量的2倍为止。看上去这个程序似乎耗尽了机器上物理内存中的每个字节，但出乎意料的是这个程序竟然运行良好。注意，我们为malloc调用的参数使用了size_t类型。

另一个有趣的现象是，至少在我的这台机器上，整个程序的运行时间也就是一眨眼的功夫。也就是说，我们不仅很明显地耗尽了所有的内存，而且还非常快速。

我们用程序memory3.c做进一步的研究，看看这台机器到底有多少内存可以分配。因为现在我们能很清楚地发现Linux在处理内存请求时表现得非常聪明，所以我们将每次只分配1K字节的内存并在获得的每个内存块上写入数据。

7

| 实 验 | 可用内存 |

下面就是程序memory3.c的源代码。就其本质而言，这个程序对于系统极不友好，而且会严重影响一台多用户机器的运行。如果对可能的风险有所顾虑，最好不要运行它，因为这不会妨碍你对这部分内容的理解：

```c
#include <unistd.h>
#include <stdlib.h>
#include <stdio.h>

#define ONE_K (1024)

int main()
{
    char *some_memory;
    int  size_to_allocate = ONE_K;
    int  megs_obtained = 0;
    int  ks_obtained = 0;

    while (1) {
        for (ks_obtained = 0; ks_obtained < 1024; ks_obtained++) {
            some_memory = (char *)malloc(size_to_allocate);
            if (some_memory == NULL) exit(EXIT_FAILURE);
            sprintf(some_memory, "Hello World");
        }
        megs_obtained++;
        printf("Now allocated %d Megabytes\n", megs_obtained);
    }
    exit(EXIT_SUCCESS);
}
```

这一次，程序的输出如下（经简化）：

```
$ ./memory3
Now allocated 1 Megabytes
...
Now allocated 1535 Megabytes
Now allocated 1536 Megabytes
Out of Memory: Killed process 2365
Killed
```

然后程序就结束了。运行它所花费的时间还不少，并且当分配的内存大小接近机器物理内存容量时，运行速度明显慢了下来，而且你能很明显地感觉到硬盘的操作。但这个程序还是分配了大大超出机器物理内存容量的内存。最后，系统为了保护自己的安全运行，终止了这个贪婪的程序。在一些系统中，当malloc调用失败时，程序可能只是退出而不输出任何内容。

实验解析

应用程序所分配的内存是由Linux内核管理的。每次程序请求内存或者尝试读写它已经分配的内存时，便会由Linux内核接管并决定如何处理这些请求。

刚开始时，内核只是通过使用空闲的物理内存来满足应用程序的内存请求，但是当物理内存耗尽时，它便会开始使用所谓的交换空间（swap space）。在Linux系统中，交换空间是一个在安装系统时分配的独立的磁盘区域。如果熟悉Windows操作系统的话，Linux交换空间的作用有点像隐藏的

Windows交换文件。但与Windows不同，Linux的交换空间中没有局部堆、全局堆或可丢弃内存段等需要在代码中操心的内容——Linux内核会为你完成所有的管理工作。

内核会在物理内存和交换空间之间移动数据和程序代码，使得每次读写内存时，数据看起来总像是已存在于物理内存中，而不管在你访问它们之前，它们究竟是在哪里。

用更专业的术语来说，Linux实现了一个"按需换页的虚拟内存系统"。用户程序看到的所有内存全是虚拟的，也就是说，它并不真正存在于程序使用的物理地址上。Linux将所有的内存都以页为单位进行划分，通常每一页的大小为4 096字节。每当程序试图访问内存时，就会发生虚拟内存到物理内存的转换，转换的具体实现和耗费的时间取决于你所使用的特定硬件情况。当所访问的内存在物理上并不存在时，就会产生一个页面错误并将控制权交给内核。

Linux内核会对访问的内存地址进行检查，如果这个地址对于程序来说是合法可用的，内核就会确定需要向程序提供哪一个物理内存页面。然后，如果该页面之前从未被写入过，内核就直接分配它，如果它已经被保存在硬盘的交换空间上，内核就读取包含数据的内存页面到物理内存（可能需要把一个已有页面从内存中移出到硬盘）。接着，在完成虚拟内存地址到物理地址的映射之后，内核允许用户程序继续运行。Linux应用程序并不需要操心这一过程，因为所有的具体实现都隐藏在内核中了。

最终，当应用程序耗尽所有的物理内存和交换空间，或者当最大栈长度被超过时，内核将拒绝此后的内存请求，并可能提前终止程序的运行。

> 这种"终止进程"的行为和早期的Linux版本以及许多其他版本的UNIX系统有所不同，后者只是让malloc失败。这在术语上被称为"内存耗尽(OOM)杀手"。尽管这看上去好像非常严厉，但实际上这是为了既能让进程快速高效地分配内存，又能让Linux内核保护自己免受资源耗尽的破坏（这是一个严重的问题）而做的一个很好的妥协。

那么，这一切对于应用程序的程序员来说意味着什么呢？简单地说，这都是好消息。Linux非常善于管理内存，它允许应用程序使用数量非常巨大的内存，甚至使用一个单独的非常大的内存块。但你必须记住的是，分配两块内存并不会得到一个单独的可以连续寻址的内存块。你得到的是你所要求的：两个独立的内存块。

那么，这种明显的没有限制的内存供应和在内存耗尽前系统提前终止进程的做法是否意味着，对malloc函数的返回值进行检查没有意义呢？显然不是。在使用动态分配内存的C语言程序中，一个最常见的问题是试图在一个已分配的内存块之后写数据。在发生这种情况时，程序可能并不会立即终止，但你可能已覆盖了malloc库例程内部使用的一些数据。

通常这可能会导致后续的malloc调用失败，但这并不是因为没有足够的内存可以分配，而是因为内存的结构已经被破坏。追踪这类问题非常困难，在程序里越早检测到这类错误，就越有机会找到其原因。在本书的第10章介绍调试和优化的时候，我们将讨论一些有助于追踪这类内存问题的工具。

7.1.3   滥用内存

假设想要对内存干点"坏事"。在下面这个程序memory4.c中，先分配一些内存，然后尝试在它之后写些数据。

实　验　滥用内存

```
#include <stdlib.h>
```

```
#define ONE_K (1024)

int main()
{
    char *some_memory;
    char *scan_ptr;

    some_memory = (char *)malloc(ONE_K);
    if (some_memory == NULL) exit(EXIT_FAILURE);

    scan_ptr = some_memory;
    while(1) {
        *scan_ptr = '\0';
        scan_ptr++;
    }
    exit(EXIT_SUCCESS);
}
```

程序的输出很简单，如下所示：

```
$ /memory4
Segmentation fault
```

实验解析

Linux内存管理系统能保护系统的其他部分免受这种内存滥用的影响。为了确保一个行为恶劣的程序（如本例）无法破坏任何其他程序，Linux会终止其运行。

每个在Linux系统中运行的程序都只能看到属于自己的内存映像，不同的程序看到的内存映像不同。只有操作系统知道物理内存是如何安排的，它不仅为用户程序管理内存，同时也为用户程序提供彼此之间的隔离保护。

7.1.4 空指针

与MS-DOS不同，现代的Linux系统更像新版本的Windows系统，虽然实际的行为和具体实现相关，但它对空指针指向地址的读写提供了很强的保护。

实 验 访问空指针

我们通过memory5a.c程序来看看访问空指针时会发生的情况：

```
#include <unistd.h>
#include <stdlib.h>
#include <stdio.h>

int main()
{

    char *some_memory = (char *)0;

    printf("A read from null %s\n", some_memory);
    sprintf(some_memory, "A write to null\n");
    exit(EXIT_SUCCESS);
}
```

其输出为：

```
$ ./memory5a
A read from null (null)
Segmentation fault
```

实验解析

第一个 printf 函数试图打印一个取自空指针的字符串，接着 sprintf 函数尝试向一个空指针里写数据。在本例中，Linux（在 GNU C 函数库的包装下）容忍了读操作，它只输出一个包含 (null) \0 的"魔术"字符串。但对于写操作就没有如此宽容了，它直接终止了该程序。这在有些时候能够帮助我们追踪程序中的漏洞。

如果再试一次，但这次不使用 GNU C 函数库，你将发现从零地址处读数据也是不允许的。请看下面的 memory5b.c 程序：

```
#include <unistd.h>
#include <stdlib.h>
#include <stdio.h>

int main()
{
    char z = *(const char *)0;
     printf("I read from location zero\n");

    exit(EXIT_SUCCESS);
}
```

其输出为：

```
$ ./memory5b
Segmentation fault
```

这次，你尝试直接从零地址处读取数据，而且这次在你和内核之间并没有 GNU 的 libc 库存在，于是，程序被终止了。要注意的是，有些版本的 UNIX 系统允许从零地址处读取数据，但 Linux 不允许。

7.1.5　释放内存

到目前为止，我们只是分配内存，然后希望当程序结束时，我们使用的内存不会丢失。幸运的是，Linux 内存管理系统完全有能力保证在程序结束时，把分配给它的内存返回给系统。但是，大多数程序需要的并不仅仅是分配一些内存，使用一小段时间，然后就退出。一种更常见的用法是根据需要动态地使用内存。

动态使用内存的程序应该总是通过 free 调用，来把不用的内存释放给 malloc 内存管理器。这样做可以将分散的内存块重新合并到一起，并由 malloc 函数库而不是应用程序来管理它。如果一个运行中的程序（进程）自己使用并释放内存，则这些自由内存实际上仍然处于被分配给该进程的状态。在幕后，Linux 将程序员使用的内存块作为一个物理页面集来管理，通常内存中的每个页面为 4 K 字节。但如果一个内存页面未被使用，Linux 内存管理器就可以将其从物理内存置换到交换空间中（术语叫换页），从而减轻它对资源使用的影响。如果程序试图访问位于已置换到交换空间中的内存页中的数据，那么 Linux 会短暂地暂停程序，将内存页从交换空间再次置换到物理内存，然后允许程序继续运行，就像数据一直存在于内存中一样。

```
#include <stdlib.h>
```

void free(void *ptr_to_memory);

调用free时使用的指针参数必须是指向由malloc、calloc或realloc调用所分配的内存。你很快就将看到calloc和realloc函数。

实 验 **释放内存**

下面这个程序被命名为memory6.c：

```
#include <stdlib.h>
#include <stdio.h>


#define ONE_K (1024)

int main()
{
    char *some_memory;
    int exit_code = EXIT_FAILURE;

    some_memory = (char *)malloc(ONE_K);
    if (some_memory != NULL) {
        free(some_memory);
        printf("Memory allocated and freed again\n");
        exit_code = EXIT_SUCCESS;
    }
    exit(exit_code);
}
```

输出结果是：

```
$ ./memory6
Memory allocated and freed again
```

实验解析

这个程序显示了如何调用free来释放内存，free函数带有一个指向先前分配内存的指针参数。

> 请记住：一旦调用free释放了一块内存，它就不再属于这个进程。它将由malloc函数库负责管理。在对一块内存调用free之后，就绝不能再对其进行读写操作了。

7.1.6 其他内存分配函数

另外两个内存分配函数并不像malloc和free使用的那样频繁，它们是calloc和realloc，其原型为：

```
#include <stdlib.h>
```

void *calloc(size_t number_of_elements, size_t element_size);
void *realloc(void *existing_memory, size_t new_size);

虽然calloc分配的内存也可以用free来释放，但它的参数与malloc有所不同。它的作用是为一个结构数组分配内存，因此需要把元素个数和每个元素的大小作为其参数。它所分配的内存将全部初始化为0。如果calloc调用成功，将返回指向数组中第一个元素的指针。与malloc调用类似，后续的calloc调用无法保证能返回一个连续的内存空间，因此不能通过重复调用calloc，并期望第二个调用返回的内存正好接在第一个调用返回的内存之后来扩大calloc调用创建的数组。

　　realloc函数用来改变先前已经分配的内存块的长度。它需要传递一个指向先前通过malloc、calloc或realloc调用分配的内存的指针，然后根据new_size参数的值来增加或减少其长度。为了完成这一任务，realloc函数可能不得不移动数据，因此特别重要的一点是，你要确保一旦内存被重新分配之后，你必须使用新的指针而不是使用realloc调用前的那个指针去访问内存。

　　另外一个需要注意的问题是，如果realloc无法调整内存块大小的话，它会返回一个null指针。这就意味着在一些应用程序中，你必须避免使用类似下面这样的代码：

```
my_ptr = malloc(BLOCK_SIZE);
....
my_ptr = realloc(my_ptr, BLOCK_SIZE * 10);
```

　　如果realloc调用失败，它将返回一个空指针，my_ptr就将指向null，而先前用malloc分配的内存将无法再通过my_ptr进行访问。因此，在释放老内存块之前，最好的方法是先用malloc请求一块新内存，再通过memcpy调用把数据从老内存块复制到新的内存块。这样即使出现错误，应用程序还是可以继续访问存储在原来内存块中的数据，从而能够实现一个干净的程序终止。

7.2　文件锁定

　　文件锁定是多用户、多任务操作系统中一个非常重要的组成部分。程序经常需要共享数据，而这通常是通过文件来实现的。因此，对于这些程序来说，建立某种控制文件的方式就非常重要了。只有这样，文件才可以通过一种安全的方式更新，或者说，当一个程序正在对文件进行写操作时，文件就会进入一个暂时状态，在这个状态下，如果另外一个程序尝试读这个文件，它就会自动停下来等待这个状态的结束。

　　Linux提供了多种特性来实现文件锁定。其中最简单的方法就是以原子操作的方式创建锁文件，所谓"原子操作"就是在创建锁文件时，系统将不允许任何其他的事情发生。这就给程序提供了一种方式来确保它所创建的文件是唯一的，而且这个文件不可能被其他程序在同一时刻创建。

　　第二种方法更高级一些，它允许程序锁定文件的一部分，从而可以独享对这一部分内容的访问。有两种不同的方式可以实现第二种形式的文件锁定。我们将只对其中的一种做详细介绍，因为两种方式非常相似——第二种方式只不过是程序接口稍微不同而已。

7.2.1　创建锁文件

　　许多应用程序只需要能够针对某个资源创建一个锁文件即可。然后，其他程序就可以通过检查这个文件来判断它们自己是否被允许访问这个资源。

　　这些锁文件通常都被放置在一个特定位置，并带有一个与被控制资源相关的文件名。例如，当一个调制解调器正在被使用时，Linux通常会在/var/spool目录下创建一个锁文件。

　　注意，锁文件仅仅只是充当一个指示器的角色，程序间需要通过相互协作来使用它们。用术语来说，锁文件只是建议锁，而不是强制锁，在后者中，系统将强制锁的行为。

　　为了创建一个用作锁指示器的文件，你可以使用在fcntl.h头文件（你在前面的章节中见过这个文件）中定义的open系统调用，并带上O_CREAT和O_EXCL标志。这样能够以一个原子操作同时完成两项工作：确定文件不存在，然后创建它。

实　验　创建锁文件

你可以在下面的程序lock1.c中看到锁文件是如何创建的：

```c
#include <unistd.h>
#include <stdlib.h>
#include <stdio.h>
#include <fcntl.h>
#include <errno.h>

int main()
{
    int file_desc;
    int save_errno;

    file_desc = open("/tmp/LCK.test", O_RDWR | O_CREAT | O_EXCL, 0444);
    if (file_desc == -1) {
        save_errno = errno;
        printf("Open failed with error %d\n", save_errno);
    }
    else {
        printf("Open succeeded\n");
    }
    exit(EXIT_SUCCESS);
}
```

第一次运行这个程序时，它的输出是：

```
$ ./lock1
Open succeeded
```

但当你再次运行这个程序时，它的输出是：

```
$ ./lock1
Open failed with error 17
```

实验解析

这个程序调用带有O_CREAT和O_EXCL标志的open来创建文件/tmp/LCK.test。第一次运行程序时，由于文件并不存在，所以open调用成功。但对程序的后续调用失败了，因为文件已经存在了。如果想让程序再次执行成功，你必须删除那个锁文件。

至少在Linux系统中，错误号17代表的是EEXIST，这个错误用来表示一个文件已存在。错误号定义在头文件errno.h或（更常见的）它所包含的头文件中。在本例中，这个错误号实际定义在头文件/usr/include/asm-generic/errno-base.h中：

#define EEXIST　　　　　17　　　　/* File exists */

这是一个适合于表示open(O_CREAT | O_EXCL)失败的错误号。

如果一个程序在它执行时，只需独占某个资源一段很短的时间——这用术语来说，通常被称为临界区，它就需要在进入临界区之前使用open系统调用创建锁文件，然后在退出临界区时用unlink系统调用删除该锁文件。

你可以通过编写一个示例程序并同时运行它的两份副本，来演示程序是如何利用这个锁机制来协调工作的。你将用到在第4章中见过的 getpid 调用，它返回进程标识符：一个对于每个当前运行的程序都唯一的数字编号。

实　验　协调性锁文件

(1) 下面是测试程序 lock2.c 的源代码：

```
#include <unistd.h>
#include <stdlib.h>
#include <stdio.h>
#include <fcntl.h>
#include <errno.h>

const char *lock_file = "/tmp/LCK.test2";

int main()
{
    int file_desc;
    int tries = 10;

    while (tries--) {
        file_desc = open(lock_file, O_RDWR | O_CREAT | O_EXCL, 0444);
        if (file_desc == -1) {
            printf("%d - Lock already present\n", getpid());
            sleep(3);
        }
        else {
```

(2) 临界区从这里开始：

```
            printf("%d - I have exclusive access\n", getpid());
            sleep(1);
            (void)close(file_desc);
            (void)unlink(lock_file);
```

(3) 在这里结束：

```
            sleep(2);
        }
    }
    exit(EXIT_SUCCESS);
}
```

在运行这个程序之前，你应该先用下面的命令来确保锁文件不存在：

```
$ rm -f /tmp/LCK.test2
```

然后用下面这个命令来运行这个程序的两份副本：

```
$ ./lock2 & ./lock2
```

这个命令在后台运行 lock2 的一份副本，在前台运行另一份副本。下面是它的输出结果：

```
1284 - I have exclusive access
1283 - Lock already present
```

```
1283 - I have exclusive access
1284 - Lock already present
1284 - I have exclusive access
1283 - Lock already present
1283 - I have exclusive access
1284 - Lock already present
1284 - I have exclusive access
1283 - Lock already present
1283 - I have exclusive access
1284 - Lock already present
1284 - I have exclusive access
1283 - Lock already present
1283 - I have exclusive access
1284 - Lock already present
1284 - I have exclusive access
1283 - Lock already present
1283 - I have exclusive access
1284 - Lock already present
```

上面的例子显示了同一个程序的两个实例是如何协调工作的。当运行这个例子的时候，你几乎肯定会看到与上述输出不同的进程标识符，但程序的行为将是一样的。

实验解析

出于演示目的，你使用while语句让程序循环10次。这个程序然后通过创建一个唯一的锁文件/tmp/LCK.test2来访问临界资源。如果因为文件已存在而失败，程序将等候一小段时间后再次尝试。如果成功，它就可以开始访问资源。在标记为"临界区"的部分，你可以执行任何需要独占式访问的处理。

因为这只是一个演示程序，所以你只等待了一小段时间。程序使用完资源后，它将通过删除锁文件来释放锁。然后它可以在重新申请锁之前执行一些其他的处理（本例中只是调用sleep函数）。这里锁文件扮演了类似二进制信号量的角色，就问题"我可以使用这个资源吗？"给每个程序一个"是"或"否"的答案。你将在第14章进一步学习信号量。

> 这是一个进程间协调性的安排，你必须正确地编写代码以使其正常工作，意识到这一点是非常重要的。当程序创建锁文件失败时，它不能通过删除文件并重新尝试的方法来解决此问题。或许这样做可以让它创建锁文件，但另一个创建锁文件的程序将无法得知它已经不再拥有对这个资源的独占式访问权了。

7.2.2　区域锁定

用创建锁文件的方法来控制对诸如串行口或不经常访问的文件之类的资源的独占式访问，是一个不错的选择，但它并不适用于访问大型的共享文件。假设你有一个大文件，它由一个程序写入数据，但却由许多不同的程序同时对这个文件进行更新。当一个程序负责记录长期以来连续收集到的数据，而其他一些程序负责对记录的数据进行处理时，这种情况就可能发生。处理程序不能等待记录程序结束，因为记录程序将一直不停地运行，所以它们需要一些协调方法来提供对同一个文件的并发访问。

你可以通过锁定文件区域的方法来解决这个问题，文件中的某个特定部分被锁定了，但其他程序可以访问这个文件中的其他部分。这被称为文件段锁定或文件区域锁定。Linux提供了至少两种方式来实现这一功能：使用fcntl系统调用和使用lockf调用。我们将主要介绍fcntl接口，因为它是最常使用的接口。lockf和fcntl非常相似，在Linux中，它一般作为fcntl的备选接口。但是，fcntl和lockf的锁定机制不能同时工作：它们使用不同的底层实现，因此决不要混合使用这两种类型的调用，而应坚持使用其中的一种。

你已在第3章中见过fcntl调用，它的定义如下所示：

```
#include <fcntl.h>

int fcntl(int fildes, int command, ...);
```

fcntl对一个打开的文件描述符进行操作，并能根据command参数的设置完成不同的任务。它为我们提供了3个用于文件锁定的命令选项：

❑ F_GETLK
❑ F_SETLK
❑ F_SETLKW

当使用这些命令选项时，fcntl的第三个参数必须是一个指向flock结构的指针，所以实际的函数原型应为：

```
int fcntl(int fildes, int command, struct flock *flock_structure);
```

flock（文件锁）结构依赖具体的实现，但它至少包含下述成员：

❑ short l_type
❑ short l_whence
❑ off_t l_start
❑ off_t l_len
❑ pid_t l_pid

l_type成员的取值定义在头文件fcntl.h中，如表7-1所示。

表 7-1

取 值	说 明
F_RDLCK	共享（或读）锁。许多不同的进程可以拥有文件同一（或者重叠）区域上的共享锁。只要任一进程拥有一把共享锁，那么就没有进程可以再获得该区域上的独占锁。为了获得一把共享锁，文件必须以"读"或"读/写"方式打开
F_UNLCK	解锁，用来清除锁
F_WRLCK	独占（或写）锁。只有一个进程可以在文件的任一特定区域拥有一把独占锁。一旦一个进程拥有了这样一把锁，任何其他进程都无法在该区域上获得任何类型的锁。为了获得一把独占锁，文件必须以"写"或"读/写"方式打开

l_whence、l_start和l_len成员定义了文件中的一个区域，即一个连续的字节集合。l_whence的取值必须是SEEK_SET、 SEEK_CUR、SEEK_END（在头文件unistd.h中定义）中的一个。它们分别对应于文件头、当前位置和文件尾。l_whence定义了l_start的相对偏移值，其中，l_start是该区域的第一个字节。l_whence通常被设为SEEK_SET，这时l_start就从文件的开始计算。l_len参数定义了该区域的字节数。

l_pid参数用来记录持有锁的进程，参见下面对F_GETLK的介绍。

文件中的每个字节在任一时刻只能拥有一种类型的锁：共享锁、独占锁或解锁。fcntl调用可用的命令和选项的组合相当多，我们将在下面依次介绍它们。

1. F_GETLK命令

第一个命令是F_GETLK。它用于获取fildes（第一个参数）打开的文件的锁信息。它不会尝试去锁定文件。调用进程把自己想创建的锁类型信息传递给fcntl，使用F_GETLK命令的fcntl就会返回将会阻止获取锁的任何信息。

flock结构中使用的值如表7-2所示。

表 7-2

取 值	说 明
l_type	如果是共享（只读）锁则取值为F_RDLCK，如果是独占（写）锁则取值为F_WRLCK
l_whence	SEEK_SET、SEEK_CUR、SEEK_END中的一个
l_start	感兴趣的文件区域的第一个字节的相对位置
l_len	感兴趣的文件区域的字节数
l_pid	持有锁的进程的标识符

进程可能使用F_GETLK调用来查看文件中某个区域的当前锁状态。它应该设置flock结构来表明它需要的锁类型，并定义它感兴趣的文件区域。fcntl调用如果成功就返回非-1的值。如果文件已被锁定从而阻止锁请求成功执行，fcntl会用相关信息覆盖flock结构。如果锁请求可以成功执行，flock结构将保持不变。如果F_GETLK调用无法获得信息，它将返回-1表明失败。

如果F_GETLK调用成功（例如，它返回一个非-1的值），调用程序就必须检查flock结构的内容来判断其是否被修改过。因为l_pid的值被设置成持有锁的进程（如果有的话）的标识符，所以通过检查这个字段就可以很方便地判断出flock结构是否被修改过。

2. F_SETLK命令

这个命令试图对fildes指向的文件的某个区域加锁或解锁。flock结构中使用的值（与F_GETLK命令中用到的不同之处）如表7-3所示。

表 7-3

取 值	说 明
l_type	如果是只读或共享锁则取值为F_RDLCK，如果是独占或写锁则取值为F_WRLCK，如果是解锁则取值为F_UNLCK
l_pid	不使用

与F_GETLK一样，要加锁的区域由flock结构中的l_start、l_whence和l_len的值定义。如果加锁成功，fcntl将返回一个非-1的值；如果失败，则返回-1。这个函数总是立刻返回。

3. F_SETLKW命令

F_SETLKW命令与上面介绍的F_SETLK命令作用相同，但在无法获取锁时，这个调用将等待直到可以为止。一旦这个调用开始等待，只有在可以获取锁或收到一个信号时它才会返回。我们将在第11章讨论信号。

程序对某个文件拥有的所有锁都将在相应的文件描述符被关闭时自动清除。在程序结束时也会自动清除各种锁。

7.2.3 锁定状态下的读写操作

当对文件区域加锁之后，你必须使用底层的read和write调用来访问文件中的数据，而不要使用更高级的fread和fwrite调用，这是因为fread和fwrite会对读写的数据进行缓存，所以执行一次

fread调用来读取文件中的头100个字节可能（事实上，是几乎肯定如此）会读取超过100个字节的数据，并将多余的数据在函数库中进行缓存。如果程序再次使用fread来读取下100个字节的数据，它实际上将读取已缓冲在函数库中的数据，而不会引发一个底层的read调用来从文件中取出更多的数据。

为了说明这为什么是一个问题，让我们来考虑这样一个例子：两个程序都打算更新同一个文件。假设这个文件由200个全为零的字节组成。第一个程序先开始运行，并获得该文件头100个字节的写锁。它然后使用fread来读取这100个字节。但是正如我们在前面章节中所看到的，fread会一次读取多达BUFSIZ个字节的数据，因此，它实际上把整个文件都读到了内存中，但仅把头100个字节传递给程序。

接着，第二个程序开始运行。它获得了文件后100个字节的写锁。这个操作将会成功，因为第一个程序只锁定了文件的前100个字节。第二个程序将100~199字节的数据都写成2，关闭文件并解锁，最后退出程序。这时，第一个程序锁定了文件的后100个字节，然后调用fread来读取数据。尽管真正存在于文件中的数据是100个字节的2，但是因为先前数据已经被缓存，所以程序实际上读到的数据将是100个字节的零。但如果你使用read和write，这个问题就不会发生。

上述关于文件锁的描述看起来似乎很复杂，但实际上是说起来难，做起来反而要容易一些。

实　验　使用fcntl锁定文件

下面，我们通过示例程序lock3.c来看文件锁定是如何工作的。为了试验锁定，你需要两个程序：一个用来锁定而另外一个进行测试。第一个程序完成锁定。

(1) 程序从包含头文件和变量声明开始：

```
#include <unistd.h>
#include <stdlib.h>
#include <stdio.h>
#include <fcntl.h>

const char *test_file = "/tmp/test_lock";

int main()
{
    int file_desc;
    int byte_count;
    char *byte_to_write = "A";
    struct flock region_1;
    struct flock region_2;
    int res;
```

(2) 打开一个文件描述符：

```
    file_desc = open(test_file, O_RDWR | O_CREAT, 0666);
    if (!file_desc) {
        fprintf(stderr, "Unable to open %s for read/write\n", test_file);
        exit(EXIT_FAILURE);
    }
```

(3) 给文件添加一些数据：

```
    for(byte_count = 0; byte_count < 100; byte_count++) {
        (void)write(file_desc, byte_to_write, 1);
    }
```

(4) 把文件的10~30字节设为区域1，并在其上设置共享锁：

```
region_1.l_type = F_RDLCK;
region_1.l_whence = SEEK_SET;
region_1.l_start = 10;
region_1.l_len = 20;
```

(5) 把文件的40~50字节设为区域2，并在其上设置独占锁：

```
region_2.l_type = F_WRLCK;
region_2.l_whence = SEEK_SET;
region_2.l_start = 40;
region_2.l_len = 10;
```

(6) 现在锁定文件：

```
printf("Process %d locking file\n", getpid());
res = fcntl(file_desc, F_SETLK, &region_1);
if (res == -1) fprintf(stderr, "Failed to lock region 1\n");
res = fcntl(file_desc, F_SETLK, &region_2);
if (res == -1) fprintf(stderr, "Failed to lock region 2\n");
```

(7) 然后等一会儿：

```
sleep(60);

printf("Process %d closing file\n", getpid());
close(file_desc);
exit(EXIT_SUCCESS);
}
```

实验解析

程序首先创建一个文件，并以可读可写方式打开它，然后再在文件中添加一些数据。接着在文件中设置两个区域：第一个区域为10~30字节，使用共享（读）锁；第二个区域为40~50字节，使用独占（写）锁。然后程序调用fcntl来锁定这两个区域，并在关闭文件和退出程序前等待一分钟。

图7-1显示了当程序开始等待时文件锁定的状态。

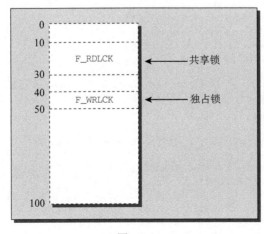

图 7-1

这个程序本身并不是非常有用。你需要用第二个程序 lock4.c 来测试锁。

在本例中，你将编写一个程序来测试可能会用在文件不同区域上的各种类型的锁。

(1) 与往常一样，程序从包含头文件和声明变量开始：

```c
#include <unistd.h>
#include <stdlib.h>
#include <stdio.h>
#include <fcntl.h>

const char *test_file = "/tmp/test_lock";
#define SIZE_TO_TRY 5

void show_lock_info(struct flock *to_show);

int main()
{
    int file_desc;
    int res;
    struct flock region_to_test;
    int start_byte;
```

(2) 打开一个文件描述符：

```c
    file_desc = open(test_file, O_RDWR | O_CREAT, 0666);
    if (!file_desc) {
        fprintf(stderr, "Unable to open %s for read/write", test_file);
        exit(EXIT_FAILURE);
    }

    for (start_byte = 0; start_byte < 99; start_byte += SIZE_TO_TRY) {
```

(3) 设置希望测试的文件区域：

```c
        region_to_test.l_type = F_WRLCK;
        region_to_test.l_whence = SEEK_SET;
        region_to_test.l_start = start_byte;
        region_to_test.l_len = SIZE_TO_TRY;
        region_to_test.l_pid = -1;

        printf("Testing F_WRLCK on region from %d to %d\n",
               start_byte, start_byte + SIZE_TO_TRY);
```

(4) 现在测试文件上的锁：

```c
        res = fcntl(file_desc, F_GETLK, &region_to_test);
        if (res == -1) {
            fprintf(stderr, "F_GETLK failed\n");
            exit(EXIT_FAILURE);
        }
        if (region_to_test.l_pid != -1) {
            printf("Lock would fail. F_GETLK returned:\n");
            show_lock_info(&region_to_test);
```

```
        }
        else {

            printf("F_WRLCK - Lock would succeed\n");
        }
```

(5) 用共享（读）锁重复测试一次，再次设置希望测试的文件区域：

```
        region_to_test.l_type = F_RDLCK;
        region_to_test.l_whence = SEEK_SET;
        region_to_test.l_start = start_byte;
        region_to_test.l_len = SIZE_TO_TRY;
        region_to_test.l_pid = -1;
        printf("Testing F_RDLCK on region from %d to %d\n",
                start_byte, start_byte + SIZE_TO_TRY);
```

(6) 再次测试文件上的锁：

```
        res = fcntl(file_desc, F_GETLK, &region_to_test);
        if (res == -1) {
            fprintf(stderr, "F_GETLK failed\n");
            exit(EXIT_FAILURE);
        }
        if (region_to_test.l_pid != -1) {
            printf("Lock would fail. F_GETLK returned:\n");
            show_lock_info(&region_to_test);
        }
        else {
            printf("F_RDLCK - Lock would succeed\n");
        }
    }
    close(file_desc);
    exit(EXIT_SUCCESS);
}

void show_lock_info(struct flock *to_show) {
    printf("\tl_type %d, ", to_show->l_type);
    printf("l_whence %d, ", to_show->l_whence);
    printf("l_start %d, ", (int)to_show->l_start);
    printf("l_len %d, ", (int)to_show->l_len);
    printf("l_pid %d\n", to_show->l_pid);
}
```

7

为了测试锁，需要首先运行程序lock3，然后再运行程序lock4来测试锁。你可以通过在后台运行程序lock3来达到这个目的，下面是执行的命令：

```
$ ./lock3 &
$ process 1534 locking file
```

命令提示符又出现了，这是因为lock3是在后台运行的，紧接着你用下面的命令来运行程序lock4：

```
$ ./lock4
```

下面是得到的输出，为简洁起见，输出内容做了一些省略：

```
Testing F_WRLOCK on region from 0 to 5
F_WRLCK - Lock would succeed
```

```
Testing F_RDLOCK on region from 0 to 5
F_RDLCK - Lock would succeed
...
Testing F_WRLOCK on region from 10 to 15
Lock would fail. F_GETLK returned:
l_type 0, l_whence 0, l_start 10, l_len 20, l_pid 1534
Testing F_RDLOCK on region from 10 to 15
F_RDLCK - Lock would succeed
Testing F_WRLOCK on region from 15 to 20
Lock would fail. F_GETLK returned:
l_type 0, l_whence 0, l_start 10, l_len 20, l_pid 1534
Testing F_RDLOCK on region from 15 to 20
F_RDLCK - Lock would succeed
...
Testing F_WRLOCK on region from 25 to 30
Lock would fail. F_GETLK returned:
l_type 0, l_whence 0, l_start 10, l_len 20, l_pid 1534
Testing F_RDLOCK on region from 25 to 30
F_RDLCK - Lock would succeed
...
Testing F_WRLOCK on region from 40 to 45
Lock would fail. F_GETLK returned:
l_type 1, l_whence 0, l_start 40, l_len 10, l_pid 1534
Testing F_RDLOCK on region from 40 to 45
Lock would fail. F_GETLK returned:
l_type 1, l_whence 0, l_start 40, l_len 10, l_pid 1534
...
Testing F_RDLOCK on region from 95 to 100
F_RDLCK - Lock would succeed
```

实验解析

lock4程序把文件中的每5个字节分成一组，为每个组设置一个区域结构来测试锁，然后通过使用这些结构来判断对应区域是否可以被加写锁或读锁。返回信息将显示造成锁请求失败的区域字节数和从字节0开始的偏移量。因为返回结构中的l_pid元素包含当前拥有文件锁的程序的进程标识符，所以程序先把它设置为-1（一个无效值），然后在fcntl调用返回后检测其值是否被修改过。如果该区域当前未被锁定，l_pid的值就不会被改变。

为了理解程序输出的含义，你需要查看程序中包含的头文件fcntl.h（通常是/usr/include/fcntl.h），l_type的值为1对应的定义为F_WRLCK，l_type的值为0对应的定义为F_RDLCK。因此，l_type的值为1表明锁失败的原因是已经存在一个写锁了，而l_type的值为0是因为已经存在一个读锁了。在文件中未被lock3程序锁定的区域上，无论是共享锁还是独占锁都将会成功。

你可以看到10~30字节上可以设置一个共享锁，因为程序lock3在该区域上设置的是共享锁而不是独占锁。而在40~50字节的区域上，两种锁都将失败，因为lock3已经在该区域上设置了一个独占（F_WRLCK）锁。

当程序lock4执行结束后，你需要等待一小段时间让程序lock3完成它的sleep调用并退出。

7.2.4　文件锁的竞争

现在你已知道如何测试一个文件上的已有锁，下面让我们来看看当两个程序争夺文件同一区域上的锁时会发生什么情况。你将再次用lock3程序来锁定文件，然后用一个新的程序lock5来尝试对它进行加锁。为了使这个示例程序更完整，你还将在lock5程序中添加一些解锁的调用。

实 验 文件锁的竞争

下面的程序lock5.c的作用不再是测试文件中不同部分的锁状态，而是试图对文件中已经被锁定的区域再次加锁。

(1) 在#include语句和变量声明之后，打开一个文件描述符：

```
#include <unistd.h>
#include <stdlib.h>
#include <stdio.h>
#include <fcntl.h>

const char *test_file = "/tmp/test_lock";

int main()
{
    int file_desc;
    struct flock region_to_lock;
    int res;

    file_desc = open(test_file, O_RDWR | O_CREAT, 0666);
    if (!file_desc) {
        fprintf(stderr, "Unable to open %s for read/write\n", test_file);
        exit(EXIT_FAILURE);
    }
```

(2) 程序的其余部分指定文件的不同区域，并尝试在它们之上执行不同的锁定操作：

```
    region_to_lock.l_type = F_RDLCK;
    region_to_lock.l_whence = SEEK_SET;
    region_to_lock.l_start = 10;
    region_to_lock.l_len = 5;
    printf("Process %d, trying F_RDLCK, region %d to %d\n", getpid(),
            (int)region_to_lock.l_start, (int)(region_to_lock.l_start +
region_to_lock.l_len));
    res = fcntl(file_desc, F_SETLK, &region_to_lock);
    if (res == -1) {
        printf("Process %d - failed to lock region\n", getpid());
    } else {
        printf("Process %d - obtained lock region\n", getpid());
    }

    region_to_lock.l_type = F_UNLCK;
    region_to_lock.l_whence = SEEK_SET;
    region_to_lock.l_start = 10;
    region_to_lock.l_len = 5;
    printf("Process %d, trying F_UNLCK, region %d to %d\n", getpid(),
                    (int)region_to_lock.l_start,
(int)(region_to_lock.l_start +
        region_to_lock.l_len));
```

7

```
    res = fcntl(file_desc, F_SETLK, &region_to_lock);
    if (res == -1) {
        printf("Process %d - failed to unlock region\n", getpid());
    } else {
        printf("Process %d - unlocked region\n", getpid());
    }


    region_to_lock.l_type = F_UNLCK;
    region_to_lock.l_whence = SEEK_SET;
    region_to_lock.l_start = 0;
    region_to_lock.l_len = 50;
    printf("Process %d, trying F_UNLCK, region %d to %d\n", getpid(),
                    (int)region_to_lock.l_start,
(int)(region_to_lock.l_start +
        region_to_lock.l_len));
    res = fcntl(file_desc, F_SETLK, &region_to_lock);
    if (res == -1) {
        printf("Process %d - failed to unlock region\n", getpid());
    } else {
        printf("Process %d - unlocked region\n", getpid());
    }


    region_to_lock.l_type = F_WRLCK;
    region_to_lock.l_whence = SEEK_SET;
    region_to_lock.l_start = 16;
    region_to_lock.l_len = 5;
    printf("Process %d, trying F_WRLCK, region %d to %d\n", getpid(),
                    (int)region_to_lock.l_start,
(int)(region_to_lock.l_start +
        region_to_lock.l_len));
    res = fcntl(file_desc, F_SETLK, &region_to_lock);
    if (res == -1) {
        printf("Process %d - failed to lock region\n", getpid());
    } else {
        printf("Process %d - obtained lock on region\n", getpid());
    }


    region_to_lock.l_type = F_RDLCK;
    region_to_lock.l_whence = SEEK_SET;
    region_to_lock.l_start = 40;
    region_to_lock.l_len = 10;
    printf("Process %d, trying F_RDLCK, region %d to %d\n", getpid(),
                    (int)region_to_lock.l_start,
(int)(region_to_lock.l_start +
        region_to_lock.l_len));
    res = fcntl(file_desc, F_SETLK, &region_to_lock);
    if (res == -1) {
        printf("Process %d - failed to lock region\n", getpid());
    } else {
        printf("Process %d - obtained lock on region\n", getpid());
    }


    region_to_lock.l_type = F_WRLCK;
    region_to_lock.l_whence = SEEK_SET;
```

```
    region_to_lock.l_start = 16;
    region_to_lock.l_len = 5;
    printf("Process %d, trying F_WRLCK with wait, region %d to %d\n", getpid(),
                    (int)region_to_lock.l_start,
(int)(region_to_lock.l_start +
        region_to_lock.l_len));
    res = fcntl(file_desc, F_SETLKW, &region_to_lock);
     if (res == -1) {
        printf("Process %d - failed to lock region\n", getpid());
    } else {
        printf("Process %d - obtained lock on region\n", getpid());
    }
    .
    printf("Process %d ending\n", getpid());
    close(file_desc);
    exit(EXIT_SUCCESS);
}
```

如果首先在后台运行lock3程序，然后立刻运行这个新程序：

```
$ ./lock3 &
$ process 227 locking file
$ ./lock5
```

你得到的输出如下所示：

```
Process 227 locking file
Process 228, trying F_RDLCK, region 10 to 15
Process 228 - obtained lock on region
Process 228, trying F_UNLCK, region 10 to 15
Process 228 - unlocked region
Process 228, trying F_UNLCK, region 0 to 50
Process 228 - unlocked region
Process 228, trying F_WRLCK, region 16 to 21
Process 228 - failed to lock on region
Process 228, trying F_RDLCK, region 40 to 50
Process 228 - failed to lock on region
Process 228, trying F_WRLCK with wait, region 16 to 21
Process 227 closing file
Process 228 - obtained lock on region
Process 228 ending
```

实验解析

首先，这个程序尝试用共享锁来锁定文件中10~15字节的区域。这块区域已被一个共享锁锁定，但共享锁允许同时使用，因此加锁成功。

它然后解除它自己对这块区域的共享锁，这也成功了。接下来，这个程序试图解除这个文件前50字节上的锁，虽然它实际上并未对这块区域进行锁定，但这也成功了，因为虽然这个程序并未对这个区域加锁，但解锁请求最终的结果取决于这个程序在文件的头50个字节上并没有设置任何锁。

这个程序接下来试图用一把独占锁来锁定文件中16~21字节的区域。由于这块区域上已经有了一个共享锁，独占锁无法创建，所以这个锁定操作失败了。

然后，程序又尝试用一把共享锁来锁定文件中40~50字节的区域。由于这个区域上已有了一把独占锁，因此这个锁定操作也失败了。

最后，程序再次尝试在文件中16~21字节的区域上获得一把独占锁，但这次它用F_SETLKW命令来

等待直到它可以获得一把锁为止。于是程序的输出就会遇到一个很长的停顿，直到已锁住这块区域的
lock3程序因为完成sleep调用、关闭文件而释放了它先前获得的所有锁为止。lock5程序继续执行，
成功锁定了这块区域，最后它也退出了运行。

7.2.5 其他锁命令

还有另外一种锁定文件的方法：lockf函数。它也通过文件描述符进行操作。其原型为：

#include <unistd.h>

int lockf(int fildes, int function, off_t size_to_lock);

function参数的取值如下所示。

❑ F_ULOCK：解锁。

❑ F_LOCK：设置独占锁。

❑ F_TLOCK：测试并设置独占锁。

❑ F_TEST：测试其他进程设置的锁。

size_to_lock参数是操作的字节数，它从文件的当前偏移值开始计算。

lockf有一个比fcntl函数更简单的接口，这主要是因为它在功能性和灵活性上都要比fcntl函数
差一些。为了使用这个函数，必须首先搜寻你想锁定的区域的起始位置，然后以要锁定的字节数为参
数来调用它。

与文件锁定的fcntl方法一样，lockf设置的所有锁都是建议锁，它们并不会真正地阻止你读写
文件中的数据。对锁的检测是程序的责任。混合使用fcntl锁和lockf锁的效果未被定义，因此你必
须决定使用哪种类型的锁定方法并坚持用下去。

7.2.6 死锁

在讨论锁定时如果未提到死锁的危险，那么这个讨论就不能算是完整的。假设两个程序想要更新
同一个文件。它们需要同时更新文件中的字节1和字节2。程序A选择首先更新字节2，然后再更新字节
1。程序B则是先更新字节1，然后才是字节2。

两个程序同时启动。程序A锁定字节2，而程序B锁定字节1。然后程序A尝试锁定字节1，但因为
这个字节已经被程序B锁定，所以程序A将在那里等待。接着程序B尝试锁定字节2，但因为这个字节
已经被程序A锁定，所以程序B也将在那里等待。

这种两个程序都无法继续执行下去的情况，就被称为死锁（deadlock或deadly embrace）。这个问
题在数据库应用程序中很常见，当许多用户频繁访问同一个数据时就很容易发生死锁。大多数的商业
关系型数据库都能够检测到死锁并自动解开，但Linux内核不行。这时就需要采取一些外部干涉手段，
例如强制终止其中一个程序来解决这个问题。

程序员必须对这种情况提高警惕。当有多个程序都在等待获得锁时，你就需要非常小心地考虑是
否会发生死锁。在本例中，死锁是非常容易避免的：两个程序只需要使用相同的顺序来锁定它们需要
的字节或锁定一个更大的区域即可。

在这里，我们没有足够的篇幅来讲解开发并发程序的原理。如果你有兴趣了解更多，请
参阅*Principles of Concurrent and Distributed Programming*（《并发和分布式程序设计原理》，
M.Ben-Ari，Prentice Hall，1990）。

7.3 数据库

你已经看到如何使用文件来储存数据，那么为什么还要用数据库呢？非常简单，因为在有些情况下，数据库的特性提供了解决问题的更好方法。与使用文件来存储数据相比，使用数据库有如下两方面的优势。

❑ 你可以存储长度可变的数据记录，这对平面的、非结构化的文件来说实现起来有点困难。
❑ 数据库使用索引来有效地存储和检索数据。这样做的一个显著优点是这个索引不必非得是一个简单的记录号——这在平面文件中很容易实现，它可以是一个任意的字符串。

7.3.1 dbm 数据库

所有版本的Linux以及大多数的UNIX版本都随系统带有一个基本的、但却非常高效的数据存储例程集，它被称为dbm数据库。dbm数据库适合于存储相对比较静态的索引化数据。一些数据库纯粹主义者可能会认为dbm根本算不上一个数据库，充其量就是一个索引化的文件存储系统。但X/Open规范把dbm看作是一个数据库，因此在本书里我们也会这么称呼它。

1. dbm简介

尽管一些免费的关系型数据库，如MySQL和PostgreSQL使用越来越广泛，dbm数据库仍然在Linux中扮演着一个重要的角色。那些使用RPM的Linux发行版本，如RedHat和SUSE，就是用dbm来储存已安装软件包的信息。LDAP的开源实现OpenLDAP也可以使用dbm作为它的储存机制。与更加完整的数据库产品如MySQL相比，dbm的优势在于它是一个很轻量级的软件，而且它非常容易被编译进一个可发布的二进制文件中，因为它无需安装独立的数据库服务器。在写作本书的时候，Sendmail和Apache都在使用dbm数据库。

dbm数据库可以使用索引来存储可变长的数据结构，然后通过索引或顺序扫描数据库来检索结构。dbm数据库适用于处理那些被频繁访问但却很少被更新的数据，因为它创建数据项时非常慢，而检索时非常快。

讲到这里，我们遇到了一个小问题：多年以来，dbm数据库存在着各种不同的版本，它们的API接口和特性都有一些细微的差别。既有最初的dbm集，又有"新"的被称为ndbm的dbm集，还有GNU的dbm实现gdbm。GNU的实现版本虽然可以模拟旧版本的dbm和ndbm接口，但其本身的接口和其他实现版本相比，还是有着显著的不同。不同的Linux发行版本自带的dbm库也不一样，虽然最常见的选择是带有gdbm库，因为它可以模拟其他两种接口类型。

在这里，我们将重点介绍ndbm接口，因为它已由X/Open组织标准化，并且它的使用要比原始的gdbm实现简单一些。

2. 获得dbm

大多数主流的Linux发行版都会默认安装gdbm，但在一些发行版中，你可能需要使用软件包管理器来安装相应的开发库。例如，在Ubuntu中，你可能需要使用Synaptic软件包管理器来安装libgdbm-dev软件包，因为它一般不会被默认安装。

如果想要查看gdbm开发包的源代码，或者使用的Linux发行版没有提供预编译的gdbm开发包，你可以在网址www.gnu.org/software/gdbm/gdbm.html上找到dbm的GNU实现gdbm。

3. 故障解决和重装dbm

本章假设你已安装了dbm的GNU实现gdbm和ndbm兼容库。Linux发行版通常都已这么做了，但如前所述，你可能必须明确安装开发库软件包以编译使用ndbm例程的文件。

遗憾的是，对于不同的Linux发行版，编译使用ndbm库的源文件所需的包含库和链接库略有不同，所以，虽然你已安装了gdbm和ndbm兼容库，但你可能还需要经过实验来发现如何编译这些源文件。最常见的情况是，系统已安装了gdbm，并且它在默认情况下就支持了ndbm兼容模式，Red Hat发行版就是这样的。在这种情况下，你需要执行如下操作。

(1) 在C源文件中包含头文件ndbm.h。

(2) 使用编译行选项-I/usr/include/gdbm 包含头文件目录/usr/include/gdbm。

(3) 使用编译行选项-lgdbm链接gdbm库。

如果这不起作用，一种常见的选择（也是最近的Ubuntu和SUSE发行版使用的方法）是：系统已安装了gdbm，但在需要ndbm兼容模式时，你必须明确地指定它，并且你可能需要在链接主函数库之前链接兼容库。你需要做的具体操作如下所示。

(1) 在C源文件中包含头文件gdbm-ndbm.h而不是ndbm.h。

(2) 使用编译行选项-I/usr/include/gdbm包含头文件目录/usr/include/gdbm。

(3) 使用编译行选项-lgdbm_compat -lgdbm链接其他的gdbm兼容库。

可下载的Makefile文件和dbm C源文件都被默认设置为使用第一种选择，但它们都包含注释以说明如何可以通过编辑方便地切换到使用第二种选择。在本章的剩余部分，我们将假设你的系统默认就支持ndbm兼容模式。

7.3.2　dbm 例程

和我们在第6章中讨论的curses函数库一样，dbm也是由头文件和库文件组成，而且库文件必须在程序被编译时链接进来。库文件被简称为dbm，但因为我们通常在Linux中使用的是GNU的dbm实现，所以我们需要在编译行中使用选项-lgdbm来链接这个实现。其头文件是ndbm.h。

在开始解释每个dbm函数之前，你必须明白dbm数据库能够做什么，这一点很重要。一旦明白了这个，你就能更好地理解该如何使用dbm函数。

dbm数据库的基本元素是需要储存的数据块以及与它关联的在检索数据时用作关键字的数据块。每个dbm数据库必须针对每个要存储的数据块有一个唯一的关键字。关键字的取值被用作存储数据的索引。dbm对于关键字和数据没有限制，对使用超长关键字和数据的情况也未定义任何错误。规范允许具体实现把关键字/数据对的长度限制为1 023个字节，但具体实现通常不会进行限制，这是因为具体实现往往要比技术规范所要求的更灵活。

为了操纵这些数据块，头文件ndbm.h定义了一个名为datum的新数据类型。该类型确切的内容依赖于具体实现，但它至少包含下面两个成员：

```
void *dptr;
size_t dsize
```

datum是一个用typedef语句定义的类型。在ndbm.h文件中还为dbm声明了一个类型定义，它是一个用来访问数据库的结构，其作用和用来访问文件的FILE结构很相似。dbm类型定义的内部结构依赖于具体实现，它决不允许被直接使用。

在使用dbm库时，如果要引用一个数据块，你必须声明一个datum类型的变量，将成员dptr指向数据的起始点，并把成员dsize设为包含数据的长度。无论是待存储的数据或是用来访问它的索引都总是通过这个datum类型来引用。

你最好将dbm类型看作为类似于FILE的类型。当打开一个dbm数据库时，通常会创建两个物理文件，它们的后缀分别是.pag和.dir，并返回一个dbm指针，它被用来访问这两个文件。这两个文件决不应该被直接读写，对它们的访问只能通过dbm例程来进行。

在一些实现中，这两个文件被合并到一起，打开数据库只会创建一个文件。

如果对SQL数据库很熟悉，你会发现dbm数据库没有与之关联的表格或列结构。这些结构对于dbm数据库来说并不是必需的，因为dbm不仅对待存储的每个数据项没有固定长度的要求，而且对数据的内部结构也无要求。dbm数据库工作在非结构化的二进制数据块基础上。

7.3.3 dbm访问函数

现在我们已介绍了dbm库工作的基础，下面我们可以来具体看看它提供的函数。主要的dbm函数的原型如下所示：

```
#include <ndbm.h>
DBM *dbm_open(const char *filename, int file_open_flags, mode_t file_mode);
int dbm_store(DBM *database_descriptor, datum key, datum content, int store_mode);
datum dbm_fetch(DBM *database_descriptor, datum key);
void dbm_close(DBM *database_descriptor);
```

1. dbm_open函数

这个函数用来打开已有的数据库，也可以用来创建新数据库。filename参数是一个基本文件名，它不包含.dir或.pag后缀。

其余的参数和第3章中的open函数的第二个和第三个参数一样。你可以使用相同的#define定义。第二个参数控制数据库的读、写或读/写权限。如果要创建一个新的数据库，这个标志必须与O_CREAT进行二进制或才允许文件被创建。第三个参数指定将被创建的文件的初始权限。

dbm_open返回一个指向DBM类型的指针。它被用于所有后续对数据库的访问。如果失败，它将返回(DBM *)0。

2. dbm_store函数

你用这个函数把数据存储到数据库中。如前所述，所有数据在存储时都必须有一个唯一的索引。为了定义你想要存储的数据和用来引用它的索引，你必须设置两个datum类型的参数：一个用于引用索引，一个用于实际数据。最后一个参数store_mode用于控制当试图以一个已有的关键字来存储数据时会发生的情况。如果它被设置为dbm_insert，存储操作将失败并且dbm_store返回1。如果它被设置为dbm_replace，则新数据将覆盖已有数据并且dbm_store返回0。当发生其他错误时，dbm_store将返回一个负值。

3. dbm_fetch函数

dbm_fetch函数用于从数据库中检索数据。它使用一个先前dbm_open调用返回的指针和一个指向关键字的datum类型结构作为其参数。它返回一个datum类型的结构。如果在数据库中找到与这个关键字关联的数据，返回的datum结构的dptr和dsize成员的值将被设为相应数据的值。如果没有找到关键字，dptr将被设置为null。

> 要记住的是，dbm_fetch返回的datum类型结构中仅仅包含一个指向数据的指针。实际数据依然保存在dbm库的本地存储空间中。你在继续调用dbm函数前，必须把数据复制到程序的变量中才行。

4. dbm_close函数

这个函数关闭用dbm_open打开的数据库。它的参数是先前dbm_open调用返回的dbm指针。

实　验　一个简单的 dbm 数据库

在学习了 dbm 数据库的基本函数之后，你可以开始编写第一个 dbm 程序 dbm1.c 了。在这个程序中，你将使用一个名为 test_data 的结构。

(1) 程序的开始部分是 #include 语句、#define 定义、main 函数和 test_data 结构的声明：

```c
#include <unistd.h>
#include <stdlib.h>
#include <stdio.h>
#include <fcntl.h>

#include <ndbm.h>
/* On some systems you need to replace the above with
#include <gdbm-ndbm.h>
*/

#include <string.h>

#define TEST_DB_FILE "/tmp/dbm1_test"
#define ITEMS_USED 3

struct test_data {
    char misc_chars[15];
    int  any_integer;
    char more_chars[21];
};

int main()
{
```

(2) 在 main 函数中，设置了 items_to_store 和 items_retrieved 两个结构，还设置了关键字字符串和 datum 结构：

```c
    struct test_data items_to_store[ITEMS_USED];
    struct test_data item_retrieved;

    char key_to_use[20];
    int i, result;

    datum key_datum;
    datum data_datum;

    DBM *dbm_ptr;
```

(3) 在声明了一个指向 dbm 类型结构的指针后，现在打开测试数据库用来读写，如果需要就创建它：

```c
    dbm_ptr = dbm_open(TEST_DB_FILE, O_RDWR | O_CREAT, 0666);
    if (!dbm_ptr) {
        fprintf(stderr, "Failed to open database\n");
        exit(EXIT_FAILURE);
    }
```

(4) 现在添加一些数据到 items_to_store 结构中：

```c
    memset(items_to_store, '\0', sizeof(items_to_store));
```

```
strcpy(items_to_store[0].misc_chars, "First!");
items_to_store[0].any_integer = 47;
strcpy(items_to_store[0].more_chars, "foo");

strcpy(items_to_store[1].misc_chars, "bar");
items_to_store[1].any_integer = 13;
strcpy(items_to_store[1].more_chars, "unlucky?");

strcpy(items_to_store[2].misc_chars, "Third");
items_to_store[2].any_integer = 3;
strcpy(items_to_store[2].more_chars, "baz");
```

(5) 你需要为每个数据项建立一个供以后引用的关键字。它被设为每个字符串的头一个字母加上整数。这个关键字由key_datum标识，而data_datum则指向items_to_store数据项。然后将数据存储到数据库中：

```
for (i = 0; i < ITEMS_USED; i++) {
    sprintf(key_to_use, "%c%c%d",
            items_to_store[i].misc_chars[0],
            items_to_store[i].more_chars[0],
            items_to_store[i].any_integer);

    key_datum.dptr = (void *)key_to_use;
    key_datum.dsize = strlen(key_to_use);
    data_datum.dptr = (void *)&items_to_store[i];
    data_datum.dsize = sizeof(struct test_data);

    result = dbm_store(dbm_ptr, key_datum, data_datum, DBM_REPLACE);
    if (result != 0) {
        fprintf(stderr, "dbm_store failed on key %s\n", key_to_use);
        exit(2);
    }
}
```

(6) 接下来，查看是否可以检索这个新存入的数据。最后，关闭数据库：

```
sprintf(key_to_use, "bu%d", 13);
key_datum.dptr = key_to_use;
key_datum.dsize = strlen(key_to_use);

data_datum = dbm_fetch(dbm_ptr, key_datum);
if (data_datum.dptr) {
    printf("Data retrieved\n");
    memcpy(&item_retrieved, data_datum.dptr, data_datum.dsize);
    printf("Retrieved item - %s %d %s\n",
            item_retrieved.misc_chars,
            item_retrieved.any_integer,
            item_retrieved.more_chars);
}
else {
    printf("No data found for key %s\n", key_to_use);
}
dbm_close(dbm_ptr);
exit(EXIT_SUCCESS);
}
```

7

编译并运行这个程序，它的输出如下所示：

```
$ gcc -o dbm1 -I/usr/include/gdbm dbm1.c -lgdbm
$ ./dbm1
Data retrieved
Retrieved item - bar 13 unlucky?
```

如果gdbm是以兼容模式安装的，这就是你将获得的输出结果。如果编译失败，你可能需要修改源文件中的#include语句，按照源文件中注释说明的方法，用gdbm-ndbm.h文件替换ndbm.h，并在编译源文件时，在链接主函数库之前先链接兼容库，如下所示：

```
$ gcc -o dbm1 -I/usr/include/gdbm dbm1.c -lgdbm_compat -lgdbm
```

实验解析

首先，打开数据库，如果需要就创建它。接着，填充作为测试数据的items_to_store的3个成员。针对每个成员，你分别创建一个索引关键字。为简单起见，你使用两个字符串的头一个字符再加上整数来构成关键字。

然后，设置两个datum结构，一个用于关键字，另一个用于存储的数据。在把3个数据项存储到数据库中之后，你构建一个新的关键字并设置一个datum结构来指向它。然后，使用这个关键字来从数据库中检索数据。通过检查返回的datum结构中的dptr成员是否为null，来判断检索是否成功。假设它不是null，你就可以把检索到的数据（它可能储存在dbm库的内部空间中）复制到你自己的结构中。注意，要使用dbm_fetch返回的长度值（如果不这样做，并且使用的是可变长数据，你可能就会复制根本不存在的数据）。最后，打印检索到的数据来验证是否正确获取了数据。

7.3.4 其他 dbm 函数

现在你已知道了主要的dbm函数，本节我们将介绍用于dbm数据库的一些其他函数：

```
int dbm_delete(DBM *database_descriptor, datum key);
int dbm_error(DBM *database_descriptor);
int dbm_clearerr(DBM *database_descriptor);
datum dbm_firstkey(DBM *database_descriptor);
datum dbm_nextkey(DBM *database_descriptor);
```

1. dbm_delete函数

dbm_delete函数用于从数据库中删除数据项。与dbm_fetch一样，它也使用一个指向关键字的datum类型结构作为其参数，但不同的是，它是用于删除数据而不是用于检索数据。它在成功时返回0。

2. dbm_error函数

dbm_error函数只是用于测试数据库中是否有错误发生，如果没有就返回0。

3. dbm_clearerr函数

dbm_clearerr函数用于清除数据库中所有已被置位的错误条件标志。

4. dbm_firstkey和dbm_nextkey函数

这两个函数一般成对使用来对数据库中的所有关键字进行扫描。它们需要的循环结构如下所示：

```
DBM *db_ptr;
datum key;

for(key = dbm_firstkey(db_ptr); key.dptr; key = dbm_nextkey(db_ptr));
```

实 验 检索和删除

在本例中，使用上面介绍的新函数对dbm1.c做一些改进。下面是dbm2.c的源代码：

(1) 复制一份dbm1.c，打开它进行编辑。修改#define TEST_DB_FILE一行：

```
#include <unistd.h>
#include <stdlib.h>
#include <stdio.h>
#include <fcntl.h>
#include <ndbm.h>
#include <string.h>

#define TEST_DB_FILE "/tmp/dbm2_test"
#define ITEMS_USED 3
```

(2) 然后只需要修改检索数据的部分：

```
        /* now try to delete some data */
    sprintf(key_to_use, "bu%d", 13);
    key_datum.dptr = key_to_use;
    key_datum.dsize = strlen(key_to_use);

    if (dbm_delete(dbm_ptr, key_datum) == 0) {
        printf("Data with key %s deleted\n", key_to_use);
    }
    else {
        printf("Nothing deleted for key %s\n", key_to_use);
    }
    for (key_datum = dbm_firstkey(dbm_ptr);
         key_datum.dptr;
         key_datum = dbm_nextkey(dbm_ptr)) {
        data_datum = dbm_fetch(dbm_ptr, key_datum);
        if (data_datum.dptr) {
            printf("Data retrieved\n");
            memcpy(&item_retrieved, data_datum.dptr, data_datum.dsize);
            printf("Retrieved item - %s %d %s\n",
                    item_retrieved.misc_chars,
                    item_retrieved.any_integer,
                    item_retrieved.more_chars);
        }
        else {
            printf("No data found for key %s\n", key_to_use);
        }
    }
```

其输出为：

```
$ ./dbm2
Data with key bu13 deleted
Data retrieved
Retrieved item - Third 3 baz
Data retrieved
Retrieved item - First! 47 foo
```

实验解析

这个程序的第一部分同前面的例子完全一样，只是往数据库里储存一些数据。然后构建一个关键字来匹配第二个数据项，并把它从数据库中删除。

接下来，这个程序使用dbm_firstkey和dbm_nextkey依次访问数据库中的每个关键字，并检索数据。注意，数据的获取并不是按序的：按关键字的顺序检索数据并不意味着获取的数据是有序的，它只是一种扫描所有数据项的方式。

7.4 CD唱片应用程序

在学习了环境和数据管理之后，现在是时候改进这个应用程序了。dbm数据库看起来很适合于存储CD资料，所以下面将使用dbm来实现数据存储。

7.4.1 更新设计

因为这次的更新会涉及大量代码的重写，所以现在是个重新审视设计决策以查看哪些地方需要改进的好时机。虽然在文件中以逗号分隔变量来存储信息是一种在shell中很容易实现的方式，但这样做的局限性也很大，因为许多CD标题和曲目都包含逗号。你可以通过使用dbm数据库来完全放弃这种分隔方法，这也是我们需要改变的一个设计元素。

将CD资料分为标题和曲目两个部分，并用不同的文件来分别保存它们。

前面的实现多少都存在着这样一个问题，即将应用程序的数据访问部分和用户接口部分混在了一起，这与程序全实现在一个文件中有很大的关系。在这个新的实现中，你将用一个头文件来描述数据和用于访问它的例程，并将用户接口代码和数据处理代码分别放到两个文件中去。

虽然可以继续用curses来实现用户接口，但本次实现将返回到简单的基于行的系统。这不仅使应用程序的用户接口部分既短小又简单，而且可以把精力集中到其他实现方面上去。

虽然还不能在dbm代码中使用SQL语句，但可以使用SQL术语以更正规的方式来描述新数据库。如果还不熟悉SQL语句，不用担心，我们会解释这些定义。你还将在第8章中看到更多对SQL语句的介绍。表可以用下面的代码来描述：

```
CREATE TABLE cdc_entry (
    catalog CHAR(30) PRIMARY KEY REFERENCES cdt_entry(catalog),
    title    CHAR(70),
    type     CHAR(30),
    artist   CHAR(70)
);

CREATE TABLE cdt_entry (
    catalog CHAR(30) REFERENCES cdc_entry(catalog),
    track_no  INTEGER,
    track_txt CHAR(70),
    PRIMARY KEY(catalog, track_no)
);
```

这个非常简洁的描述表明数据域的名字和长度。cdc_entry表中每个记录都有一个唯一的catalog列。cdt_entry表中曲目号不能为零，而且catalog和track_no两列的组合是唯一的。你将在下一节的代码中看到这些描述被定义为typedef struct结构。

7.4.2 使用 dbm 数据库的 CD 唱片应用程序

你现在将通过使用dbm数据库存储信息的方法来重新实现应用程序。整个应用程序共有3个文件，它们是cd_data.h、app_ui.c和cd_access.c。

你还将把用户接口重写为命令行程序。在本书的后面章节中，你将看到使用不同的客户/服务器机制来实现应用程序，并最终将其实现为一个能够通过Web浏览器跨网络访问的应用程序，到那时，你还将重用这里的数据库接口和一部分的用户接口。把接口转换为更简单的命令行驱动接口，使你能更容易关注应用程序最重要的部分，而不是用户接口。

你将在后面的章节中看到，数据库的头文件cd_data.h和来自文件cd_access.c里的函数被多次重用。

> 请记住，有些Linux发行版需要稍微不同的编译选项，如在C源文件中包含头文件gdbm-ndbm.h而不是ndbm.h，使用-lgdbm_compat -lgdbm而不是只使用-lgdbm。如果你的Linux发行版就属于这种情况，就需要对文件access.c和Makefile进行适当的修改。

实 验 **cd_data.h**

我们从头文件开始，它定义了数据的结构和用于访问这些数据的例程。

(1) 下面是CD数据库的数据结构的定义。它定义了组成数据库的两个表的结构和大小。首先定义了几个将会用到的数据域长度以及两个结构：一个用于标题数据项，另一个用于曲目数据项：

```
/* The catalog table */
#define CAT_CAT_LEN        30
#define CAT_TITLE_LEN      70
#define CAT_TYPE_LEN       30
#define CAT_ARTIST_LEN     70

typedef struct {
    char catalog[CAT_CAT_LEN + 1];
    char title[CAT_TITLE_LEN + 1];
    char type[CAT_TYPE_LEN + 1];
    char artist[CAT_ARTIST_LEN + 1];
} cdc_entry;

/* The tracks table, one entry per track */
#define TRACK_CAT_LEN      CAT_CAT_LEN
#define TRACK_TTEXT_LEN    70

typedef struct {
    char catalog[TRACK_CAT_LEN + 1];
    int  track_no;
    char track_txt[TRACK_TTEXT_LEN + 1];
} cdt_entry;
```

(2) 在定义了一些数据结构后，你可以开始定义一些需要的访问例程了。函数名中包含cdc_的函数负责处理标题数据项，包含cdt_的函数负责处理曲目数据项：

> 注意，有些函数直接返回数据结构。你可以通过强制设置这些结构的内容为空，来表明函数调用失败。

7

```
/* Initialization and termination functions */
int database_initialize(const int new_database);
void database_close(void);

/* two for simple data retrieval */
cdc_entry get_cdc_entry(const char *cd_catalog_ptr);
cdt_entry get_cdt_entry(const char *cd_catalog_ptr, const int track_no);

/* two for data addition */
int add_cdc_entry(const cdc_entry entry_to_add);
int add_cdt_entry(const cdt_entry entry_to_add);

/* two for data deletion */
int del_cdc_entry(const char *cd_catalog_ptr);
int del_cdt_entry(const char *cd_catalog_ptr, const int track_no);

/* one search function */
cdc_entry search_cdc_entry(const char *cd_catalog_ptr, int *first_call_ptr);
```

实 验 `app_ui.c`

现在开始介绍用户接口。这部分程序相对来说比较简单，它实现在一个单独的文件中，你将用它来访问数据库函数。

(1) 同往常一样，从头文件开始：

```
#define _XOPEN_SOURCE

#include <stdlib.h>
#include <unistd.h>
#include <stdio.h>
#include <string.h>

#include "cd_data.h"

#define TMP_STRING_LEN 125 /* this number must be larger than the biggest
                              single string in any database structure */
```

(2) 用typedef语句定义菜单选项。这要比用#define语句定义常量的方法好，因为它允许编译器检查菜单选项变量的类型：

```
typedef enum {
    mo_invalid,
    mo_add_cat,
    mo_add_tracks,
    mo_del_cat,
    mo_find_cat,
    mo_list_cat_tracks,
    mo_del_tracks,
    mo_count_entries,
    mo_exit
} menu_options;
```

(3) 现在开始编写各种局部函数的原型。记住，实际访问数据库的函数的原型是通过头文件

cd_data.h包含进来的:

```
static int command_mode(int argc, char *argv[]);
static void announce(void);
static menu_options show_menu(const cdc_entry *current_cdc);
static int get_confirm(const char *question);
static int enter_new_cat_entry(cdc_entry *entry_to_update);
static void enter_new_track_entries(const cdc_entry *entry_to_add_to);
static void del_cat_entry(const cdc_entry *entry_to_delete);
static void del_track_entries(const cdc_entry *entry_to_delete);
static cdc_entry find_cat(void);
static void list_tracks(const cdc_entry *entry_to_use);
static void count_all_entries(void);
static void display_cdc(const cdc_entry *cdc_to_show);
static void display_cdt(const cdt_entry *cdt_to_show);
static void strip_return(char *string_to_strip);
```

(4) 最后,到了main函数。它先对current_cdc_entry结构进行初始化,用它来保存当前选中的
CD标题项。还解析了命令行,宣布正在运行的是哪个程序,并初始化数据库:

```
void main(int argc, char *argv[])
{
    menu_options current_option;
    cdc_entry current_cdc_entry;
    int command_result;

    memset(&current_cdc_entry, '\0', sizeof(current_cdc_entry));

    if (argc > 1) {
        command_result = command_mode(argc, argv);
        exit(command_result);
    }

    announce();

    if (!database_initialize(0)) {
        fprintf(stderr, "Sorry, unable to initialize database\n");
        fprintf(stderr, "To create a new database use %s -i\n", argv[0]);
        exit(EXIT_FAILURE);
    }
```

(5) 现在已准备好处理用户输入了。进入一个循环,等待用户选择一个菜单选项,然后处理它,
直到用户选择退出选项为止。注意,把current_cdc_entry结构传递给show_menu函数。这是为了让
菜单选项能够根据用户当前选择的标题项做相应的改变:

```
while(current_option != mo_exit) {
        current_option = show_menu(&current_cdc_entry);

        switch(current_option) {
            case mo_add_cat:
                if (enter_new_cat_entry(&current_cdc_entry)) {
                    if (!add_cdc_entry(current_cdc_entry)) {
                        fprintf(stderr, "Failed to add new entry\n");
                        memset(&current_cdc_entry, '\0',
```

7

```
                        sizeof(current_cdc_entry));
                    }
                }
                break;
            case mo_add_tracks:
                enter_new_track_entries(&current_cdc_entry);
                break;
            case mo_del_cat:
                del_cat_entry(&current_cdc_entry);
                break;
            case mo_find_cat:
                current_cdc_entry = find_cat();
                break;
            case mo_list_cat_tracks:
                list_tracks(&current_cdc_entry);
                break;
            case mo_del_tracks:
                del_track_entries(&current_cdc_entry);
                break;
            case mo_count_entries:
                count_all_entries();
                break;
            case mo_exit:
                break;
            case mo_invalid:
                break;
            default:
                break;
        } /* switch */
    } /* while */
```

(6) 主循环退出时，关闭数据库并退回到环境。announce函数用于输出欢迎辞：

```
    database_close();
    exit(EXIT_SUCCESS);
} /* main */

static void announce(void)
{
    printf("\n\nWelcome to the demonstration CD catalog database \
            program\n");
}
```

(7) 下面列出了show_menu函数的内容。这个函数通过标题名的第一个字符来检查当前标题项是否被选中。如果选择了一个标题项，用户将看到更多的菜单选项：

> 注意，现在要用数字来选择菜单项，而不像在前两个例子中那样使用首字母。

```
static menu_options show_menu(const cdc_entry *cdc_selected)
{
    char tmp_str[TMP_STRING_LEN + 1];
    menu_options option_chosen = mo_invalid;

    while (option_chosen == mo_invalid) {
        if (cdc_selected->catalog[0]) {
```

```
                printf("\n\nCurrent entry: ");
                printf("%s, %s, %s, %s\n", cdc_selected->catalog,
                        cdc_selected->title,
                        cdc_selected->type,
                        cdc_selected->artist);

                printf("\n");
                printf("1 - add new CD\n");
                printf("2 - search for a CD\n");
                printf("3 - count the CDs and tracks in the database\n");
                printf("4 - re-enter tracks for current CD\n");
                printf("5 - delete this CD, and all its tracks\n");
                printf("6 - list tracks for this CD\n");
                printf("q - quit\n");
                printf("\nOption: ");
                fgets(tmp_str, TMP_STRING_LEN, stdin);

                switch(tmp_str[0]) {
                    case '1': option_chosen = mo_add_cat; break;
                    case '2': option_chosen = mo_find_cat; break;
                    case '3': option_chosen = mo_count_entries; break;
                    case '4': option_chosen = mo_add_tracks; break;
                    case '5': option_chosen = mo_del_cat; break;
                    case '6': option_chosen = mo_list_cat_tracks; break;
                    case 'q': option_chosen = mo_exit; break;
                }
            }
        else {
            printf("\n\n");
            printf("1 - add new CD\n");
            printf("2 - search for a CD\n");
            printf("3 - count the CDs and tracks in the database\n");
            printf("q - quit\n");
            printf("\nOption: ");
            fgets(tmp_str, TMP_STRING_LEN, stdin);
            switch(tmp_str[0]) {
                case '1': option_chosen = mo_add_cat; break;
                case '2': option_chosen = mo_find_cat; break;
                case '3': option_chosen = mo_count_entries; break;
                case 'q': option_chosen = mo_exit; break;
            }
        }
    } /* while */
    return(option_chosen);
}
```

(8) 你需要在多个地方询问用户，让用户确认他的请求。我们并未让这段提问代码多次出现在程序中，而是抽取这段代码组成一个单独的函数get_confirm：

```
static int get_confirm(const char *question)
{
    char tmp_str[TMP_STRING_LEN + 1];
```

```
        printf("%s", question);
        fgets(tmp_str, TMP_STRING_LEN, stdin);
        if (tmp_str[0] == 'Y' || tmp_str[0] == 'y') {
            return(1);
        }
        return(0);
}
```

(9) 函数enter_new_cat_entry的作用是让用户输入一个新的标题项。你并不想保存由fgets函数返回的换行符，所以把它去掉：

> 注意，你没有使用gets函数，因为它无法检查缓存区是否溢出。你应总是避免使用gets函数！

```
static int enter_new_cat_entry(cdc_entry *entry_to_update)
{
    cdc_entry new_entry;
    char tmp_str[TMP_STRING_LEN + 1];

    memset(&new_entry, '\0', sizeof(new_entry));

    printf("Enter catalog entry: ");
    (void)fgets(tmp_str, TMP_STRING_LEN, stdin);
    strip_return(tmp_str);
    strncpy(new_entry.catalog, tmp_str, CAT_CAT_LEN - 1);

    printf("Enter title: ");
    (void)fgets(tmp_str, TMP_STRING_LEN, stdin);
    strip_return(tmp_str);
    strncpy(new_entry.title, tmp_str, CAT_TITLE_LEN - 1);

    printf("Enter type: ");
    (void)fgets(tmp_str, TMP_STRING_LEN, stdin);
    strip_return(tmp_str);
    strncpy(new_entry.type, tmp_str, CAT_TYPE_LEN - 1);

    printf("Enter artist: ");
    (void)fgets(tmp_str, TMP_STRING_LEN, stdin);
    strip_return(tmp_str);
    strncpy(new_entry.artist, tmp_str, CAT_ARTIST_LEN - 1);

    printf("\nNew catalog entry entry is :-\n");
    display_cdc(&new_entry);
    if (get_confirm("Add this entry ?")) {
        memcpy(entry_to_update, &new_entry, sizeof(new_entry));
        return(1);
    }
    return(0);
}
```

(10) 下面是用于输入曲目信息的函数enter_new_track_entries。这个函数比标题项函数要稍微复杂一点，因为你允许保留已经存在的曲目项：

```
static void enter_new_track_entries(const cdc_entry *entry_to_add_to)
{
    cdt_entry new_track, existing_track;
    char tmp_str[TMP_STRING_LEN + 1];
    int track_no = 1;
    if (entry_to_add_to->catalog[0] == '\0') return;

    printf("\nUpdating tracks for %s\n", entry_to_add_to->catalog);
    printf("Press return to leave existing description unchanged,\n");
    printf(" a single d to delete this and remaining tracks,\n");
    printf(" or new track description\n");

    while(1) {
```

(11) 首先，必须检查当前曲目编号处是否已有曲目存在。根据查询结果，程序将对提示做相应的修改：

```
        memset(&new_track, '\0', sizeof(new_track));
        existing_track = get_cdt_entry(entry_to_add_to->catalog,
                                        track_no);
        if (existing_track.catalog[0]) {
            printf("\tTrack %d: %s\n", track_no,
                            existing_track.track_txt);
            printf("\tNew text: ");
        }
        else {
            printf("\tTrack %d description: ", track_no);
        }
        fgets(tmp_str, TMP_STRING_LEN, stdin);
        strip_return(tmp_str);
```

(12) 如果当前曲目编号处没有现存曲目，而且用户也未添加一条记录，则程序就认为曲目都已经添加完毕了：

```
        if (strlen(tmp_str) == 0) {
            if (existing_track.catalog[0] == '\0') {
                    /* no existing entry, so finished adding */
                break;
            }
            else {
                /* leave existing entry, jump to next track */
                track_no++;
                continue;
            }
        }
```

(13) 如果用户输入一个单独的字符d，这将会删除当前以及更高编号的曲目记录。如果del_cdt_entry函数找不到待删除的曲目，它将会返回false：

```
        if ((strlen(tmp_str) == 1) && tmp_str[0] == 'd') {
                /* delete this and remaining tracks */
            while (del_cdt_entry(entry_to_add_to->catalog, track_no)) {
                track_no++;
            }
```

```
            break;
        }
```

(14) 下面这段代码的作用是添加一个新的曲目或者更新一个现有曲目。首先构建一个cdt_entry
结构new_track，然后调用数据库函数add_cdt_entry来把它添加到数据库中：

```
        strncpy(new_track.track_txt, tmp_str, TRACK_TTEXT_LEN - 1);
        strcpy(new_track.catalog, entry_to_add_to->catalog);
        new_track.track_no = track_no;
        if (!add_cdt_entry(new_track)) {
            fprintf(stderr, "Failed to add new track\n");
            break;
        }
        track_no++;
    } /* while */
}
```

(15) 函数del_cat_entry删除一个标题项。如果标题项被删除了，那么原来属于它的曲目记录也
都将被删除：

```
static void del_cat_entry(const cdc_entry *entry_to_delete)
{
    int track_no = 1;
    int delete_ok;

    display_cdc(entry_to_delete);
    if (get_confirm("Delete this entry and all it's tracks? ")) {
        do {
            delete_ok = del_cdt_entry(entry_to_delete->catalog,
                                      track_no);
            track_no++;
        } while(delete_ok);

        if (!del_cdc_entry(entry_to_delete->catalog)) {
            fprintf(stderr, "Failed to delete entry\n");
        }
    }
}
```

(16) 接下来这个函数的作用是删除与某个标题项对应的所有曲目：

```
static void del_track_entries(const cdc_entry *entry_to_delete)
{
    int track_no = 1;
    int delete_ok;

    display_cdc(entry_to_delete);
    if (get_confirm("Delete tracks for this entry? ")) {
        do {
            delete_ok = del_cdt_entry(entry_to_delete->catalog, track_no);
            track_no++;
        } while(delete_ok);
    }
}
```

(17) 下面是一个非常简单的标题搜索函数。它允许用户输入一个字符串，然后查找包含这个字符串的标题项。因为可能存在多个匹配的记录，所以只是依次将每个匹配的记录提供给用户：

```
static cdc_entry find_cat(void)
{
    cdc_entry item_found;
    char tmp_str[TMP_STRING_LEN + 1];
    int first_call = 1;
    int any_entry_found = 0;
    int string_ok;
    int entry_selected = 0;

    do {
        string_ok = 1;
        printf("Enter string to search for in catalog entry: ");
        fgets(tmp_str, TMP_STRING_LEN, stdin);
        strip_return(tmp_str);
        if (strlen(tmp_str) > CAT_CAT_LEN) {
            fprintf(stderr, "Sorry, string too long, maximum %d \
                            characters\n", CAT_CAT_LEN);
            string_ok = 0;
        }
    } while (!string_ok);

    while (!entry_selected) {
        item_found = search_cdc_entry(tmp_str, &first_call);
        if (item_found.catalog[0] != '\0') {
            any_entry_found = 1;
            printf("\n");
            display_cdc(&item_found);
            if (get_confirm("This entry? ")) {
                entry_selected = 1;
            }
        }
        else {
            if (any_entry_found) printf("Sorry, no more matches found\n");
            else printf("Sorry, nothing found\n");
            break;
        }
    }
    return(item_found);
}
```

(18) list_tracks 函数用于输出指定标题项的所有曲目：

```
static void list_tracks(const cdc_entry *entry_to_use)
{
    int track_no = 1;
    cdt_entry entry_found;

    display_cdc(entry_to_use);
    printf("\nTracks\n");
    do {
            entry_found = get_cdt_entry(entry_to_use->catalog,
                                        track_no);
```

7

```
                if (entry_found.catalog[0]) {
                    display_cdt(&entry_found);
                    track_no++;
                }
        } while(entry_found.catalog[0]);
        (void)get_confirm("Press return");
} /* list_tracks */
```

(19) count_all_entries函数用于统计所有曲目数量:

```
static void count_all_entries(void)
{
    int cd_entries_found = 0;
    int track_entries_found = 0;
    cdc_entry cdc_found;
    cdt_entry cdt_found;
    int track_no = 1;
    int first_time = 1;
    char *search_string = "";

    do {
        cdc_found = search_cdc_entry(search_string, &first_time);
        if (cdc_found.catalog[0]) {
            cd_entries_found++;
            track_no = 1;
            do {
                cdt_found = get_cdt_entry(cdc_found.catalog, track_no);
                if (cdt_found.catalog[0]) {
                    track_entries_found++;
                    track_no++;
                }
            } while (cdt_found.catalog[0]);
        }
    } while (cdc_found.catalog[0]);

    printf("Found %d CDs, with a total of %d tracks\n", cd_entries_found,
            track_entries_found);
    (void)get_confirm("Press return");
}
```

(20) 下面是display_cdc函数,它用来显示一条标题项记录:

```
static void display_cdc(const cdc_entry *cdc_to_show)
{
    printf("Catalog: %s\n", cdc_to_show->catalog);
    printf("\ttitle: %s\n", cdc_to_show->title);
    printf("\ttype: %s\n", cdc_to_show->type);
    printf("\tartist: %s\n", cdc_to_show->artist);
}
```

display_cdt函数的作用是显示一条曲目项记录:

```
static void display_cdt(const cdt_entry *cdt_to_show)
{
    printf("%d: %s\n", cdt_to_show->track_no, cdt_to_show->track_txt);
}
```

(21) `strip_return`函数的作用是删除字符串尾部的换行符。记住，Linux同UNIX一样，使用一个单独的换行符来表明一行的结束：

```
static void strip_return(char *string_to_strip)
{
    int len;

    len = strlen(string_to_strip);
    if (string_to_strip[len - 1] == '\n') string_to_strip[len - 1] = '\0';
}
```

(22) `command_mode`是一个对命令行参数进行解析的函数。其中调用的`getopt`函数是一个确保程序能够接受符合标准Linux规范的参数的好方法：

```
static int command_mode(int argc, char *argv[])
{
    int c;
    int result = EXIT_SUCCESS;
    char *prog_name = argv[0];

    /* these externals used by getopt */
    extern char *optarg;
    extern optind, opterr, optopt;

    while ((c = getopt(argc, argv, ":i")) != -1) {
        switch(c) {
            case 'i':
                if (!database_initialize(1)) {
                    result = EXIT_FAILURE;
                    fprintf(stderr, "Failed to initialize database\n");
                }
                break;
            case ':':
            case '?':
            default:
                fprintf(stderr, "Usage: %s [-i]\n", prog_name);
                result = EXIT_FAILURE;
                break;
        } /* switch */
    } /* while */
    return(result);
}
```

实 验　`cd_access.c`

现在开始介绍用于访问dbm数据库的函数：

(1) 与往常一样，你从包含头文件开始。然后用#define语句指定将用来存储数据的文件：

```
#define _XOPEN_SOURCE

#include <unistd.h>
#include <stdlib.h>
#include <stdio.h>
```

```
#include <fcntl.h>
#include <string.h>

#include <ndbm.h>
/* The above may need to be changed to gdbm-ndbm.h on some distributions */

#include "cd_data.h"

#define CDC_FILE_BASE "cdc_data"
#define CDT_FILE_BASE "cdt_data"
#define CDC_FILE_DIR  "cdc_data.dir"
#define CDC_FILE_PAG  "cdc_data.pag"
#define CDT_FILE_DIR "cdt_data.dir"
#define CDT_FILE_PAG "cdt_data.pag"
```

(2) 使用下面两个文件范围变量追踪当前的数据库：

```
static DBM *cdc_dbm_ptr = NULL;
static DBM *cdt_dbm_ptr = NULL;
```

(3) 默认情况下，database_initialize函数打开一个已有的数据库，但通过传递一个非零的（即布尔值为真）参数new_database给它，你就可以强迫它创建一个新的（空）数据库，并有效地删除任何已有的数据库。如果数据库被成功初始化，那么两个数据库指针也被初始化，以此表明数据库被打开：

```
int database_initialize(const int new_database)
{
    int open_mode = O_CREAT | O_RDWR;

    /* If any existing database is open then close it */
    if (cdc_dbm_ptr) dbm_close(cdc_dbm_ptr);
    if (cdt_dbm_ptr) dbm_close(cdt_dbm_ptr);

    if (new_database) {
        /* delete the old files */
        (void) unlink(CDC_FILE_PAG);
        (void) unlink(CDC_FILE_DIR);
        (void) unlink(CDT_FILE_PAG);
        (void) unlink(CDT_FILE_DIR);
    }

    /* Open some new files, creating them if required */
    cdc_dbm_ptr = dbm_open(CDC_FILE_BASE, open_mode, 0644);
    cdt_dbm_ptr = dbm_open(CDT_FILE_BASE, open_mode, 0644);
    if (!cdc_dbm_ptr || !cdt_dbm_ptr) {
        fprintf(stderr, "Unable to create database\n");
        cdc_dbm_ptr = cdt_dbm_ptr = NULL;
        return (0);
    }
    return (1);
}
```

(4) database_close函数用于关闭已打开的数据库，并将两个数据库指针设为null，以此表明当前没有打开的数据库：

```
void database_close(void)
{
    if (cdc_dbm_ptr) dbm_close(cdc_dbm_ptr);
    if (cdt_dbm_ptr) dbm_close(cdt_dbm_ptr);

    cdc_dbm_ptr = cdt_dbm_ptr = NULL;
}
```

(5) 接下来这个函数，当给它传递一个指向标题项文本字符串的指针时，它将检索出一个标题项来。如果标题项没有找到，其返回数据中的标题域将为空：

```
cdc_entry get_cdc_entry(const char *cd_catalog_ptr)
{
    cdc_entry entry_to_return;
    char entry_to_find[CAT_CAT_LEN + 1];
    datum local_data_datum;
    datum local_key_datum;

    memset(&entry_to_return, '\0', sizeof(entry_to_return));
```

(6) 函数先做一些完整性检查，确保数据库已打开而且你传递了一个合理的参数，即搜索关键字里只包含有效的字符串和null：

```
    if (!cdc_dbm_ptr || !cdt_dbm_ptr) return (entry_to_return);
    if (!cd_catalog_ptr) return (entry_to_return);
    if (strlen(cd_catalog_ptr) >= CAT_CAT_LEN) return (entry_to_return);

    memset(&entry_to_find, '\0', sizeof(entry_to_find));
    strcpy(entry_to_find, cd_catalog_ptr);
```

(7) 设置dbm函数需要的datum结构，然后使用dbm_fetch函数来检索数据。如果没有数据可以获得，你将返回先前初始化过的空的entry_to_return结构：

```
    local_key_datum.dptr = (void *) entry_to_find;
    local_key_datum.dsize = sizeof(entry_to_find);

    memset(&local_data_datum, '\0', sizeof(local_data_datum));
    local_data_datum = dbm_fetch(cdc_dbm_ptr, local_key_datum);
    if (local_data_datum.dptr) {
        memcpy(&entry_to_return, (char *)local_data_datum.dptr,
               local_data_datum.dsize);
    }
    return (entry_to_return);
} /* get_cdc_entry */
```

(8) 你希望还能对一个单独的曲目项进行检索，这正是下面这个函数实现的功能。它与get_cdc_entry函数的工作方式基本类似，不过它需要一个指向标题字符串的指针和一个曲目编号作为参数：

```
cdt_entry get_cdt_entry(const char *cd_catalog_ptr, const int track_no)
{
    cdt_entry entry_to_return;
    char entry_to_find[CAT_CAT_LEN + 10];
    datum local_data_datum;
    datum local_key_datum;
```

7

```
    memset(&entry_to_return, '\0', sizeof(entry_to_return));

    if (!cdc_dbm_ptr || !cdt_dbm_ptr) return (entry_to_return);
    if (!cd_catalog_ptr) return (entry_to_return);
    if (strlen(cd_catalog_ptr) >= CAT_CAT_LEN) return (entry_to_return);
    /* set up the search key, which is a composite key of catalog entry
       and track number */
    memset(&entry_to_find, '\0', sizeof(entry_to_find));
    sprintf(entry_to_find, "%s %d", cd_catalog_ptr, track_no);

    local_key_datum.dptr = (void *) entry_to_find;
    local_key_datum.dsize = sizeof(entry_to_find);

    memset(&local_data_datum, '\0', sizeof(local_data_datum));
    local_data_datum = dbm_fetch(cdt_dbm_ptr, local_key_datum);
    if (local_data_datum.dptr) {
        memcpy(&entry_to_return, (char *) local_data_datum.dptr,
                local_data_datum.dsize);
    }
    return (entry_to_return);
}
```

(9) 下一个函数add_cdc_entry的作用是增加一个新的标题项记录：

```
int add_cdc_entry(const cdc_entry entry_to_add)
{
    char key_to_add[CAT_CAT_LEN + 1];
    datum local_data_datum;
    datum local_key_datum;
    int result;

    /* check database initialized and parameters valid */
    if (!cdc_dbm_ptr || !cdt_dbm_ptr) return (0);
    if (strlen(entry_to_add.catalog) >= CAT_CAT_LEN) return (0);

    /* ensure the search key contains only the valid string and nulls */
    memset(&key_to_add, '\0', sizeof(key_to_add));
    strcpy(key_to_add, entry_to_add.catalog);

    local_key_datum.dptr = (void *) key_to_add;
    local_key_datum.dsize = sizeof(key_to_add);
    local_data_datum.dptr = (void *) &entry_to_add;
    local_data_datum.dsize = sizeof(entry_to_add);

    result = dbm_store(cdc_dbm_ptr, local_key_datum, local_data_datum,
                    DBM_REPLACE);

    /* dbm_store() uses 0 for success */
    if (result == 0) return (1);
    return (0);
}
```

(10) add_cdt_entry函数的作用是增加一个新的曲目项记录。标题字符串和曲目编号组合在一起构成其访问关键字：

```
int add_cdt_entry(const cdt_entry entry_to_add)
{
    char key_to_add[CAT_CAT_LEN + 10];
    datum local_data_datum;
    datum local_key_datum;
    int result;

    if (!cdc_dbm_ptr || !cdt_dbm_ptr) return (0);
    if (strlen(entry_to_add.catalog) >= CAT_CAT_LEN) return (0);

    memset(&key_to_add, '\0', sizeof(key_to_add));
    sprintf(key_to_add, "%s %d", entry_to_add.catalog,
                entry_to_add.track_no);

    local_key_datum.dptr = (void *) key_to_add;
    local_key_datum.dsize = sizeof(key_to_add);
    local_data_datum.dptr = (void *) &entry_to_add;
    local_data_datum.dsize = sizeof(entry_to_add);

    result = dbm_store(cdt_dbm_ptr, local_key_datum, local_data_datum,
                    DBM_REPLACE);

    /* dbm_store() uses 0 for success and -ve numbers for errors */
    if (result == 0)
        return (1);
    return (0);
}
```

(11) 既然可以往数据库里增加数据，你最好还能删除它们。下面这个函数的作用就是删除标题项记录：

```
int del_cdc_entry(const char *cd_catalog_ptr)
{
    char key_to_del[CAT_CAT_LEN + 1];
    datum local_key_datum;
    int result;

    if (!cdc_dbm_ptr || !cdt_dbm_ptr) return (0);
    if (strlen(cd_catalog_ptr) >= CAT_CAT_LEN) return (0);

    memset(&key_to_del, '\0', sizeof(key_to_del));
    strcpy(key_to_del, cd_catalog_ptr);

    local_key_datum.dptr = (void *) key_to_del;
    local_key_datum.dsize = sizeof(key_to_del);

    result = dbm_delete(cdc_dbm_ptr, local_key_datum);

    /* dbm_delete() uses 0 for success */
    if (result == 0) return (1);
    return (0);
}
```

(12) 与上面的函数类似，这个函数用于删除曲目记录。记住，曲目关键字是由标题项字符串和曲目编号两者构成的一个复合索引：

```
int del_cdt_entry(const char *cd_catalog_ptr, const int track_no)
{
    char key_to_del[CAT_CAT_LEN + 10];
    datum local_key_datum;
    int result;

    if (!cdc_dbm_ptr || !cdt_dbm_ptr) return (0);
    if (strlen(cd_catalog_ptr) >= CAT_CAT_LEN) return (0);

    memset(&key_to_del, '\0', sizeof(key_to_del));
    sprintf(key_to_del, "%s %d", cd_catalog_ptr, track_no);

    local_key_datum.dptr = (void *) key_to_del;
    local_key_datum.dsize = sizeof(key_to_del);

    result = dbm_delete(cdt_dbm_ptr, local_key_datum);

    /* dbm_delete() uses 0 for success */
    if (result == 0) return (1);
    return (0);
}
```

(13) 最后非常重要的一点是，你还有一个简单的搜索函数。它不是非常复杂，但它演示了如何在预先不知道关键字的情况下扫描全部的dbm记录项。

因为你事先并不知道会有多少匹配的记录项，所以你将这个函数实现为每次调用返回一个记录项。如果什么也没找到，记录项就将是空的。为了扫描整个数据库，你在调用这个函数时使用一个指向整数的指针*first_call_prt，它在函数第一次被调用时应被设置为1，然后这个函数就知道它应该在数据库的起始处开始搜索。在后续的调用中，这个变量将被设置为0，函数将会从上次找到记录项的位置开始继续搜索。

当希望重新开始搜索时，比如要搜索另外一个标题项时，你必须把*first_call_ptr的值设为真，然后再次调用这个函数，这将重新初始化搜索。

在这个函数的两次调用之间，函数维护一些内部状态信息。这样做的目的是向客户隐藏继续搜索的复杂性，同时保留了搜索函数在具体实现方面的秘密。

如果搜索文本指针指向null字符，那么所有的记录项都将被认为是匹配的。

```
cdc_entry search_cdc_entry(const char *cd_catalog_ptr, int *first_call_ptr)
{
    static int local_first_call = 1;
    cdc_entry entry_to_return;
    datum local_data_datum;
    static datum local_key_datum;    /* notice this must be static */

    memset(&entry_to_return, '\0', sizeof(entry_to_return));
```

(14) 和往常一样，先做完整性检查：

```
    if (!cdc_dbm_ptr || !cdt_dbm_ptr) return (entry_to_return);
    if (!cd_catalog_ptr || !first_call_ptr) return (entry_to_return);
    if (strlen(cd_catalog_ptr) >= CAT_CAT_LEN) return (entry_to_return);
```

```
        /* protect against never passing *first_call_ptr true */
        if (local_first_call) {
            local_first_call = 0;
            *first_call_ptr = 1;
        }
```

(15) 如果这个函数被调用时，*first_call_ptr被设置为true，就表示你需要从数据库的起始位置开始搜索（或重新开始搜索）。如果*first_call_ptr的值不是true，你只需移动到数据库中的下一个关键字：

```
        if (*first_call_ptr) {
            *first_call_ptr = 0;
            local_key_datum = dbm_firstkey(cdc_dbm_ptr);
        }
        else {
            local_key_datum = dbm_nextkey(cdc_dbm_ptr);
        }

        do {
            if (local_key_datum.dptr != NULL) {
                /* an entry was found */
                local_data_datum = dbm_fetch(cdc_dbm_ptr, local_key_datum);
                if (local_data_datum.dptr) {
                    memcpy(&entry_to_return, (char *) local_data_datum.dptr,
                        local_data_datum.dsize);
```

(16) 搜索方式非常简单，它只是检查当前标题项是否包含搜索字符串：

```
                /* check if search string occurs in the entry */
                if (!strstr(entry_to_return.catalog, cd_catalog_ptr))
                {
                    memset(&entry_to_return, '\0',
                            sizeof(entry_to_return));
                    local_key_datum = dbm_nextkey(cdc_dbm_ptr);
                }
            }
        }
    } while (local_key_datum.dptr &&
        local_data_datum.dptr &&
        (entry_to_return.catalog[0] == '\0'));
    return (entry_to_return);
} /* search_cdc_entry */
```

现在你将通过下面的makefile文件把所有的程序结合在一起。现在还无须太过操心它，因为你马上就要在下一章中了解它的工作原理。目前你只需敲入它的内容并将其保存为Makefile文件即可：

```
all:    application

INCLUDE=/usr/include/gdbm
LIBS=gdbm
# On some distributions you may need to change the above line to include
# the compatability library, as shown below.
# LIBS= -lgdbm_compat -lgdbm
CFLAGS=
```

```
app_ui.o: app_ui.c cd_data.h
    gcc $(CFLAGS) -c app_ui.c

access.o: access.c cd_data.h
    gcc $(CFLAGS) -I$(INCLUDE) -c access.c

application:    app_ui.o access.o
    gcc $(CFLAGS) -o application app_ui.o access.o -l$(LIBS)


clean:
    rm -f application *.o

nodbmfiles:
    rm -f *.dir *.pag
```

要想编译这个新的CD唱片应用程序，你需要在提示符后输入下面的命令：

$ **make**

如果一切顺利，可执行文件application将被编译并放置到当前目录中。

7.5 小结

在本章中，你学习了数据管理的3个方面知识。首先，你学习了Linux内存系统的知识，虽然按需换页虚拟内存的内部实现非常复杂，但它的使用还是相当简单的。你还学习了它是如何保护操作系统和其他进程免受非法内存访问侵害的。

接下来，我们介绍了文件锁定功能是如何允许多个程序在访问数据时协调工作的。你首先看到了一个简单的二进制信号量机制。然后是一个更复杂的情形，即用共享锁和独占锁来锁住同一个文件的不同部分。然后我们介绍了dbm库，它具有使用一个非常灵活的索引布局来存储和高效地检索任意数据块的能力。

最后，我们用dbm库作为数据存储技术重新设计并实现了CD唱片应用程序。

第 8 章

MySQL

至此，我们已经探讨了使用平面文件进行一些基本的数据管理，随后又介绍了简单但却非常快速的dbm。现在我们将介绍一个功能更齐全的数据工具：RDBMS或关系型数据库管理系统（Relational Database Management System）。

两个最著名的开源RDBMS应用软件是PostgreSQL和MySQL。PostgreSQL能在任何情况下免费使用。MySQL尽管在某些环境下需要收取许可证费用，但在许多场合下它还是免费的。用于同一用途的商业产品有Oracle、Sybase和DB2，它们都能运行于多种平台之上。仅支持Windows平台的微软SQL Server是市场上的另一个分支。所有这些产品包都有它们独特的优点，但由于本书的容量限制以及宣传开源软件的义务，本书将只专注于MySQL。

MySQL的起源大约要追溯到1984年，但在MySQL AB公司的赞助之下，MySQL用于商业开发和管理已经有许多年了。虽然MySQL是开源的，但它的使用条款经常与其他的开源项目发生混淆。因此，我们有必要在这里指出，虽然它在许多场合下的使用是遵循GPL的，但是也有许多场合下你必须购买它的商业许可证才能使用它。

如果你需要一个开源数据库，但是又无法接受在GPL之下使用MySQL的条款，并且你不希望购买它的商业许可证，那么在写作本书的时候，因为使用PostgreSQL的许可证条款不存在那么多限制，你或许可以考虑使用具备更强功能的PostgreSQL数据库。有关PostgreSQL的更多详细资料见网址www.postgresql.org。

要了解更多有关PostgreSQL的内容，请查阅我们的书籍《PostgreSQL：从入门到专家》（ *Beginning Databases with PostgreSQL: From Novice to Professional* ）第二版（Apress，2005，ISBN 1590594789 ）。

在本章中，我们将介绍下面一些MySQL主题：

❑ 安装MySQL
❑ 必备的MySQL管理命令
❑ MySQL的基本功能
❑ 从C程序访问MySQL数据库的API
❑ 使用C语言创建一个用于我们的CD数据库应用程序的关系型数据库

8.1 安装

无论你喜欢使用的是哪种Linux套件，你的Linux套件很可能已提供了预编译的MySQL版本进行安装。例如，Red Hat、SUSE和Ubuntu都在它们的当前发行版中提供了预编译的MySQL软件包。一般来说，我们建议读者使用预编译的版本，因为它提供了一种最简单的快速建立并运行MySQL的方法。如果你的发行版未提供MySQL软件包，或者你想使用最新的MySQL版本，那么你可以从MySQL的网站上下载二进制包和源代码包。

在本章中，我们只介绍如何安装预编译的MySQL版本。

8.1.1   MySQL 软件包

如果你因故需要下载MySQL而不是使用与Linux套件捆绑的版本，对本书而言，你应该使用MySQL社区版中的标准软件包。你会看到还有Max和Debug软件包可以使用。其中Max软件包包含一些额外的功能，如支持更多不常见的存储文件类型和一些高级功能（如集群）。Debug软件包在被编译时包含了一些额外调试代码和信息，希望你不需要使用这么底层的调试。

> 不要在正规场合使用Debug版本，因为额外的调试支持会降低软件的性能。

为了开发MySQL应用程序，你不仅需要安装MySQL服务器，还需要安装MySQL开发库。通常情况下，软件包管理器都会有一个MySQL选项，你只需要确认开发库已被选择安装。在图8-1中，你可以看到Fedora的软件包管理器选择了额外的开发软件包以安装MySQL。

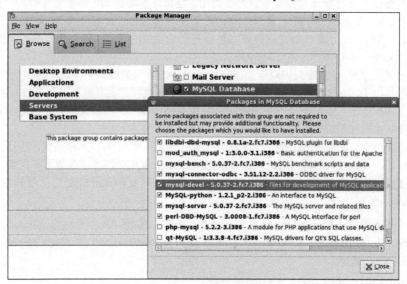

图   8-1

在其他Linux发行版中，软件包的安排可能略有不同。例如，图8-2显示了Ubuntu的synaptic软件包管理器选择MySQL软件包的界面。

MySQL在安装时还会创建用户“mysql”，该用户是MySQL服务器守护进程运行时所使用的默认用户名。

在安装完MySQL软件包之后，你需要检查MySQL是否已自动启动了。在写作本书的时候，有些Linux发行版如Ubuntu是这么做的，但也有一些Linux发行版如Fedora没有这么做。幸运的是，检查MySQL服务器是否正在运行是一件非常容易的事情：

```
$ ps -el | grep mysqld
```

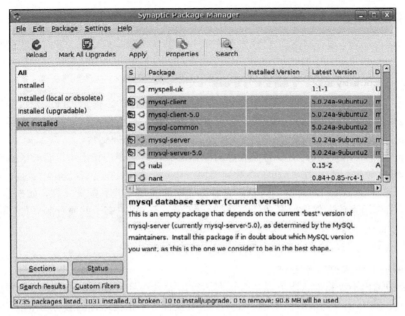

图 8-2

如果你看到有一个或多个`mysqld`进程正在运行，那么表示MySQL服务器已启动了。在许多Linux系统中，你还会看到存在一个`safe_mysqld`进程，它是一个以正确的用户id启动真正的`mysqld`进程的工具。

如果需要启动（或重启、停止）MySQL服务器，你可以使用GUI界面的服务控制面板。Fedora的服务配置面板如图8-3所示。

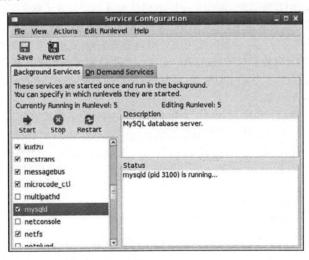

图 8-3

你还可以使用服务配置编辑器，来确定你是否想要MySQL服务器在每次Linux启动时自动运行。

8.1.2   安装后的配置

假设一切运行正常，现在MySQL已经安装完成并以默认选项集启动了。下面让我们来测试这一假设是否正确：

```
$ mysql -u root mysql
```

如果看到"Welcome to the MySQL monitor"信息和一个mysql>提示符，就表示服务器正在运行了。当然，现在在任何人都能连接到服务器并拥有管理员权限，我们将在稍后解决这个问题。试着输入\s来得到更多关于服务器的信息。看完后，输入quit或者\q退出控制台。

使用命令mysql -?可以获得更多有关服务器的信息。在该命令的输出中，有一条重要信息值得注意。在该命令输出参数列表之后，你通常将看到类似Default options are read from the following files in the given order:这样的一句话。它告诉你在哪里可以找到配置文件，如果需要配置MySQL服务器，你就需要用到该文件。配置文件通常是/etc/my.cnf，也有一些发行版（如Ubuntu）使用的是/etc/mysql/my.cnf。

你也可以使用mysqladmin命令来查看正在运行的服务器状态：

```
$ mysqladmin -u root version
```

这个命令的输出不仅将确认服务器是否正在运行，而且还将告知正在使用的服务器的版本号。

mysqladmin命令还可以借助使用variables选项检查一个正在运行的服务器中的所有配置选项：

```
$ mysqladmin variables
```

上面的命令将输出一长串变量设置。其中两个特别有用的变量是：datadir和have_innodb，前者告诉你MySQL在哪里存储它的数据，后者的值通常是YES，表明MySQL服务器支持InnoDB存储引擎。MySQL支持好几种存储引擎，即用于数据存储的底层实现程序。最常见（也是最有用）的两个存储引擎是InnoDB和MyISAM，但也有一些其他的存储引擎，如memory引擎，它根本不使用永久存储，而CSV引擎则使用逗号分隔的变量文件。不同的引擎有着不同的功能和性能。对于通用数据库来说，我们目前建议使用InnoDB存储引擎，因为它在性能和对加强不同数据元素之间关系的支持上取得了一个很好的折中。如果服务器没有启用对InnoDB的支持，请检查配置文件/etc/my.cnf，在skip-innodb一行的开头加上#号以注释掉该行，然后使用服务编辑器重启MySQL。如果这样做不行，那么你使用的MySQL版本可能在编译时没有包含InnoDB的支持。如果这对你很重要，那么请检查MySQL网站以找到一个支持InnoDB版本的版本。对于本章来说，即使你使用的是MyISAM存储引擎也没有关系，许多发行版默认使用的就是这个引擎。

一旦知道服务器二进制代码中已包括了对InnoDB的支持，为了将其设置为默认存储引擎，你必须按如下方法修改/etc/my.cnf文件，否则服务器默认使用的就是MyISAM引擎。修改方法非常简单，在/etc/my.cnf文件的mysqld一节中添加default-storage-engine=INNODB一行内容。如下所示文件的开头：

```
[mysqld]
default-storage-engine=INNODB
datadir=/var/lib/mysql
...
```

在本章的剩余部分，我们假设默认的存储引擎已被设置为InnoDB。

在实际的应用环境中，你通常还会想改变由datadir变量设置的默认存储位置。这也是通过编辑/etc/my.cnf配置文件中的mysqld一节来完成的。例如，如果你使用的是InnoDB存储引擎，准备将数据文件放在/vol02目录中，将日志文件放在/vol03目录中，设置数据文件的初始大小为10M，并允许它自扩充，你可以使用如下的配置行：

```
innodb_data_home_dir = /vol02/mysql/data
innodb_data_file_path = ibdata1:10M:autoextend
innodb_log_group_home_dir = /vol03/mysql/logs
```

你可以在www.mysql.com网站上的在线手册中了解更多信息。

如果服务器不能启动或服务器启动后你无法连接到数据库，请阅读下一节来诊断安装中的问题。

好的，还记得之前我们提到的那个巨大的安全漏洞吗？它允许任何人以root用户身份进行连接而不需要输入密码。现在是时候提高服务器的安全性了。你千万不要被MySQL安装中所使用的root用户名搞糊涂了，MySQL的root用户和系统的root用户毫无关系。MySQL只不过默认使用一个称为"root"的用户作为管理用户，就像Linux操作系统一样。MySQL数据库的用户和Linux系统的用户ID没有关系，MySQL有它自己的内置用户和权限管理。在默认情况下，只要在Linux系统中有账号的用户都可以以MySQL管理员的身份登录进MySQL服务器。一旦你收紧了MySQL中root用户的权限，如只允许本地用户以root用户身份登录并设置了访问密码，你就可以只添加对你的应用程序正常工作绝对必要的用户和权限了。

有很多设定root用户密码的方法，最简单的方法是使用如下命令：

```
$ mysqladmin -u root password newpassword
```

这将设定初始密码为newpassword。

但是，这个方法会引发问题，因为明文密码将会留在shell的历史记录中，并且当命令正在执行时，其他人可以使用ps命令看到该密码，或者通过你的命令历史记录重现该密码。一个更好的方法是再次使用MySQL控制台，这次是发送一些SQL语句来修改你的密码。

```
$ mysql -u root
Welcome to the MySQL monitor.  Commands end with ; or \g.
Your MySQL connection id is 4

Type 'help;' or '\h' for help. Type '\c' to clear the buffer.

mysql> SET password=PASSWORD('secretpassword');
Query OK, 0 rows affected (0.00 sec)
```

当然，你需要选择一个只有你自己知道的密码，而不是例子中的"secretpassword"，这个密码只是用来显示你自己的密码应该输入的位置。如果你又想要删除这个密码，你只需用一个空字符串代替"secretpassword"即可。

请注意，我们使用一个分号（;）来结束SQL命令。严格来说，分号并不是实际SQL命令的一部分，它只是告诉MySQL客户端程序我们的SQL语句已准备好被执行了。我们还为SQL关键字使用了大写字母，如SET。这并不是必需的，因为实际的MySQL语法允许关键字使用大写或小写字母，但我们在本书中以及在日常的工作中都习惯于使用大写的关键字，因为这样会使得SQL语句更容易阅读。

现在检查一下权限表以确认密码已被设置。首先使用use命令切换到mysql数据库，然后查询内部表：

8

```
mysql> use mysql
mysql> SELECT user, host, password FROM user;
+------+-----------+------------------+
| user | host      | password         |
+------+-----------+------------------+
| root | localhost | 2dxf8e9c23age6ed |
| root | fc7blp4e  |                  |
|      | localhost |                  |
|      | fc7blp4e  |                  |
+------+-----------+------------------+
4 rows in set (0.01 sec)

mysql>
```

注意观察，我们为从localhost建立连接的root用户创建了一个密码。MySQL不仅能为用户保存不同的权限，也能为基于主机名的连接类保存不同的特权。确保安装安全的下一步将是去除那些由MySQL默认安装的不需要的用户。下面的命令将会从权限表中删除所有非root用户：

```
mysql> DELETE FROM user WHERE user != 'root';
Query OK, 2 rows affected (0.01 sec)
```

下一条命令将删除从localhost以外的任何主机的登录：

```
mysql> DELETE FROM user WHERE host != 'localhost';
Query OK, 1 row affected (0.01 sec)
```

最后，使用如下命令来检查是否还有遗漏的登录：

```
mysql> SELECT user, host, password FROM user;
+------+-----------+------------------+
| user | host      | password         |
+------+-----------+------------------+
| root | localhost | 2dxf8e9c23age6ed |
+------+-----------+------------------+
1 row in set (0.00 sec)

mysql>exit
```

从上面的输出可以看出，我们现在只有一个仅能从localhost连接的登录。

现在是验证事实的时刻了：我们仍能使用设定的密码来登录吗？注意，这次我们给出-p参数，它要求MySQL必须给出询问密码的提示：

```
$ mysql -u root -p
Enter password:
Welcome to the MySQL monitor.  Commands end with ; or \g.
Your MySQL connection id is 7

Type 'help;' or '\h' for help. Type '\c' to clear the buffer.

mysql>
```

现在，我们有了一个正在运行的MySQL版本，它已经被限制为只有使用我们设定密码的root用户才能连接到数据库服务器，并且这个root用户只能从本地机器连接。我们还可以在命令行上提供密码以连接到MySQL。你可以使用参数--password，如--password=secretpassword，或使用-psecretpassword，但显然这是不太安全的，因为密码可能被ps命令或通过命令历史记录看到。然而，如果你正在编写一个需要连接到MySQL的脚本，那么在命令行上提供密码又是必要的。

下一步是添加需要的用户。对于Linux系统来说，除非绝对必需，否则最好不使用root账号来登录MySQL，所以你应该为日常使用创建一个普通用户。

正如我们之前提示的，你可以针对不同的机器来创建用户，并给他们分配不同的连接权限。特别地，出于安全考虑，我们只允许root用户通过本地机器连接。在本章中，我们将创建一个拥有相当广泛权限的新用户rick。rick将能使用3种不同的方法进行连接。

❑ 从本地机器连接。

❑ 从IP地址在192.168.0.0~192.168.0.255范围内的任何机器连接。

❑ 从wiley.com域中的任何机器连接。

最安全最简单的方法是创建3个不同的用户，他们分别从3个不同的地点进行连接。如果愿意，我们甚至可以根据他们从何处连接给他们分别设置3个不同的密码。

我们通过使用grant命令来创建用户并赋予权限。这里，我们使用上面列出的3个不同的连接起点来创建用户。IDENTIFIED BY是一个有点古怪的设定初始密码的语法。请注意引号的使用方法，如下面显示的那样正确使用单引号是很重要的，否则我们将不能按照我们期望的那样创建用户。

以root用户身份连接到MySQL，然后依次执行如下操作。

(1) 为rick创建一个本地登录：

```
mysql> GRANT ALL ON *.* TO rick@localhost IDENTIFIED BY 'secretpassword';
Query OK, 0 rows affected (0.03 sec)
```

(2) 然后创建一个来自C类子网192.168.0的登录。注意，我们必须用单引号来保护IP范围，并使用掩码/255.255.255.0来确定允许的IP地址范围：

```
mysql> GRANT ALL ON *.* TO rick@'192.168.0.0/255.255.255.0' IDENTIFIED BY
'secretpassword';
Query OK, 0 rows affected (0.00 sec)
```

(3) 最后，创建一个登录，让rick能从wiley.com域中的任何机器登录（同样也需要注意单引号的使用）：

```
mysql> GRANT ALL ON *.* TO rick@'%.wiley.com' IDENTIFIED BY 'secretpassword';
Query OK, 0 rows affected (0.00 sec)
```

(4) 现在我们再次查看user表来核对条目：

```
mysql> SELECT user, host, password FROM mysql.user;
+------+-----------------------------+------------------+
| user | host                        | password         |
+------+-----------------------------+------------------+
| root | localhost                   | 2dxf8e8c17ade6ed |
| rick | localhost                   | 3742g6348q8378d9 |
| rick | %.wiley.com                 | 3742g6348q8378d9 |
| rick | 192.168.0.0/255.255.255.0   | 3742g6348q8378d9 |
+------+-----------------------------+------------------+
4 rows in set (0.00 sec)

mysql>
```

当然，你需要调整上面的命令和密码来适应你的本地配置。你将注意到，我们使用的是GRANT ALL ON *.*命令，正如你可能猜测的那样，这给了用户rick非常广泛的权限。对于权力很大的用户这样做当然很好，但是对于创建受限用户就不适用了。我们将在本章的8.2.2节中更详细地介绍grant命令。在那里，我们将讲解如何创建一个受限用户。

至此我们已经安装并运行了MySQL（如果还没有，请阅读下一节），提高了服务器的安全性，并且创建了一个非root用户来准备完成一些工作。接下来我们将首先讨论安装后的故障修复，然后回过头来快速地浏览一下MySQL数据库管理的要素。

8.1.3 安装后的故障修复

如果使用mysql进行连接失败，你可以使用系统的ps命令来检查服务器进程是否正在运行。如果不能在ps命令的输出列表中找到它，则可以尝试执行命令mysql_safed -log。它会将一些额外信息写入位于MySQL日志目录中的文件。还可以尝试直接启动mysqld进程，或使用命令mysqld --verbose --help以获得完整的命令行选项列表。

也有可能是服务器正在运行，但却拒绝了你的连接。如果是这样，下一个需要检查的就是数据库是否存在，特别是默认的MySQL权限数据库是否存在。Red Hat发行版通常默认使用的数据库目录是/var/lib/mysql，但其他发行版可能使用不同的目录位置。请检查MySQL的启动脚本（例如，在/etc/init.d目录中）和配置文件/etc/my.cnf来找到数据库目录位置，你也可以使用mysqld --verbose -help命令直接调用mysqld程序，并查找命令输出中的变量datadir来找到数据库目录位置。一旦你找到了数据库目录，请确认它至少包含一个默认的权限数据库（称为mysql），并且服务器守护进程正在使用这个位置（通过文件my.cnf来指定）。

如果你还是无法连接，请使用服务编辑器停止服务器，检查并确认已没有mysqld进程正在运行，然后重启服务器并再次尝试连接。如果这样做你还是无法连接，你可以尝试完全卸载MySQL并重新安装它。MySQL网站上的MySQL文档也是非常有用的资源（它总是比本地的手册页要新，而且它还会包含一些用户编辑的提示和建议以及一个论坛），你可以通过浏览该文档来找到一些更深层次的信息。

8.2 MySQL 管理

包含在MySQL发行版中的一些有用的工具程序使管理工作变得相当容易。它们中最常用的是mysqladmin程序。我们将在本节中介绍这个程序以及其他一些工具。

8.2.1 命令

除mysqlshow命令以外，所有的MySQL命令都接受表8-1所示的3个标准参数。

表 8-1

命令选项	参 数	说 明
-u	用户名	在默认情况下，mysql工具会尝试把当前Linux的用户名作为MySQL的用户名。你可以使用-u参数来指定一个不同的用户名
-p	[密码]	如果给出了-p参数但是未提供密码，系统会提示输入密码。如果没有给出-p参数，MySQL命令将假设不需要密码
-h	主机名	用于连接位于不同主机上的服务器（这个参数对于本地服务器总是可以省略）

> 我们再次建议你不要把密码放在命令行上，因为它可以被ps命令看到。

1. myisamchk命令

myisamchk工具是设计用来检查和修复使用默认MYISAM表格式的任何数据表，MYISAM表格式由MySQL自身支持。通常情况下，myisamchk应该以安装时创建的mysql用户身份来运行，并且运行该命令时应该位于数据表所处的目录中。为了检查数据库，首先执行命令su mysql，然后改变目录到与数据库名称对应的目录下，使用表8-2中推荐的一个或多个选项来运行myisamchk。例如：

```
myisamchk -e -r *.MYI
```

myisamchk最常见的命令选项见表8-2。

表 8-2

命令选项	说　明
-c	检查表以发现错误
-e	执行扩展检查
-r	修复发现的错误

为获得更多信息，我们可以不带任何参数调用myisamchk命令以查看更多的帮助信息。这个工具对InnoDB类型的数据表没有效果。

2. mysql命令

这是MySQL一个主要的且功能非常强大的命令行工具。几乎每个管理或用户级别的任务都可以在这里执行。你可以从命令行启动mysql，通过在命令行的最后添加数据库名称作为参数，你就无需在MySQL的控制台中使用use <database>命令。例如，以用户名rick、提示输入密码（注意-p参数后面有一个空格）、默认使用数据库foo来启动控制台的命令如下所示：

```
$ mysql -u rick -p foo
```

你可以使用mysql --help | less命令来逐页查看mysql控制台的其他命令行选项列表。

如果在启动MySQL时未指定数据库，你可以在MySQL中使用use <databasename>选项来选择一个数据库，正如表8-3的命令列表显示的那样。

另外，你还可以通过非交互模式来运行mysql，只需捆绑命令到一个输入文件中并从命令行读取它即可。在这种情况下，你必须在命令行上指定密码：

```
$ mysql -u rick --password=secretpassword foo < sqlcommands.sql
```

一旦mysql读取并处理完命令，它就将返回到命令提示符。

当mysql客户端连接到服务器后，除了标准的SQL92命令集以外，还有一些特定的命令也会被mysql支持，如表8-3所示。

表 8-3

命　　令	可选的简短形式	说　明
help 或 ?	\h 或 \?	显示命令列表
edit	\e	编辑命令。使用的编辑器由环境变量$EDITOR决定
exit 或 quit	\q	退出MySQL客户端
go	\g	执行命令
source <filename>	\.	从指定文件执行SQL
status	\s	显示服务器状态信息
system <command>	\!	执行一个系统命令
tee <filename>	\T	把所有输出的副本添加到指定文件中
use <database>	\u	使用给定的数据库

这个命令集中一个非常重要的命令是use。mysqld服务器支持同时拥有许多不同的数据库这一想

8

272 第 8 章 MySQL

法，所有的数据库都由同一个服务器进程来服务和管理。许多其他数据库服务器，如Oracle和Sybase，使用术语schema（方案），而MySQL最经常使用的术语是database（MySQL查询浏览器使用的是术语schema）。每个数据库（在MySQL的术语中）都是一个基本独立的表格集。这使得你可以针对不同的目的建立不同的数据库，并为每个数据库指定不同的用户，而只需要使用同一个数据库服务器就可以有效地管理它们了。只要拥有适当的权限，你就可以通过使用use命令在不同的数据库之间进行切换。

特定数据库mysql是由MySQL安装自动创建的，它用于保存如用户和权限这样的数据。

SQL92是使用最广泛的一个ANSI SQL标准版本。它为SQL数据库的工作方式、不同数据库产品之间的互操作和通信创建一致的标准。

3. mysqladmin

这是快速进行MySQL数据库管理的主要工具。除了常见的参数以外，它还支持如表8-4所示的命令。

表 8-4

命 令	说 明
create <database_name>	创建一个新数据库
drop <database_name>	删除一个数据库
password <new_password>	修改密码（正如你前面看到的那样）
ping	检查服务器是否正在运行
reload	重载控制权限的grant表
status	提供服务器的状态
shutdown	停止服务器
variables	显示控制MySQL操作的变量及其当前值
version	提供服务器的版本号以及它持续运行的时间

如果不带参数调用mysqladmin命令，我们就可以从命令提示符下看到完整的选项列表。你也许想使用| less来分页显示。

4. mysqlbug

如果运气好的话，你将不会有机会使用这个命令。顾名思义，这个工具生成一个用于发送给MySQL维护者的错误报告。在发送它之前，你可能希望编辑生成的文件以提供对开发者可能有用的其他信息。

5. mysqldump

这是一个极其有用的工具，它允许你以SQL命令集的形式将部分或整个数据库导出到一个单独文件中，该文件能被重新导入MySQL或其他的SQL RDBMS。它接受标准用户和密码信息作为参数，也接受数据库名和表名作为参数。表8-5中列出的其他选项大大扩展了这个工具的功能。

表 8-5

命 令	说 明
--add-drop-table	添加SQL命令到输出文件，以在创建表的命令之前丢弃（删除）任何表
-e	使用扩展的insert语法。这不是标准SQL，但是如果正在转储大量数据，那么当你试图重新加载这些数据到MySQL时，这将加快转储数据的加载速度
-t	只转储表中的数据，而不是用来创建表的信息
-d	只转储表结构，而不是实际数据

默认情况下，mysqldump将数据发送到标准输出，而你一般都是希望把它重定向到文件。

这个工具对于迁移数据或快速备份非常有用。此外，由于MySQL的客户端服务器实现方式，通过使用一个安装在不同机器上的mysqldump客户端，它甚至可以用来实现远程备份。下面这个例子显示了通过用户名rick进行连接，转储数据库myplaydb的例子：

```
$ mysqldump -u rick -p myplaydb > myplaydb.dump
```

在我们的系统上， myplaydb数据库中只有一个表，结果文件如下所示：

```
-- MySQL dump 10.11
--
-- Host: localhost    Database: myplaydb
-- ------------------------------------------------------
-- Server version        5.0.37

/*!40101 SET @OLD_CHARACTER_SET_CLIENT=@@CHARACTER_SET_CLIENT */;
/*!40101 SET @OLD_CHARACTER_SET_RESULTS=@@CHARACTER_SET_RESULTS */;
/*!40101 SET @OLD_COLLATION_CONNECTION=@@COLLATION_CONNECTION */;
/*!40101 SET NAMES utf8 */;
/*!40103 SET @OLD_TIME_ZONE=@@TIME_ZONE */;
/*!40103 SET TIME_ZONE='+00:00' */;
/*!40014 SET @OLD_UNIQUE_CHECKS=@@UNIQUE_CHECKS, UNIQUE_CHECKS=0 */;
/*!40014 SET @OLD_FOREIGN_KEY_CHECKS=@@FOREIGN_KEY_CHECKS, FOREIGN_KEY_CHECKS=0 */;
/*!40101 SET @OLD_SQL_MODE=@@SQL_MODE, SQL_MODE='NO_AUTO_VALUE_ON_ZERO' */;
/*!40111 SET @OLD_SQL_NOTES=@@SQL_NOTES, SQL_NOTES=0 */;


--
-- Table structure for table 'children'
--
DROP TABLE IF EXISTS 'children';
CREATE TABLE 'children' (
  'childno' int(11) NOT NULL auto_increment,
  'fname' varchar(30) default NULL,
  'age' int(11) default NULL,
  PRIMARY KEY  ('childno')
) ENGINE=InnoDB DEFAULT CHARSET=latin1;


--
-- Dumping data for table 'children'
--

LOCK TABLES 'children' WRITE;
/*!40000 ALTER TABLE 'children' DISABLE KEYS */;
INSERT INTO 'children' VALUES
(1,'Jenny',21),(2,'Andrew',17),(3,'Gavin',8),(4,'Duncan',6),(5,'Emma',4),
(6,'Alex',15),(7,'Adrian',9);
/*!40000 ALTER TABLE 'children' ENABLE KEYS */;
UNLOCK TABLES;
/*!40103 SET TIME_ZONE=@OLD_TIME_ZONE */;

/*!40101 SET SQL_MODE=@OLD_SQL_MODE */;
/*!40014 SET FOREIGN_KEY_CHECKS=@OLD_FOREIGN_KEY_CHECKS */;
/*!40014 SET UNIQUE_CHECKS=@OLD_UNIQUE_CHECKS */;
/*!40101 SET CHARACTER_SET_CLIENT=@OLD_CHARACTER_SET_CLIENT */;
```

8

```
/*!40101 SET CHARACTER_SET_RESULTS=@OLD_CHARACTER_SET_RESULTS */;
/*!40101 SET COLLATION_CONNECTION=@OLD_COLLATION_CONNECTION */;
/*!40111 SET SQL_NOTES=@OLD_SQL_NOTES */;

-- Dump completed on 2007-06-22 20:11:48
```

6. **mysqlimport**

mysqlimport命令用于批量将数据导入到一个表中。通过使用mysqlimport，你可以从一个输入文件中读取大量的文本数据。这个命令唯一的参数需求是一个文件名和一个数据库名。mysqlimport将把数据导入到数据库中与文件名（不包括任何文件扩展名）相同的表中。你必须确认文本文件与将要填入数据的表拥有相同的列数，并且数据类型是兼容的。在默认情况下，数据应以tab分隔符分开。

正如我们前面提到的那样，我们也可以通过一个文本文件来执行SQL命令，只需运行mysql命令，并将输入重定向到一个文件即可。

7. **mysqlshow**

这个小工具能够让你快速了解MySQL安装及其组成数据库的信息。

❑ 不提供参数，它列出所有可用的数据库。

❑ 以一个数据库为参数，它列出该数据库中的表。

❑ 以数据库和表名为参数，它列出表中的列。

❑ 以数据库、表和列为参数，它列出指定列的详细信息。

8.2.2 创建用户并赋予权限

作为MySQL管理员，最常见的工作就是维护用户信息——在MySQL中添加和删除用户并管理他们的权限。从MySQL 3.22开始，我们可以通过在MySQL控制台中使用grant和revoke命令来管理用户权限——与在以前版本中必须通过直接编辑特权表来管理用户相比，这项任务变得轻松了很多。

1. **grant命令**

MySQL的grant命令几乎完全遵循SQL92的语法，尽管不是非常严格。它的常规格式是：

```
grant <privilege> on <object> to <user> [identified by user-password] [with
grant option];
```

可以授予的特权值如表8-6所示。

表 8-6

值	说　明
alter	改变表和索引
create	创建数据库和表
delete	从数据库中删除数据
drop	删除数据库和表
index	管理索引
insert	在数据库中添加数据
lock tables	允许锁定表
select	提取数据
update	修改数据
all	以上所有

一些命令还有其他选项。例如，create view授予用户创建视图的权限。要想了解最权威的权限

列表，请查阅MySQL版本的文档，因为每一个新的MySQL版本都会对这一领域进行扩展。还有一些特殊的管理权限，但我们在这里并不关注它们。

授予特权的对象被标识为：

databasename.tablename

在Linux传统中，*代表的是通配符，因此*.*代表每个数据库中的每个对象，而foo.*代表数据库foo中的每个表。

如果指定的用户已经存在，他的特权会被编辑以反映你所做的修改。如果该用户不存在，他就会以指定的特权被创建。正如你前面看到的那样，用户可以被指定为来自某个特定的主机。你应该在同一个命令中同时指定用户和主机，以便灵活获得MySQL权限配置。

在SQL语法中，特殊字符%代表通配符，它与shell环境中*号的作用完全一样。你当然可以为每个期望的特权使用单独的命令，但是如果你想授予用户rick从wiley.com域中任何主机访问的权限，可以把rick描述为：

rick@'%.wiley.com'

任何时候使用%通配符都必须把它放在引号中，以与其他文本分开。

你还可以使用IP/网络掩码标识（N.N.N.N/M.M.M.M）来为访问控制设置一个网络地址。

正如我们之前使用rick@'192.168.0.0/255.255.255.0'来授予rick从本地网络中任何机器连接的特权那样，我们也可以指定rick@'192.168.0.1'来将rick的访问限制到一台工作站，或指定rick@'192.0.0.0/255.0.0.0'来扩大范围以包括192这个A类网络中的所有机器。

下面是另外一个例子：

```
mysql> GRANT ALL ON foo.* TO rick@'%' IDENTIFIED BY 'bar';
```

这将创建用户rick，他拥有对数据库foo的所有权限，并能以初始密码bar从任何机器进行连接。

如果数据库foo尚未存在，那么用户rick现在将拥有使用SQL命令create database来创建该数据库的权限。

IDENTIFIED BY子句是可选的，但在创建用户的同时最好确保他们都设置有密码。

你需要格外小心在用户名、主机名或数据库名中包含下划线的情况，因为SQL中的下划线是一种匹配任意单个字符的模式，这与%匹配一个字符串非常类似。因此只要有可能，请尽量不要在用户名和数据库名中包含下划线。

一般来说，with grant option只会用于创建二级管理员。但是，它也可以用于允许一个新创建的用户将授予他的特权赠予其他用户。所以请始终谨慎地使用with grant option。

2. revoke命令

当然，管理员不仅可以授予用户权限，同样也能够剥夺用户权限。这是通过revoke命令来完成的：

```
revoke <a_privilege> on <an_object> from <a_user>
```

这与grant命令的格式极其相似。例如，

```
mysql> REVOKE INSERT ON foo.* FROM rick@'%';
```

但是，revoke命令不能删除用户。如果想要完全删除一个用户，不要只是修改他们的权限，而应用revoke来删除他们的权限。然后，你就可以切换到内部的mysql数据库，通过从user表中删除相应的行来完全删除一个用户：

```
mysql> use mysql
mysql> DELETE FROM user WHERE user = "rick"
mysql> FLUSH PRIVILEGES;
```

因为未指定主机，所以我们就可以确保删除了我们想要删除的MySQL用户（在本例中是rick）的每个实例。在完成了这个之后，请一定要返回你自己的数据库（使用use命令），否则你仍然在MySQL自己的内部数据库中。

请理解delete与grant和revoke并不属于同一范畴。由于MySQL处理权限方式的需要，这里的SQL语法是必需的。你是通过直接更新MySQL的权限表（因此首先调用命令use mysql）来有效地完成修改的。

在更新表之后，你必须使用命令FLUSH PRIVILEGES来告诉MySQL服务器，它需要重载它的权限表，正如上面例子中显示的那样。

8.2.3 密码

如果想为尚未拥有密码的用户指定密码，或者希望改变自己或别人的密码，你就需要以root用户身份连接到MySQL服务器，然后直接更新用户信息。例如：

```
mysql> use mysql
mysql> SELECT host, user, password FROM user;
```

你会得到如下的一个列表：

```
+-----------+-----------+------------------+
| host      | user      | password         |
+-----------+-----------+------------------+
| localhost | root      | 67457e226a1a15bd |
| localhost | foo       |                  |
+-----------+-----------+------------------+
2 rows in set (0.00 sec)
```

如果想给用户foo指定密码bar，则可以这样做：

```
mysql> UPDATE user SET password = password('bar') WHERE user = 'foo';
```

再次显示user表中的相关列：

```
mysql> SELECT host, user, password FROM user;
+-----------+-----------+------------------+
| host      | user      | password         |
+-----------+-----------+------------------+
| localhost | root      | 65457e236g1a1wbq |
| localhost | foo       | 7c9e0a41222752fa |
+-----------+-----------+------------------+
2 rows in set (0.00 sec)
mysql>
```

很显然，用户foo现在有一个密码了。请不要忘记返回你原先的数据库。

从MySQL 4.1开始，密码机制已经被更新过了。但是，考虑到向后兼容性，你仍然可以使用函数OLD_PASSWORD（'要设置的密码'）来通过老的算法设定密码。

8.2.4 创建数据库

下一步工作就是创建数据库。假设你想要一个名为rick的数据库，还记得你已用同样的名字创建了一个用户。首先，需要授予用户rick广泛的权限以允许他创建新的数据库。这样做对一个开发系统尤其有用，因为它可以让用户有更大的灵活性。

```
mysql> GRANT ALL ON *.* TO rick@localhost IDENTIFIED BY 'secretpassword';
```

现在以rick用户身份登录并创建数据库来测试权限设置：

```
$ mysql -u rick -p
Enter password:
...
mysql> CREATE DATABASE rick;
Query OK, 1 row affected (0.01 sec)
mysql>
```

告诉MySQL我们想使用新的数据库：

```
mysql> use rick
```

现在，你可以向数据库中添加你想要的表和信息了。在以后的登录中，你可以在命令行的结尾指定数据库，而不需要再使用use命令了：

```
$ mysql -u rick -p rick
```

在按照提示输入密码之后，作为连接过程的一部分，在默认情况下，你将自动切换到使用数据库rick。

8.2.5　数据类型

现在，你有了一个可以运行的MySQL服务器、一个安全的用户登录和一个准备好使用的数据库。接下来需要做什么呢？你需要创建一些包含列的表来保存数据。但是，在此之前，你需要了解MySQL支持的数据类型。

MySQL的数据类型非常标准，因此在这里我们将仅仅简要地浏览主要的类型。一如往常，MySQL网站上的MySQL手册对此进行了更为详细的讨论。

1. 布尔类型

可以用关键字BOOL来定义布尔列。正如你所期望的那样，它将持有TRUE和FALSE值。它也可以持有特殊的数据库"未知"值NULL。

2. 字符类型

如表8-7所示，有多种字符类型可供选择。前3个是标准的，后3个是MySQL特有的。我们建议在满足实际使用要求的前提下，尽量坚持使用标准类型。

表　8-7

定　义	说　明
CHAR	单字符
CHAR(N)	正好有N个字符的字符串，如果必要会以空格字符填充。限制为255个字符
VARCHAR(N)	N个字符的可变长数组。限制为255个字符
TINYTEXT	类似于VARCHAR(N)
MEDIUMTEXT	最长为65 535个字符的文本字符串
LONGTEXT	最长为$2^{32}-1$个字符的文本字符串

8

3. 数值类型

数值类型分为整型和浮点型，如表8-8所示。

表 8-8

定 义	类 型	说 明
TINYINT	整型	8位数据类型
SMALLINT	整型	16位数据类型
MEDIUMINT	整型	24位数据类型
INT	整型	32位数据类型。这是标准类型，对于一般使用是很好的选择
BIGINT	整型	64位有符号数据类型
FLOAT(P)	浮点型	精度至少为P位数字的浮点数
DOUBLE(D,N)	浮点型	有符号双精度浮点数，有D位数字和N位小数
NUMERIC(P,S)	浮点型	总长为P位的真实数字，小数点后有S位数字。与DOUBLE不同，这是一个准确的数，因此适合用来储存货币值，但处理效率会低一点
DECIMAL(P,S)	浮点型	与NUMERIC同义

一般情况下，我们建议你坚持使用INT、DOUBLE和NUMERIC类型，因为它们最接近于标准的SQL类型。其他类型是非标准的，如果你将来需要移动数据，其他数据库系统中可能不支持这些类型。

4. 时间类型

有5种时间数据类型可供使用，如表8-9所示。

表 8-9

定 义	说 明
DATE	存储从1000年1月1日~9999年12月31日之间的日期
TIME	存储从-838:59:59~838:59:59之间的时间
TIMESTAMP	存储从1970年1月1日~2037年之间的时间戳
DATETIME	存储从1000年1月1日~9999年12月31日最后一秒之间的日期
YEAR	存储年份。注意两位数的年份值，因为它不明确，将被自动转换为四位数的年份

请注意，当比较DATE和DATETIME值以了解时间部分是如何处理的时候，你需要格外小心，你可能会看到非期望的结果。详细信息请查阅MySQL的手册，因为不同版本的MySQL其行为稍有不同。

8.2.6 创建表

至此，你已运行了数据库服务器，了解了如何分配用户权限以及如何创建数据库和一些基本的数据库类型，现在你可以开始创建表了。

一个数据库表只不过是一系列的行，而每行又由固定数目的列组成。它非常像电子表格，除了每行都必须包含相同数目和类型的列，而且每行必须以某种方式不同于表中的其他行。

只要合乎情理，一个数据库可以包含的表格数是不受限制的。但是，很少有数据库需要100个以上的表，对于大多数小系统来说，25个左右的表通常就足够了。

创建数据库对象的完整SQL语法被称为DDL（data definition language，数据定义语言）。它相当复杂，要想在一章的内容中全面介绍该语法是很困难的，关于它的详细内容可以在MySQL网站的文档区找到。

创建表的基本语法是：

```
CREATE TABLE <table_name> (
column type [NULL | NOT NULL] [AUTO_INCREMENT] [PRIMARY KEY]
```

```
[, ... ]
[, PRIMARY KEY ( column [, ... ] ) ]
)
```

你可以用DROP TABLE语法来删除表，这非常简单：

```
DROP TABLE <table_name>
```

就目前而言，你仅需要了解少数几个关键字就可以完成表的快速创建了，这几个关键字如表8-10
所示。

表 8-10

关 键 字	说 明
AUTO_INCREMENT	这一特殊的关键字告诉MySQL，无论何时，当你在该列中写入NULL值时，它都会自动把一个自动分配的递增数字填入列数据中。这是一个非常有用的特征，它可以通过MySQL来自动为表中的行分配一个唯一的数字，尽管它只能用于属于主键的列。在其他数据库中，这一功能通常由一个serial类型提供，或由一个序列值来明确管理
NULL	一个特殊的数据库值，它通常用来表示"未知的"，但也能用来表示"无关的"。例如，如果你正在将雇员详细信息填入表中，可能有一列代表个人电子邮件地址，但是可能一些雇员没有个人电子邮件地址。在这种情况下，你应该将雇员的电子邮件地址保存为NULL以表示此信息跟特定的人无关。语法NOT NULL意味着这行不能存储NULL值，这对阻止某些列持有NULL值是很有用的，例如，有些值如雇员的姓氏必须要知道
PRIMARY KEY	指出此列的数据必须是唯一的，该表每行中对应该列的值都应不同。每个表只能有一个主键

实 验 创建表并添加数据

观看实践中表的创建要比学习基本语法简单得多，所以现在让我们来创建一个名为children的表。它将为每个孩子存储一个唯一的数字、名和年龄。我们把孩子的编号作为主键。

(1) 你需要的SQL命令是：

```
CREATE TABLE children (
        childno INTEGER AUTO_INCREMENT NOT NULL PRIMARY KEY,
        fname VARCHAR(30),
        age INTEGER
);
```

注意，与大多数程序设计语言不同，列名（childno）出现在列数据类型（INTEGER）
之前。

(2) 你还可以使用另外一种语法将列定义和主键定义分开，下面的交互式会话显示了这一语法：

```
mysql> use rick
Database changed
mysql> CREATE table children (
    -> childno INTEGER AUTO_INCREMENT NOT NULL,
    -> fname varchar(30),
    -> age INTEGER,
    -> PRIMARY KEY(childno)
    -> );
Query OK, 0 rows affected (0.04 sec)
mysql>
```

8

请注意我们是如何跨越多行输入SQL语句的，MySQL用->提示符来表示我们位于延续的行上。同样请注意，正如我们之前提到的那样，我们使用分号结束SQL命令，表示我们已经完成输入并准备好让数据库处理请求了。

如果出现了错误，MySQL允许回退到之前的命令，编辑它并通过按下回车键重新输入它。

(3) 现在可以向表中添加数据了。我们使用SQL命令INSERT来添加数据。因为我们定义childno列为AUTO_INCREMENT列，所以不需要为此列提供数据，我们只需让MySQL分配一个唯一的数字。

```
mysql> INSERT INTO children(fname, age) VALUES("Jenny", 21);
Query OK, 1 row affected (0.00 sec)

mysql> INSERT INTO children(fname, age) VALUES("Andrew", 17);
Query OK, 1 row affected (0.00 sec)
```

我们可以使用SELECT从表中提取数据来检查数据是否被正确添加了：

```
mysql> SELECT childno, fname, age FROM children;
+---------+--------+------+
| childno | fname  | age  |
+---------+--------+------+
|       1 | Jenny  |   21 |
|       2 | Andrew |   17 |
+---------+--------+------+
2 rows in set (0.00 sec)

mysql>
```

与明确的列出我们想选择的列相比，你也可以使用星号（*）代表列，这将列出表中的所有列。这对交互式的使用会很方便，但在产品代码中，你应该始终明确地指定你想要选择的列。

实验解析

你启动了一个对数据库服务器的交互式会话，并切换到rick数据库。然后，你输入SQL命令创建表，使用满足需要的行来创建列。一旦使用分号结束了SQL命令，MySQL就将创建表。使用INSERT语句添加数据到新表中，允许childno列被自动分配数字。最后，使用SELECT来显示表中的数据。

我们在本章中没有足够的篇幅来介绍SQL的所有细节，更不用说讨论数据库设计了。关于SQL的更多信息请访问www.mysql.com。

8.2.7 图形化工具

在命令行中操作表和数据是很好，但是如今很多人更喜欢使用图形化工具。

MySQL有两个主要的图形化工具：MySQL管理器（MySQL Administrator）和MySQL查询浏览器（MySQL Query Browser）。这些工具的具体软件包名称取决于你所使用的Linux发行版。例如，Red Hat发行版中对应的软件包名称是mysql-gui-tools和mysql-administrator。对Ubuntu来说，你可能需要首先启用Universe库，然后再查找mysql-admin。

1. MySQL查询浏览器

查询浏览器是一个相当简单、但又很有效的工具。安装它之后，你可以通过GUI菜单调用它。执行它之后，你会看到一个登录窗口要求你提供连接的详细信息，如图8-4所示。

如果你是在和服务器同一台的机器上运行它，你只需在Server Hostname处输入localhost即可。

图　8-4

一旦连接上服务器，你将看到一个简单的GUI界面，如图8-5所示。它允许你在一个GUI shell中执行查询命令、提供图形化编辑的所有优越性、一个图形化的编辑表格中数据的方式和一些针对SQL语法的帮助屏幕。

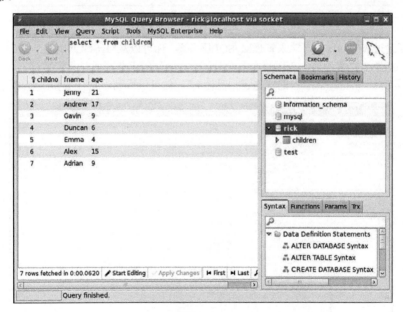

图　8-5

2. MySQL管理器

我们强烈建议你尝试一下MySQL管理器。它是一个针对MySQL的功能强大、稳定和易于使用的图形化接口。它针对Linux和Windows都提供了预编译的版本（如果你需要的话，它甚至还提供了源代码）。它允许你通过一个GUI界面同时完成管理MySQL服务器和执行SQL命令的工作。

执行MySQL管理器时，你将看到一个与MySQL查询浏览器的连接窗口非常相似的窗口。在输入详细信息之后，你将看到一个主控页面，如图8-6所示。

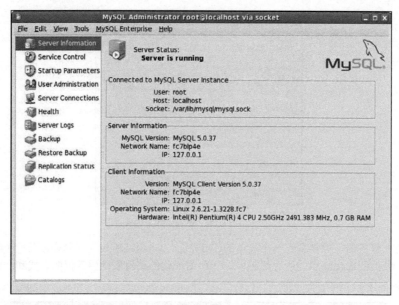

图 8-6

如果想要通过Windows客户端来管理MySQL服务器，你可以从MySQL网站上的GUI工具部分下载Windows版本的MySQL管理器。在撰写本书的时候，该网站的下载页面包含管理器、查询浏览器和一个数据库迁移工具。Windows版本的状态窗口见图8-7，你可以看到，它几乎和Linux版本完全一样。

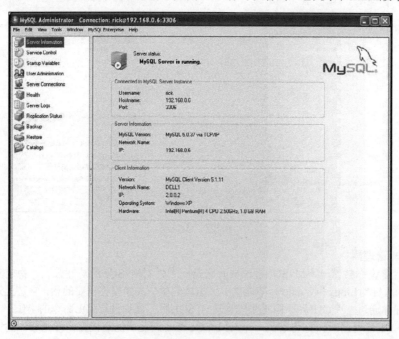

图 8-7

请记住，如果你一直按照本章中的要求在做，那么你已对MySQL服务器的安全进行了加固，root用户只能从localhost进行连接，而不能从网络中的任何其他机器进行连接。

一旦MySQL管理器已运行了，你就可以浏览一下它的不同配置和监控选项。它是一个非常易于使用的工具，但我们在本章中没有足够的篇幅来详细介绍它了。

8.3　使用 C 语言访问 MySQL 数据

至此我们已掌握了MySQL的入门知识，下面让我们探究一下如何通过应用程序来访问MySQL，而不是使用GUI工具或基本的mysql客户端。

我们可以通过许多不同的编程语言来访问MySQL，包括：

❑ C
❑ C++
❑ Java
❑ Perl
❑ Python
❑ Eiffel
❑ Tcl
❑ Ruby
❑ PHP

Windows本地程序（如Access）也可以通过ODBC驱动程序来访问MySQL，甚至还有针对Linux的ODBC驱动程序，尽管我们没有什么理由来使用它。

在本章中，我们将主要讨论C语言接口，因为这是本书的重点，而且许多其他语言也使用相同的库来建立连接。

8.3.1　连接例程

用C语言连接MySQL数据库包含两个步骤：

❑ 初始化一个连接句柄结构；
❑ 实际进行连接。

首先，使用mysql_init来初始化连接句柄：

```
#include <mysql.h>

MYSQL *mysql_init(MYSQL *);
```

通常你传递NULL给这个例程，它会返回一个指向新分配的连接句柄结构的指针。如果你传递一个已有的结构，它将被重新初始化。这个例程在出错时返回NULL。

目前为止，你只是分配和初始化了一个结构。你仍然需要使用mysql_real_connect来向一个连接提供参数：

```
MYSQL *mysql_real_connect(MYSQL *connection,
        const char *server_host,
        const char *sql_user_name,
        const char *sql_password,
        const char *db_name,
        unsigned int port_number,
```

8

```
const char *unix_socket_name,
unsigned int flags);
```

指针connection必须指向已经被mysql_init初始化过的结构。其他参数的含义都相当明了，但是，请注意server_host既可以是主机名，也可以是IP地址。如果只是连接到本地机器，你可以通过指定localhost来优化连接类型。

sql_user_name和sql_password的含义和它们的字面含义一样。如果登录名为NULL，则假设登录名为当前Linux用户的登录ID。如果密码为NULL，你将只能访问服务器上无需密码就可访问的数据。密码会在通过网络传输前进行加密。

port_number和unix_socket_name应该分别为0和NULL，除非你改变了MySQL安装的默认设置。它们将默认使用合适的值。

最后，flags参数用来对一些定义的位模式进行OR操作，使得改变使用协议的某些特性。对于像本章这样的介绍性章节来说，这些标志都没什么用处，详细的资料请参考使用手册。

如果无法连接，它将返回NULL。mysql_error函数可以提供有帮助的信息。

使用完连接之后，通常在程序退出时，你要像下面这样调用函数mysql_close：

void mysql_close(MYSQL *connection);

这将关闭连接。如果连接是由mysql_init建立的，MySQL结构会被释放。指针将会失效并无法再次使用。保留一个不需要的连接是对资源的浪费，但是重新打开连接也会带来额外的开销，所以你必须自己权衡何时使用这些选项。

mysql_options例程（仅能在mysql_init和mysql_real_connect之间调用）可以设置一些选项：

int mysql_options(MYSQL *connection, enum option_to_set,
const char *argument);

因为mysql_options一次只能设置一个选项，所以每设置一个选项就得调用它一次。你可以根据需要多次使用它，只要它出现在mysql_init和mysql_real_connect之间即可。并不是所有的选项都是char类型，因此它们必须被转换为const char *。表8-11中列出了3个最常用的选项。与往常一样，完整的选项请参见在线手册。

表 8-11

enum选项	实际参数类型	说　明
MYSQL_OPT_CONNECT_TIMEOUT	const unsigned int *	连接超时之前的等待秒数
MYSQL_OPT_COMPRESS	None，使用NULL	网络连接中使用压缩机制
MYSQL_INIT_COMMAND	const char *	每次连接建立后发送的命令

一次成功的调用将返回0。因为它仅仅是用来设置标志，所以失败总是意味着使用了一个无效的选项。

如果要设置连接超时时间为7秒，我们使用的代码片断如下所示：

```
unsigned int timeout = 7;
...
connection = mysql_init(NULL);
ret = mysql_options(connection, MYSQL_OPT_CONNECT_TIMEOUT, (const char *)&timeout);

if (ret) {
    /* Handle error */
    ...
```

```
}
```

```
connection = mysql_real_connect(connection ...
```
至此你已学会了如何建立和关闭连接，下面我们使用一个简短的程序来测试一下。

首先为用户设置一个新的密码（在下面的代码中，是本机上的 rick 用户），然后创建要连接的数据库 foo。上述工作对你来说都应该很熟悉，所以我们将只显示它们执行的顺序：

```
$ mysql -u root -p
Enter password:
Welcome to the MySQL monitor.  Commands end with ; or \g.

mysql>  GRANT ALL ON *.* TO rick@localhost IDENTIFIED BY 'secret';
Query OK, 0 rows affected (0.01 sec)

mysql> \q
Bye
$ mysql -u rick -p
Enter password:
Welcome to the MySQL monitor.  Commands end with ; or \g.

mysql> CREATE DATABASE foo;
Query OK, 1 row affected (0.01 sec)

mysql> \q
```

现在你已创建了新数据库。如果直接在 mysql 命令行中输入许多创建表和添加数据的命令，这比较容易出错，而且如果需要再次输入这些命令的话，这种方法也显得不够高效。为此，你应该创建一个包含你所需要命令的文件。

这个文件为 create_children.sql：

```
--
-- Create the table children
--

CREATE TABLE children (
   childno int(11) NOT NULL auto_increment,
   fname varchar(30),
   age int(11),
   PRIMARY KEY (childno)
);

--
--  Populate the table 'children'
--

INSERT INTO children(childno, fname, age) VALUES (1,'Jenny',21);
INSERT INTO children(childno, fname, age) VALUES (2,'Andrew',17);
INSERT INTO children(childno, fname, age)  VALUES (3,'Gavin',8);
INSERT INTO children(childno, fname, age)  VALUES (4,'Duncan',6);
INSERT INTO children(childno, fname, age)  VALUES (5,'Emma',4);
INSERT INTO children(childno, fname, age)  VALUES (6,'Alex',15);
INSERT INTO children(childno, fname, age)  VALUES (7,'Adrian',9);
```

现在，你可以重新登录 MySQL，选择数据库 foo，并执行这个文件。为简洁起见，也为了避免将密码放入脚本中，我们将密码放在了命令行上：

```
$ mysql -u rick --password=secret foo
Welcome to the MySQL monitor.  Commands end with ; or \g.

mysql> \. create_children.sql
Query OK, 0 rows affected (0.01 sec)

Query OK, 1 row affected (0.00 sec)
```

我们已删除了输出中的许多重复行，它们都是在数据库中创建行时生成的。现在你有一个用户、一个数据库和一个保存了一些数据的表，是时候看一下如何通过代码来访问这些数据了。

下面是源文件connect1.c，它以用户名rick和密码secret来连接本机服务器上名为foo的数据库：

```c
#include <stdlib.h>
#include <stdio.h>

#include "mysql.h"

int main(int argc, char *argv[]) {
    MYSQL *conn_ptr;

    conn_ptr = mysql_init(NULL);
    if (!conn_ptr) {
        fprintf(stderr, "mysql_init failed\n");
        return EXIT_FAILURE;
    }

    conn_ptr = mysql_real_connect(conn_ptr, "localhost", "rick", "secret",
                                            "foo", 0, NULL, 0);

    if (conn_ptr) {
        printf("Connection success\n");
    } else {
        printf("Connection failed\n");
    }

    mysql_close(conn_ptr);

    return EXIT_SUCCESS;
}
```

现在开始编译这个程序。你可能需要同时添加include路径和库文件路径，以及指定链接的库模块mysqlclient。在某些系统上，你可能还需要使用-lz选项来链接压缩库。在我的系统上，需要的编译指令为：

```
$ gcc -I/usr/include/mysql connect1.c -L/usr/lib/mysql -lmysqlclient -o connect1
```

你可能需要检查是否安装了客户端软件包，它们的安装位置取决于你所使用的Linux发行版，你需要根据它们的位置对上面的编译行做出相应的调整。

运行它时，你只会看到一条连接成功的信息：

```
$ ./connect1
Connection success
$
```

在第9章中，我们将演示如何通过创建一个makefile文件来将连接程序的构建自动化。

可以看出，与MySQL数据库建立连接是很简单的。

8.3.2　错误处理

在我们介绍更复杂的程序之前，了解一下MySQL如何进行错误处理是很有用的。MySQL使用一系列由连接句柄结构报告的返回码。两个必备的例程是：

unsigned int mysql_errno(MYSQL *connection);

和

char *mysql_error(MYSQL *connection);

你可以通过调用mysql_errno并传递连接结构来获得错误码，它通常都是非0值。如果未设定错误码，它将返回0。因为每次调用库都会更新错误码，所以你只能得到最后一个执行命令的错误码。但是上面列出的两个错误检查例程是例外，它们不会导致错误码的更新。

mysql_errno的返回值实际上就是错误码，它们在头文件errmsg.h或mysqld_error.h中定义。这两个文件都可以在MySQL的include目录中找到。前者报告客户端错误，后者关注服务端错误。

如果你更喜欢文本错误信息，也可以调用mysql_error，它提供了有意义的文本信息而不是单调的错误码。这些信息被写入一些内部静态内存空间中，所以如果想保存错误文本，你需要把它复制到别的地方。

你可以在代码中添加一些基本的错误处理来观察它们的行为。你可能已经注意到，当调用mysql_real_connect时会遇到一个问题，因为它在失败时返回NULL指针，并没有提供一个错误码。但如果你将连接句柄作为一个变量，那么即使mysql_real_connect失败，你仍然能够处理它。

下面是源文件connect2.c，它示例了如何使用非动态分配的连接结构，以及如何编写一些基本的错误处理代码。源文件中修改的部分以阴影显示：

```
#include <stdlib.h>
#include <stdio.h>

#include "mysql.h"

int main(int argc, char *argv[]) {
    MYSQL my_connection;

    mysql_init(&my_connection);
    if (mysql_real_connect(&my_connection, "localhost", "rick",
                                "I do not know", "foo", 0, NULL, 0)) {
        printf("Connection success\n");
        mysql_close(&my_connection);
    } else {
        fprintf(stderr, "Connection failed\n");
        if (mysql_errno(&my_connection)) {
            fprintf(stderr, "Connection error %d: %s\n",
mysql_errno(&my_connection), mysql_error(&my_connection));
        }
    }

    return EXIT_SUCCESS;
}
```

通过避免使用返回值覆盖连接指针的方法，你可以很容易地解决mysql_real_connect失败所带来的问题。不仅如此，这也是另一种使用连接结构的好例子。你可以使用一个错误的用户或密码来强制生成错误，从而得到类似于mysql工具提供的错误码。

```
$ ./connect2
Connection failed
Connection error 1045: Access denied for user: 'rick@localhost' (Using
password: YES)
$
```

8.3.3 执行 SQL 语句

你已能够连接数据库并正确处理错误了，现在是时候让程序做一些实际的工作了。执行SQL语句的主要API函数被恰当的命名为：

int mysql_query(MYSQL *connection, const char *query)

不是太难吧？这个例程接受连接结构指针和文本字符串形式的有效SQL语句（没有结束的分号，这与mysql工具不同）。如果成功，它返回0。对于包含二进制数据的查询，你可以使用第二个例程mysql_real_query，但是在本章中，我们将只使用mysql_query。

1. 不返回数据的SQL语句

为简单起见，我们首先来看一些不返回任何数据的SQL语句：UPDATE、DELETE和INSERT。

我们将在这里介绍另一个重要函数，它用于检查受查询影响的行数：

my_ulonglong mysql_affected_rows(MYSQL *connection);

你很可能首先注意到的是这个函数的返回值类型很不常见。它使用无符号类型是出于移植性的考虑。当你使用printf时，我们推荐使用%lu格式将其转换为无符号长整型。这个函数返回受之前执行的UPDATE、INSERT或DELETE查询影响的行数。如果你使用过其他SQL数据库，MySQL的返回值可能会让你感到意外。MySQL返回的是被一个更新操作修改的行数，但许多其他数据库将仅仅因为记录匹配WHERE子句就把它视为已经更新过。

通常对于mysql_系列函数，返回值0表示没有行受到影响，正数则是实际的结果，一般表示受语句影响的行数。

首先，你需要在数据库foo中创建children表（如果你之前没有这么做的话）。删除（使用drop命令）任何已有的表以确保你有一个整洁的表定义，并重新发送在AUTO_INCREMENT列中使用的任何ID：

```
$ mysql -u rick -p foo
Enter password:
Welcome to the MySQL monitor.  Commands end with ; or \g.

mysql> DROP TABLE children;
Query OK, 0 rows affected (0.58 sec)

mysql> CREATE TABLE children (
    ->     childno int(11) AUTO_INCREMENT NOT NULL PRIMARY KEY,
    ->     fname varchar(30),
    ->     age int
    -> );
Query OK, 0 rows affected (0.09 sec)
mysql>
```

现在，在connect2.c源文件中添加一些代码以在表中插入一个新行，这个新程序被命名为insert1.c。需要注意的是，下面代码中显示的折行是由于物理页面的限制，你通常不会在实际的SQL

语句中使用换行符,除非它是一个非常长的语句。如果是这种情况,你可以在行尾使用\字符以允许SQL语句继续到下一行。

```c
#include <stdlib.h>
#include <stdio.h>

#include "mysql.h"

int main(int argc, char *argv[]) {
    MYSQL my_connection;
    int res;

    mysql_init(&my_connection);
    if (mysql_real_connect(&my_connection, "localhost",
                           "rick", "secret", "foo", 0, NULL, 0)) {
        printf("Connection success\n");

        res = mysql_query(&my_connection, "INSERT INTO children(fname, age)
                                                      VALUES('Ann', 3)");
        if (!res) {
            printf("Inserted %lu rows\n",
                         (unsigned long)mysql_affected_rows(&my_connection));
        } else {
            fprintf(stderr, "Insert error %d: %s\n", mysql_errno(&my_connection),
                                             mysql_error(&my_connection));
        }

        mysql_close(&my_connection);
    } else {
        fprintf(stderr, "Connection failed\n");
        if (mysql_errno(&my_connection)) {
        fprintf(stderr, "Connection error %d: %s\n",
                    mysql_errno(&my_connection), mysql_error(&my_connection));
        }
    }

    return EXIT_SUCCESS;
}
```

毫不奇怪,我们插入了一行数据。

现在,让我们改变代码来包含UPDATE而不是INSERT,并且观察受影响的行是如何被报告的。

```c
mysql_errno(&my_connection), mysql_error(&my_connection));
        }
    }

    res = mysql_query(&my_connection, "UPDATE children SET AGE = 4
                                                  WHERE fname = 'Ann'");
    if (!res) {
        printf("Updated %lu rows\n",
                         (unsigned long)mysql_affected_rows(&my_connection));
    } else {
        fprintf(stderr, "Update error %d: %s\n", mysql_errno(&my_connection),
                                         mysql_error(&my_connection));
    }
```

我们将此程序叫做update1.c。它试图将所有叫做Ann的孩子的年龄设为4。

现在，假设children表中有如下数据：

```
mysql> SELECT * from CHILDREN;
+---------+--------+------+
| childno | fname  | age  |
+---------+--------+------+
|       1 | Jenny  |   21 |
|       2 | Andrew |   17 |
|       3 | Gavin  |    9 |
|       4 | Duncan |    6 |
|       5 | Emma   |    4 |
|       6 | Alex   |   15 |
|       7 | Adrian |    9 |
|       8 | Ann    |    3 |
|       9 | Ann    |    4 |
|      10 | Ann    |    3 |
|      11 | Ann    |    4 |
+---------+--------+------+
11 rows in set (0.00 sec)
```

请注意有4个孩子的名字匹配Ann。如果执行update1，你可能会认为受影响的行数为4，这是由WHERE子句匹配的行数。但是，你会看到程序报告仅有2行受影响，这是因为实际需要对数据进行修改的行数只有2行。你可以使用mysql_real_connect的CLIENT_FOUND_ROWS标志来获得更传统的报告。

```
    if (mysql_real_connect(&my_connection, "localhost",
                      "rick", "secret", "foo", 0, NULL, CLIENT_FOUND_ROWS)) {
```

如果你重置数据库中的数据，然后再运行程序，它将报告受影响的行数为4。

函数mysql_affected_rows还有最后一个古怪之处，它出现在从数据库中删除数据的时候。如果你使用WHERE子句删除数据，那么mysql_affected_rows将返回你期望的删除的行数。但如果在DELETE语句中没有WHERE子句，那么表中的所有行都会被删除，但是由程序返回的受影响行数却为0。这是因为MySQL优化了删除所有行的操作，它并不是执行许多个单行删除操作。这一行为不会受CLIENT_FOUND_ROWS选项标志的影响。

2. 发现插入的内容

插入数据有一个微小但至关重要的方面。还记得我们提过AUTO_INCREMENT类型的列吗？它由MySQL自动分配ID。这一特性非常有用，特别是当你有许多用户的时候。

让我们再次查看表的定义：

```
CREATE TABLE children (
        childno INTEGER AUTO_INCREMENT NOT NULL PRIMARY KEY,
        fname VARCHAR(30),
        age INTEGER
);
```

正如你看到的那样，childno列被设为AUTO_INCREMENT类型。这样当然很好，但是一旦你插入一行，你如何知道刚插入的孩子被分配了什么数字呢？

你可以执行一条SELECT语句来搜索孩子的名字，但这样效率会很低，并且如果有两个相同名字的孩子，这将不能保证唯一性。或者，如果同时有多个用户快速地插入数据，那么可能在更新操作和SELECT语句之间会有其他行被插入。因为发现一个AUTO_INCREMENT列的值是大家都面临的一个共同问题，所以MySQL以函数LAST_INSERT_ID()的形式提供了一个专门的解决方案。

无论何时 MySQL 向 AUTO_INCREMENT 列中插入数据，MySQL 都会基于每个用户对最后分配的值进行跟踪。用户程序可以通过 SELECT 专用函数 LAST_INSERT_ID() 来发现该值，这个函数的作用有点像是表中的虚拟列。

实　验　**提取由 AUTO_INCREMENT 生成的 ID**

你可以通过插入数据到表中并执行 LAST_INSERT_ID() 函数来查看其作用。

```
mysql> INSERT INTO children(fname, age) VALUES('Tom', 13);
Query OK, 1 row affected (0.06 sec)
mysql> SELECT LAST_INSERT_ID();
+------------------+
| last_insert_id() |
+------------------+
|               14 |
+------------------+
1 row in set (0.01 sec)
mysql> INSERT INTO children(fname, age) VALUES('Harry', 17);
Query OK, 1 row affected (0.02 sec)
mysql> SELECT LAST_INSERT_ID();
+------------------+
| last_insert_id() |
+------------------+
|               15 |
+------------------+
1 row in set (0.00 sec)
mysql>
```

实验解析

每次插入一行，MySQL 就分配一个新的 id 值并且跟踪它，使得你可以用 LAST_INSERT_ID() 来提取它。

如果想通过实验查看返回的数字在本次会话中确实是唯一的，那么你可以打开另一个会话并插入另一行数据。然后在最初的会话中重新执行 SELECT LAST_INSERT_ID(); 语句。你将看到数字并没有发生改变，这是因为该语句返回的数字是由当前会话插入的最后一个数字。但是，如果执行 SELECT * FROM children，你将看到其他会话确实已插入数据了。

实　验　**在 C 程序中使用自动分配的 ID**

在本例中，我们将修改 insert1.c 程序以查看这些操作是如何在 C 语言中实现的。代码中的关键修改将以阴影显示。我们把修改后的程序命名为 insert2.c。

```
#include <stdlib.h>
#include <stdio.h>

#include "mysql.h"

int main(int argc, char *argv[]) {
    MYSQL my_connection;
    MYSQL_RES *res_ptr;
    MYSQL_ROW sqlrow;
    int res;
```

8

```
   mysql_init(&my_connection);
   if (mysql_real_connect(&my_connection, "localhost",
                          "rick", "bar", "rick", 0, NULL, 0)) {
      printf("Connection success\n");

      res = mysql_query(&my_connection, "INSERT INTO children(fname, age)
VALUES('Robert', 7)");
      if (!res) {
         printf("Inserted %lu rows\n", (unsigned
long)mysql_affected_rows(&my_connection));
      } else {
         fprintf(stderr, "Insert error %d: %s\n", mysql_errno(&my_connection),
                                        mysql_error(&my_connection));
      }

      res = mysql_query(&my_connection, "SELECT LAST_INSERT_ID()");

      if (res) {
         printf("SELECT error: %s\n", mysql_error(&my_connection));
      } else {
         res_ptr = mysql_use_result(&my_connection);
         if (res_ptr) {
            while ((sqlrow = mysql_fetch_row(res_ptr))) {
               printf("We inserted childno %s\n", sqlrow[0]);
            }
            mysql_free_result(res_ptr);
         }
      }

      mysql_close(&my_connection);
   } else {
      fprintf(stderr, "Connection failed\n");
      if (mysql_errno(&my_connection)) {
      fprintf(stderr, "Connection error %d: %s\n",
               mysql_errno(&my_connection), mysql_error(&my_connection));
      }
   }

   return EXIT_SUCCESS;
}
```

下面是这个程序的输出：

```
$ gcc -I/usr/include/mysql insert2.c -L/usr/lib/mysql -lmysqlclient -o insert2
$ ./insert2
Connection success
Inserted 1 rows
We inserted childno 6
$ ./insert2
Connection success
Inserted 1 rows
We inserted childno 7
```

实验解析

在插入一行之后，你用 LAST_INSERT_ID() 函数来获取分配的 ID，就像常规的 SELECT 语句一样。然后使用 mysql_use_result() 从执行的 SELECT 语句中获取数据并将它打印出来，我们稍后将解释此函数。不要对刚才获取数值的机制过于担心，我们将在后面几页中介绍它们。

3. 返回数据的语句

SQL 最常见的用法当然是提取数据而不是插入或更新数据。数据是使用 SELECT 语句提取的。

MySQL 也支持使用 SQL 语句 SHOW、DESCRIBE 和 EXPLAIN 来返回结果，但我们不会在这里涉及它们。按照惯例，手册中包含了对这些语句的解释。

在 C 应用程序中提取数据一般需要下面 4 个步骤：
- 执行查询；
- 提取数据；
- 处理数据；
- 必要的清理工作。

就像之前的 INSERT 和 DELETE 语句一样，你将使用 mysql_query 来发送 SQL 语句。然后，你使用 mysql_store_result 或 mysql_use_result 来提取数据，具体使用哪个函数取决于你想如何提取数据。接着，你将使用一系列 mysql_fetch_row 调用来处理数据。最后，使用 mysql_free_result 释放查询占用的内存资源。

mysql_use_result 和 mysql_store_result 的区别主要在于，你是想一次返回一行数据，还是一次返回所有的结果。当你预计结果集比较小时，后者会更加合适。

● 一次提取所有数据的函数

你可以使用 mysql_store_result 在一次调用中从 SELECT（或其他返回数据的语句）中提取所有数据：

```
MYSQL_RES *mysql_store_result(MYSQL *connection);
```

显然，你需要在成功调用 mysql_query 之后使用此函数。这个函数将立刻保存在客户端中返回的所有数据。它返回一个指向结果集结构的指针，如果失败则返回 NULL。

在 mysql_store_result 调用成功之后，你需要调用 mysql_num_rows 来得到返回记录的数目，我们希望这是个正数，但是如果没有返回行，这个值将是 0。

```
my_ulonglong mysql_num_rows(MYSQL_RES *result);
```

这个函数接受由 mysql_store_result 返回的结果结构，并返回结果集中的行数。如果 mysql_store_result 调用成功，mysql_num_rows 将始终都是成功的。

通过对这些函数的组合使用，你获得了一种提取你所需要数据的简单方法。到了这里，所有数据对于客户端来说都是本地的，你不再需要担心可能的网络或数据库错误了。对返回行数的获取将有助于你进行随后的编程。

如果你碰巧使用的是一个特别庞大的数据集，那么最好提取小一些、更容易管理的信息块，因为这将更快地将控制权返回给应用程序，并且不会占用大量的网络资源。我们将在介绍 mysql_use_result 的时候，详细探讨这一想法。

现在，你可以使用 mysql_fetch_row 来处理它，也可以使用 mysql_data_seek、mysql_row_seek 和 mysql_row_tell 在数据集中来回移动。下面让我们来看看这些函数。

❑ mysql_fetch_row：这个函数从使用mysql_store_result得到的结果结构中提取一行，并把它放到一个行结构中。当数据用完或发生错误时返回NULL。我们将在下一节中回过来处理行结构中的数据。

MYSQL_ROW mysql_fetch_row(MYSQL_RES *result);

❑ mysql_data_seek：这个函数用来在结果集中进行跳转，设置将会被下一个mysql_fetch_row操作返回的行。参数offset的值是一个行号，它必须在0到结果集总行数减1的范围内。传递0将会导致下一个mysql_fetch_row调用返回结果集中的第一行。

void mysql_data_seek(MYSQL_RES *result, my_ulonglong offset);

❑ mysql_row_tell：这个函数返回一个偏移值，它用来表示结果集中的当前位置。它不是行号，你不能把它用于mysql_data_seek。

MYSQL_ROW_OFFSET mysql_row_tell(MYSQL_RES *result);

❑ 但是，你可以这样使用它的返回值：

MYSQL_ROW_OFFSET mysql_row_seek(MYSQL_RES *result, MYSQL_ROW_OFFSET offset);

这将在结果集中移动当前位置，并返回之前的位置。

这对函数对于在结果集中的已知点之间的移动非常有用。但请小心不要混淆了由row_tell和row_seek使用的偏移量和data_seek使用的行号。否则，结果将变得不可预知。

❑ 完成了对数据的所有操作后，你必须明确地调用mysql_free_result来让MySQL库完成善后处理。

void mysql_free_result(MYSQL_RES *result);

❑ 完成了对结果集的操作后，你必须总是调用此函数来让MySQL库清理它分配的对象。

● 提取数据

现在可以编写你的第一个数据提取应用程序了。你想要选择所有年龄大于5的记录。因为还不知道如何处理这些数据，所以你将仅仅提取它们。提取结果集并遍历提取数据的重要代码片断用阴影显示。下面是select1.c的源代码：

```
#include <stdlib.h>
#include <stdio.h>

#include "mysql.h"

MYSQL my_connection;
MYSQL_RES *res_ptr;
MYSQL_ROW sqlrow;

int main(int argc, char *argv[]) {
    int res;

    mysql_init(&my_connection);
    if (mysql_real_connect(&my_connection, "localhost", "rick",
                                           "secret", "foo", 0, NULL, 0)) {
    printf("Connection success\n");

    res = mysql_query(&my_connection, "SELECT childno, fname,
                                       age FROM children WHERE age > 5");
```

```
        if (res) {
            printf("SELECT error: %s\n", mysql_error(&my_connection));
        } else {
            res_ptr = mysql_store_result(&my_connection);
            if (res_ptr) {
                printf("Retrieved %lu rows\n", (unsigned long)mysql_num_rows(res_ptr));
                while ((sqlrow = mysql_fetch_row(res_ptr))) {
                    printf("Fetched data...\n");
                }
                if (mysql_errno(&my_connection)) {
                    fprintf(stderr, "Retrive error: %s\n", mysql_error(&my_connection));
                }
                mysql_free_result(res_ptr);            }

        }
        mysql_close(&my_connection);

    } else {
        fprintf(stderr, "Connection failed\n");
        if (mysql_errno(&my_connection)) {
            fprintf(stderr, "Connection error %d: %s\n",
                    mysql_errno(&my_connection), mysql_error(&my_connection));
        }
    }

    return EXIT_SUCCESS;
}
```

● 一次提取一行数据

为了逐行提取数据——如果这是你真正想要的，你将依靠mysql_use_result而不是mysql_store_result。

MYSQL_RES *mysql_use_result(MYSQL *connection);

与mysql_store_result函数一样，mysql_use_result在遇到错误时也返回NULL。如果成功，它返回指向结果集对象的指针。但是，不同之处在于它未将提取的数据放到它初始化的结果集中。

为了真正得到数据，你必须反复调用mysql_fetch_row直到提取了所有的数据。如果没有从mysql_use_result中得到所有数据，那么程序中后续的提取数据操作可能会返回遭到破坏的信息。

那么，调用mysql_use_result和调用mysql_store_result的效果有何不同呢？前者具备资源管理方面的实质性好处，但是它不能与mysql_data_seek、mysql_row_seek或mysql_row_tell一起使用，并且由于直到所有数据都被提取后才能实际生效，mysql_num_rows的使用也受到限制。

你还增加了时延，因为每个行请求和结果的返回都必须通过网络。另外还存在一种可能性是，网络连接可能在操作中途失败，留给你不完整的数据。

但是，无论怎样，这些都不会抹去我们之前提到的它带来的好处：更好地平衡了网络负载，以及减少了可能非常大的数据集带来的存储开销。

把select1.c修改为select2.c，这里将使用mysql_use_result函数。因为很简单，所以我们仅仅以阴影方式显示修改的代码片断：

```
      if (res) {
         printf("SELECT error: %s\n", mysql_error(&my_connection));
      } else {
         res_ptr = mysql_use_result(&my_connection);
         if (res_ptr) {
            while ((sqlrow = mysql_fetch_row(res_ptr))) {
               printf("Fetched data...\n");
            }
            if (mysql_errno(&my_connection)) {
               printf("Retrive error: %s\n", mysql_error(&my_connection));
            }
            mysql_free_result(res_ptr);
         }

      }
```

注意观察，在提取最后一个结果之前，你仍然无法得到行数。但是，通过早期和经常性的错误检查，可以使得程序调整为使用mysql_use_result变得更加容易。以这种方式编写代码可以减少许多程序后期修改带来的烦恼。

4. 处理返回的数据

现在你已知道了如何提取行，下面可以学习如何处理返回的实际数据了。

如同大多数SQL数据库一样，MySQL返回两种类型的数据。

❏ 从表中提取的信息，也就是列数据。

❏ 关于数据的数据，即所谓的元数据（metadata），例如列名和类型。

让我们首先关注如何将数据本身转化为有用的形式。

mysql_field_count函数提供了一些关于查询结果的基本信息。它接受连接对象，并返回结果集中的字段（列）数目：

unsigned int mysql_field_count(MYSQL *connection);

在更通用的方式下，你可以用mysql_field_count做其他事情，比如判断为何mysql_store_result的调用会失败。例如，如果mysql_store_result返回NULL，但是mysql_field_count返回一个正数，你可以推测这是一个提取错误。但是，如果mysql_field_count返回0，则表示没有列可以提取，这可以解释为何存储结果会失败。我们有理由认为，你应该了解一个特定查询应返回的列数。因此，对于通用查询处理模块或任何随意构造查询的情况，这个函数是非常有用的。

> 在为旧版本的MySQL所写的代码中，你可能会看到使用mysql_num_fields的情况。它可以接受一个连接结构或一个结果结构指针作为参数，并返回列数。

如果抛开对数据的格式化不管，那么你已经知道如何立刻打印出数据了。你可以添加简单的display_row函数到select2.c程序中。

> 请注意，为了简化程序，你把连接、结果和mysql_fetch_row返回的行信息都设为全局的。我们并不建议在产品代码中这样做。

(1) 下面是非常简单的打印数据的代码：

```
void display_row() {
   unsigned int field_count;

   field_count = 0;
```

```
    while (field_count < mysql_field_count(&my_connection)) {
        printf("%s ", sqlrow[field_count]);
        field_count++;
    }
    printf("\n");
}
```

(2) 将它添加到select2.c中，并添加一个声明和一个函数调用：

```
void display_row();
```

```
int main(int argc, char *argv[]) {
    int res;
    mysql_init(&my_connection);
    if (mysql_real_connect(&my_connection, "localhost", "rick",
                                           "bar", "rick", 0, NULL, 0)) {
        printf("Connection success\n");

        res = mysql_query(&my_connection, "SELECT childno, fname,
                                           age FROM children WHERE age > 5");

        if (res) {
            printf("SELECT error: %s\n", mysql_error(&my_connection));
        } else {
            res_ptr = mysql_use_result(&my_connection);
            if (res_ptr) {
                while ((sqlrow = mysql_fetch_row(res_ptr))) {
                    printf("Fetched data...\n");
                    display_row();
                }
            }
        }
    }
```

(3) 现在，把完成的代码保存为select3.c。最后，按如下方式编译并运行select3：

```
$ gcc -I/usr/include/mysql select3.c -L/usr/lib/mysql -lmysqlclient -o select3
$ ./select3
Connection success
Fetched data...
1 Jenny 21
Fetched data...
2 Andrew 17
$
```

看来，程序可以运行了，虽然它的输出不是特别美观。但是你并未考虑结果中可能出现的NULL
值。如果想要打印出更整洁的格式化（或许是表格化）的数据，你需要同时得到MySQL返回的数据和
元数据。你可以使用mysql_fetch_field来同时将元数据和数据提取到一个新的结构中：

MYSQL_FIELD *mysql_fetch_field(MYSQL_RES *result);

你需要重复调用此函数，直到返回表示数据结束的NULL值为止。然后，你可以使用指向字段结构
数据的指针来得到关于列的信息。结构MYSQL_FIELD定义在mysql.h中，如表8-12所示。

8

表　8-12

MYSQL_FIELD结构中的成员	说　　明
char *name;	列名，为字符串
char *table;	列所属的表名。当一个查询要使用到多个表时，这将特别有用。注意：对于结果中可计算的值如MAX，它所对应的表名将为空字符串
char *def;	如果调用mysql_list_fields（我们未在这里介绍它），它将包含该列的默认值
enum enum_field_types　type;	列类型。请查看紧随此表的说明
unsigned int length;	列宽，在定义表时指定
unsigned int max_length;	如果使用mysql_store_result，它将包含以字节为单位的提取的最长列值的长度。如果使用mysql_use_result，它将不会被设置
unsigned int flags;	关于列定义的标志，与得到的数据无关。常见标志的含义都很明显，它们是：NOT_NULL_FLAG、PRI_KEY_FLAG、UNSIGNED_FLAG、AUTO_INCREMENT_FLAG和BINARY_FLAG。完整列表可参见MySQL文档
unsigned int decimals;	小数点后的数字个数。仅对数字字段有效

列类型相当广泛。完整列表见头文件mysql_com.h和文档。常见的有：

```
FIELD_TYPE_DECIMAL
FIELD_TYPE_LONG
FIELD_TYPE_STRING
FIELD_TYPE_VAR_STRING
```

一个特别有用的预定义宏为IS_NUM，当字段类型为数字时，它返回true，像下面这样：

```
if (IS_NUM(myslq_field_ptr->type)) printf("Numeric type field\n");
```

在更新程序之前，我们还需要提及一个函数：

```
MYSQL_FIELD_OFFSET mysql_field_seek(MYSQL_RES *result,
                                    MYSQL_FIELD_OFFSET offset);
```

你可以用此函数来覆盖当前的字段编号，该编号会随每次mysql_fetch_field调用而自动增加。如果给参数offset传递值0，你将跳回第一列。

现在你得到信息了，你需要让select程序显示和某一指定列相关的所有额外数据。

下面是程序select4.c，我们在这里重新完整地显示了整个程序的源代码，这样你就可以看到一个完整的例子了。注意，它并没有试图对列类型进行详尽的分析。

```c
#include <stdlib.h>
#include <stdio.h>

#include "mysql.h"

MYSQL my_connection;
MYSQL_RES *res_ptr;
MYSQL_ROW sqlrow;

void display_header();
void display_row();


int main(int argc, char *argv[]) {
    int res;
```

```
      int first_row = 1; /* Used to ensure we display the row header exactly once
when data is successfully retrieved */

   mysql_init(&my_connection);
   if (mysql_real_connect(&my_connection, "localhost", "rick",
                                          "secret", "foo", 0, NULL, 0)) {
      printf("Connection success\n");

      res = mysql_query(&my_connection, "SELECT childno, fname,
                                         age FROM children WHERE age > 5");

      if (res) {
         fprintf(stderr, "SELECT error: %s\n", mysql_error(&my_connection));
      } else {
         res_ptr = mysql_use_result(&my_connection);
         if (res_ptr) {
            while ((sqlrow = mysql_fetch_row(res_ptr))) {
               if (first_row) {
                  display_header();
                  first_row = 0;
               }
               display_row();
            }
            if (mysql_errno(&my_connection)) {
               fprintf(stderr, "Retrive error: %s\n",
                               mysql_error(&my_connection));
            }
            mysql_free_result(res_ptr);
         }

      }
      mysql_close(&my_connection);
   } else {
      fprintf(stderr, "Connection failed\n");
      if (mysql_errno(&my_connection)) {
         fprintf(stderr, "Connection error %d: %s\n",
                         mysql_errno(&my_connection),
                         mysql_error(&my_connection));
      }
   }

   return EXIT_SUCCESS;
}


void display_header() {
   MYSQL_FIELD *field_ptr;

   printf("Column details:\n");
   while ((field_ptr = mysql_fetch_field(res_ptr)) != NULL) {
      printf("\t Name: %s\n", field_ptr->name);
      printf("\t Type: ");
      if (IS_NUM(field_ptr->type)) {
```

8

```
            printf("Numeric field\n");
        } else {
            switch(field_ptr->type) {
                case FIELD_TYPE_VAR_STRING:
                    printf("VARCHAR\n");
                break;
                case FIELD_TYPE_LONG:
                    printf("LONG\n");
                break;
                default:
                    printf("Type is %d, check in mysql_com.h\n", field_ptr->type);
            } /* switch */
        } /* else */

        printf("\t Max width %ld\n", field_ptr->length);
        if (field_ptr->flags & AUTO_INCREMENT_FLAG)
            printf("\t Auto increments\n");
        printf("\n");
    } /* while */
}


void display_row() {
    unsigned int field_count;

    field_count = 0;
    while (field_count < mysql_field_count(&my_connection)) {
        if (sqlrow[field_count]) printf("%s ", sqlrow[field_count]);
        else printf("NULL");
        field_count++;
    }
    printf("\n");
}
```

编译并运行此程序时，你得到的输出为：

```
$ ./select4
Connection success
Column details:
        Name: childno
        Type: Numeric field
        Max width 11
        Auto increments

        Name: fname
        Type: VARCHAR
        Max width 30

        Name: age
        Type: Numeric field
        Max width 11

1 Jenny 21
2 Andrew 17
$
```

这仍然不是很漂亮，但它很好地阐明了如何通过同时处理原始数据和元数据来更有效地使用数据。

你还可以通过其他一些函数来提取字段数组并在列间进行跳转。但通常你需要使用的所有例程都在这里介绍了，感兴趣的读者也可以在MySQL手册中找到更多信息。

8.3.4 更多的函数

表8-13中显示了其他一些我们建议你了解的API函数。一般情况下，到目前为止介绍的所有函数对于实现一个可工作的程序已足够了，但是，你将会发现下面这个挑选过的列表也很有用。

表 8-13

示例API调用	说　明
`char *mysql_get_client_info(void);`	返回客户端使用的库的版本信息
`char *mysql_get_host_info(MYSQL *connection);`	返回服务器连接信息
`char *mysql_get_server_info(MYSQL *connection);`	返回当前连接的服务器的信息
`char *mysql_info(MYSQL*connection);`	返回最近执行的查询的信息，但是仅仅只对一些查询类型有效——通常是INSERT和UPDATE语句，否则返回NULL
`int mysql_select_db(MYSQL *connection, const char *dbname);`	如果用户拥有合适的权限，则把默认数据库改为参数指定的数据库。成功时返回0
`int mysql_shutdown(MYSQL *connection,enum mysql_enum_shutdown_level);`	如果用户拥有合适的权限，则关闭连接的数据库服务器。目前关闭级别必须被设置为SHUTDOWN_DEFAULT。成功时返回0

8.4 CD 数据库应用程序

现在，你将看到如何创建一个简单的数据库来保存CD唱片的信息，然后编写一些代码来访问这些数据。为尽量保持代码的简单，使其易于理解，你将仅仅使用3个数据库表，而且它们之间的关系也非常简单。

首先，创建一个新的数据库，然后将其作为当前的数据库：

```
mysql> create database blpcd;
Query OK, 1 row affected (0.00 sec)

mysql> use blpcd
Connection id:    10
Current database: blpcd

mysql>
```

现在，你已准备好设计和创建你需要的表了。

这个例子会比以前的稍微复杂一点，因为你将把CD唱片分成3个不同的元素：艺术家（或组合）、主标题和曲目。如果考虑到一套CD收藏以及它的组成元素，你会意识到每张CD都由不同的曲目组成，但不同CD之间又在许多方面相互关联：通过艺术家或组合、通过制作公司、通过音乐表现风格等。

如果试图以一种灵活的方式来保存所有这些不同的元素，你的数据库将变得相当复杂，但在本例中，你将仅限于使用两种最重要的关系。

首先，每张CD由不同数目的曲目组成，所以你将把曲目数据储存在一个独立于其他CD数据的表中。其次，每位艺术家（或乐队）经常会有多张专辑，所以只将艺术家的信息存储一次，然后单独提取属于该艺术家的所有CD是非常有用的。我们不会尝试将乐队拆分成不同的艺术家（乐队的每个成员可能都有属于自己的专辑）或处理合集CD——这是为了尽量保持例子的简单！

同样，你也需要保持关系的简单——每个艺术家（也可能是乐队名称）可能制作一张或多张CD，每张CD包含一个或多个曲目。这种关系如图8-8所示。

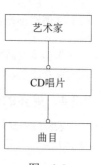

图 8-8

8.4.1 创建表

现在，你需要确定表的实际结构。我们从主表——CD表开始，它保存大部分的信息。你需要保存一个CD ID、一个分类号、一个标题以及一些你自己的标注。你还需要一个来自artist表的ID号来表明是哪位艺术家制作了这张专辑。

artist表很简单，它仅仅保存艺术家的名字和一个唯一的艺术家ID号。track表也很简单，你只需要一个CD ID来表明曲目属于哪张CD、一个曲目号和一个曲目标题。

首先是CD表：

```
CREATE TABLE cd (
    id INTEGER AUTO_INCREMENT NOT NULL PRIMARY KEY,
    title VARCHAR(70) NOT NULL,
    artist_id INTEGER NOT NULL,
    catalogue VARCHAR(30) NOT NULL,
    notes VARCHAR(100)
);
```

这创建了表cd，它包含下面一些列。
- id列，包含一个自动增加的整数，它是表的主键。
- 最长为70个字符的title。
- artist_id，在artist表中使用的一个整数。
- 最长为30个字符的catalogue号。
- 最长为100个字符的notes。

注意，只有notes列可以为NULL，所有其他的列都必须含有值。

下面是artist表：

```
CREATE TABLE artist (
    id INTEGER AUTO_INCREMENT NOT NULL PRIMARY KEY,
    name VARCHAR(100) NOT NULL
);
```

你又有了一个id列和一个艺术家name列。

最后是track表：

```
CREATE TABLE track (
    cd_id INTEGER NOT NULL,
    track_id INTEGER NOT NULL,
    title VARCHAR(70),
    PRIMARY KEY(cd_id, track_id)
);
```

注意，这次你用不同的方法来声明主键。track表的不寻常之处在于每张CD的ID会出现多次，而对于任何指定曲目的ID，例如曲目1，也会在不同的CD中出现多次。但是，这两者的结合将永远是唯一的，所以我们将主键声明为这两列的结合。这被称为是联合键，因为它由多列联合组成。

　　将这些SQL语句存储在文件create_table.sql中，并将该文件保存在当前目录中，然后开始创建数据库及其中的表。当这些表已存在时，我们提供的脚本样例还包含额外的命令用于丢弃这些表，但默认情况下，这些命令是被注释掉的。

```
$ mysql -u rick -p
Enter password:
Welcome to the MySQL monitor.  Commands end with ; or \g.

mysql> use blpcd;
Database changed
mysql> \. create_tables.sql
Query OK, 0 rows affected (0.04 sec)

Query OK, 0 rows affected (0.10 sec)

Query OK, 0 rows affected (0.00 sec)

mysql>
```

注意我们使用\.命令将create_ tables.sql文件作为输入。

你也可以使用MySQL查询浏览器（MySQL Query Browser），通过执行SQL或简单地输入数据来创建表。

　　一旦创建好表，你就可以通过MySQL管理器（MySQL Administrator）来查看它，如图8-9所示。在图中，你正在检查blpcd数据库的indices标签（或schema，这取决于你的首选术语）。

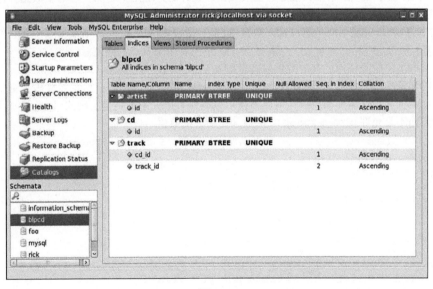

图　8-9

你可以通过选择编辑表（在Tables标签中右键单击或双击表名）看到列的详细信息。如图8-10所示。

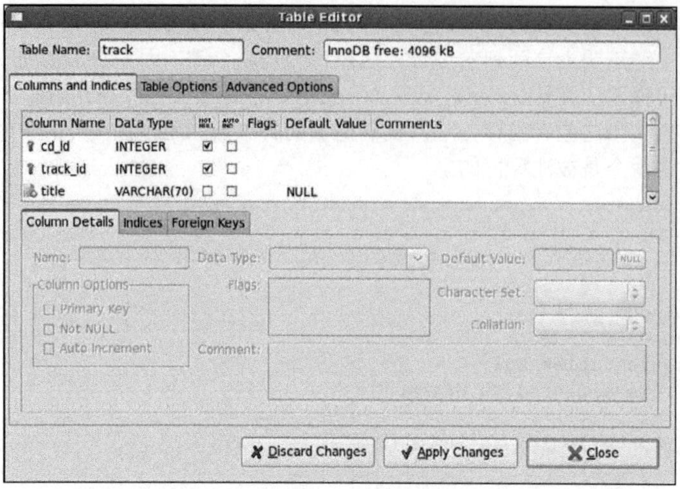

图　8-10

　　你注意到图8-10中针对cd_id列和track_id列的两个关键符号了吗？它表示这两个列都属于联合主键。曲目标题可以为NULL（注意NOT NULL并没有被选中）表示我们允许CD曲目没有标题，这种情况虽然少见，但并非不会出现。

8.4.2　添加数据

　　现在，你需要添加一些数据。最好的检查数据库设计的方法是，添加一些样本数据并检查它们是否都能正常工作。

　　我们在这里将仅仅展示一个测试输入数据的例子，因为所有的输入都基本相似——它们仅仅是加载不同的表，所以它并不是理解发生何事的关键。下面有两个要点需要注意。

　　❏　这个脚本将删除任何已有的数据以确保脚本是干净的。

　　❏　在ID字段中插入数值，而不是让AUTO_INCREMENT来自动分配。在这里这样做会更安全，因为不同的插入操作需要知道哪些值已被使用以确保数据关系是完全正确的，因此最好强制指定数值，而不是允许AUTO_INCREMENT函数来自动分配数值。

　　这个文件叫做insert_data.sql，它可以使用你前面见到的\.命令来执行。

```
--- Delete existing data
delete from track;
delete from cd;
delete from artist;


-- Now the data inserts

--- First the artist (or group) tables
insert into artist(id, name) values(1, 'Pink Floyd');
insert into artist(id, name) values(2, 'Genesis');
insert into artist(id, name) values(3, 'Einaudi');
insert into artist(id, name) values(4, 'Melanie C');
```

```
--- Then the cd table
insert into cd(id, title, artist_id, catalogue) values(1, 'Dark Side of the Moon',
1, 'B000024D4P');
insert into cd(id, title, artist_id, catalogue) values(2, 'Wish You Were Here', 1,
'B000024D4S');
insert into cd(id, title, artist_id, catalogue) values(3, 'A Trick of the Tail', 2,
'B000024EXM');
insert into cd(id, title, artist_id, catalogue) values(4, 'Selling England By the
Pound', 2, 'B000024E9M');
insert into cd(id, title, artist_id, catalogue) values(5, 'I Giorni', 3,
'B000071WEV');
insert into cd(id, title, artist_id, catalogue) values(6, 'Northern Star', 4,
'B00004YMST');

--- populate the tracks
insert into track(cd_id, track_id, title) values(1, 1, 'Speak to me');
insert into track(cd_id, track_id, title) values(1, 2, 'Breathe');
```

接着是专辑中剩下的曲目，然后是下一张专辑：

```
insert into track(cd_id, track_id, title) values(2, 1, 'Shine on you crazy
diamond');
insert into track(cd_id, track_id, title) values(2, 2, 'Welcome to the machine');
insert into track(cd_id, track_id, title) values(2, 3, 'Have a cigar');
insert into track(cd_id, track_id, title) values(2, 4, 'Wish you were here');
insert into track(cd_id, track_id, title) values(2, 5, 'Shine on you crazy diamond
pt.2');
```

等等：

```
insert into track(cd_id, track_id, title) values(5, 1, 'Melodia Africana (part
1)');
insert into track(cd_id, track_id, title) values(5, 2, 'I due fiumi');
insert into track(cd_id, track_id, title) values(5, 3, 'In un\'altra vita');
```

直到最后的曲目：

```
insert into track(cd_id, track_id, title) values(6, 11, 'Closer');
insert into track(cd_id, track_id, title) values(6, 12, 'Feel The Sun');
```

接着将它保存为pop_tables.sql，并像前面那样在mysql提示符下用\.命令执行它。

注意在cd 5（I Giorni）曲目3中，曲目In un'altra vita中有撇号。为了将其插入到数据库中，你必须用反斜杠（\）来引用撇号。

现在是时候检查你的数据是否合理了。你可以使用mysql命令行客户端和一些SQL语句来进行检查。首先，从数据库中选出每张专辑的头两首曲目：

```
SELECT artist.name, cd.title AS "CD Title", track.track_id, track.title AS
"Track" FROM artist, cd, track WHERE artist.id = cd.artist_id AND track.cd_id
= cd.id AND track.track_id < 3
```

如果在MySQL查询浏览器中尝试这个SQL语句，你可以看到提取出的数据很好，如图8-11所示。这个SQL语句看起来很复杂，但是如果你将该语句分解开来看，它就不是那么难理解了。

先忽略SELECT命令中的AS部分，第一部分仅仅是：

```
SELECT artist.name, cd.title, track.track_id, track.title
```

它只是通过使用标记tablename.column来说明你想要显示哪些列。

8

图   8-11

SELECT语句的AS部分SELECT artist.name,cd.title AS "CD Title",track.track_id和track.title AS "Track"只是在输出中重命名列名。因此，来自cd表的title列（cd.title）的标题栏被命名为"CD Title"，track.title列被命名为"Track"。AS的使用给了我们更友好的输出，它是在命令行中针对SQL语句的一个有用的字句，但当你通过其他编程语言来调用SQL语句时，你几乎不会用到它。

接下来的部分也非常地简单易懂，它告诉服务器你使用的表名：

```
FROM artist, cd, track
```

WHERE子句是需要点技巧的部分：

```
WHERE artist.id = cd.artist_id AND track.cd_id = cd.id AND track.track_id < 3
```

第一部分告诉服务器artist表中的ID应与cd表中的artist_id相同。记住，你仅仅保存了一次艺术家的名字并在CD表中使用ID来引用它。下一部分，track.cd_id = cd.id，为表track和cd做同样的事情，即告诉服务器track表的cd_id列应与cd表中的id列相同。第三部分，track.track_id < 3，减少了返回数据的数量以使得你仅仅从每张CD中得到曲目1和曲目2。最后，你使用AND把3个条件结合起来，因为你想让这3个条件同时都为真。

8.4.3   使用 C 语言访问数据

我们并不准备在本章中编写一个带有GUI的完整的应用程序，而是专心于编写一个接口文件，从而允许你以一种合理而又简单的方式通过C语言来访问数据。编写这类代码的一个常见问题是无法知道返回的结果数，以及如何在客户端代码和访问数据库的代码间传递这些结果。在这个应用程序中，为了保持简单并专注于数据库接口（这是代码中的重要部分），我们将使用固定大小的结构。但在实际的程序中，这可能是不能接受的。一种常见的解决方法（它同时也有助于减少网络流量）是每次总是提取一行数据，正如你在本章前面看到的函数mysql_use_result和mysql_fetch_row一样。

1. 接口定义

我们先从头文件app_mysql.h开始，它定义了结构和函数：

首先是一些结构：

```
/* A simplistic structure to represent the current CD, excluding the track
information */
struct current_cd_st {
  int artist_id;
  int cd_id;
  char artist_name[100];
  char title[100];
  char catalogue[100];
};

/* A simplistic track details structure */
struct current_tracks_st {
  int cd_id;
  char track[20][100];
};

#define MAX_CD_RESULT 10
struct cd_search_st {
  int cd_id[MAX_CD_RESULT];
};
```

然后是一对函数，它们用于连接数据库以及从数据库断开连接：

```
/* Database backend functions */
int  database_start(char *name, char *password);
void database_end();
```

现在，我们转向操纵数据的函数。注意，没有创建或删除艺术家的函数。你将在后台实现它，根据需要创建艺术家条目，然后当它们不再被任何专辑使用的时候将其删除。

```
/* Functions for adding a CD */
int add_cd(char *artist, char *title, char *catalogue, int *cd_id);
int add_tracks(struct current_tracks_st *tracks);
/* Functions for finding and retrieving a CD */
int find_cds(char *search_str, struct cd_search_st *results);
int get_cd(int cd_id, struct current_cd_st *dest);
int get_cd_tracks(int cd_id, struct current_tracks_st *dest);
/* Function for deleting items */
int delete_cd(int cd_id);
```

搜索函数相当通用：你传递一个字符串，然后它将在artist、title或catalogue条目中搜索该字符串。

2. 测试应用程序接口

在实现接口之前，你将编写一些代码来使用它。这看起来可能有点奇怪，但在开始实现接口之前了解一下它将如何运转通常是个好方法。

下面是app_test.c的源代码。首先是一些includes和structs：

```
#include <stdlib.h>
#include <stdio.h>
#include <string.h>
```

8

```
#include "app_mysql.h"

int main() {
  struct current_cd_st cd;
  struct cd_search_st cd_res;
  struct current_tracks_st ct;
  int cd_id;
  int res, i;
```

应用程序要做的第一件事始终是，初始化一个数据库连接并提供一个正确的用户名和密码（一定要用自己的用户名和密码）：

```
database_start("rick", "secret");
```

然后，测试添加一张CD：

```
res = add_cd("Mahler", "Symphony No 1", "4596102", &cd_id);
printf("Result of adding a cd was %d, cd_id is %d\n", res, cd_id);

memset(&ct, 0, sizeof(ct));
ct.cd_id = cd_id;
strcpy(ct.track[0], "Langsam Schleppend");
strcpy(ct.track[1], "Kraftig bewegt");
strcpy(ct.track[2], "Feierlich und gemessen");
strcpy(ct.track[3], "Sturmisch bewegt");
add_tracks(&ct);
```

现在，搜索CD，并从找到的第一张CD中提取信息：

```
res = find_cds("Symphony", &cd_res);
printf("Found %d cds, first has ID %d\n", res, cd_res.cd_id[0]);

res = get_cd(cd_res.cd_id[0], &cd);
printf("get_cd returned %d\n", res);

memset(&ct, 0, sizeof(ct));
res = get_cd_tracks(cd_res.cd_id[0], &ct);
printf("get_cd_tracks returned %d\n", res);
printf("Title: %s\n", cd.title);
i = 0;
while (i < res) {
  printf("\ttrack %d is %s\n", i, ct.track[i]);
  i++;
}
```

最后，删除CD：

```
res = delete_cd(cd_res.cd_id[0]);
printf("Delete_cd returned %d\n", res);
```

然后断开连接并退出：

```
database_end();

  return EXIT_SUCCESS;

}
```

3. 实现接口

现在是最困难的部分：实现你指定的接口。这些都包含在文件app_mysql.c中。

首先是一些基本的 includes、你需要的全局连接结构和一个标志 dbconnected，你将使用它来确保程序不会在没有建立连接的情况下尝试访问数据。你还使用一个内部函数 get_artist_id 来改善代码的结构。

```
#include <stdlib.h>
#include <stdio.h>
#include <string.h>

#include "mysql.h"
#include "app_mysql.h"

static MYSQL my_connection;
static int dbconnected = 0;

static int get_artist_id(char *artist);
```

连接到一个数据库是非常简单的，就像你在本章前面看到的那样。断开连接就更加简单了：

```
int database_start(char *name, char *pwd) {

    if (dbconnected) return 1;

    mysql_init(&my_connection);
    if (!mysql_real_connect(&my_connection, "localhost", name, pwd, "blpcd", 0,
NULL, 0)) {
        fprintf(stderr, "Database connection failure: %d, %s\n",
mysql_errno(&my_connection), mysql_error(&my_connection));
        return 0;
    }
    dbconnected = 1;
    return 1;

} /* database start */

void database_end() {
    if (dbconnected) mysql_close(&my_connection);
    dbconnected = 0;
} /* database_end */
```

现在通过函数 add_cd 开始真正的工作。首先需要给出一些声明和进行健全性检查以确保你已连接到了数据库。你将在所有编写的可外部访问的函数中看到这一切。

记住，我们说过代码将自动关注艺术家的名字：

```
int add_cd(char *artist, char *title, char *catalogue, int *cd_id) {

  MYSQL_RES *res_ptr;
  MYSQL_ROW mysqlrow;

  int res;
  char is[250];
  char es[250];
  int artist_id = -1;
  int new_cd_id = -1;

  if (!dbconnected) return 0;
```

下一步是检查艺术家是否已经存在，如果不存在，你就创建一个。这些都由函数get_ artist_id来实现，你将在稍后看到该函数。

```
artist_id = get_artist_id(artist);
```

在有了一个artist_id之后，你可以插入主CD记录了。注意，我们使用mysql_escape_string来保护CD标题中的任何特殊字符。

```
mysql_escape_string(es, title, strlen(title));
sprintf(is, "INSERT INTO cd(title, artist_id, catalogue)
VALUES('%s', %d, '%s')", es, artist_id, catalogue);
res = mysql_query(&my_connection, is);
if (res) {
  fprintf(stderr, "Insert error %d: %s\n",
mysql_errno(&my_connection), mysql_error(&my_connection));
  return 0;
}
```

当你为此CD添加曲目时，你需要知道插入CD记录时使用的ID。你把此列设置为自动增加列，因此数据库会自动分配ID，但是你需要明确地提取数值。这可以通过使用你在本章前面见到的特殊函数LAST_INSERT_ID来完成。

```
res = mysql_query(&my_connection, "SELECT LAST_INSERT_ID()");
if (res) {
  printf("SELECT error: %s\n", mysql_error(&my_connection));
  return 0;
} else {
  res_ptr = mysql_use_result(&my_connection);
  if (res_ptr) {
    if ((mysqlrow = mysql_fetch_row(res_ptr))) {
      sscanf(mysqlrow[0], "%d", &new_cd_id);
    }
    mysql_free_result(res_ptr);
  }
```

你不必担心其他客户端同时插入CD时会导致ID混乱，MySQL会基于每个客户的连接来跟踪分配的ID，所以即使你在提取ID之前有另一个程序插入了一张CD，你仍然可以得到对应于你的行的ID，而不是由其他程序插入的行所对应的ID。

最后，设置新加入行的ID并返回成功或失败：

```
  *cd_id = new_cd_id;
  if (new_cd_id != -1) return 1;
  return 0;
}
} /* add_cd */
```

现在，让我们看一下get_artist_id的实现，其过程跟插入CD记录非常相似：

```
/* Find or create an artist_id for the given string */
static int get_artist_id(char *artist) {
  MYSQL_RES *res_ptr;
  MYSQL_ROW mysqlrow;

  int res;
  char qs[250];
  char is[250];
```

```
  char es[250];
  int artist_id = -1;

  /* Does it already exist? */
  mysql_escape_string(es, artist, strlen(artist));
  sprintf(qs, "SELECT id FROM artist WHERE name = '%s'", es);

  res = mysql_query(&my_connection, qs);
  if (res) {
    fprintf(stderr, "SELECT error: %s\n", mysql_error(&my_connection));
  } else {
    res_ptr = mysql_store_result(&my_connection);
    if (res_ptr) {
      if (mysql_num_rows(res_ptr) > 0) {
      if (mysqlrow = mysql_fetch_row(res_ptr)) {
        sscanf(mysqlrow[0], "%d", &artist_id);
      }
      }
      mysql_free_result(res_ptr);
    }
  }
  if (artist_id != -1) return artist_id;

  sprintf(is, "INSERT INTO artist(name) VALUES('%s')", es);
  res = mysql_query(&my_connection, is);
  if (res) {
    fprintf(stderr, "Insert error %d: %s\n",
mysql_errno(&my_connection), mysql_error(&my_connection));
    return 0;
  }
  res = mysql_query(&my_connection, "SELECT LAST_INSERT_ID()");
  if (res) {
    printf("SELECT error: %s\n", mysql_error(&my_connection));
    return 0;
  } else {
    res_ptr = mysql_use_result(&my_connection);
    if (res_ptr) {
      if ((mysqlrow = mysql_fetch_row(res_ptr))) {
      sscanf(mysqlrow[0], "%d", &artist_id);
      }
      mysql_free_result(res_ptr);
    }
  }
  return artist_id;
} /* get_artist_id */
```

现在，继续添加CD的曲目信息。你仍然需要保护曲目标题中的特殊字符：

```
int add_tracks(struct current_tracks_st *tracks) {

  int res;
  char is[250];
  char es[250];
  int i;
```

```
    if (!dbconnected) return 0;

    i = 0;
    while (tracks->track[i][0]) {
      mysql_escape_string(es, tracks->track[i], strlen(tracks->track[i]));
      sprintf(is, "INSERT INTO track(cd_id, track_id, title)
VALUES(%d, %d, '%s')", tracks->cd_id, i + 1, es);
      res = mysql_query(&my_connection, is);
      if (res) {
        fprintf(stderr, "Insert error %d: %s\n",
mysql_errno(&my_connection), mysql_error(&my_connection));
        return 0;
      }
      i++;
    }
    return 1;
} /* add_tracks */
```

现在，根据给定的CD的ID值来提取CD信息。你将使用一个数据库联合在提取CD信息的同时提取艺术家的ID。这是很好的练习：数据库擅长于了解如何高效地执行复杂查询，所以如果一个任务可以仅仅通过SQL语句就能让数据库来完成，就决不要自己来编写程序代码。这样不仅可以节省自己的精力，不必编写额外的代码，而且通过让数据库尽可能多地完成复杂工作，也可以提高程序的执行效率。

```
int get_cd(int cd_id, struct current_cd_st *dest) {
    MYSQL_RES *res_ptr;
    MYSQL_ROW mysqlrow;

    int res;
    char qs[250];

    if (!dbconnected) return 0;
    memset(dest, 0, sizeof(*dest));
    dest->artist_id = -1;

    sprintf(qs, "SELECT artist.id, cd.id, artist.name, cd.title, cd.catalogue \
FROM artist, cd WHERE artist.id = cd.artist_id and cd.id = %d", cd_id);

    res = mysql_query(&my_connection, qs);
    if (res) {
      fprintf(stderr, "SELECT error: %s\n", mysql_error(&my_connection));
    } else {
      res_ptr = mysql_store_result(&my_connection);
      if (res_ptr) {
        if (mysql_num_rows(res_ptr) > 0) {
      if (mysqlrow = mysql_fetch_row(res_ptr)) {
        sscanf(mysqlrow[0], "%d", &dest->artist_id);
        sscanf(mysqlrow[1], "%d", &dest->cd_id);
        strcpy(dest->artist_name, mysqlrow[2]);
        strcpy(dest->title, mysqlrow[3]);
        strcpy(dest->catalogue, mysqlrow[4]);
      }
        }
      mysql_free_result(res_ptr);
```

```
      }
    }
    if (dest->artist_id != -1) return 1;
    return 0;
} /* get_cd */
```

接下来，你要实现曲目信息的提取。注意，你通过 SQL 语句中指定一个 ORDER BY 子句来确保曲目以一个有意义的顺序返回。而且，由数据库来完成这些工作将比我们以任意顺序提取数据，并自己编写代码来排序更有效率。

```
int get_cd_tracks(int cd_id, struct current_tracks_st *dest) {
  MYSQL_RES *res_ptr;
  MYSQL_ROW mysqlrow;

  int res;
  char qs[250];
  int i = 0, num_tracks = 0;

  if (!dbconnected) return 0;
  memset(dest, 0, sizeof(*dest));
  dest->cd_id = -1;

  sprintf(qs, "SELECT track_id, title FROM track WHERE track.cd_id = %d \
ORDER BY track_id", cd_id);

  res = mysql_query(&my_connection, qs);
  if (res) {
    fprintf(stderr, "SELECT error: %s\n", mysql_error(&my_connection));
  } else {
    res_ptr = mysql_store_result(&my_connection);
    if (res_ptr) {
      if ((num_tracks = mysql_num_rows(res_ptr)) > 0) {
      while (mysqlrow = mysql_fetch_row(res_ptr)) {
        strcpy(dest->track[i], mysqlrow[1]);
        i++;
      }
      dest->cd_id = cd_id;
      }
      mysql_free_result(res_ptr);
    }
  }
  return num_tracks;
} /* get_cd_tracks */
```

至此，你已添加并提取了 CD 的相关信息，现在是时候搜索 CD 了。你通过限制返回结果的数目来保持接口的简单，但是你仍然想让函数告诉你共有多少行，即使这多于你能够提取的结果数。

```
int find_cds(char *search_str, struct cd_search_st *dest) {
  MYSQL_RES *res_ptr;
  MYSQL_ROW mysqlrow;

  int res;
  char qs[500];
  int i = 0;
  char ss[250];
```

```
int num_rows = 0;

if (!dbconnected) return 0;
```

现在，清空结果结构并保护查询字符串中的特殊字符：

```
memset(dest, -1, sizeof(*dest));
mysql_escape_string(ss, search_str, strlen(search_str));
```

接着，你构造一个查询字符串。注意它需要使用相当多的%字符，因为%既是SQL语句中用来匹配任何字符串的字符，也是sprintf中的一个特殊字符。

```
sprintf(qs, "SELECT DISTINCT artist.id, cd.id FROM artist, cd WHERE artist.id =
cd.artist_id and (artist.name LIKE '%%%s%%' OR cd.title LIKE '%%%s%%' OR
cd.catalogue LIKE '%%%s%%')", ss, ss, ss);
```

现在，你可以执行查询了：

```
  res = mysql_query(&my_connection, qs);
  if (res) {
    fprintf(stderr, "SELECT error: %s\n", mysql_error(&my_connection));
  } else {
    res_ptr = mysql_store_result(&my_connection);
    if (res_ptr) {
      num_rows = mysql_num_rows(res_ptr);
      if ( num_rows > 0) {
      while ((mysqlrow = mysql_fetch_row(res_ptr)) && i < MAX_CD_RESULT) {
        sscanf(mysqlrow[1], "%d", &dest->cd_id[i]);
        i++;
      }
      }
      mysql_free_result(res_ptr);
    }
  }
  return num_rows;
} /* find_cds */
```

最后，你将实现删除CD的方法。为了符合我们默默地管理艺术家条目的策略，当删除一张CD时，如果没有其他CD包含同一个艺术家字符串，你将删除这张CD对应的艺术家。奇怪的是，SQL没有一次从多个表中删除数据的方法，所以你必须依次从每个表中删除数据。

```
int delete_cd(int cd_id) {

  int res;
  char qs[250];
  int artist_id, num_rows;
  MYSQL_RES *res_ptr;
  MYSQL_ROW mysqlrow;

  if (!dbconnected) return 0;

  artist_id = -1;
  sprintf(qs, "SELECT artist_id FROM cd WHERE artist_id =
              (SELECT artist_id FROM cd WHERE id = '%d')", cd_id);
  res = mysql_query(&my_connection, qs);
  if (res) {
    fprintf(stderr, "SELECT error: %s\n", mysql_error(&my_connection));
```

```
    } else {
      res_ptr = mysql_store_result(&my_connection);
      if (res_ptr) {
        num_rows = mysql_num_rows(res_ptr);
        if (num_rows == 1) {
          /* Artist not used by any other CDs */
          mysqlrow = mysql_fetch_row(res_ptr);
          sscanf(mysqlrow[0], "%d", &artist_id);
        }
        mysql_free_result(res_ptr);
      }
    }
    sprintf(qs, "DELETE FROM track WHERE cd_id = '%d'", cd_id);
    res = mysql_query(&my_connection, qs);
    if (res) {
      fprintf(stderr, "Delete error (track) %d: %s\n",
mysql_errno(&my_connection), mysql_error(&my_connection));
      return 0;
    }

    sprintf(qs, "DELETE FROM cd WHERE id = '%d'", cd_id);
    res = mysql_query(&my_connection, qs);
    if (res) {
      fprintf(stderr, "Delete error (cd) %d: %s\n",
mysql_errno(&my_connection), mysql_error(&my_connection));
      return 0;
    }

    if (artist_id != -1) {
      /* artist entry is now unrelated to any CDs, delete it */
      sprintf(qs, "DELETE FROM artist WHERE id = '%d'", artist_id);
      res = mysql_query(&my_connection, qs);
      if (res) {
        fprintf(stderr, "Delete error (artist) %d: %s\n",
mysql_errno(&my_connection), mysql_error(&my_connection));
      }
    }

    return 1;

} /* delete_cd */
```

这完成了所有的代码。

考虑到完整性，我们添加一个makefile文件来使你的工作更为轻松。你可能需要根据MySQL安装的情况来调整include路径。

```
all:  app

app: app_mysql.c app_test.c app_mysql.h
    gcc -o app -I/usr/include/mysql app_mysql.c app_test.c
                            -lmysqlclient -L/usr/lib/mysql
```

在后面的章节中，你将看到这个接口被用于真正的GUI。至于现在，如果你想观察执行代码所引起的数据库改变，我们建议你在一个窗口中运行gdb调试器来单步运行代码，同时在另一个窗口中观察数据库数据的变化。如果使用MySQL查询浏览器，请记住你需要刷新数据显示才能看到数据的变化。

8.5 小结

在本章中，我们简要介绍了MySQL。对于经验丰富的使用者来说，他们将发现许多我们没有时间在本章中讨论的高级功能，如外键约束和触发器。

你学习了安装MySQL的基础知识，并掌握了如何通过客户端工具对MySQL数据库进行基本的管理。我们介绍了它的C语言API接口，这是能与MySQL一起工作的编程语言之一。在此过程中，你还学习了一些SQL语句。

我们希望本章能够鼓励你开始尝试使用一个基于SQL的数据库来处理数据，并能继续学习以了解这些强大的数据库管理工具的更多功能。

友情提示，MySQL的更多信息可参见MySQL主页www.mysql.com。

开 发 工 具

在本章中，我们将介绍一些Linux系统中的程序开发工具，其中一些工具也可以在UNIX系统中使用。Linux系统除提供开发人员必需的编译器和调试器外，还提供一组工具，其中每个都可以完成一件独立的任务，并且允许开发人员将它们创造性地组合在一起，而这种组合能力也是Linux从UNIX的哲学体系中继承而来的。你将在本章中看到一些非常重要的开发工具，并将利用这些工具解决一些实际问题。这些工具包括：

- ❏ make命令和makefile文件
- ❏ 使用RCS和CVS系统对源代码进行控制
- ❏ 编写手册页
- ❏ 使用patch和tar命令来发布软件
- ❏ 开发环境

9.1 多个源文件带来的问题

在编写小程序时，许多人都会在编辑完源文件后重新编译所有文件来重建应用程序。但对大型程序来说，使用这种简单的处理方式会带来一些很明显的问题。编辑—编译—测试这一循环的周期将变长。如果仅改动了一个源文件，即使是最有耐心的程序员也不想重新编译所有的源文件。

如果在程序中创建了多个头文件，并在不同的源文件中包含它们，这种处理方式就会带来一个潜在的、更严重的问题。比如说，你有3个头文件：a.h、b.h和c.h，3个C源文件main.c、2.c和3.c（我们希望读者在实际的项目中为源文件选择更好的名字），具体的情况如下所示：

```
/* main.c */
#include "a.h"
...
/* 2.c */
#include "a.h"
#include "b.h"
...
/* 3.c */
#include "b.h"
#include "c.h"
...
```

如果程序员只修改了头文件c.h，则源文件main.c和2.c无需重新编译，因为它们并不依赖于这个头文件，而对于源文件3.c来说，因为它包含了头文件c.h，所以在头文件c.h改动后，就必须重新编译它。但如果修改的是头文件b.h，而程序员又忘记重新编译源文件2.c，则最终的程序就可能无法正常工作了。

make工具可以解决上述这些问题，它会在必要时重新编译所有受改动影响的源文件。

　　make命令不仅仅用于编译程序，无论何时，当需要通过多个输入文件来生成输出文件时，你都可以利用它来完成任务。它的其他用法还包括文档处理（例如针对troff或TeX文档）。

9.2　make 命令和 makefile 文件

你将看到，虽然make命令内置了很多智能机制，但光凭其自身是无法了解应该如何建立应用程序的。你必须为其提供一个文件，告诉它应用程序应该如何构造，这个文件称为makefile。

makefile文件一般都会和项目的其他源文件放在同一目录下。你的机器上可以同时存在许多不同的makefile文件。事实上，如果管理的是一个大项目，你可以用多个不同的makefile文件来分别管理项目的不同部分。

make命令和makefile文件的结合提供了一个在项目管理领域十分强大的工具。它不仅常被用于控制源代码的编译，而且还用于手册页的编写以及将应用程序安装到目标目录。

9.2.1　makefile 的语法

makefile文件由一组依赖关系和规则构成。每个依赖关系由一个目标（即将要创建的文件）和一组该目标所依赖的源文件组成。而规则描述了如何通过这些依赖文件创建目标。一般来说，目标是一个单独的可执行文件。

make命令会读取makefile文件的内容，它先确定目标文件或要创建的文件，然后比较该目标所依赖的源文件的日期和时间以决定该采用哪条规则来构造目标。通常在创建最终的目标文件之前，它需要先创建一些中间目标。make命令会根据makefile文件来确定目标文件的创建顺序以及正确的规则调用顺序。

9.2.2　make 命令的选项和参数

make程序本身有许多选项，其中最常用的3个选项如下所示。

❑ -k：它的作用是让make命令在发现错误时仍然继续执行，而不是在检测到第一个错误时就停下来。你可以利用这个选项在一次操作中发现所有未编译成功的源文件。

❑ -n：它的作用是让make命令输出将要执行的操作步骤，而不真正执行这些操作。

❑ -f <filename>：它的作用是告诉make命令将哪个文件作为makefile文件。如果未使用这个选项，标准版本的make命令将首先在当前目录下查找名为makefile的文件，如果该文件不存在，它就会查找名为Makefile的文件。但如果你是在Linux系统中，你使用的可能是GNU Make，这个版本的make命令将在搜索makefile文件和Makefile文件之前，首先查找名为GNUmakefile的文件。按惯例，许多Linux程序员使用文件名Makefile，因为如果一个目录下都是以小写字母为名称的文件，则Makefile文件将在目录的文件列表中第一个出现。我们建议不要使用文件名GNUmakefile，因为它是特定于make命令的GNU实现的。

为了指示make命令创建一个特定的目标（通常是一个可执行文件），你可以把该目标的名字作为make命令的一个参数。如果不这么做，make命令将试图创建列在makefile文件中的第一个目标。许多程序员都会在自己的makefile文件中将第一个目标定义为all，然后再列出其他从属目标。这个约定可以明确地告诉make命令，在未指定特定目标时，默认情况下应该创建哪个目标。我们建议读者都坚持使用这一约定。

1. 依赖关系

依赖关系定义了最终应用程序里的每个文件与源文件之间的关系。在本章前面的程序示例中，你可以把依赖关系定义为最终应用程序依赖于文件main.o、2.o和3.o。同样，main.o依赖于main.c和a.h，2.o依赖于2.c、a.h和b.h，3.o依赖于3.c、b.h和c.h。因此，main.o受文件main.c和a.h修改的影响，如果这两个文件之一有所改变，你就需要重新编译main.c来重建main.o。

在makefile文件中，这些规则的写法是：先写目标的名称，然后紧跟着一个冒号，接着是空格或制表符tab，最后是用空格或制表符tab隔开的文件列表（这些文件用于创建目标文件）。与前面例子相对应的依赖关系列表如下所示：

```
myapp: main.o 2.o 3.o
main.o: main.c a.h
2.o: 2.c a.h b.h
3.o: 3.c b.h c.h
```

它表示目标myapp依赖于main.o、2.o和3.o，而main.o依赖于main.c和a.h，等等。

这组依赖关系形成一个层次结构，它显示了源文件之间的关系。你可以很容易地看出，如果文件b.h发生改变，你就需重新编译2.o和3.o，而由于2.o和3.o发生了改变，你还需要重新创建目标myapp。

如果想一次创建多个文件，你可以利用伪目标all。假设应用程序由二进制文件myapp和使用手册myapp.1组成。你可以用下面这行语句进行定义：

```
all: myapp myapp.1
```

这里再次强调，如果未指定一个all目标，则make命令将只创建它在文件makefile中找到的第一个目标。

2. 规则

makefile文件的第二部分内容是规则，它们定义了目标的创建方式。在上节的例子中，当make命令确定需要重建2.o时，它具体应该使用哪条命令呢？看上去只需使用命令gcc -c 2.c就够了（在后面你将看到，make命令内置了很多默认规则），但如果需要指定头文件目录，或者为了今后的调试需要设置符号信息选项又该怎么做呢？这就需要在makefile文件中明确定义一些规则。

此时，我们必须提及makefile文件中一个非常奇怪而又令人遗憾的语法现象：空格和制表符tab是有区别的。规则所在的行必须以制表符tab开头，用空格是不行的。由于连续几个空格和一个制表符tab看上去很相似，而且几乎在Linux编程的所有领域中，空格和制表符tab之间几乎没有差别，所以这样的语法规定会带来问题。此外，如果makefile文件中的某行以空格结尾，它也可能会导致make命令执行失败。但这些都是历史遗留问题，而且因为已有太多的makefile文件存在，企图将其全部改正是不现实的，所以请小心编写makefile文件。幸运的是，如果缺少了制表符tab，make命令就不会正常工作，所以发现这个错误很容易。

实　验　**一个简单的makefile文件**

大多数规则都包含一个简单的命令，该命令也可以在命令行上执行。就前面的例子来说，你把创建的第一个makefile文件命名为Makefile1：

```
myapp: main.o 2.o 3.o
    gcc -o myapp main.o 2.o 3.o
```

9

```
main.o: main.c a.h
    gcc -c main.c

2.o: 2.c a.h b.h
    gcc -c 2.c

3.o: 3.c b.h c.h
    gcc -c 3.c
```

你在调用make命令时加上-f选项,这是因为makefile文件并未使用常见的默认文件名makefile或Makefile。如果在一个没有任何源文件的目录下执行这个命令,你就会得到如下的输出结果:

```
$ make -f Makefile1
make: *** No rule to make target 'main.c', needed by 'main.o'.  Stop.
$
```

make命令假设在makefile文件中的第一个目标myapp是想创建的目标文件。然后它会检查其他的依赖关系,并确定需要有一个名为main.c的文件。由于并未创建该文件,makefile文件里也未说明如何创建该文件,所以以make命令报告一个错误。下面就来创建这些源文件并重新进行尝试。由于对程序执行的结果没有兴趣,所以这些文件的内容都非常简单。头文件实际上都是空文件,你可以用touch命令来创建它们:

```
$ touch a.h
$ touch b.h
$ touch c.h
```

源文件main.c中包含main函数,该函数调用了function_two和function_three函数,而这两个函数分别在另外两个文件中定义。源文件通过#include语句包含合适的头文件,使它们看上去依赖于这些头文件的内容。它其实算不上是一个应用程序,下面是其程序清单:

```c
/* main.c */
#include <stdlib.h>
#include "a.h"

extern void function_two();
extern void function_three();

int main()
{
    function_two();
    function_three();
    exit (EXIT_SUCCESS);
}
```

```c
/* 2.c */
#include "a.h"
#include "b.h"

void function_two() {
}
```

```c
/* 3.c */
#include "b.h"
#include "c.h"
```

```
void function_three() {
}
```

再次执行make命令:

```
$ make -f Makefile1
gcc -c main.c
gcc -c 2.c
gcc -c 3.c
gcc -o myapp main.o 2.o 3.o
$
```

这次成功执行了make命令。

实验解析

make命令处理makefile文件中定义的依赖关系,确定需要创建的文件以及创建顺序。虽然把如何创建目标myapp列在最前面,但make命令能够自行判断出创建文件的正确顺序。它调用你在规则部分给出的命令来创建相应的文件,同时会在执行时在屏幕上将命令显示出来。现在,你可以测试在文件b.h改变时,makefile文件能否正确处理这一情况:

```
$ touch b.h
$ make -f Makefile1
gcc -c 2.c
gcc -c 3.c
gcc -o myapp main.o 2.o 3.o
$
```

make命令读取makefile文件,确定重建myapp所需的最少命令,并以正确的顺序执行它们。下面我们来看,如果删除一个目标文件会发生什么情况:

```
$ rm 2.o
$ make -f Makefile1
gcc -c 2.c
gcc -o myapp main.o 2.o 3.o
$
```

make命令再次正确地确定出需要采取的动作。

9.2.3　makefile 文件中的注释

makefile文件中的注释以#号开头,一直延续到这一行的结束。和C语言源文件中的注释一样,makefile文件中的注释可以帮助程序的编写者及其他人理解最初编写这个文件的目的。

9.2.4　makefile 文件中的宏

即使上述内容就是make命令和makefile文件的全部,对于管理包含多个源文件的项目来说,它们仍然是强有力的工具。但是,对于管理包含非常多源文件的大型项目来说,它们就显得过于庞大并缺乏弹性。因此,makefile文件允许你使用宏以一种更通用的格式来书写它们。

你通过语句MACRONAME=value在makefile文件中定义宏,引用宏的方法是使用$(MACRONAME)或${MACRONAME}。make的某些版本还接受$MACRONAME的用法。如果想把一个宏的值设置为空,你可以令等号(=)后面留空。

makefile文件中的宏常被用于设置编译器的选项。在软件的开发过程中,通常开发人员不会对编译结果进行优化,而是将调试信息包含进去。但对于软件的发行版,往往又需反过来做,即编译结果

9

是一个不包含调试信息的容量较小的二进制可执行文件，使其执行速度尽可能快。

Makefile1文件的另一问题是，它假设编译器的名字是gcc，而在其他UNIX系统中，编译器的名字可能是cc或c89。如果想将makefile文件移植到另一版本的UNIX系统中，或在现有系统中使用另一个编译器，为了使其工作，你将不得不修改makefile文件中许多行的内容。宏是用来收集所有这些与系统相关内容的好方法，通过使用宏定义，你可以方便地修改这些内容。

宏通常都是在makefile文件中定义的，但你也可以在调用make命令时在命令行上给出宏定义，例如命令make CC=c89。命令行上的宏定义将覆盖在makefile文件中的宏定义。当在makefile文件之外使用宏定义时，要注意宏定义必须以单个参数的形式传递，所以应避免在宏定义中使用空格或应像下面这样给宏定义加上引号：make "CC = c89"。

实　验　带宏定义的**makefile**文件

下面是makefile文件的一个修订版本Makefile2，它使用了一些宏定义：

```
all: myapp

# Which compiler
CC = gcc

# Where are include files kept
INCLUDE = .

# Options for development
CFLAGS = -g -Wall -ansi

# Options for release
# CFLAGS = -O -Wall -ansi

myapp: main.o 2.o 3.o
    $(CC) -o myapp main.o 2.o 3.o

main.o: main.c a.h
    $(CC) -I$(INCLUDE) $(CFLAGS) -c main.c

2.o: 2.c a.h b.h
    $(CC) -I$(INCLUDE) $(CFLAGS) -c 2.c

3.o: 3.c b.h c.h
    $(CC) -I$(INCLUDE) $(CFLAGS) -c 3.c
```

删除旧的安装文件，并通过这个新的makefile文件创建新的安装文件，你将看到如下的输出：

```
$ rm *.o myapp
$ make -f Makefile2
gcc -I. -g -Wall -ansi -c main.c
gcc -I. -g -Wall -ansi -c 2.c
gcc -I. -g -Wall -ansi -c 3.c
gcc -o myapp main.o 2.o 3.o
$
```

实验解析

make命令将$(CC)、$(CFLAGS)和$(INCLUDE)替换为相应的宏定义，这与C语言编译器对#define

语句的处理方式很相似。现在，如果想改变编译器命令，你只需修改makefile文件中的一行即可。

事实上，make命令内置了一些特殊的宏定义，通过使用它们，你可以让makefile文件变得更加简洁。我们将几个较常用的宏列在表9-1中，其使用方法可以在后面的示例中看到。这些宏在使用前才展开，所以它们的含义会随着makefile文件的处理进展而发生变化。事实上，如果这些内置宏的用法不是这样，它们就没有什么用处了。

表　9-1

宏	定　义
$?	当前目标所依赖的文件列表中比当前目标文件还要新的文件
$@	当前目标的名字
$<	当前依赖文件的名字
$*	不包括后缀名的当前依赖文件的名字

在makefile文件中，你可能还会看到下面两个有用的特殊字符，它们出现在命令之前。

- -：告诉make命令忽略所有错误。例如，如果想创建一个目录，但又想忽略任何错误（比如目录已存在），你就可以在mkdir命令的前面加上一个减号。你将在本章后面的例子中看到符号-的应用。
- @：告诉make在执行某条命令前不要将该命令显示在标准输出上。如果想用echo命令给出一些说明信息，这个字符将非常有用。

9.2.5　多个目标

通常制作不止一个目标文件或者将多组命令集中到一个位置来执行是很有用的。你可以通过扩展makefile文件来达到这一目的。在下面的例子中，你在makefile文件中增加一个clean选项来删除不需要的目标文件，增加一个install选项来将编译成功的应用程序安装到另一个目录下。

实　验 多个目标

下面是makefile文件的下一个版本Makefile3文件的内容：

```
all: myapp

# Which compiler
CC = gcc

# Where to install
INSTDIR = /usr/local/bin

# Where are include files kept
INCLUDE = .

# Options for development
CFLAGS = -g -Wall -ansi

# Options for release
# CFLAGS = -O -Wall -ansi
```

9

```
myapp: main.o 2.o 3.o
    $(CC) -o myapp main.o 2.o 3.o

main.o: main.c a.h
    $(CC) -I$(INCLUDE) $(CFLAGS) -c main.c

2.o: 2.c a.h b.h
    $(CC) -I$(INCLUDE) $(CFLAGS) -c 2.c

3.o: 3.c b.h c.h
    $(CC) -I$(INCLUDE) $(CFLAGS) -c 3.c
```

```
clean:
    -rm main.o 2.o 3.o

install: myapp
    @if [ -d $(INSTDIR) ]; \
        then \
        cp myapp $(INSTDIR);\
        chmod a+x $(INSTDIR)/myapp;\
        chmod og-w $(INSTDIR)/myapp;\
        echo "Installed in $(INSTDIR)";\
    else \
        echo "Sorry, $(INSTDIR) does not exist";\
    fi
```

　　这个makefile文件中有几处需要注意。首先，特殊目标all仍然只指定了myapp这一个目标。因此，如果在执行make命令时未指定目标，它的默认行为就是创建目标myapp。

　　下一个值得关注之处就是两个新增加的目标：clean和install。目标clean用rm命令来删除目标文件。rm命令以减号-开头，减号的含义是让make命令忽略rm命令的执行结果，这意味着，即使由于目标文件不存在而导致rm命令返回错误，命令make clean也会成功。用于制作目标clean的规则并未给目标clean定义任何依赖关系，行clean:的后面是空的，因此该目标总被认为是过时的，所以在执行make命令时，如果指定目标clean，则该目标所对应的规则将总被执行。

　　目标install依赖于myapp，所以make命令知道它必须首先创建myapp，然后才能执行制作该目标所需的其他命令。用于制作install目标的规则由几个shell脚本命令组成。由于make命令在执行规则时会调用一个shell，并且会针对每个规则使用一个新shell，所以必须在上面每行代码的结尾加上一个反斜杠\，让所有shell脚本命令在逻辑上处于同一行，并作为一个整体传递给一个shell执行。这个命令以符号@开头，表示make在执行这些规则之前不会在标准输出上显示命令本身。

　　目标install按顺序执行多个命令将应用程序安装到其最终位置。它并没有在执行下一个命令前检查前一个命令的执行是否成功。如果这点很重要，你可以将这些命令用符号&&连接起来，如下所示：

```
    @if [ -d $(INSTDIR) ]; \
        then \
        cp myapp $(INSTDIR) &&\
        chmod a+x $(INSTDIR)/myapp && \
        chmod og-w $(INSTDIR/myapp && \
        echo "Installed in $(INSTDIR)" ;\
    else \
        echo "Sorry, $(INSTDIR) does not exist" ; false ; \
    fi
```

大家应该记得，我们曾经在第2章见过该符号，对shell来说，它是"与"的意思，即每个后续命令只在前面的命令都执行成功的前提下才会被执行。在此例中，你并不过分关心前面的命令是否执行成功，所以可以坚持使用简单的格式。

你可能不能以普通用户的身份将新命令安装到目录/usr/local/bin下。在执行命令make install之前，你可以修改makefile文件以选择另一个安装目录，或是改变该目录的权限，或是通过命令su切换用户身份到超级用户root。

```
$ rm *.o myapp
$ make -f Makefile3
gcc -I. -g -Wall -ansi -c main.c
gcc -I. -g -Wall -ansi -c 2.c
gcc -I. -g -Wall -ansi -c 3.c
gcc -o myapp main.o 2.o 3.o
$ make -f Makefile3
make: Nothing to be done for 'all'.
$ rm myapp
$ make -f Makefile3 install
gcc -o myapp main.o 2.o 3.o
Installed in /usr/local/bin
$ make -f Makefile3 clean
rm main.o 2.o 3.o
$
```

实验解析

首先，删除myapp和所有目标文件。单独执行make命令的话，它将使用默认目标all，并创建可执行程序myapp。然后再次运行make命令，但因为myapp已经是最新的，所以make命令未做任何事。接下来，删除文件myapp并执行命令make install，它重新创建二进制文件myapp并将其复制到安装目录中。最后，运行命令make clean来删除当前目录下所有的目标文件。

9.2.6　内置规则

目前为止，你在makefile文件中对每个操作步骤的执行都做了精确的说明。事实上，make命令本身带有大量的内置规则，它们可以极大地简化makefile文件的内容，尤其在拥有许多源文件时更是如此。为测试这些内置规则，下面创建文件foo.c，它是一个传统的"Hello World"程序：

```
#include <stdlib.h>
#include <stdio.h>

int main()
{
    printf("Hello World\n");
    exit(EXIT_SUCCESS);
}
```

在不指定makefile文件时，尝试用make命令来编译它：

```
$ make foo
cc     foo.c   -o foo
$
```

可以看到，make命令知道如何调用编译器，虽然此例中，它选择的是cc而不是gcc（在Linux系统中，这没有问题，因为cc通常是gcc的一个连接文件）。有时，这些内置规则又被称为推导规则，由于它们都会使用宏定义，因此可以通过给宏赋予新值来改变其默认行为。

```
$ rm foo
$ make CC=gcc CFLAGS="-Wall -g" foo
gcc -Wall -g    foo.c    -o foo
$
```

你可以通过-p选项让make命令打印出其所有内置规则。由于内置规则实在太多，不能在此一一列出，所以这里只给出了GNU版本make的make -p命令的部分输出，显示了其中一部分的规则：

```
OUTPUT_OPTION = -o $@
COMPILE.c = $(CC) $(CFLAGS) $(CPPFLAGS) $(TARGET_ARCH) -c
%.o: %.c
#   commands to execute (built-in):
        $(COMPILE.c) $(OUTPUT_OPTION) $<
```

考虑到存在这些内置规则，你可以将文件makefile中用于制作目标的规则去掉，而只需指定依赖关系，从而达到简化makefile文件的目的。因此该文件中相应部分的内容将变得很简单，如下所示：

```
main.o: main.c a.h
2.o: 2.c a.h b.h
3.o: 3.c b.h c.h
```

读者可以在本书所对应的网站下载代码中找到这个版本的makefile文件Makefile4。

9.2.7 后缀和模式规则

你看到的内置规则在使用时都利用了文件的后缀名（这类似Windows和MS-DOS的文件扩展名），所以当给出带有某个特定后缀名的文件时，make命令知道应该用哪个规则来创建带有另一个不同后缀名的文件。最常见的一条规则是用于从一个以.c为后缀的文件创建出一个以.o为后缀名的文件。该规则使用编译器进行编译，但并不对源文件进行链接。

有时，你需要自己创建新规则。我过去在日常工作中经常需要用多个不同的编译器对源文件进行编译：其中两个是MS-DOS下的编译器，一个是Linux下的gcc。为了让其中一个MS-DOS编译器能够正常工作，源文件（它们用的是C++语言而不是C语言）需要以.cpp为后缀名。但糟糕的是，那个时候的Linux系统下的make版本没有用于编译后缀名为.cpp的源文件的内置规则（它倒是有一条针对.cc源文件的规则，UNIX系统中的C++文件常使用这个后缀名）。

为解决这个问题，或者为每个单独的源文件指定一条规则，或者为make制定一条新的规则，专门用于从后缀名为.cpp的源文件创建目标文件。假设这个项目中的源文件数量非常大，那么制定一条新规则将节省大量的键入时间，也使得为该项目增加新的源文件变得更加容易。

要想增加一条新的后缀规则，首先需要在makefile文件中增加一行语句，告诉make命令这个新的后缀名。然后即可用这个新的后缀名来定义规则。make使用特殊语法：

.<old_suffix>.<new_suffix>:

来定义一条通用规则，利用该规则可以从带有旧后缀名的文件创建带有新后缀名的文件，并保留原文件的前半部分。

下面是makefile文件的一个片段，它用一个新的通用规则将.cpp文件编译为.o文件：

```
.SUFFIXES:       .cpp
.cpp.o:
    $(CC) -xc++ $(CFLAGS) -I$(INCLUDE) -c $<
```

特殊依赖关系.cpp.o:告诉make，紧随其后的规则是用于将后缀名为.cpp的文件转换为后缀名为.o的文件。在定义这个依赖关系时，使用了特殊的宏名称，这是因为此时你还不知道将要被转换的文件的名字。要想理解这条规则，只需要记住宏$<将被扩展为起始文件的名字（包含旧的后缀名）。注意，只需告诉make如何从.cpp文件得到.o文件，make已经知道如何从一个目标文件得到一个二进制可执行文件了。

当调用make命令时，它将使用这条新规则从bar.cpp文件得到bar.o文件，然后再使用它的内置规则从.o文件得到二进制可执行文件。-xc++标志的作用是告诉gcc编译器这是一个C++源文件。

如今的make版本已知道如何处理后缀名为.cpp的C++源文件了，但当需要将一种类型的文件转换为另一种类型的文件时，这个技术仍然很有用。

最新的make版本还包含一个新的语法以实现同样的效果，而且功能更强大。例如，模式规则可以用%通配符语法来匹配文件名，而不是仅依赖于文件的后缀名。

可以达到与上例中.cpp规则同样效果的模式规则如下所示：

```
%.o: %.cpp
    $(CC) -xc++ $(CFLAGS) -I$(INCLUDE) -c $<
```

9.2.8 用 make 管理函数库

对于大型项目，一种比较方便的做法是用函数库来管理多个编译产品。函数库实际上就是文件，它们通常以.a（a是英文archive的首字母）为后缀名，在该文件中包含了一组目标文件。make命令用一个特殊的语法来处理函数库，这使得函数库的管理工作变得非常容易。

用于管理函数库的语法是lib(file.o)，它的含义是目标文件file.o是存储在函数库lib.a中的。make命令用一个内置规则来管理函数库，该规则的常见形式如下所示：

```
.c.a:
    $(CC) -c $(CFLAGS) $<
    $(AR) $(ARFLAGS) $@ $*.o
```

宏$(AR)和$(ARFLAGS)的默认取值通常分别是命令ar和选项rv。这个相当简洁的语法告诉make，要想从.c文件得到.a库文件，它必须应用上面两条规则。

❑ 第一条规则告诉它必须编译源文件以生成目标文件。
❑ 第二条规则告诉它用ar命令将新的目标文件添加到函数库中。

因此，如果有一个名为fud的函数库，其中包含目标文件bas.o，则第一条规则中的$<将被替换为bas.c，而第二条规则中的$@和$*将被分别替换为库文件fud.a和名字bas。

实 验 管理函数库

在实际应用中，管理函数库规则的使用非常简单。下面将文件2.o和3.o放入函数库mylib.a中。你只需对makefile文件做很少的修改，最终的makefile文件Makefile5如下所示：

```
all: myapp

# Which compiler
CC = gcc

# Where to install
INSTDIR = /usr/local/bin
```

9

```
# Where are include files kept
INCLUDE = .

# Options for development
CFLAGS = -g -Wall -ansi

# Options for release
# CFLAGS = -O -Wall -ansi

# Local Libraries
MYLIB = mylib.a

myapp: main.o $(MYLIB)
    $(CC) -o myapp main.o $(MYLIB)


$(MYLIB): $(MYLIB)(2.o) $(MYLIB)(3.o)
main.o: main.c a.h
2.o: 2.c a.h b.h
3.o: 3.c b.h c.h


clean:
    -rm main.o 2.o 3.o $(MYLIB)

install: myapp
    @if [ -d $(INSTDIR) ]; \
      then \
        cp myapp $(INSTDIR);\
        chmod a+x $(INSTDIR)/myapp;\
        chmod og-w $(INSTDIR)/myapp;\
        echo "Installed in $(INSTDIR)";\
      else \
        echo "Sorry, $(INSTDIR) does not exist";\
      fi
```

请注意，我们是如何利用默认规则来完成大部分工作的。下面测试这个新版本的 makefile 文件：

```
$ rm -f myapp *.o mylib.a
$ make -f Makefile5
gcc -g -Wall -ansi   -c -o main.o main.c
gcc -g -Wall -ansi   -c -o 2.o 2.c
ar rv mylib.a 2.o
a - 2.o
gcc -g -Wall -ansi   -c -o 3.o 3.c
ar rv mylib.a 3.o
a - 3.o
gcc -o myapp main.o mylib.a
$ touch c.h
$ make -f Makefile5
gcc -g -Wall -ansi   -c -o 3.o 3.c
ar rv mylib.a 3.o
r - 3.o
gcc -o myapp main.o mylib.a
$
```

实验解析

首先，删除所有的目标文件和库文件，然后执行make命令创建myapp。make命令首先编译并创建函数库，然后把main.o和该函数库链接起来以创建myapp。接下来测试目标3.o的依赖规则，它告诉make命令，当文件c.h发生改变时，源文件3.c必须被重新编译。make命令正确地完成了这一工作，它首先编译源文件3.c，然后更新函数库，最后重新链接函数库并创建一个新的可执行文件myapp。

9.2.9 高级主题：**makefile** 文件和子目录

对于大型的项目，有时我们希望能把构成一个函数库的几个文件从主文件中分离出来，并将它们保存到一个子目录中。使用make命令完成这一工作的方法有两个。

第一个方法是，你可以在子目录中编写出第二个makefile文件，它的作用是编译该子目录下的源文件，并将它们保存到一个函数库中，然后将该库文件复制到上一级的主目录中。在主目录中的makefile文件包含一条用于制作函数库的规则，该规则会调用第二个makefile文件，如下所示：

```
mylib.a:
    (cd mylibdirectory;$(MAKE))
```

这就是说，你必须总是执行命令make mylib.a。当make命令调用这条规则来创建函数库时，它将切换到子目录mylibdirectory中，然后调用一个新的make命令来管理函数库。由于make会针对每个命令调用一个新的shell，而使用第二个makefile文件的make命令本身又并没有执行cd命令，但它又必须在一个不同的目录下创建函数库，为解决这一问题，我们用括号将这两个命令括起来，从而确保它们只被一个单独的shell处理。

第二个方法是，在原来的makefile文件中添加一些宏。新添加的宏通过在我们已见过的宏的尾部追加一个字母得到，字母D代表目录，字母F代表文件名。然后你就可以用下面的规则来替换内置的.c.o后缀规则：

```
.c.o:
     $(CC) $(CFLAGS) -c $(@D)/$(<F) -o $(@D)/$(@F)
```

这条规则的作用是：编译子目录中的源文件并将目标文件放在该目录中。然后，你用如下的依赖关系和规则来更新当前目录下的函数库：

```
mylib.a:   mydir/2.o mydir/3.o
     ar -rv mylib.a $?
```

在项目中究竟使用哪种方法是由读者决定的。许多项目避免使用子目录，但这将导致在主目录中存在大量的源文件。可以从上面的简介中看到，你只需要为makefile文件稍微增加一点复杂性，即可在make命令中使用子目录。

9.2.10 GNU **make** 和 **gcc**

GNU的make命令和GNU的gcc编译器有下面两个有趣的选项。

❑ 第一个选项是make命令的-jN（字母j是英文单词jobs的首字母）选项，它允许make命令同时执行N条命令。如果项目的不同部分可以彼此独立地进行编译，make命令就可以同时调用几条规则。根据系统的配置情况，这种做法可以极大地缩短重新编译所需要花费的时间。如果有许多源文件，这个选项就值得一试。一般来说，你可以先从较小的数字（比如-j3）开始尝试。但如果需要与其他用户共享你的计算机，就要小心使用这个选项，因为其他用户可能并不喜欢你

9

每次编译时都启动大量的进程。

❑ 另一个有用的选项是gcc的-MM选项。它的作用是产生一个适用于make命令的依赖关系清单。如果某个项目包含非常多的源文件，每个源文件又包含不同的头文件组合，则理清它们之间的依赖关系将非常困难（但又非常重要）。如果让每个源文件都依赖于所有的头文件，有时候你就会编译一些没有必要编译的文件。但从另一方面来看，如果忽略一些依赖关系，问题会变得更严重，因为你没有重新编译一些需要编译的文件。

实 验 `gcc -MM`

在这个实验中，你用gcc的-MM选项来生成上面示例项目中的依赖关系清单：

```
$ gcc -MM main.c 2.c 3.c
main.o: main.c a.h
2.o: 2.c a.h b.h
3.o: 3.c b.h c.h
$
```

实验解析

gcc编译器扫描源文件以查找include语句，然后以一种适合于直接插入到makefile文件中的格式输出需要的依赖关系清单。你只需先把这个输出结果保存到一个临时文件中，然后把它们插入到makefile文件中，即可得到一组完美的依赖关系规则。如果拥有gcc编译器，却还出现依赖关系的错误就不应该了！

如果你对制作makefile文件非常有信心，也可以尝试使用makedepend工具，它的功能与-MM选项很类似，但其做法是将依赖关系直接附加到指定的makefile文件的末尾。

在结束对makefile文件的介绍之前，我们有必要指出makefile文件并不仅用于编译源代码或创建函数库。只要是可以通过一系列命令从某些类型的输入文件得到输出文件的任务，你都可通过makefile文件来自动地完成。一个典型的"非编译器"用途是，通过调用awk或sed命令对一些文件进行处理，或甚至通过makefile文件来生成使用手册。你可以通过它对任何与文件操纵相关的任务进行自动化处理，只要make命令可以根据文件的日期和时间信息判断出哪个文件发生了改变即可。

另一种用于控制程序创建或完成其他自动化任务的工具是ANT。它是一个基于Java的工具，它使用基于XML的配置文件。这个工具并不常被用于自动化处理Linux系统上C语言文件的创建，所以我们不会在这里对它作进一步的介绍。你可以通过网址http://ant.apache.org找到有关ANT的详细资料。

9.3 源代码控制

如果你做的不是一个简单的项目，特别是项目的开发人员不止一个时，为避免文件修改的冲突并跟踪对源文件所作出的修改，对源文件改动方面的管理就变得非常重要。

UNIX中有几个被广泛使用的用于管理源文件的系统，如下所示。

❑ SCCS：源代码控制系统。

❑ RCS：版本控制系统。

❑ CVS：并发版本控制系统。

❑ Subversion。

SCCS是由AT&T在系统V版本的UNIX中引入的最初的源代码控制系统，现在它已是X/Open标准的一部分了。RCS是在这之后开发的，它作为SCCS的一个免费替换系统，由自由软件基金会发布。RCS的功能与

SCCS非常类似，但它有着更直观的接口和一些其他的选项，所以SCCS基本上已被RCS所取代。

RCS工具是Linux发行版中的一个常见套件，你也可以从自由软件基金会的网址http://directory.fsf.org/rcs.html上下载它及其源代码。

CVS是一个比SCCS和RCS更高级的工具，它用于基于互联网的协同开发。你可以在大多数Linux发行版中找到它，你也可以通过网址http://www.nongnu.org/cvs/下载它。与RCS相比，它有两个显著的优势：可以通过网络使用，并且允许并发开发。

Subversion是一个新开发的工具，它旨在最终替换CVS。它的主页是http://www.subversion.org。

在本章中，我们将重点介绍RCS和CVS。介绍RCS是因为它对个人的开发项目来说易于使用，并且它与make整合得很好。介绍CVS是因为它是用于合作项目的最常见的源代码控制形式。鉴于SCCS作为POSIX标准的地位，我们还将简要地比较RCS命令和SCCS命令，并对CVS和Subversion中的一些用户命令进行比较。

9.3.1 RCS

版本控制系统（RCS）提供了许多用于管理源文件的命令。它能够跟踪并记录下源文件的每一次改动，并将这些改动都记录在一个文件中，该文件中记录的改动信息足够详细，你可以通过这些信息重建出任何一个以前的版本。它还允许你为每次改动保存一个与之对应的注释信息，这对了解文件改动的历史非常有用。

随着项目的进展，你可以将每次对源文件进行的大的改动或漏洞的修补分别进行记录，并针对每次改动保存注释。当需要回顾对文件曾经做过的改动、检查何时修补过漏洞或何时引入漏洞时，这就非常有用。

因为RCS只保存版本之间的不同之处，所以它非常节省存储空间。万一不小心误删了文件，RCS还可以帮助你找回以前的版本。

1. rcs命令

为便于说明，我们从一个需要管理的文件的初始化版本开始介绍。在本例中，我们使用的文件为important.c，它实际上是文件foo.c的一份副本，但在文件的开头加上了如下的注释：

```
/*
  This is an important file for managing this project.
  It implements the canonical "Hello World" program.
*/
```

第一个任务是用rcs命令来初始化该文件的RCS控制。命令rcs -i的作用是初始化RCS控制文件。

```
$ rcs -i important.c
RCS file: important.c,v
enter description, terminated with single '.' or end of file:
NOTE: This is NOT the log message!
>> This is an important demonstration file
>> .
done
$
```

你可以使用多行注释，结束输入需要在一行中单独使用一个英文句号（.）或输入文件结束字符（通常是组合键Ctrl+D）。

执行完这条命令后，rcs将创建一个新的只读文件，该文件的后缀带有,v，如下所示：

9

```
$ ls -l
-rw-r--r--    1 neil      users          225 2007-07-09 07:52 important.c
-r--r--r--    1 neil      users          105 2007-07-09 07:52 important.c,v
$
```

如果希望能把RCS文件保存到另一个目录中，你只需在第一次使用rcs命令之前建立一个名为RCS的子目录，这样所有的rcs命令都会自动地把RCS文件保存到该子目录中。

2. ci命令

现在可以使用ci命令将源文件的当前版本"签入"（check in）到RCS中了：

```
$ ci important.c
important.c,v  <--  important.c
initial revision: 1.1
done
$
```

如果先前忘记执行rcs -i命令了，在执行ci命令时，RCS会要求输入一段对该文件的描述。如果现在查看目录中的内容，你将会发现文件important.c已被删除：

```
$ ls -l
-r--r--r--    1 neil      users          443 2007-07-07 07:54 important.c,v
$
```

文件内容及其控制信息都已经被保存到RCS文件important.c,v中了。

3. co命令

如果想修改文件，你必须首先"签出"（check out）该文件。如果只是想阅读该文件，你可以用co命令重建当前版本的该文件并将它的权限改为只读。如果想对其进行修改，你就必须用命令co -l锁定该文件，因为在一个项目组中，必须确保任一时刻只有一个人可以修改指定的文件，这也是指定版本的文件只能有一份副本拥有写权限的原因。当文件以可写方式被"签出"时，对应的RCS文件将被锁定。

```
$ co -l important.c
important.c,v  -->  important.c
revision 1.1 (locked)
done
$
```

然后查看目录内容：

```
$ ls -l
-rw-r--r--    1 neil      users          225 2007-07-09 07:55 important.c
-r--r--r--    1 neil      users          453 2007-07-09 07:55 important.c,v
$
```

现在有了可以进行编辑的文件，你对其进行修改，把新版本存盘，然后再次用ci命令保存改动。现在文件important.c中的输出部分代码如下所示：

```
    printf("Hello World\n");
    printf("This is an extra line added later\n");
```

以如下方式使用ci命令：

```
$ ci important.c
important.c,v  <--  important.c
new revision: 1.2; previous revision: 1.1
enter log message, terminated with single '.' or end of file:
```

```
>> Added an extra line to be printed out.
>> .
done
$
```

如果想在"签入"该文件时仍然保留文件的锁定状态，使得可以继续对该文件进行修改，你就需要在调用ci命令时加上-l选项。这样，在"签入"该文件的同时它会被自动"签出"来供同一用户使用。

现在，你已保存了该文件的修订版本。如果查看目录内容，你就会发现文件important.c再次被删除了：

```
$ ls -l
-r--r--r--    1 neil      users          635 2007-07-09 07:55 important.c,v
$
```

4. rlog命令

查看一个文件的改动摘要通常是很有用的。你可以用rlog命令来完成这一功能：

```
$ rlog important.c

RCS file: important.c,v
Working file: important.c
head: 1.2
branch:
locks: strict
access list:
symbolic names:
keyword substitution: kv
total revisions: 2;      selected revisions: 2
description:
This is an important demonstration file
----------------------------
revision 1.2
date: 2007/07/09 06:57:33;  author: neil;  state: Exp;  lines: +1 -0
Added an extra line to be printed out.
----------------------------
revision 1.1
date: 2007/07/09 06:54:36;  author: neil;  state: Exp;
Initial revision
=============================================================================
$
```

输出结果中的第一部分给出了对该文件的描述以及rcs使用的选项。接着，rlog命令列出对该文件的修改情况和你"签入"该文件时输入的注释内容，最近的修改列在最前面。版本1.2中的line:+1 -0表明在这一修订版本中增加了一行，未删除行。

　　注意，文件修改时间在存储时不会进行夏令时调整，这是为了避免在改变时钟时可能会带来的问题。

如果现在想取出该文件的第一个版本，你可以在调用co命令时指定需要的版本号，如下所示：

```
$ co -r1.1 important.c
important.c,v  -->  important.c
revision 1.1
done
$
```

9

ci命令也有一个-r选项，它的作用是强制指定主版本号，例如命令ci -r2 important.c将把文件important.c"签入"为版本2.1。RCS和SCCS默认都用数字1作为第一个次版本号。

5. rcsdiff命令

如果只是想了解两个版本之间的区别，你可以使用命令rcsdiff：

```
$ rcsdiff -r1.1 -r1.2 important.c
===================================================================
RCS file: important.c,v
retrieving revision 1.1
retrieving revision 1.2
diff -r1.1 -r1.2
11a12
>     printf("This is an extra line added later\n");
$
```

上面的输出结果表明在原文件的第11行后插入了一行。

6. 标识版本

RCS系统可以在源文件中使用一些特殊的字符串（宏）来帮助跟踪文件所做的改动。最常用的两个宏是$RCSfile$和Id。宏$RCSfile$将扩展为该文件的名字，而宏Id将扩展为一个标识版本号的字符串。RCS系统支持的特殊字符串的完整列表请查看在线帮助手册。这些宏将在文件被"签出"时扩展，并且在文件被"签入"时自动更新。

下面我们对文件important.c进行第三次修改，增加一些宏：

```
$ co -l important.c
important.c,v  -->  important.c
revision 1.2 (locked)
done
$
```

修改后的文件如下所示：

```
#include <stdlib.h>
#include <stdio.h>

/*
  This is an important file for managing this project.
  It implements the canonical "Hello World" program.
  Filename: $RCSfile$
*/

static char *RCSinfo = "$Id$";

int main() {
    printf("Hello World\n");
    printf("This is an extra line added later\n");
    printf("This file is under RCS control. Its ID is\n%s\n", RCSinfo);
    exit(EXIT_SUCCESS);
}
```

现在"签入"该版本，看看RCS是如何管理这些特殊字符串的：

```
$ ci important.c
important.c,v  <--  important.c
new revision: 1.3; previous revision: 1.2
```

```
enter log message, terminated with single '.' or end of file:
>> Added $RCSfile$ and $Id$ strings
>> .
done
$
```

如果查看目录内容，你将发现只有RCS文件存在：

```
$ ls -l
-r--r--r--    1 neil     users            907 2007-07-09 08:07 important.c,v
$
```

如果"签出"（使用co命令）该文件并检查该源文件的当前版本，你就会发现宏已被扩展。

```
#include <stdlib.h>
#include <stdio.h>

/*
  This is an important file for managing this project.
  It implements the canonical "Hello World" program.
  Filename: $RCSfile: important.c,v $
*/

static char *RCSinfo = "$Id: important.c,v 1.3 2007/07/09 07:07:08 neil Exp $";

int main() {
    printf("Hello World\n");
    printf("This is an extra line added later\n");
    printf("This file is under RCS control. Its ID is\n%s\n", RCSinfo);
    exit(EXIT_SUCCESS);
}
```

实 验 GNU make和RCS

GNU的make命令已内置了一些用于管理RCS文件的规则。在本例中，你将看到make命令是如何处理缺少源文件的情况的。

```
$ rm -f important.c
$ make important
co  important.c,v important.c
important.c,v  -->  important.c
revision 1.3
done
cc   -c important.c -o important.o
cc   important.o   -o important
rm important.o important.c
$
```

实验解析

make命令有这样一条默认规则：当make制作的目标是一个没有后缀名的文件时，make将编译具有同样的名字但加上.c后缀名的源文件。make命令具有的第二条默认规则允许make命令通过RCS系统从文件important.c,v创建出文件important.c。在这个例子中，由于文件important.c不存在，make命令就用co命令"签出"该文件的最新版本。编译完成后，它还会删除文件important.c来清理目录。

9

7. ident命令

你可以用ident命令查找包含Id字符串的文件的版本。因为你将字符串保存到一个变量中，所以它也会出现在最终的可执行程序中。你可能会发现，如果在源代码中加入一些特殊字符串，但未使用它们，一些编译器就会出于优化的目的将其删除。为解决这个问题，你可以在代码中增加一些对这些字符串的"假"访问，但随着编译器越来越好，解决这个问题也会变得越来越困难！

下面这个简单的例子将显示，你如何使用ident命令来验证用于建立一个可执行文件的源文件的RCS版本。

实　验　**ident命令**

```
$ ./important
Hello World
This is an extra line added later
This file is under RCS control. Its ID is
$Id: important.c,v 1.3 2007/07/09 07:07:08 neil Exp $
$ ident important
important:
    $Id: important.c,v 1.3 2007/07/09 07 :07 :08 neil Exp $
$
```

实验解析

通过执行程序，你看到字符串确实已合并到可执行文件中。接着，你用ident命令从可执行文件里提取出Id字符串。

使用RCS系统及出现在可执行文件中的Id字符串的技巧可以成为一个功能非常强大的工具，它有助于确定客户报告有问题的文件的版本。你还可以将RCS（或SCCS）作为项目跟踪工具的一部分，用它来跟踪报告的问题及其解决方法。如果你做的是软件销售工作，或者哪怕是赠送软件，了解不同版本之间的改动情况也是非常重要的。

如果还想了解有关RCS的更多信息，除标准的RCS手册页以外，使用手册中的rcsintro页面给出了完整的RCS系统介绍。ci、co等命令也有其各自的手册页。

9.3.2　SCCS

SCCS提供了与RCS非常类似的功能。SCCS的优势在于，它得到了X/Open规范的定义，因此所有正规的UNIX系统都应该支持它。但较现实的情况是，RCS的可移植性非常好，并且可以自由发布。所以，如果你有一个类UNIX系统，不管它是否遵循X/Open规范，你都可以在其上获取并安装RCS。因此，我们不准备对SCCS做进一步的介绍，而只对这两个系统各自使用的命令进行简单的比较，以方便那些准备在这两个系统之间进行切换的用户。

9.3.3　RCS 和 SCCS 的比较

直接比较这两个系统所提供的命令是很困难的，所以表9-2只能被看作是一个简单的起点。这里列出的两个系统的命令在完成同一项任务时并不使用相同的选项，如果不得不使用SCCS系统，你就必须自己查找合适的选项，但至少现在你应该知道从哪里开始查找了。

表　9-2

RCS	SCCS
rcs	admin
ci	Delta
co	Get
rcsdiff	Sccsdiff
ident	what

除上面列出的那些命令外，SCCS系统中的sccs命令在功能上与RCS系统中的rcs和co命令有些相交。例如，命令sccs edit和sccs create就分别相当于命令co -l和rcs -i。

9.3.4　CVS

除使用RCS系统外，管理文件改动的另外一种方法是使用CVS系统，即并发版本控制系统。CVS系统现在变得非常流行，可能是因为与RCS系统相比，它有一个明显的优势：人们可以通过互联网使用CVS系统，而不像RCS系统只能用在一个共享的本地目录中。CVS还支持并行开发，即许多程序员可以在同一时间修改同一个文件，而RCS在任一时间只允许一个用户修改一个特定文件。CVS的命令与RCS的类似，这是因为CVS最初是作为RCS的一个前端程序来开发的。

由于CVS系统能够以灵活的方式跨网络运行，所以它适用于软件开发者之间唯一的网络连接方式就是通过互联网这种情况。许多Linux和GNU项目就是通过CVS系统来帮助不同的开发者协同工作的。一般而言，通过CVS系统对远端文件进行操作与通过它处理本地文件并无区别。

在本章中，我们将简要地介绍CVS的基础知识，通过学习，你可以开始使用本地版本库，并知道如何通过互联网，从CVS服务器上获取项目的最新源文件副本。有关CVS的更详细信息请参考由Per Cederqvist等撰写的CVS使用手册，该手册位于网址http://ximbiot.com/cvs/manual/，你还可以在该网址上找到FAQ文件和其他一些有帮助的文件。

首先，你需要创建一个版本库，CVS系统将其控制文件和它管理的文件的主副本保存在这个版本库中。版本库的结构是树状的，所以你不仅可以把一个项目的完整目录结构保存在一个版本库中，还可以在同一个版本库中保存多个项目。当然，你也可以将彼此没有关联的项目分别保存到不同的版本库中。你将在后面看到如何告诉CVS系统你要使用哪一个版本库。

1. CVS的本地使用

我们首先创建一个版本库。为保持简单，这将是一个本地版本库，并且因为你将只使用这一个版本库，所以适宜将其放到/usr/local目录下。在大多数的Linux发行版中，所有的普通用户都属于组users，所以将该版本库的属组也设为users，这样所有用户都可以访问它了。

以超级用户的身份为版本库创建目录：

```
# mkdir /usr/local/repository
# chgrp users /usr/local/repository
# chmod g+w /usr/local/repository
```

切换为普通用户，将该目录初始化为一个CVS版本库。如果你不属于users组，那么需要拥有目录/usr/local/repository的写权限，才能执行这一操作。

```
$ cvs -d /usr/local/repository init
```

-d选项告诉CVS你希望版本库创建在哪个目录中。

现在版本库已创建好，你可以将项目的初始版本保存到CVS中了。做这项工作时，你可以利用一个小技巧来节省一些打字的时间。所有的cvs命令在查找CVS目录时都可以使用两种方法：一是在命令行中使用-d <path>选项（就像你刚才使用init命令时那样）；如果未使用-d选项，cvs命令就会去查看环境变量CVSROOT的值。你不想在每次执行cvs命令时都加上-d选项，所以你将用第二种方法设置环境变量CVSROOT。如果使用的shell是bash，则设置环境变量的方法如下所示：

```
$ export CVSROOT=/usr/local/repository
```

首先，切换到项目所在的目录，然后告诉CVS导入该目录下的所有文件。对CVS系统而言，一个项目就是相关文件和目录的集合。一般来说，它包括用于创建应用程序所需的所有文件。术语导入的含义是，将文件置于CVS的控制之下，并将它们复制到CVS版本库中。对本例来说，你有一个名为cvs-sp（即CVS simple project的缩写）的目录，它包含两个文件：hello.c和Makefile：

```
$ cd cvs-sp
$ ls -l
-rw-r--r--    1 neil     users           68 2003-02-15 11:07 Makefile
-rw-r--r--    1 neil     users          109 2003-02-15 11:04 hello.c
```

CVS导入命令是cvs import，它的使用方法如下所示：

```
$ cvs import -m"Initial version of Simple Project" wrox/chap9-cvs wrox start
```

上面这条命令告诉CVS导入当前目录（cvs-sp）下的所有文件，同时为其加上一条日志信息。

参数wrox/chap9-cvs告诉CVS保存新项目的位置，这里给出的是相对于CVS树根的路径。请记住，只要你愿意，CVS可以在同一个版本库中保存多个项目。选项wrox相当于厂商标签，它用于标识导入文件的初始版本的提供者。选项start是一个版本标签，它用于标识一组相关的文件，例如构成一个软件特定版本的一组文件。CVS对上面命令的响应如下所示：

```
N wrox/chap9-cvs/hello.c
N wrox/chap9-cvs/Makefile

No conflicts created by this import
```

输出结果表明它成功地导入了两个文件。

现在是查看能否从CVS系统中获取文件的好时机。你可以先建立一个junk目录，然后导出文件以确认一切工作正常。

```
$ mkdir junk
$ cd junk
$ cvs checkout wrox/chap9-cvs
U wrox/chap9-cvs/Makefile
U wrox/chap9-cvs/hello.c
```

你向CVS给出与导入文件时相同的路径。CVS在当前目录中创建wrox/chap9-cvs子目录，然后将文件放到该子目录中。

现在开始对项目做一些改动。编辑目录wrox/chap9-cvs中的文件hello.c，并对它做一个小的修改，在该文件中添加下面一行内容：

```
printf("Have a nice day\n");
```

然后重新编译并运行程序以保证一切顺利。

```
$ make
cc hello.c -o hello
$ ./hello
Hello World
Have a nice day
$
```

你可以询问CVS这个项目有哪些改动。你并不需要告诉CVS你关心的文件具体是哪个,它能够一次性完成对整个目录的检查:

```
$ cvs diff
```

CVS响应如下:

```
cvs diff: Diffing .
Index: hello.c
===================================================================
RCS file: /usr/local/repository/wrox/chap9-cvs/hello.c,v
retrieving revision 1.1.1.1
diff -r1.1.1.1 hello.c
6a7
>     printf("Have a nice day\n");
```

你对自己做的改动很满意,所以决定将其提交给CVS。

当把改动提交给CVS时,它会启动一个编辑器让你输入一条日志信息。你可以在运行commit命令之前,通过设置环境变量CVSEDITOR来强制使用一个特定的编辑器。

```
$ cvs commit
```

CVS的响应表明它正在导入的内容:

```
cvs commit: Examining .
Checking in hello.c;
/usr/local/repository/wrox/chap9-cvs/hello.c,v  <--  hello.c
new revision: 1.2; previous revision: 1.1
done
```

现在可以询问CVS,这个项目自第一次导入后的改动情况。你询问的是项目wrox/chap9-cvs自版本1.1(即初始化版本)以来的所有改动情况。

```
$ cvs rdiff -r1.1 wrox/chap9-cvs
```

CVS给出的结果如下:

```
cvs rdiff: Diffing wrox/chap9-cvs
Index: wrox/chap9-cvs/hello.c
diff -c wrox/chap9-cvs/hello.c:1.1 wrox/chap9-cvs/hello.c:1.2
*** wrox/chap9-cvs/hello.c:1.1  Mon Jul  9 09:37:13 2007
--- wrox/chap9-cvs/hello.c      Mon Jul  9 09:44:36 2007
***************
*** 4,8 ****
--- 4,9 ----
  int main()
  {
      printf("Hello World\n");
+     printf("Have a nice day\n");
      exit (EXIT_SUCCESS);
  }
```

假设在CVS系统之外的本地目录中还有一份代码的副本,现在你想刷新该目录中的文件以更新那些你没有修改过、但已被其他人改动过的文件。CVS的update命令可以帮助你完成这一工作。首先移动到项目路径的顶层,在本例中就是包含wrox子目录的目录,然后执行下面的命令:

```
$ cvs update -Pd wrox/chap9-cvs
```

CVS开始刷新相关文件,它把其他人修改过而你未动过的文件从版本库中提取出来,并放到你的本地目录中。当然，其中一些修改可能与你做的修改有冲突，但这是需要你解决的问题，CVS是好东西，但它并不是无所不能！

至此，你应该可以看出，CVS的用法与RCS相当接近。但它们之间其实有一个我们还未提及的十分重要的区别，那就是CVS具备在不事先挂载文件系统的情况下跨网络操作的能力。

2. 跨网络访问CVS

前面已经介绍过，你可以通过为每个命令加上-d选项或设置环境变量CVSROOT来告诉CVS版本库所在的位置。如果想跨网络操作，你只需要使用这个参数的一个更高级的语法即可。例如，在写作本书的时候，GNOME（GNU网络对象模型环境，一个流行的开源图形桌面系统）的开发源代码都是通过CVS系统在因特网上访问的。你只需在路径说明符的前面添加上一些网络信息即可指定正确的CVS版本库的位置。

作为另外一个例子，你可以通过设置环境变量CVSROOT为 :pserver:anonymous@dev.w3. org:/sources/public，将CVS指向Web标准组织W3C的CVS版本库。这个设置告诉CVS，该版本库使用密码验证（pserver），且位于服务器dev.w3.org上。

在访问源代码之前，你需要先登录，如下所示：

```
$ export CVSROOT=:pserver:anonymous@dev.w3.org:/sources/public
$ cvs login
```

在提示输入密码时输入anonymous。

现在可以使用cvs命令了，命令的用法和你对本地版本库进行操作时一样，只有一个小区别：需要给每个cvs命令加上-z3选项以强制执行数据压缩，这可以节约网络带宽。

假设想要获取W3C HTML验证程序的源代码，使用的命令是：

```
$ cvs -z3 checkout validator
```

如果想把自己的版本库设置为可以通过网络访问，你就需要在自己的机器上启动CVS服务。这个任务可以通过xinetd或inetd来完成，具体使用哪个进程取决于你的Linux系统配置。对xinetd来说，你需要编辑文件/etc/xinetd.d/cvs来反映CVS版本库的位置，并使用系统配置工具来激活和启动cvs服务。对inetd来说，你只需在文件/etc/inetd.conf中添加如下一行语句，然后重启inetd即可。

```
2401 stream tcp nowait root /usr/bin/cvs cvs -b /usr/bin --allow-root =
/usr/local/repository pserver
```

这条语句告诉inetd进程为连接到本机2401端口的客户自动启动一个CVS会话，端口2401是标准的CVS服务器监听端口。有关如何通过inetd启动网络服务的更详细资料请参考inetd和inetd.conf的手册页。

如果想通过网络访问的方式使用CVS版本库，你必须正确地设置环境变量CVSROOT。例如：

```
$ export CVSROOT=:pserver:neil@localhost:/usr/local/repository
```

目前为止，我们仅简单介绍了CVS的功能。如果想用好CVS系统，我们强烈建议你设置一个本地版本库来进行练习，并获取更全面的CVS文档。请记住，CVS的源代码是开放的，如果搞不懂代码的作用和目的，或者（虽然不太可能，但确实有可能！）认为自己发现了一个bug，你总是可以获取源代码并自己进行分析。CVS的主页是http://ximbiot.com/cvs/cvshome/。

9.3.5　CVS 的前端程序

许多图形前端程序可用于访问CVS版本库。网址http://www.wincvs.org提供了可能是最好的多操作系统前端程序集合。该网址上有用于Windows、Macintosh、Linux系统的客户端程序。

CVS前端程序通常都允许创建和管理版本库，包括远程访问基于网络的版本库。

图9-1显示了我们的简单应用程序的开发历史，这是在一个Windows网络客户端上使用WinCVS前端程序显示的。

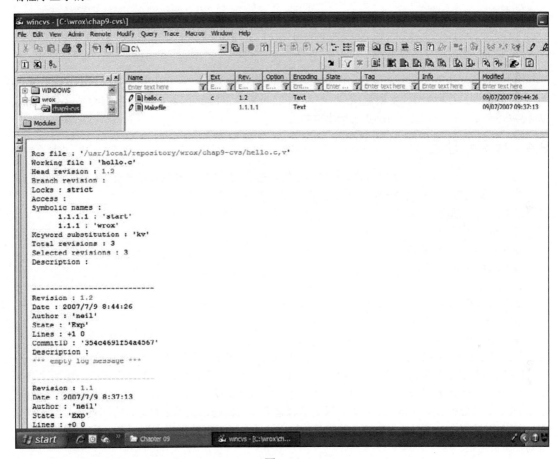

图   9-1

9.3.6 Subversion

Subversion旨在成为开源社区中用于强制替换CVS的版本控制系统。根据Subversion主页 http://subversion.tigris.org上的说法，它被设计为一个"更好的CVS"。因此，它具有CVS的大多数功能，并且其接口的工作方式也与CVS类似。

Subversion正变得日益普及，尤其对于社区开发的项目更是如此。因为在这些项目中，开发人员都是通过因特网来共同开发一个应用程序。大多数Subversion用户都是连接到一个由开发项目的管理员建立的基于网络的版本库。个人或小团队的项目使用Subversion的并不多，CVS仍然是他们的首选工具。

表9-3比较了CVS和Subversion中一些完成同样功能的命令。

表   9-3

CVS	Subversion
cvs -d /usr/local/repository init	svnadmin create /usr/local/repository
cvs import wrox/chap9-cvs	svn import cvs-sp file:///usr/local/repository/trunk
cvs checkout wrox/chap9-cvs	svn checkout file:///usr/local/repository/trunk cvs-sp
cvs diff	svn diff
cvs rdiff	svn diff tag1 tag2
cvs update	svn status -u
cvs commit	svn commit

有关Subversion的完整文档见网址http://svnbook.red-bean.com上的在线书籍*Version Control with Subversion*（使用Subversion进行版本控制）。

9.4   编写手册页

如果正在编写一个新命令作为整个开发任务的一部分，你应该为其创建手册页。你可能已注意到，大多数手册页的排版格式都很相似，它们基本上都由以下几部分组成：

❑ Header（标题）

❑ Name（名称）

❑ Synopsis（语法格式）

❑ Description（说明）

❑ Options（选项）

❑ Files（相关文件）

❑ See also（其他参考）

❑ Bugs（已知漏洞）

你可以在手册页中省去无关部分。Linux的手册页还经常会在结尾出现一个Author（开发者）部分。

UNIX的手册页是通过工具nroff排版的，在大多数Linux系统中，用于完成相同功能的工具为groff，它是由GNU项目开发的。这两个工具都是在早期的排版工具roff或run-off的基础上开发的。nroff或groff命令的输入都是纯文本，只是乍看起来，它们的语法都显得非常晦涩难懂。但无需紧张，在UNIX编程中，编写新程序的一种最简单的方法就是以现有的程序作为起点，并对其进行修改，编写手册页也是一样。

对groff（或nroff）命令所使用的各种选项、命令和宏进行详细说明超出了本书讨论的范围。我们在这里只提供一个简单的模板，读者可以借鉴并写出自己的手册页。

下面是一个用于myapp应用程序的简单的手册页的源代码，它位于文件myapp.1中：

```
.TH MYAPP 1
.SH NAME
Myapp \- A simple demonstration application that does very little.
.SH SYNOPSIS
.B myapp
[\-option ...]
.SH DESCRIPTION
.PP
\fImyapp\fP is a complete application that does nothing useful.
.PP
It was written for demonstration purposes.
```

```
.SH OPTIONS
.PP
It doesn't have any, but let's pretend, to make this template complete:
.TP
.BI \-option
If there was an option, it would not be -option.
.SH RESOURCES
.PP
myapp uses almost no resources.
.SH DIAGNOSTICS
The program shouldn't output anything, so if you find it doing so there's
probably something wrong. The return value is zero.
.SH SEE ALSO
The only other program we know with this little functionality is the
ubiquitous hello world application.
.SH COPYRIGHT
myapp is Copyright (c) 2007 Wiley Publishing, Inc.
This program is free software; you can redistribute it and/or modify
it under the terms of the GNU General Public License as published by
the Free Software Foundation; either version 2 of the License, or
(at your option) any later version.
This program is distributed in the hope that it will be useful,
but WITHOUT ANY WARRANTY; without even the implied warranty of
MERCHANTABILITY or FITNESS FOR A PARTICULAR PURPOSE.  See the
GNU General Public License for more details.
You should have received a copy of the GNU General Public License
along with this program; if not, write to the Free Software
Foundation, Inc., 59 Temple Place, Suite 330, Boston, MA  021111307  USA.
.SH BUGS
There probably are some, but we don't know what they are yet.
.SH AUTHORS
Neil Matthew and Rick Stones
```

正如你所看到的，宏通过在一行开头的小数点（.）引入，并且一般采用缩写形式。第一行结尾的数字1表示这个命令出现在手册页的哪个部分。因为命令出现在手册页的第一部分，所以这里就是我们放置新应用程序说明的位置。

你可以通过修改这个样本或参考其他命令的手册页源代码来生成自己的手册页。你可能还需要看一下Linux的手册页mini-HowTo，它由Jens Schweikhardt编写，并作为Linux文档项目的一部分收录在http://www.tldp.org/中。

现在已经有了手册页的源代码，你可以用groff命令来处理它。groff命令通常产生ASCII文本（-Tascii）或PostScript（-Tps）。你可以用选项-man来告诉groff命令生成手册页，这会让groff加载专用的手册页宏定义：

```
$ groff -Tascii -man myapp.1
```

它给出如下的输出结果：

```
MYAPP(1)                                                        MYAPP(1)
NAME
        Myapp  - A simple demonstration application that does very
        little.

SYNOPSIS
```

9

myapp [-option ...]

DESCRIPTION

myapp is a complete application that does nothing useful.

It was written for demonstration purposes.

OPTIONS

It doesn't have any, but let's pretend, to make this template complete:

-option

If there was an option, it would not be -option.

RESOURCES

myapp uses almost no resources.

DIAGNOSTICS

The program shouldn't output anything, so if you find it doing so there's probably something wrong. The return value is zero.

SEE ALSO

The only other program we know with this little functionality is the ubiquitous Hello World application.

COPYRIGHT

myapp is Copyright (c) 2007 Wiley Publishing, Inc. This program is free software; you can redistribute it and/or modify it under the terms of the GNU General Public License as published by the Free Software Foundation; either version 2 of the License, or (at your option) any later version. This program is distributed in the hope that it will be useful, but WITHOUT ANY WARRANTY; without even the implied warranty of MERCHANTABILITY or FITNESS FOR A PARTICULAR PURPOSE. See the GNU General Public License for more details.

1

MYAPP(1)   MYAPP(1)

You should have received a copy of the GNU General Public License along with this program; if not, write to the Free Software Foundation, Inc., 59 Temple Place - Suite 330 Boston, MA 02111-1307, USA

BUGS

There probably are some, but we don't know what they are yet.

AUTHORS

Neil Matthew and Rick Stones

现在你已测试了手册页,下一步就需要安装它。显示手册页的man命令通过环境变量MANPATH来搜索手册页。你可以将新的手册页放置到一个本地手册页目录中,或者将其直接放到系统目录/usr/man/man1中。

当用户第一次要求阅读这个手册页时,man命令将自动对其进行排版并显示排版结果。有些版本的man命令还可以自动生成并保存一份预排版(还有可能经过压缩)的ASCII文本版本的手册页,来加速对同一页面的后续访问请求的处理。

9.5 发行软件

发行软件面临的最主要问题是,如何确保已包含所有必要的文件并且它们都属于正确的版本。幸运的是,因特网编程社区已形成了一套健壮的方法,非常有助于解决这些问题,这些方法包括以下几个。

- ❑ 利用所有UNIX系统都有的标准工具将软件所需的所有文件打包为一个单独的软件包文件。
- ❑ 控制软件包的版本编号。
- ❑ 建立文件命名规范,在软件包文件的名字中包含版本号,从而方便用户辨认他们所使用的软件的版本。
- ❑ 在软件包中使用子目录,以确保从软件包中提取的文件都被放置到单独的目录中,这样哪些文件属于软件包,哪些不是就一目了然了。

这些方法的产生意味着软件的发行工作能够轻松、可靠地完成。但软件的安装是否容易则是另外一回事,因为这与软件本身以及准备安装它的计算机系统有关。但至少你可以确保软件包中的所有文件都是正确的。

9.5.1 patch 程序

软件发行以后,用户发现软件的漏洞或开发者希望增强或升级软件的情况几乎是不可避免的。如果开发者以二进制文件的形式发行软件,他们通常只会发行新的二进制文件。有时(经常是这样),厂商只是发布程序的一个新版本,而对具体的修订情况以及所做的改动则一笔带过。

另一方面,以源代码的形式来发行软件是个好主意,因为它允许用户了解你是如何实现该软件以及如何运用一些功能的。它还可以让用户检查程序在做什么,并且允许用户重用软件的部分源代码(前提是他们遵守相关的许可证协议)。

但是,对于Linux内核的源代码来说,它在压缩之后仍然有数十兆之多,包装并传送一套新版本的内核源代码将消耗大量的资源,而事实上,各版本之间可能只有很少一部分的源代码发生了改动。

幸运的是,我们有一个解决这一问题的工具程序——patch,它由Larry Wall编写,他也是Perl编程语言的开发者。patch命令允许软件的开发者只发行定义两个版本之间区别的文件,这样无论是谁,只要他拥有某个文件的第一个版本和第一个版本与第二个版本之间的区别文件,他就可以用patch命令来自己生成该文件的第二个版本。

如果你有一个如下文件的第一个版本:

```
This is file one
line 2
line 3
there is no line 4, this is line 5
line 6
```

它的第二个版本如下所示:

9

```
This is file two
line 2
line 3
line 4
line 5
line 6
a new line 8
```

你可以使用diff命令列出两个版本之间的不同之处:

$ **diff file1.c file2.c > diffs**

diffs文件的内容如下所示:

```
1c1
< This is file one
--
> This is file two
4c4,5
< there is no line 4, this is line 5
--
> line 4
> line 5
5a7
> a new line 8
```

这实际上是一组编辑器命令,它们用于将一个文件修改为另一个文件。假设你已经有了文件file1.c和diffs,就可以用patch命令来更新文件file1.c,如下所示:

$ **patch file1.c diffs**
```
Hmm...  Looks like a normal diff to me...
Patching file file1.c using Plan A...
Hunk #1 succeeded at 1.
Hunk #2 succeeded at 4.
Hunk #3 succeeded at 7.
done
$
```

patch命令将文件file1.c修改为与file2.c一模一样。

patch命令还有另一个技巧:取消补丁的能力。假设你不喜欢刚才的修改,想将file1.c恢复为原来的样子。没问题,你只需再次使用patch命令,不过这一次要使用-R(反向补丁)选项:

$ **patch -R file1.c diffs**
```
Hmm...  Looks like a normal diff to me...
Patching file file1.c using Plan A...
Hunk #1 succeeded at 1.
Hunk #2 succeeded at 4.
Hunk #3 succeeded at 6.
done
$
```

文件file1.c将回到它最初的样子。

patch命令还有其他几个选项,但一般情况下它会根据输入的内容来判断用户想做什么,然后执行正确的操作。如果patch命令执行失败,它会创建一个后缀名为.rej的文件,在该文件中将包含无法打上补丁的文件内容。

在处理软件的补丁时，使用diff命令的-c选项是个好办法。这个选项的作用是产生一个基于上下文的diff，即提供每处修改的前后几行内容，这样patch命令可以在打补丁之前验证上下文是否匹配，而补丁文件本身也更容易阅读。

　　如果你在某个程序中发现了漏洞并进行了修补，给程序的开发者发送一个补丁比仅仅给出对修补的描述要更容易、更准确，也更有礼貌。

9.5.2　其他软件发行工具

Linux的程序和源代码通常以打包压缩文件的格式发行，在文件名中包含软件的版本号，文件的后缀名为.tar.gz或.tgz，这类文件通常也被称为tarballs文件。如果使用的是普通的tar命令，则创建tarballs文件必须经过两个步骤。下面的命令将为应用程序创建一个打包压缩文件：

```
$ tar cvf myapp-1.0.tar main.c 2.c 3.c *.h myapp.1 Makefile5
main.c
2.c
3.c
a.h
b.h
c.h
myapp.1
Makefile5
$
```

你现在有了一个TAR文件，如下所示：

```
$ ls -l *.tar
-rw-r--r--    1 neil     users        10240 2007-07-09 11:23 myapp-1.0.tar
$
```

你可以用压缩程序gzip对该文件进行压缩，使得其容量更小：

```
$ gzip myapp-1.0.tar
$ ls -l *.gz
-rw-r--r--    1 neil     users         1648 2007-07-09 11:23 myapp-1.0.tar.gz
$
```

正如你所看到的，最终的文件容量被压缩的非常小。你还可以把文件的后缀名.tar.gz改为更简单的.tgz，如下所示：

```
$ mv myapp-1.0.tar.gz myapp_v1.tgz
```

这种以一个小数点和3个字符结尾的文件命名方式看上去像是针对Windows系统的一种妥协，因为Windows系统不同于Linux和UNIX系统，它对文件后缀名正确与否的依赖性非常强。要想再取回文件，你需要先解压缩tar文件，再解包，从而将文件释放出来，如下所示：

```
$ mv myapp_v1.tgz myapp-1.0.tar.gz
$ gzip -d myapp-1.0.tar.gz
$ tar xvf myapp-1.0.tar
main.c
2.c
3.c
a.h
b.h
c.h
```

9

```
myapp.1
Makefile5
$
```

如果使用的是GNU版本的tar命令，情况将变得更简单，你仅用一步就可以创建打包压缩文件，如下所示：

```
$ tar zcvf myapp_v1.tgz main.c 2.c 3.c *.h myapp.1 Makefile5
main.c
2.c
3.c
a.h
b.h
c.h
myapp.1
Makefile5
$
```

同样，解压缩操作也很简单，如下所示：

```
$ tar zxvf myapp_v1.tgz
main.c
2.c
3.c
a.h
b.h
c.h
myapp.1
Makefile5
$
```

如果想在没有真正解压缩文件的情况下了解打包压缩文件的内容，你可以使用tar命令的另一个选项ztvf。

我们在上面的例子中使用了tar命令，但对其选项的描述仅限于例子中使用的那些选项。下面我们将对该命令及其常用选项做简单的说明。正如你在上面的例子中所见，tar命令的基本语法是：

tar [options] [list of files]

列表中的第一项是目标，虽然我们一直处理的都是文件，但它也可以是一个设备。列表中的其他项将根据选项的情况被添加到新档案文件或已有档案文件中。列表中还可以包含目录，默认情况下，该目录中的所有子目录都将被包含到档案文件中。释放文件并不需要给出文件的名字，因为tar命令将保留文件的完整路径。

在本节中，我们使用了tar命令的如下6个选项的组合。

❑ c：创建新档案文件。

❑ f：指定目标为一个文件而不是一个设备。

❑ t：列出档案文件的内容，但并不真正释放它们。

❑ v（verbose）：显示tar命令执行的详细过程。

❑ x：从档案文件中释放文件。

❑ z：在GNU版本的tar命令中用gzip命令压缩档案文件。

tar命令还有许多其他选项，我们可以用这些选项来更好地控制tar命令的操作过程及其要创建的档案文件。详细资料请参考tar命令的手册页。

9.6　RPM 软件包

RPM软件包管理程序（RPM Package Manager）或简称为RPM（我想你肯定喜欢这样一种递归简写的方式）一开始只是Red Hat Linux的软件包格式，它最初的名字为Red Hat软件包管理程序（Red Hat Package Manager）。从那以后，RPM逐渐成为许多其他Linux发行版（包括SUSE Linux）所接受的一种软件包格式。Linux标准化规范（Linux Standards Base，简称为LSB）将RPM作为其官方软件包格式，LSB的网址为www.linuxbase.org。

下面是RPM的主要优点。

❑ 使用广泛。许多Linux发行版至少都可以安装RPM软件包，或者将RPM作为它的标准软件包格式。RPM还被移植到许多其他的操作系统中。

❑ 它能够只用一条命令来安装软件包。你还可以自动安装软件包，因为RPM就是专为方便无人管理设计的。同样，删除或升级软件包也只需使用一条命令。

❑ 只需要处理一个文件。一个RPM软件包就保存在一个单独的文件中，这使得在不同系统之间传输软件包变得非常容易。

❑ RPM自动处理软件包之间的依赖关系检查。RPM系统包含一个数据库，该数据库中记录了已安装的所有软件包的信息，包括每个软件包所提供的内容以及安装每个软件包的要求。

❑ RPM软件包被设计为由“最干净”的源代码而来，从而可以对它重新编译。RPM支持如patch这样的Linux工具，可以在编译过程中为软件的源代码打上补丁。

9.6.1　使用 RPM 软件包文件

每个RPM软件包都存储在一个以`.rpm`为后缀名的文件中。软件包文件通常遵循着一种命名规范，它的结构如下所示：

```
name-version-release.architecture.rpm
```

在这个结构中，*name*指定该软件包的通用名称，例如对于MySQL数据库来说，它就是`mysql`，对于`make`编译工具来说，它就是`make`。*version*指定该软件的版本号，例如MySQL的版本`5.0.41`。`release`包含一个数字，它指定软件包的RPM版本号。这个版本号非常重要，因为RPM软件包是通过一组指令建立的（我们将在9.6.3节中介绍这方面的内容），你可以通过*release*值来跟踪编译指令的改动情况。

*architecture*指定程序的架构，例如对于基于Intel的系统，它为`i386`。对于已编译好的程序来说，它非常重要，例如，针对SPARC处理器创建的可执行程序是不能在Intel处理器上运行的。*architecture*的值可以是通用的，例如针对SPARC处理器的`sparc`，也可以是特定的，例如针对v9 SPARC处理器的`sparcv9`，或针对AMD Athlon芯片的`athlon`。除非你强制忽略它，否则RPM系统将阻止安装来自不同架构的软件包。

如果*architecture*设为一个特殊的值`noarch`，就表示该软件包并不针对某个特定的架构，例如文档、Java程序或Perl模块。如果*architecture*设为`src`，就表示该软件包为RPM源代码软件包，在该软件包中包含的是源文件和用于将它编译为二进制RPM软件包的指令。大多数你可以在网络上找到的RPM软件包都是针对某个特定架构预编译的软件包，这主要是为了方便用户的安装。你可以在网络上找到数千种预编译好的RPM软件包，它们将省去你编译软件的麻烦。

此外，一些软件包的使用非常依赖于某个特定的Linux版本，针对这种情况，直接下载一个预编译好的软件包要比手工测试所有的软件包组件要容易得多。例如，曾经有一个802.11b无线网络软件包，它是针对某个特定的Linux发行版的某个特定内核补丁级别预编译的软件包，比如说它的文件名为`kernel-wlan-ng-modules-rh9.18-0.2.0-7-athlon.rpm`，它包含的是一个内核模块，针对的用户主机为AMD Athlon 处理器的系统、Linux发行版为RedHat 9.0、内核版本为2.4.20-18。

9.6.2　安装 RPM 软件包

你用`rpm`命令来安装RPM软件包，该命令的语法格式很简单，如下所示：

```
rpm -Uhv name-version-release.architecture.rpm
```

例如：

```
$ rpm -Uhv MySQL-server-5.0.41-0.glibc23.i386.rpm
```

这个命令将安装（或是升级）MySQL数据库服务器软件包，该软件包针对的是Intel *x*86架构的系统。

`rpm`命令还提供用户与RPM系统交互的能力。你可以用如下命令查询某个软件包是否已安装：

```
$ rpm -qa xinetd
xinetd-2.3.14-40
```

9.6.3　创建 RPM 软件包

你可以用命令`rpmbuild`来创建一个RPM软件包。创建的过程相对而言比较简单，如下所示。

❑ 收集你需要打包的软件。

❑ 创建spec文件，该文件描述了如何建立软件包。

❑ 用`rpmbuild`命令建立软件包。

由于RPM软件包的创建可能会非常复杂，为了便于说明，我们在本章中将用一个简单的例子来介绍，该例子已足以说明如何以源代码或二进制程序的方式来发布一般应用软件。我们将把更深奥的选项和通过打补丁的方式提供软件包支持留给有兴趣的读者来研究。要想了解更多与`rpm`程序相关的信息，请参考`rpm`程序的手册页或RPM HOWTO文档（通常可以在`/usr/share/doc`目录下找到），你还可以参考由Eric Foster-Johnson编写的书《Red Hat RPM指南》（Red Hat Press/Wiley出版），该书的在线版本位于http://docs.fedoraproject.org/drafts/rpm-guide-en/。

在下面的几小节中，我们将按照上述的3个步骤来创建小应用程序`myapp`的RPM软件包。

1. 收集软件

创建RPM软件包的第一步是收集你需要打包的软件。在大多数情况中，软件包括应用程序的源代码、一个构建文件（如`makefile`文件），可能还会有一个在线手册页。

将软件所涉及的文件收集到一起的最简单的方法是将所有相关文件打包到一个tarball文件中，并在该文件的名字中包含应用程序名和版本号，例如`myapp-1.0.tar.gz`。

你可以修改先前的`makefile`文件`Makefile6`，在其中增加一个新的目标，将所有文件打包到一个tarball文件中。修改后的`makefile`文件就命名为`Makefile`，如下所示：

```
all: myapp

# Which compiler
CC = gcc

# Where are include files kept
INCLUDE = .
```

```
# Options for development
CFLAGS = -g -Wall -ansi

# Options for release
# CFLAGS = -O -Wall -ansi

# Local Libraries
MYLIB = mylib.a

myapp: main.o $(MYLIB)
    $(CC) -o myapp main.o $(MYLIB)

$(MYLIB): $(MYLIB)(2.o) $(MYLIB)(3.o)
main.o: main.c a.h
2.o: 2.c a.h b.h
3.o: 3.c b.h c.h

clean:
    -rm main.o 2.o 3.o $(MYLIB)
```

```
dist: myapp-1.0.tar.gz

myapp-1.0.tar.gz: myapp myapp.1
    -rm -rf myapp-1.0
    mkdir myapp-1.0
    cp *.c *.h *.1 Makefile myapp-1.0
    tar zcvf $@ myapp-1.0
```

makefile文件中的目标myapp-1.0.tar.gz将为我们的小应用程序的源代码创建一个tarball文件。为了使用简便，上面的代码还在makefile文件中增加了一个调用相同命令的dist目标。你可以运行如下的命令来创建tarball文件：

$ **make dist**

接下来，你需要将文件myapp-1.0.tar.gz复制到RPM的SOURCES目录中，对于Red Hat Linux系统来说，该目录为/usr/src/redhat/SOURCES；对于SUSE Linux来说，该目录为/usr/src/packages/SOURCES。执行的命令如下所示：

$ **cp myapp-1.0.tar.gz /usr/src/redhat/SOURCES**

RPM系统希望软件的源文件以tarball文件的形式放置在SOURCES目录中（当然还有其他一些选项，但这种情况是最简单的）。SOURCES目录只是RPM系统所需要查找的几个目录之一。

RPM系统需要5个目录的支持，它们列在表9-4中。

表 9-4

RPM目录	用　途
BUILD	rpmbuild命令在这个目录中建立软件
RPMS	rpmbuild命令把它创建的二进制RPM软件包存放在这个目录中
SOURCES	你应该将应用程序的源文件存放在这个目录中
SPECS	你应该为每个准备建立的RPM软件包在这个目录中放置对应的spec文件，但这并不是必需的
SRPMS	rpmbuild命令将在这个目录中放置RPM源代码软件包

9

在RPMS目录下通常会有一组针对不同主机架构的子目录,例如在一个Intel *x86*架构的系统中,RPMS目录中的内容如下所示:

```
$ ls RPMS
athlon
i386
i486
i586
i686
noarch
```

默认情况下,Red Hat Linux系统期望在/usr/src/redhat目录中创建RPM软件包。

> 这个目录是特定于Red Hat Linux的。其他Linux发行版会使用其他的目录,例如/usr/src/packages。

一旦收集好RPM软件包所需的所有源文件,下一步就是创建spec文件,该文件告诉rpmbuild命令如何正确地建立软件包。

2. 创建RPM Spec文件

创建spec文件可能会非常让人畏惧,因为RPM系统支持的选项数以千计。幸运的是,RPM系统为大多数选项提供了合理的默认值。在本小节中所介绍的这个简单例子中的内容,应该能满足你将要创建的大多数软件包的需要了。此外,你还可以从其他的spec文件中复制你所需要的命令。

> 关于spec文件的更丰富的资源可以从其他的RPM软件包中找到。你可以安装以.src.rpm为后缀名的RPM源代码软件包,并查看其中的spec文件,你会发现比你所需要的还要复杂许多的例子,例如在软件包anonftp、telnet、vnc和sendmail中的spec文件都是一些比较有趣的例子。

此外,RPM系统的设计者很聪明地未在自己的系统中开发另一套工具来取代常用的编译工具,如make或configure,而是在系统中包含了许多短小的功能来利用makefile和configure脚本文件。

在本例中,你将为myapp应用程序创建一个spec文件myapp.spec。该文件的开头是一组名字、版本号以及与软件包有关的其他信息的定义,如下所示:

```
Vendor:          Wrox Press
Distribution:    Any
Name:            myapp
Version:         1.0
Release:         1
Packager:        neil@provider.com
License:         Copyright 2007 Wiley Publishing, Inc.
Group:           Applications/Media
```

RPM spec文件中的这部分内容常被称为导言。在上面的导言中,最重要的定义是Name、Version和Release。它们在本例中分别被定义为myapp、1.0和1,其中RPM软件包的版本(release)为1是因为这是你第一次尝试建立它。

Group定义的作用是帮助图形化安装程序将数千种Linux应用程序分类显示。Distribution定义软件的发行方式,当你只是针对某一个Linux发行版(如Red Hat或SUSE Linux)建立软件包时,它的定义就显得非常重要了。

在spec文件中添加注释是个好主意。如同shell脚本和makefile文件,rpmbuild命令把在该文件中以字符#开头的行看作为注释,例如:

```
# This line is a comment..
```

为了帮助用户判断是否需要安装你的软件包，你可以在spec文件中提供Summary（软件的摘要）和%description（软件的描述），注意上述两个定义在语法上的不一致，在%description的前面有一个百分号%。例如，你可以按如下方式描述你的软件包：

```
Summary:            Trivial application

%description
MyApp Trivial Application
A trivial application used to demonstrate development tools.
This version pretends it requires MySQL at or above 3.23.
Authors: Neil Matthew and Richard Stones
```

%description的定义可以持续多行（通常也是如此）。

spec文件可以包含软件依赖关系的信息，这包括两方面的内容：软件包提供了什么和软件包依赖什么（你还可以定义源代码软件包依赖什么，例如指定编译软件时所需要的特定头文件）。

Provides定义了软件包所提供的功能，例如：

```
Provides:        goodness
```

上面这条语句声明软件包定义了一个假想的功能goodness。如果没有在spec文件中定义Provides，则RPM系统会自动添加Provides定义，它的值为软件包的name定义，在本例中就是myapp。当有多个软件包提供相同的功能时，Provides定义就非常有用。例如，Apache Web服务器软件包提供的功能是webserver，而其他的软件包如Thy，它可能也提供完全相同的功能。为了帮助处理软件包之间的冲突，RPM还允许指定Conflicts（冲突）和Obsoletes（过时）信息。

可能最重要的依赖关系信息就是Requires定义。你可以通过它定义软件包正常运行所需的所有其他软件包。例如，Web服务器需要网络和安全软件包的支持。在本例中，你定义Requires为MySQL数据库，版本要在3.23及其以上。它的语法如下所示：

```
Requires:          mysql >= 3.23
```

如果只需要MySQL数据库的支持，但版本不限，那么可以使用如下定义：

```
Requires:          mysql
```

如果需要的软件包未安装，RPM将阻止用户安装该软件包。当然，用户也可以强制安装。

RPM系统还将根据情况自动添加一些依赖关系定义，如针对shell脚本的/bin/sh、针对Perl脚本的Perl解释程序和应用程序需要调用的任何共享函数库（后缀名为.so的文件）。RPM系统的每个新版本都会为自动依赖关系检查添加更多的智能。

定义完需求后，你需要定义构成应用程序的源文件。对于大多数应用程序来说，你只需将下面的定义复制到自己的spec文件中即可：

```
source:            %{name}-%{version}.tar.gz
```

%{name}语法指向一个RPM宏，在本例中，它指的是软件包的名称。因为你在前面将name定义为myapp，所以rpmbuild命令将把%{name}扩展为myapp，同样，%{version}将被扩展为1.0，这样完整的文件名就是myapp-1.0.tar.gz。rpmbuild命令将在前面提到过的SOURCES目录中查找这个文件。

这个例子设置了一个Buildroot，它定义了一个用于测试安装的目录。你可以将下面的语句复制到自己的spec文件中：

9

```
Buildroot:           %{_tmppath}/%{name}-%{version}-root
```

设置好Buildroot后，你就可以将应用程序安装到Buildroot定义的目录中了。你可以使用变量$RPM_BUILD_ROOT来引用它，该变量可以在spec文件中的所有shell命令中使用。

在定义了所有这些与软件包相关的设置后，下一步就是定义如何建立软件包了。建立过程一共分为4个主要的部分：%prep、%build、%install和%clean。

顾名思义，%prep部分用于完成准备工作。在大多数情况下，你可以运行宏%setup，使用-q参数可以将其设置为安静模式，如下所示：

```
%prep
%setup -q
```

%build部分用于建立应用程序。在大多数情况下，你只需要使用make命令，如下所示：

```
%build
make
```

这实际上就是RPM系统利用你先前创建makefile文件所做工作的一种方式。

%install部分用于安装应用程序、手册页和其他支持文件。你通常可以使用RPM宏%makeinstall来安装程序，它将调用在makefile文件中定义的install目标。但在本例中，为了显示更多的RPM宏，你将手工安装所有的文件，如下所示：

```
%install
mkdir -p $RPM_BUILD_ROOT%{_bindir}
mkdir -p $RPM_BUILD_ROOT%{_mandir}
install -m755 myapp $RPM_BUILD_ROOT%{_bindir}/myapp
install -m755 myapp.1 $RPM_BUILD_ROOT%{_mandir}/myapp.1
```

这个例子在需要的情况下将创建相应的目录，然后安装可执行程序myapp和手册页myapp.1。环境变量$RPM_BUILD_ROOT包含先前定义的Buildroot的值。宏%{_bindir}和%{_mandir}将分别被扩展为当前二进制程序目录和手册页目录。

> 如果用configure脚本来创建makefile文件，所有可变的目录名都将被正确地在你的makefile文件中设置。所以，在大多数情况下，你不需要像上面例子那样，手工地在spec文件中指定所有的安装命令。

%clean目标用于清理所有由rpmbuild命令创建的文件，如下所示：

```
%clean
rm -rf $RPM_BUILD_ROOT
```

在定义了如何建立软件包后，你需要定义所有需要安装的文件。RPM对此要求非常严格，为了能够正确地跟踪每个软件包中的每个文件，它也必须如此。%files部分定义了需要包括进软件包的所有文件。在本例中，你只有两个文件需要放在二进制软件包中发布，它们是可执行程序myapp和手册页myapp.1。如下所示：

```
%files
%{_bindir}/myapp
%{_mandir}/myapp.1
```

RPM系统可以在软件包安装前和安装后运行脚本程序。例如，如果软件包是一个守护进程，你可能需要修改系统的初始化脚本来启动该程序。你可以通过%post脚本来完成这一任务。下面是一个非常简单的%post脚本的例子，它仅用来发送一封电子邮件：

```
%post
mail root -s "myapp installed - please register" </dev/null
```

你可以在服务器RPM的spec文件中看到更多的%post脚本的例子。

下面是这个小应用程序的spec文件的完整内容：

```
#
# spec file for package myapp (Version 1.0)
#
Vendor:            Wrox Press
Distribution:      Any
Name:              myapp
Version:           1.0
Release:           1
Packager:          neil@provider.com
License:           Copyright 2007 Wiley Publishing, Inc.
Group:             Applications/Media

Provides:          goodness
Requires:          mysql >= 3.23

Buildroot:         %{_tmppath}/%{name}-%{version}-root
source:            %{name}-%{version}.tar.gz

Summary:           Trivial application

%description
MyApp Trivial Application
A trivial application used to demonstrate development tools.
This version pretends it requires MySQL at or above 3.23.
Authors: Neil Matthew and Richard Stones

%prep
%setup -q

%build
make

%install
mkdir -p $RPM_BUILD_ROOT%{_bindir}
mkdir -p $RPM_BUILD_ROOT%{_mandir}
install -m755 myapp $RPM_BUILD_ROOT%{_bindir}/myapp
install -m755 myapp.1 $RPM_BUILD_ROOT%{_mandir}/myapp.1

%clean
rm -rf $RPM_BUILD_ROOT

%post
mail root -s "myapp installed - please register" </dev/null

%files
%{_bindir}/myapp
%{_mandir}/myapp.1
```

9

现在你已准备好建立RPM软件包了。

3. 使用rpmbuild命令建立RPM软件包

使用rpmbuild命令来建立软件包的语法如下所示:

```
rpmbuild -bBuildStage spec_file
```

选项-b告诉rpmbuild命令建立一个RPM软件包。附加的选项BuildStage是一个特殊的代码,它的作用是告诉rpmbuild命令在建立时需要做到哪一步。可以使用的选项如表9-5所示。

表   9-5

选 项	用 途
-ba	同时建立二进制RPM软件包和源代码RPM软件包
-bb	只建立二进制RPM软件包
-bc	只编译程序,但并不制作完整的RPM软件包
-bp	为建立一个二进制RPM软件包做好准备
-bi	创建二进制RPM软件包并且安装它
-bl	检查RPM软件包中的文件列表
-bs	只建立源代码RPM软件包

如果要同时建立二进制和源代码RPM软件包,就使用选项-ba。源代码RPM软件包允许你重新建立二进制RPM软件包。

将RPM的spec文件复制到正确的SOURCES目录(放置应用程序源代码的目录)中:

```
$ cp myapp.spec /usr/src/redhat/SOURCES
```

下面显示了在SUSE Linux系统中建立软件包的输出结果(软件包是通过目录/usr/src/packages/SOURCES建立的):

```
$ rpmbuild -ba myapp.spec
Executing(%prep): /bin/sh -e /var/tmp/rpm-tmp.47290
+ umask 022
+ cd /usr/src/packages/BUILD
+ cd /usr/src/packages/BUILD
+ rm -rf myapp-1.0
+ /usr/bin/gzip -dc /usr/src/packages/SOURCES/myapp-1.0.tar.gz
+ tar -xf -
+ STATUS=0
+ '[' 0 -ne 0 ']'
+ cd myapp-1.0
++ /usr/bin/id -u
+ '[' 1000 = 0 ']'
++ /usr/bin/id -u
+ '[' 1000 = 0 ']'
+ /bin/chmod -Rf a+rX,u+w,g-w,o-w .
+ exit 0
Executing(%build): /bin/sh -e /var/tmp/rpm-tmp.99663
+ umask 022
+ cd /usr/src/packages/BUILD
+ /bin/rm -rf /var/tmp/myapp-1.0-root
++ dirname /var/tmp/myapp-1.0-root
+ /bin/mkdir -p /var/tmp
```

```
+ /bin/mkdir /var/tmp/myapp-1.0-root
+ cd myapp-1.0
+ make
gcc -g -Wall -ansi   -c -o main.o main.c
gcc -g -Wall -ansi   -c -o 2.o 2.c
ar rv mylib.a 2.o
ar: creating mylib.a
a - 2.o
gcc -g -Wall -ansi   -c -o 3.o 3.c
ar rv mylib.a 3.o
a - 3.o
gcc -o myapp main.o mylib.a
+ exit 0
Executing(%install): /bin/sh -e /var/tmp/rpm-tmp.47320
+ umask 022
+ cd /usr/src/packages/BUILD
+ cd myapp-1.0
+ mkdir -p /var/tmp/myapp-1.0-root/usr/bin
+ mkdir -p /var/tmp/myapp-1.0-root/usr/share/man
+ install -m755 myapp /var/tmp/myapp-1.0-root/usr/bin/myapp
+ install -m755 myapp.1 /var/tmp/myapp-1.0-root/usr/share/man/myapp.1
+ RPM_BUILD_ROOT=/var/tmp/myapp-1.0-root
+ export RPM_BUILD_ROOT
+ test -x /usr/sbin/Check -a 1000 = 0 -o
    -x /usr/sbin/Check -a '!' -z /var/tmp/myapp-1.0-root
+ echo 'I call /usr/sbin/Check...'
I call /usr/sbin/Check...
+ /usr/sbin/Check
-rwxr-xr-x 1 neil users 926 2007-07-09 13:35
    /var/tmp/myapp-1.0-root//usr/share/man/myapp.1.gz
Checking permissions and ownerships - using the permissions files
        /tmp/Check.perms.017506
setting /var/tmp/myapp-1.0-root/ to root:root 0755. (wrong owner/group neil:users)
setting /var/tmp/myapp-1.0-root/usr to root:root 0755. (wrong owner/group
 neil:users)
+ /usr/lib/rpm/brp-compress
+ /usr/lib/rpm/brp-symlink
Processing files: myapp-1.0-1
Finding  Provides: /usr/lib/rpm/find-provides myapp
Finding  Requires: /usr/lib/rpm/find-requires myapp
Finding  Supplements: /usr/lib/rpm/find-supplements myapp
Provides: goodness
Requires(interp): /bin/sh
Requires(rpmlib): rpmlib(PayloadFilesHavePrefix) <= 4.0-1
    rpmlib(CompressedFileNames) <= 3.0.4-1
Requires(post): /bin/sh
Requires: mysql >= 3.23 libc.so.6 libc.so.6(GLIBC_2.0)
Checking for unpackaged file(s): /usr/lib/rpm/check-files /var/tmp/myapp-1.0-root
Wrote: /usr/src/packages/SRPMS/myapp-1.0-1.src.rpm
Wrote: /usr/src/packages/RPMS/i586/myapp-1.0-1.i586.rpm
Executing(%clean): /bin/sh -e /var/tmp/rpm-tmp.10065
+ umask 022
+ cd /usr/src/packages/BUILD
```

9

```
+ cd myapp-1.0
+ rm -rf /var/tmp/myapp-1.0-root
+ exit 0
```

执行完rpmbuild命令后，你将看到两个RPM软件包：在RPMS目录中的二进制RPM软件包，该软件包放置在相应的主机架构子目录中，如子目录RPMS/i586；在SRPMS目录中的源代码RPM软件包。

二进制RPM软件包的文件名将类似下面这样：

```
myapp-1.0-1.i586.rpm
```

文件名中表示主机架构的部分可能会随着系统的不同而不同。

源代码RPM软件包的文件名将类似下面这样：

```
myapp-1.0-1.src.rpm
```

> 你需要以超级用户的身份来安装软件包。但在建立软件包时，你并不需要root的身份，只要你对RPM目录（通常是/usr/src/redhat）有写权限即可。一般情况下，你不应该以root的身份来创建RPM软件包，因为spec文件中可能会包含对系统造成破坏的命令。

9.7　其他软件包格式

虽然RPM是一种流行的软件发布方式，它允许用户控制软件的安装和卸载，但目前还有其他几种具备竞争力的软件包格式。一些软件仍然以打包压缩文件（tgz）的方式发布，这些软件的通常安装步骤是：首先将软件包释放到一个临时目录中，然后运行一个脚本文件来执行真正的安装。

Debian和基于Debian的Linux发行版（以及一些其他的Linux发行版）支持另一种软件包格式dpkg，它在功能上和RPM类似。它解包和安装通常以.deb为后缀的软件包文件。如果需要以.deb软件包格式来发布软件，你可以用工具Alien将RPM软件包转换为dpkg格式。有关Alien的更多资料请参考http://kitenet.net/programs/alien/。

9.8　开发环境

目前为止，我们在本章中介绍的几乎所有工具基本上都是命令行工具。具有在Windows系统上开发经验的程序员毫无疑问都有使用集成开发环境（IDE）的经历。IDE是一个图形化的环境，它通常会将用于创建、调试和运行应用程序的部分或所有工具集成到一起。它一般至少会提供一个编辑器、一个文件浏览器和一种运行应用程序并捕获其输出结果的方法。更完整的开发环境还会支持从模板中为特定类型的应用程序生成源代码文件，集成源代码控制系统和自动生成文档。

在下面几节中，我们将介绍KDevelop及其他一些可在Linux上运行的IDE。这些IDE都正处于积极的开发过程中，其中一些最高级的IDE已具备与商业软件匹敌的质量。

9.8.1　KDevelop

KDevelop是用于C和C++程序的IDE。它对运行在K桌面环境（KDE）中的应用程序的开发提供特别的支持，KDE是当前Linux系统中两大主流图形用户界面之一。KDevelop还可用于开发其他类型的项目，包括简单的C语言程序。

KDevelop是一个自由软件，它是根据GNU通用公共许可证（GPL）的条款发布的，许多Linux发行版都提供了该软件。你可以从http://www.kdevelop.org上下载它的最新版本。通过KDevelop开发的项目在默认情况下都遵循GNU项目的标准。例如，它们将使用autoconf工具来生成makefile文件，

autoconf将根据编译该软件的系统环境来自动调整makefile文件的内容。这意味着项目可以以源代码的方式发布，并且很有可能能够在其他系统中编译通过。

使用KDevelop开发的项目还包含用于制作文档的模板、GPL许可证文本和通用的安装说明。在制作新的KDevelop项目过程中产生的大量文件可能会令使用者非常畏惧，但如果你曾经下载并编译过一个典型的GPL应用程序，那么就不会对这些文件感到陌生了。

KDevelop支持CVS和Subversion的源代码控制，应用程序可以在不离开IDE环境的情况下被编辑和调试。图9-2和图9-3显示了编辑和执行一个默认的KDevelop C语言应用程序（这是另一个Hello World!程序）的情况。

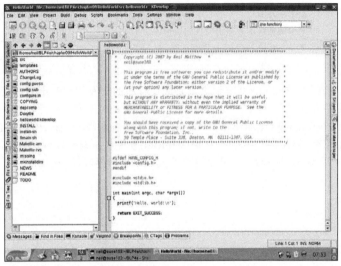

图　9-2

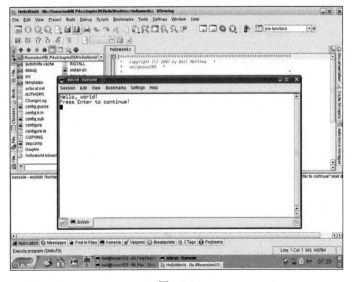

图　9-3

9.8.2　其他开发环境

目前还有许多其他的编辑器和IDE（自由软件和商业软件）可以用在Linux系统中，或正处于开发阶段。其中一些比较有趣的软件列在表9-6中。

表　9-6

开发环境	类　　型	产品URL
Eclipse	基于Java的工具平台和IDE	http://www.eclipse.org
Anjuta	一个GNOME IDE	http://anjuta.sourceforge.net/
QtEZ	一个KDE IDE	http://projects.uid0.sk/qtez/
SlickEdit	一个商业版本的多语言代码编辑器	http://www.slickedit.com/

9.9　小结

在本章中，你看到了一些Linux开发工具，它们使程序的开发和发布更容易管理。首先，你使用make和makefile文件来管理多个源文件，这也是本章最重要的内容。然后，你学习了如何通过RCS和CVS来控制源代码，它们可以让你在开发代码的过程中对各种改动进行跟踪。接下来，你学习了如何通过patch命令、带有gzip压缩功能的tar命令和RPM软件包来发布软件。最后，你学习了一个IDE工具KDevelop，它可以让编辑—运行—调试这个开发周期变得更容易一些。

第 10 章

调　试 *10*

根据美国软件工程学会和IEEE的研究，每个重要的软件最初都会有缺陷。一般来说，每100行代码会有两个左右的错误。这些错误将导致程序和函数库无法按照需要的方式执行，这通常会造成程序的实际执行情况和预期的情况不同。在软件开发过程中，查找、识别和纠正这些错误将耗费程序员大量的时间。

在本章中，我们将研究软件的缺陷，并介绍一些工具和技术来捕捉错误行为的特定实例。这与程序测试（以各种可能出现的条件来检验程序操作情况）是不同的，虽然测试和调试密切相关，并且许多错误正是在测试阶段被发现的。

在本章中，我们将介绍下面一些主题：

❑ 错误类型
❑ 常用调试技巧
❑ 使用GDB和其他工具进行调试
❑ 断言
❑ 内存调试

10.1　错误类型

有几种原因会造成程序的缺陷，针对每种原因，我们都有下面一些建议的方法用来查找和纠正。

❑ **功能定义错误**：如果程序的功能被错误地定义了，它就肯定不能完成预定的工作。即使是世界上最优秀的程序员，有时也会写出错误的程序。所以，在开始程序设计（或规划）之前，你必须确认自己知道并理解这个程序究竟是用来干什么的。认真分析用户需求并加强和用户之间的沟通，有助于查找和纠正许多（即使不是全部）程序功能定义方面的错误。

❑ **设计规划错误**：无论程序规模的大小，在创建它们之前都需要设计规划。在计算机键盘前坐下，直接敲入源代码，然后期望程序能一次通过，这样的情况并不常见。对程序员来说，一定要多花点时间思考：如何构造程序，需要什么样的数据结构，它又应该如何在程序中使用。尽量把这些细节问题提前确定下来，这样将节省今后很多改写代码的时间。

❑ **代码编写错误**：当然，每个人都会出现键入错误。根据设计来创建源代码的过程并不是一个不会出错的完美过程，许多程序错误都是在这一阶段悄悄潜入的。在程序中遇到错误时，要重新阅读源代码或与其他人进行探讨，这个办法虽然因为简单而容易被人忽视，但它却非常有效。你肯定会对自己通过与他人探讨程序的具体实现而能够查找并纠正的错误之多感到惊讶。

像C语言这样带有编译器的程序设计语言有一个优点，它的语法错误可以在编译阶段检查出来。而对于解释型的语言，如Linux shell，则只能在程序的运行阶段才能发现语法错误。如果问题出在程序的错误处理代码部分，则即使在程序的测试阶段，也不容易发现它。

❏ 可以试着在纸上执行程序的核心代码，这个过程通常被称为空运行（dry running）。针对那些非常重要的例程，先记下它们的输入值，然后逐步手工计算出输出结果。调试程序并不一定非要用计算机不可，有时，问题可能正是因为计算机本身才出现的。即使是编写函数库、编译器和操作系统的程序员也会犯错误。可话又说回来，也不要一出问题就抱怨工具，新程序出现错误的可能性要比编译器大得多。

10.2　常用调试技巧

目前有几种典型的调试和测试Linux程序的方法。一般做法是先运行程序并观察其输出结果，如果不能正常工作，我们就需要决定应该采取哪些措施。可以修改程序然后重新尝试（代码检查-试运行-出错法），也可以在程序中增加一些语句来获得更多关于程序内部运行情况的信息（取样法），还可以直接检查程序的执行情况（受控执行法）。程序调试可以分为如下5个阶段。

❏ **测试**：找出程序中存在的缺陷或错误。
❏ **固化**：让程序的错误可重现。
❏ **定位**：确定相关的代码行。
❏ **纠正**：修改代码纠正错误。
❏ **验证**：确定修改解决了问题。

10.2.1　有漏洞的程序

我们先来看一个有漏洞的示例程序。在本章中，我们将对其进行调试。这个程序是在某大型软件系统的开发过程中编写的，其作用是测试函数sort，该函数的功能是通过冒泡排序算法对一个类型为item的结构数组进行排序，具体的排序方法为基于结构中的成员key以升序排列数组成员。程序用一个样本数组来测试函数sort。在现实中，我们可能永远也不会使用这个算法，因为它的执行效率实在太低了。在这里使用这个算法的原因在于它比较短小，相对来说简单易懂，而且也更容易出错。事实上，在标准的C函数库中已经有一个完成同样功能的函数qsort了。

糟糕的是，这个程序的可读性比较差，里面没有任何注释，也不知道最初的程序员是哪一位，所以一切只能靠我们自己了。先从基本的例程debug1.c开始，下面是该文件的内容：

```
/*   1  */  typedef struct {
/*   2  */      char *data;
/*   3  */      int key;
/*   4  */  } item;
/*   5  */
/*   6  */  item array[] = {
/*   7  */      {"bill", 3},
/*   8  */      {"neil", 4},
/*   9  */      {"john", 2},
/*  10  */      {"rick", 5},
/*  11  */      {"alex", 1},
/*  12  */  };
/*  13  */
```

```
/*  14  */   sort(a,n)
/*  15  */   item *a;
/*  16  */   {
/*  17  */       int i = 0, j = 0;
/*  18  */       int s = 1;
/*  19  */
/*  20  */       for(; i < n && s != 0; i++) {
/*  21  */           s = 0;
/*  22  */           for(j = 0; j < n; j++) {
/*  23  */               if(a[j].key > a[j+1].key) {
/*  24  */                   item t = a[j];
/*  25  */                   a[j] = a[j+1];
/*  26  */                   a[j+1] = t;
/*  27  */                   s++;
/*  28  */               }
/*  29  */           }
/*  30  */           n--;
/*  31  */       }
/*  32  */   }
/*  33  */
/*  34  */   main()
/*  35  */   {
/*  36  */       sort(array,5);
/*  37  */   }
```

我们来编译这个程序：

`$ cc -o debug1 debug1.c`

编译过程很顺利，既无出错信息也无警告信息。

运行这个程序之前，我们需要在程序中添加一些代码来打印出结果，否则就不会知道这个程序是否正常工作了。这些代码的作用是显示排序后的数组。我们将这个新版本的文件命名为debug2.c，如下所示：

```
/*  33  */   #include <stdio.h>
/*  34  */   main()
/*  35  */   {
/*  36  */       int i;
/*  37  */       sort(array,5);
/*  38  */       for(i = 0; i < 5; i++)
/*  39  */           printf("array[%d] = {%s, %d}\n",
/*  40  */                   i, array[i].data, array[i].key);
/*  41  */   }
```

严格来说，这些额外的代码并不属于程序员的职责范围，加上它完全是因为测试工作的需要。添加这些代码时，我们必须非常小心以避免在测试代码中引入新的漏洞。现在，再次编译，然后运行程序：

`$ cc -o debug2 debug2.c`
`$ ./debug2`

这样做产生的输出结果取决于你所使用的Linux（或UNIX）版本及其具体设置情况。在我的系统上运行它时，得到的输出结果是：

```
array[0] = {john, 2}
array[1] = {alex, 1}
```

```
array[2] = {(null), -1}
array[3] = {bill, 3}
array[4] = {neil, 4}
```

但它在本书另一位作者的系统（运行的是另一个版本的Linux内核）上运行时，给出的输出却是这样：

```
Segmentation fault
```

在你的Linux系统中运行这个程序时，你可能会看到其中一种输出结果，或者完全不同的另外一个输出结果。而我们希望看到的输出是：

```
array[0] = {alex, 1}
array[1] = {john, 2}
array[2] = {bill, 3}
array[3] = {neil, 4}
array[4] = {rick, 5}
```

很明显，这段代码存在着很严重的问题。即使它能运行，给出的排序结果也是错误的。如果它的运行产生段错误（segmentation fault）而被终止，就说明操作系统向程序发送了一个信号，告诉程序操作系统检测到了非法的内存访问，为防止内存空间被破坏，操作系统提前终止了该程序的运行。

操作系统检测非法内存访问的能力，取决于它的硬件配置和它在内存管理实现方面的一些具体做法。在大多数系统中，操作系统分配给程序的内存一般都会比程序实际需要使用的大一些。如果非法内存访问出现在这部分内存区域内，硬件就可能检测不到，这就是并非所有版本的Linux和UNIX系统都会产生段错误的原因。

> 有的库函数（比如printf）在某些特殊情况下（比如使用了一个空指针）也会阻止非法访问操作的发生。

如果想捕捉到数组访问方面的错误，最好增加数组元素的大小，因为这样同时也增加了错误的大小。如果只是在数组的结尾之后读取一个字节，我们很可能会看不到有错误发生，因为分配给程序的内存大小会取整到操作系统的特定边界，一般分配的内存大小以8K为单位递增。

如果增加数组元素的大小，比如在此例中将item结构中的成员data扩大为一个可以容纳4 096个字符的数组，对不存在的数组元素进行访问时，内存地址就有可能落在分配给这个程序的内存之外的地方。因为数组的每个元素大小为4K，所以我们错误使用的内存将落在数组结尾之后的0K～4K范围内。

如果这样做，并将修改后的程序命名为debug3.c，它将在两位作者的Linux系统上都产生段错误。如下所示：

```
/*  2  */        char data[4096];
$ cc -o debug3 debug3.c
$ ./debug3
Segmentation fault
```

但还是存在着这样的可能性，即某些Linux或UNIX版本仍然不会产生段错误。当C语言的ANSI标准将某种行为定义为"未定义"时，实际上它还是允许程序运行的。现在看来，我们所写的这个C语言程序是不合规范的，而且这个不合规范的C语言程序可能会表现出非常奇怪的行为！我们将看到这个错误确实就属于刚才所说的"未定义"行为的范畴。

10.2.2 代码检查

先前已经提到过，当程序的运行情况和预期不同时，最好重新阅读程序。根据本章的学习目的，我们假设程序代码已经被检查过，那些比较明显的错误也都已经被排除了。

代码检查这一术语还用于一种更加正式的场合：一组开发人员逐字逐句的检查数百行的代码。但代码本身的规模大小其实并不重要，它仍然是代码检查并且是一个非常有用的技巧。

有些工具可以帮助你完成代码检查工作，编译器就是其中比较明显的一个。如果程序有语法错误，它就会告诉你。

> 有些编译器还有用来针对可疑行为产生报警的选项，比如未对变量进行初始化、在条件判断里使用赋值操作等。举例来说，GNU编译器在运行时可以使用下面这些选项。

```
gcc -Wall -pedantic -ansi
```

这些选项将启用许多警告和其他检查来检验程序是否符合C语言标准。我们建议大家养成使用这些选项的习惯，特别是-Wall选项。在追踪程序的错误时，它可以产生非常有用的信息。

我们将在稍后介绍lint和splint等工具。与编译器一样，它们对源代码进行分析并报告可能不正确的代码。

10.2.3　取样法

取样法是指在程序中添加一些代码以收集更多与程序运行时的行为相关的信息的方法。取样法的常见做法是，在程序中添加printf函数调用以打印出变量在程序运行的不同阶段的值，如同我们在上面的例子中所做的那样。我们可以添加多个printf函数调用，但需要注意，无论何时程序发生了改动，这一过程都将带来更多的编辑和编译次数，而且，在程序错误被修复后，我们还要把这些额外的代码删除掉。

在这里可以使用两种取样法的技巧。第一种技巧是用C语言的预处理器有选择地包括取样代码，这样只需重新编译程序就可以包含或去除调试代码。实现方法非常简单，只需使用如下的语句结构：

```
#ifdef DEBUG
  printf("variable x has value = %d\n", x);
#endif
```

在编译程序时可以加上编译器标志-DDEBUG。如果加上这个标志，就定义了DEBUG符号，从而可以在程序中包含额外的调试代码；如果未加上该标志，这些调试代码将被删除。我们还可以用数值调试宏来完成更复杂的调试应用，如下所示：

```
#define BASIC_DEBUG 1
#define EXTRA_DEBUG 2
#define SUPER_DEBUG 4

#if (DEBUG & EXTRA_DEBUG)
  printf...
#endif
```

在这种情况下，我们必须总是定义DEBUG宏，但我们可以设置它为代表一组调试信息或代表一个调试级别。比如编译器标志-DDEBUG=5将启用BASIC_DEBUG和SUPER_DEBUG，但不包括EXTRA_DEBUG。标志-DDEBUG=0将禁用所有的调试信息。另外，也可以在程序中添加如下语句。这样，当不需要调试时，就不必在命令行上定义DEBUG宏：

```
#ifndef DEBUG
#define DEBUG 0
#endif
```

C语言预处理器定义的一些宏可以帮助我们进行调试。这些宏在扩展后会提供当前编译操作的相关信息，如表10-1所示。

表   10-1

宏	说　明
__LINE__	代表当前行号的十进制常数
__FILE__	代表当前文件名的字符串
__DATE__	mmm dd yyyy格式的字符串，代表当前日期
__TIME__	hh:mm:ss格式的字符串，代表当前时间

注意，这些符号的前后各有两个下划线，这是标准的预处理器符号通常的做法，你应该注意避免选择可能会与它们冲突的符号。上面说明中的术语当前指的是预处理操作正在执行的那一时刻，即正在运行编译器对文件进行处理时的时间和日期。

实　验 调试信息

请看下面这个程序cinfo.c，如果在编译它时启用了调试，就会打印出编译时的日期和时间：

```
#include <stdio.h>
#include <stdlib.h>

int main()
{
#ifdef DEBUG
    printf("Compiled: " __DATE__ " at " __TIME__ "\n");
    printf("This is line %d of file %s\n", __LINE__, __FILE__);
#endif
    printf("hello world\n");
    exit(0);
}
```

编译这个程序时启用调试（用-DDEBUG），我们将看到如下所示的编译信息：

```
$ cc -o cinfo -DDEBUG cinfo.c
$ ./cinfo
Compiled: Jun 30 2007 at 22:58:43
This is line 8 of file cinfo.c
hello world
$
```

实验解析

作为编译器的一部分的C语言预处理器跟踪记录正在编译的当前文件和文件中的当前行。当它在代码中遇到符号__LINE__和__FILE__时，就将它们替换为这些变量的当前值（编译时刻），对编译日期和时间的处理也与此相同。因为__DATE__和__TIME__都是字符串，所以我们可以用printf函数的格式字符串把它们连在一起，ANSI C标准定义相邻的字符串可以被看作为一个字符串。

无需重新编译的调试技巧

在继续学习新的内容之前，我们先介绍一个使用printf函数帮助调试的技巧，它的好处是无需使用#ifdef DEBUG语句，后者还需要重新编译才能开始对程序进行调试。

方法是在程序中增加一个作为调试标志的全局变量，这使得用户可以在命令行上通过-d选项切换是否启用调试模式，即使程序已经发布了，仍然可以这样做，该方法同时还会在程序中增加一个用于记录调试信息的函数。现在我们可以把如下的内容加入到程序代码中：

```
if (debug) {
    sprintf(msg, ...)
    write_debug(msg)
}
```

你应该将调试信息输出到标准错误输出stderr，或者，如果因为程序的原因不能这样做，你还可以使用syslog函数提供的日志功能。

如果用这种调试方法来解决程序开发过程中的问题，你可以将这些代码一直留在程序中。只要你比较谨慎在意，这样做将是相当安全的。它的好处体现在：当程序发布之后，如果用户遇到了问题，他们自己就可以在运行程序时打开调试功能，自己完成诊断错误的工作。在出现问题时除了报告段错误外，它们还可以报告出当时程序正在做什么，而不仅是用户本人正在做什么。这两者之间的区别还是很明显的。

当然，这样做也有一个明显的不足，就是程序的长度会有所增加。但在大多数情况下，它只是一个表面问题，算不上是实际意义上的问题。程序的长度可能会增加20%或30%，但往往并不会对程序的性能造成真正的影响。只有在程序的长度提高几个数量级时，才会造成程序性能的降低。

10.2.4 程序的受控执行

现在回到示例程序，该程序有一个漏洞，我们可以修改程序，增加一些代码把变量在程序运行时的值打印出来，或者还可以用调试器来控制程序的执行，随时查看这些变量的状态。

商业UNIX系统中有许多可用的调试器，能用哪些调试器取决于厂商。常见的有adb、sdb、idebug和dbx。较复杂的调试器可以在源代码级别查看程序的比较详细的状态信息。GNU的调试器gdb（可以在Linux和许多类UNIX系统中使用）就可以做到这一点。目前有一些针对gdb的"前端"程序，它们提供非常友好的用户界面，xxgdb、KDbg和ddd都是这样的程序。一些IDE，比如我们在第9章介绍的，也提供了调试功能或一个用于gdb的前端。Emacs编辑器甚至还提供了一个功能（gdb-mode），允许用户在程序上运行gdb，设置断点并查看现在执行到源代码中的哪一行。

为了能够调试程序，我们需要在编译它时加上一个或多个特殊的编译器选项。这些选项的作用是让编译器在程序中添加额外的调试信息。这些信息包括各种符号和源代码行号，调试器将利用这些信息向用户显示程序已经执行到源代码的位置。

-g标志是对程序进行调试性编译时常用的一个选项。我们必须在编译每个需要调试的源文件时都加上这个选项，对链接器也要这样做（编译器会把这个标志自动传递给链接器），它将使用特殊版本的C语言标准库以提供库函数中的调试支持。对那些在编译时没有加上调试功能的函数库，虽然调试工作也能够进行，但灵活性就要差些。

调试信息的加入将使可执行程序的长度成倍增加（最高可达到10倍）。尽管可执行程序的容量可能增加了（并且占用了更多的磁盘空间），但程序运行时所需的内存数量还是和原来一样。程序调试结束后，最好还是将调试信息从程序的发行版本中删除。

你可以用命令strip <file>将可执行文件中的调试信息删除而不需要重新编译程序。

10.3 使用 gdb 进行调试

我们将使用GNU的调试器gdb调试这个程序。gdb是一个功能很强大的调试器，它是一个自由软件，能够用在许多UNIX平台上。它同时也是Linux系统中的默认调试器。gdb已被移植到许多其他的计算机平台上，并且能够用于调试嵌入式实时系统。

10.3.1 启动 gdb

现在，对我们的示例程序进行调试性编译并启动gdb，如下所示：

```
$ cc -g -o debug3 debug3.c
$ gdb debug3
GNU gdb 6.6
Copyright (C) 2006 Free Software Foundation, Inc.
GDB is free software, covered by the GNU General Public License, and you are
welcome to change it and/or distribute copies of it under certain conditions.
Type "show copying" to see the conditions.
There is absolutely no warranty for GDB.  Type "show warranty" for details.
This GDB was configured as "i586-suse-linux"...
Using host libthread_db library "/lib/libthread_db.so.1".
(gdb)
```

gdb有详细的在线帮助，它的完整使用手册由一组文件构成，可以通过info程序或Emacs程序查阅。如下所示：

```
(gdb) help
List of classes of commands:

aliases -- Aliases of other commands
breakpoints -- Making program stop at certain points
data -- Examining data
files -- Specifying and examining files
internals -- Maintenance commands
obscure -- Obscure features
running -- Running the program
stack -- Examining the stack
status -- Status inquiries
support -- Support facilities
tracepoints -- Tracing of program execution without stopping the program
user-defined -- User-defined commands

Type "help" followed by a class name for a list of commands in that class.
Type "help all" for the list of all commands.
Type "help" followed by command name for full documentation.
Type "apropos word" to search for commands related to "word".
Command name abbreviations are allowed if unambiguous.
(gdb)
```

gdb本身是一个基于文本的应用程序，但它为一些重复性的任务准备了一些快捷键。gdb的许多版本都具备带历史记录的命令行编辑功能，用户可以（尝试用方向键）回卷并再次执行以前输入过的命令。它的所有版本都支持“空命令”，即直接按下回车键再次执行最近执行过的那条命令。在用step

或next命令单步执行程序时，这个"空命令"非常有用。

要退出gdb，使用quit命令即可。

10.3.2　运行一个程序

我们可以用run命令来执行这个程序。在run命令中给出的所有参数都将作为程序的参数传递给程序。在本例中，我们的程序无需任何参数。

在这里，我们假设你的系统和本书两位作者的一样，都产生了段错误。如果情况并非如此，请继续往下看。如果在编写自己的程序时遇到了段错误，在学完本章后就应该知道如何解决它了。如果没有遇到过段错误，但还想在阅读本书时继续使用这个示例程序，你可以直接跳到debug4.c程序，到那时我们已把这个程序的第一个内存访问错误修复好了。

```
(gdb) run
Starting program: /home/neil/BLP4e/chapter10/debug3

Program received signal SIGSEGV, Segmentation fault.
0x0804846f in sort (a=0x804a040, n=5) at debug3.c:23
23      /*  23  */                        if(a[j].key > a[j+1].key) {
(gdb)
```

与前面一样，这个程序运行不正确。程序运行失败时，gdb会报告出失败的原因及位置。现在我们即可根据这些调查这个问题的根本原因。

根据你的操作系统内核、C函数库和编译器版本的具体情况，你可能会看到程序的错误发生在一个稍微不同的地点，比如发生在交换数组元素的第25行而不是发生在比较数组元素成员key的第23行。如果你是属于这种情况，则应该看到如下所示的输出结果：

```
Program received signal SIGSEGV, Segmentation fault.
0x8000613 in sort (a=0x8001764, n=5) at debug3.c:25
25      /*  25  */                        a[j] = a[j+1];
```

不管你是否属于这种情况，你都可以沿着我们的gdb样本示例继续学习。

10.3.3　栈跟踪

程序停止在源文件debug3.c的第23行，该行位于sort函数中。如果我们在编译程序时没有添加调试信息（cc -g），就无法看到程序失败时所停的位置，也无法用变量名来检查数据。

我们可以用backtrace命令来查出程序是如何到达这一位置的，如下所示：

```
(gdb) backtrace
#0  0x0804846f in sort (a=0x804a040, n=5) at debug3.c:23
#1  0x08048583 in main () at debug3.c:37
 (gdb)
```

这是一个非常简单的程序，因为我们并未在其他的函数中调用很多函数，所以跟踪信息也很少。你可以看到，sort函数是由同一个文件中的main函数在第37行调用的。通常在实际工作中遇到的问题要复杂得多，backtrace命令将帮助我们找到程序到达错误地点的路径。当调试的函数可能会从许多不同的地方被调用时，这个命令将非常有用。

backtrace命令可以简写为bt，为了与其他调试器兼容，gdb还有一个命令where用来完成相同的功能。

10.3.4 检查变量

gdb在停止程序时给出的信息以及从跟踪栈得到的信息可以让我们看到函数参数的取值。

sort函数被调用时有一个参数a，它的取值是0x804a040。这是数组的地址，在不同的系统中这个值通常是不一样的，这要视用户使用的编译器和操作系统而定。

错误出现在第23行，该行对数组的两个元素进行比较，如下所示：

```
/*  23  */                          if(a[j].key > a[j+1].key) {
```

我们可以用调试器检查函数参数、局部变量和全局数据的内容。print命令的作用就是给出变量和其他表达式的内容，如下所示：

```
(gdb) print j
$1 = 4
```

我们看到局部变量j的值是4。gdb会用伪变量来保存类似这样的输出值以备后用。这里就将值4赋给了伪变量$1，后续的命令将把它们的输出结果依次保存到$2、$3等中去。

局部变量j的值是4意味着程序尝试执行的是这样一条命令：

```
if(a[4].key > a[4+1].key)
```

我们传递给sort函数的数组array只有5个元素，它们的下标从0～4。因此，这条语句读的是一个不存在的数组元素array[5]。循环计数器变量j取了一个错误的值。

如果执行这个示例程序时，程序停在了第25行，就说明系统是在准备交换数组元素时才检测到读数组越界错误的，第25行执行的语句是：

```
/*  25  */                          a[j] = a[j+1];
```

当j取值为4时，真正执行的是这样一条语句：

```
a[4] = a[4+1];
```

我们可以用print命令的表达式来查看处理过的数组元素。gdb允许我们使用几乎所有合法的C语言表达式来打印变量、数组元素和指针的取值。

```
(gdb) print a[3]
$2 = {data = "alex", '\0' <repeats 4091 times>, key = 1}
(gdb)
```

gdb将命令的结果保存在伪变量$<number>中。最后一次操作的结果总是为$，倒数第二次操作的结果为$$。这使得我们可以把某次操作的结果用在另一个命令中。例如：

```
(gdb) print j
$3 = 4
(gdb) print a[$-1].key
$4 = 1
```

10.3.5 列出程序源代码

我们可以直接在gdb里用list命令列出程序的源代码。这个命令会打印出围绕当前位置前后的一段代码，如果继续使用list命令，将显示更多的代码。你也可以给list命令提供一个行号或函数名作为参数，它将显示指定位置前后的代码。

```
(gdb) list
18      /*  18  */       int s = 1;
19      /*  19  */
20      /*  20  */       for(; i < n && s != 0; i++) {
```

```
21     /*  21  */              s = 0;
22     /*  22  */              for(j = 0; j < n; j++) {
23     /*  23  */                  if(a[j].key > a[j+1].key) {
24     /*  24  */                      item t = a[j];
25     /*  25  */                      a[j] = a[j+1];
26     /*  26  */                      a[j+1] = t;
27     /*  27  */                      s++;
(gdb)
```

我们可以看到在第22行，循环被设置为在变量j小于n时继续执行。而在本例中，n等于5，所以变量j的最大取值为4。当j取值为4时，参加比较的数组元素分别为a[4]和a[5]。对这一特定问题的一种解决方法是，将终止循环的条件改正为j < n-1。

我们对程序做出修改，将新的程序命名为debug4.c，重新编译并运行它：

```
/*  22  */                for(j = 0; j < n-1; j++) {
$ cc -g -o debug4 debug4.c
$ ./debug4
array[0] = {john, 2}
array[1] = {alex, 1}
array[2] = {bill, 3}
array[3] = {neil, 4}
array[4] = {rick, 5}
```

程序的运行仍然不正常，因为它输出的是错误的排序列表。下面我们用gdb对程序的运行做单步调试。

10.3.6　设置断点

为了找出程序失败的位置，我们需要能够查看程序在运行时所做的事情。我们可以通过设置断点在任一位置停止程序的运行。这将中断程序的运行并将控制权返回给调试器。然后我们即可对变量进行检查并让程序从断点位置继续执行。

在sort函数中有两个循环。外层循环针对每个数组元素执行一次，它的循环计数变量是i。内层循环的作用是交换相邻的两个元素。总的效果是让比较小的元素像"气泡"一样"冒"到数组的顶部。外层循环每执行一次，数组中最大的元素就会"下沉"到数组的底部。我们可以通过在外层循环中停止程序的运行并检查数组的状态来核实这一点。

有许多命令可以用来设置断点。用gdb的help breakpoint命令可以列出这些命令，如下所示：

```
(gdb) help breakpoint
Making program stop at certain points.

List of commands:

awatch -- Set a watchpoint for an expression
break -- Set breakpoint at specified line or function
catch -- Set catchpoints to catch events
clear -- Clear breakpoint at specified line or function
commands -- Set commands to be executed when a breakpoint is hit
condition -- Specify breakpoint number N to break only if COND is true
delete -- Delete some breakpoints or auto-display expressions
delete breakpoints -- Delete some breakpoints or auto-display expressions
delete checkpoint -- Delete a fork/checkpoint (experimental)
delete mem -- Delete memory region
```

```
delete tracepoints -- Delete specified tracepoints
disable -- Disable some breakpoints
disable breakpoints -- Disable some breakpoints
disable display -- Disable some expressions to be displayed when program stops
disable mem -- Disable memory region
disable tracepoints -- Disable specified tracepoints
enable -- Enable some breakpoints
enable delete -- Enable breakpoints and delete when hit
enable display -- Enable some expressions to be displayed when program stops
enable mem -- Enable memory region
enable once -- Enable breakpoints for one hit
enable tracepoints -- Enable specified tracepoints
hbreak -- Set a hardware assisted breakpoint
ignore -- Set ignore-count of breakpoint number N to COUNT
rbreak -- Set a breakpoint for all functions matching REGEXP
rwatch -- Set a read watchpoint for an expression
tbreak -- Set a temporary breakpoint
tcatch -- Set temporary catchpoints to catch events
thbreak -- Set a temporary hardware assisted breakpoint
watch -- Set a watchpoint for an expression

Type "help" followed by command name for full documentation.
Type "apropos word" to search for commands related to "word".
Command name abbreviations are allowed if unambiguous.
```

在第21行设置一个断点，然后运行这个程序，如下所示：

```
$ gdb debug4
(gdb) break 21
Breakpoint 1 at 0x8048427: file debug4.c, line 21.
(gdb) run
Starting program: /home/neil/BLP4e/chapter10/debug4

Breakpoint 1, sort (a=0x804a040, n=5) at debug4.c:21
21      /* 21 */          s = 0;
```

我们可以打印出数组元素的值，然后用cont命令继续执行程序。程序会一直运行直到它遇到下一个断点，在本例中就是它再次执行到第21行的时候。在同一时间程序中可以存在许多个断点。

```
(gdb) print array[0]
$1 = {data = "bill", '\0' <repeats 4091 times>, key = 3}
```

要想打印出一组连续的数据项，我们可以使用@<number>让gdb打印出指定数目的数组元素。如果要把数组中的所有元素都打印出来，使用的命令如下所示：

```
(gdb) print array[0]@5
$2 = {{data = "bill", '\0' <repeats 4091 times>, key = 3}, {
    data = "neil", '\0' <repeats 4091 times>, key = 4}, {
    data = "john", '\0' <repeats 4091 times>, key = 2}, {
    data = "rick", '\0' <repeats 4091 times>, key = 5}, {
    data = "alex", '\0' <repeats 4091 times>, key = 1}}
```

注意：我们对输出结果做了些整理，让它们更容易阅读。因为这是第一次进入循环，所以数组未发生变化。继续执行程序，随着程序的进展，我们将看到数组array的后续变化：

```
(gdb) cont
Continuing.
```

```
Breakpoint 1, sort (a=0x8049580, n=4) at debug4.c:21
21      /*  21  */                s = 0;
```

(gdb) **print array[0]@5**
```
$3 = {{data = "bill", '\0' <repeats 4091 times>, key = 3}, {
    data = "john", '\0' <repeats 4091 times>, key = 2}, {
    data = "neil", '\0' <repeats 4091 times>, key = 4}, {
    data = "alex", '\0' <repeats 4091 times>, key = 1}, {
    data = "rick", '\0' <repeats 4091 times>, key = 5}}
```
(gdb)

我们可以用display命令告诉gdb，在每次程序停在断点位置时自动显示数组的内容，如下所示：

(gdb) **display array[0]@5**
```
1: array[0] @ 5 = {{data = "bill", '\0' <repeats 4091 times>, key = 3}, {
    data = "john", '\0' <repeats 4091 times>, key = 2}, {
    data = "neil", '\0' <repeats 4091 times>, key = 4}, {
    data = "alex", '\0' <repeats 4091 times>, key = 1}, {
    data = "rick", '\0' <repeats 4091 times>, key = 5}}
```

此外，我们可以修改断点设置，使程序不是在断点处停下来，而只是显示要查看的数据，然后继续执行。我们用commands命令来完成这一工作。它的作用是指定在程序到达断点位置时需要执行的调试器命令。因为我们已设置了display命令，所以只需设置断点命令为继续执行即可。如下所示：

(gdb) **commands**
```
Type commands for when breakpoint 1 is hit, one per line.
End with a line saying just "end".
```
> **cont**
> **end**

现在，当程序继续执行时，它将一直执行到结束，外层循环每次执行都会打印出数组的内容，如下所示：

(gdb) **cont**
```
Continuing.

Breakpoint 1, sort (a=0x8049684, n=3) at debug4.c:21
21      /*  21  */                s = 0;
1: array[0] @ 5 = {{data = "john", '\000' <repeats 4091 times>, key = 2}, {
    data = "bill", '\000' <repeats 4091 times>, key = 3}, {
    data = "alex", '\000' <repeats 4091 times>, key = 1}, {
    data = "neil", '\000' <repeats 4091 times>, key = 4}, {
    data = "rick", '\000' <repeats 4091 times>, key = 5}}

array[0] = {john, 2}
array[1] = {alex, 1}
array[2] = {bill, 3}
array[3] = {neil, 4}
array[4] = {rick, 5}

Program exited with code 025.
```
(gdb)

gdb报告这个程序在退出时带有一个不常见的退出码，这是因为程序本身未调用exit函数，并且也没有从main函数返回一个值。本例中的退出码没有实际意义，只有exit函数才会提供有意义的退出码。

看上去程序执行外部循环的次数少于预期值。我们可以看到，循环终止条件中使用的参数n的值在每次到达断点时都在减少。这意味着循环不会执行足够的次数。问题出在程序的第30行，该行对变量n做了减法操作，如下所示：

```
/* 30 */                    n--;
```

上面这行语句是出于优化程序的考虑，每次外部循环结束时，数组array中最大的元素将被放到数组的最底部，所以下一次执行外部循环时就没有必要考虑数组的最后一个元素了。但是，正如我们所看到的，这个优化措施影响了外部循环并引发了问题。针对这一问题的最简单的解决方法（当然还有其他方法）就是删除引起问题的一行。下面我们就通过用调试器打上补丁的方法来解决，看看是否能成功。

10.3.7 用调试器打补丁

我们已经看到，我们可以通过调试器设置断点和查看变量的取值。通过将断点的设置与相应的操作结合起来，就可以尝试修改程序（也被称为打补丁）而不需要改变程序的源代码并重新编译。在本例中，我们需要在程序的第30行中断程序，增加变量n的值，这样，程序执行到第30行时，n的值并未发生变化。

重新开始执行这个程序。首先，必须删除刚才设置的断点和display命令的内容。我们可以用info命令查看曾经设置过的断点及display命令的内容，如下所示：

```
(gdb) info display
Auto-display expressions now in effect:
Num Enb Expression
1:   y  array[0] @ 5
(gdb) info break
Num Type           Disp Enb Address    What
1    breakpoint     keep y  0x08048427 in sort at debug4.c:21
         breakpoint already hit 3 times
         cont
```

我们可以禁用这些设置，也可以将其全部删除。如果禁用它们，我们就可以在今后必要的时候重新启用这些保留的设置，如下所示：

```
(gdb) disable break 1
(gdb) disable display 1
(gdb) break 30
Breakpoint 2 at 0x8048545: file debug4.c, line 30.
(gdb) commands 2
Type commands for when breakpoint 2 is hit, one per line.
End with a line saying just "end".
>set variable n = n+1
>cont
>end
(gdb) run
Starting program: /home/neil/BLP4e/chapter10/debug4

Breakpoint 2, sort (a=0x804a040, n=5) at debug4.c:30
30      /* 30 */                    n--;

Breakpoint 2, sort (a=0x804a040, n=5) at debug4.c:30
30      /* 30 */                    n--;
```

```
Breakpoint 2, sort (a=0x804a040, n=5) at debug4.c:30
30      /*  30  */                n--;

Breakpoint 2, sort (a=0x804a040, n=5) at debug4.c:30
30      /*  30  */                n--;

Breakpoint 2, sort (a=0x804a040, n=5) at debug4.c:30
30      /*  30  */                n--;
array[0] = {alex, 1}
array[1] = {john, 2}
array[2] = {bill, 3}
array[3] = {neil, 4}
array[4] = {rick, 5}

Program exited with code 025.
(gdb)
```

程序一直运行到结束并给出了正确的结果。我们现在即可对源代码进行修改并用更多的数据对它进行测试了。

10.3.8 深入学习 gdb

GNU调试器是一个功能非常强大的工具，它可以为我们提供许多与执行中的程序的内部状态有关的信息。在支持硬件断点功能的系统上，可以用gdb实时监控变量取值的变化情况。硬件断点是某些CPU提供的功能，这些处理器可以在触发某个特定条件（一般为对某个给定区域的内存访问操作）时自动停止运行。此外，gdb还可以监控表达式，即当某个表达式取了一个特定值时，gdb可以暂停程序的运行，而不管表达式的计算发生在程序中的位置，但这样做会对系统的性能有所影响。

断点可以和计数、条件结合在一起设置，只有在经过了指定的次数或满足某个条件时才触发断点。

gdb还可以将其自身附在已经运行的程序上。这对调试客户/服务器系统很有帮助，因为你可以在异常服务器正在运行时对其进行调试，而不必先停止它，然后再重启它。你可以在编译程序时用如gcc -O -g这样的命令来同时获得程序优化和调试信息的好处。但这样做的缺点是，优化可能会对程序代码的先后顺序进行调整，因此，在对代码进行单步调试时，你可能会发现你要在代码中跳来跳去以达到与原来的源代码同样的效果。

我们还可以用gdb来调试已经崩溃的程序。程序运行失败时，Linux和UNIX系统通常会产生一个核心转储（core dump），并将它保存在core文件中。这个文件其实是程序的内存映像文件，它包含程序在运行失败的那个时刻的全局变量的取值。你可以用gdb找出程序发生崩溃的位置。详细的资料请查阅gdb的手册页。

gdb遵守GPL的条款，大多数UNIX系统都支持它。我们强烈建议读者掌握这一工具。

10.4 其他调试工具

除了像gdb这样彻底的调试器外，Linux系统一般还会提供许多能够帮助你完成调试工作的其他工具。其中有的是提供关于程序的静态信息，另外一些则是提供动态分析。

静态分析只能通过程序的源代码提供信息。ctags、cxref和cflow等就是一些静态分析程序，它们可以通过源文件提供有关函数调用和函数所在位置的有用信息。

动态分析提供的是与程序执行过程中的行为有关的信息。prof和gprof等就是一些动态分析程序，它们提供的信息包括已经执行了哪些函数以及这些函数的执行时间。

下面我们将介绍其中一些工具及其输出。虽然这些工具中的大部分都有可以免费获得的版本,但并非在所有的系统中都可以使用所有这些工具。

10.4.1　`lint`:清理程序中的"垃圾"

早期的UNIX系统提供了工具lint,从本质上看,它只是C语言编译器的一个前端,但增加了一些常识性的测试并可以产生一些警告信息。它可以检测出未经赋值的变量使用、函数的参数未使用等情况。

最新的C语言编译器也可以产生类似的警告信息,但这是以损失编译过程的性能为代价的。lint本身已经落后于C语言的标准化工作了,因为这个工具是基于早期的C语言编译器开发的,它已不能很好地处理ANSI C的语法了。lint有一些适用于UNIX系统的商业版本,在因特网上至少有一个版本是针对Linux系统的,它的名字是splint,过去常把它称为LClint,它是MIT(麻省理工学院)的为正式规范开发工具软件这一项目的组成部分。类lint工具splint可以提供有用的代码审查注释,该软件可以在http://www.splint.org上找到。

下面这个程序是我们前面调试过的示例程序的早期版本(debug0.c):

```
/*   1   */   typedef struct {
/*   2   */        char *data;
/*   3   */        int key;
/*   4   */   } item;
/*   5   */
/*   6   */   item array[] = {
/*   7   */        {"bill", 3},
/*   8   */        {"neil", 4},
/*   9   */        {"john", 2},
/*  10   */        {"rick", 5},
/*  11   */        {"alex", 1},
/*  12   */   };
/*  13   */
/*  14   */   sort(a,n)
/*  15   */   item *a;
/*  16   */   {
/*  17   */        int i = 0, j = 0;
/*  18   */        int s;
/*  19   */
/*  20   */        for(; i < n & s != 0; i++) {
/*  21   */             s = 0;
/*  22   */             for(j = 0; j < n; j++) {
/*  23   */                     if(a[j].key > a[j+1].key) {
/*  24   */                             item t = a[j];
/*  25   */                             a[j] = a[j+1];
/*  26   */                             a[j+1] = t;
/*  27   */                             s++;
/*  28   */                     }
/*  29   */             }
/*  30   */             n--;
/*  31   */        }
/*  32   */   }
/*  33   */
/*  34   */   main()
```

```
/*  35  */  {
/*  36  */      sort(array,5);
/*  37  */  }
```

这个版本在第20行有一个问题：它使用的是操作符&而不是&&。针对这个版本的splint示例输出经过编辑后显示在下面。注意它是如何发现第20行的问题的——程序没有初始化变量s，而且这个不正确的操作符可能会给条件测试带来问题。

```
neil@suse103:~/BLP4e/chapter10> splint -strict debug0.c
Splint 3.1.1 --- 19 Mar 2005

debug0.c:7:18: Read-only string literal storage used as initial value for
               unqualified storage: array[0].data = "bill"
  A read-only string literal is assigned to a non-observer reference. (Use
  -readonlytrans to inhibit warning)
debug0.c:8:18: Read-only string literal storage used as initial value for
               unqualified storage: array[1].data = "neil"
debug0.c:9:18: Read-only string literal storage used as initial value for
               unqualified storage: array[2].data = "john"
debug0.c:10:18: Read-only string literal storage used as initial value for
               unqualified storage: array[3].data = "rick"
debug0.c:11:18: Read-only string literal storage used as initial value for
               unqualified storage: array[4].data = "alex"
debug0.c:14:22: Old style function declaration
  Function definition is in old style syntax. Standard prototype syntax is
  preferred. (Use -oldstyle to inhibit warning)
debug0.c: (in function sort)
debug0.c:20:31: Variable s used before definition
  An rvalue is used that may not be initialized to a value on some execution
  path. (Use -usedef to inhibit warning)
debug0.c:20:23: Left operand of & is not unsigned value (boolean):
                i < n & s != 0
  An operand to a bitwise operator is not an unsigned values.  This may have
  unexpected results depending on the signed representations. (Use
  -bitwisesigned to inhibit warning)
debug0.c:20:23: Test expression for for not boolean, type unsigned int:
                i < n & s != 0
  Test expression type is not boolean or int. (Use -predboolint to inhibit
  warning)
debug0.c:25:41: Undocumented modification of a[]: a[j] = a[j + 1]
  An externally-visible object is modified by a function with no /*@modifies@*/
  comment. The /*@modifies ... @*/ control comment can be used to give a
  modifies list for an unspecified function. (Use -modnomods to inhibit
  warning)
debug0.c:26:41: Undocumented modification of a[]: a[j + 1] = t
debug0.c:20:23: Operands of & are non-integer (boolean) (in post loop test):
                i < n & s != 0
  A primitive operation does not type check strictly. (Use -strictops to
  inhibit warning)
debug0.c:32:14: Path with no return in function declared to return int
  There is a path through a function declared to return a value on which there
  is no return statement. This means the execution may fall through without
  returning a meaningful result to the caller. (Use -noret to inhibit warning)
debug0.c:34:13: Function main declared without parameter list
```

```
   A function declaration does not have a parameter list. (Use -noparams to
   inhibit warning)
debug0.c: (in function main)
debug0.c:36:22: Undocumented use of global array
   A checked global variable is used in the function, but not listed in its
   globals clause. By default, only globals specified in .lcl files are checked.
   To check all globals, use +allglobals. To check globals selectively use
   /*@checked@*/ in the global declaration. (Use -globs to inhibit warning)
debug0.c:36:17: Undetected modification possible from call to unconstrained
                 function sort: sort
   An unconstrained function is called in a function body where modifications
   are checked. Since the unconstrained function may modify anything, there may
   be undetected modifications in the checked function. (Use -modunconnomods to
   inhibit warning)
debug0.c:36:17: Return value (type int) ignored: sort(array, 5)
   Result returned by function call is not used. If this is intended, can cast
   result to (void) to eliminate message. (Use -retvalint to inhibit warning)
debug0.c:37:14: Path with no return in function declared to return int
debug0.c:6:18: Variable exported but not used outside debug0: array
   A declaration is exported, but not used outside this module. Declaration can
   use static qualifier. (Use -exportlocal to inhibit warning)
debug0.c:14:13: Function exported but not used outside debug0: sort
    debug0.c:15:17: Definition of sort
debug0.c:6:18: Variable array exported but not declared in header file
   A variable declaration is exported, but does not appear in a header file.
   (Used with exportheader.) (Use -exportheadervar to inhibit warning)
debug0.c:14:13: Function sort exported but not declared in header file
   A declaration is exported, but does not appear in a header file. (Use
   -exportheader to inhibit warning)
    debug0.c:15:17: Definition of sort

Finished checking --- 22 code warnings
$
```

splint工具抱怨程序中有老式的（非ANSI标准）函数声明，并且函数返回类型与它们真正的返回值（或没有返回值）不一致。这些虽不影响程序的执行，但应该引起注意。

它还发现了两个真正的漏洞，它们出现在下面这段代码中：

```
/*  18  */        int s;
/*  19  */
/*  20  */        for(; i < n & s != 0; i++) {
/*  21  */            s = 0;
```

splint发现（前面输出中的阴影部分）第20行使用的变量s未经初始化，并且在该行应该使用更常见的操作符&&而不是现在使用的操作符&。在本例中，&操作符改变了测试的含义，确实是这个程序存在的一个问题。

这些错误都在调试开始之前的代码审查阶段就得到了修复。虽然它们是我们为了演示而有意放在那里的，但在真正的程序中，这些错误可以说是屡见不鲜。

10.4.2　函数调用工具

ctags、cxref和cflow这3个工具构成了X/Open规范的一部分内容，因此，具备软件开发能力的UNIX系统都会有这3个工具。

这些工具以及本章介绍的其他一些工具可能没有被包括在你的Linux发行版中。如果是这样，你就需要在因特网上搜索它们。比较好的搜索网站（对支持RPM软件包格式的Linux发行版来说）是http://rpmfind.net和http://rpm.pbone.net。你还可以尝试一些发行版特定的软件库，如针对openSUSE的http://ftp.gwdg.de/pub/opensuse/、针对Fedora的http://rpm.livna.org和针对Slackware的http://packages.slackware.it/。

1. ctags

ctags为程序中的所有函数创建索引。每个函数对应一个列表，在列表中列出该函数在程序中的调用位置，就像书籍的索引。下面是它的用法：

```
ctags [-a] [-f filename] sourcefile sourcefile ...
ctags -x sourcefile sourcefile ...
```

默认情况下，ctags在当前目录下创建文件tags。在该文件中包含每个输入源文件中声明的每个函数，文件中每行的格式如下所示：

```
announce        app_ui.c            /^static void announce(void) /
```

文件中的每行由函数名、声明该函数的文件和一个可以用来在文件中查找该函数定义的正则表达式组成。Emacs等编辑器可以用这类文件来帮助程序员浏览源代码。

此外，还可以使用ctags的-x选项（如果你使用的版本有该选项）在标准输出上列出类似上面格式的内容：

```
find_cat        403 app_ui.c            static cdc_entry find_cat(
```

你可以用-f选项将输出重定向到另一个不同的文件中，也可以用-a选项将输出结果附加到一个已有文件的结尾。

2. cxref

cxref程序分析C语言源代码并生成一个交叉引用表。它可以显示每个符号（变量、#define定义和函数）都在程序的哪个位置使用过。它生成的是一个经过排序的列表，每个符号的定义位置用一个星号（*）做标记，如下所示：

```
SYMBOL              FILE            FUNCTION        LINE

BASENID             prog.c          --              *12  *96  124  126  146  156  166
BINSIZE             prog.c          --              *30  197  198  199  206
BUFMAX              prog.c          --              *44   45   90
BUFSIZ   /usr/include/stdio.h       --              *4
EOF      /usr/include/stdio.h       --              *27
argc                prog.c          --              36
                    prog.c          main            *37   61   81
argv                prog.c          --              36
                    prog.c          main            *38   61
calldata            prog.c          --              *5
                    prog.c          main            64  188
calls               prog.c          --              *19
                    prog.c          main            54
```

在我的机器上，上面的输出结果是在一个应用程序的源代码目录中产生，使用的命令如下所示：

```
$ cxref *.c *.h
```

但这个命令的正确语法格式随版本的不同而不同。请参考系统文档或手册页来了解cxref命令的更多信息。

3. cflow

cflow程序打印出一个函数调用树（function call tree），它显示了函数之间调用的关系。它可以让我们看清楚一个程序的框架结构，理解它的操作流程，了解对某个函数的改动将会产生怎样的影响。有些版本的cflow除了可以处理源代码外，还可以处理目标文件。详细的用法请参考它的手册页。

下面是cflow版本2.0的一些样本输出，该版本可以从因特网上得到，它由Marty Leisner负责维护：

```
1       file_ungetc {prcc.c 997}
2    main {prcc.c 70}
3            getopt {}
4            show_all_lists {prcc.c 1070}
5                    display_list {prcc.c 1056}
6                            printf {}
7                    exit {}
8            exit {}
9            usage {prcc.c 59}
10                   fprintf {}
11                   exit {}
```

这个输出样本告诉我们：main函数调用show_all_lists函数（以及其他一些函数），show_all_lists又调用了display_list，而display_list本身调用了printf。

这个版本的cflow有一个-i选项，它将产生一个反向的函数调用树。针对每个函数，cflow列出调用它的其他函数。听起来好像很复杂，但实际上很简单，下面是一个样本。

```
19      display_list {prcc.c 1056}
20              show_all_lists {prcc.c 1070}
21      exit {}
22              main {prcc.c 70}
23              show_all_lists {prcc.c 1070}
24              usage {prcc.c 59}
...
74      printf {}
75              display_list {prcc.c 1056}
76              maketag {prcc.c 487}
77      show_all_lists {prcc.c 1070}
78              main {prcc.c 70}
...
99      usage {prcc.c 59}
100             main {prcc.c 70}
```

我们可以看出都有哪些函数调用了exit函数，它们是main、show_all_lists和usage。

10.4.3　用 prof/gprof 产生执行存档

想查找程序的性能问题时，一种常用的技巧是使用执行存档（execution profiling）。它通常需要特殊的编译器选项和辅助程序的支持。程序的执行存档可以显示执行它所花费的时间具体都用在什么操作上了。

编译程序时，给编译器加上-p标志（针对prof程序）或-pg标志（针对gprof程序）就可以创建出profile程序。而prof程序（及其GNU等效程序gprof）可以根据profile程序运行时所产生的执行跟踪文件打印出一个报告。编译命令如下所示：

```
$ cc -pg -o program program.c
```

程序用特殊版本的C语言函数库链接起来并且将包括监控代码。不同的系统具体实现方法有所不同，但一般都要靠程序的频繁中断来记录执行地点。监控数据将被写入当前目录下的文件mon.out（gprof程序用的是gmon.out）。如下所示：

```
$ ./program
$ ls -ls
  2 -rw-r--r--  1 neil    users     1294 Feb 4 11:48 gmon.out
```

prof/gprof程序读取监控数据并生成一个报告。程序选项的细节请参考它的手册页。下面是一些（有所删节）gprof程序的输出示例：

cumulative time	self seconds	self seconds	total calls	ms/call	ms/call	name
18.5	0.10	0.10	8664	0.01	0.03	_doscan [4]
18.5	0.20	0.10				mcount (60)
14.8	0.28	0.08	43320	0.00	0.00	_number [5]
9.3	0.33	0.05	8664	0.01	0.01	_format_arg [6]
7.4	0.37	0.04	112632	0.00	0.00	_ungetc [8]
7.4	0.41	0.04	8757	0.00	0.00	_memccpy [9]
7.4	0.45	0.04	1	40.00	390.02	_main [2]
3.7	0.47	0.02	53	0.38	0.38	_read [12]
3.7	0.49	0.02				w4str [10]
1.9	0.50	0.01	26034	0.00	0.00	_strlen [16]
1.9	0.51	0.01	8664	0.00	0.00	strncmp [17]

10.5 断言

在软件的开发过程中，通过条件编译引入printf调用等调试代码的做法是很常见的，但一般不会在发行版本中保留这些信息。然而经常会出现这样的情况，程序运行中出现的问题与不正确的假设有关而并非代码的错误。这些不正确的假设往往是被主观认为不会发生的事件。例如，人们在编写函数时会认为它的输入参数应该位于一个确定的范围内，但万一给它传递了不正确的数据，就可能造成整个系统运行不正常。

系统的内部逻辑需要被确认没有错误。针对这种情况，X/Open提供了assert宏，它的作用是测试某个假设是否成立，如果不成立就停止程序的运行。

```
#include <assert.h>

void assert(int expression)
```

assert宏对表达式进行求值，如果结果为零，它就往标准错误写一些诊断信息，然后调用abort函数结束程序的运行。

头文件assert.h定义的宏受NDEBUG的影响。如果程序在处理这个头文件时已经定义了NDEBUG，就不定义assert宏。这意味着，你可以在编译期间使用-DNDEBUG关闭断言功能或把下面这条语句：

```
#define NDEBUG
```

加到每个源文件中，但这条语句必须放在#include <assert.h>语句之前。

assert宏的这种用法带来一个问题。如果在测试阶段使用assert，但在发行版本中将其关闭，那你的发行版本代码在安全检测方面就比你对它进行测试时要差一些。但在产品代码中保留assert通常是不可取的——难道你愿意用户在使用你的软件时在屏幕上显示一条不友好的assert failed错误提示,然后就退出程序吗?针对这个问题的比较好的解决方法是,编写自己的错误中断陷阱例程,在该例程中进行断言,但不需要在产品代码中完全禁用该功能。

你还必须注意不要让assert表达式带上副作用。例如,如果使用了带有副作用的函数调用,这个副作用在删除了断言功能的产品代码中就不会再发生了。

实　验　assert

下面这个程序assert.c定义了一个函数,它的参数必须是一个正数。它用断言功能来保护自己不受非法参数的影响。

该程序首先包括头文件assert.h,然后定义一个平方根函数,该函数检查自己的参数是否为正数,最后是main函数。如下所示:

```c
#include <stdio.h>
#include <math.h>
#include <assert.h>
#include <stdlib.h>

double my_sqrt(double x)
{
    assert(x >= 0.0);
    return sqrt(x);
}

int main()
{
    printf("sqrt +2 = %g\n", my_sqrt(2.0));
    printf("sqrt -2 = %g\n", my_sqrt(-2.0));
    exit(0);
}
```

现在,运行这个程序时,如果给my_sqrt函数传递了一个非法值,你就会看到一个断言冲突错误。错误信息的格式将随系统的不同而不同。

```
$ cc -o assert assert.c -lm
$ ./assert
sqrt +2 = 1.41421
assert: assert.c:7: my_sqrt: Assertion 'x >= 0.0' failed.
Aborted
$
```

实验解析

当我们试图用一个负数来调用函数my_sqrt时,断言失败了。assert宏给出了发生断言冲突的文件名和行号,还给出了失败的条件。程序被一个abort中断陷阱终止了运行,这就是assert调用abort的结果。

如果用-DNDEBUG选项重新编译这个程序,断言功能将被排除在编译结果之外。当在my_sqrt函数中调用sqrt函数时,得到的将是一个NaN值(不是一个数字),表明一个无效结果,如下所示:

```
$ cc -o assert -DNDEBUG assert.c -lm
$ ./assert
sqrt +2 = 1.41421
sqrt -2 = nan
$
```

一些较旧的数学库版本在发生算术错误时将产生一个异常,程序将终止并返回一个类似`Floating point exception`的消息,而不是返回一个NaN。

10.6 内存调试

动态内存分配是一个很容易出现程序漏洞的领域,而且一旦漏洞出现,还很难查找。如果在程序中用`malloc`和`free`函数来分配内存,你就必须清楚自己分配过的每一块内存,并且要确定没有使用已经释放的内存块,这一点非常重要。

内存块通常都是由`malloc`函数分配给指针变量的。如果指针变量的取值发生了变化,又没有其他指针指向这块内存,这块内存就变得无法访问。这就是一种内存泄漏现象,它将导致程序的长度不断增加。如果泄漏了大量内存,系统就会越来越慢,最终耗尽内存。

如果在一个已分配的内存块尾部的后面(或在它头部的前面)写数据,就很可能会损坏`malloc`库用于记录内存分配情况的数据结构。出现这种情况后,经过一段时间,一个`malloc`调用,甚至是一个`free`调用都会引发段错误并导致程序崩溃。要想查出错误发生的准确地点是非常困难的,因为错误可能是在引发程序崩溃的事件之前很久发生的。

请不要感到惊讶,目前已经有可以帮助解决这两类问题的工具了,既有商业版本的也有免费版本的。`malloc`和`free`函数也有许多不同的版本,其中一些版本包含了额外的代码,用于检查内存分配和内存释放情况,以解决诸如一个内存块被释放了两次以及其他类型的误用。

10.6.1 ElectricFence 函数库

ElectricFence函数库由Bruce Perens开发,在一些Linux发行版如RedHat(企业版和Fedora)、SUSE和openSUSE中作为可选组件出现,在因特网上也很容易找到。它尝试用Linux的虚拟内存机制来保护`malloc`和`free`所使用的内存,当它发现内存被破坏时就停止程序的运行。

实 验 ElectricFence

下面这个程序`efence.c`调用`malloc`分配了一个内存块,然后在这个内存块的尾部之后写数据。我们来看看将发生什么情况。

```
#include <stdio.h>
#include <stdlib.h>

int main()
{
    char *ptr = (char *) malloc(1024);
    ptr[0] = 0;

    /* Now write beyond the block */
    ptr[1024] = 0;
    exit(0);
}
```

编译并运行这个程序时,我们没有看到任何异常现象。但是,`malloc`所分配的内存区域可能已遭受一定程度的破坏,因此我们迟早会遇到麻烦。

```
$ cc -o efence efence.c
$ ./efence
$
```

如果使用同一个程序，但将它与ElectricFence函数库`libefence.a`链接起来，那么在运行这个程序时立刻就会收到响应，如下所示：

```
$ cc -o efence efence.c -lefence
$ ./efence

  Electric Fence 2.2.0 Copyright (C) 1987-1999 Bruce Perens <bruce@perens.com>
Segmentation fault
$
```

我们在调试器下运行这个程序以找出问题所在：

```
$ cc -g -o efence efence.c -lefence
$ gdb efence
 (gdb) run
Starting program: /home/neil/BLP4e/chapter10/efence

  Electric Fence 2.2.0 Copyright (C) 1987-1999 Bruce Perens <bruce@perens.com>

Program received signal SIGSEGV, Segmentation fault.
[Switching to Thread 1024 (LWP 1869)]
0x08048512 in main () at efence.c:10
10              ptr[1024] = 0;
(gdb)
```

实验解析

ElectricFence将`malloc`及其关联函数替换为使用计算机处理器虚拟内存机制的版本，从而保护系统不受非法内存访问的破坏。当出现这类的非法内存访问时，它会引发一个段冲突信号并停止程序的运行。

10.6.2　valgrind

`valgrind`是一个工具，它有能力检测出前面讨论过的许多问题。特别是它可以检测出数组访问错误和内存泄漏。它可能并没有包括在你的Linux发行版中，但可以在http://valgrind.org上找到它。

程序不需要重新编译就可以使用`valgrind`，甚至还可以用它来调试一个正在运行程序的内存访问情况。这个工具很值得一试，它已被用在大型软件如KDE版本3的开发中。

实　验　valgrind

下面这个程序checker.c分配了一些内存，然后从分配内存以外的区域读取数据，在分配内存尾部之后写数据，最后将该内存区域变得不可访问。

```
#include <stdio.h>
#include <stdlib.h>

int main()
{
    char *ptr = (char *) malloc(1024);
    char ch;
```

```
    /* Uninitialized read */
    ch = ptr[1024];

    /* Write beyond the block */
    ptr[1024] = 0;

    /* Orphan the block */
    ptr = 0;
    exit(0);
}
```

要想使用valgrind，只需在运行valgrind时加上一个选项告诉它我们想检查什么，然后将要检查的程序及其参数（如果有的话）写在其后。

用valgrind运行程序时，我们将看到它诊断出许多问题，如下所示：

```
$ valgrind --leak-check=yes -v ./checker
==4780== Memcheck, a memory error detector.
==4780== Copyright (C) 2002-2007, and GNU GPL'd, by Julian Seward et al.
==4780== Using LibVEX rev 1732, a library for dynamic binary translation.
==4780== Copyright (C) 2004-2007, and GNU GPL'd, by OpenWorks LLP.
==4780== Using valgrind-3.2.3, a dynamic binary instrumentation framework.
==4780== Copyright (C) 2000-2007, and GNU GPL'd, by Julian Seward et al.
==4780==
--4780-- Command line
--4780--    ./checker
--4780-- Startup, with flags:
--4780--    --leak-check=yes
--4780--    -v
--4780-- Contents of /proc/version:
--4780--    Linux version 2.6.20.2-2-default (geeko@buildhost) (gcc version 4.1.3
 20070218 (prerelease) (SUSE Linux)) #1 SMP Fri Mar 9 21:54:10 UTC 2007
--4780-- Arch and hwcaps: X86, x86-sse1-sse2
--4780-- Page sizes: currently 4096, max supported 4096
--4780-- Valgrind library directory: /usr/lib/valgrind
--4780-- Reading syms from /lib/ld-2.5.so (0x4000000)
--4780-- Reading syms from /home/neil/BLP4e/chapter10/checker (0x8048000)
--4780-- Reading syms from /usr/lib/valgrind/x86-linux/memcheck (0x38000000)
--4780--    object doesn't have a symbol table
--4780--    object doesn't have a dynamic symbol table
--4780-- Reading suppressions file: /usr/lib/valgrind/default.supp
--4780-- REDIR: 0x40158B0 (index) redirected to 0x38027EDB (???)
--4780-- Reading syms from /usr/lib/valgrind/x86-linux/vgpreload_core.so
 (0x401E000)
--4780--    object doesn't have a symbol table
--4780-- Reading syms from /usr/lib/valgrind/x86-linux/vgpreload_memcheck.so
 (0x4021000)
--4780--    object doesn't have a symbol table
==4780== WARNING: new redirection conflicts with existing -- ignoring it
--4780--    new: 0x040158B0 (index      ) R-> 0x04024490 index
--4780-- REDIR: 0x4015A50 (strlen) redirected to 0x4024540 (strlen)
--4780-- Reading syms from /lib/libc-2.5.so (0x4043000)
--4780-- REDIR: 0x40ADFF0 (rindex) redirected to 0x4024370 (rindex)
--4780-- REDIR: 0x40AAF00 (malloc) redirected to 0x4023700 (malloc)
==4780== Invalid read of size 1
```

```
==4780==     at 0x804842C: main (checker.c:10)
==4780==  Address 0x4170428 is 0 bytes after a block of size 1,024 alloc'd
==4780==     at 0x4023785: malloc (in /usr/lib/valgrind/x86-
linux/vgpreload_memcheck.so)
==4780==     by 0x8048420: main (checker.c:6)
==4780==
==4780== Invalid write of size 1
==4780==     at 0x804843A: main (checker.c:13)
==4780==  Address 0x4170428 is 0 bytes after a block of size 1,024 alloc'd
==4780==     at 0x4023785: malloc (in /usr/lib/valgrind/x86-
linux/vgpreload_memcheck.so)
==4780==     by 0x8048420: main (checker.c:6)
--4780-- REDIR: 0x40A8BB0 (free) redirected to 0x402331A (free)
--4780-- REDIR: 0x40AEE70 (memset) redirected to 0x40248A0 (memset)
==4780==
==4780== ERROR SUMMARY: 2 errors from 2 contexts (suppressed: 3 from 1)
==4780==
==4780== 1 errors in context 1 of 2:
==4780== Invalid write of size 1
==4780==     at 0x804843A: main (checker.c:13)
==4780==  Address 0x4170428 is 0 bytes after a block of size 1,024 alloc'd
==4780==     at 0x4023785: malloc (in /usr/lib/valgrind/x86-
linux/vgpreload_memcheck.so)
==4780==     by 0x8048420: main (checker.c:6)
==4780==
==4780== 1 errors in context 2 of 2:
==4780== Invalid read of size 1
==4780==     at 0x804842C: main (checker.c:10)
==4780==  Address 0x4170428 is 0 bytes after a block of size 1,024 alloc'd
==4780==     at 0x4023785: malloc (in /usr/lib/valgrind/x86-
linux/vgpreload_memcheck.so)
==4780==     by 0x8048420: main (checker.c:6)
--4780--
--4780-- supp:    3 dl-hack3
==4780==
==4780== IN SUMMARY: 2 errors from 2 contexts (suppressed: 3 from 1)
==4780==
==4780== malloc/free: in use at exit: 1,024 bytes in 1 blocks.
==4780== malloc/free: 1 allocs, 0 frees, 1,024 bytes allocated.
==4780==
==4780== searching for pointers to 1 not-freed blocks.
==4780== checked 65,444 bytes.
==4780==
==4780==
==4780== 1,024 bytes in 1 blocks are definitely lost in loss record 1 of 1
==4780==     at 0x4023785: malloc (in /usr/lib/valgrind/x86-
linux/vgpreload_memcheck.so)
==4780==     by 0x8048420: main (checker.c:6)
==4780==
==4780== LEAK SUMMARY:
==4780==    definitely lost: 1,024 bytes in 1 blocks.
==4780==     possibly lost: 0 bytes in 0 blocks.
==4780==    still reachable: 0 bytes in 0 blocks.
==4780==         suppressed: 0 bytes in 0 blocks.
```

10

```
--4780--  memcheck: sanity checks: 0 cheap, 1 expensive
--4780--  memcheck: auxmaps: 0 auxmap entries (0k, 0M) in use
--4780--  memcheck: auxmaps: 0 searches, 0 comparisons
--4780--  memcheck: SMs: n_issued     = 9 (144k, 0M)
--4780--  memcheck: SMs: n_deissued   = 0 (0k, 0M)
--4780--  memcheck: SMs: max_noaccess = 65535 (1048560k, 1023M)
--4780--  memcheck: SMs: max_undefined = 0 (0k, 0M)
--4780--  memcheck: SMs: max_defined  = 19 (304k, 0M)
--4780--  memcheck: SMs: max_non_DSM  = 9 (144k, 0M)
--4780--  memcheck: max sec V bit nodes:    0 (0k, 0M)
--4780--  memcheck: set_sec_vbits8 calls: 0 (new: 0, updates: 0)
--4780--  memcheck: max shadow mem size:   448k, 0M
--4780--  translate:          fast SP updates identified: 1,456 ( 90.3%)
--4780--  translate:    generic_known SP updates identified: 79 (  4.9%)
--4780--  translate: generic_unknown SP updates identified: 76 (  4.7%)
--4780--      tt/tc: 3,341 tt lookups requiring 3,360 probes
--4780--      tt/tc: 3,341 fast-cache updates, 3 flushes
--4780--   transtab: new      1,553 (33,037 -> 538,097; ratio 162:10) [0 scs]
--4780--   transtab: dumped      0 (0 -> ??)
--4780--   transtab: discarded  6 (143 -> ??)
--4780-- scheduler: 21,623 jumps (bb entries).
--4780-- scheduler: 0/1,828 major/minor sched events.
--4780--    sanity: 1 cheap, 1 expensive checks.
--4780--    exectx: 30,011 lists, 6 contexts (avg 0 per list)
--4780--    exectx: 6 searches, 0 full compares (0 per 1000)
--4780--    exectx: 0 cmp2, 4 cmp4, 0 cmpAll
    $
```

我们看到它查出了错误的读写操作，同时还给出了与之对应的内存块及其分配位置。我们可以用调试器在错误地点中断程序的运行。

valgrind有许多选项，包括对特定类型错误的抑制和内存泄漏的检测。要想检测程序的内存泄漏问题，我们必须使用valgrind的一个选项。如果想在程序运行结束时进行内存泄漏的检查，需要指定选项--leak-check=yes。我们可以用命令valgrind --help获得完整的选项列表。

实验解析

我们的程序在valgrind的控制下执行，它中途截获程序执行的各种操作并进行许多检查工作，包括内存访问的检查。如果该访问操作涉及一个已分配的内存块并且是非法的访问，valgrind将打印出消息。在程序执行结束时，它将运行一个垃圾收集例程来检测是否有已分配的内存块未被释放。如果有，它将报告这些被遗弃的内存块。

10.7 小结

在本章中，我们介绍了一些调试工具和技巧。Linux提供了一些功能强大的工具帮助我们修复程序中的漏洞。我们用gdb消除了示例程序中的漏洞，并介绍了一些静态分析工具，如cflow和splint。最后，我们对使用动态内存分配可能出现的问题进行了讨论，并介绍了一些可以帮助我们诊断它们的工具，如ElectricFence和valgrind。

在本章中讨论的大多数工具都可以在因特网上的FTP服务器中找到。我们关心的是在某些情况下需要注意保留版权信息。其中许多工具的信息都取自Linux档案网站http://www.ibiblio.org/pub/Linux。我们希望最新发布的版本也可以在该网址找到。

进程和信号

11

进程和信号构成了Linux操作环境的基础部分。它们控制着Linux和所有其他类UNIX计算机系统执行的几乎所有活动。不管是对于系统程序员、应用程序员还是系统管理者，理解Linux和UNIX系统的进程管理都是很有好处的。

在本章中，我们将看到Linux环境中的进程是如何被管理的，怎样才能知道计算机在任一给定时刻在做些什么。我们还将介绍如何才能在自己的程序中启动和停止其他的进程，如何让进程收发消息，如何避免僵尸进程等内容。具体地，我们将介绍以下几方面的内容：

- ❑ 进程的结构、类型和调度
- ❑ 用不同的方法启动新进程
- ❑ 父进程、子进程和僵尸进程
- ❑ 什么是信号以及如何使用它们

11.1 什么是进程

UNIX标准（特别是IEEE Std 1003.1, 2004年版）把进程定义为："一个其中运行着一个或多个线程的地址空间和这些线程所需要的系统资源。"我们将在第12章介绍线程。目前，可以把进程看作正在运行的程序。

像Linux这样的多任务操作系统可以同时运行多个程序。每个运行着的程序实例就构成一个进程。在X视窗系统（通常简称为X）等视窗化系统中这一特点尤为明显。如同微软的Windows系统，X视窗系统提供了一个图形化的用户界面，它允许同时运行多个应用程序，每个应用程序可以在一个或多个窗口中显示。

作为多用户系统，Linux允许许多用户同时访问系统。每个用户可以同时运行许多个程序，甚至同时运行同一个程序的许多个实例。系统本身也运行着一些管理系统资源和控制用户访问的程序。

正如我们在第4章看到的，正在运行的程序或进程由程序代码、数据、变量（占用着系统内存）、打开的文件（文件描述符）和环境组成。一般来说，Linux系统会在进程之间共享程序代码和系统函数库，所以在任何时刻内存中都只有代码的一份副本。

11.2 进程的结构

我们来看看操作系统是如何管理多个进程的。如果有两个用户neil和rick，他们同时运行grep程序在不同的文件中查找不同的字符串。他们使用的进程如图11-1所示。

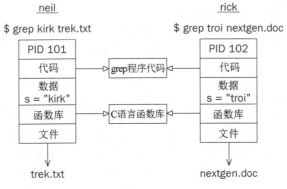

图   11-1

如果在搜索结束之前运行ps命令，则该命令输出类似下面这样的内容：

```
$ ps -ef
UID      PID   PPID  C  STIME  TTY   TIME      CMD
rick     101   96    0  18:24  tty2  00:00:00  grep troi nextgen.doc
neil     102   92    0  18:24  tty4  00:00:00  grep kirk trek.txt
```

每个进程都会被分配一个唯一的数字编号，我们称之为进程标识符或PID。它通常是一个取值范围从2到32 768的正整数。当进程被启动时，系统将按顺序选择下一个未被使用的数字作为它的PID，当数字已经回绕一圈时，新的PID重新从2开始。数字1一般是为特殊进程init保留的，init进程负责管理其他进程，我们很快就会再次谈到它。这里我们可以看到由用户neil和rick启动的两个进程被分配的PID分别是101和102。

将要被grep命令执行的程序代码被保存在一个磁盘文件中。正常情况下，Linux进程不能对用来存放程序代码的内存区域进行写操作，即程序代码是以只读方式加载到内存中的。我们从图11-1中可以看到，虽然不能对这个区域执行写操作，但它可以被多个进程安全地共享。

系统函数库也可以被共享。例如，不管有多少个正在运行的程序要调用printf函数，内存中只要有它的一份副本即可。这种做法与微软Windows操作系统中使用的动态链接库（DLL）机制类似，但更加复杂。

从上图中还可以看出，共享函数库带来的另一个优点是，包含可执行程序grep的磁盘文件容量比较小，因为它不包含共享函数库代码。这对一个单独的程序来说，算不上大优点，但对整个操作系统来说，把常用例程提取出来放入（比如说）C语言的标准函数库中将节省大量的磁盘空间。

当然，并不是程序在运行时所需要的所有东西都可以被共享。例如，进程使用的变量就与其他进程所使用的截然不同。在本例中，传递给grep程序的搜索字符串以变量s的形式出现在每个进程的数据区中。它们之间是分离的，通常不能被其他进程读取。这两个grep命令所使用的文件也各不相同，进程通过各自的文件描述符来访问文件。

除此之外，进程有自己的栈空间，用于保存函数中的局部变量和控制函数的调用与返回。进程还有自己的环境空间，包含专门为这个进程建立的环境变量，我们在第4章介绍putenv和getenv函数时已用过这些环境变量。进程还必须维护自己的程序计数器，这个计数器用来记录它执行到的位置，即在执行线程中的位置。我们将在下一章看到，在使用线程时，进程可以有不止一个执行线程。

在许多Linux系统（也包括一些UNIX系统）上，在目录/proc中有一组特殊的文件，这些文件的特殊之处在于它们允许你“窥视”正在运行的进程的内部情况，就好像这些进程是目录中的文件一样。

我们在第3章已简单介绍过/proc文件系统了。

最后，因为Linux和UNIX一样，有一个虚拟内存系统，能够把程序代码和数据以内存页面的形式放到硬盘的一个区域中，所以Linux可以管理的进程比物理内存所能容纳的要多得多。

11.2.1 进程表

Linux进程表就像一个数据结构，它把当前加载在内存中的所有进程的有关信息保存在一个表中，其中包括进程的PID、进程的状态、命令字符串和其他一些ps命令输出的各类信息。操作系统通过进程的PID对它们进行管理，这些PID是进程表的索引。进程表的长度是有限制的，所以系统能够支持的同时运行的进程数也是有限制的。早期的UNIX系统只能同时运行256个进程。最新的实现版本已大幅度放宽这一限制，可以同时运行的进程数可能只与用于建立进程表项的内存容量有关，而没有具体的数字限制了。

11.2.2 查看进程

ps命令可以显示我们正在运行的进程、其他用户正在运行的进程或者目前在系统上运行的所有进程。下面是ps命令的输出样本：

```
$ ps -ef
UID        PID  PPID  C STIME TTY        TIME CMD
root       433   425  0 18:12 tty1   00:00:00 [bash]
rick       445   426  0 18:12 tty2   00:00:00 -bash
rick       456   427  0 18:12 tty3   00:00:00 [bash]
root       467   433  0 18:12 tty1   00:00:00 sh /usr/X11R6/bin/startx
root       474   467  0 18:12 tty1   00:00:00 xinit /etc/X11/xinit/xinitrc --
root       478   474  0 18:12 tty1   00:00:00 /usr/bin/gnome-session
root       487     1  0 18:12 tty1   00:00:00 gnome-smproxy --sm-client-id def
root       493     1  0 18:12 tty1   00:00:01 [enlightenment]
root       506     1  0 18:12 tty1   00:00:03 panel --sm-client-id default8
root       508     1  0 18:12 tty1   00:00:00 xscreensaver -no-splash -timeout
root       510     1  0 18:12 tty1   00:00:01 gmc --sm-client-id default10
root       512     1  0 18:12 tty1   00:00:01 gnome-help-browser --sm-client-i
root       649   445  0 18:24 tty2   00:00:00 su
root       653   649  0 18:24 tty2   00:00:00 bash
neil       655   428  0 18:24 tty4   00:00:00 -bash
root       713     1  2 18:27 tty1   00:00:00 gnome-terminal
root       715   713  0 18:28 tty1   00:00:00 gnome-pty-helper
root       717   716 13 18:28 pts/0  00:00:01 emacs
root       718   653  0 18:28 tty2   00:00:00 ps -ef
```

这个命令显示了许多进程的相关信息，包括在X视窗系统中运行的Emacs编辑器。例如，TTY一列显示了进程是从哪一个终端启动的，TIME一列是进程目前为止所占用的CPU时间，CMD一列显示启动进程所使用的命令。下面我们来仔细查看其中的一些进程信息。

```
neil       655   428  0 18:24 tty4   00:00:00 -bash
```

用户的初始登录是在第4个虚拟终端完成的。该终端是这台机器的一个主控台。运行的shell程序是Linux系统的默认shell：bash。

```
root       467   433  0 18:12 tty1   00:00:00 sh /usr/X11R6/bin/startx
```

X视窗系统是由命令startx启动的。该命令是一个shell脚本，它启动X服务器并运行一些初始化X视窗系统的程序。

```
root        717    716 13 18:28 pts/0    00:00:01 emacs
```

这个进程代表着X视窗系统中一个运行着Emacs编辑器的窗口。它是由窗口管理器响应一个创建新窗口的请求而启动的。系统还分配给shell一个新的伪终端pts/0，shell可以通过该终端进行读写操作。

```
root        512      1  0 18:12 tty1     00:00:01 gnome-help-browser --sm-client-i
```

这是由窗口管理器启动的GNOME帮助信息浏览器。

默认情况下，ps程序只显示与终端、主控台、串行口或伪终端保持连接的进程的信息。其他进程在运行时不需要通过终端与用户进行通信，它们通常都是一些系统进程，Linux用它们来管理共享的资源。我们可以用ps命令的-a选项查看所有的进程，用-f选项显示进程完整的信息。

> ps命令的精确语法及其输出内容的格式随系统的不同而稍有变化。Linux使用的GNU版本的ps命令支持来自以前几个ps命令实现版本中的选项（包括来自UNIX变体BSD和AT&T中ps命令的选项），并且它还新增了一些选项。有关ps命令可使用的选项和输出格式的更多细节请参考其手册。

11.2.3 系统进程

下面显示的是运行在另一台Linux系统上的一些进程。为清楚起见，我们对输出结果进行了简化。在下面的例子中，你将看到如何查看进程的状态。ps命令输出中的STAT一列用来表明进程的当前状态。常见的STAT代码见表11-1。其中一些代码的含义将随着本章后面的介绍变得更加清晰，而另一些代码则超出了本书介绍的范围，你可以安全地忽略它们。

表 11-1

STAT代码	说　　明
S	睡眠。通常是在等待某个事件的发生，如一个信号或有输入可用
R	运行。严格来说，应是"可运行"，即在运行队列中，处于正在执行或即将运行状态
D	不可中断的睡眠（等待）。通常是在等待输入或输出完成
T	停止。通常是被shell作业控制所停止，或者进程正处于调试器的控制之下
Z	死（Defunct）进程或僵尸（zombie）进程
N	低优先级任务，nice
W	分页。（不适用于2.6版本开始的Linux内核）
s	进程是会话期首进程
+	进程属于前台进程组
l	进程是多线程的
<	高优先级任务

```
$ ps ax
  PID TTY       STAT    TIME COMMAND
    1 ?         Ss      0:03 init [5]
    2 ?         S       0:00 [migration/0]
    3 ?         SN      0:00 [ksoftirqd/0]
    4 ?         S<      0:05 [events/0]
    5 ?         S<      0:00 [khelper]
    6 ?         S<      0:00 [kthread]
  840 ?         S<      2:52 [kjournald]
  888 ?         S<s     0:03 /sbin/udevd --daemon
```

```
 3069 ?        Ss     0:00 /sbin/acpid
 3098 ?        Ss     0:11 /usr/sbin/hald --daemon=yes
 3099 ?        S      0:00 hald-runner
 8357 ?        Ss     0:03 /sbin/syslog-ng
 8677 ?        Ss     0:00 /opt/kde3/bin/kdm
 9119 ?        S      0:11 konsole [kdeinit]
 9120 pts/2    Ss     0:00 /bin/bash
 9151 ?        Ss     0:00 /usr/sbin/cupsd
 9457 ?        Ss     0:00 /usr/sbin/cron
 9479 ?        Ss     0:00 /usr/sbin/sshd -o PidFile=/var/run/sshd.init.pid
 9618 tty1     Ss+    0:00 /sbin/mingetty --noclear tty1
 9619 tty2     Ss+    0:00 /sbin/mingetty tty2
 9621 tty3     Ss+    0:00 /sbin/mingetty tty3
 9622 tty4     Ss+    0:00 /sbin/mingetty tty4
 9623 tty5     Ss+    0:00 /sbin/mingetty tty5
 9638 tty6     Ss+    0:00 /sbin/mingetty tty6
10359 tty7     Ss+   10:05 /usr/bin/Xorg -br -nolisten tcp :0 vt7 -auth
10360 ?        S      0:00 -:0
10381 ?        Ss     0:00 /bin/sh /usr/bin/kde
10438 ?        Ss     0:00 /usr/bin/ssh-agent /bin/bash /etc/X11/xinit/xinitrc
10478 ?        S      0:00 start_kdeinit --new-startup +kcminit_startup
10479 ?        Ss     0:00 kdeinit Running...
10500 ?        S      0:53 kdesktop [kdeinit]
10502 ?        S      1:54 kicker [kdeinit]
10524 ?        Sl     0:47 beagled /usr/lib/beagle/BeagleDaemon.exe --bg
10530 ?        S      0:02 opensuseupdater
10539 ?        S      0:02 kpowersave [kdeinit]
10541 ?        S      0:03 klipper [kdeinit]
10555 ?        S      0:01 kio_uiserver [kdeinit]
10688 ?        S      0:53 konsole [kdeinit]
10689 pts/1    Ss+    0:07 /bin/bash
10784 ?        S      0:00 /opt/kde3/bin/kdesud
11052 ?        S      0:01 [pdflush]
19996 ?        SNl    0:20 beagled-helper /usr/lib/beagle/IndexHelper.exe
20254 ?        S      0:00 qmgr -l -t fifo -u
21192 ?        Ss     0:00 /usr/sbin/ntpd -p /var/run/ntp/ntpd.pid -u ntp -i /v
21198 ?        S      0:00 pickup -l -t fifo -u
21475 pts/2    R+     0:00 ps ax
```

我们在这里看到了一个非常重要的进程。

```
1 ?  Ss    0:03 init [5]
```

一般而言，每个进程都是由另一个我们称之为父进程的进程启动的，被父进程启动的进程叫做子进程。Linux系统启动时，它将运行一个名为init的进程，该进程是系统运行的第一个进程，它的进程号为1。你可以把init进程看作为操作系统的进程管理器，它是其他所有进程的祖先进程。我们将要看到的其他系统进程要么是由init进程启动的，要么是被init进程启动的其他进程启动的。

用户登录的处理过程就是一个这样的例子。init进程为每个用户用来登录的串行终端或拨号调制解调器启动一次getty程序。对应的ps命令输出如下所示：

```
9619 tty2     Ss+    0:00 /sbin/mingetty tty2
```

getty进程等待来自终端的操作，向用户显示熟悉的登录提示符，然后把控制移交给登录程序，登录程序设置用户环境，最后启动一个shell。用户退出系统时，init进程将再次启动另一个getty进程。

　　启动新进程并等待它们结束的能力是整个系统的基础。我们将在本章的后面看到如何从自己的程序中用系统调用fork、exec和wait来完成同样的任务。

11.2.4　进程调度

　　ps命令的输出结果中还有一条对应ps命令本身的记录：

```
21475 pts/2    R+    0:00 ps ax
```

　　这行表明进程21475处于运行状态（R），正在执行的命令是ps ax。也就是说，这个进程出现在自己的输出结果中了。这个状态指示符只表示程序已准备好运行，并不意味着它正在运行。在一台单处理器计算机上，同一时间只有一个进程可以运行，其他进程处于等待运行状态。每个进程轮到的运行时间（我们称之为时间片）是相当短暂的，这就给人一种多个程序在同时运行的假象。状态R+只表示这个程序是一个前台任务，它不是在等待其他进程结束或等待输入输出操作完成。这就是为什么你可能会在ps命令的输出结果中看到两个这样的进程的原因（另一个常见的标记为正在运行的进程是X显示服务器）。

　　Linux内核用进程调度器来决定下一个时间片应该分配给哪个进程。它的判断依据是进程的优先级（我们在第4章已讨论过优先级的概念）。优先级高的进程运行得更为频繁。而其他进程，如低优先级的后台任务运行的就不是非常频繁。在Linux中，进程的运行时间不可能超过分配给它们的时间片，它们采用的是抢先式多任务处理，所以进程的挂起和继续运行无需彼此之间的协作。但早一些的系统，如微软的Windows 3.x，通常需要进程明确地退出时间片，然后其他进程才能继续运行。

　　在一个如Linux这样的多任务系统中，多个程序可能会竞争使用同一个资源。在这种情况下，执行短期的突发性工作并暂停运行来等待输入的程序，要比持续占用处理器来进行计算或不断轮询系统来查看是否有新的输入到达的程序要更好。我们称表现良好的程序为nice程序，而且在某种意义上，这个nice是可以被计算出来的。操作系统根据进程的nice值来决定它的优先级，一个进程的nice值默认为0并将根据这个程序的表现而不断变化。长期不间断运行的程序的优先级一般会比较低。而（例如）暂停来等待输入的程序会得到奖励。这可以帮助与用户进行交互的程序保持及时的响应性。在程序等待用户的输入时，系统会增加它的优先级，这样，当它准备继续运行时，它就会有比较高的优先级而能优先执行。我们可以用nice命令设置进程的nice值，使用renice命令调整它的值。nice命令是将进程的nice值增加10，从而降低该进程的优先级。我们可以用ps命令的-l或-f（长格式输出）选项查看正在运行的进程的nice值。我们感兴趣的值列在NI（nice）一栏，如下所示：

```
$ ps -l
  F S   UID   PID  PPID  C PRI  NI ADDR SZ WCHAN  TTY          TIME CMD
000 S   500  1259  1254  0  75   0    -  710 wait4  pts/2    00:00:00 bash
000 S   500  1262  1251  0  75   0    -  714 wait4  pts/1    00:00:00 bash
000 S   500  1313  1262  0  75   0    - 2762 schedu pts/1    00:00:00 emacs
000 S   500  1362  1262  2  80   0    -  789 schedu pts/1    00:00:00 oclock
000 R   500  1363  1262  0  81   0    -  782 -      pts/1    00:00:00 ps
```

　　我们看到oclock程序（进程号为1362）正在以默认的nice值运行。如果我们用下面的命令来启动它：

```
$ nice oclock &
```

它将分配到一个+10的nice值。如果用下面的命令调整这个值：

```
$ renice 10 1362
1362: old priority 0, new priority 10
```

这个时钟程序运行得就会不那么频繁了。我们可以再用ps命令查看修改过的nice值，如下所示：

```
$ ps -l
  F S   UID   PID  PPID  C PRI  NI ADDR SZ WCHAN  TTY          TIME CMD
000 S   500  1259  1254  0  75   0   -  710 wait4  pts/2    00:00:00 bash
000 S   500  1262  1251  0  75   0   -  714 wait4  pts/1    00:00:00 bash
000 S   500  1313  1262  0  75   0   - 2762 schedu pts/1    00:00:00 emacs
000 S   500  1362  1262  0  90  10   -  789 schedu pts/1    00:00:00 oclock
000 R   500  1365  1262  0  81   0   -  782 -      pts/1    00:00:00 ps
```

状态栏STAT中包含字符N表明这个进程的nice值已被修改过，已经不是默认值了。

```
$ ps x
  PID TTY       STAT    TIME COMMAND
 1362 pts/1     SN      0:00 oclock
```

ps命令输出中的PPID栏给出的是父进程的进程ID，它是启动这个进程的进程的PID。如果原来的父进程已经不存在，该栏显示的就是init进程的进程ID（PID为1）。

Linux调度器根据进程的优先级来决定运行哪个进程。每个系统的具体实现各有不同，但高优先级的进程总是运行得更频繁。某些情况下，只要还有高优先级的进程可以运行，低优先级的进程就根本不能运行。

11.3 启动新进程

我们可以在一个程序的内部启动另一个程序，从而创建一个新进程。这个工作可以通过库函数system来完成。

#include <stdlib.h>

int system (const char *string);

system函数的作用是，运行以字符串参数的形式传递给它的命令并等待该命令的完成。命令的执行情况就如同在shell中执行如下的命令：

$ sh -c string

如果无法启动shell来运行这个命令，system函数将返回错误代码127；如果是其他错误，则返回−1。否则，system函数将返回该命令的退出码。

实 验 **system函数**

我们用system函数来编写一个程序，让它替我们运行ps命令。虽然这个程序本身的用处不是很大，但我们将在后面的例子中对这一技术做进一步开发。为了简单，我们在这个例子中也没有检查system调用是否能够真正的工作。

```
#include <stdlib.h>
#include <stdio.h>

int main()
{
    printf("Running ps with system\n");
    system("ps ax");
    printf("Done.\n");
    exit(0);
}
```

编译并运行这个程序system1.c时，将看到如下所示的输出：

```
$ ./system1
Running ps with system
  PID TTY       STAT    TIME COMMAND
    1 ?         Ss      0:03 init [5]
...

 1262 pts/1     Ss      0:00 /bin/bash
 1273 pts/2     S       0:00 su -
 1274 pts/2     S+      0:00 -bash
 1463 pts/2     SN      0:00 oclock
 1465 pts/1     S       0:01 emacs Makefile
 1480 pts/1     S+      0:00 ./system1
 1481 pts/1     R+      0:00 ps ax
Done.
```

因为system函数用一个shell来启动想要执行的程序，所以可以把这个程序放到后台执行。具体做法是将system1.c中的函数调用修改为下面这样：

```
system("ps ax &");
```

编译并运行这个新版本的程序时，我们将看到：

```
$ ./system2
Running ps with system
  PID TTY       STAT    TIME COMMAND
    1 ?         S       0:03 init [5]
...
Done.
$   1274 pts/2   S+       0:00 -bash
 1463 pts/1     SN      0:00 oclock
 1465 pts/1     S       0:01 emacs Makefile
 1484 pts/1     R       0:00 ps ax
```

实验解析

在第一个例子中，程序以字符串"ps ax"为参数调用system函数从而在程序中执行ps命令。我们的程序在ps命令完成后从system调用中返回。system函数很有用，但它也有局限性，因为程序必须等待由system函数启动的进程结束之后才能继续，因此我们不能立刻执行其他任务。

在第二个例子中，对system函数的调用将在shell命令结束后立刻返回。由于它是一个在后台运行程序的请求，所以ps程序一启动shell就返回了，这与我们在shell提示符下执行下面这条命令的效果是一样的。

```
$ ps ax &
```

在ps命令还未来得及打印出它的所有输出结果之前，system2程序就打印出字符串Done然后退出了。在system2程序退出后，ps命令继续完成它的输出。这类的处理行为往往会给用户带来很大的困惑。如果想要用好进程，我们就需要能够对它们的行为做更细致的控制。下面来看一个用来创建进程的底层接口exec。

一般来说，使用system函数远非启动其他进程的理想手段，因为它必须用一个shell来启动需要的程序。由于在启动程序之前需要先启动一个shell，而且对shell的安装情况及使用的环境的依赖也很大，所以使用system函数的效率不高。在下一节中，我们将看到一种更好的

调用程序的方法，与 system 调用相比，我们应该总是在程序中优先使用这种方法。

1. 替换进程映像

exec 系列函数由一组相关的函数组成，它们在进程的启动方式和程序参数的表达方式上各有不同。exec 函数可以把当前进程替换为一个新进程，新进程由 path 或 file 参数指定。你可以使用 exec 函数将程序的执行从一个程序切换到另一个程序。例如，你可以在启动另一个有着受限使用策略的程序前，检查用户的凭证。exec 函数比 system 函数更有效，因为在新的程序启动后，原来的程序就不再运行了。

```
#include <unistd.h>

char **environ;

int execl(const char *path, const char *arg0, ...,  (char *)0);
int execlp(const char *file, const char *arg0, ...,  (char *)0);
int execle(const char *path, const char *arg0, ...,  (char *)0, char *const
envp[]);
int execv(const char *path, char *const argv[]);
int execvp(const char *file, char *const argv[]);
int execve(const char *path, char *const argv[], char *const envp[]);
```

这些函数可以分为两大类。execl、execlp 和 execle 的参数个数是可变的，参数以一个空指针结束。execv 和 execvp 的第二个参数是一个字符串数组。不管是哪种情况，新程序在启动时会把在 argv 数组中给定的参数传递给 main 函数。

这些函数通常都是用 execve 实现的，虽然并不是必须要这样做。

以字母 p 结尾的函数通过搜索 PATH 环境变量来查找新程序的可执行文件的路径。如果可执行文件不在 PATH 定义的路径中，我们就需要把包括目录在内的使用绝对路径的文件名作为参数传递给函数。

全局变量 environ 可用来把一个值传递到新的程序环境中。此外，函数 execle 和 execve 可以通过参数 envp 传递字符串数组作为新程序的环境变量。

如果想通过 exec 函数来启动 ps 程序，我们可以从 6 个 exec 函数中选择一个，如下面的代码片段所示：

```
#include <unistd.h>

/* Example of an argument list */
/* Note that we need a program name for argv[0] */
char *const ps_argv[] =
    {"ps", "ax", 0};

/* Example environment, not terribly useful */
char *const ps_envp[] =
    {"PATH=/bin:/usr/bin", "TERM=console", 0};

/* Possible calls to exec functions */
execl("/bin/ps", "ps", "ax", 0);              /* assumes ps is in /bin */
execlp("ps", "ps", "ax", 0);                  /* assumes /bin is in PATH */
execle("/bin/ps", "ps", "ax", 0, ps_envp);   /* passes own environment */

execv("/bin/ps", ps_argv);
execvp("ps", ps_argv);
execve("/bin/ps", ps_argv, ps_envp);
```

11

> 实　验　**execlp函数**

修改示例程序，使用execlp函数调用：

```
#include <unistd.h>
#include <stdio.h>
#include <stdlib.h>

int main()
{
    printf("Running ps with execlp\n");
    execlp("ps", "ps", "ax", 0);
    printf("Done.\n");
    exit(0);
}
```

运行这个程序时，你会看到正常的ps输出，但字符串Done却根本没有出现。另外值得注意的是，ps的输出中没有pexec进程的任何信息。

```
$ ./pexec
Running ps with execlp
  PID TTY       STAT   TIME COMMAND
    1 ?         S      0:03 init [5]
...
 1262 pts/1     Ss     0:00 /bin/bash
 1273 pts/2     S      0:00 su -
 1274 pts/2     S+     0:00 -bash
 1463 pts/1     SN     0:00 oclock
 1465 pts/1     S      0:01 emacs Makefile
 1514 pts/1     R+     0:00 ps ax
```

> 实验解析

程序先打印出它的第一条消息，接着调用execlp，这个函数在PATH环境变量给出的目录中搜索程序ps。然后用这个程序替换pexec程序，就好像直接使用如下所示的shell命令一样：

```
$ ps ax
```

ps命令结束时，我们看到一个新的shell提示符，因为我们并没有再返回到pexec程序中，所以第二条消息是不会打印出来的。新进程的PID、PPID和nice值与原先的完全一样。事实上，这里发生的一切其实就是，运行中的程序开始执行exec调用中指定的新的可执行文件中的代码。

对于由exec函数启动的进程来说，它的参数表和环境加在一起的总长度是有限制的。上限由ARG_MAX给出，在Linux系统上它是128K字节。其他系统可能会设置一个非常有限的长度，这有可能会导致出现问题。POSIX规范要求ARG_MAX至少要有4 096个字节。

一般情况下，exec函数是不会返回的，除非发生了错误。出现错误时，exec函数将返回-1，并且会设置错误变量errno。

由exec启动的新进程继承了原进程的许多特性。特别地，在原进程中已打开的文件描述符在新进程中仍将保持打开，除非它们的"执行时关闭标志"（close on exec flag）被置位（详细说明请参考第3章中对fcntl系统调用的介绍）。任何在原进程中已打开的目录流都将在新进程中被关闭。

2. 复制进程映像

要想让进程同时执行多个函数，我们可以使用线程（将在第12章介绍）或从原程序中创建一个完全分离的进程,后者就像init的做法一样,而不像exec调用那样用新程序替换当前执行的线程。

我们可以通过调用fork创建一个新进程。这个系统调用复制当前进程,在进程表中创建一个新的表项,新表项中的许多属性与当前进程是相同的。新进程几乎与原进程一模一样,执行的代码也完全相同,但新进程有自己的数据空间、环境和文件描述符。fork和exec函数结合在一起使用就是创建新进程所需要的一切了。

```
#include <sys/types.h>
#include <unistd.h>

pid_t fork(void);
```

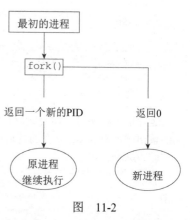

图　11-2

如图11-2所示,在父进程中的fork调用返回的是新的子进程的PID。新进程将继续执行,就像原进程一样,不同之处在于,子进程中的fork调用返回的是0。父子进程可以通过这一点来判断究竟谁是父进程,谁是子进程。

如果fork失败,它将返回-1。失败通常是因为父进程所拥有的子进程数目超过了规定的限制(CHILD_MAX),此时errno将被设为EAGAIN。如果是因为进程表里没有足够的空间用于创建新的表单或虚拟内存不足,errno变量将被设为ENOMEM。

一个典型的使用fork的代码片段如下所示:

```
pid_t new_pid;

new_pid = fork();

switch(new_pid) {
case -1 :      /* Error */
    break;
case 0 :       /* We are child */
    break;
default :      /* We are parent */
    break;
}
```

实　验　fork函数

我们来看一个简单的例子fork1.c:

```
#include <sys/types.h>
#include <unistd.h>
#include <stdio.h>
#include <stdlib.h>

int main()
{
    pid_t pid;
    char *message;
    int n;

    printf("fork program starting\n");
    pid = fork();
```

11

```
    switch(pid)
    {
    case -1:
        perror("fork failed");
        exit(1);
    case 0:
        message = "This is the child";
        n = 5;
        break;
    default:
        message = "This is the parent";
        n = 3;
        break;
    }

    for(; n > 0; n--) {
        puts(message);
        sleep(1);
    }
    exit(0);
}
```

这个程序以两个进程的形式在运行。子进程被创建并且输出消息5次。原进程（即父进程）只输出消息3次。父进程在子进程打印完它的全部消息之前就结束了，因此我们将看到在输出内容中混杂着一个shell提示符。

```
$ ./fork1
fork program starting
This is the child
This is the parent
This is the parent
This is the child
This is the parent
This is the child
$ This is the child
This is the child
```

实验解析

程序在调用fork时被分为两个独立的进程。程序通过fork调用返回的非零值确定父进程，并根据该值来设置消息的输出次数，两次消息的输出之间间隔一秒。

11.3.1 等待一个进程

当用fork启动一个子进程时，子进程就有了它自己的生命周期并将独立运行。有时，我们希望知道一个子进程何时结束。例如，在前面的示例程序中，父进程在子进程之前结束，由于子进程还在继续运行，所以得到的输出结果有点乱。我们可以通过在父进程中调用wait函数让父进程等待子进程的结束。

```
#include <sys/types.h>
#include <sys/wait.h>

pid_t wait(int *stat_loc);
```

wait系统调用将暂停父进程直到它的子进程结束为止。这个调用返回子进程的PID，它通常是已经结束运行的子进程的PID。状态信息允许父进程了解子进程的退出状态，即子进程的main函数返回的值或子进程中exit函数的退出码。如果stat_loc不是空指针，状态信息将被写入它所指向的位置。

我们可以用sys/wait.h文件中定义的宏来解释状态信息，如表11-2所示。

表   11-2

宏	说 明
WIFEXITED(stat_val)	如果子进程正常结束，它就取一个非零值
WEXITSTATUS(stat_val)	如果WIFEXITED非零，它返回子进程的退出码
WIFSIGNALED(stat_val)	如果子进程因为一个未捕获的信号而终止，它就取一个非零值
WTERMSIG(stat_val)	如果WIFSIGNALED非零，它返回一个信号代码
WIFSTOPPED(stat_val)	如果子进程意外终止，它就取一个非零值
WSTOPSIG(stat_val)	如果WIFSTOPPED非零，它返回一个信号代码

实 验   **wait函数**

我们稍微修改一下程序，让父进程等待并检查子进程的退出状态。新程序被命名为wait.c:

```c
#include <sys/types.h>
#include <sys/wait.h>
#include <unistd.h>
#include <stdio.h>
#include <stdlib.h>

int main()
{
    pid_t pid;
    char *message;
    int n;
    int exit_code;

    printf("fork program starting\n");
    pid = fork();
    switch(pid)
    {

    case -1:
        perror("fork failed");
        exit(1);
    case 0:
        message = "This is the child";
        n = 5;
        exit_code = 37;
        break;
    default:
        message = "This is the parent";
        n = 3;
        exit_code = 0;
        break;
    }
```

```
    for(; n > 0; n--) {
        puts(message);
        sleep(1);
    }
```

程序的这一部分等待子进程完成:

```
    if (pid != 0) {
        int stat_val;
        pid_t child_pid;

        child_pid = wait(&stat_val);

        printf("Child has finished: PID = %d\n", child_pid);
        if(WIFEXITED(stat_val))
            printf("Child exited with code %d\n", WEXITSTATUS(stat_val));
        else
            printf("Child terminated abnormally\n");
    }
    exit(exit_code);
}
```

运行这个程序时,我们将看到父进程等待子进程的情况:

```
$ ./wait
fork program starting
This is the child
This is the parent
This is the parent
This is the child
This is the parent
This is the child
This is the child
This is the child
Child has finished: PID = 1582
Child exited with code 37
$
```

实验解析

父进程(从fork调用中获得一个非零的返回值)用wait系统调用将自己的执行挂起,直到子进程的状态信息出现为止。这将发生在子进程调用exit的时候。我们将子进程的退出码设置为37。父进程然后继续运行,通过测试wait调用的返回值来判断子进程是否正常终止。如果是,就从状态信息中提取出子进程的退出码。

11.3.2 僵尸进程

用fork来创建进程确实很有用,但你必须清楚子进程的运行情况。子进程终止时,它与父进程之间的关联还会保持,直到父进程也正常终止或父进程调用wait才告结束。因此,进程表中代表子进程的表项不会立刻释放。虽然子进程已经不再运行,但它仍然存在于系统中,因为它的退出码还需要保存起来,以备父进程今后的wait调用使用。这时它将成为一个死(defunct)进程或僵尸(zombie)进程。

如果修改fork示例程序中的消息输出次数,我们就能看到僵尸进程。如果子进程输出消息的次数少于父进程，它就会率先结束并成为僵尸进程直到父进程也结束。

实　验   僵尸进程

fork2.c和fork1.c基本一样，只是父、子进程输出消息的次数对调了一下。下面是相关的代码行：

```
switch(pid)
{
case -1:
    perror("fork failed");
    exit(1);
case 0:
    message = "This is the child";
    n = 3;
    break;
default:
    message = "This is the parent";
    n = 5;
    break;
}
```

实验解析

如果用./fork2 &命令来运行上面这个程序，然后在子进程结束之后父进程结束之前调用ps程序，我们将会看到如下阴影显示的一行（一些系统可能使用<zombie>而不是<defunct>）。

```
$ ps -al

  F S   UID   PID  PPID  C PRI  NI ADDR SZ WCHAN  TTY          TIME CMD
004 S     0  1273  1259  0  75   0  -   589 wait4  pts/2    00:00:00 su
000 S     0  1274  1273  0  75   0  -   731 schedu pts/2    00:00:00 bash
000 S   500  1463  1262  0  75   0  -   788 schedu pts/1    00:00:00 oclock
000 S   500  1465  1262  0  75   0  -  2569 schedu pts/1    00:00:01 emacs
000 S   500  1603  1262  0  75   0  -   313 schedu pts/1    00:00:00 fork2
003 Z   500  1604  1603  0  75   0  -     0 do_exi pts/1    00:00:00 fork2 <defunct>
000 R   500  1605  1262  0  81   0  -   781 -      pts/1    00:00:00 ps
```

如果此时父进程异常终止，子进程将自动把PID为1的进程（即init）作为自己的父进程。子进程现在是一个不再运行的僵尸进程，但因为其父进程异常终止，所以它由init进程接管。僵尸进程将一直保留在进程表中直到被init进程发现并释放。进程表越大，这一过程就越慢。应该尽量避免产生僵尸进程，因为在init清理它们之前，它们将一直消耗系统的资源。

还有另一个系统调用可用来等待子进程的结束，它是waitpid函数。你可以用它来等待某个特定进程的结束。

```
#include <sys/types.h>
#include <sys/wait.h>

pid_t waitpid(pid_t pid, int *stat_loc, int options);
```

pid参数指定需要等待的子进程的PID。如果它的值为-1，waitpid将返回任一子进程的信息。与wait一样，如果stat_loc不是空指针，waitpid将把状态信息写到它所指向的位置。option参数可用来改变waitpid的行为，其中最有用的一个选项是WNOHANG，它的作用是防止waitpid调用将调用者的执行挂起。你可以用这个选项来查找是否有子进程已经结束，如果没有，程序将继续执行。其他的选项和wait调用的选项相同。

因此，如果想让父进程周期性地检查某个特定的子进程是否已终止，就可以使用如下的调用方式：

```
waitpid(child_pid, (int *) 0, WNOHANG);
```

如果子进程没有结束或意外终止，它就返回0，否则返回child_pid。如果waitpid失败，它将返回-1并设置errno。失败的情况包括：没有子进程（errno设置为ECHILD）、调用被某个信号中断（EINTR）或选项参数无效（EINVAL）。

11.3.3 输入和输出重定向

已打开的文件描述符将在fork和exec调用之后保留下来，我们可以利用对进程这方面知识的理解来改变程序的行为。下一个例子涉及一个过滤程序：它从标准输入读取数据，然后向标准输出写数据，同时在输入和输出之间对数据做一些有用的转换。

实 验 重定向

下面是一个非常简单的过滤程序upper.c，它读取输入并将输入字符转换为大写：

```c
#include <stdio.h>
#include <ctype.h>
#include <stdlib.h>

int main()
{
    int ch;
    while((ch = getchar()) != EOF) {
        putchar(toupper(ch));
    }
    exit(0);
}
```

运行这个程序时，它按照我们预期的那样执行，如下所示：

```
$ ./upper
hello THERE
HELLO THERE
^D
$
```

当然还可以利用shell的重定向把一个文件的内容全部转换为大写，如下所示：

```
$ cat file.txt
this is the file, file.txt, it is all lower case.
$ ./upper < file.txt
THIS IS THE FILE, FILE.TXT, IT IS ALL LOWER CASE.
```

如果我们想在另一个程序中使用这个过滤程序会发生什么情况呢？下面这个程序useupper.c接受一个文件名作为命令行参数，如果对它的调用不正确，它将响应一个错误信息。

```c
#include <unistd.h>
#include <stdio.h>
#include <stdlib.h>

int main(int argc, char *argv[])
{
```

```
    char *filename;

    if (argc != 2) {
        fprintf(stderr, "usage: useupper file\n");
        exit(1);
    }

    filename = argv[1];
```

重新打开标准输入，并再次检查有无错误发生，然后用execl调用upper程序：

```
    if(!freopen(filename, "r", stdin)) {
        fprintf(stderr, "could not redirect stdin from file %s\n", filename);
        exit(2);
    }

    execl("./upper", "upper", 0);
```

不要忘记execl会替换掉当前的进程。如果没有发生错误，剩下的这些语句将不会被执行：

```
    perror("could not exec ./upper");
    exit(3);
}
```

实验解析

运行这个程序时，我们可以提供给它一个文件，让它把该文件的内容全部转换为大写。这项工作由程序upper完成，但它并不处理文件名参数。注意，我们并不需要upper程序的源代码。我们可以利用这种方法运行任何可执行程序：

$ ./useupper file.txt
THIS IS THE FILE, FILE.TXT, IT IS ALL LOWER CASE.

useupper程序用freopen函数先关闭标准输入，然后将文件流stdin与程序参数给定的文件名关联起来。接下来，它调用execl用upper程序替换掉正在运行的进程代码。因为已打开的文件描述符会在execl调用之后保留下来，所以upper程序的运行情况和它在shell提示符下的运行情况完全一样：

$ ./upper < file.txt

11.3.4 线程

Linux系统中的进程可以互相协作、互相发送消息、互相中断，甚至可以共享内存段。但从本质上来说，它们是操作系统内各自独立的实体，要想在它们之间共享变量并不是很容易。

在许多UNIX和Linux系统中都有一类进程叫做线程（thread）。涉及线程的编程是比较困难的，但它在某些应用软件（如多线程数据库服务器）中又有很大的用处。在Linux（或UNIX）系统中编写线程程序并不像编写多进程程序那么常见，因为Linux中的进程都是非常轻量级的，而且编写多个互相协作的进程比编写线程要容易得多。我们将在第12章介绍线程。

11.4 信号

信号是UNIX和Linux系统响应某些条件而产生的一个事件。接收到该信号的进程会相应地采取一些行动。我们用术语生成（raise）表示一个信号的产生，使用术语捕获（catch）表示接收到一个信号。

信号是由于某些错误条件而生成的，如内存段冲突、浮点处理器错误或非法指令等。它们由shell和终端处理器生成来引起中断，它们还可以作为在进程间传递消息或修改行为的一种方式，明确地由一个进程发送给另一个进程。无论何种情况，它们的编程接口都是相同的。信号可以被生成、捕获、响应或（至少对于一些信号）忽略。

信号的名称是在头文件signal.h中定义的。它们以SIG开头，见表11-3。

表 11-3

信号名称	说 明
SIGABORT	*进程异常终止
SIGALRM	超时警告
SIGFPE	*浮点运算异常
SIGHUP	连接挂断
SIGILL	*非法指令
SIGINT	终端中断
SIGKILL	终止进程（此信号不能被捕获或忽略）
SIGPIPE	向无读进程的管道写数据
SIGQUIT	终端退出
SIGSEGV	*无效内存段访问
SIGTERM	终止
SIGUSR1	用户定义信号1
SIGUSR2	用户定义信号2

* 系统对信号的响应视具体实现而定。

如果进程接收到这些信号中的一个，但事先没有安排捕获它，进程将会立刻终止。通常，系统将生成核心转储文件core，并将其放在当前目录下。该文件是进程在内存中的映像，它对程序的调试很有用处。

其他信号见表11-4。

表 11-4

信号名称	说 明
SIGCHLD	子进程已经停止或退出
SIGCONT	继续执行暂停进程
SIGSTOP	停止执行（此信号不能被捕获或忽略）
SIGTSTP	终端挂起
SIGTTIN	后台进程尝试读操作
SIGTTOU	后台进程尝试写操作

SIGCHLD信号对于管理子进程很有用。默认情况下，它是被忽略的。其余的信号会使接收它们的进程停止运行，但SIGCONT是个例外，它的作用是让进程恢复并继续执行。shell脚本通过它来控制作业，但用户程序很少会用到它。

稍后我们将对表11-3中的信号做进一步的介绍。现在，我们只需知道如果shell和终端驱动程序是按通常情况配置的话，在键盘上敲入中断字符（通常是Ctrl+C组合键）就会向前台进程（即当前正在运行的程序）发送SIGINT信号，这将引起该程序的终止，除非它事先安排了捕获这个信号。

如果想发送一个信号给进程，而该进程并不是当前的前台进程，就需要使用kill命令。该命令需要有一个可选的信号代码或信号名称和一个接收信号的目标进程的PID（这个PID一般需要用ps命令查出来）。例如，如果要向运行在另一个终端上的PID为512的进程发送“挂断”信号，可以使用如下命令：

```
$ kill -HUP 512
```

kill命令有一个有用的变体叫killall，它可以给运行着某一命令的所有进程发送信号。并不是所有的UNIX系统都支持它，但Linux系统一般都有该命令。如果不知道某个进程的PID，或者想给执行相同命令的许多不同的进程发送信号，这条命令就很有用了。一种常见的用法是，通知inetd程序重新读取它的配置选项，要完成这一工作，可以使用下面这条命令：

```
$ killall -HUP inetd
```

程序可以用signal库函数来处理信号，它的定义如下所示：

```
#include <signal.h>

void (*signal(int sig, void (*func)(int)))(int);
```

这个相当复杂的函数定义说明，signal是一个带有sig和func两个参数的函数。准备捕获或忽略的信号由参数sig给出，接收到指定的信号后将要调用的函数由参数func给出。信号处理函数必须有一个int类型的参数（即接收到的信号代码）并且返回类型为void。signal函数本身也返回一个同类型的函数，即先前用来处理这个信号的函数，或者也可以用表11-5中的两个特殊值之一来代替信号处理函数。

表　11-5

SIG_IGN	忽略信号
SIG_DFL	恢复默认行为

通过一个实例可以更清楚地理解信号的处理方法。下面我们来编写一个程序ctrlc.c，它将响应用户敲入的Ctrl+C组合键，在屏幕上打印一条适当的消息而不是终止程序的运行。当用户第二次按下Ctrl+C时，程序将结束运行。

实　验　信号处理

函数ouch对通过参数sig传递进来的信号作出响应。信号出现时，程序调用该函数，它先打印一条消息，然后将信号SIGINT（默认情况下，按下Ctrl+C将产生这个信号）的处理方式恢复为默认行为。

```
#include <signal.h>
#include <stdio.h>
#include <unistd.h>

void ouch(int sig)
{
    printf("OUCH! - I got signal %d\n", sig);
    (void) signal(SIGINT, SIG_DFL);
}
```

main函数的作用是，截获按下Ctrl+C组合键时产生的SIGINT信号。没有信号出现时，它会在一个无限循环中每隔一秒打印一条消息。

```
int main()
{
    (void) signal(SIGINT, ouch);

    while(1) {
        printf("Hello World!\n");
        sleep(1);
    }
}
```

11

第一次按下Ctrl+C组合键会让程序作出响应，然后程序继续执行。再次按下Ctrl+C组合键时，程序将结束运行，因为SIGINT信号的处理方式已恢复为默认行为——终止程序的运行。

```
$ ./ctrlc1
Hello World!
Hello World!
Hello World!
Hello World!
^C
OUCH! - I got signal 2

Hello World!
Hello World!
Hello World!
Hello World!
^C
$
```

在此例中我们可以看到，信号处理函数使用了一个单独的整数参数，它就是引起该函数被调用的信号代码。如果需要在同一个函数中处理多个信号，这个参数就很有用。在本例中，我们打印出SIGINT的值，它的值在这个系统中恰好是2，但你不能过分依赖传统的信号数字值，而应该在新的程序中总是使用信号的名字。

在信号处理函数中，调用如printf这样的函数是不安全的。一个有用的技巧是，在信号处理函数中设置一个标志，然后在主程序中检查该标志，如需要就打印一条消息。在本章的结尾部分，你将会看到一个函数列表，表中的函数都可以在信号处理函数中被安全地调用。

实验解析

程序中安排函数ouch来处理在按下Ctrl+C组合键时所产生的SIGINT信号。程序会在中断函数ouch处理完毕后继续执行，但信号处理方式已恢复为默认行为（不同版本的UNIX系统，特别是从Berkley UNIX衍生出来的那些版本，在对信号的处理方式上从历史上就有些细微的不同。如果想让信号的处理方式在信号发生后恢复到其默认行为，最好的方法就是自己写出具体的信号处理代码）。当它接收到第二个SIGINT信号后，程序将采取默认的行动，即终止程序的运行。

如果想保留信号处理函数，让它继续响应用户的Ctrl+C组合键，我们就需要再次调用signal函数来重新建立它。这会使信号在一段时间内无法得到处理，这段时间从调用中断函数开始，到信号处理函数的重建为止。如果在这段时间内程序接收到第二个信号，它就会违背我们的意愿终止程序的运行。

我们不推荐大家使用signal接口。之所以会在这里介绍它，是因为你可能会在许多老程序中看到它的应用。稍后我们会介绍一个定义更清晰、执行更可靠的函数sigaction，在所有的新程序中都应该使用这个函数。

signal函数返回的是先前对指定信号进行处理的信号处理函数的函数指针，如果未定义信号处理函数，则返回SIG_ERR并设置errno为一个正数值。如果给出的是一个无效的信号，或者尝试处理的信号是不可捕获或不可忽略的信号（如SIGKILL），errno将被设置为EINVAL。

11.4.1 发送信号

进程可以通过调用kill函数向包括它本身在内的其他进程发送一个信号。如果程序没有发送该信号的权限，对kill函数的调用就将失败，失败的常见原因是目标进程由另一个用户所拥有。这个函数和同名的shell命令完成相同的功能，它的定义如下所示：

```
#include <sys/types.h>
#include <signal.h>

int kill(pid_t pid, int sig);
```

kill函数把参数sig给定的信号发送给由参数pid给出的进程号所指定的进程，成功时它返回0。要想发送一个信号，发送进程必须拥有相应的权限。这通常意味着两个进程必须拥有相同的用户ID（即你只能发送信号给属于自己的进程，但超级用户可以发送信号给任何进程）。

kill调用会在失败时返回-1并设置errno变量。失败的原因可能是：给定的信号无效（errno设置为EINVAL）；发送进程权限不够（errno设置为EPERM）；目标进程不存在（errno设置为ESRCH）。

信号向我们提供了一个有用的闹钟功能。进程可以通过调用alarm函数在经过预定时间后发送一个SIGALRM信号。

```
#include <unistd.h>

unsigned int alarm(unsigned int seconds);
```

alarm函数用来在seconds秒之后安排发送一个SIGALRM信号。但由于处理的延时和时间调度的不确定性，实际闹钟时间将比预先安排的要稍微拖后一点儿。把参数seconds设置为0将取消所有已设置的闹钟请求。如果在接收到SIGALRM信号之前再次调用alarm函数，则闹钟重新开始计时。每个进程只能有一个闹钟时间。alarm函数的返回值是以前设置的闹钟时间的余留秒数，如果调用失败则返回-1。

为了说明alarm函数的工作情况，我们通过使用fork、sleep和signal来模拟它的效果。程序可以启动一个新的进程，它专门用于在未来的某一时刻发送一个信号。

实 验   模拟一个闹钟

alarm.c程序里的第一个函数ding的作用是模拟一个闹钟。

```
#include <sys/types.h>
#include <signal.h>
#include <stdio.h>
#include <unistd.h>
#include <stdlib.h>

static int alarm_fired = 0;

void ding(int sig)
{
    alarm_fired = 1;
}
```

在main函数中，我们告诉子进程在等待5秒后发送一个SIGALRM信号给它的父进程。

```c
int main()
{
    pid_t pid;

    printf("alarm application starting\n");

    pid = fork();
    switch(pid) {
    case -1:
      /* Failure */
      perror("fork failed");
      exit(1);
    case 0:
        /* child */
        sleep(5);
        kill(getppid(), SIGALRM);
        exit(0);
    }
```

父进程通过一个signal调用安排好捕获SIGALRM信号的工作，然后等待它的到来。

```c
    /* if we get here we are the parent process */
    printf("waiting for alarm to go off\n");
    (void) signal(SIGALRM, ding);

    pause();
    if (alarm_fired)
        printf("Ding!\n");

    printf("done\n");
    exit(0);
}
```

运行这个程序时，它会暂停5秒，等待模拟闹钟的闹响。

```
$ ./alarm
alarm application starting
waiting for alarm to go off
<5 second pause>
Ding!
done
$
```

这个程序用到了一个新的函数pause，它的作用很简单，就是把程序的执行挂起直到有一个信号出现为止。当程序接收到一个信号时，预设好的信号处理函数将开始运行，程序也将恢复正常的执行。pause函数的定义如下所示：

```c
#include <unistd.h>

int pause(void);
```

当它被一个信号中断时，将返回-1（如果下一个接收到的信号没有导致程序终止的话）并把errno设置为EINTR。当需要等待信号时，一个更常见的方法是使用稍后将要介绍的sigsuspend函数。

实验解析

闹钟模拟程序通过fork调用启动新的进程。这个子进程休眠5秒后向其父进程发送一个SIGALRM信号。父进程在安排好捕获SIGALRM信号后暂停运行，直到接收到一个信号为止。我们并未在信号处理函数中直接调用printf，而是通过在该函数中设置标志，然后在main函数中检查该标志来完成消息的输出。

使用信号并挂起程序的执行是Linux程序设计中的一个重要部分。这意味着程序不需要总是在执行着。程序不必在一个循环中无休止地检查某个事件是否已发生，相反，它可以等待事件的发生。这在只有一个CPU的多用户环境中尤其重要，进程共享着一个处理器，繁忙的等待将会对系统的性能造成极大的影响。程序中信号的使用将带来一个特殊的问题："如果信号出现在系统调用的执行过程中会发生什么情况？"答案是相当让人不满意的"视情况而定"。一般来说，你只需要考虑慢系统调用，例如从终端读数据，如果在这个系统调用等待数据时出现一个信号，它就会返回一个错误。如果你开始在自己的程序中使用信号，就需要注意一些系统调用会因为接收到了一个信号而失败，而这种错误情况可能是你在添加信号处理函数之前没有考虑到的。

在编写程序中处理信号部分的代码时必须非常小心，因为在使用信号的程序中会出现各种各样的"竞态条件"。例如，如果想调用pause等待一个信号，可信号却出现在调用pause之前，就会使程序无限期地等待一个不会发生的事件。这些竞态条件都是一些对时间要求很苛刻的问题，许多编程新手都有这方面的烦恼，所以在检查和信号相关的代码时总是要非常小心。

一个健壮的信号接口

我们已经对用signal和其相关函数来生成和捕获信号做了比较深入的介绍，因为它们在传统的UNIX编程中很常见。但X/Open和UNIX规范推荐了一个更新和更健壮的信号编程接口：sigaction。它的定义如下所示：

#include <signal.h>

int sigaction(int sig, const struct sigaction *act, struct sigaction *oact);

sigaction结构定义在文件signal.h中，它的作用是定义在接收到参数sig指定的信号后应该采取的行动。该结构至少应该包括以下几个成员：

```
void (*) (int) sa_handler    /*  function, SIG_DFL or SIG_IGN
sigset_t sa_mask             /*  signals to block in sa_handler
int sa_flags                 /*  signal action modifiers
```

sigaction函数设置与信号sig关联的动作。如果oact不是空指针，sigaction将把原先对该信号的动作写到它指向的位置。如果act是空指针，则sigaction函数就不需要再做其他设置了，否则将在该参数中设置对指定信号的动作。

与signal函数一样，sigaction函数会在成功时返回0，失败时返回-1。如果给出的信号无效或者试图对一个不允许被捕获或忽略的信号进行捕获或忽略，错误变量errno将被设置为EINVAL。

在参数act指向的sigaction结构中，sa_handler是一个函数指针，它指向接收到信号sig时将被调用的信号处理函数。它相当于前面见到的传递给函数signal的参数func。我们可以将sa_handler字段设置为特殊值SIG_IGN和SIG_DFL，它们分别表示信号将被忽略或把对该信号的处理方式恢复为默认动作。

sa_mask成员指定了一个信号集，在调用sa_handler所指向的信号处理函数之前，该信号集将被加入到进程的信号屏蔽字中。这是一组将被阻塞且不会传递给该进程的信号。设置信号屏蔽字可以防止前面看到的信号在它的处理函数还未运行结束时就被接收到的情况。使用sa_mask字段可以消除这一竞态条件。

但是，由sigaction函数设置的信号处理函数在默认情况下是不被重置的，如果希望获得类似前面用第二次signal调用对信号处理进行重置的效果，就必须在sa_flags成员中包含值SA_RESETHAND。在深入了解sigaction函数之前，我们先用sigaction替换signal来重写程序ctrlc.c。

实　验　**sigaction函数**

按照下面给出的代码修改我们的程序，用sigaction来截获SIGINT信号。我们将新的程序命名为ctrlc2.c。

```c
#include <signal.h>
#include <stdio.h>
#include <unistd.h>

void ouch(int sig)
{
    printf("OUCH! - I got signal %d\n", sig);
}

int main()
{
    struct sigaction act;

    act.sa_handler = ouch;
    sigemptyset(&act.sa_mask);
    act.sa_flags = 0;

    sigaction(SIGINT, &act, 0);

  while(1) {
    printf("Hello World!\n");
    sleep(1);
  }
}
```

运行这个新版程序时，只要按下Ctrl+C组合键，就可以看到一条消息。因为sigaction函数连续处理到来的SIGINT信号。要想终止这个程序，我们只能按下Ctrl+\组合键，它在默认情况下产生SIGQUIT信号。

```
$ ./ctrlc2
Hello World!
Hello World!
Hello World!
^C
OUCH! - I got signal 2
Hello World!
Hello World!
^C
OUCH! - I got signal 2
Hello World!
Hello World!
^\
```

```
Quit
$
```

实验解析

这个程序用sigaction代替signal来设置Ctrl+C组合键（SIGINT信号）的信号处理函数为ouch。它首先必须设置一个sigaction结构，在该结构中包含信号处理函数、信号屏蔽字和标志。在本例中，我们不需要设置任何标志，并通过调用新的函数sigemptyset来创建空的信号屏蔽字。

　　运行完这个程序后，你将发现在当前目录下多了一个core文件，你可以安全地删除它。

11.4.2　信号集

头文件signal.h定义了类型sigset_t和用来处理信号集的函数。sigaction和其他函数将用这些信号集来修改进程在接收到信号时的行为。

```
#include <signal.h>

int sigaddset(sigset_t *set, int signo);
int sigemptyset(sigset_t *set);
int sigfillset(sigset_t *set);
int sigdelset(sigset_t *set, int signo);
```

这些函数执行的操作如它们的名字所示。sigemptyset将信号集初始化为空。sigfillset将信号集初始化为包含所有已定义的信号。sigaddset和sigdelset从信号集中增加或删除给定的信号（signo）。它们在成功时返回0，失败时返回-1并设置errno。只有一个错误代码被定义，即当给定的信号无效时，errno将设置为EINVAL。

函数sigismember判断一个给定的信号是否是一个信号集的成员。如果是就返回1；如果不是，它就返回0；如果给定的信号无效，它就返回-1并设置errno为EINVAL。

```
#include <signal.h>

int sigismember(sigset_t *set, int signo);
```

进程的信号屏蔽字的设置或检查工作由函数sigprocmask来完成。信号屏蔽字是指当前被阻塞的一组信号，它们不能被当前进程接收到。

```
#include <signal.h>

int sigprocmask(int how, const sigset_t *set, sigset_t *oset);
```

sigprocmask函数可以根据参数how指定的方法修改进程的信号屏蔽字。新的信号屏蔽字由参数set（如果它不为空）指定，而原先的信号屏蔽字将保存到信号集oset中。

参数how的取值可以是表11-6中的一个。

表　11-6

SIG_BLOCK	把参数set中的信号添加到信号屏蔽字中
SIG_SETMASK	把信号屏蔽字设置为参数set中的信号
SIG_UNBLOCK	从信号屏蔽字中删除参数set中的信号

如果参数set是空指针，how的值就没有意义了，此时这个调用的唯一目的就是把当前信号屏蔽字的值保存到oset中。

如果sigprocmask成功完成，它将返回0；如果参数how取值无效，它将返回-1并设置errno为EINVAL。

如果一个信号被进程阻塞，它就不会传递给进程，但会停留在待处理状态。程序可以通过调用函数sigpending来查看它阻塞的信号中有哪些正停留在待处理状态。

```
#include <signal.h>

int sigpending(sigset_t *set);
```

这个函数的作用是，将被阻塞的信号中停留在待处理状态的一组信号写到参数set指向的信号集中。成功时它将返回0，否则返回-1并设置errno以表明错误的原因。如果程序需要处理信号，同时又需要控制信号处理函数的调用时间，这个函数就很有用了。

进程可以通过调用sigsuspend函数挂起自己的执行，直到信号集中的一个信号到达为止。这是我们前面见到的pause函数更通用的一种表现形式。

```
#include <signal.h>

int sigsuspend(const sigset_t *sigmask);
```

sigsuspend函数将进程的屏蔽字替换为由参数sigmask给出的信号集，然后挂起程序的执行。程序将在信号处理函数执行完毕后继续执行。如果接收到的信号终止了程序，sigsuspend就不会返回；如果接收到的信号没有终止程序，sigsuspend就返回-1并将errno设置为EINTR。

1. sigaction标志

用在sigaction函数里的sigaction结构中的sa_flags字段可以包含表11-7中的取值，它们用于改变信号的行为。

表 11-7

SA_NOCLDSTOP	子进程停止时不产生SIGCHLD信号[①]
SA_RESETHAND	将对此信号的处理方式在信号处理函数的入口处重置为SIG_DFL
SA_RESTART	重启可中断的函数而不是给出EINTR错误
SA_NODEFER	捕获到信号时不将它添加到信号屏蔽字中

当一个信号被捕获时，SA_RESETHAND标志可以用来自动清除它的信号处理函数，就如同我们在前面所看到的那样。

程序中使用的许多系统调用都是可中断的。也就是说，当接收到一个信号时，它们将返回一个错误并将errno设置为EINTR，表明函数是因为一个信号而返回的。使用了信号的应用程序需要特别注意这一行为。如果sigaction调用中的sa_flags字段设置了SA_RESTART标志，那么在信号处理函数执行完之后，函数将被重启而不是被信号中断。

一般的做法是，信号处理函数正在执行时，新接收到的信号将在该处理函数的执行期间被添加到进程的信号屏蔽字中。这防止了同一信号的不断出现引起信号处理函数的再次运行。如果信号处理函数是一个不可重入的函数，在它结束对第一个信号的处理之前又让另一个信号再次调用它就有可能引起问题。但如果设置了SA_NODEFER标志，当程序接收到这个信号时就不会改变信号屏蔽字。

信号处理函数可以在其执行期间被中断并再次被调用。当返回到第一次调用时，它能否继续正确操作是很关键的。这不仅仅是递归（调用自身）的问题，而是可重入（可以安全地进入和再次执行）

---

① 这里指的是进程暂停，当子进程终止时，仍旧会产生SIGCHLD信号。——译者注

的问题。Linux内核中,在同一时间负责处理多个设备的中断服务例程就需要是可重入的,因为优先级更高的中断可能会在同一段代码的执行期间"插入"进来。

表11-8中列出的是可以在信号处理函数中安全调用的函数。X/Open规范保证它们都是可重入的或者本身不会再生成信号的。

所有未列在表11-8中的函数,在涉及信号处理时,都被认为是不安全的。

表 11-8

access	alarm	cfgetispeed	cfgetospeed
cfsetispeed	cfsetospeed	chdir	chmod
chown	close	creat	dup2
dup	execle	execve	_exit
fcntl	fork	fstat	getegid
geteuid	getgid	getgroups	getpgrp
getpid	getppid	getuid	kill
link	lseek	mkdir	mkfifo
open	pathconf	pause	pipe
read	rename	rmdir	setgid
setpgid	setsid	setuid	sigaction
sigaddset	sigdelset	sigemptyset	sigfillset
sigismember	signal	sigpending	sigprocmask
sigsuspend	sleep	stat	sysconf
tcdrain	tcflow	tcflush	tcgetattr
tcgetpgrp	tcsendbreak	tcsetattr	tcsetpgrp
time	times	umask	uname
unlink	utime	wait	waitpid
write			

2. 常用信号参考

在这一小节,我们列出Linux和UNIX程序常用的信号及其默认行为。

表11-9中信号的默认动作都是异常终止进程,进程将以_exit调用方式退出(它类似exit,但在返回到内核之前不作任何清理工作)。但进程的结束状态会传递到wait和waitpid函数中去,从而表明进程是因某个特定的信号而异常终止的。

表 11-9

信号名称	说　　明
SIGALRM	由alarm函数设置的定时器产生
SIGHUP	由一个处于非连接状态的终端发送给控制进程,或者由控制进程在自身结束时发送给每个前台进程
SIGINT	一般由从终端敲入的Ctrl+C组合键或预先设置好的中断字符产生
SIGKILL	因为这个信号不能被捕获或忽略,所以一般在shell中用它来强制终止异常进程
SIGPIPE	如果在向管道写数据时没有与之对应的读进程,就会产生这个信号
SIGTERM	作为一个请求被发送,要求进程结束运行。UNIX在关机时用这个信号要求系统服务停止运行。它是kill命令默认发送的信号
SIGUSR1,SIGUSR2	进程之间可以用这个信号进行通信,例如让进程报告状态信息等

默认情况下,表11-10中的信号也会引起进程的异常终止。但可能还会有一些与具体实现相关的其

他动作，比如创建core文件等。

表　11-10

信号名称	说　明
SIGFPE	由浮点运算异常产生
SIGILL	处理器执行了一条非法的指令。这通常是由一个崩溃的程序或无效的共享内存模块引起的
SIGQUIT	一般由从终端敲入的Ctrl+\组合键或预先设置好的退出字符产生
SIGSEGV	段冲突。一般是因为对内存中的无效地址进行读写而引起的，例如超越数组边界或解引用无效指针。当函数返回到一个非法地址时，覆盖局部数组变量和引起栈崩溃都会引发SIGSEGV信号

默认情况下，进程接收到列在表11-11中的信号时将会被挂起。

表　11-11

信号名称	说　明
SIGSTOP	停止执行（不能被捕获或忽略）
SIGTSTP	终端挂起信号。通常因按下Ctrl+Z组合键而产生
SIGTTIN、SIGTTOU	shell用这两个信号表明后台作业因需要从终端读取 输入或产生输出而暂停运行

SIGCONT信号的作用是重启被暂停的进程，如果进程没有暂停，则忽略该信号。SIGCHLD信号在默认情况下被忽略。

表　11-12

信号名称	说　明
SIGCONT	如果进程被暂停，就继续执行
SIGCHLD	子进程暂停或退出时产生

11.5 小结

在本章中，我们知道了进程是如何成为Linux操作系统的一个基本组成部分的。我们学习了如何启动进程、终止进程和查看进程，如何用它们来解决程序设计问题。我们还介绍了信号这种可以用来控制程序运行行为的事件。此外，我们还了解了所有的Linux进程，包括init在内，都使用着同样的系统调用，每个程序员都可以用它们来开发自己的程序。

POSIX线程

12

在第11章中，我们介绍了如何在Linux（包括UNIX）中处理进程。类UNIX操作系统早就具备这种多进程功能了。但有时人们认为，用`fork`调用来创建新进程的代价太高。在这种情况下，如果能让一个进程同时做两件事情或至少看起来是这样将会非常有用。而且，你可能希望能有两件或更多的事情以一种非常紧密的方式同时发生。这就是需要线程发挥作用的时候了。

在本章中，我们将介绍以下内容：

❑ 在进程中创建新线程
❑ 在一个进程中同步线程之间的数据访问
❑ 修改线程的属性
❑ 在同一个进程中，从一个线程中控制另一个线程

12.1 什么是线程

在一个程序中的多个执行路线就叫做线程（thread）。更准确的定义是：线程是一个进程内部的一个控制序列。虽然Linux和许多其他的操作系统一样，都擅长同时运行多个进程，但迄今为止我们看到的所有程序在执行时都是作为一个单独的进程。事实上，所有的进程都至少有一个执行线程。到目前为止，在本书中看到的所有进程都只有一个执行线程。

弄清楚`fork`系统调用和创建新线程之间的区别非常重要。当进程执行`fork`调用时，将创建出该进程的一份新副本。这个新进程拥有自己的变量和自己的PID，它的时间调度也是独立的，它的执行（通常）几乎完全独立于父进程。当在进程中创建一个新线程时，新的执行线程将拥有自己的栈（因此也有自己的局部变量），但与它的创建者共享全局变量、文件描述符、信号处理函数和当前目录状态。

线程的概念已经出现一段时间了，但在IEEE POSIX委员会发布有关标准之前，它们并没有在类UNIX操作系统中得到广泛支持，而且已存在的线程实现版本也因厂商的不同而有所差异。POSIX 1003.1c规范的发布改变了这一切，线程不仅被很好地标准化了，而且现在绝大多数Linux发行版都已支持它。现在，多核处理器即便对于台式机也已非常普遍，大多数机器在底层硬件上就已物理支持了同时执行多个线程。而此前，对于单核CPU来说，线程的同时执行只是一个聪明、但非常有效的幻觉。

Linux系统在1996年第一次获得线程的支持，我们常把当时使用的函数库称为LinuxThread。LinuxThread已经和POSIX的标准非常接近了（事实上，从许多方面来看，它们之间的区别并不明显），它是在Linux程序设计中迈出的很重要的一步，它使Linux程序员第一次可以在Linux系统中使用线程。但是，在Linux的线程实现版本和POSIX标准之间还是存在着细微的差别，最明显的是关于信号处理部

分。这些差别中的大部分都受底层Linux内核的限制，而不是函数库实现所强加的。

许多项目都在研究如何才能改善Linux对线程的支持，这种改善不仅仅是清除POSIX标准和Linux具体实现之间的细微的差别，而且要增强Linux线程的性能和删除一些不需要的限制，其中大部分工作都集中在如何将用户级的线程映射到内核级的线程。在这些项目中有两个主要的项目分别是下一代POSIX线程（New Generation POSIX Thread，简写为NGPT）和本地POSIX线程库（Native POSIX Thread Library，简写为NPTL）。这两个项目都必须修改Linux的内核来支持新的函数库，与旧的Linux线程相比，两者都极大地提升了性能。

2002年，NGPT项目组宣布，由于他们不希望分化线程团队，所以将停止为NGPT添加新功能，而只是继续进行Linux上的线程支持工作，从而有效地将他们的重担放到了NPTL的身上。因此，很明显NPTL将成为Linux线程的新标准。第一个NPTL的主流版本出现在Red Hat Linux 版本9上。一些有趣的关于NPTL的背景资料可以参考文章"Linux上的本地POSIX线程库"（The Native POSIX Thread Library for Linux），该文的作者是Ulrich Drepper和Ingo Molnar，在撰写本书时，该文的下载地址为http://people.redhat.com/drepper/nptl-design.pdf。

本章中的大部分代码适用于任何一种线程库，因为这些代码是基于POSIX标准的，而该标准普遍适用于所有的线程库。但是，如果使用的是旧的Linux发行版，你将看到一些细微的区别，特别是用ps命令查看本章示例程序的运行情况时。

12.2 线程的优点和缺点

在某些环境下，创建新线程要比创建新进程有更明显的优势。新线程的创建代价要比新进程小得多（虽然与其他一些操作系统相比，Linux在创建新进程方面的效率是很高的）。

下面是一些使用线程的优点。

❏ 有时，让程序看起来好像是在同时做两件事情是很有用的。一个经典的例子是，在编辑文档的同时对文档中的单词个数进行实时统计。一个线程负责处理用户的输入并执行文本编辑工作，另一个（它也可以看到相同的文档内容）则不断刷新单词计数变量。第一个线程（甚至可以是第三个线程）通过这个共享的计数变量让用户随时了解自己的工作进展情况。另一个例子是一个多线程的数据库服务器，这是一种明显的单进程服务多用户的情况。它会在响应一些请求的同时阻塞另外一些请求，使之等待磁盘操作，从而改善整体上的数据吞吐量。对于数据库服务器来说，这个明显的多任务工作如果用多进程的方式来完成将很难做到高效，因为各个不同的进程必须紧密合作才能满足加锁和数据一致性方面的要求，而用多线程来完成就比用多进程要容易得多。

❏ 一个混杂着输入、计算和输出的应用程序，可以将这几个部分分离为3个线程来执行，从而改善程序执行的性能。当输入或输出线程等待连接时，另外一个线程可以继续执行。因此，如果一个进程在任一时刻最多只能做一件事情的话，线程可以让它在等待连接之类的事情的同时做一些其他有用的事情。一个需要同时处理多个网络连接的服务器应用程序也是一个天生适用于应用多线程的例子。

❏ 一般而言，线程之间的切换需要操作系统做的工作要比进程之间的切换少得多，因此多个线程对资源的需求要远小于多个进程。如果一个程序在逻辑上需要有多个执行线程，那么在单处理器系统上把它运行为一个多线程程序才更符合实际情况。虽然如此，编写一个多线程程序的设计困难较大，不应等闲视之。

线程也有下面一些缺点。

❑ 编写多线程程序需要非常仔细的设计。在多线程程序中，因时序上的细微偏差或无意造成的变量共享而引发错误的可能性是很大的。Alan Cox（Linux方面的权威，他撰写了本书的序）曾经评论线程为"如何立刻让自己自讨苦吃。"

❑ 对多线程程序的调试要比对单线程程序的调试困难得多，因为线程之间的交互非常难于控制。

❑ 将大量计算分成两个部分，并把这两个部分作为两个不同的线程来运行的程序在一台单处理器机器上并不一定运行得更快，除非计算确实允许它的不同部分可以被同时计算，而且运行它的机器拥有多个处理器核来支持真正的多处理。

12.3　第一个线程程序

线程有一套完整的与其有关的函数库调用，它们中的绝大多数函数名都以pthread_开头。为了使用这些函数库调用，我们必须定义宏_REENTRANT，在程序中包含头文件pthread.h，并且在编译程序时需要用选项-lpthread来链接线程库。

在设计最初的UNIX和POSIX库例程时，人们假设每个进程中只有一个执行线程。一个明显的例子就是errno，该变量用于获取某个函数调用失败后的错误信息。在一个多线程程序里，默认情况下，只有一个errno变量供所有的线程共享。在一个线程准备获取刚才的错误代码时，该变量很容易被另一个线程中的函数调用所改变。类似的问题还存在于fputs之类的函数中，这些函数通常用一个全局性区域来缓存输出数据。

为解决这个问题，我们需要使用被称为可重入的例程。可重入代码可以被多次调用而仍然正常工作，这些调用可以来自不同的线程，也可以是某种形式的嵌套调用。因此，代码中的可重入部分通常只使用局部变量，这使得每次对该代码的调用都将获得它自己的唯一的一份数据副本。

编写多线程程序时，我们通过定义宏_REENTRANT来告诉编译器我们需要可重入功能，这个宏的定义必须位于程序中的任何#include语句之前。它将为我们做3件事情，并且做得非常优雅，以至于我们一般不需要知道它到底做了哪些事。

❑ 它会对部分函数重新定义它们的可安全重入的版本，这些函数的名字一般不会发生改变，只是会在函数名后面添加_r字符串。例如，函数名gethostbyname将变为gethostbyname_r。

❑ stdio.h中原来以宏的形式实现的一些函数将变成可安全重入的函数。

❑ 在errno.h中定义的变量errno现在将成为一个函数调用，它能够以一种多线程安全的方式来获取真正的errno值。

在程序中包含头文件pthread.h还将向我们提供一些其他的将在代码中使用到的定义和函数原型，就如同头文件stdio.h为标准输入和标准输出例程所提供的定义一样。最后，需要确保在程序中包含了正确的线程头文件，并且在编译程序时链接了实现pthread函数的正确的线程库。有关编译线程程序的更详细的情况将在下面的实验部分中再介绍。现在，我们首先来看一个用于管理线程的新函数pthread_create，它的作用是创建一个新线程，类似于创建新进程的fork函数。它的定义如下所示：

```
#include <pthread.h>

int pthread_create(pthread_t *thread, pthread_attr_t *attr, void
*(*start_routine)(void *), void *arg);
```

这个函数定义看起来很复杂，其实用起来很简单。第一个参数是指向pthread_t类型数据的指针。

线程被创建时，这个指针指向的变量中将被写入一个标识符，我们用该标识符来引用新线程。下一个参数用于设置线程的属性。我们一般不需要特殊的属性，所以只需设置该参数为NULL。我们将在本章的后面介绍如何使用这些属性。最后两个参数分别告诉线程将要启动执行的函数和传递给该函数的参数。

```
void *(*start_routine)(void *)
```

上面一行告诉我们必须要传递一个函数地址，该函数以一个指向void的指针为参数，返回的也是一个指向void的指针。因此，可以传递一个任一类型的参数并返回一个任一类型的指针。用fork调用后，父子进程将在同一位置继续执行下去，只是fork调用的返回值是不同的；但对新线程来说，我们必须明确地提供给它一个函数指针，新线程将在这个新位置开始执行。

该函数调用成功时返回值是0，如果失败则返回错误代码。手册页对这个函数以及在本章中将要介绍的其他函数的错误条件有详细的说明。

> pthread_create和大多数pthread_系列函数一样，在失败时并未遵循UNIX函数的惯例返回-1，这种情况在UNIX函数中属于一少部分。所以除非你很有把握，在对错误代码进行检查之前一定要仔细阅读使用手册中的有关内容。

线程通过调用pthread_exit函数终止执行，就如同进程在结束时调用exit函数一样。这个函数的作用是，终止调用它的线程并返回一个指向某个对象的指针。注意，绝不能用它来返回一个指向局部变量的指针，因为线程调用该函数后，这个局部变量就不再存在了，这将引起严重的程序漏洞。pthread_exit函数的定义如下所示：

#include <pthread.h>

void pthread_exit(void *retval);

pthread_join函数在线程中的作用等价于进程中用来收集子进程信息的wait函数。这个函数的定义如下所示：

#include <pthread.h>

int pthread_join(pthread_t th, void **thread_return);

第一个参数指定了将要等待的线程，线程通过pthread_create返回的标识符来指定。第二个参数是一个指针，它指向另一个指针，而后者指向线程的返回值。与pthread_create类似，这个函数在成功时返回0，失败时返回错误代码。

实 验 **一个简单的线程程序**

这个程序创建一个新线程，新线程与原先的线程共享变量，并在结束时向原先的线程返回一个结果。没有比这更简单的多线程程序了！下面是程序thread1.c的代码：

```
#include <stdio.h>
#include <unistd.h>
#include <stdlib.h>
#include <string.h>
#include <pthread.h>

void *thread_function(void *arg);
```

```
char message[] = "Hello World";

int main() {
    int res;
    pthread_t a_thread;
    void *thread_result;

    res = pthread_create(&a_thread, NULL, thread_function, (void *)message);
    if (res != 0) {
        perror("Thread creation failed");
        exit(EXIT_FAILURE);
    }
    printf("Waiting for thread to finish...\n");
    res = pthread_join(a_thread, &thread_result);
    if (res != 0) {
        perror("Thread join failed");
        exit(EXIT_FAILURE);
    }
    printf("Thread joined, it returned %s\n", (char *)thread_result);
    printf("Message is now %s\n", message);
    exit(EXIT_SUCCESS);
}

void *thread_function(void *arg) {
    printf("thread_function is running. Argument was %s\n", (char *)arg);
    sleep(3);
    strcpy(message, "Bye!");
    pthread_exit("Thank you for the CPU time");
}
```

(1) 编译这个程序时，我们首先需要定义宏_REENTRANT。在少数系统上，可能还需要定义宏_POSIX_C_SOURCE，但一般不需要定义它。

(2) 接下来必须链接正确的线程库。如果使用的是一个老的Linux发行版，默认的线程库不是NPTL，你可能需要升级Linux发行版，尽管本章中的大多数代码也兼容老的Linux线程实现。简单的检查方法是查看头文件/usr/include/pthread.h。如果这个文件中显示的版权日期是2003年或更晚，那几乎可以肯定你的Linux发行版使用的是NPTL实现。如果日期比这个早，你可能就需要安装一个较新版本的Linux了。

(3) 在验证并安装了正确的文件后，现在可以编译和链接这个程序了，使用的命令如下所示：

$ cc -D_REENTRANT -I/usr/include/nptl thread1.c
-o thread1 -L/usr/lib/nptl -lpthread

　　如果你的系统默认使用的（很有可能）就是NPTL线程库，那么编译程序时就无需加上-I和-L选项。使用的命令如下所示：

$ cc -D_REENTRANT thread1.c -o thread1 -lpthread

　　我们将在本章中一直使用这一简单版本的命令行。

(4) 运行这个程序时，你将看到：

$ ./thread1
Waiting for thread to finish...
thread_function is running. Argument was Hello World

```
Thread joined, it returned Thank you for the CPU time
Message is now Bye!
```

这个程序值得我们花一点时间去理解，因为它是本章中大多数例子的基础。

实验解析

首先，我们定义了在创建线程时需要由它调用的一个函数的原型。如下所示：

```
void *thread_function(void *arg);
```

根据pthread_create的要求，它只有一个指向void的指针作为参数，返回的也是指向void的指针。稍后，我们将介绍这个函数的实现。

在main函数中，我们首先定义了几个变量，然后调用pthread_create开始运行新线程。如下所示：

```
pthread_t a_thread;
void *thread_result;

res = pthread_create(&a_thread, NULL, thread_function, (void *)message);
```

我们向pthread_create函数传递了一个pthread_t类型对象的地址，今后可以用它来引用这个新线程。我们不想改变默认的线程属性，所以设置第二个参数为NULL。最后两个参数分别为将要调用的函数和一个传递给该函数的参数。

如果这个调用成功了，就会有两个线程在运行。原先的线程（main）继续执行pthread_create后面的代码，而新线程开始执行thread_function函数。

原先的线程在查明新线程已经启动后，将调用pthread_join函数，如下所示：

```
res = pthread_join(a_thread, &thread_result);
```

我们给该函数传递两个参数，一个是正在等待其结束的线程的标识符，另一个是指向线程返回值的指针。这个函数将等到它所指定的线程终止后才返回。然后主线程将打印新线程的返回值和全局变量message的值，最后退出。

新线程在thread_function函数中开始执行，它先打印出自己的参数，休眠一会儿，然后更新全局变量，最后退出并向主线程返回一个字符串。新线程修改了数组message，而原先的线程也可以访问该数组。如果我们调用的是fork而不是pthread_create，就不会有这样的效果。

12.4 同时执行

接下来，我们将编写一个程序来验证两个线程的执行是同时进行的（当然，如果是在一个单处理器系统上，线程的同时执行就需要靠CPU在线程之间的快速切换来实现）。因为还未介绍到任何可以帮助我们有效地完成这一工作的线程同步函数，在这个程序中我们是在两个线程之间使用轮询技术，所以它的效率很低。同时，我们的程序仍然要利用这一事实，即除局部变量外，所有其他变量都将在一个进程中的所有线程之间共享。

实 验 两个线程同时执行

在本节中，我们创建的程序thread2.c是在对thread1.c稍加修改的基础上编写出来的。我们增加了另外一个文件范围变量来测试哪个线程正在运行。如下所示：

程序的完整代码可以在本书的网站上下载。

```
int run_now = 1;
```

我们将在执行main函数时把run_now设置为1，在执行新线程时将其设置为2。

在main函数中，我们在创建新线程的语句之后添加下面的代码：

```
    int print_count1 = 0;

    while(print_count1++ < 20) {
        if (run_now == 1) {
            printf("1");
            run_now = 2;
        }
        else {
            sleep(1);
        }
    }
```

如果run_now的值为1，就打印"1"并设置它为2，否则，就稍做休息然后再检查它的值。我们不断地检查来等待它的值变为1，这种方式被称为忙等待，虽然已经在两次检查之间休息1秒钟来减慢检查的频率了。在本章的后面我们将看到对这一问题的一个更好的解决方法。

在新线程执行的thread_function函数中，我们所做的事情和上面的大部分都相同，只是把run_now的值颠倒了一下。如下所示：

```
    int print_count2 = 0;

    while(print_count2++ < 20) {
        if (run_now == 2) {
            printf("2");
            run_now = 1;
        }
        else {
            sleep(1);
        }
    }
```

我们还删除了参数的传递和返回值的传递，因为现在我们不再需要它们了。

运行这个程序时，将看到如下所示的输出结果（你可能会发现程序要过几秒钟才会产生输出，特别是在一个单核CPU的机器上）。

```
$ cc -D_REENTRANT thread2.c -o thread2 -lpthread
$ ./thread2
12121212121212121212
Waiting for thread to finish...
Thread joined
```

实验解析

每个线程通过设置run_now变量的方法来通知另一个线程开始运行，然后，它会等待另一个线程改变了这个变量的值后再次运行。这个例子显示了两个线程之间自动交替执行，同时也再次阐明了一个观点，即这两个线程共享run_now变量。

12.5 同步

在上一节中，我们看到两个线程同时执行的情况，但我们采用的在它们之间进行切换的方法是非常笨拙且没有效率的。幸运的是，专门有一组设计好的函数为我们提供了更好的控制线程执行和访问代码临界区域的方法。

我们将在本节学习两种基本的方法。一种是信号量，它的作用如同看守一段代码的看门人；另一种是互斥量，它的作用如同保护代码段的一个互斥设备。这两种方法很相似，事实上，它们可以互相通过对方来实现。但在实际应用中，对于一些情况，可能使用信号量或互斥量中的一个更符合问题的语义，并且效果更好。例如，如果想控制任一时刻只能有一个线程可以访问一些共享内存，使用互斥量就要自然得多。但在控制对一组相同对象的访问时——比如从5条可用的电话线中分配1条给某个线程的情况，就更适合使用计数信号量。具体选择哪种方法取决于个人偏好和相应的程序机制。

12.5.1 用信号量进行同步

有两组接口函数用于信号量。一组取自POSIX的实时扩展，用于线程。另一组被称为系统V信号量，常用于进程的同步（我们将在第14章介绍第二组接口函数）。这两组接口函数虽然很相近，但并不保证它们之间可以互换，而且它们使用的函数调用也各不相同。

荷兰计算机科学家Dijkstra首先提出了信号量的概念。信号量是一个特殊类型的变量，它可以被增加或减少，但对其的关键访问被保证是原子操作，即使在一个多线程程序中也是如此。这意味着如果一个程序中有两个（或更多）的线程试图改变一个信号量的值，系统将保证所有的操作都将依次进行。但如果是普通变量，来自同一程序中的不同线程的冲突操作所导致的结果将是不确定的。

在本节中，我们将介绍一种最简单的信号量——二进制信号量，它只有0和1两种取值。还有一种更通用的信号量——计数信号量，它可以有更大的取值范围。信号量一般常用来保护一段代码，使其每次只能被一个执行线程运行，要完成这个工作，就要使用二进制信号量。有时，我们希望可以允许有限数目的线程执行一段指定的代码，这就需要用到计数信号量。由于计数信号量并不常用，所以我们在这里不对它进行深入的介绍，实际上它仅仅是二进制信号量的一种逻辑扩展，两者实际调用的函数都一样。

信号量函数的名字都以sem_开头，而不像大多数线程函数那样以pthread_开头。线程中使用的基本信号量函数有4个，它们都非常的简单。

信号量通过sem_init函数创建，它的定义如下所示：

```
#include <semaphore.h>

int sem_init(sem_t *sem, int pshared, unsigned int value);
```

这个函数初始化由sem指向的信号量对象，设置它的共享选项（我们马上就会介绍到它），并给它一个初始的整数值。pshared参数控制信号量的类型，如果其值为0，就表示这个信号量是当前进程的局部信号量，否则，这个信号量就可以在多个进程之间共享。我们在这里只对不能在进程间共享的信号量感兴趣。在编写本书时，Linux还不支持这种共享，给pshared参数传递一个非零值将导致调用失败。

接下来的两个函数控制信号量的值，它们的定义如下所示：

```
#include <semaphore.h>

int sem_wait(sem_t * sem);

int sem_post(sem_t * sem);
```

这两个函数都以一个指针为参数，该指针指向的对象是由sem_init调用初始化的信号量。

sem_post函数的作用是以原子操作的方式给信号量的值加1。所谓原子操作是指，如果两个线程企图同时给一个信号量加1，它们之间不会互相干扰，而不像如果两个程序同时对同一个文件进行读取、增加、写入操作时可能会引起冲突。信号量的值总是会被正确地加2，因为有两个线程试图改变它。

sem_wait函数以原子操作的方式将信号量的值减1，但它会等待直到信号量有个非零值才会开始减法操作。因此，如果对值为2的信号量调用sem_wait，线程将继续执行，但信号量的值会减到1。如果对值为0的信号量调用sem_wait，这个函数就会等待，直到有其他线程增加了该信号量的值使其不再是0为止。如果两个线程同时在sem_wait调用上等待同一个信号量变为非零值，那么当该信号量被第三个线程增加1时，只有其中一个等待线程将开始对信号量减1，然后继续执行，另外一个线程还将继续等待。信号量的这种"在单个函数中就能原子化地进行测试和设置"的能力使其变得非常有价值。

还有另外一个信号量函数sem_trywait，它是sem_wait的非阻塞版本。我们不在这里对它做更多的介绍，更详细的资料可以参考它的手册页。

最后一个信号量函数是sem_destroy。这个函数的作用是，用完信号量后对它进行清理。它的定义如下：

```
#include <semaphore.h>

int sem_destroy(sem_t * sem);
```

与前几个函数一样，这个函数也以一个信号量指针为参数，并清理该信号量拥有的所有资源。如果企图清理的信号量正被一些线程等待，就会收到一个错误。

与大多数Linux函数一样，这些函数在成功时都返回0。

实 验 一个线程信号量

这个程序thread3.c也是基于thread1.c的。因为改动的地方比较多，所以我们将其完整代码列在下面。

```c
#include <stdio.h>
#include <unistd.h>
#include <stdlib.h>
#include <string.h>
#include <pthread.h>
#include <semaphore.h>

void *thread_function(void *arg);
sem_t bin_sem;

#define WORK_SIZE 1024
char work_area[WORK_SIZE];

int main() {
    int res;
    pthread_t a_thread;
    void *thread_result;

    res = sem_init(&bin_sem, 0, 0);
    if (res != 0) {
        perror("Semaphore initialization failed");
```

```
            exit(EXIT_FAILURE);
        }
        res = pthread_create(&a_thread, NULL, thread_function, NULL);
        if (res != 0) {
            perror("Thread creation failed");
            exit(EXIT_FAILURE);
        }
        printf("Input some text. Enter 'end' to finish\n");
        while(strncmp("end", work_area, 3) != 0) {
            fgets(work_area, WORK_SIZE, stdin);
            sem_post(&bin_sem);
        }
        printf("\nWaiting for thread to finish...\n");
        res = pthread_join(a_thread, &thread_result);
        if (res != 0) {
            perror("Thread join failed");
            exit(EXIT_FAILURE);
        }
        printf("Thread joined\n");
        sem_destroy(&bin_sem);
        exit(EXIT_SUCCESS);
    }

    void *thread_function(void *arg) {
        sem_wait(&bin_sem);
        while(strncmp("end", work_area, 3) != 0) {
            printf("You input %d characters\n", strlen(work_area) -1);
            sem_wait(&bin_sem);
        }
        pthread_exit(NULL);
    }
```

第一个重要的改动是包含了头文件semaphore.h，它使我们可以访问信号量函数。然后，定义一个信号量和几个变量，并在创建新线程之前对信号量进行初始化。如下所示：

```
sem_t bin_sem;

#define WORK_SIZE 1024
char work_area[WORK_SIZE];

int main() {
    int res;
    pthread_t a_thread;
    void *thread_result;
    res = sem_init(&bin_sem, 0, 0);
    if (res != 0) {
        perror("Semaphore initialization failed");
        exit(EXIT_FAILURE);
    }
```

注意，我们将这个信号量的初始值设置为0。

在main函数中，启动新线程后，我们从键盘读取一些文本并把它们放到工作区work_area数组中，然后调用sem_post增加信号量的值。如下所示：

```
printf("Input some text. Enter 'end' to finish\n");
while(strncmp("end", work_area, 3) != 0) {
    fgets(work_area, WORK_SIZE, stdin);
    sem_post(&bin_sem);
}
```

在新线程中，我们等待信号量，然后统计来自输入的字符个数。如下所示：

```
sem_wait(&bin_sem);
while(strncmp("end", work_area, 3) != 0) {
  printf("You input %d characters\n", strlen(work_area) -1);
  sem_wait(&bin_sem);
}
```

设置信号量的同时，我们等待着键盘的输入。当输入到达时，我们释放信号量，允许第二个线程在第一个线程再次读取键盘输入之前统计出输入字符的个数。

这两个线程共享同一个work_area数组。为了让示例代码更加简洁并容易理解，我们还省略了一些错误检查。例如，没有检查sem_wait函数的返回值。但在产品代码中，除非有特别充足的理由才省略错误检查，否则我们总是应该检查函数的返回值。

运行这个程序：

```
$ cc -D_REENTRANT thread3.c -o thread3 -lpthread
$ ./thread3
Input some text. Enter 'end' to finish
The Wasp Factory
You input 16 characters
Iain Banks
You input 10 characters
end

Waiting for thread to finish...
Thread joined
```

在线程程序中，时序错误查找起来总是特别困难，但这个程序似乎对快速的文本输入和悠闲的暂停都很适应。

实验解析

初始化信号量时，我们把它的值设置为0。这样，在线程函数启动时，sem_wait函数调用就会阻塞并等待信号量变为非零值。

在主线程中，我们等待直到有文本输入，然后调用sem_post增加信号量的值，这将立刻令另一个线程从sem_wait的等待中返回并开始执行。在统计完字符个数之后，它再次调用sem_wait并再次被阻塞，直到主线程再次调用sem_post增加信号量的值为止。

我们很容易忽略程序设计上的细微错误，而该错误会导致程序运行结果中的一些细微错误。我们将上面的程序稍加修改并另存为thread3a.c。它偶尔会将来自键盘的输入用事先准备好的文本自动替换掉。我们把main函数中的读数据循环修改为：

```
printf("Input some text. Enter 'end' to finish\n");
while(strncmp("end", work_area, 3) != 0) {
  if (strncmp(work_area, "FAST", 4) == 0) {
    sem_post(&bin_sem);
    strcpy(work_area, "Wheeee...");
  } else {
    fgets(work_area, WORK_SIZE, stdin);
```

```
    }
    sem_post(&bin_sem);
}
```

现在，如果输入FAST，程序就会调用sem_post使字符统计线程开始运行，同时立刻用其他数据更新work_area数组。程序运行情况如下所示：

```
$ cc -D_REENTRANT thread3a.c -o thread3a -lpthread
$ ./thread3a
Input some text. Enter 'end' to finish
Excession
You input 9 characters
FAST
You input 7 characters
You input 7 characters
You input 7 characters
end

Waiting for thread to finish...
Thread joined
```

问题在于，我们的程序依赖其接收文本输入的时间要足够长，这样另一个线程才有时间在主线程还未准备好给它更多的单词去统计之前统计出工作区中字符的个数。当我们试图连续快速地给它两组不同的单词去统计时（键盘输入的FAST和程序自动提供的Weeee…），第二个线程就没有时间去执行。但信号量已被增加了不止一次，所以字符统计线程就会反复统计字符数目并减少信号量的值，直到它再次变为0为止。

这个例子显示：在多线程程序中，我们需要对时序考虑得非常仔细。为了解决上面程序中的问题，我们可以再增加一个信号量，让主线程等到统计线程完成字符个数的统计后再继续执行，但更简单的一种方式是使用互斥量。

12.5.2 用互斥量进行同步

另一种用在多线程程序中的同步访问方法是使用互斥量。它允许程序员锁住某个对象，使得每次只能有一个线程访问它。为了控制对关键代码的访问，必须在进入这段代码之前锁住一个互斥量，然后在完成操作之后解锁它。

用于互斥量的基本函数和用于信号量的函数非常相似，它们的定义如下所示：

```
#include <pthread.h>

int pthread_mutex_init(pthread_mutex_t *mutex, const pthread_mutexattr_t
*mutexattr);

int pthread_mutex_lock(pthread_mutex_t *mutex);

int pthread_mutex_unlock(pthread_mutex_t *mutex);

int pthread_mutex_destroy(pthread_mutex_t *mutex);
```

与其他函数一样，成功时返回0，失败时将返回错误代码，但这些函数并不设置errno，你必须对函数的返回代码进行检查。

与信号量类似，这些函数的参数都是一个先前声明过的对象的指针。对互斥量来说，这个对象的类型为pthread_mutex_t。pthread_mutex_init函数中的属性参数允许我们设置互斥量的属性，而属性控制着互斥量的行为。属性类型默认为**fast**，但它有一个小缺点：如果程序试图对一个已经加了锁的互斥量调用pthread_mutex_lock，程序就会被阻塞，而又因为拥有互斥量的这个线程正是现在被阻塞的线程，所以互斥量就永远也不会被解锁了，程序也就进入死锁状态。这个问题可以通过改变互斥量的属性来解决，我们可以让它检查这种情况并返回一个错误，或者让它递归的操作，给同一个线程加上多个锁，但必须注意在后面执行同等数量的解锁操作。

设置互斥量的属性超出了本书的讨论范围，所以我们将传递NULL给属性指针，从而使用其默认行为。与改变属性相关的更详细的资料可以参考pthread_mutex_init的手册页。

实 验   线程互斥量

这个程序也基于原先的thread1.c，但改动的地方比较多。这次，假设需要保护对一些关键变量的访问，我们用一个互斥量来保证任一时刻只能有一个线程访问它们。为了让示例代码容易阅读，我们省略了对互斥量加锁和解锁调用的返回值应该进行的一些错误检查。在软件代码中，对返回值的检查是必不可少的。下面是新程序thread4.c的代码：

```c
#include <stdio.h>
#include <unistd.h>
#include <stdlib.h>
#include <string.h>
#include <pthread.h>
#include <semaphore.h>

void *thread_function(void *arg);
pthread_mutex_t work_mutex; /* protects both work_area and time_to_exit */

#define WORK_SIZE 1024
char work_area[WORK_SIZE];
int time_to_exit = 0;

int main() {
    int res;
    pthread_t a_thread;
    void *thread_result;
    res = pthread_mutex_init(&work_mutex, NULL);
    if (res != 0) {
        perror("Mutex initialization failed");
        exit(EXIT_FAILURE);
    }
    res = pthread_create(&a_thread, NULL, thread_function, NULL);
    if (res != 0) {
        perror("Thread creation failed");
        exit(EXIT_FAILURE);
    }
    pthread_mutex_lock(&work_mutex);
    printf("Input some text. Enter 'end' to finish\n");
    while(!time_to_exit) {
        fgets(work_area, WORK_SIZE, stdin);
        pthread_mutex_unlock(&work_mutex);
        while(1) {
```

```
            pthread_mutex_lock(&work_mutex);
            if (work_area[0] != '\0') {
                pthread_mutex_unlock(&work_mutex);
                sleep(1);
            }
            else {
                break;
            }
        }
    }
    pthread_mutex_unlock(&work_mutex);
    printf("\nWaiting for thread to finish...\n");
    res = pthread_join(a_thread, &thread_result);
    if (res != 0) {
        perror("Thread join failed");
        exit(EXIT_FAILURE);
    }
    printf("Thread joined\n");
    pthread_mutex_destroy(&work_mutex);
    exit(EXIT_SUCCESS);
}

void *thread_function(void *arg) {
    sleep(1);
    pthread_mutex_lock(&work_mutex);
    while(strncmp("end", work_area, 3) != 0) {
        printf("You input %d characters\n", strlen(work_area) -1);
        work_area[0] = '\0';
        pthread_mutex_unlock(&work_mutex);
        sleep(1);
        pthread_mutex_lock(&work_mutex);
        while (work_area[0] == '\0' ) {
            pthread_mutex_unlock(&work_mutex);
            sleep(1);
            pthread_mutex_lock(&work_mutex);
        }
    }
    time_to_exit = 1;
    work_area[0] = '\0';
    pthread_mutex_unlock(&work_mutex);
    pthread_exit(0);
}
```

```
$ cc -D_REENTRANT thread4.c -o thread4 -lpthread
$ ./thread4
Input some text. Enter 'end' to finish
Whit
You input 4 characters
The Crow Road
You input 13 characters
end

Waiting for thread to finish...
Thread joined
```

实验解析

在程序的开始，我们声明了一个互斥量、工作区和一个变量time_to_exit。如下所示：

```
pthread_mutex_t work_mutex; /* protects both work_area and time_to_exit */

#define WORK_SIZE 1024
char work_area[WORK_SIZE];
int time_to_exit = 0;
```

然后初始化互斥量，如下所示：

```
res = pthread_mutex_init(&work_mutex, NULL);
if (res != 0) {
    perror("Mutex initialization failed");
    exit(EXIT_FAILURE);
}
```

接下来启动新线程。下面是在线程函数中执行的代码：

```
pthread_mutex_lock(&work_mutex);
while(strncmp("end", work_area, 3) != 0) {
    printf("You input %d characters\n", strlen(work_area) -1);
    work_area[0] = '\0';
    pthread_mutex_unlock(&work_mutex);
    sleep(1);
    pthread_mutex_lock(&work_mutex);
    while (work_area[0] == '\0' ) {
        pthread_mutex_unlock(&work_mutex);
        sleep(1);
        pthread_mutex_lock(&work_mutex);
    }
}
time_to_exit = 1;
work_area[0] = '\0';
pthread_mutex_unlock(&work_mutex);
```

新线程首先试图对互斥量加锁。如果它已经被锁住，这个调用将被阻塞直到它被释放为止。一旦获得访问权，我们就检查是否有申请退出程序的请求。如果有，就设置time_to_exit变量，再把工作区的第一个字符设置为\0，然后退出。

如果不想退出，就统计字符个数，然后把work_area数组中的第一个字符设置为null。我们用将第一个字符设置为null的方法通知读取输入的线程，我们已完成了字符统计。然后解锁互斥量并等待主线程继续运行。我们将周期性地尝试对互斥量加锁，如果加锁成功，就检查是否主线程又有字符送来要处理。如果还没有，就解锁互斥量继续等待；如果有，就统计字符个数并再次进入循环。

下面是主线程的代码：

```
pthread_mutex_lock(&work_mutex);
printf("Input some text. Enter 'end' to finish\n");
while(!time_to_exit) {
    fgets(work_area, WORK_SIZE, stdin);
    pthread_mutex_unlock(&work_mutex);
    while(1) {
        pthread_mutex_lock(&work_mutex);
        if (work_area[0] != '\0') {
            pthread_mutex_unlock(&work_mutex);
            sleep(1);
```

```
        }
        else {
            break;
        }
    }
}
pthread_mutex_unlock(&work_mutex);
```

这段代码和上面新线程中的很类似。我们首先给工作区加锁，读入文本到它里面，然后解锁以允许其他线程访问它并统计字符数目。我们周期性地对互斥量再加锁，检查字符数目是否已统计完（work_area[0]被设置为null）。如果还需要等待，就释放互斥量。如前所述，这种通过轮询来获得结果的方法通常并不是好的编程方式。在实际的编程中，我们应该尽可能用信号量来避免出现这种情况。这里的代码只是用作示例而已。

12.6 线程的属性

在第一次介绍创建线程的函数时，我们并未讨论更高级的线程属性问题。现在我们已介绍完了同步线程的主题，可以回头来看这些线程自身的更高级特性了。我们可以控制的线程属性非常多，但在这里我们将只介绍那些你最可能用到的，其他属性的详细资料可以在手册页中找到。

在前面的所有程序示例中，我们都在程序退出之前用pthread_join对线程再次进行同步，如果我们想让线程向创建它的线程返回数据就需要这样做。但有时也会有这种情况，我们既不需要第二个线程向主线程返回信息，也不想让主线程等待它的结束。

假设我们在主线程继续为用户提供服务的同时创建了第二个线程，新线程的作用是将用户正在编辑的数据文件进行备份存储。备份工作结束后，第二个线程就可以直接终止了，它没有必要再回到主线程中。

我们可以创建这一类型的线程，它们被称为脱离线程（detached thread）。可以通过修改线程属性或调用pthread_ detach的方法来创建它们。因为本节的目的是介绍线程的属性，所以在这里我们就使用前一种方法。

需要用到的最重要的函数是pthread_attr_init，它的作用是初始化一个线程属性对象。

#include <pthread.h>

int pthread_attr_init(pthread_attr_t *attr);

与前面的函数一样，它在成功时返回0，失败时返回错误代码。

还有一个回收函数pthread_attr_destroy，它的目的是对属性对象进行清理和回收。一旦对象被回收了，除非它被重新初始化，否则就不能被再次使用。

初始化一个线程属性对象后，我们可以调用许多其他的函数来设置不同的属性行为。我们把其中主要的一些函数列在下面（完整的列表见手册页，通常位于pthread.h条目下），但只对其中的两个（detachedstate和schedpolicy）做详细的介绍：

#include <pthread.h>

int pthread_attr_setdetachstate(pthread_attr_t *attr, int detachstate);

int pthread_attr_getdetachstate(const pthread_attr_t *attr, int *detachstate);

int pthread_attr_setschedpolicy(pthread_attr_t *attr, int policy);

```
int pthread_attr_getschedpolicy(const pthread_attr_t *attr, int *policy);

int pthread_attr_setschedparam(pthread_attr_t *attr, const struct sched_param
*param);

int pthread_attr_getschedparam(const pthread_attr_t *attr, struct sched_param
*param);

int pthread_attr_setinheritsched(pthread_attr_t *attr, int inherit);

int pthread_attr_getinheritsched(const pthread_attr_t *attr, int *inherit);

int pthread_attr_setscope(pthread_attr_t *attr, int scope);

int pthread_attr_getscope(const pthread_attr_t *attr, int *scope);

int pthread_attr_setstacksize(pthread_attr_t *attr, int scope);

int pthread_attr_getstacksize(const pthread_attr_t *attr, int *scope);
```

如你所见，可以使用的线程属性非常多。但幸运的是，你通常不需要设置太多属性就可以让程序
正常工作。

❑ detachedstate：这个属性允许我们无需对线程进行重新合并。与大多数_set类函数一样，
它以一个属性指针和一个标志为参数来确定需要的状态。pthread_attr_setdetachstate
函 数 可 能 用 到 的 两 个 标 志 分 别 是 PTHREAD_CREATE_JOINABLE 和 PTHREAD_CREATE_
DETACHED。这个属性的默认标志值是PTHREAD_CREATE_JOINABLE，所以可以允许两个线程重
新合并。如果标志设置为PTHREAD_CREATE_DETACHED，就不能调用pthread_join来获得另一
个线程的退出状态。

❑ schedpolicy：这个属性控制线程的调度方式。它的取值可以是SCHED_OTHER、SCHED_RP和
SCHED_FIFO。这个属性的默认值为SCHED_OTHER。另外两种调度方式只能用于以超级用户权
限运行的进程，因为它们都具备实时调度的功能，但在行为上略有区别。SCHED_RP使用循环
（round-robin）调度机制，而SCHED_FIFO使用"先进先出"策略。

❑ schedparam：这个属性是和schedpolicy属性结合使用的，它可以对以SCHED_OTHER策略运
行的线程的调度进行控制。我们将在本章的后面看到一个使用这个属性的例子。

❑ inheritsched：这个属性可取两个值：PTHREAD_EXPLICIT_SCHED和PTHREAD_INHERIT_
SCHED。它的默认取值是PTHREAD_EXPLICIT_SCHED，表示调度由属性明确地设置。如果把它
设置为PTHREAD_INHERIT_SCHED，新线程将沿用其创建者所使用的参数。

❑ scope：这个属性控制一个线程调度的计算方式。由于目前Linux只支持它的一种取值
PTHREAD_SCOPE_SYSTEM，所以在这里我们就不做进一步介绍了。

❑ stacksize：这个属性控制线程创建的栈大小，单位为字节。它属于POSIX规范中的"可选"
部分，只有在定义了宏_POSIX_THREAD_ATTR_STACKSIZE的实现版本中才支持。Linux在实现
线程时，默认使用的栈很大，所以这个功能对Linux来说显得有些多余。

实　验　设置脱离状态属性

在脱离线程示例thread5.c中，我们创建一个线程属性，将其设置为脱离状态，然后用这个属性

创建一个线程。子线程结束时，它照常调用 pthread_exit，但这次，原先的线程不再等待与它创建的子线程重新合并。主线程通过一个简单的 thread_finished 标志来检测子线程是否已经结束，并显示线程之间仍然共享着变量。

```c
#include <stdio.h>
#include <unistd.h>
#include <stdlib.h>
#include <pthread.h>

void *thread_function(void *arg);

char message[] = "Hello World";
int thread_finished = 0;

int main() {
    int res;
    pthread_t a_thread;

    pthread_attr_t thread_attr;

    res = pthread_attr_init(&thread_attr);
    if (res != 0) {
        perror("Attribute creation failed");
        exit(EXIT_FAILURE);
    }
    res = pthread_attr_setdetachstate(&thread_attr, PTHREAD_CREATE_DETACHED);
    if (res != 0) {
        perror("Setting detached attribute failed");
        exit(EXIT_FAILURE);
    }
    res = pthread_create(&a_thread, &thread_attr,
thread_function, (void *)message);
    if (res != 0) {
        perror("Thread creation failed");
        exit(EXIT_FAILURE);
    }
    (void)pthread_attr_destroy(&thread_attr);
    while(!thread_finished) {
        printf("Waiting for thread to say it's finished...\n");
        sleep(1);
    }
    printf("Other thread finished, bye!\n");
    exit(EXIT_SUCCESS);
}

void *thread_function(void *arg) {
    printf("thread_function is running. Argument was %s\n", (char *)arg);
    sleep(4);
    printf("Second thread setting finished flag, and exiting now\n");
    thread_finished = 1;
    pthread_exit(NULL);
}
```

12

输出结果是：

```
$ ./thread5
Waiting for thread to say it's finished...
thread_function is running. Argument was Hello World
Waiting for thread to say it's finished...
Waiting for thread to say it's finished...
Waiting for thread to say it's finished...
Second thread setting finished flag, and exiting now
Other thread finished, bye!
```

如你所见，设置脱离状态属性可以允许第二个线程独立地完成工作，而无需原先的线程等待它。

实验解析

这个程序中有两段比较重要的代码，第一段代码是：

```
pthread_attr_t thread_attr;

res = pthread_attr_init(&thread_attr);
if (res != 0) {
    perror("Attribute creation failed");
    exit(EXIT_FAILURE);
}
```

它声明了一个线程属性并对其进行初始化，第二段代码是：

```
res = pthread_attr_setdetachstate(&thread_attr, PTHREAD_CREATE_DETACHED);
if (res != 0) {
    perror("Setting detached attribute failed");
    exit(EXIT_FAILURE);
}
```

它把属性的值设置为脱离状态。

其他的细微区别是创建线程和传递属性的地址：

```
    res = pthread_create(&a_thread, &thread_attr, thread_function, (void
*)message);
```

属性用完后，对其进行清理回收：

```
pthread_attr_destroy(&thread_attr);
```

线程属性——调度

我们来看另外一个可能希望修改的线程属性：调度。改变调度属性和设置脱离状态非常类似，可以用sched_get_priority_max和sched_get_priority_min这两个函数来查找可用的优先级级别。

实　验　调度

因为这里的程序thread6.c与前面的例子很相似，所以我们只显示它与前面例子的不同之处。

(1) 首先，定义一些额外的变量：

```
    int max_priority;
    int min_priority;
    struct sched_param scheduling_value;
```

(2) 设置好脱离属性后，设置调度策略：

```
res = pthread_attr_setschedpolicy(&thread_attr, SCHED_OTHER);
if (res != 0) {
    perror("Setting scheduling policy failed");
    exit(EXIT_FAILURE);
}
```

(3) 接下来查找允许的优先级范围：

```
max_priority = sched_get_priority_max(SCHED_OTHER);
min_priority = sched_get_priority_min(SCHED_OTHER);
```

(4) 然后设置优先级：

```
scheduling_value.sched_priority = min_priority;
res = pthread_attr_setschedparam(&thread_attr, &scheduling_value);
if (res != 0) {
    perror("Setting scheduling priority failed");
    exit(EXIT_FAILURE);
}
```

运行这个程序，它的输出如下所示：

```
$ ./thread6
Waiting for thread to say it's finished...

thread_function is running. Argument was Hello World
Waiting for thread to say it's finished...
Waiting for thread to say it's finished...
Waiting for thread to say it's finished...
Second thread setting finished flag, and exiting now
Other thread finished, bye!
```

实验解析

这与设置脱离状态属性很相似，区别只是我们设置的是调度策略。

12.7 取消一个线程

有时，我们想让一个线程可以要求另一个线程终止，就像给它发送一个信号一样。线程有方法可以做到这一点，与信号处理一样，线程可以在被要求终止时改变其行为。

先来看看用于请求一个线程终止的函数：

#include <pthread.h>

int pthread_cancel(pthread_t thread);

这个函数的定义简单易懂，提供一个线程标识符，我们就可以发送请求来取消它。但在接收到取消请求的一端，事情会稍微复杂一点，不过也不是非常复杂。线程可以用pthread_setcancelstate设置自己的取消状态。

#include <pthread.h>

int pthread_setcancelstate(int state, int *oldstate);

第一个参数的取值可以是PTHREAD_CANCEL_ENABLE，这个值允许线程接收取消请求；或者是PTHREAD_CANCEL_DISABLE，它的作用是忽略取消请求。oldstate指针用于获取先前的取消状态。如果你对它没有兴趣，只需传递NULL给它。如果取消请求被接受了，线程就可以进入第二个控制层次，用pthread_setcanceltype设置取消类型。

```
#include <pthread.h>

int pthread_setcanceltype(int type, int *oldtype);
```

type参数可以有两种取值：一个是PTHREAD_CANCEL_ASYNCHRONOUS，它将使得在接收到取消请求后立即采取行动；另一个是PTHREAD_CANCEL_DEFERRED，它将使得在接收到取消请求后，一直等待直到线程执行了下述函数之一后才采取行动。具体是函数pthread_join、pthread_cond_wait、pthread_cond_timedwait、pthread_testcancel、sem_wait或sigwait。

我们在本章中不会对它们全部进行介绍，因为并不是所有这些函数都会被经常用到。与往常一样，更详细的资料可以在它们的手册页中找到。

根据POSIX标准，其他可能阻塞的系统调用，如read、wait等也可以成为取消点。在撰写本书时，Linux还不支持所有这些系统调用都能成为取消点。但一些实验证明，某些阻塞调用，如sleep确实允许取消动作的发生。为安全起见，你可能会想在估计会被取消的代码中添加一些pthread_testcancel调用。

oldtype参数可以保存先前的状态，如果不想知道先前的状态，可以传递NULL给它。默认情况下，线程在启动时的取消状态为PTHREAD_CANCEL_ENABLE，取消类型是PTHREAD_ CANCEL_DEFERRED。

实　验　取消一个线程

程序thread7.c还是基于thread1.c。这一次，主线程向它创建的线程发送一个取消请求。

```c
#include <stdio.h>
#include <unistd.h>
#include <stdlib.h>
#include <pthread.h>

void *thread_function(void *arg);

int main() {
    int res;
    pthread_t a_thread;
    void *thread_result;

    res = pthread_create(&a_thread, NULL, thread_function, NULL);
    if (res != 0) {
        perror("Thread creation failed");
        exit(EXIT_FAILURE);
    }

    sleep(3);
    printf("Canceling thread...\n");
    res = pthread_cancel(a_thread);
    if (res != 0) {
        perror("Thread cancelation failed");
        exit(EXIT_FAILURE);
    }
    printf("Waiting for thread to finish...\n");
```

```
        res = pthread_join(a_thread, &thread_result);
        if (res != 0) {
            perror("Thread join failed");
            exit(EXIT_FAILURE);
        }
        exit(EXIT_SUCCESS);
}

void *thread_function(void *arg) {
        int i, res;
        res = pthread_setcancelstate(PTHREAD_CANCEL_ENABLE, NULL);
        if (res != 0) {
            perror("Thread pthread_setcancelstate failed");
            exit(EXIT_FAILURE);
        }
        res = pthread_setcanceltype(PTHREAD_CANCEL_DEFERRED, NULL);
        if (res != 0) {
            perror("Thread pthread_setcanceltype failed");
            exit(EXIT_FAILURE);
        }
        printf("thread_function is running\n");
        for(i = 0; i < 10; i++) {
            printf("Thread is still running (%d)...\n", i);
            sleep(1);
        }
        pthread_exit(0);
}
```

运行这个程序时，我们将看到如下所示的输出结果，显示线程已被取消：

```
$ ./thread7
thread_function is running
Thread is still running (0)...
Thread is still running (1)...
Thread is still running (2)...
Canceling thread...
Waiting for thread to finish...
$
```

实验解析

以通常的方法创建了新线程后，主线程休眠一会儿（好让新线程有时间开始执行），然后发送一个取消请求。如下所示：

```
sleep(3);
printf("Cancelling thread...\n");
res = pthread_cancel(a_thread);
if (res != 0) {
    perror("Thread cancelation failed");
    exit(EXIT_FAILURE);
}
```

在新创建的线程中，我们首先将取消状态设置为允许取消，如下所示：

```
res = pthread_setcancelstate(PTHREAD_CANCEL_ENABLE, NULL);
if (res != 0) {
    perror("Thread pthread_setcancelstate failed");
```

```
    exit(EXIT_FAILURE);
}
```

然后将取消类型设置为延迟取消，如下所示：

```
res = pthread_setcanceltype(PTHREAD_CANCEL_DEFERRED, NULL);
if (res != 0) {
    perror("Thread pthread_setcanceltype failed");
    exit(EXIT_FAILURE);
}
```

最后，线程在循环中等待被取消，如下所示：

```
for(i = 0; i < 10; i++) {
    printf("Thread is still running (%d)...\n", i);
    sleep(1);
}
```

12.8 多线程

至此，我们总是让程序的主执行线程仅仅创建一个线程。但我们并不想让读者认为你只能多创建一个线程。

| 实 验 | 多线程 |

在本章最后的例子thread8.c中，我们将演示如何在同一个程序中创建多个线程，然后又如何以不同于其启动的顺序将它们合并到一起。

```
#include <stdio.h>
#include <unistd.h>
#include <stdlib.h>
#include <pthread.h>

#define NUM_THREADS 6

void *thread_function(void *arg);

int main() {
    int res;
    pthread_t a_thread[NUM_THREADS];
    void *thread_result;
    int lots_of_threads;

    for(lots_of_threads = 0; lots_of_threads < NUM_THREADS; lots_of_threads++) {
        res = pthread_create(&(a_thread[lots_of_threads]),
NULL, thread_function, (void *)&lots_of_threads);
        if (res != 0) {
            perror("Thread creation failed");
            exit(EXIT_FAILURE);
        }
        sleep(1);
    }
    printf("Waiting for threads to finish...\n");
    for(lots_of_threads = NUM_THREADS - 1; lots_of_threads >= 0;
lots_of_threads--) {
```

```
        res = pthread_join(a_thread[lots_of_threads], &thread_result);
        if (res == 0) {
            printf("Picked up a thread\n");
        }
        else {
            perror("pthread_join failed");
        }
    }
    printf("All done\n");
    exit(EXIT_SUCCESS);
}

void *thread_function(void *arg) {
    int my_number = *(int *)arg;
    int rand_num;

    printf("thread_function is running. Argument was %d\n", my_number);
    rand_num=1+(int)(9.0*rand()/(RAND_MAX+1.0));
    sleep(rand_num);
    printf("Bye from %d\n", my_number);
    pthread_exit(NULL);
}
```

运行这个程序时，将看到如下所示的输出结果：

```
$ ./thread8
thread_function is running. Argument was 0
thread_function is running. Argument was 1
thread_function is running. Argument was 2
thread_function is running. Argument was 3
thread_function is running. Argument was 4
Bye from 1
thread_function is running. Argument was 5
Waiting for threads to finish...
Bye from 5
Picked up a thread
Bye from 0
Bye from 2
Bye from 3
Bye from 4
Picked up a thread
Picked up a thread
Picked up a thread
Picked up a thread
Picked up a thread
All done
```

如你所见，我们创建了许多线程并让它们以随意的顺序结束执行。这个程序有一个小漏洞，如果将sleep调用从启动线程的循环中删除，它就会变得很明显。我们通过它提醒读者，在编写使用线程的程序时需要多么小心。你发现错误在哪里了吗？我们将在下面的"实验解析"中解释它。

实验解析

这一次，我们创建了一个线程ID的数组，如下所示：

```
pthread_t a_thread[NUM_THREADS];
```

然后通过循环创建多个线程，如下所示：

```
for(lots_of_threads = 0; lots_of_threads < NUM_THREADS; lots_of_threads++) {
    res = pthread_create(&(a_thread[lots_of_threads]), NULL,
                         thread_function, (void *)&lots_of_threads);
    if (res != 0) {
        perror("Thread creation failed");
        exit(EXIT_FAILURE);
    }
    sleep(1);
}
```

创建出的线程等待一段随机的时间后退出运行，如下所示：

```
void *thread_function(void *arg) {
    int my_number = *(int *)arg;
    int rand_num;

    printf("thread_function is running. Argument was %d\n", my_number);
    rand_num=1+(int)(9.0*rand()/(RAND_MAX+1.0));
    sleep(rand_num);
    printf("Bye from %d\n", my_number);
    pthread_exit(NULL);
}
```

在主（原先）线程中，我们等待合并这些子线程，但并不是以创建它们的顺序来合并，如下所示：

```
    for(lots_of_threads = NUM_THREADS - 1; lots_of_threads >= 0; lots_of_threads--)
{
        res = pthread_join(a_thread[lots_of_threads], &thread_result);
        if (res == 0) {
            printf("Picked up a thread\n");
        }
        else {
            perror("pthread_join failed");
        }
    }
```

如果删除sleep调用后再运行这个程序，就可能会看到一些奇怪的现象，比如一些线程以相同的参数被启动，你可能会看到类似下面的输出：

```
thread_function is running. Argument was 0
thread_function is running. Argument was 2
thread_function is running. Argument was 2
thread_function is running. Argument was 4
thread_function is running. Argument was 4
thread_function is running. Argument was 5
Waiting for threads to finish...
Bye from 5
Picked up a thread
Bye from 2
Bye from 0
Bye from 2
Bye from 4
Bye from 4
Picked up a thread
Picked up a thread
```

```
Picked up a thread
Picked up a thread
Picked up a thread
All done
```

你能发现为什么会出现这样的问题吗？启动线程时，线程函数的参数是一个局部变量，这个变量在循环中被更新，引起问题的代码行是：

```
for(lots_of_threads = 0; lots_of_threads < NUM_THREADS; lots_of_threads++) {
    res = pthread_create(&(a_thread[lots_of_threads]), NULL,
                          thread_function, (void *)&lots_of_threads);
```

如果主线程运行得足够快，就有可能改变某些线程的参数（即lots_of_threads）。当对共享变量和多个执行路径没有做到足够重视时，程序就有可能出现这样的错误行为。我们已经警告过，编写线程程序时需要在设计上特别小心。要改正这个问题，我们可以直接传递这个参数的值，如下所示：

```
res = pthread_create(&(a_thread[lots_of_threads]), NULL, thread_function, (void
*)lots_of_threads);
```

当然还要修改thread_function函数，如下所示：

```
void *thread_function(void *arg) {
    int my_number = (int)arg;
```

这些修改都在程序thread8a.c中以阴影部分显示出来了，如下所示：

```
#include <stdio.h>
#include <unistd.h>
#include <stdlib.h>
#include <string.h>
#include <pthread.h>

#define NUM_THREADS 6

void *thread_function(void *arg);

int main() {

  int res;
  pthread_t a_thread[NUM_THREADS];
  void *thread_result;
  int lots_of_threads;
  for(lots_of_threads = 0; lots_of_threads < NUM_THREADS; lots_of_threads++) {

    res = pthread_create(&(a_thread[lots_of_threads]), NULL,
thread_function, (void *)lots_of_threads);
    if (res != 0) {
      perror("Thread creation failed");
      exit(EXIT_FAILURE);
    }
  }

  printf("Waiting for threads to finish...\n");
  for(lots_of_threads = NUM_THREADS - 1; lots_of_threads >= 0; lots_of_threads--) {
    res = pthread_join(a_thread[lots_of_threads], &thread_result);
    if (res == 0) {
      printf("Picked up a thread\n");
    } else {
```

```
        perror("pthread_join failed");
    }
}

printf("All done\n");

exit(EXIT_SUCCESS);
}
```

```
void *thread_function(void *arg) {
    int my_number = (int)arg;
    int rand_num;

    printf("thread_function is running. Argument was %d\n", my_number);
    rand_num=1+(int)(9.0*rand()/(RAND_MAX+1.0));
    sleep(rand_num);
    printf("Bye from %d\n", my_number);

    pthread_exit(NULL);
}
```

12.9　小结

在本章中，我们介绍了如何在一个进程中创建多个执行线程，每个线程共享着文件范围的变量。接着，我们介绍了线程对关键代码和数据的两种访问控制方法——使用信号量和互斥量。此后，我们介绍了如何控制线程的属性，特别介绍了如何才能将子线程和主线程分离开来，使主线程无需等待它创建的子线程终止运行。在简单介绍完一个线程如何请求另一个线程结束运行以及接收端的线程如何处理这类请求之后，我们展示了一个有多个并发执行线程的程序示例。

我们没有详细介绍每个函数调用和与线程有关的各类事物，但你现在应该对线程有了初步的了解了，可以尝试编写自己的线程程序了。通过阅读相关的手册页，你可以对线程有更加深入的了解。

进程间通信：管道

在 第11章，我们看到了一种在两个进程间发送消息的非常简单的方法：使用信号。我们创建通知事件，通过它引起响应，但传送的信息只限于一个信号值。

在本章中，我们将介绍管道，通过它进程之间可以交换更有用的数据。在本章的最后，我们将用新学到的知识将CD数据库应用程序重新实现为一个非常简单的客户/服务器应用程序。

我们将在本章中介绍以下几方面的内容：

❑ 管道的定义
❑ 进程管道
❑ 管道调用
❑ 父进程和子进程
❑ 命名管道：FIFO
❑ 客户/服务器架构

13.1 什么是管道

当从一个进程连接数据流到另一个进程时，我们使用术语管道（pipe）。我们通常是把一个进程的输出通过管道连接到另一个进程的输入。

大多数Linux的用户应该早已对将shell命令连接在一起的概念很熟悉了，这实际上就是把一个进程的输出直接传递给另一个进程的输入。对于shell命令来说，命令的连接是通过管道字符来完成的，如下所示：

```
cmd1 | cmd2
```

shell负责安排两个命令的标准输入和标准输出。

❑ cmd1的标准输入来自终端键盘。
❑ cmd1的标准输出传递给cmd2，作为它的标准输入。
❑ cmd2的标准输出连接到终端屏幕。

shell所做的工作实际上是对标准输入和标准输出流进行了重新连接，使数据流从键盘输入通过两个命令最终输出到屏幕上，见图13-1。

在本章中，我们将看到如何在程序中获得这样的效果，怎样用管道将多个进程连接起来，从而实现一个简单的客户/服务器系统。

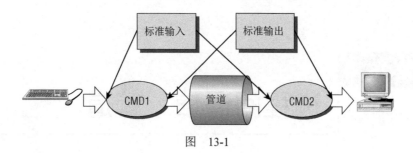

图　13-1

13.2　进程管道

可能最简单的在两个程序之间传递数据的方法就是使用popen和pclose函数了。它们的原型如下所示：

```
#include <stdio.h>

FILE *popen(const char *command, const char *open_mode);
int pclose(FILE *stream_to_close);
```

1. popen函数

popen函数允许一个程序将另一个程序作为新进程来启动，并可以传递数据给它或者通过它接收数据。command字符串是要运行的程序名和相应的参数。open_mode必须是"r"或者"w"。

如果open_mode是"r"，被调用程序的输出就可以被调用程序使用，调用程序利用popen函数返回的FILE*文件流指针，就可以通过常用的stdio库函数（如fread）来读取被调用程序的输出。如果open_mode是"w"，调用程序就可以用fwrite调用向被调用程序发送数据，而被调用程序可以在自己的标准输入上读取这些数据。被调用的程序通常不会意识到自己正在从另一个进程读取数据，它只是在标准输入流上读取数据，然后做出相应的操作。

每个popen调用都必须指定"r"或"w"，在popen函数的标准实现中不支持任何其他选项。这意味着我们不能调用另一个程序并同时对它进行读写操作。popen函数在失败时返回一个空指针。如果想通过管道实现双向通信，最普通的解决方法是使用两个管道，每个管道负责一个方向的数据流。

2. pclose函数

用popen启动的进程结束时，我们可以用pclose函数关闭与之关联的文件流。pclose调用只在popen启动的进程结束后才返回。如果调用pclose时它仍在运行，pclose调用将等待该进程的结束。

pclose调用的返回值通常是它所关闭的文件流所在进程的退出码。如果调用进程在调用pclose之前执行了一个wait语句，被调用进程的退出状态就会丢失，因为被调用进程已结束。此时，pclose将返回-1并设置errno为ECHILD。

实　验　**读取外部程序的输出**

现在来看一个简单的popen和pclose示例程序popen1.c。我们将在程序中用popen访问uname命令给出的信息。命令uname –a的作用是打印系统信息，包括计算机型号、操作系统名称、版本和发行号，以及计算机的网络名。

完成程序的初始化工作后，打开一个连接到uname命令的管道，把管道设置为可读方式并让read_fp指向该命令的输出。最后，关闭read_fp指向的管道。

```
#include <unistd.h>
#include <stdlib.h>
#include <stdio.h>
#include <string.h>

int main()
{
    FILE *read_fp;
    char buffer[BUFSIZ + 1];
    int chars_read;
    memset(buffer, '\0', sizeof(buffer));
    read_fp = popen("uname -a", "r");
    if (read_fp != NULL) {
        chars_read = fread(buffer, sizeof(char), BUFSIZ, read_fp);
        if (chars_read > 0) {
            printf("Output was:-\n%s\n", buffer);
        }
        pclose(read_fp);
        exit(EXIT_SUCCESS);
    }
    exit(EXIT_FAILURE);
}
```

运行这个程序，我们将看到如下所示的输出结果（这是在本书其中一位作者的机器上的输出结果）：

```
$ ./popen1
Output was:-
Linux suse103 2.6.20.2-2-default #1 SMP Fri Mar 9 21:54:10 UTC 2007 i686 i686 i386
GNU/Linux
```

实验解析

这个程序用popen调用启动带有-a选项的uname命令。然后用返回的文件流读取最多BUFSIZ个字符（这个常量是在stdio.h中用#define语句定义的）的数据，并将它们打印出来显示在屏幕上。因为我们是在程序内部捕获uname命令的输出，所以可以处理它。

13.3 将输出送往 popen

看过捕获外部程序输出的例子后，我们再来看一个将输出发送到外部程序的示例程序popen2.c，它将数据通过管道送往另一个程序。我们在这里使用的是od（八进制输出）命令。

实 验 将输出送往外部程序

我们可以看到，下面这个程序popen2.c非常类似于前面的示例程序，唯一的不同是这个程序是将数据写入管道，而不是从管道中读取。

```
#include <unistd.h>
#include <stdlib.h>
#include <stdio.h>
#include <string.h>
```

```
int main()
{
    FILE *write_fp;
    char buffer[BUFSIZ + 1];

    sprintf(buffer, "Once upon a time, there was...\n");
    write_fp = popen("od -c", "w");
    if (write_fp != NULL) {
        fwrite(buffer, sizeof(char), strlen(buffer), write_fp);
        pclose(write_fp);
        exit(EXIT_SUCCESS);
    }
    exit(EXIT_FAILURE);
}
```

运行这个程序时，我们将看到如下所示的输出结果：

```
$ ./popen2
0000000   O   n   c   e       u   p   o   n       a       t   i   m   e
0000020   ,       t   h   e   r   e       w   a   s   .   .   .  \n
0000037
```

实验解析

程序使用带有参数"w"的popen启动od –c命令，这样就可以向该命令发送数据了。然后它给od –c 命令发送一个字符串，该命令接收并处理它，最后把处理结果打印到自己的标准输出上。

在命令行上，我们可以用下面的命令得到同样的输出结果：

```
$ echo "Once upon a time, there was..." | od -c
```

13.3.1　传递更多的数据

我们目前所使用的机制都只是将所有数据通过一次fread或fwrite调用来发送或接收。有时，我们可能希望能以块方式发送数据，或者我们根本就不知道输出数据的长度。为了避免定义一个非常大的缓冲区，我们可以用多个fread或fwrite调用来将数据分为几部分处理。

下面这个程序popen3.c通过管道读取所有数据。

实　验　通过管道读取大量数据

在这个程序中，我们从被调用的进程ps ax中读取数据。该进程输出的数据有多少事先无法知道，所以我们必须对管道进行多次读取。

```
#include <unistd.h>
#include <stdlib.h>
#include <stdio.h>
#include <string.h>

int main()
{
    FILE *read_fp;
    char buffer[BUFSIZ + 1];
    int chars_read;
```

```
    memset(buffer, '\0', sizeof(buffer));
    read_fp = popen("ps ax", "r");
    if (read_fp != NULL) {
        chars_read = fread(buffer, sizeof(char), BUFSIZ, read_fp);
        while (chars_read > 0) {
            buffer[chars_read - 1] = '\0';
            printf("Reading %d:-\n %s\n", BUFSIZ, buffer);
            chars_read = fread(buffer, sizeof(char), BUFSIZ, read_fp);
        }
        pclose(read_fp);
        exit(EXIT_SUCCESS);
    }
    exit(EXIT_FAILURE);
}
```

为简洁起见，我们对程序的输出做了一些修改，如下所示：

```
$ ./popen3
Reading 1024:-
   PID TTY STAT  TIME COMMAND
    1  ?   Ss    0:03 init [5]
    2  ?   SW    0:00 [kflushd]
    3  ?   SW    0:00 [kpiod]
    4  ?   SW    0:00 [kswapd]
    5  ?   SW<   0:00 [mdrecoveryd]
...
  240 tty2 S    0:02 emacs draft1.txt
Reading 1024:-
  368 tty1 S    0:00 ./popen3
  369 tty1 R    0:00 ps -ax
...
```

实验解析

这个程序调用popen函数时使用了"r"参数，这与popen1.c程序的做法一样。这次，它连续从文件流中读取数据，直到没有数据可读为止。注意，虽然ps命令的执行要花费一些时间，但Linux会安排好进程间的调度，让两个程序在可以运行时继续运行。如果读进程popen3没有数据可读，它将被挂起直到有数据到达。如果写进程ps产生的输出超过了可用缓冲区的长度，它也会被挂起直到读进程读取了一些数据。

在本例中，你可能不会看到Reading:-信息的第二次出现。如果BUFSIZ的值超过了ps命令输出的长度，这种情况就会发生。一些（最新的）Linux系统将BUFSIZ设置为8 192或更大的数字。为了测试程序在读取多个输出数据块时能够正常工作，你可以尝试每次读取少于BUFSIZ个字符（比如BUFSIZE/10个字符）。

13.3.2 如何实现 popen

请求popen调用运行一个程序时，它首先启动shell，即系统中的sh命令，然后将command字符串作为一个参数传递给它。这有两个效果，一个好，一个不太好。

在Linux（以及所有的类UNIX系统）中，所有的参数扩展都是由shell来完成的。所以，在启动程序之前先启动shell来分析命令字符串，就可以使各种shell扩展（如*.c所指的是哪些文件）在程序启动之前就全部完成。这个功能非常有用，它允许我们通过popen启动非常复杂的shell命令。而其他一些创建进程的函数（如execl）调用起来就复杂得多，因为调用进程必须自己去完成shell扩展。

使用shell的一个不太好的影响是，针对每个popen调用，不仅要启动一个被请求的程序，还要启动一个shell，即每个popen调用将多启动两个进程。从节省系统资源的角度来看，popen函数的调用成本略高，而且对目标命令的调用比正常方式要慢一些。

我们用程序popen4.c来演示popen函数的行为。这个程序对所有popen示例程序的源文件的总行数进行统计，方法是用cat命令显示文件的内容并将输出通过管道传递给命令wc -l，由后者统计总行数。如果是在命令行上完成这一任务，我们可以使用如下命令：

```
$ cat popen*.c | wc -l
```

事实上，输入命令wc -l popen*.c更简单而且更有效率，但我们是为了通过这个例子来演示popen函数的工作原理。

实　验　**popen启动shell**

这个程序使用上面给出的命令，但是通过popen来读取命令输出的结果：

```c
#include <unistd.h>
#include <stdlib.h>
#include <stdio.h>
#include <string.h>

int main()
{
    FILE *read_fp;
    char buffer[BUFSIZ + 1];
    int chars_read;

    memset(buffer, '\0', sizeof(buffer));
    read_fp = popen("cat popen*.c | wc -l", "r");
    if (read_fp != NULL) {
        chars_read = fread(buffer, sizeof(char), BUFSIZ, read_fp);
        while (chars_read > 0) {
            buffer[chars_read - 1] = '\0';
            printf("Reading:-\n %s\n", buffer);
            chars_read = fread(buffer, sizeof(char), BUFSIZ, read_fp);
        }
        pclose(read_fp);
        exit(EXIT_SUCCESS);
    }
    exit(EXIT_FAILURE);
}
```

运行这个程序时，我们将看到如下所示的输出结果：

```
$ ./popen4
Reading:-
    94
```

实验解析

这个程序显示，shell在启动后将popen*.c扩展为一个文件列表，列表中的文件名都以popen开头，

以.c结尾，shell还处理了管道符（|）并将cat命令的输出传递给wc命令。我们在一个popen调用中启动了shell、cat程序和wc程序，并进行了一次输出重定向。而调用这些命令的程序只看到最终的输出结果。

13.4 **pipe** 调用

在看过高级的popen函数之后，我们再来看看底层的pipe函数。通过这个函数在两个程序之间传递数据不需要启动一个shell来解释请求的命令。它同时还提供了对读写数据的更多控制。

pipe函数的原型如下所示：

```
#include <unistd.h>

int pipe(int file_descriptor[2]);
```

pipe函数的参数是一个由两个整数类型的文件描述符组成的数组的指针。该函数在数组中填上两个新的文件描述符后返回0，如果失败则返回-1并设置errno来表明失败的原因。在Linux手册页（手册的第二部分）中定义了下面一些错误。

❑ EMFILE：进程使用的文件描述符过多。

❑ ENFILE：系统的文件表已满。

❑ EFAULT：文件描述符无效。

两个返回的文件描述符以一种特殊的方式连接起来。写到file_descriptor[1]的所有数据都可以从file_descriptor[0]读回来。数据基于先进先出的原则（通常简写为FIFO）进行处理，这意味着如果你把字节1，2，3写到file_descriptor[1]，从file_descriptor[0]读取到的数据也会是1，2，3。这与栈的处理方式不同，栈采用后进先出的原则，通常简写为LIFO。

特别要注意，这里使用的是文件描述符而不是文件流，所以我们必须用底层的read和write调用来访问数据，而不是用文件流库函数fread和fwrite。

下面的程序pipe1.c用pipe函数来创建一个管道。

实 验 **pipe函数**

注意file_pipes数组的用法，它的地址被当作参数传递给pipe函数。

```
#include <unistd.h>
#include <stdlib.h>
#include <stdio.h>
#include <string.h>

int main()
{
    int data_processed;
    int file_pipes[2];
    const char some_data[] = "123";
    char buffer[BUFSIZ + 1];

    memset(buffer, '\0', sizeof(buffer));

    if (pipe(file_pipes) == 0) {
```

```
        data_processed = write(file_pipes[1], some_data, strlen(some_data));
        printf("Wrote %d bytes\n", data_processed);
        data_processed = read(file_pipes[0], buffer, BUFSIZ);
        printf("Read %d bytes: %s\n", data_processed, buffer);
        exit(EXIT_SUCCESS);
    }
    exit(EXIT_FAILURE);
}
```

运行这个程序时，输出结果如下所示：

```
$ ./pipe1
Wrote 3 bytes
Read 3 bytes: 123
```

实验解析

这个程序用数组file_pipes[]中的两个文件描述符创建一个管道。然后它用文件描述符file_pipes[1]向管道中写数据，再从file_pipes[0]读回数据。注意，管道有一些内置的缓存区，它在write和read调用之间保存数据。

如果你尝试用file_descriptor[0]写数据或用file_descriptor[1]读数据，其后果并未在文档中明确定义，所以其行为可能会非常奇怪，并且随着系统的不同，其行为可能会发生变化。在我的系统上，这样的调用将失败并返回-1，这至少能够说明这种错误比较容易发现。

乍看起来，这个使用管道的例子并无特别之处，它做的工作也可以用一个简单的文件完成。管道的真正优势体现在，当你想在两个进程之间传递数据的时候。我们在第12章讲过，当程序用fork调用创建新进程时，原先打开的文件描述符仍将保持打开状态。如果在原先的进程中创建一个管道，然后再调用fork创建新进程，我们即可通过管道在两个进程之间传递数据。

实　验　跨越fork调用的管道

(1) 下面这个程序pipe2.c的开始部分（在调用fork之前的部分）和第一个例子非常相似。

```
#include <unistd.h>
#include <stdlib.h>
#include <stdio.h>
#include <string.h>

int main()
{
    int data_processed;
    int file_pipes[2];
    const char some_data[] = "123";
    char buffer[BUFSIZ + 1];
    pid_t fork_result;

    memset(buffer, '\0', sizeof(buffer));

    if (pipe(file_pipes) == 0) {
        fork_result = fork();
        if (fork_result == -1) {
```

```
                fprintf(stderr, "Fork failure");
                exit(EXIT_FAILURE);
        }
```

(2) 在确认fork调用成功后，如果fork_result等于零，就说明我们是在子进程中，如下所示：

```
    if (fork_result == 0) {
        data_processed = read(file_pipes[0], buffer, BUFSIZ);
        printf("Read %d bytes: %s\n", data_processed, buffer);
        exit(EXIT_SUCCESS);
    }
```

(3) 否则，我们肯定是在父进程中，如下所示：

```
    else {
        data_processed = write(file_pipes[1], some_data,
                               strlen(some_data));
        printf("Wrote %d bytes\n", data_processed);
    }
    }
    exit(EXIT_SUCCESS);
}
```

运行这个程序时，输出结果和前例一样：

```
$ ./pipe2
Wrote 3 bytes
Read 3 bytes: 123
```

你可能会在实际运行这个程序的时候发现，命令提示符在输出结果的最后一行之前出现，为了便于阅读，我们在这里对输出结果进行了调整。

实验解析

这个程序首先用pipe调用创建一个管道，接着用fork调用创建一个新进程。如果fork调用成功，父进程就写数据到管道中，而子进程从管道中读取数据。父子进程都在只调用了一次write或read之后就退出。如果父进程在子进程之前退出，你就会在两部分输出内容之间看到shell提示符。

虽然从表面上看，这个程序和第一个使用管道的例子很相似，但实际上在这个例子中我们往前跨出了一大步，我们可以在不同的进程之间进行读写操作了，如图13-2所示。

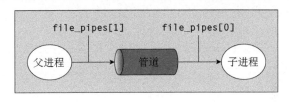

图 13-2

13.5 父进程和子进程

在接下来的对pipe调用的研究中，我们将学习如何在子进程中运行一个与其父进程完全不同的另外一个程序，而不是仅仅运行一个相同程序。我们用exec调用来完成这一工作。这里的一个难点是，通过exec调用的进程需要知道应该访问哪个文件描述符。在前面的例子中，因为子进程本身有

file_pipes数据的一份副本，所以这并不成为问题。但经过exec调用后，情况就不一样了，因为原先的进程已经被新的子进程替换了。为解决这个问题，我们可以将文件描述符（它实际上只是一个数字）作为一个参数传递给用exec启动的程序。

为了演示它是如何工作的，我们需要使用两个程序。第一个程序是数据生产者，它负责创建管道和启动子进程，而后者是数据消费者。

实　验　管道和exec函数

(1) 下面这个程序pipe3.c是从pipe2.c修改而来。我们在改动的地方加上了阴影，如下所示：

```c
#include <unistd.h>
#include <stdlib.h>
#include <stdio.h>
#include <string.h>

int main()
{

    int data_processed;
    int file_pipes[2];
    const char some_data[] = "123";
    char buffer[BUFSIZ + 1];
    pid_t fork_result;

    memset(buffer, '\0', sizeof(buffer));

    if (pipe(file_pipes) == 0) {
        fork_result = fork();
        if (fork_result == (pid_t)-1) {
            fprintf(stderr, "Fork failure");
            exit(EXIT_FAILURE);
        }

        if (fork_result == 0) {
            sprintf(buffer, "%d", file_pipes[0]);
            (void)execl("pipe4", "pipe4", buffer, (char *)0);
            exit(EXIT_FAILURE);
        }
        else {
            data_processed = write(file_pipes[1], some_data,
                                    strlen(some_data));
            printf("%d - wrote %d bytes\n", getpid(), data_processed);
        }
    }
    exit(EXIT_SUCCESS);
}
```

(2) 数据消费者程序pipe4.c负责读取数据，它的代码要简单得多，如下所示：

```c
#include <unistd.h>
#include <stdlib.h>
#include <stdio.h>
#include <string.h>
```

```
int main(int argc, char *argv[])
{
    int data_processed;
    char buffer[BUFSIZ + 1];
    int file_descriptor;

    memset(buffer, '\0', sizeof(buffer));
    sscanf(argv[1], "%d", &file_descriptor);
    data_processed = read(file_descriptor, buffer, BUFSIZ);

    printf("%d - read %d bytes: %s\n", getpid(), data_processed, buffer);
    exit(EXIT_SUCCESS);
}
```

要记住，pipe3在程序中调用pipe4，运行pipe3时，我们将看到如下所示的输出结果：

```
$ ./pipe3
22460 - wrote 3 bytes
22461 - read 3 bytes: 123
```

实验解析

pipe3程序的开始部分和前面的例子一样，用pipe调用创建一个管道，然后用fork调用创建一个新进程。接下来，它用sprintf把读取管道数据的文件描述符保存到一个缓存区中，该缓存区中的内容将构成pipe4程序的一个参数。

我们通过execl调用来启动pipe4程序，execl的参数如下所示。

❑ 要启动的程序。

❑ argv[0]：程序名。

❑ argv[1]：包含我们想让被调用程序去读取的文件描述符。

❑ (char *)0：这个参数的作用是终止被调用程序的参数列表。

pipe4程序从参数字符串中提取出文件描述符数字，然后读取该文件描述符来获取数据。

13.5.1 管道关闭后的读操作

在继续学习之前，我们再来仔细研究一下打开的文件描述符。至此，我们一直采取的是让读进程读取一些数据然后直接退出的方式，并假设Linux会把清理文件当作是在进程结束时应该做的工作的一部分。

但大多数从标准输入读取数据的程序采用的却是与我们到目前为止见到的例子非常不同的另外一种做法。通常它们并不知道有多少数据需要读取，所以往往采用循环的方法，读取数据——处理数据——读取更多的数据，直到没有数据可读为止。

当没有数据可读时，read调用通常会阻塞，即它将暂停进程来等待直到有数据到达为止。如果管道的另一端已被关闭，也就是说，没有进程打开这个管道并向它写数据了，这时read调用就会阻塞。但这样的阻塞不是很有用，因此对一个已关闭写数据的管道做read调用将返回0而不是阻塞。这就使读进程能够像检测文件结束一样，对管道进行检测并作出相应的动作。注意，这与读取一个无效的文件描述符不同，read把无效的文件描述符看作一个错误并返回-1。

如果跨越fork调用使用管道，就会有两个不同的文件描述符可以用于向管道写数据，一个在父进程中，一个在子进程中。只有把父子进程中的针对管道的写文件描述符都关闭，管道才会被认为是关闭了，对管道的read调用才会失败。我们还将深入讨论这一问题，在学习到O_NONBLOCK标志和FIFO时，我们将看到一个这样的例子。

13.5.2 把管道用作标准输入和标准输出

现在，我们已知道了如何使得对一个空管道的读操作失败，下面我们来看一种用管道连接两个进程的更简洁的方法。我们把其中一个管道文件描述符设置为一个已知值，一般是标准输入0或标准输出1。在父进程中做这个设置稍微有点复杂，但它使得子程序的编写变得非常简单。

这样做的最大好处是我们可以调用标准程序，即那些不需要以文件描述符为参数的程序。为了完成这个工作，我们需要使用在第3章中介绍过的dup函数。dup函数有两个紧密关联的版本，它们的原型如下所示：

```
#include <unistd.h>

int dup(int file_descriptor);
int dup2(int file_descriptor_one, int file_descriptor_two);
```

dup调用的目的是打开一个新的文件描述符，这与open调用有点类似。不同之处是，dup调用创建的新文件描述符与作为它的参数的那个已有文件描述符指向同一个文件（或管道）。对于dup函数来说，新的文件描述符总是取最小的可用值。而对于dup2函数来说，它所创建的新文件描述符或者与参数file_descriptor_two相同，或者是第一个大于该参数的可用值。

我们可以使用更通用的fcntl调用（command参数设置为F_DUPFD）来达到与调用dup和dup2相同的效果。虽然如此，但dup调用更易于使用，因为它是专门用于复制文件描述符的。而且它的使用非常普遍，你可以发现，在已有的程序中，它的使用比fcntl和F_DUPFD更频繁。

那么，dup是如何帮助我们在进程之间传递数据的呢？诀窍就在于，标准输入的文件描述符总是0，而dup返回的新的文件描述符又总是使用最小可用的数字。因此，如果我们首先关闭文件描述符0然后调用dup，那么新的文件描述符就将是数字0。因为新的文件描述符是复制一个已有的文件描述符，所以标准输入就会改为指向一个我们传递给dup函数的文件描述符所对应的文件或管道。我们创建了两个文件描述符，它们指向同一个文件或管道，而且其中之一是标准输入。

用close和dup函数对文件描述符进行处理

理解当我们关闭文件描述符0，然后调用dup究竟发生了什么的最简单的方法就是，查看开头的4个文件描述符的状态在这一过程中的改变情况，如表13-1所示。

表 13-1

文件描述符	初 始 值	关闭文件描述符0后	dup调用后
0	标准输入	{已关闭}	管道文件描述符
1	标准输出	标准输出	标准输出
2	标准错误输出	标准错误输出	标准错误输出
3	管道文件描述符	管道文件描述符	管道文件描述符

实 验 管道和dup函数

再回到前面的例子，但这次，我们将把子程序的stdin文件描述符替换为我们创建的管道的读取端。我们还将对文件描述符做一些清理，使得子程序可以正确检测到管道中数据的结束。与往常一样，为了简洁起见，我们省略了一些错误检查。

用如下的代码将pipe3.c修改为pipe5.c：

```
#include <unistd.h>
#include <stdlib.h>
#include <stdio.h>
#include <string.h>

int main()
{
    int data_processed;
    int file_pipes[2];
    const char some_data[] = "123";
    pid_t fork_result;

    if (pipe(file_pipes) == 0) {
        fork_result = fork();
        if (fork_result == (pid_t)-1) {
            fprintf(stderr, "Fork failure");
            exit(EXIT_FAILURE);
        }

        if (fork_result == (pid_t)0) {
            close(0);
            dup(file_pipes[0]);
            close(file_pipes[0]);
            close(file_pipes[1]);

            execlp("od", "od", "-c", (char *)0);
            exit(EXIT_FAILURE);
        }
        else {
            close(file_pipes[0]);
            data_processed = write(file_pipes[1], some_data,
                                   strlen(some_data));
            close(file_pipes[1]);
            printf("%d - wrote %d bytes\n", (int)getpid(), data_processed);
        }
    }
    exit(EXIT_SUCCESS);
}
```

这个程序的输出结果如下所示：

```
$ ./pipe5
22495 - wrote 3 bytes
0000000    1   2   3
0000003
```

实验解析

与往常一样，这个程序创建一个管道，然后通过fork创建一个子进程。此时，父子进程都有可以访问管道的文件描述符，一个用于读数据，一个用于写数据，所以总共有4个打开的文件描述符。

我们首先来看子进程。子进程先用close(0)关闭它的标准输入，然后调用dup(file_pipes[0])把与管道的读取端关联的文件描述符复制为文件描述符0，即标准输入。接下来，子进程关闭原先的用来从管道读取数据的文件描述符file_pipes[0]。因为子进程不会向管道写数据，所以它把与管道关联的写操作文件描述符file_pipes[1]也关闭了。现在，它只有一个与管道关联的文件描述符，即文件描述符0，它的标准输入。

接下来，子进程就可以用exec来启动任何从标准输入读取数据的程序了。在本例中，我们使用的是od命令。od命令将等待数据的到来，就好像它在等待来自用户终端的输入一样。事实上，如果没有明确使用检测这两者之间不同的特殊代码，它并不知道输入是来自一个管道，而不是来自一个终端。

父进程首先关闭管道的读取端file_pipes[0]，因为它不会从管道读取数据。接着它向管道写入数据。当所有数据都写完后，父进程关闭管道的写入端并退出。因为现在已没有打开的文件描述符可以向管道写数据了，od程序读取写到管道中的3个字节数据后，后续的读操作将返回0字节，表示已到达文件尾。当读操作返回0时，od程序就退出运行。这类似于在终端上运行od命令，然后按下Ctrl+D组合键发送文件尾标志。

图13-3显示调用pipe之后的情况。

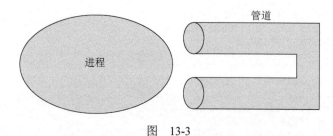

图   13-3

图13-4显示调用fork之后的情况。

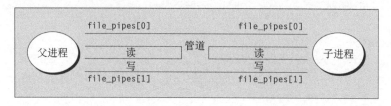

图   13-4

图13-5显示程序做好数据传输准备之后的情况。

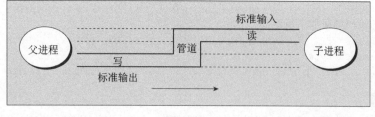

图   13-5

13.6   命名管道：FIFO

至此，我们还只能在相关的程序之间传递数据，即这些程序是由一个共同的祖先进程启动的。但如果我们想在不相关的进程之间交换数据，这还不是很方便。

我们可以用FIFO文件来完成这项工作，它通常也被称为命名管道（named pipe）。命名管道是一种特殊类型的文件（别忘了Linux中的所有事物都是文件），它在文件系统中以文件名的形式存在，但它的行为却和我们已经见过的没有名字的管道类似。

我们可以在命令行上创建命名管道，也可以在程序中创建它。过去，命令行上用来创建命名管道的程序是mknod，如下所示：

$ **mknod** *filename* **p**

但mknod命令并未出现在X/Open规范的命令列表中，所以可能并不是所有的类UNIX系统都可以这样做。我们推荐使用的命令行命令是：

$ **mkfifo** *filename*

有些老版本的UNIX系统只有mknod命令。X/Open规范的第4期第2版中有mknod函数调用，但没有对应的命令行程序。Linux系统非常友好，它同时支持mknod和mkfifo。

在程序中，我们可以使用两个不同的函数调用，如下所示：

```
#include <sys/types.h>
#include <sys/stat.h>

int mkfifo(const char *filename, mode_t mode);
int mknod(const char *filename, mode_t mode | S_IFIFO, (dev_t) 0);
```

与mknod命令一样，我们可以用mknod函数建立许多特殊类型的文件。要想通过这个函数创建一个命名管道，唯一具有可移植性的方法是使用一个dev_t类型的值0，并将文件访问模式与S_IFIFO按位或。我们在下面的例子中将使用较简单的mkfifo函数。

实　验　创建命名管道

下面是程序fifo1.c的代码：

```
#include <unistd.h>
#include <stdlib.h>
#include <stdio.h>
#include <sys/types.h>
#include <sys/stat.h>

int main()
{
    int res = mkfifo("/tmp/my_fifo", 0777);
    if (res == 0) printf("FIFO created\n");
    exit(EXIT_SUCCESS);
}
```

我们可以用下面的命令来创建和查找管道：

```
$ ./fifo1
FIFO created
$ ls -lF /tmp/my_fifo
prwxr-xr-x   1 rick    users           0 2007-06-16 17:18 /tmp/my_fifo|
```

注意，输出结果中的第一个字符为p，表示这是一个管道。最后的|符号是由ls命令的-F选项添加的，它也表示这是一个管道。

实验解析

这个程序用mkfifo函数创建一个特殊的文件。虽然我们要求的文件模式是0777，但它被用户掩码（umask）设置（在本例中是022）给改变了，这与普通文件的创建是一样的，所以文件的最终模式是755。如果你的掩码设置与这里不同，比如是0002，那你将看到创建的文件拥有一个不同的权限。

我们可以像删除一个普通文件那样用rm命令删除FIFO文件，或者也可以在程序中用unlink系统调用来删除它。

13.6.1 访问 FIFO 文件

命名管道的一个非常有用的特点是：由于它们出现在文件系统中，所以它们可以像平常的文件名一样在命令中使用。在把创建的FIFO文件用在程序设计中之前，我们先通过普通的文件命令来观察FIFO文件的行为。

实 验 访问FIFO文件

(1) 首先，我们来尝试读这个（空的）FIFO文件：

```
$ cat < /tmp/my_fifo
```

(2) 现在，尝试向FIFO写数据。你必须用另一个终端来执行下面的命令，因为第一个命令现在被挂起以等待数据出现在FIFO中。

```
$ echo "Hello World" > /tmp/my_fifo
```

你将看到cat命令产生输出。如果不向FIFO发送任何数据，cat命令将一直挂起，直到你中断它，常用的中断方式是使用组合键Ctrl+C。

(3) 我们可以将第一个命令放在后台执行，这样即可一次执行两个命令：

```
$ cat < /tmp/my_fifo &
[1] 1316
$ echo "Hello World" > /tmp/my_fifo
Hello World

[1]+  Done                    cat </tmp/my_fifo
$
```

实验解析

因为FIFO中没有数据，所以cat和echo程序都阻塞了，cat等待数据的到来，而echo等待其他进程读取数据。

在上面的第三步中，cat进程一开始就在后台被阻塞了，当echo向它提供了一些数据后，cat命令读取这些数据并把它们打印到标准输出上，然后cat程序退出，不再等待更多的数据。它没有阻塞是因为当第二个命令将数据放入FIFO后，管道将被关闭，所以cat程序中的read调用返回0字节，表示已经到达文件尾。

现在我们已看过用命令行程序访问FIFO的情况，接下来我们将仔细分析FIFO的编程接口，它可以让我们在访问FIFO文件时更多地控制其读写行为。

与通过pipe调用创建管道不同，FIFO是以命名文件的形式存在，而不是打开的文件描述符，所以在对它进行读写操作之前必须先打开它。FIFO也用open和close函数打开和关闭，这与我们前面看到的对文件的操作一样，但它多了一些其他的功能。对FIFO来说，传递给open

调用的是FIFO的路径名，而不是一个正常的文件。

1. 使用open打开FIFO文件

打开FIFO的一个主要限制是，程序不能以O_RDWR模式打开FIFO文件进行读写操作，这样做的后果并未明确定义。但这个限制是有道理的，因为我们通常使用FIFO只是为了单向传递数据，所以没有必要使用O_RDWR模式。如果一个管道以读/写方式打开，进程就会从这个管道读回它自己的输出。

如果确实需要在程序之间双向传递数据，最好使用一对FIFO或管道，一个方向使用一个，或者（但并不常用）采用先关闭再重新打开FIFO的方法来明确地改变数据流的方向。我们将在本章后面部分再讨论用FIFO进行双向数据交换的问题。

打开FIFO文件和打开普通文件的另一点区别是，对open_flag（open函数的第二个参数）的O_NONBLOCK选项的用法。使用这个选项不仅改变open调用的处理方式，还会改变对这次open调用返回的文件描述符进行的读写请求的处理方式。

O_RDONLY、O_WRONLY和O_NONBLOCK标志共有4种合法的组合方式，我们将逐个介绍它们。

```
open(const char *path, O_RDONLY);
```

在这种情况下，open调用将阻塞，除非有一个进程以写方式打开同一个FIFO，否则它不会返回。这与前面第一个cat命令的例子类似。

```
open(const char *path, O_RDONLY | O_NONBLOCK);
```

即使没有其他进程以写方式打开FIFO，这个open调用也将成功并立刻返回。

```
open(const char *path, O_WRONLY);
```

在这种情况下，open调用将阻塞，直到有一个进程以读方式打开同一个FIFO为止。

```
open(const char *path, O_WRONLY | O_NONBLOCK);
```

这个函数调用总是立刻返回，但如果没有进程以读方式打开FIFO文件，open调用将返回一个错误-1并且FIFO也不会被打开。如果确实有一个进程以读方式打开FIFO文件，那么我们就可以通过它返回的文件描述符对这个FIFO文件进行写操作。

请注意O_NONBLOCK分别搭配O_RDONLY和O_WRONLY在效果上的不同，如果没有进程以读方式打开管道，非阻塞写方式的open调用将失败，但非阻塞读方式的open调用总是成功。close调用的行为并不受O_NONBLOCK标志的影响。

实　验　打开FIFO文件

下面我们来看，如何通过使用带O_NONBLOCK标志的open调用的行为来同步两个进程。我们在这里并没有选择使用多个示例程序的做法，而是只使用一个测试程序fifo2.c，通过给该程序传递不同的参数的方法来观察FIFO的行为。

(1) 程序的开始部分是头文件和#define定义，然后检查是否在命令行提供了正确数目的参数：

```
#include <unistd.h>
#include <stdlib.h>
#include <stdio.h>
#include <string.h>
#include <fcntl.h>
#include <sys/types.h>
```

```
#include <sys/stat.h>

#define FIFO_NAME "/tmp/my_fifo"

int main(int argc, char *argv[])
{
    int res;
    int open_mode = 0;
    int i;

    if (argc < 2) {
        fprintf(stderr, "Usage: %s <some combination of\
                O_RDONLY O_WRONLY O_NONBLOCK>\n", *argv);
        exit(EXIT_FAILURE);
    }
```

(2) 假设程序已通过测试，现在我们根据命令行参数来设置open_mode的值：

```
for(i = 1; i <argc; i++) {
    if (strncmp(*++argv, "O_RDONLY", 8) == 0)
        open_mode |= O_RDONLY;
    if (strncmp(*argv, "O_WRONLY", 8) == 0)
        open_mode |= O_WRONLY;
    if (strncmp(*argv, "O_NONBLOCK", 10) == 0)
        open_mode |= O_NONBLOCK;
}
```

(3) 现在检查FIFO文件是否存在，如有必要就创建它。接下来打开这个FIFO文件并输出相应的信息，然后程序小憩一下。最后，关闭FIFO。

```
if (access(FIFO_NAME, F_OK) == -1) {
    res = mkfifo(FIFO_NAME, 0777);
    if (res != 0) {
        fprintf(stderr, "Could not create fifo %s\n", FIFO_NAME);
        exit(EXIT_FAILURE);
    }
}

printf("Process %d opening FIFO\n", getpid());
res = open(FIFO_NAME, open_mode);
printf("Process %d result %d\n", getpid(), res);
sleep(5);
if (res != -1) (void)close(res);
printf("Process %d finished\n", getpid());
exit(EXIT_SUCCESS);
}
```

实验解析

这个程序能够在命令行上指定我们希望使用的O_RDONLY、O_WRONLY和O_NONBLOCK的组合方式。它会把命令行参数与程序中的常量字符串进行比较，如果匹配，就（用|=操作符）设置相应的标志。程序用access函数来检查FIFO文件是否存在，如果不存在就创建它。

在程序中，一直到最后都没有删除这个FIFO文件，因为我们没办法知道是否有其他程序正在使用它。

2. 不带O_NONBLOCK标志的O_RDONLY和O_WRONLY

我们现在有了测试程序，可以逐个尝试标志的不同组合方式。注意，我们将第一个程序（读取者）放在后台运行：

```
$ ./fifo2 O_RDONLY &
[1] 152
Process 152 opening FIFO
$ ./fifo2 O_WRONLY
Process 153 opening FIFO
Process 152 result 3
Process 153 result 3
Process 152 finished
Process 153 finished
```

这可能是命名管道最常见的用法了。它允许先启动读进程，并在open调用中等待，当第二个程序打开FIFO文件时，两个程序继续运行。注意，读进程和写进程在open调用处取得同步。

> 当一个Linux进程被阻塞时，它并不消耗CPU资源，所以这种进程的同步方式对CPU来说是非常有效率的。

3. 带O_NONBLOCK标志的O_RDONLY和不带该标志的O_WRONLY

这次，读进程执行open调用并立刻继续执行，即使没有写进程的存在。随后写进程开始执行，它也在执行open调用后立刻继续执行，但这次是因为FIFO已被读进程打开。

```
$ ./fifo2 O_RDONLY O_NONBLOCK &
[1] 160
Process 160 opening FIFO
$ ./fifo2 O_WRONLY
Process 161 opening FIFO
Process 160 result 3
Process 161 result 3
Process 160 finished
Process 161 finished
[1]+  Done                    ./fifo2 O_RDONLY O_NONBLOCK
```

这两个例子可能是open模式的最常见的组合形式。你还可以用这个示例程序随意尝试其他组合方式。

4. 对FIFO进行读写操作

使用O_NONBLOCK模式会影响到对FIFO的read和write调用。

对一个空的、阻塞的FIFO（即没有用O_NONBLOCK标志打开）的read调用将等待，直到有数据可以读时才继续执行。与此相反，对一个空的、非阻塞的FIFO的read调用将立刻返回0字节。

对一个满的、阻塞FIFO的write调用将等待，直到数据可以被写入时才继续执行。如果FIFO不能接收所有写入的数据[①]，它将按下面的规则执行。

❑ 如果请求写入的数据的长度小于等于PIPE_BUF字节，调用失败，数据不能写入。

❑ 如果请求写入的数据的长度大于PIPE_BUF字节，将写入部分数据，返回实际写入的字节数，返回值也可能是0。

FIFO的长度是需要考虑的一个很重要的因素。系统对任一时刻在一个FIFO中可以存在的数据长度是有限制的。它由#define PIPE_BUF语句定义，通常可以在头文件limits.h中找到它。在Linux和许

---

① 这里所指的情况是当FIFO被设置为非阻塞模式时。——译者注

多其他类UNIX系统中，它的值通常是4 096字节，但在某些系统中它可能会小到512字节。系统规定：在一个以O_WRONLY方式（即阻塞方式）打开的FIFO中，如果写入的数据长度小于等于PIPE_BUF，那么或者写入全部字节，或者一个字节都不写入。

虽然，对只有一个FIFO写进程和一个FIFO读进程的简单情况来说，这个限制并不是非常重要，但只使用一个FIFO并允许多个不同的程序向一个FIFO读进程发送请求的情况是很常见的。如果几个不同的程序尝试同时向FIFO写数据，能否保证来自不同程序的数据块不相互交错就非常关键了。也就是说，每个写操作都必须是"原子化"的。怎样才能做到这一点呢？

如果你能保证所有的写请求是发往一个阻塞的FIFO的，并且每个写请求的数据长度小于等于PIPE_BUF字节，系统就可以确保数据决不会交错在一起。通常将每次通过FIFO传递的数据长度限制为PIPE_BUF字节是个好方法，除非你只使用一个写进程和一个读进程。

实 验   使用FIFO实现进程间通信

为了演示不相关的进程是如何使用命名管道进行通信的，我们需要用到两个独立的程序fifo3.c和fifo4.c。

(1) 第一个程序是生产者程序。它在需要时创建管道，然后尽可能快地向管道中写入数据。

注意，出于演示的目的，我们并不关心写入数据的内容，所以我们并未对缓冲区进行初始化。在这两个程序代码中，与fifo2.c不一样的地方都加上了阴影，处理命令行参数的代码被删除了。

```c
#include <unistd.h>
#include <stdlib.h>
#include <stdio.h>
#include <string.h>
#include <fcntl.h>
#include <limits.h>
#include <sys/types.h>
#include <sys/stat.h>

#define FIFO_NAME "/tmp/my_fifo"
#define BUFFER_SIZE PIPE_BUF
#define TEN_MEG (1024 * 1024 * 10)

int main()
{
    int pipe_fd;
    int res;
    int open_mode = O_WRONLY;
    int bytes_sent = 0;
    char buffer[BUFFER_SIZE + 1];

    if (access(FIFO_NAME, F_OK) == -1) {
        res = mkfifo(FIFO_NAME, 0777);
        if (res != 0) {
            fprintf(stderr, "Could not create fifo %s\n", FIFO_NAME);
            exit(EXIT_FAILURE);
        }
    }
```

```
    printf("Process %d opening FIFO O_WRONLY\n", getpid());
    pipe_fd = open(FIFO_NAME, open_mode);
    printf("Process %d result %d\n", getpid(), pipe_fd);

    if (pipe_fd != -1) {
        while(bytes_sent < TEN_MEG) {
            res = write(pipe_fd, buffer, BUFFER_SIZE);
            if (res == -1) {
                fprintf(stderr, "Write error on pipe\n");
                exit(EXIT_FAILURE);
            }
            bytes_sent += res;
        }
        (void)close(pipe_fd);
    }
    else {
        exit(EXIT_FAILURE);
    }

    printf("Process %d finished\n", getpid());
    exit(EXIT_SUCCESS);
}
```

(2) 第二个程序是消费者程序，它的代码要简单得多，它从FIFO读取数据并丢弃它们。

```
#include <unistd.h>
#include <stdlib.h>
#include <stdio.h>
#include <string.h>
#include <fcntl.h>
#include <limits.h>
#include <sys/types.h>
#include <sys/stat.h>


#define FIFO_NAME "/tmp/my_fifo"
#define BUFFER_SIZE PIPE_BUF

int main()
{
    int pipe_fd;
    int res;
    int open_mode = O_RDONLY;
    char buffer[BUFFER_SIZE + 1];
    int bytes_read = 0;

    memset(buffer, '\0', sizeof(buffer));

    printf("Process %d opening FIFO O_RDONLY\n", getpid());
    pipe_fd = open(FIFO_NAME, open_mode);
    printf("Process %d result %d\n", getpid(), pipe_fd);

    if (pipe_fd != -1) {
        do {
```

```
        res = read(pipe_fd, buffer, BUFFER_SIZE);
        bytes_read += res;
    } while (res > 0);
    (void)close(pipe_fd);
}
else {
    exit(EXIT_FAILURE);
}

printf("Process %d finished, %d bytes read\n", getpid(), bytes_read);
exit(EXIT_SUCCESS);
}
```

我们在运行这两个程序的同时，用time命令对读进程进行计时。输出结果如下所示（为简洁起见，对结果做了一些修改）：

```
$ ./fifo3 &
[1] 375
Process 375 opening FIFO O_WRONLY
$ time ./fifo4
Process 377 opening FIFO O_RDONLY
Process 375 result 3
Process 377 result 3
Process 375 finished
Process 377 finished, 10485760 bytes read

real    0m0.053s
user    0m0.020s
sys     0m0.040s

[1]+  Done                    ./fifo3
```

实验解析

两个程序使用的都是阻塞模式的FIFO。我们首先启动fifo3（写进程/生产者），它将阻塞以等待读进程打开这个FIFO。fifo4（消费者）启动以后，写进程解除阻塞并开始向管道写数据。同时，读进程也开始从管道中读取数据。

　　Linux会安排好这两个进程之间的调度，使它们在可以运行的时候运行，在不能运行的时候阻塞。因此，写进程将在管道满时阻塞，读进程将在管道空时阻塞。

time命令的输出显示，读进程只运行了不到0.1秒的时间，却读取了10 MB的数据。这说明管道（至少在现代Linux系统中的实现）在程序之间传递数据是很有效率的。

13.6.2　高级主题：使用 FIFO 的客户/服务器应用程序

作为学习FIFO的最后一部分内容，我们来考虑怎样通过命名管道来编写一个非常简单的客户/服务器应用程序。我们想只用一个服务器进程来接受请求，对它们进行处理，最后把结果数据返回给发送请求的一方：客户。

我们想允许多个客户进程都可以向服务器发送数据。为了使问题简单化，我们假设被处理的数据可以被拆分为一个个数据块，每个的长度都小于PIPE_BUF字节。当然，我们可以用很多方法来实现这个系统，但在这里我们只考虑一种方法，即可以体现如何使用命名管道的方法。

　　因为服务器每次只能处理一个数据块，所以只使用一个FIFO应该是合乎逻辑的，服务器通过它读取数据，每个客户向它写数据。只要将FIFO以阻塞模式打开，服务器和客户就会根据需要自动被阻塞。

　　将处理后的数据返回给客户稍微有些困难。我们需要为每个客户安排第二个管道来接收返回的数据。通过在传递给服务器的原先数据中加上客户的进程标识符（PID），双方就可以使用它来为返回数据的管道生成一个唯一的名字。

实　验　**一个客户/服务器应用程序的例子**

　　(1) 首先，我们需要一个头文件client.h，它定义了客户和服务器程序都会用到的数据。为了方便使用，它还包含了必要的系统头文件。

```
#include <unistd.h>
#include <stdlib.h>
#include <stdio.h>
#include <string.h>
#include <fcntl.h>
#include <limits.h>
#include <sys/types.h>
#include <sys/stat.h>

#define SERVER_FIFO_NAME "/tmp/serv_fifo"
#define CLIENT_FIFO_NAME "/tmp/cli_%d_fifo"

#define BUFFER_SIZE 20

struct data_to_pass_st {
    pid_t   client_pid;
    char    some_data[BUFFER_SIZE - 1];
};
```

　　(2) 现在是服务器程序server.c。在这一部分，我们创建并打开服务器管道。它被设置为只读的阻塞模式。在稍作休息（这是出于演示的目的）之后，服务器开始读取客户发送来的数据，这些数据采用的是data_to_pass_st结构。

```
#include "client.h"
#include <ctype.h>

int main()
{
    int server_fifo_fd, client_fifo_fd;
    struct data_to_pass_st my_data;
    int read_res;
    char client_fifo[256];
    char *tmp_char_ptr;

    mkfifo(SERVER_FIFO_NAME, 0777);
    server_fifo_fd = open(SERVER_FIFO_NAME, O_RDONLY);
    if (server_fifo_fd == -1) {
        fprintf(stderr, "Server fifo failure\n");
        exit(EXIT_FAILURE);
```

```
    }

    sleep(10); /* lets clients queue for demo purposes */

    do {
        read_res = read(server_fifo_fd, &my_data, sizeof(my_data));
        if (read_res > 0) {
```

(3) 在接下来的这一部分中，我们对刚从客户那里读到的数据进行处理，把some_data中的所有字符全部转换为大写，并且把CLIENT_FIFO_NAME和接收到的client_pid结合在一起。

```
            tmp_char_ptr = my_data.some_data;
            while (*tmp_char_ptr) {
                *tmp_char_ptr = toupper(*tmp_char_ptr);
                tmp_char_ptr++;
            }
            sprintf(client_fifo, CLIENT_FIFO_NAME, my_data.client_pid);
```

(4) 然后，我们以只写的阻塞模式打开客户管道，把经过处理的数据发送回去。最后，关闭服务器管道的文件描述符，删除FIFO文件，退出程序。

```
            client_fifo_fd = open(client_fifo, O_WRONLY);
            if (client_fifo_fd != -1) {
                write(client_fifo_fd, &my_data, sizeof(my_data));
                close(client_fifo_fd);
            }
        }
    } while (read_res > 0);
    close(server_fifo_fd);
    unlink(SERVER_FIFO_NAME);
    exit(EXIT_SUCCESS);
}
```

(5) 下面是客户程序client.c。这个程序的第一部分先检查服务器FIFO文件是否存在，如果存在就打开它。然后它获取自己的进程ID，该进程ID构成要发送给服务器的数据的一部分。接下来，它创建客户FIFO，为下一部分内容做好准备。

```
#include "client.h"
#include <ctype.h>

int main()
{
    int server_fifo_fd, client_fifo_fd;
    struct data_to_pass_st my_data;
    int times_to_send;
    char client_fifo[256];

    server_fifo_fd = open(SERVER_FIFO_NAME, O_WRONLY);
    if (server_fifo_fd == -1) {
        fprintf(stderr, "Sorry, no server\n");
        exit(EXIT_FAILURE);
    }

    my_data.client_pid = getpid();
```

```
sprintf(client_fifo, CLIENT_FIFO_NAME, my_data.client_pid);
if (mkfifo(client_fifo, 0777) == -1) {
    fprintf(stderr, "Sorry, can't make %s\n", client_fifo);
    exit(EXIT_FAILURE);
}
```

(6) 这部分有5次循环，在每次循环中，客户将数据发送给服务器，然后打开客户FIFO（只读，阻塞模式）并读回数据。在程序的最后，关闭服务器FIFO并将客户FIFO从文件系统中删除。

```
for (times_to_send = 0; times_to_send < 5; times_to_send++) {
    sprintf(my_data.some_data, "Hello from %d", my_data.client_pid);
    printf("%d sent %s, ", my_data.client_pid, my_data.some_data);
    write(server_fifo_fd, &my_data, sizeof(my_data));
    client_fifo_fd = open(client_fifo, O_RDONLY);
    if (client_fifo_fd != -1) {
        if (read(client_fifo_fd, &my_data, sizeof(my_data)) > 0) {
            printf("received: %s\n", my_data.some_data);
        }
        close(client_fifo_fd);
    }
}
close(server_fifo_fd);
unlink(client_fifo);
exit(EXIT_SUCCESS);
}
```

测试这个程序时，我们需要运行一个服务器程序和多个客户程序。为了让多个客户程序尽可能在同一时间启动，我们使用如下所示的shell命令：

```
$ ./server &
$ for i in 1 2 3 4 5
do
./client &
done
$
```

上述命令启动了一个服务器进程和5个客户进程。客户的输出如下所示（为了简洁起见，我们做了一些修改）：

```
531 sent Hello from 531, received: HELLO FROM 531
532 sent Hello from 532, received: HELLO FROM 532
529 sent Hello from 529, received: HELLO FROM 529
530 sent Hello from 530, received: HELLO FROM 530
531 sent Hello from 531, received: HELLO FROM 531
532 sent Hello from 532, received: HELLO FROM 532
```

如你所见，不同的客户请求交错在一起，但每个客户都获得了正确的服务器返回给它的处理数据。要注意的是客户请求的交错顺序是随机的，服务器接收到客户请求的顺序随机器的不同而不同，即使是在同一台机器上，每次运行的情况也可能发生变化。

实验解析

现在，我们将解释客户和服务器在交互时各种操作的执行顺序，这是我们以前未涉及的。

服务器以只读模式创建它的FIFO并阻塞，直到第一个客户以写方式打开同一个FIFO来建立连接为止。此时，服务器进程解除阻塞并执行sleep语句，这使得来自客户的数据排队等候。在实际的应用程序中，应该把sleep语句删除。我们在这里使用它只是为了演示当有多个客户的请求同时到达时，程序的正确操作方法。

与此同时，在客户打开了服务器FIFO后，它创建自己唯一的一个命名管道来读取服务器返回的数据。完成这些工作后，客户发送数据给服务器（如果管道满或服务器仍在休眠中就阻塞），然后阻塞在对自己的FIFO的read调用上，等待服务器的响应。

接收到来自客户的数据后，服务器处理它，然后以写方式打开客户管道并将处理后的数据返回，这将解除客户的阻塞状态。客户被解除阻塞后，它即可从自己的管道中读取服务器返回的数据。

整个处理过程不断重复，直到最后一个客户关闭服务器管道为止，这将使服务器的read调用失败（返回0），因为已经没有进程以写方式打开服务器管道了。如果这是一个真正的服务器进程，它还需要继续等待客户的请求，我们就需要对它进行修改，有两种方法，如下所示。

❏ 对它自己的服务器管道打开一个文件描述符，这样read调用将总是阻塞而不是返回0。
❏ 当read调用返回0时，关闭并重新打开服务器管道，使服务器进程阻塞在open调用处以等待客户的到来，就像它最初启动时那样。

在用命名管道重写的CD数据库应用程序中，我们将向读者演示这两个技巧。

13.7　CD 数据库应用程序

在看过如何用命名管道来实现一个简单的客户/服务器系统后，我们将重新阅读CD数据库应用程序，并据此对它进行改进。我们还将添加一些信号处理内容，使我们可以在进程被中断时执行一些清理工作。为了使代码尽可能简单，我们将使用早期的只有一个命令行接口的dbm版本。

在深入研究这个新版本之前，先来编译这个新的应用程序。如果你已经从网站上下载了源代码，就可以用makefile将它编译为server和client这两个程序。

第7章讲过，不同的Linux发行版命名和安装dbm文件的方式略微不同。如果我们提供的文件不能在你的系统中成功编译，请回顾第7章有关dbm文件命名和位置的内容。

键入命令server -i，将使程序初始化一个新的CD数据库。

不用说，如果服务器未启动运行，客户程序是不会运行的。下面是makefile文件的内容，它显示了程序是如何组织在一起的：

```
all:      server client

CC=cc
CFLAGS= -pedantic -Wall

# For debugging un-comment the next line
# DFLAGS=-DDEBUG_TRACE=1 -g

# Where, and which version, of dbm are we using.
# This assumes gdbm is pre-installed in a standard place, but we are
# going to use the gdbm compatibility routines, that make it emulate ndbm.
# We do this because ndbm is the 'most standard' of the dbm versions.
# Depending on your distribution, these may need changing.
DBM_INC_PATH=/usr/include/gdbm
DBM_LIB_PATH=/usr/lib
DBM_LIB_FILE=-lgdbm
# On some distributions you may need to change the above line to include
```

```
# the compatibility library, as shown below.
# DBM_LIB_FILE=-lgdbm_compat -lgdbm

.c.o:
    $(CC) $(CFLAGS) -I$(DBM_INC_PATH) $(DFLAGS) -c $<

app_ui.o: app_ui.c cd_data.h
cd_dbm.o: cd_dbm.c cd_data.h
client_f.o: clientif.c cd_data.h cliserv.h
pipe_imp.o: pipe_imp.c cd_data.h cliserv.h
server.o: server.c cd_data.h cliserv.h

client: app_ui.o clientif.o pipe_imp.o
    $(CC) -o client  $(DFLAGS) app_ui.o clientif.o pipe_imp.o

server:  server.o cd_dbm.o pipe_imp.o
    $(CC) -o server -L$(DBM_LIB_PATH) $(DFLAGS) server.o cd_dbm.o pipe_imp.o -
l$(DBM_LIB_FILE)

clean:
    rm -f server client_app *.o *~
```

13.7.1 目标

我们的目标是把这个应用程序中处理数据库的部分和用户界面部分分开。我们还希望只运行一个服务器进程，但允许存在许多并发的客户进程。我们将尽量减少对已有代码的修改，只要有可能，就保留原有的代码。

为了简化应用，我们还希望能够在应用程序中创建（和删除）管道，这样就无需让系统管理员在运行程序之前为我们创建命名管道了。

还有一点非常重要，就是我们决不能"忙等待"某个事件的发生，从而减少CPU时间的浪费。正如我们看到的，Linux允许我们阻塞以等待事件的发生，从而避免消耗很多系统资源。我们可以利用管道的阻塞特性来确保对CPU的有效使用。总之，服务器至少在理论上可以在客户请求到来之前等待许多个小时。

13.7.2 实现

在第7章这个应用程序的早期单进程版本中，我们用一组数据访问例程来处理数据，它们是：

```
int database_initialize(const int new_database);
void database_close(void);
cdc_entry get_cdc_entry(const char *cd_catalog_ptr);
cdt_entry get_cdt_entry(const char *cd_catalog_ptr, const int track_no);
int add_cdc_entry(const cdc_entry entry_to_add);
int add_cdt_entry(const cdt_entry entry_to_add);
int del_cdc_entry(const char *cd_catalog_ptr);
int del_cdt_entry(const char *cd_catalog_ptr, const int track_no);
cdc_entry search_cdc_entry(const char *cd_catalog_ptr,
                           int *first_call_ptr);
```

这些函数提供了一个方便的起点，让我们可以把客户和服务器两部分清楚地分开。

这个应用程序的单进程实现版本虽然被编译为一个单独的程序，但我们可以把它看作是由两部分组成的，如图13-6所示。

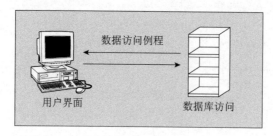

图   13-6

在客户/服务器实现版本中，我们想在这个应用程序的两个主要部分之间插入一些命名管道和相应的支持代码。图13-7显示了我们需要的结构。

在具体实现中，我们选择把客户和服务器的接口例程都放在同一个文件pipe_imp.c中。这就把在客户/服务器实现版本中依赖命名管道使用的所有代码都集中到一个文件中。而将传递数据的格式和打包方式与实现命名管道的例程分离开。新版本中所包含的源文件更多了，但它们之间的区分也更符合逻辑了。这个应用程序的调用结构如图13-8所示。

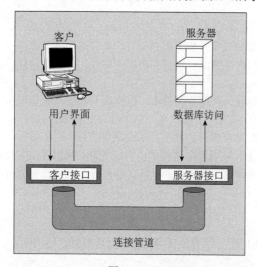

图   13-7

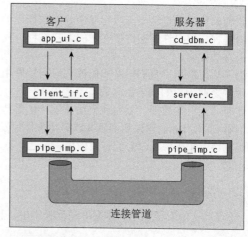

图   13-8

文件app_ui.c、client_if.c和pipe_imp.c将被编译和链接在一起构成客户端程序。而文件cd_dbm.c、server.c和pipe_imp.c将被编译和链接在一起构成服务器程序。头文件cliserv.h将以一个公共定义头文件的形式把这两者联系在一起。

文件app_ui.c和cd_dbm.c只做了少许改动，主要是为了把它分离为两个程序。由于这个应用程序现在已变得很大了，而代码中的绝大部分和以前的版本相比并无改动，所以我们在这里只显示文件cliserv.h、client_if.c和pipe_imp.c中的代码。

这个文件的某些部分依赖于客户/服务器的具体实现，在本例中就是命名管道。在第14章的结尾，我们还将改用另一种不同的客户/服务器模型。

头文件 cliserv.h

我们首先来看头文件 cliserv.h。这个文件定义了客户/服务器接口。客户和服务器的实现中都要用到它。

(1) 首先是需要包含的头文件：

```
#include <unistd.h>
#include <stdlib.h>
#include <stdio.h>
#include <fcntl.h>
#include <limits.h>
#include <sys/types.h>
#include <sys/stat.h>
```

(2) 接着是命名管道的定义。我们为服务器设置一个管道，为每个客户分别设置一个管道。因为可能会有多个客户，所以客户管道的名字中要加上它的进程ID，来确保管道名字的唯一性：

```
#define SERVER_PIPE "/tmp/server_pipe"
#define CLIENT_PIPE "/tmp/client_%d_pipe"

#define ERR_TEXT_LEN 80
```

(3) 我们将命令实现为枚举类型，而不是 #define 常量。

> 使用枚举类型是个好方法，它允许编译器进行更多的类型检查并且有利于软件调试。因为许多调试器可以显示枚举常量的名字，但对由 #define 指令定义的名字就不行。

第一个 typedef 给出了发送给服务器的请求类型，第二个给出了服务器返回给客户的响应类型。

```
typedef enum {
    s_create_new_database = 0,
    s_get_cdc_entry,
    s_get_cdt_entry,
    s_add_cdc_entry,
    s_add_cdt_entry,
    s_del_cdc_entry,
    s_del_cdt_entry,
    s_find_cdc_entry
} client_request_e;

typedef enum {
    r_success = 0,
    r_failure,
    r_find_no_more
} server_response_e;
```

(4) 接下来，我们声明了一个结构，用来在两个进程之间进行双向传递消息。

> 因为我们无需在同一个响应中同时返回 cdc_entry 和 cdt_entry，所以也可以用联合变量的形式将它们结合在一起。但出于简化问题的考虑，我们还是将它们分离开来，这也使得代码更易于维护。

```
typedef struct {
    pid_t               client_pid;
    client_request_e    request;
```

```
        server_response_e    response;
        cdc_entry            cdc_entry_data;
        cdt_entry            cdt_entry_data;
        char                 error_text[ERR_TEXT_LEN + 1];
} message_db_t;
```

(5) 最后是执行数据传输工作的管道接口函数，它的具体实现在文件pipe_imp.c中。它们分为服务器端函数和客户端函数两组，分别列在下面的第一部分和第二部分：

```
int server_starting(void);
void server_ending(void);
int read_request_from_client(message_db_t *rec_ptr);
int start_resp_to_client(const message_db_t mess_to_send);
int send_resp_to_client(const message_db_t mess_to_send);
void end_resp_to_client(void);

int client_starting(void);
void client_ending(void);
int send_mess_to_server(message_db_t mess_to_send);
int start_resp_from_server(void);
int read_resp_from_server(message_db_t *rec_ptr);
void end_resp_from_server(void);
```

我们将下面的讨论分为两部分，一部分介绍客户接口函数，另一部分介绍在文件pipe_imp.c中的服务器端和客户端函数的实现细节，我们会在必要时给出源代码。

13.7.3　客户接口函数

现在我们来看文件client_if.c。它提供了"假"版本的数据库访问例程。这些例程对请求进行编码并将它放入message_db_t结构，然后使用pipe_imp.c中的例程将请求传输给服务器。这样可以尽量减少对原来的app_ui.c文件的改动。

1. 客户命令解释器

(1) 这个文件实现了在头文件cd_data.h中定义的9个数据库函数。它的作用如同是一个中转站，先把请求传递给服务器，然后从函数返回服务器的响应。它的开始部分是#include语句和常量的定义：

```
#define _POSIX_SOURCE

#include <unistd.h>
#include <stdlib.h>
#include <stdio.h>
#include <fcntl.h>
#include <limits.h>
#include <sys/types.h>
#include <sys/stat.h>

#include "cd_data.h"
#include "cliserv.h"
```

(2) 静态变量mypid减少了对getpid函数的调用次数。为了消除重复代码，我们使用了局部函数read_one_response：

```
static pid_t mypid;

static int read_one_response(message_db_t *rec_ptr);
```

(3) 函数database_initialize和close仍被使用，但与以往不同，它们一个用来初始化管道接口的客户端，一个用来删除当客户退出时多余的命名管道：

```
int database_initialize(const int new_database)
{
    if (!client_starting()) return(0);
    mypid = getpid();
    return(1);

} /* database_initialize */

void database_close(void) {
    client_ending();
}
```

(4) 用一个给定的CD唱片标题调用get_cdc_entry例程，将从数据库中取出对应的标题数据项。我们将请求编码到一个message_db_t结构中并把它传递给服务器，然后将服务器的响应读回到另一个message_db_t结构中。如果在数据库中找到了对应的数据项，它将被存放在message_db_t结构的cdc_entry结构中，我们把该结构作为函数的返回值：

```
cdc_entry get_cdc_entry(const char *cd_catalog_ptr)
{
    cdc_entry ret_val;
    message_db_t mess_send;
    message_db_t mess_ret;

    ret_val.catalog[0] = '\0';
    mess_send.client_pid = mypid;
    mess_send.request = s_get_cdc_entry;
    strcpy(mess_send.cdc_entry_data.catalog, cd_catalog_ptr);

    if (send_mess_to_server(mess_send)) {
        if (read_one_response(&mess_ret)) {
            if (mess_ret.response == r_success) {
                ret_val = mess_ret.cdc_entry_data;
            } else {
                fprintf(stderr, "%s", mess_ret.error_text);
            }
        } else {
            fprintf(stderr, "Server failed to respond\n");
        }
    } else {
        fprintf(stderr, "Server not accepting requests\n");
    }
    return(ret_val);
}
```

(5) 下面是函数read_one_response的源代码，我们用它来避免重复代码：

```
static int read_one_response(message_db_t *rec_ptr) {
```

```
    int return_code = 0;
    if (!rec_ptr) return(0);

    if (start_resp_from_server()) {
        if (read_resp_from_server(rec_ptr)) {
            return_code = 1;
        }
        end_resp_from_server();
    }
    return(return_code);
}
```

(6) 其他get_xxx、del_xxx和add_xxx形式的例程与get_cdc_entry函数的实现方式类似。为了代码的完整性，我们也把它们列在下面，首先是用来检索CD曲目的函数get_cdt_entry：

```
cdt_entry get_cdt_entry(const char *cd_catalog_ptr, const int track_no)
{
    cdt_entry ret_val;
    message_db_t mess_send;
    message_db_t mess_ret;

    ret_val.catalog[0] = '\0';
    mess_send.client_pid = mypid;
    mess_send.request = s_get_cdt_entry;
    strcpy(mess_send.cdt_entry_data.catalog, cd_catalog_ptr);
    mess_send.cdt_entry_data.track_no = track_no;

    if (send_mess_to_server(mess_send)) {
        if (read_one_response(&mess_ret)) {
            if (mess_ret.response == r_success) {
                ret_val = mess_ret.cdt_entry_data;
            } else {
                fprintf(stderr, "%s", mess_ret.error_text);
            }
        } else {
            fprintf(stderr, "Server failed to respond\n");
        }
    } else {
        fprintf(stderr, "Server not accepting requests\n");
    }
    return(ret_val);
}
```

(7) 接下来是两个添加数据的函数，第一个用于标题数据库，第二个用于曲目数据库：

```
int add_cdc_entry(const cdc_entry entry_to_add)
{
    message_db_t mess_send;
    message_db_t mess_ret;

    mess_send.client_pid = mypid;
    mess_send.request = s_add_cdc_entry;
    mess_send.cdc_entry_data = entry_to_add;
```

```
    if (send_mess_to_server(mess_send)) {
        if (read_one_response(&mess_ret)) {
            if (mess_ret.response == r_success) {
                return(1);
            } else {
                fprintf(stderr, "%s", mess_ret.error_text);
            }
        } else {
            fprintf(stderr, "Server failed to respond\n");
        }
    } else {
        fprintf(stderr, "Server not accepting requests\n");
    }
    return(0);
}

int add_cdt_entry(const cdt_entry entry_to_add)
{
    message_db_t mess_send;
    message_db_t mess_ret;

    mess_send.client_pid = mypid;
    mess_send.request = s_add_cdt_entry;
    mess_send.cdt_entry_data = entry_to_add;

    if (send_mess_to_server(mess_send)) {
        if (read_one_response(&mess_ret)) {
            if (mess_ret.response == r_success) {
                return(1);
            } else {
                fprintf(stderr, "%s", mess_ret.error_text);
            }
        } else {
            fprintf(stderr, "Server failed to respond\n");
        }
    } else {
        fprintf(stderr, "Server not accepting requests\n");
    }
    return(0);
}
```

(8) 最后是两个用于删除数据的函数：

```
int del_cdc_entry(const char *cd_catalog_ptr)
{
    message_db_t mess_send;
    message_db_t mess_ret;

    mess_send.client_pid = mypid;
    mess_send.request = s_del_cdc_entry;
    strcpy(mess_send.cdc_entry_data.catalog, cd_catalog_ptr);

    if (send_mess_to_server(mess_send)) {
        if (read_one_response(&mess_ret)) {
```

```
                if (mess_ret.response == r_success) {
                    return(1);
                } else {
                    fprintf(stderr, "%s", mess_ret.error_text);
                }
            } else {
                fprintf(stderr, "Server failed to respond\n");
            }
        } else {
            fprintf(stderr, "Server not accepting requests\n");
        }
        return(0);
    }

int del_cdt_entry(const char *cd_catalog_ptr, const int track_no)
{
    message_db_t mess_send;
    message_db_t mess_ret;

    mess_send.client_pid = mypid;
    mess_send.request = s_del_cdt_entry;
    strcpy(mess_send.cdt_entry_data.catalog, cd_catalog_ptr);
    mess_send.cdt_entry_data.track_no = track_no;

    if (send_mess_to_server(mess_send)) {
        if (read_one_response(&mess_ret)) {
            if (mess_ret.response == r_success) {
                return(1);
            } else {
                fprintf(stderr, "%s", mess_ret.error_text);
            }
        } else {
            fprintf(stderr, "Server failed to respond\n");
        }
    } else {
        fprintf(stderr, "Server not accepting requests\n");
    }
    return(0);
}
```

2. 搜索数据库

根据CD唱片关键字进行搜索的函数非常复杂。调用者希望每调用它一次就开始一次搜索。在第7章中，为了满足这种需求，在第一次调用该函数时将*first_call_ptr设置为true，这样它将返回第一个匹配记录。在后续对搜索函数的调用中，我们将*first_call_ptr设置为false，这样它返回的是后续的匹配记录，每次调用返回一个。

现在，由于我们已将应用程序划分为两个进程，在服务器中就不能再允许每次搜索只处理一个数据项了，因为在前一次搜索正在进行时，可能会有另一个客户开始请求服务器进行另外一次搜索。我们也不能让服务器端分别保存每个客户搜索的上下文（即搜索已到达的位置），因为用户可能会在搜索进行到一半时，由于找到了想找的CD唱片或因为客户突然中断而停止这次搜索。

我们可以改变搜索的执行方式，也可以像我们在这里选择的那样把这些复杂性隐藏在接口例程中。我们的做法是，让服务器把搜索的可能匹配结果全部返回并保存在一个临时文件中，直到客户请求它们。

(1) 这个函数看上去很复杂，但实际并非如此。它调用了3个管道函数（我们将在下一节中介绍它们）：send_mess_to_server、start_resp_from_server和read_resp_from_server。

```
cdc_entry search_cdc_entry(const char *cd_catalog_ptr, int *first_call_ptr)
{
    message_db_t mess_send;
    message_db_t mess_ret;

    static FILE *work_file = (FILE *)0;
    static int entries_matching = 0;
    cdc_entry ret_val;

    ret_val.catalog[0] = '\0';

    if (!work_file && (*first_call_ptr == 0)) return(ret_val);
```

(2) 第一次调用这个函数进行搜索时，*first_call_ptr被设置为true。我们最好现在就将它设置为false，以免后面忘记修改它。然后创建临时文件work_file并初始化客户消息结构。

```
    if (*first_call_ptr) {
        *first_call_ptr = 0;
        if (work_file) fclose(work_file);
        work_file = tmpfile();
        if (!work_file) return(ret_val);

        mess_send.client_pid = mypid;
        mess_send.request = s_find_cdc_entry;
        strcpy(mess_send.cdc_entry_data.catalog, cd_catalog_ptr);
```

(3) 接下来是三重条件判断，它将调用pipe_imp.c文件中的函数。如果消息被成功发送给服务器，客户就开始等待服务器的响应。成功读取了服务器返回的响应后，就将搜索的匹配结果保存到客户的临时文件work_file中，同时增加匹配计数器entries_matching的值。

```
    if (send_mess_to_server(mess_send)) {
        if (start_resp_from_server()) {
            while (read_resp_from_server(&mess_ret)) {
                if (mess_ret.response == r_success) {
    fwrite(&mess_ret.cdc_entry_data, sizeof(cdc_entry), 1, work_file);
                    entries_matching++;
                } else {
                    break;
                }
            } /* while */
        } else {
            fprintf(stderr, "Server not responding\n");
        }
    } else {
        fprintf(stderr, "Server not accepting requests\n");
    }
```

(4) 接下来的测试检查搜索是否找到匹配数据。然后通过fseek调用设置work_file的下一个数据写入位置。

```
        if (entries_matching == 0) {
            fclose(work_file);
            work_file = (FILE *)0;
            return(ret_val);
        }
        (void)fseek(work_file, 0L, SEEK_SET);
```

(5) 如果这不是本次搜索操作中第一次调用搜索函数，代码将检查是否还有其他匹配。最后，把下一个匹配数据项读到ret_val结构中。此前的检查用来确保还有匹配项存在。

```
    } else {
            /* not *first_call_ptr */
        if (entries_matching == 0) {
            fclose(work_file);
            work_file = (FILE *)0;
            return(ret_val);
        }
    }

    fread(&ret_val, sizeof(cdc_entry), 1, work_file);
    entries_matching--;

    return(ret_val);
}
```

13.7.4   服务器接口 server.c

如同客户端有个用于app_ui.c程序的接口，服务器端也需要一个程序用来控制cd_dbm.c（在以前的版本中名字是cd_access.c）。下面是服务器的main函数代码。

(1) 首先声明一些全局变量、process_command函数的原型和一个用来完成退出清理工作的catch_signals函数。

```
#include <unistd.h>
#include <stdlib.h>
#include <stdio.h>
#include <fcntl.h>
#include <limits.h>
#include <signal.h>
#include <string.h>
#include <errno.h>
#include <sys/types.h>
#include <sys/stat.h>

#include "cd_data.h"
#include "cliserv.h"

int save_errno;
static int server_running = 1;

static void process_command(const message_db_t mess_command);
```

```
void catch_signals()
{
    server_running = 0;
}
```

(2) 下面是main函数的代码。在检查完信号捕获例程可以正常工作后，程序检查用户是否在命令行上输入了-i选项。如果有，它就创建一个新数据库。如果调用cd_dbm.c中的database_initialize函数失败，就给出一条错误消息。如果一切正常则服务器开始运行，来自客户的任何请求都将被发往process_command函数，我们后面将会讲到这个函数。

```
int main(int argc, char *argv[]) {
    struct sigaction new_action, old_action;
    message_db_t mess_command;
    int database_init_type = 0;

    new_action.sa_handler = catch_signals;
    sigemptyset(&new_action.sa_mask);
    new_action.sa_flags = 0;
    if ((sigaction(SIGINT, &new_action, &old_action) != 0) ||
        (sigaction(SIGHUP, &new_action, &old_action) != 0) ||
        (sigaction(SIGTERM, &new_action, &old_action) != 0)) {
        fprintf(stderr, "Server startup error, signal catching failed\n");
        exit(EXIT_FAILURE);
    }

    if (argc > 1) {
        argv++;
        if (strncmp("-i", *argv, 2) == 0) database_init_type = 1;
    }
    if (!database_initialize(database_init_type)) {
            fprintf(stderr, "Server error:-\
                    could not initialize database\n");
            exit(EXIT_FAILURE);
    }

    if (!server_starting()) exit(EXIT_FAILURE);

    while(server_running) {
        if (read_request_from_client(&mess_command)) {
            process_command(mess_command);
        } else {
            if(server_running) fprintf(stderr, "Server ended - can not \
                                        read pipe\n");
            server_running = 0;
        }
    } /* while */
    server_ending();
    exit(EXIT_SUCCESS);
}
```

(3) 所有客户的消息都将被发往process_command函数，在那里它们被放入一个case语句，进而调用cd_dbm.c中相应的函数。

```
static void process_command(const message_db_t comm)
{
    message_db_t resp;
    int first_time = 1;

    resp = comm; /* copy command back, then change resp as required */

    if (!start_resp_to_client(resp)) {
        fprintf(stderr, "Server Warning:-\
                start_resp_to_client %d failed\n", resp.client_pid);
        return;
    }

    resp.response = r_success;
    memset(resp.error_text, '\0', sizeof(resp.error_text));
    save_errno = 0;

    switch(resp.request) {
        case s_create_new_database:
            if (!database_initialize(1)) resp.response = r_failure;
            break;
        case s_get_cdc_entry:
            resp.cdc_entry_data =
                        get_cdc_entry(comm.cdc_entry_data.catalog);
            break;
        case s_get_cdt_entry:
            resp.cdt_entry_data =
                        get_cdt_entry(comm.cdt_entry_data.catalog,
                                      comm.cdt_entry_data.track_no);
            break;
        case s_add_cdc_entry:
            if (!add_cdc_entry(comm.cdc_entry_data)) resp.response =
                        r_failure;
            break;
        case s_add_cdt_entry:
            if (!add_cdt_entry(comm.cdt_entry_data)) resp.response =
                        r_failure;
            break;
        case s_del_cdc_entry:
            if (!del_cdc_entry(comm.cdc_entry_data.catalog)) resp.response
                        = r_failure;
            break;
        case s_del_cdt_entry:
            if (!del_cdt_entry(comm.cdt_entry_data.catalog,
                comm.cdt_entry_data.track_no)) resp.response = r_failure;
            break;
        case s_find_cdc_entry:
            do {
                resp.cdc_entry_data =
                        search_cdc_entry(comm.cdc_entry_data.catalog,
                                         &first_time);
                if (resp.cdc_entry_data.catalog[0] != 0) {
                    resp.response = r_success;
```

```
            if (!send_resp_to_client(resp)) {
                fprintf(stderr, "Server Warning:-\
                    failed to respond to %d\n", resp.client_pid);
                break;
            }
        } else {
            resp.response = r_find_no_more;
        }
    } while (resp.response == r_success);
    break;
    default:
        resp.response = r_failure;
        break;
} /* switch */

sprintf(resp.error_text, "Command failed:\n\t%s\n",
        strerror(save_errno));

if (!send_resp_to_client(resp)) {
    fprintf(stderr, "Server Warning:-\
            failed to respond to %d\n", resp.client_pid);
}

end_resp_to_client();
return;
}
```

在介绍管道的具体实现之前，我们先来看看，在客户和服务器进程之间传递数据时各种事件发生的先后顺序。图13-9显示客户和服务器进程在各自启动之后，双方在处理命令和响应时的循环情况。

在具体实现中，情况要更复杂一些。因为在搜索请求中，客户向服务器传递一条命令，然后等待从服务器中接收一个或多个响应。这就使得情况更复杂了，但主要是在客户端。

13.7.5 管道

下面是实现管道功能的pipe_imp.c文件，它同时包含客户端和服务器端的函数。

在第10章中我们见到过DEBUG_TRACE标志，我们可以通过定义该标志来显示，客户和服务器进程在互相传递消息时，各个调用的执行顺序。

1. 管道实现的开始部分

(1) 首先是#include语句：

```
#include "cd_data.h"
#include "cliserv.h"
```

(2) 我们还定义了一些在此文件里的函数中会用到的值：

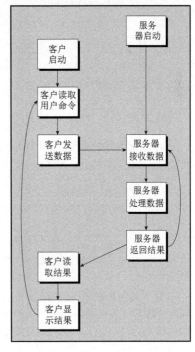

图 13-9

```
static int server_fd = -1;
static pid_t mypid = 0;
static char client_pipe_name[PATH_MAX + 1] = {'\0'};
static int client_fd = -1;
static int client_write_fd = -1;
```

2. 服务器端函数

接下来，我们来看服务器端的函数。第一部分显示打开、关闭命名管道和读取来自客户的消息的函数。第二部分显示用于打开、发送和关闭客户管道的代码，客户管道名基于客户包含在其请求消息中的进程ID来确定。

● 服务器函数

(1) server_starting例程先为服务器创建一个它将从中读取命令的命名管道，然后以只读方式打开这个管道。这个open调用将阻塞到有客户以写方式打开这个管道为止。使用阻塞模式可以使服务器在等待发送过来的命令时对管道执行阻塞式读取。

```
int server_starting(void)
{
#if DEBUG_TRACE
    printf("%d :- server_starting()\n", getpid());
#endif

    unlink(SERVER_PIPE);
    if (mkfifo(SERVER_PIPE, 0777) == -1) {
        fprintf(stderr, "Server startup error, no FIFO created\n");
        return(0);
    }

    if ((server_fd = open(SERVER_PIPE, O_RDONLY)) == -1) {
        if (errno == EINTR) return(0);
        fprintf(stderr, "Server startup error, no FIFO opened\n");
        return(0);
    }
    return(1);
}
```

(2) 当服务器结束时，它删除命名管道，这样客户就可以检测出没有服务器在运行：

```
void server_ending(void)
{
#if DEBUG_TRACE
    printf("%d :- server_ending()\n", getpid());
#endif

    (void)close(server_fd);
    (void)unlink(SERVER_PIPE);
}
```

(3) 下面给出的read_request_from_client函数会阻塞在对服务器管道的读操作上，直到有客户向其中写入一条消息为止：

```
int read_request_from_client(message_db_t *rec_ptr)
{
    int return_code = 0;
```

```
    int read_bytes;

#if DEBUG_TRACE
    printf("%d :- read_request_from_client()\n", getpid());
#endif

    if (server_fd != -1) {
        read_bytes = read(server_fd, rec_ptr, sizeof(*rec_ptr));

...

    }
    return(return_code);
}
```

(4) 如果出现没有任何客户以写方式打开这个管道的特殊情况，read调用将返回0。也就是说，它检测到一个EOF，此时服务器会关闭管道并重新打开它，这样服务器就可以阻塞到有客户打开这个管道为止。这与服务器第一次启动时的情况完全一样，等于我们重新初始化了服务器。把下面这些代码插到上面的函数中去：

```
        if (read_bytes == 0) {
            (void)close(server_fd);
            if ((server_fd = open(SERVER_PIPE, O_RDONLY)) == -1) {
                if (errno != EINTR) {
                    fprintf(stderr, "Server error, FIFO open failed\n");
                }
                return(0);
            }
            read_bytes = read(server_fd, rec_ptr, sizeof(*rec_ptr));
        }
        if (read_bytes == sizeof(*rec_ptr)) return_code = 1;
```

服务器是一个进程，它可能同时为许多客户服务。因为每个客户用不同的管道接收响应，所以服务器需要使用不同的管道来给不同的客户发送响应。而由于文件描述符是一种有限资源，所以服务器只有在需要发送数据时才会以写方式打开一个客户管道。

我们将打开、写入和关闭客户管道分离为3个独立的函数。这是为了适应数据库搜索返回多个搜索结果的情况，这样我们可以只打开管道一次，写入多个响应，然后再关闭它。

● 探测管道

(1) 首先打开客户管道：

```
int start_resp_to_client(const message_db_t mess_to_send)
{
    #if DEBUG_TRACE
        printf("%d :- start_resp_to_client()\n", getpid());
    #endif

    (void)sprintf(client_pipe_name, CLIENT_PIPE, mess_to_send.client_pid);
    if ((client_fd = open(client_pipe_name, O_WRONLY)) == -1) return(0);
    return(1);
}
```

(2) 消息都是通过调用这个函数发送出去的。我们后面就会看到对应的用于接收消息的客户端函数。

```
int send_resp_to_client(const message_db_t mess_to_send)
{
    int write_bytes;

    #if DEBUG_TRACE
        printf("%d :- send_resp_to_client()\n", getpid());
    #endif

    if (client_fd == -1) return(0);
    write_bytes = write(client_fd, &mess_to_send, sizeof(mess_to_send));
    if (write_bytes != sizeof(mess_to_send)) return(0);
    return(1);
}
```

(3) 最后，关闭客户管道：

```
void end_resp_to_client(void)
{
    #if DEBUG_TRACE
        printf("%d :- end_resp_to_client()\n",  getpid());
    #endif

    if (client_fd != -1) {
        (void)close(client_fd);
        client_fd = -1;
    }
}
```

3. 客户端函数

pipe_imp.c文件中与服务器端函数互补的是客户端函数，除了那个名为send_mess_to_server 的函数，它们都与服务器端函数很相似。

● 客户函数

(1) 在检查到服务器可访问后，client_starting函数初始化客户端管道：

```
int client_starting(void)
{
    #if DEBUG_TRACE
        printf("%d :- client_starting\n",  getpid());
    #endif

    mypid = getpid();
    if ((server_fd = open(SERVER_PIPE, O_WRONLY)) == -1) {
        fprintf(stderr, "Server not running\n");
        return(0);
    }

    (void)sprintf(client_pipe_name, CLIENT_PIPE, mypid);
    (void)unlink(client_pipe_name);
    if (mkfifo(client_pipe_name, 0777) == -1) {
        fprintf(stderr, "Unable to create client pipe %s\n",
                    client_pipe_name);
        return(0);
    }
```

```
        return(1);
}
```

(2) `client_ending`函数的作用是关闭文件描述符并删除目前多余的命名管道：

```
void client_ending(void)
{
    #if DEBUG_TRACE
        printf("%d :- client_ending()\n", getpid());
    #endif

    if (client_write_fd != -1) (void)close(client_write_fd);
    if (client_fd != -1) (void)close(client_fd);
    if (server_fd != -1) (void)close(server_fd);
    (void)unlink(client_pipe_name);
}
```

(3) `send_mess_to_server`函数的作用是通过服务器管道传递请求：

```
int send_mess_to_server(message_db_t mess_to_send)
{
    int write_bytes;

    #if DEBUG_TRACE
        printf("%d :- send_mess_to_server()\n", getpid());
    #endif

    if (server_fd == -1) return(0);
    mess_to_send.client_pid = mypid;
    write_bytes = write(server_fd, &mess_to_send, sizeof(mess_to_send));
    if (write_bytes != sizeof(mess_to_send)) return(0);
    return(1);
}
```

与我们前面看到的服务器端函数相对应，为了能够处理多个搜索结果，客户在从服务器取回结果时也使用了3个函数。

● 取得服务器返回的结果

(1) 这个客户函数开始监听服务器的响应。它先以只读方式打开一个客户管道，然后又以只写方式重新打开这个管道。我们将在本节的稍后部分解释这样做的原因。

```
int start_resp_from_server(void)
{
    #if DEBUG_TRACE
        printf("%d :- start_resp_from_server()\n", getpid());
    #endif

    if (client_pipe_name[0] == '\0') return(0);
    if (client_fd != -1) return(1);

    client_fd = open(client_pipe_name, O_RDONLY);
    if (client_fd != -1) {
        client_write_fd = open(client_pipe_name, O_WRONLY);
        if (client_write_fd != -1) return(1);
        (void)close(client_fd);
```

```
        client_fd = -1;
    }
    return(0);
}
```

(2) 下面是具体负责从服务器读取响应的read调用，它将取回匹配的数据库条目：

```
int read_resp_from_server(message_db_t *rec_ptr)
{
    int read_bytes;
    int return_code = 0;

    #if DEBUG_TRACE
        printf("%d :- read_resp_from_server()\n",  getpid());
    #endif

    if (!rec_ptr) return(0);
    if (client_fd == -1) return(0);

    read_bytes = read(client_fd, rec_ptr, sizeof(*rec_ptr));
    if (read_bytes == sizeof(*rec_ptr)) return_code = 1;
    return(return_code);
}
```

(3) 最后这个客户函数标记服务器响应的结束：

```
void end_resp_from_server(void)
{
    #if DEBUG_TRACE
        printf("%d :- end_resp_from_server()\n",  getpid());
    #endif

    /* This function is empty in the pipe implementation */
}
```

在start_resp_from_server函数中第二个以写方式打开客户管道的调用是：

```
client_write_fd = open(client_pipe_name, O_WRONLY);
```

它用来防止一个竞争条件的出现，这个竞争条件会在服务器需要响应来自同一个客户的快速、连续的多个请求时发生。

为了将这个问题解释得更清楚，我们来看看这个事件发生的过程。

(1) 客户发送一个请求给服务器。

(2) 服务器读取请求，打开客户管道并发回响应，但在关闭客户管道之前被挂起。

(3) 客户以读方式打开自己的管道，读取第一个响应并关闭管道。

(4) 客户然后发送一个新命令并再次以读方式打开客户管道。

(5) 此时服务器恢复运行，关闭它那端的客户管道。

糟糕的是，此时客户正尝试从这个管道读取数据，等待自己下一个请求的响应，但因为已无进程以写方式打开这个客户管道，所以read调用将返回0字节。

通过允许客户以读写两种方式打开它自己的管道，就消除了反复重新打开这个管道的需要，从而避免了竞争条件的产生。因为客户永远也不会向这个管道写数据，所以不会有读到错误数据的危险。

13.7.6　对 CD 数据库应用程序的总结

现在，我们已经把CD数据库应用程序分为客户和服务器两部分了，这使我们可以对用户界面和底层的数据库技术分别进行独立的开发。我们可以看到，一个精心定义的数据库接口可以让应用程序的每个主要部分充分地使用计算机资源。进一步地，我们还可以把管道实现方案改进为网络实现方案，并使用一个专用的数据库服务器。我们将在第15章学习更多的网络编程。

13.8　小结

在本章中，我们介绍了如何使用管道在进程之间传递数据。首先，介绍了通过popen或pipe调用创建的未命名管道，并且讨论了如何使用管道和dup调用把数据从一个程序传递到另一个程序的标准输入。接下来，我们介绍了命名管道以及如何在不相关的程序之间传递数据。最后，实现了一个简单的客户/服务器例子，FIFO的使用不仅向我们提供了进程间的同步，还提供了双向的数据流。

13

信号量、共享内存和消息队列

14

在本章中，我们将讨论一组进程间通信的机制，它们最初由AT&T System V.2版本的UNIX引入。由于这些机制都出现在同一个版本中并且有着相似的编程接口，所以它们又常被称为IPC（Inter-Process Communication，进程间通信）机制，或被更常见的称为System V IPC。正如我们所看到的，它们并不是进程间通信的唯一方法，但人们通常把这些特定的机制称为System V IPC。

在本章中，我们将介绍以下几方面的内容。

- 信号量：用于管理对资源的访问。
- 共享内存：用于在程序之间高效地共享数据。
- 消息队列：在程序之间传递数据的一种简单方法。

14.1 信号量

当我们编写的程序使用了线程时，不管它是运行在多用户系统上、多进程系统上，还是运行在多用户多进程系统上，我们通常会发现，程序中存在着一部分临界代码，我们需要确保只有一个进程（或一个执行线程）可以进入这个临界代码并拥有对资源独占式的访问权。

信号量有着复杂的编程接口，但幸运的是，我们可以很轻松地为自己提供一个更简单的接口，它足够应付大多数信号量编程的问题。

第7章的第一个示例程序用dbm来访问数据库。如果有多个程序试图在同一时间更新这个数据库，数据就可能会遭到破坏。两个不同的程序要求不同的用户向数据库输入数据，这本身并没有错，问题只可能出现在对数据库进行更新的那部分代码上。这部分真正执行数据更新的代码需要独占式地执行，它们被称为临界区域。它们通常只在一个大型程序中占据一小段的代码。

为了防止出现因多个程序同时访问一个共享资源而引发的问题，我们需要有一种方法，它可以通过生成并使用令牌来授权，在任一时刻只能有一个执行线程访问代码的临界区域。在第12章我们简单介绍了一些线程特定的方法，我们可以在使用线程的程序中通过互斥量或信号量来控制对临界区域的访问。在本章中，我们又回到信号量的主题上，但将对它们如何在不同的进程之间使用做更具普遍意义地介绍。

我们在本章介绍的信号量函数比在第12章看到的用于线程的信号量函数要更通用，所以请不要把这两者混淆。

要想编写通用的代码，以确保程序对某个特定的资源具有独占式的访问权是非常困难的。虽然有一个名为Dekker算法的解决方法，但这个算法依赖于"忙等待"或"自旋锁"。也就是说，一个进程要持续不断地运行以等待某个内存位置被改变。在像Linux这样的多任务环境中，人们并不愿意使用这种浪费CPU资源的处理方法。但如果硬件支持独占式访问（一般是通过特定的CPU指令的形式），那么情况就变得简单多了。一个硬件支持的例子就是，用一条指令以原子方式访问并增加寄存器的值，在这个读取/增加/写入操作执行的过程中不会有其他指令（甚至一个中断）发生。

我们前面见过的一种可能的解决方法是，使用带O_EXCL标志的open函数来创建锁文件，它提供了原子化的文件创建方法。它允许一个进程通过获取一个令牌（即新创建的文件）来取得成功。这个方法比较适合于处理简单的问题，但对于更复杂的例子，它就显得比较杂乱且缺乏效率。

荷兰计算机科学家Edsger Dijkstra提出的信号量概念是在并发编程领域迈出的重要一步。正如我们在第12章所讨论的，信号量是一个特殊的变量，它只取正整数值，并且程序对其访问都是原子操作。在本章中，我们将对这个较早的简化定义做进一步的解释。我们将详细说明信号量是如何工作的，如何在不同进程之间使用具备更通用功能的函数，而不是像我们在第12章中看到的那个多线程程序的特例。

信号量的一个更正式的定义是：它是一个特殊变量，只允许对它进行等待（wait）和发送信号（signal）这两种操作。因为在Linux编程中，"等待"和"发送信号"都已具有特殊的含义，所以我们将用原先定义的符号来表示这两种操作。

- ❑ P（信号量变量）：用于等待。
- ❑ V（信号量变量）：用于发送信号。

这两个字母分别来自于荷兰语单词passeren（传递，就好像位于进入临界区域之前的检查点）和vrijgeven（给予或释放，就好像放弃对临界区域的控制权）。在与信号量关联的内容中，你可能还会看到术语"开"（up）和"关"（down），它们取自开、关信号标志的用法。

14.1.1　信号量的定义

最简单的信号量是只能取值0和1的变量，即二进制信号量。这也是信号量最常见的一种形式。可以取多个正整数值的信号量被称为通用信号量。在本章后面的内容中，我们将集中讨论二进制信号量。

PV操作的定义非常简单。假设有一个信号量变量sv，则这两个操作的定义如表14-1所示。

表　14-1

| P(sv) | 如果sv的值大于零，就给它减去1；如果它的值等于零，就挂起该进程的执行 |
| V(sv) | 如果有其他进程因等待sv而被挂起，就让它恢复运行；如果没有进程因等待sv而被挂起，就给它加1 |

还可以这样看信号量：当临界区域可用时，信号量变量sv的值是true，然后P(sv)操作将它减1使它变为false以表示临界区域正在被使用；当进程离开临界区域时，使用V(sv)操作将它加1，使临界区域再次变为可用。注意，只用一个普通变量进行类似的加减法是不行的，因为在C、C++、C#或几乎任何一个传统的编程语言中，都没有一个原子操作可以满足检测变量是否为true，如果是再将该变量设置为false的需要。这也是信号量操作如此特殊的原因。

14.1.2　一个理论性的例子

我们用一个简单的理论性的例子来说明其工作原理。假设有两个进程proc1和proc2，这两个进程都需要在其执行过程中的某一时刻对一个数据库进行独占式的访问。我们定义一个二进制信号量sv，该变量的初始值为1，两个进程都可以访问它。要想对代码中的临界区域进行访问，这两个进程都需要执行相同的处理步骤，事实上，这两个进程可以只是同一个程序的两个不同执行实例。

两个进程共享信号量变量sv。一旦其中一个进程执行了P(sv)操作，它将得到信号量，并可以进入临界区域。而第二个进程将被阻止进入临界区域，因为当它试图执行P(sv)操作时，它会被挂起以等待第一个进程离开临界区域并执行V(sv)操作释放信号量。

需要的伪代码对两个进程都是相同的,如下所示:

```
semaphore sv = 1;

loop forever {
    P(sv);
    critical code section;
    V(sv);
    noncritical code section;
}
```

这段代码相当简单,这是因为PV操作的功能非常强大。图14-1显示了PV操作是如何把守代码中的临界区域的。

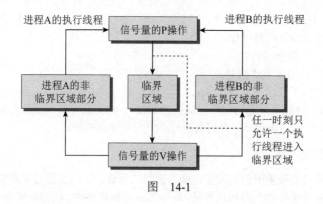

图 14-1

14.1.3 Linux的信号量机制

现在,我们已了解了信号量的含义及其工作原理,接下来我们来看看,在Linux系统中是如何实现这些功能的。Linux系统中的信号量接口经过了精心设计,它提供了比通常所需更多的机制。所有的Linux信号量函数都是针对成组的通用信号量进行操作,而不是只针对一个二进制信号量。乍看起来,这好像把事情弄得更复杂了,但在一个进程需要锁定多个资源的复杂情况中,这种能够对一组信号量进行操作的能力是一个巨大的优势。在本章中,我们将集中讨论单个信号量的使用,因为在绝大多数情况下,使用它就足够了。

信号量函数的定义如下所示:

```
#include <sys/sem.h>

int semctl(int sem_id, int sem_num, int command, ...);
int semget(key_t key, int num_sems, int sem_flags);
int semop(int sem_id, struct sembuf *sem_ops, size_t num_sem_ops);
```

头文件sys/sem.h通常依赖于另两个头文件sys/types.h和sys/ipc.h。一般情况下,它们都会被sys/sem.h自动包含,因此不需要为它们明确添加相应的#include语句。

在逐个介绍这些函数时,请记住,这些函数都是用来对成组的信号量值进行操作的。这使得,对它们的操作要比单个信号量所需的操作复杂得多。

参数key的作用很像一个文件名,它代表程序可能要使用的某个资源,如果多个程序使用相同的

key值，它将负责协调工作。与此类似，由semget函数返回的并用在其他共享内存函数中的标识符也与fopen返回的FILE*文件流很相似，进程需要通过它来访问共享文件。此外，类似于文件的使用情况，不同的进程可以用不同的信号量标识符来指向同一个信号量。对于我们将在本章讨论的所有IPC机制来说，这种一个键加上一个标识符的用法是很常见的，尽管每个机制都使用独立的键和标识符。

1. semget函数

semget函数的作用是创建一个新信号量或取得一个已有信号量的键：

```
int semget(key_t key, int num_sems, int sem_flags);
```

第一个参数key是整数值，不相关的进程可以通过它访问同一个信号量。程序对所有信号量的访问都是间接的，它先提供一个键，再由系统生成一个相应的信号量标识符。只有semget函数才直接使用信号量键，所有其他的信号量函数都是使用由semget函数返回的信号量标识符。

有一个特殊的信号量键值IPC_PRIVATE，它的作用是创建一个只有创建者进程才可以访问的信号量，但这个键值很少有实际的用途。在创建新的信号量时，你需要给键提供一个唯一的非零整数。

num_sems参数指定需要的信号量数目。它几乎总是取值为1。

sem_flags参数是一组标志，它与open函数的标志非常相似。它低端的9个比特是该信号量的权限，其作用类似于文件的访问权限。此外，它们还可以和值IPC_CREAT做按位或操作，来创建一个新信号量。即使在设置了IPC_CREAT标志后给出的键是一个已有信号量的键，也不会产生错误。如果函数用不到IPC_CREAT标志，该标志就会被悄悄地忽略掉。我们可以通过联合使用标志IPC_CREAT和IPC_EXCL来确保创建出的是一个新的、唯一的信号量。如果该信号量已存在，它将返回一个错误。

semget函数在成功时返回一个正数（非零）值，它就是其他信号量函数将用到的信号量标识符。如果失败，则返回-1。

2. semop函数

semop函数用于改变信号量的值，它的定义如下所示：

```
int semop(int sem_id, struct sembuf *sem_ops, size_t num_sem_ops);
```

第一个参数sem_id是由semget返回的信号量标识符。第二个参数sem_ops是指向一个结构数组的指针，每个数组元素至少包含以下几个成员：

```
struct sembuf {
    short sem_num;
    short sem_op;
    short sem_flg;
}
```

第一个成员sem_num是信号量编号，除非你需要使用一组信号量，否则它的取值一般为0。sem_op成员的值是信号量在一次操作中需要改变的数值（你可以用一个非1的数值来改变信号量的值）。通常只会用到两个值，一个是-1，也就是P操作，它等待信号量变为可用；一个是+1，也就是V操作，它发送信号表示信号量现在已可用。

最后一个成员sem_flg通常被设置为SEM_UNDO。它将使得操作系统跟踪当前进程对这个信号量的修改情况，如果这个进程在没有释放该信号量的情况下终止，操作系统将自动释放该进程持有的信号量。除非你对信号量的行为有特殊的要求，否则应该养成设置sem_flg为SEM_UNDO的好习惯。如果决定使用一个非SEM_UNDO的值，那就一定要注意保持设置的一致性，否则你很可能会搞不清楚内核是否会在进程退出时清理信号量。

semop调用的一切动作都是一次性完成的，这是为了避免出现因使用多个信号量而可能发生的竞争现象。semop的处理细节可以在手册页中找到。

3. semctl函数

semctl函数用来直接控制信号量信息，它的定义如下所示：

int semctl(int sem_id, int sem_num, int command, ...);

第一个参数sem_id是由semget返回的信号量标识符。sem_num参数是信号量编号，当需要用到成组的信号量时，就要用到这个参数，它一般取值为0，表示这是第一个也是唯一的一个信号量。command参数是将要采取的动作。如果还有第四个参数，它将会是一个union semun结构，根据X/OPEN规范的定义，它至少包含以下几个成员：

```
union semun {
    int val;
    struct semid_ds *buf;
    unsigned short *array;
}
```

虽然X/Open规范中指出，semun联合结构必须由程序员自己定义，但大多数Linux版本会在某个头文件（一般是sem.h）中给出该结构的定义。如果你发现确实需要自己来定义该结构，请查阅semctl的手册页，看手册中是否已给出了定义。如果有，我们建议使用手册中给出的定义，即使它与这里给出的定义不一致也应该如此。

semctl函数中的command参数可以设置许多不同的值，但只有下面介绍的两个值最常用。semctl函数的完整细节请查阅它的手册页。

❑ SETVAL：用来把信号量初始化为一个已知的值。这个值通过union semun中的val成员设置。其作用是在信号量第一次使用之前对它进行设置。

❑ IPC_RMID：用于删除一个已经无需继续使用的信号量标识符。

semctl函数将根据command参数的不同而返回不同的值。对于SETVAL和IPC_RMID，成功时返回0，失败时返回-1。

14.1.4　使用信号量

从上一节的介绍可以看出，信号量的操作相当复杂。这可不是一个好消息，因为编写包含临界区域的多进程或多线程程序本身就是一件非常困难的事情，再加上一个如此复杂的编程接口，这就更增添了编程者的精神负担。

幸运的是，大部分需要使用信号量来解决的问题只需使用一个最简单的二进制信号量即可。在下面的例子中，我们将用完整的编程接口为二进制信号量创建一个简单得多的PV类型接口，然后用这个非常简单的接口来演示信号量是如何工作的。

我们将用程序sem1.c来试验信号量，该程序可以被多次调用。我们通过一个可选的参数来指定程序是负责创建信号量还是负责删除信号量。

我们用两个不同字符的输出来表示进入和离开临界区域。如果程序启动时带有一个参数，它将在进入和退出临界区域时打印字符X；而程序的其他运行实例将在进入和退出临界区域时打印字符O。因为在任一给定时刻，只有一个进程可以进入临界区域，所以字符X和O应该是成对出现的。

<hr>

实　验　信号量

(1) 在包含了必需的系统头文件之后，我们包含了头文件semun.h。如果系统头文件sys/sem.h没有定义X/OPEN规范所需的联合semun，这个头文件包含了对它的定义。然后是函数原型的声明和全局变量的定义，接着就到了main函数的定义。我们调用semget来创建一个信号量，该函数将返回一个信号量标识符。如果程序是第一个被调用的（也就是说它在被调用时带有一个参数，使得argc>1），就调用set_semvalue初始化信号量并将op_char设置为X：

```
#include <unistd.h>
#include <stdlib.h>
#include <stdio.h>


#include <sys/sem.h>

#include "semun.h"


static int set_semvalue(void);
static void del_semvalue(void);
static int semaphore_p(void);
static int semaphore_v(void);

static int sem_id;


int main(int argc, char *argv[])
{
    int i;
    int pause_time;
    char op_char = 'O';

    srand((unsigned int)getpid());

    sem_id = semget((key_t)1234, 1, 0666 | IPC_CREAT);

    if (argc > 1) {
        if (!set_semvalue()) {
            fprintf(stderr, "Failed to initialize semaphore\n");
            exit(EXIT_FAILURE);
        }
        op_char = 'X';
        sleep(2);
    }
```

(2) 接下来是一个循环，它进入和离开临界区域10次。在每次循环的开始，首先调用semaphore_p函数，它在程序将进入临界区域时设置信号量以等待进入：

```
    for(i = 0; i < 10; i++) {

        if (!semaphore_p()) exit(EXIT_FAILURE);
        printf("%c", op_char);fflush(stdout);
        pause_time = rand() % 3;
        sleep(pause_time);
        printf("%c", op_char);fflush(stdout);
```

(3) 在临界区域之后，调用semaphore_v来将信号量设置为可用，然后等待一段随机的时间，再进入下一次循环。在整个循环语句执行完毕后，调用del_semvalue函数来清理代码：

```
        if (!semaphore_v()) exit(EXIT_FAILURE);

        pause_time = rand() % 2;
        sleep(pause_time);
    }

    printf("\n%d - finished\n", getpid());

    if (argc > 1) {
        sleep(10);
        del_semvalue();
    }

    exit(EXIT_SUCCESS);
}
```

(4) 函数 set_semvalue 通过将 semctl 调用的 command 参数设置为 SETVAL 来初始化信号量。在使用信号量之前必须要这样做：

```
static int set_semvalue(void)
{
    union semun sem_union;

    sem_union.val = 1;
    if (semctl(sem_id, 0, SETVAL, sem_union) == -1) return(0);
    return(1);
}
```

(5) 函数 del_semvalue 的形式与上面的函数几乎一样，只不过它通过将 semctl 调用的 command 设置为 IPC_RMID 来删除信号量 ID：

```
static void del_semvalue(void)
{
    union semun sem_union;

    if (semctl(sem_id, 0, IPC_RMID, sem_union) == -1)
        fprintf(stderr, "Failed to delete semaphore\n");
}
```

(6) semaphore_p 对信号量做减 1 操作（等待）：

```
static int semaphore_p(void)
{
    struct sembuf sem_b;

    sem_b.sem_num = 0;
    sem_b.sem_op = -1; /* P() */
    sem_b.sem_flg = SEM_UNDO;
    if (semop(sem_id, &sem_b, 1) == -1) {
        fprintf(stderr, "semaphore_p failed\n");
        return(0);
    }
    return(1);
}
```

(7) semaphore_v和semaphore_p类似，不同的是它将sembuf结构中的sem_op设置为1。这是一个"释放"操作，它使信号量变为可用：

```
static int semaphore_v(void)
{
    struct sembuf sem_b;

    sem_b.sem_num = 0;
    sem_b.sem_op = 1; /* V() */
    sem_b.sem_flg = SEM_UNDO;
    if (semop(sem_id, &sem_b, 1) == -1) {
        fprintf(stderr, "semaphore_v failed\n");
        return(0);
    }
    return(1);
}
```

注意，这个简单的程序只允许每个程序有一个二进制信号量。虽然我们可以通过传递信号量变量的方法来扩展它以支持更多的信号量，但通常一个二进制信号量即已足够。

我们可以通过多次启动这个程序的方法来对它进行测试。第一次启动时加上一个参数，表示应该由它来负责创建和删除信号量。其他的调用实例不使用参数。

下面是两个程序调用实例时的一些样本输出：

```
$ cc sem1.c -o sem1
$ ./sem1 1 &
[1] 1082
$ ./sem1
OOXXOOXXOOXXOOXXOOXXOOOOXXOOXXOOXXOOXXXX
1083 - finished
1082 - finished
$
```

请记住，字符"O"和"X"分别代表程序的第一个和第二个调用实例。因为每个程序都在其进入和离开临界区域时打印一个字符，所以每个字符都应该成对出现。如你所见，字符O和X是成对出现的，这表明对临界区域的处理是正确的。如果这个程序在你的系统上不能正常工作，你可能需要在启动程序之前执行命令stty -tostop，以确保产生tty输出的后台程序不会引发系统生成一个信号。

实验解析

在程序的开始，我们用semget函数通过一个（随意选取的）键来取得一个信号量标识符。IPC_CREAT标志的作用是：如果信号量不存在，就创建它。

如果程序带有一个参数，它就负责信号量的初始化工作，这是通过set_semvalue函数来完成的，该函数是针对更通用的semctl函数的简化接口。程序还将根据是否带有参数来决定需要打印哪个字符。sleep函数的作用是，让我们有时间在这个程序实例执行太多次循环之前调用其他的程序实例。我们用函数srand和rand来为程序引入一些伪随机形式的时间分配。

接下来程序循环10次，在临界区域和非临界区域会分别暂停一段随机的时间。临界区域由semaphore_p和semaphore_v函数前后把守，它们是更通用的semop函数的简化接口。

删除信号量之前，带有参数启动的程序会进入等待状态，以允许其他调用实例都执行完毕。如果不删除信号量，它将继续在系统中存在，即使没有程序在使用它也是如此。在实际的编程中，我们需要特别小心，不要无意之中在执行结束之后还留下信号量未删除。它可能会在你下次运行此程序时引发问题，而且信号量也是一种有限的资源，需要大家节约使用。

14.2   共享内存

共享内存是3个IPC机制中的第二个。它允许两个不相关的进程访问同一个逻辑内存。共享内存是在两个正在运行的进程之间传递数据的一种非常有效的方式。虽然X/Open标准并没有对它做出要求，但大多数共享内存的具体实现，都把由不同进程之间共享的内存安排为同一段物理内存。

共享内存是由IPC为进程创建的一个特殊的地址范围，它将出现在该进程的地址空间中。其他进程可以将同一段共享内存连接到它们自己的地址空间中。所有进程都可以访问共享内存中的地址，就好像它们是由malloc分配的一样。如果某个进程向共享内存写入了数据，所做的改动将立刻被可以访问同一段共享内存的任何其他进程看到。

共享内存为在多个进程之间共享和传递数据提供了一种有效的方式。由于它并未提供同步机制，所以我们通常需要用其他的机制来同步对共享内存的访问。我们一般是用共享内存来提供对大块内存区域的有效访问，同时通过传递小消息来同步对该内存的访问。

在第一个进程结束对共享内存的写操作之前，并无自动的机制可以阻止第二个进程开始对它进行读取。对共享内存访问的同步控制必须由程序员来负责。图14-2显示了共享内存是如何工作的。

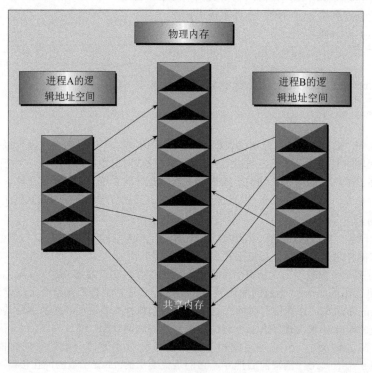

图   14-2

图中的箭头显示了每个进程的逻辑地址空间到可用物理内存的映射关系。实际情况要比图中显示的更加复杂，因为可用内存实际上由物理内存和已交换到磁盘上的内存页面混合组成。

共享内存使用的函数类似于信号量的函数，它们的定义如下：

```
#include <sys/shm.h>

void *shmat(int shm_id, const void *shm_addr, int shmflg);
int shmctl(int shm_id, int cmd, struct shmid_ds *buf);
int shmdt(const void *shm_addr);
int shmget(key_t key, size_t size, int shmflg);
```

与信号量的情况一样，头文件sys/types.h和sys/ipc.h通常被shm.h自动包含进程序。

14.2.1 shmget 函数

我们用shmget函数来创建共享内存：

```
int shmget(key_t key, size_t size, int shmflg);
```

与信号量一样，程序需要提供一个参数key，它有效地为共享内存段命名，shmget函数返回一个共享内存标识符，该标识符将用于后续的共享内存函数。有一个特殊的键值IPC_PRIVATE，它用于创建一个只属于创建进程的共享内存。通常你不会用到这个值，而且你可能会发现在一些Linux系统中，私有的共享内存其实并不是真正的私有。

第二个参数size以字节为单位指定需要共享的内存容量。

第三个参数shmflg包含9个比特的权限标志，它们的作用与创建文件时使用的mode标志一样。由IPC_CREAT定义的一个特殊比特必须和权限标志按位或才能创建一个新的共享内存段。设置IPC_CREAT标志的同时，给shmget函数传递一个已有共享内存段的键并不是一个错误，如果无需用到IPC_CREAT标志，该标志就会被悄悄地忽略掉。

权限标志对共享内存非常有用，因为它们允许一个进程创建的共享内存可以被共享内存的创建者所拥有的进程写入，同时其他用户创建的进程只能读取该共享内存。我们可以利用这个功能来提供一种有效的对数据进行只读访问的方法，通过将数据放入共享内存并设置它的权限，就可以避免数据被其他用户修改。

如果共享内存创建成功，shmget返回一个非负整数，即共享内存标识符；如果失败，就返回-1。

14.2.2 shmat 函数

第一次创建共享内存段时，它不能被任何进程访问。要想启用对该共享内存的访问，必须将其连接到一个进程的地址空间中。这项工作由shmat函数来完成，它的定义如下所示：

```
void *shmat(int shm_id, const void *shm_addr, int shmflg);
```

第一个参数shm_id是由shmget返回的共享内存标识符。

第二个参数shm_addr指定的是共享内存连接到当前进程中的地址位置。它通常是一个空指针，表示让系统来选择共享内存出现的地址。

第三个参数shmflg是一组位标志。它的两个可能取值是SHM_RND（这个标志与shm_addr联合使用，用来控制共享内存连接的地址）和SHM_RDONLY（它使得连接的内存只读）。我们很少需要控制共享内存连接的地址，通常都是让系统来选择一个地址，否则就会使应用程序对硬件的依赖性过高。

如果shmat调用成功，它返回一个指向共享内存第一个字节的指针；如果失败，它就返回-1。

共享内存的读写权限由它的属主（共享内存的创建者）、它的访问权限和当前进程的属主决定。共享内存的访问权限类似于文件的访问权限。

这个规则的一个例外是，当shmflg & SHM_RDONLY为true时的情况。此时即使该共享内存的访问权限允许写操作，它都不能被写入。

14.2.3　shmdt

shmdt函数的作用是将共享内存从当前进程中分离。它的参数是shmat返回的地址指针。成功时它返回0，失败时返回-1。注意，将共享内存分离并未删除它，只是使得该共享内存对当前进程不再可用。

14.2.4　shmctl

与复杂的信号量控制函数相比，共享内存的控制函数（非常感谢）要稍微简单一些。它的定义如下所示：

```
int shmctl(int shm_id, int command, struct shmid_ds *buf);
```

shmid_ds结构至少包含以下成员：

```
struct shmid_ds {
    uid_t shm_perm.uid;
    uid_t shm_perm.gid;
    mode_t shm_perm.mode;
}
```

第一个参数shm_id是shmget返回的共享内存标识符。

第二个参数command是要采取的动作，它可以取3个值，如表14-2所示。

表　14-2

命　　令	说　　　明
IPC_STAT	把shmid_ds结构中的数据设置为共享内存的当前关联值
IPC_SET	如果进程有足够的权限，就把共享内存的当前关联值设置为shmid_ds结构中给出的值
IPC_RMID	删除共享内存段

第三个参数buf是一个指针，它指向包含共享内存模式和访问权限的结构。

成功时返回0，失败时返回-1。X/Open规范没有定义当你试图删除一个正处于连接状态的共享内存段时将会发生的情况。通常这个已经被删除的处于连接状态的共享内存段还能继续使用，直到它从最后一个进程中分离为止。但因为这个行为并未在规范中定义，所以最好不要依赖它。

实　验　共享内存

介绍完共享内存函数后，我们可以编写一些代码来使用它们。在这个实验中，我们将编写一对程序shm1.c和shm2.c。第一个程序（消费者）将创建一个共享内存段，然后把写到它里面的数据都显示出来。第二个程序（生产者）将连接一个已有的共享内存段，并允许我们向其中输入数据。

(1) 我们首先创建一个公共的头文件，来定义我们希望分发的共享内存。我们将其命名为shm_com.h：

```
#define TEXT_SZ 2048

struct shared_use_st {
    int written_by_you;
    char some_text[TEXT_SZ];
};
```

　　这里定义的结构在消费者和生产者程序中都会用到。当有数据写入这个结构时，我们用该结构中的一个整型标志written_by_you来通知消费者。需要传输的文本长度2 K是由我们随意决定的。

　　(2) 第一个程序shm1.c是消费者程序。在头文件之后，通过设置了IPC_CREAT标志位的shmget调用来创建共享内存段（其长度就是我们的共享内存结构的长度）：

```
#include <unistd.h>
#include <stdlib.h>
#include <stdio.h>
#include <string.h>


#include <sys/shm.h>

#include "shm_com.h"

int main()
{
    int running = 1;
    void *shared_memory = (void *)0;
    struct shared_use_st *shared_stuff;
    int shmid;

    srand((unsigned int)getpid());

    shmid = shmget((key_t)1234, sizeof(struct shared_use_st), 0666 | IPC_CREAT);

    if (shmid == -1) {
        fprintf(stderr, "shmget failed\n");
        exit(EXIT_FAILURE);
    }
```

　　(3) 现在，让程序可以访问这个共享内存：

```
    shared_memory = shmat(shmid, (void *)0, 0);
    if (shared_memory == (void *)-1) {
        fprintf(stderr, "shmat failed\n");
        exit(EXIT_FAILURE);
    }

    printf("Memory attached at %X\n", (int)shared_memory);
```

　　(4) 程序的下一部分将shared_memory分配给shared_stuff，然后它输出written_by_you中的文本。循环将一直执行到在written_by_you中找到end字符串为止。sleep调用强迫消费者程序在临界区域多待一会儿，让生产者程序等待：

```
    shared_stuff = (struct shared_use_st *)shared_memory;
    shared_stuff->written_by_you = 0;
    while(running) {
        if (shared_stuff->written_by_you) {
            printf("You wrote: %s", shared_stuff->some_text);
            sleep( rand() % 4 ); /* make the other process wait for us ! */
            shared_stuff->written_by_you = 0;
            if (strncmp(shared_stuff->some_text, "end", 3) == 0) {
```

```
            running = 0;
        }
    }
}
```

(5) 最后，共享内存被分离，然后被删除：

```
    if (shmdt(shared_memory) == -1) {
        fprintf(stderr, "shmdt failed\n");
        exit(EXIT_FAILURE);
    }

    if (shmctl(shmid, IPC_RMID, 0) == -1) {
        fprintf(stderr, "shmctl(IPC_RMID) failed\n");
        exit(EXIT_FAILURE);
    }

    exit(EXIT_SUCCESS);
}
```

(6) 第二个程序shm2.c是生产者程序，我们通过它向消费者程序输入数据。它与shm1.c很相似，程序代码如下所示：

```
#include <unistd.h>
#include <stdlib.h>
#include <stdio.h>
#include <string.h>


#include <sys/shm.h>

#include "shm_com.h"

int main()
{
    int running = 1;
    void *shared_memory = (void *)0;
    struct shared_use_st *shared_stuff;
    char buffer[BUFSIZ];
    int shmid;

    shmid = shmget((key_t)1234, sizeof(struct shared_use_st), 0666 | IPC_CREAT);

    if (shmid == -1) {
        fprintf(stderr, "shmget failed\n");
        exit(EXIT_FAILURE);
    }
    shared_memory = shmat(shmid, (void *)0, 0);
    if (shared_memory == (void *)-1) {
        fprintf(stderr, "shmat failed\n");
        exit(EXIT_FAILURE);
    }

    printf("Memory attached at %X\n", (int)shared_memory);
```

```
    shared_stuff = (struct shared_use_st *)shared_memory;
    while(running) {
        while(shared_stuff->written_by_you == 1) {
            sleep(1);
            printf("waiting for client...\n");
        }
        printf("Enter some text: ");
        fgets(buffer, BUFSIZ, stdin);

        strncpy(shared_stuff->some_text, buffer, TEXT_SZ);
        shared_stuff->written_by_you = 1;

        if (strncmp(buffer, "end", 3) == 0) {
                running = 0;
        }
    }

    if (shmdt(shared_memory) == -1) {
        fprintf(stderr, "shmdt failed\n");
        exit(EXIT_FAILURE);
    }
    exit(EXIT_SUCCESS);
}
```

运行这些程序时，我们将看到如下所示的样本输出：

```
$ ./shm1 &
[1] 294
Memory attached at 40017000
$ ./shm2
Memory attached at 40017000
Enter some text: hello
You wrote: hello
waiting for client...
waiting for client...
Enter some text: Linux!
You wrote: Linux!
waiting for client...
waiting for client...
waiting for client...
Enter some text: end
You wrote: end
$
```

实验解析

第一个程序shm1创建共享内存段，然后将它连接到自己的地址空间中。我们在共享内存的开始处使用了一个结构shared_use_st。该结构中有个标志written_by_you，当共享内存中有数据写入时，就设置这个标志。这个标志被设置时，程序就从共享内存中读取文本，将它打印出来，然后清除这个标志表示已经读完数据。我们用一个特殊字符串end来退出循环。接下来，程序分离共享内存段并删除它。

第二个程序shm2使用相同的键1234来取得并连接同一个共享内存段。然后它提示用户输入一些文本。如果标志written_by_you被设置，shm2就知道客户进程还未读完上一次的数据，因此就继续等待。当其他进程清除了这个标志后，shm2写入新数据并设置该标志。它还使用字符串end来终止并分离共享内存段。

注意，我们只能提供自己的、非常简陋的同步标志written_by_you，它包括一个非常缺乏效率的忙等待（不停地循环）。这可以使得我们的示例比较简单，但在实际编程中，我们应该使用信号量或通过传递消息（使用管道或IPC消息，后者我们在下一节就会谈到）、生成信号（在第11章介绍的）的方法来提供应用程序读、写部分之间的一种更有效率的同步机制。

14.3 消息队列

我们现在来学习第三个也是最后一个System V IPC机制：消息队列（message queue）。消息队列与命名管道有许多相似之处，但少了在打开和关闭管道方面的复杂性。但使用消息队列并未解决我们在使用命名管道时遇到的一些问题，比如管道满时的阻塞问题。

消息队列提供了一种在两个不相关的进程之间传递数据的相当简单且有效的方法。与命名管道相比，消息队列的优势在于，它独立于发送和接收进程而存在，这消除了在同步命名管道的打开和关闭时可能产生的一些困难。

消息队列提供了一种从一个进程向另一个进程发送一个数据块的方法。而且，每个数据块都被认为含有一个类型，接收进程可以独立地接收含有不同类型值的数据块。好消息是，我们可以通过发送消息来几乎完全避免命名管道的同步和阻塞问题。更好的是，我们可以用一些方法来提前查看紧急消息。坏消息是：与管道一样，每个数据块都有一个最大长度的限制，系统中所有队列所包含的全部数据块的总长度也有一个上限。

虽然X/Open规范说明这些限制是强制的，但它并未提供发现这些限制的方法，只是告诉我们超过这些限制是引起一些消息队列函数失败的原因之一。Linux系统有两个宏定义MSGMAX和MSGMNB，它们以字节为单位分别定义了一条消息的最大长度和一个队列的最大长度。其他系统中的这些宏定义可能会不一样或甚至根本就不存在。

消息队列函数的定义如下所示：

```
#include <sys/msg.h>

int msgctl(int msqid, int cmd, struct msqid_ds *buf);
int msgget(key_t key, int msgflg);
int msgrcv(int msqid, void *msg_ptr, size_t msg_sz, long int msgtype, int msgflg);
int msgsnd(int msqid, const void *msg_ptr, size_t msg_sz, int msgflg);
```

与信号量和共享内存一样，头文件sys/types.h和sys/ipc.h通常被msg.h自动包含进程序。

14.3.1 msgget 函数

我们用msgget函数来创建和访问一个消息队列：

```
int msgget(key_t key, int msgflg);
```

与其他IPC机制一样，程序必须提供一个键值来命名某个特定的消息队列。特殊键值IPC_PRIVATE用于创建私有队列，从理论上来说，它应该只能被当前进程访问，但同信号量和共享内存的情况一样，消息队列在某些Linux系统中事实上并非私有。由于私有队列没有什么用处，所以这并不是一个很严重的问题。与以前一样，第二个参数msgflg由9个权限标志组成。由IPC_CREAT定义的一个特殊位必须和权限标志按位或才能创建一个新的消息队列。在设置IPC_CREAT标志时，如果给出的是一个已有消息队列的键也不会产生错误。如果消息队列已有，则IPC_CREAT标志就被悄悄地忽略掉。

成功时msgget函数返回一个正整数，即队列标识符，失败时返回-1。

14.3.2 msgsnd 函数

msgsnd函数用来把消息添加到消息队列中：

```
int msgsnd(int msqid, const void *msg_ptr, size_t msg_sz, int msgflg);
```

消息的结构受到两方面的约束。首先，它的长度必须小于系统规定的上限；其次，它必须以一个长整型成员变量开始，接收函数将用这个成员变量来确定消息的类型。当使用消息时，最好把消息结构定义为下面这样：

```
struct my_message {
    long int message_type;
    /* The data you wish to transfer */
}
```

由于在消息的接收中要用到message_type，所以你不能忽略它。你必须在声明自己的数据结构时包含它，并且最好将它初始化为一个已知值。

第一个参数msqid是由msgget函数返回的消息队列标识符。

第二个参数msg_ptr是一个指向准备发送消息的指针，消息必须像刚才说的那样以一个长整型成员变量开始。

第三个参数msg_sz是msg_ptr指向的消息的长度。这个长度不能包括长整型消息类型成员变量的长度。

第四个参数msgflg控制在当前消息队列满或队列消息到达系统范围的限制时将要发生的事情。如果msgflg中设置了IPC_NOWAIT标志，函数将立刻返回，不发送消息并且返回值为-1。如果msgflg中的IPC_NOWAIT标志被清除，则发送进程将挂起以等待队列中腾出可用空间。

成功时这个函数返回0，失败时返回-1。如果调用成功，消息数据的一份副本将被放到消息队列中。

14.3.3 msgrcv 函数

msgrcv函数从一个消息队列中获取消息：

```
int msgrcv(int msqid, void *msg_ptr, size_t msg_sz, long int msgtype, int msgflg);
```

第一个参数msqid是由msgget函数返回的消息队列标识符。

第二个参数msg_ptr是一个指向准备接收消息的指针，消息必须像前面msgsnd函数中介绍的那样以一个长整型成员变量开始。

第三个参数msg_sz是msg_ptr指向的消息的长度，它不包括长整型消息类型成员变量的长度。

第四个参数msgtype是一个长整数，它可以实现一种简单形式的接收优先级。如果msgtype的值为0，就获取队列中的第一个可用消息。如果它的值大于零，将获取具有相同消息类型的第一个消息。如果它的值小于零，将获取消息类型等于或小于msgtype的绝对值的第一个消息。

这个函数看起来好像很复杂，但实际应用时很简单。如果只想按照消息发送的顺序来接收它们，就把msgtype设置为0。如果只想获取某一特定类型的消息，就把msgtype设置为相应的类型值。如果想接收类型等于或小于n的消息，就把msgtype设置为-n。

第五个参数msgflg用于控制当队列中没有相应类型的消息可以接收时将发生的事情。如果msgflg中的IPC_NOWAIT标志被设置，函数将会立刻返回，返回值是-1。如果msgflg中的IPC_NOWAIT

标志被清除,进程将会挂起以等待一条相应类型的消息到达。

成功时msgrcv函数返回放到接收缓存区中的字节数,消息被复制到由msg_ptr指向的用户分配的缓存区中,然后删除消息队列中的对应消息。失败时返回-1。

14.3.4 msgctl 函数

最后一个消息队列函数是msgctl,它的作用与共享内存的控制函数非常相似:

```
int msgctl(int msqid, int command, struct msqid_ds *buf);
```

msqid_ds结构至少包含以下成员:

```
struct msqid_ds {
    uid_t   msg_perm.uid;
    uid_t   msg_perm.gid;
    mode_t  msg_perm.mode;
}
```

第一个参数msqid是由msgget返回的消息队列标识符。

第二个参数command是将要采取的动作。它可以取3个值,如表14-3所示。

表 14-3

命 令	说 明
IPC_STAT	把msqid_ds结构中的数据设置为消息队列的当前关联值
IPC_SET	如果进程有足够的权限,就把消息队列的当前关联值设置为msqid_ds结构中给出的值
IPC_RMID	删除消息队列

成功时它返回0,失败时返回-1。如果删除消息队列时,某个进程正在msgsnd或msgrcv函数中等待,这两个函数将失败。

实 验 消息队列

介绍完消息队列的定义后,我们来看它的实际工作情况。与前面一样,我们将编写两个程序:msg1.c用于接收消息,msg2.c用于发送消息。我们将允许两个程序都可以创建消息队列,但只有接收者在接收完最后一个消息之后可以删除它。

(1) 下面是接收者程序msg1.c的代码:

```
#include <stdlib.h>
#include <stdio.h>
#include <string.h>
#include <errno.h>
#include <unistd.h>


#include <sys/msg.h>


struct my_msg_st {
    long int my_msg_type;
    char some_text[BUFSIZ];
};
```

```
int main()
{
    int running = 1;
    int msgid;
    struct my_msg_st some_data;
    long int msg_to_receive = 0;
```

(2) 首先建立消息队列：

```
msgid = msgget((key_t)1234, 0666 | IPC_CREAT);

if (msgid == -1) {
    fprintf(stderr, "msgget failed with error: %d\n", errno);
    exit(EXIT_FAILURE);
}
```

(3) 然后从队列中获取消息，直到遇见end消息为止。最后，删除消息队列：

```
while(running) {
    if (msgrcv(msgid, (void *)&some_data, BUFSIZ,
                msg_to_receive, 0) == -1) {
        fprintf(stderr, "msgrcv failed with error: %d\n", errno);
        exit(EXIT_FAILURE);
    }
    printf("You wrote: %s", some_data.some_text);
    if (strncmp(some_data.some_text, "end", 3) == 0) {
        running = 0;
    }
}

if (msgctl(msgid, IPC_RMID, 0) == -1) {
    fprintf(stderr, "msgctl(IPC_RMID) failed\n");
    exit(EXIT_FAILURE);
}

exit(EXIT_SUCCESS);
}
```

14

(4) 发送者程序msg2.c与msg1.c很相似。在main函数的变量定义部分，删除了对msg_to_receive的定义并把它替换为buffer[BUFSIZ]。去掉删除消息队列的语句，在running循环中做如下的改动。我们现在通过调用msgsnd来发送用户输入的文本到消息队列中。下面是msg2.c的代码，阴影部分是与msg1.c不同的地方：

```
#include <stdlib.h>
#include <stdio.h>
#include <string.h>
#include <errno.h>
#include <unistd.h>

#include <sys/msg.h>

#define MAX_TEXT 512

struct my_msg_st {
```

```
    long int my_msg_type;
    char some_text[MAX_TEXT];
};

int main()
{
    int running = 1;
    struct my_msg_st some_data;
    int msgid;
    char buffer[BUFSIZ];

msgid = msgget((key_t)1234, 0666 | IPC_CREAT);

    if (msgid == -1) {
        fprintf(stderr, "msgget failed with error: %d\n", errno);
        exit(EXIT_FAILURE);
    }

    while(running) {
        printf("Enter some text: ");
        fgets(buffer, BUFSIZ, stdin);
        some_data.my_msg_type = 1;
        strcpy(some_data.some_text, buffer);

        if (msgsnd(msgid, (void *)&some_data, MAX_TEXT, 0) == -1) {
            fprintf(stderr, "msgsnd failed\n");
            exit(EXIT_FAILURE);
        }
        if (strncmp(buffer, "end", 3) == 0) {
            running = 0;
        }
    }

    exit(EXIT_SUCCESS);
}
```

与管道例子不同，这里不再需要由进程自己来提供同步方法。这是消息相对于管道的一个明显优势。

假设消息队列中有空间，发送者可以创建队列，放一些数据到队列中，然后在接收者启动之前就退出。我们将先运行发送者msg2。下面是一些样本输出：

```
$ ./msg2
Enter some text: hello
Enter some text: How are you today?
Enter some text: end
$ ./msg1
You wrote: hello
You wrote: How are you today?
You wrote: end
$
```

实验解析

发送者程序通过msgget来创建一个消息队列，然后用msgsnd向队列中增加消息。接收者用msgget

获得消息队列标识符，然后开始接收消息，直到接收到特殊的文本end为止。然后它用msgctl来删除消息队列以完成清理工作。

14.4　CD数据库应用程序

现在，我们可以用在本章中学到的IPC机制来修改CD数据库应用程序了。

我们可以使用这3种IPC机制的不同组合方式，但考虑到需要传递的消息非常小，所以直接使用消息队列来实现请求和响应的传递应该是比较合乎情理的。

如果需要传递的数据量很大，我们就可以考虑用共享内存来传递实际数据，再用信号量或消息来传递一个"令牌"去通知其他进程共享内存中的数据已可用。

消息队列的接口省去了我们在第11章中遇到的问题，那时我们需要在数据传递过程中两个进程都打开管道。使用消息队列允许一个进程往队列中放消息，即使这个进程是当前该队列的唯一用户。

唯一需要我们做出的重要决定是如何向客户返回查询结果。一种简单的做法是让服务器用一个队列，每个客户用一个队列。但如果并发客户数太大，这将引起问题，因为需要大量的消息队列。通过使用消息中的消息ID域，就可以允许所有客户只使用一个队列。通过在消息中使用客户进程ID，就可以把响应消息和特定的客户进程联系起来。然后，每个客户可以只获取那些发送给它的消息，而将发送给其他客户的消息留在队列中。

要想把我们的CD数据库应用程序转换为使用IPC机制，只需要更换第13章代码中的文件pipe_imp.c。在以下几页内容中，我们将介绍替换文件ipc_imp.c中的核心代码。

14.4.1　修改服务器函数

首先，需要更新服务器函数。

(1) 首先，包括必要的头文件，声明一些消息队列的键，然后定义一个用来保存消息数据的结构：

```
#include "cd_data.h"
#include "cliserv.h"


#include <sys/msg.h>

#define SERVER_MQUEUE 1234
#define CLIENT_MQUEUE 4321

struct msg_passed {
    long int msg_key; /* used for client pid */
    message_db_t real_message;
};
```

(2) 两个文件范围的变量分别保存msgget函数返回的两个队列标识符：

```
static int serv_qid = -1;
static int cli_qid = -1;
```

(3) 我们让服务器负责创建两个消息队列：

```
int server_starting()
{
    #if DEBUG_TRACE
```

```
        printf("%d :- server_starting()\n", getpid());
    #endif

    serv_qid = msgget((key_t)SERVER_MQUEUE, 0666 | IPC_CREAT);
    if (serv_qid == -1) return(0);

    cli_qid = msgget((key_t)CLIENT_MQUEUE, 0666 | IPC_CREAT);
    if (cli_qid == -1) return(0);

    return(1);
}
```

(4) 服务器还负责在退出时执行清理工作。服务器结束时，我们将文件范围的变量设置为无效值。当服务器在调用了 server_ending 后还试图发送消息时，这种做法可以捕获到这样的错误。

```
void server_ending()
{
    #if DEBUG_TRACE
        printf("%d :- server_ending()\n", getpid());
    #endif

    (void)msgctl(serv_qid, IPC_RMID, 0);
    (void)msgctl(cli_qid, IPC_RMID, 0);

    serv_qid = -1;
    cli_qid = -1;
}
```

(5) 服务器读函数的作用是：从队列中读取一个任一类型（即来自任意客户）的消息，返回消息的数据部分（忽略消息的类型）：

```
int read_request_from_client(message_db_t *rec_ptr)
{
    struct msg_passed my_msg;
    #if DEBUG_TRACE
        printf("%d :- read_request_from_client()\n", getpid());
    #endif

    if (msgrcv(serv_qid, (void *)&my_msg, sizeof(*rec_ptr), 0, 0) == -1) {
        return(0);
    }
    *rec_ptr = my_msg.real_message;
    return(1);
}
```

(6) 发送响应时，用客户进程ID来编址消息，客户进程ID存放在客户的请求中：

```
int send_resp_to_client(const message_db_t mess_to_send)
{
    struct msg_passed my_msg;
    #if DEBUG_TRACE
        printf("%d :- send_resp_to_client()\n", getpid());
    #endif

    my_msg.real_message = mess_to_send;
```

```
    my_msg.msg_key = mess_to_send.client_pid;

    if (msgsnd(cli_qid, (void *)&my_msg, sizeof(mess_to_send), 0) == -1) {
        return(0);
    }
    return(1);
}
```

14.4.2　修改客户函数

接着，修改客户函数。

(1) 当客户启动时，它需要找到服务器和客户队列标识符。客户本身并不创建队列。如果服务器没有运行，这个函数就会因消息队列不存在而失败。

```
int client_starting()
{
    #if DEBUG_TRACE
        printf("%d :- client_starting\n", getpid());
    #endif

    serv_qid = msgget((key_t)SERVER_MQUEUE, 0666);
    if (serv_qid == -1) return(0);

    cli_qid = msgget((key_t)CLIENT_MQUEUE, 0666);
    if (cli_qid == -1) return(0);
    return(1);
}
```

(2) 与服务器一样，当客户结束时，我们将文件范围的变量设置为无效值。客户在调用了client_ending之后还试图发送消息时，这种做法就可以捕获到这样的错误。

```
void client_ending()
{
    #if DEBUG_TRACE
        printf("%d :- client_ending()\n", getpid());
    #endif

    serv_qid = -1;
    cli_qid = -1;
}
```

(3) 为了发送消息给服务器，将数据存储到我们的结构中。注意，我们必须设置消息的键。因为0对键来说是个无效值，而如果不对这个键做定义就意味着它将取一个（显然的）随机值，如果碰巧这个值是0的话，这个函数就会调用失败。

```
int send_mess_to_server(message_db_t mess_to_send)
{
    struct msg_passed my_msg;
    #if DEBUG_TRACE
        printf("%d :- send_mess_to_server()\n", getpid());
    #endif

    my_msg.real_message = mess_to_send;
    my_msg.msg_key = mess_to_send.client_pid;
```

```
    if (msgsnd(serv_qid, (void *)&my_msg, sizeof(mess_to_send), 0) == -1) {
        perror("Message send failed");
        return(0);
    }
    return(1);
}
```

(4) 当客户从服务器获取一个消息时,它用自己的进程ID来只接收发送给它的消息,而忽略发送给其他客户的消息。

```
int read_resp_from_server(message_db_t *rec_ptr)
{
    struct msg_passed my_msg;
    #if DEBUG_TRACE
        printf("%d :- read_resp_from_server()\n",  getpid());
    #endif

    if (msgrcv(cli_qid, (void *)&my_msg, sizeof(*rec_ptr), getpid(), 0) == -1) {
        return(0);
    }
    *rec_ptr = my_msg.real_message;
    return(1);
}
```

(5) 为了保持与pipe_imp.c的完全兼容,我们还需要定义4个函数。但在新程序中,这些函数是空的,因为现在已经不再需要它们在使用管道时实现的操作了。

```
int start_resp_to_client(const message_db_t mess_to_send)
{
    return(1);
}

void end_resp_to_client(void)
{
}

int start_resp_from_server(void)
{
    return(1);
}

void end_resp_from_server(void)
{
}
```

我们现在可以启动服务器,它在后台完成实际的数据存储和检索。然后运行客户程序,它通过消息连接服务器。

我们在这里所需要做的就是将第13章中的接口函数替换为使用消息队列的实现。将应用程序转换为使用消息队列展示了IPC消息队列的强大。因为与使用管道的程序相比,我们需要使用的函数更少了,即使那些仍然需要使用的函数也比它们以前的实现版本要简单得多。

14.5　IPC 状态命令

虽然X/Open规范并没有定义它们，但大多数Linux系统都提供了一组命令，用于从命令行上访问IPC信息以及清理游离的IPC机制。它们是ipcs和ipcrm命令，这两个命令对于开发程序非常有用。

IPC机制一个让人烦恼的问题是：编写错误的程序或因为某些原因而执行失败的程序将把它的IPC资源（如消息队列中的数据）遗留在系统中，并且这些资源在程序结束后很长时间仍然在系统中游荡。这将导致对程序的新调用执行失败，因为程序期望以一个干净的系统来启动，但事实上却发现一些遗留的资源。状态命令（ipcs）和删除命令（ipcrm）提供了一种检查和清理IPC机制的方法。

14.5.1　显示信号量状态

要检查系统中信号量的状态，可以使用命令ipcs -s。如果系统中有信号量存在，就会给出如下格式的输出：

```
$ ./ipcs -s

------ Semaphore Arrays --------
key         semid       owner       perms       nsems
0x4d00df1a 768          rick        666         1
```

你可以用命令ipcrm来删除那些因意外情况而被程序遗留在系统中的信号量。要删除上面的信号量，使用的命令（在Linux系统中）如下所示：

```
$ ./ipcrm -s 768
```

一些非常老的Linux系统使用一个稍微不同的命令语法：

```
$ ./ipcrm sem 768
```

但这种命令语法现在已很少使用。请查看系统手册页来确定在你的特定系统中应该使用的正确语法格式。

14.5.2　显示共享内存状态

类似于信号量，许多系统提供了命令行程序来访问共享内存的细节情况。它们是命令ipcs -m和ipcrm -m <id>（或ipcrm shm <id>）。

下面是一些ipcs -m命令的样本输出：

```
$ ipcs -m

------ Shared Memory Segments --------
key         shmid       owner       perms       bytes       nattch      status
0x00000000 384          rick        666         4096        2           dest
```

这里显示的是一个长度为4 KB的共享内存段，它被两个进程连接。

ipcrm -m <id>命令的作用是删除共享内存。如果程序因运行失败而未清理共享内存，这个命令就很有用了。

14.5.3　显示消息队列状态

用于消息队列的命令是ipcs -q和ipcrm -q <id>（或ipcrm msg <id>）。

下面是命令ipcs -q的一些样本输出：

```
$ ipcs -q

------ Message Queues --------
key         msqid     owner       perms     used-bytes    messages
0x000004d2  3384      rick        666       2048          2
```

这显示了两个消息，在消息队列中的总长度为 2 048 个字节。

ipcrm -q <id>命令用于删除一个消息队列。

14.6 小结

在本章中，我们介绍了 3 种进程间通信的机制，它们最早出现在 UNIX System V.2 版本中，并从 Linux 的早期版本开始就已可用。这些机制是信号量、共享内存和消息队列。我们介绍了它们所提供的复杂功能以及这些功能是如何提供的。一旦我们理解了这些功能，它们就可以为许多进程间通信的需求提供强有力的解决方案。

套 接 字

15

在本章中，我们将介绍进程间通信的另一种方法，与我们在第13、14章讨论的方法相比，它有着明显的不同。到目前为止，我们讨论的所有机制都依靠一台计算机系统的共享资源实现。这里的资源可以是文件系统空间、共享的物理内存或消息队列，但只有运行在同一台机器上的进程才能使用它们。

伯克利版本的UNIX系统引入了一种新的通信工具——套接字接口（socket interface），它是我们在第13章介绍的管道概念的一个扩展。Linux系统支持套接字接口。你可以通过与使用管道类似的方法来使用套接字，但套接字还包括了计算机网络中的通信。一台机器上的进程可以使用套接字和另外一台机器上的进程通信，这样就可以支持分布在网络中的客户/服务器系统。同一台机器上的进程之间也可以使用套接字进行通信。

此外，微软的Windows系统也通过可公开获取的Windows Sockets技术规范（简称WinSock）实现了套接字接口。Windows系统的套接字服务是由系统文件`Winsock.dll`来提供的。因此，Windows程序可以通过网络和Linux/UNIX计算机进行通信来实现客户/服务器系统，反之亦然。虽然WinSock的编程接口和UNIX套接字不尽相同，但它同样是以套接字为基础的。

Linux丰富的网络功能不可能只用一章的篇幅就完全涵盖，所以我们将在本章中对主要的网络编程接口进行介绍。掌握了本章的内容后，你就可以开始编写自己的网络程序了。我们将主要介绍下面的内容：

- ❏ 套接字连接的工作原理
- ❏ 套接字的属性、地址和通信
- ❏ 网络信息和互联网守护进程（`inetd/xinetd`）
- ❏ 客户和服务器

15.1 什么是套接字

套接字（socket）是一种通信机制，凭借这种机制，客户/服务器系统的开发工作既可以在本地单机上进行，也可以跨网络进行。Linux所提供的功能（如打印服务、连接数据库和提供Web页面）和网络工具（如用于远程登录的`rlogin`和用于文件传输的`ftp`）通常都是通过套接字来进行通信的。

套接字的创建和使用与管道是有区别的，因为套接字明确地将客户和服务器区分开来。套接字机制可以实现将多个客户连接到一个服务器。

15.2 套接字连接

你可以把套接字连接想象为打电话进一个繁忙的办公大楼。一个电话打到一家公司，接线员接听电话并把它转到正确的部门（服务器进程），然后再从那里转到电话要找的人（服务器套接字）。每个进入的电话呼叫（客户）都被转到正确的终端节点，而中间介入的接线员则可以空出来处理后续的电话。在开始学习Linux系统中的套接字连接是如何建立之前，我们需要先理解套接字应用程序是如何通过套接字来维持一个连接的。

首先，服务器应用程序用系统调用socket来创建一个套接字，它是系统分配给该服务器进程的类似文件描述符的资源，它不能与其他进程共享。

接下来，服务器进程会给套接字起个名字。本地套接字的名字是Linux文件系统中的文件名，一般放在/tmp或/usr/tmp目录中。对于网络套接字，它的名字是与客户连接的特定网络有关的服务标识符（端口号或访问点）。这个标识符允许Linux将进入的针对特定端口号的连接转到正确的服务器进程。例如，Web服务器一般在80端口上创建一个套接字，这是一个专用于此目的的标识符。Web浏览器知道对于用户想要访问的Web站点，应该使用端口80来建立HTTP连接。我们用系统调用bind来给套接字命名。然后服务器进程就开始等待客户连接到这个命名套接字。系统调用listen的作用是，创建一个队列并将其用于存放来自客户的进入连接。服务器通过系统调用accept来接受客户的连接。

服务器调用accept时，它会创建一个与原有的命名套接字不同的新套接字。这个新套接字只用于与这个特定的客户进行通信，而命名套接字则被保留下来继续处理来自其他客户的连接。如果服务器编写得当，它就可以充分利用多个连接带来的好处。Web服务器就会这么做以同时服务来自许多客户的页面请求。对一个简单的服务器来说，后续的客户将在监听队列中等待，直到服务器再次准备就绪。

基于套接字系统的客户端更加简单。客户首先调用socket创建一个未命名套接字，然后将服务器的命名套接字作为一个地址来调用connect与服务器建立连接。

一旦连接建立，我们就可以像使用底层的文件描述符那样用套接字来实现双向的数据通信。

实　验　**一个简单的本地客户**

下面是一个非常简单的套接字客户程序的例子client1.c。它创建一个未命名的套接字，然后把它连接到服务器套接字server_socket。关于socket系统调用的细节，我们将在讨论完与地址相关的一些问题之后再来介绍。

(1) 包含一些必要的头文件并设置变量：

```
#include <sys/types.h>
#include <sys/socket.h>
#include <stdio.h>
#include <sys/un.h>
#include <unistd.h>
#include <stdlib.h>

int main()
{
    int sockfd;
    int len;
    struct sockaddr_un address;
    int result;
    char ch = 'A';
```

(2) 为客户创建一个套接字：

```
sockfd = socket(AF_UNIX, SOCK_STREAM, 0);
```

(3) 根据服务器的情况给套接字命名:

```
address.sun_family = AF_UNIX;
strcpy(address.sun_path, "server_socket");
len = sizeof(address);
```

(4) 将我们的套接字连接到服务器的套接字:

```
result = connect(sockfd, (struct sockaddr *)&address, len);

if(result == -1) {
    perror("oops: client1");
    exit(1);
}
```

(5) 现在就可以通过sockfd进行读写操作了:

```
write(sockfd, &ch, 1);
read(sockfd, &ch, 1);
printf("char from server = %c\n", ch);
close(sockfd);
exit(0);
}
```

运行这个程序时,它会失败,因为你还没有创建服务器端的命名套接字(具体的错误信息将随系统的不同而不同)。

```
$ ./client1
oops: client1: No such file or directory
$
```

实　验　一个简单的本地服务器

下面是一个非常简单的服务器程序server1.c,它接受来自客户程序的连接。它首先创建一个服务器套接字,将它绑定到一个名字,然后创建一个监听队列,开始接受客户的连接。

(1) 包含必要的头文件并设置变量:

```
#include <sys/types.h>
#include <sys/socket.h>
#include <stdio.h>
#include <sys/un.h>
#include <unistd.h>
#include <stdlib.h>

int main()
{
    int server_sockfd, client_sockfd;
    int server_len, client_len;
    struct sockaddr_un server_address;
    struct sockaddr_un client_address;
```

(2) 删除以前的套接字,为服务器创建一个未命名的套接字:

```
unlink("server_socket");
server_sockfd = socket(AF_UNIX, SOCK_STREAM, 0);
```

(3) 命名套接字：

```
server_address.sun_family = AF_UNIX;
strcpy(server_address.sun_path, "server_socket");
server_len = sizeof(server_address);
bind(server_sockfd, (struct sockaddr *)&server_address, server_len);
```

(4) 创建一个连接队列，开始等待客户进行连接：

```
listen(server_sockfd, 5);
while(1) {
    char ch;

    printf("server waiting\n");
```

(5) 接受一个连接：

```
client_len = sizeof(client_address);
client_sockfd = accept(server_sockfd,
    (struct sockaddr *)&client_address, (socklen_t *)&client_len);
```

(6) 对client_sockfd套接字上的客户进行读写操作：

```
read(client_sockfd, &ch, 1);
ch++;
write(client_sockfd, &ch, 1);
close(client_sockfd);
    }
}
```

实验解析

这个例子中的服务器程序一次只能为一个客户服务。它从客户那里读取一个字符，增加它的值，然后再把它写回去。在更加复杂的系统中，服务器需要为每个客户执行更多的处理工作，这种一次只为一个客户服务的做法就变得不可接受了，因为其他客户只有等到服务器结束上一个客户的处理任务后才能处理它的连接。我们将在后面看到几个允许同时处理多个连接的解决方案。

运行服务器程序时，它创建一个套接字并开始等待客户的连接。如果你在后台启动它，让它独立地运行，就可以在前台启动客户程序。如下所示：

```
$ ./server1 &
[1] 1094
$ server waiting
```

服务器在开始等待客户连接时会打印出一条消息。在上面的例子中，服务器等待的是一个文件系统套接字，所以可以用普通的ls命令来看到它。

记住：用完一个套接字后，就应该把它删除掉，即使是在程序因接收到一个信号而异常终止的情况下也应该这么做。这可以避免文件系统因充斥着无用的文件而变得混乱。

```
$ ls -lF server_socket
srwxr-xr-x    1 neil    users         0 2007-06-23 11:41 server_socket=
```

访问权限前面的字母s和这一行末尾的等号=表示该设备的类型是"套接字"。套接字的创建过程与普通文件一样，它的访问权限会被当前的掩码值所修改。如果使用ps命令，你可以看到服务器正运行在后台。它目前处于休眠状态（STAT栏显示的是s），因此它没有消耗CPU资源。如下所示：

```
$ ps lx
F   UID    PID  PPID PRI  NI   VSZ  RSS WCHAN  STAT TTY         TIME COMMAND
0   1000  23385 10689  17   0  1424  312 361800  S    pts/1      0:00 ./server1
```

现在运行客户程序，你就可以成功地连接到服务器了。因为服务器套接字已经存在，所以你可以连接到它并与服务器进行通信。如下所示：

```
$ ./client1
server waiting
char from server = B
$
```

服务器的输出和客户的输出在我们的终端上混在了一起，但还是可以看出服务器从客户那里接收了一个字符，将它的值增加，然后再返回它。接着服务器继续运行并等待下一个客户的到来。如果同时运行多个客户，它们将被依次服务，但你看到的输出结果可能会更加混乱。如下所示：

```
$ ./client1 & ./client1 & ./client1 &
[2] 23412
[3] 23413
[4] 23414
server waiting
char from server = B
server waiting
char from server = B
server waiting
char from server = B
server waiting
[2]  Done                    client1
[3]- Done                    client1
[4]+ Done                    client1
$
```

15.2.1 套接字属性

要想完全理解在上面例子中所使用的系统调用，你需要先学习一些UNIX网络方面的知识。

套接字的特性由3个属性确定，它们是：域（domain）、类型（type）和协议（protocol）。套接字还用地址作为它的名字。地址的格式随域（又被称为协议族，protocol family）的不同而不同。每个协议族又可以使用一个或多个地址族来定义地址格式。

1. 套接字的域

域指定套接字通信中使用的网络介质。最常见的套接字域是AF_INET，它指的是Internet网络，许多Linux局域网使用的都是该网络，当然，因特网自身用的也是它。其底层的协议——网际协议（IP）只有一个地址族，它使用一种特定的方式来指定网络中的计算机，即人们常说的IP地址。

"下一代"互联网协议Ipv6被设计用于克服标准IP带来的一些问题，特别是可用地址数量有限的问题。IPv6使用一个不同的套接字域AF_INET6和一个不同的地址格式。人们期望它能最终替换IP，但这一过程将需要经过许多年。虽然Linux也支持Ipv6实现，但这超出了本书介绍的范围。

虽然我们几乎总是用域名来指定因特网上的联网机器，但它们都会被转换为底层的IP地址。例如192.168.1.99就是一个IP地址。所有的IP地址都用4个数字来表示，每个数字都小于256，即所谓的点分四元组表示法（dotted quad）。当客户使用套接字进行跨网络的连接时，它就需要用到服务器计算机的IP地址。

服务器计算机上可能同时有多个服务正在运行。客户可以通过IP端口来指定一台联网机器上的某个特定服务。在系统内部，端口通过分配一个唯一的16位的整数来标识，在系统外部，则需要通过IP地址和端口号的组合来确定。套接字作为通信的终点，它必须在开始通信之前绑定一个端口。

服务器在特定的端口等待客户的连接。知名服务所分配的端口号在所有Linux和UNIX机器上都是一样的。它们通常（但并不总是如此）小于1024，比如打印机缓冲队列进程（515）、rlogin（513）、ftp（21）和httpd（80）等。其中最后一个就是Web服务器的标准端口。一般情况下，小于1024的端口号都是为系统服务保留的，并且所服务的进程必须具有超级用户权限。X/Open规范在头文件netdb.h中定义了一个常量IPPORT_RESERVED，它代表保留端口号的最大值。

因为标准服务都对应标准的端口号，所以计算机之间可以轻松地互连，而不需要首先协商一个正确的端口号。本地服务可以使用非标准的端口地址。

第一个例子中的域是UNIX文件系统域AF_UNIX，即使是一台还未联网的计算机上的套接字也可以使用这个域。这个域的底层协议就是文件输入/输出，而它的地址就是文件名。我们的服务器套接字的地址是server_socket，当我们运行服务器程序时，就可以在当前目录下看到这个地址。

其他可以使用的域还包括：基于ISO标准协议的网络所使用的AF_ISO域和用于施乐（Xerox）网络系统的AF_XNS域。它们都不在本章的讨论范围之内。

2. 套接字类型

一个套接字域可能有多种不同的通信方式，而每种通信方式又有其不同的特性。但AF_UNIX域的套接字没有这样的问题，它们提供了一个可靠的双向通信路径。在网络域中，我们就需要注意底层网络的特性，以及不同的通信机制是如何受到它们的影响的。

因特网协议提供了两种通信机制：流（stream）和数据报（datagram）。它们有着截然不同的服务层次。

● 流套接字

流套接字（在某些方面类似于标准的输入/输出流）提供的是一个有序、可靠、双向字节流的连接。因此，发送的数据可以确保不会丢失、复制或乱序到达，并且在这一过程中发生的错误也不会显示出来。大的消息将被分片、传输、再重组。这很像一个文件流，它接收大量的数据，然后以小数据块的形式将它们写入底层磁盘。流套接字的行为是可预见的。

流套接字由类型SOCK_STREAM指定，它们是在AF_INET域中通过TCP/IP连接实现的。它们也是AF_UNIX域中常用的套接字类型。在本章中，我们将重点学习SOCK_STREAM套接字，因为它们在编写网络程序时是最常用的。

> TCP/IP代表的是传输控制协议（Transmission Control Protocol）/网际协议（Internet Protocol）。IP协议是针对数据包的底层协议，它提供从一台计算机通过网络到达另一台计算机的路由。TCP协议提供排序、流控和重传，以确保大数据的传输可以完整地到达目的地或报告一个适当的错误条件。

● 数据报套接字

与流套接字相反，由类型SOCK_DGRAM指定的数据报套接字不建立和维持一个连接。它对可以发送的数据报的长度有限制。数据报作为一个单独的网络消息被传输，它可能会丢失、复制或乱序到达。

数据报套接字是在AF_INET域中通过UDP/IP连接实现的，它提供的是一种无序的不可靠服务（UDP代表的是用户数据报协议）。但从资源的角度来看，相对来说它们开销比较小，因为不需要维持网络连接。而且因为无需花费时间来建立连接，所以它们的速度也很快。

数据报适用于信息服务中的"单次"（single-shot）查询，它主要用来提供日常状态信息或执行低优先级的日志记录。它的优点是服务器的崩溃不会给客户造成不便，也不会要求客户重启，因为基于数据报的服务器通常不保留连接信息，所以它们可以在不打扰其客户的前提下停止并重启。

现在，我们暂时离开对数据报的讨论，关于数据报的更多信息请阅读本章最后一节。

3. 套接字协议

只要底层的传输机制允许不止一个协议来提供要求的套接字类型，我们就可以为套接字选择一个特定的协议。在本章中，我们将重点讨论UNIX网络套接字和文件系统套接字，它们不需要你选择一个特定的协议，只需要使用其默认值即可。

15.2.2 创建套接字

socket系统调用创建一个套接字并返回一个描述符，该描述符可以用来访问该套接字。

```
#include <sys/types.h>
#include <sys/socket.h>

int socket(int domain, int type, int protocol);
```

创建的套接字是一条通信线路的一个端点。domain参数指定协议族，type参数指定这个套接字的通信类型，protocol参数指定使用的协议。

domain参数可以指定的协议族如表15-1所示。

表 15-1

域	说　明
AF_UNIX	UNIX域协议（文件系统套接字）
AF_INET	ARPA因特网协议（UNIX网络套接字）
AF_ISO	ISO标准协议
AF_NS	施乐（Xerox）网络系统协议
AF_IPX	Novell IPX协议
AF_APPLETALK	Appletalk DDS

最常用的套接字域是AF_UNIX和AF_INET，前者用于通过UNIX和Linux文件系统实现的本地套接字，后者用于UNIX网络套接字。AF_INET套接字可以用于通过包括因特网在内的TCP/IP网络进行通信的程序。微软Windows系统的Winsock接口也提供了对这个套接字域的访问功能。

socket函数的参数type指定用于新套接字的通信特性。它的取值包括SOCK_STREAM和SOCK_DGRAM。

SOCK_STREAM是一个有序、可靠、面向连接的双向字节流。对AF_INET域套接字来说，它默认是通过一个TCP连接来提供这一特性的，TCP连接在两个流套接字端点之间建立。数据可以通过套接字连接进行双向传递。TCP协议所提供的机制可以用于分片和重组长消息，并且可以重传可能在网络中丢失的数据。

SOCK_DGRAM是数据报服务。我们可以用它来发送最大长度固定（通常比较小）的消息，但消息是否会被正确传递或消息是否不会乱序到达并没有保证。对于AF_INET域套接字来说，这种类型的通信是由UDP数据报来提供的。

通信所用的协议一般由套接字类型和套接字域来决定，通常不需要选择。只有当需要选择时，我们才会用到protocol参数。将该参数设置为0表示使用默认协议，我们将在本章的所有例子中都这样做。

socket系统调用返回一个描述符，它在许多方面都类似于底层的文件描述符。当这个套接字连接到另一端的套接字后，我们就可以用read和write系统调用，通过这个描述符来在套接字上发送和接收数据了。close系统调用用于结束套接字连接。

15.2.3 套接字地址

每个套接字域都有其自己的地址格式。对于AF_UNIX域套接字来说，它的地址由结构sockaddr_un来描述，该结构定义在头文件sys/un.h中。

```
struct sockaddr_un {
    sa_family_t    sun_family;      /* AF_UNIX */
    char           sun_path[];      /* pathname */
};
```

因此，对套接字进行处理的系统调用可能需要接受不同类型的地址，每种地址格式都使用一种类似的结构来描述，它们都以一个指定地址类型（套接字域）的成员（在本例中是sun_family）开始。在AF_UNIX域中，套接字地址由结构中的sun_path成员中的文件名所指定。

在当前的Linux系统中，由X/Open规范定义的类型sa_family_t在头文件sys/un.h中声明，它是短整数类型。此外，sun_path指定的路径名长度也是有限制的（Linux规定的是108个字符，其他系统可能使用的是更清楚的常量，如UNIX_MAX_PATH）。因为地址结构的长度不一致，所以许多套接字调用需要用到一个用来复制特定地址结构的长度变量或将它作为一个输出。

在AF_INET域中，套接字地址由结构sockaddr_in来指定，该结构定义在头文件netinet/in.h中，它至少包含以下几个成员：

```
struct sockaddr_in {
    short int          sin_family;   /* AF_INET */
    unsigned short int sin_port;     /* Port number */
    struct in_addr     sin_addr;     /* Internet address */
};
```

IP地址结构in_addr被定义为：

```
struct in_addr {
    unsigned long int   s_addr;
};
```

IP地址中的4个字节组成一个32位的值。一个AF_INET套接字由它的域、IP地址和端口号来完全确定。从应用程序的角度来看，所有套接字的行为就像文件描述符一样，并且通过一个唯一的整数值来区分。

15.2.4 命名套接字

要想让通过socket调用创建的套接字可以被其他进程使用，服务器程序就必须给该套接字命名。这样，AF_UNIX套接字就会关联到一个文件系统的路径名，正如你在server1例子中所看到的。AF_INET套接字就会关联到一个IP端口号。

```
#include <sys/socket.h>

int bind(int socket, const struct sockaddr *address, size_t address_len);
```

bind系统调用把参数address中的地址分配给与文件描述符socket关联的未命名套接字。地址结构的长度由参数address_len传递。

地址的长度和格式取决于地址族。bind调用需要将一个特定的地址结构指针转换为指向通用地址类型（struct sockaddr *）。

bind调用在成功时返回0，失败时返回-1并设置errno为表15-2中的一个值。

表　15-2

errno值	说　明
EBADF	文件描述符无效
ENOTSOCK	文件描述符对应的不是一个套接字
EINVAL	文件描述符对应的是一个已命名的套接字
EADDRNOTAVAIL	地址不可用
EADDRINUSE	地址已经绑定了一个套接字

AF_UNIX域套接字还有其他一些错误代码，如表15-3所示。

表　15-3

errno值	说　明
EACCESS	因为权限不足，不能创建文件系统中的路径名
ENOTDIR、ENAMETOOLONG	表明选择的文件名不符合要求

15.2.5　创建套接字队列

为了能够在套接字上接受进入的连接，服务器程序必须创建一个队列来保存未处理的请求。它用listen系统调用来完成这一工作。

```
#include <sys/socket.h>

int listen(int socket, int backlog);
```

Linux系统可能会对队列中可以容纳的未处理连接的最大数目做出限制。为了遵守这个最大值限制，listen函数将队列长度设置为backlog参数的值。在套接字队列中，等待处理的进入连接的个数最多不能超过这个数字。再往后的连接将被拒绝，导致客户的连接请求失败。listen函数提供的这种机制允许当服务器程序正忙于处理前一个客户请求的时候，将后续的客户连接放入队列等待处理。backlog参数常用的值是5。

listen函数在成功时返回0，失败时返回-1。错误代码包括EBADF、EINVAL和ENOTSOCK，其含义与上面bind系统调用中说明的一样。

15.2.6　接受连接

一旦服务器程序创建并命名了套接字之后，它就可以通过accept系统调用来等待客户建立对该套接字的连接。

```
#include <sys/socket.h>

int accept(int socket, struct sockaddr *address, size_t *address_len);
```

accept系统调用只有当有客户程序试图连接到由socket参数指定的套接字上时才返回。这里的客户是指，在套接字队列中排在第一个的未处理连接。accept函数将创建一个新套接字来与该客户进行通信，并且返回新套接字的描述符。新套接字的类型和服务器监听套接字类型是一样的。

套接字必须事先由bind调用命名，并且由listen调用给它分配一个连接队列。连接客户的地址将被放入address参数指向的sockaddr结构中。如果我们不关心客户的地址，也可以将address参数指定为空指针。

参数address_len指定客户结构的长度。如果客户地址的长度超过这个值，它将被截断。所以在调用accept之前，address_len必须被设置为预期的地址长度。当这个调用返回时，address_len将被设置为连接客户地址结构的实际长度。

如果套接字队列中没有未处理的连接，accept将阻塞（程序将暂停）直到有客户建立连接为止。我们可以通过对套接字文件描述符设置O_NONBLOCK标志来改变这一行为，使用的函数是fcntl，如下所示：

```
int flags = fcntl(socket, F_GETFL, 0);

fcntl(socket, F_SETFL, O_NONBLOCK|flags);
```

当有未处理的客户连接时，accept函数将返回一个新的套接字文件描述符。发生错误时，accept函数将返回-1。可能的错误情况大部分与bind、listen调用类似，其他的错误有EWOULDBLOCK和EINTR。前者是当指定了O_NONBLOCK标志，但队列中没有未处理连接时产生的错误。后者是当进程阻塞在accept调用时，执行被中断而产生的错误。

15.2.7　请求连接

客户程序通过在一个未命名套接字和服务器监听套接字之间建立连接的方法来连接到服务器。它们通过connect调用来完成这一工作。

```
#include <sys/socket.h>

int connect(int socket, const struct sockaddr *address, size_t address_len);
```

参数socket指定的套接字将连接到参数address指定的服务器套接字，address指向的结构的长度由参数address_len指定。参数socket指定的套接字必须是通过socket调用获得的一个有效的文件描述符。

成功时，connect调用返回0，失败时返回-1。可能的错误代码见表15-4。

表　15-4

errno值	说　明
EBADF	传递给socket参数的文件描述符无效
EALREADY	该套接字上已经有一个正在进行中的连接
ETIMEDOUT	连接超时
ECONNREFUSED	连接请求被服务器拒绝

如果连接不能立刻建立，connect调用将阻塞一段不确定的超时时间。一旦这个超时时间到达，连接将被放弃，connect调用失败。但如果connect调用被一个信号中断，而该信号又得到了处理，connect调用还是会失败（errno被设置为EINTR），但连接尝试并不会被放弃，而是以异步方式继续建立，程序必须在此后进行检查以查看连接是否成功建立。

与accept调用一样，connect调用的阻塞特性可以通过设置该文件描述符的O_NONBLOCK标志来改变。此时，如果连接不能立刻建立，connect将失败并把errno设置为EINPROGRESS，而连接将以异步方式继续进行。

虽然异步连接难于处理，但我们可以在套接字文件描述符上，用select调用来检查套接字是否已处于写就绪状态。我们将在本章的后面介绍select调用。

15.2.8　关闭套接字

你可以通过调用close函数来终止服务器和客户上的套接字连接，就如同对底层文件描述符进行关闭一样。你应该总是在连接的两端都关闭套接字。对于服务器来说，应该在read调用返回0时关闭套接字，但如果套接字是一个面向连接类型的，并且设置了SOCK_LINGER选项，close调用会在该套接字还有未传输数据时阻塞。你将在本章后面的内容中学习到如何设置套接字选项。

15.2.9　套接字通信

在介绍完与套接字相关的基本系统调用后，我们来看几个示例程序。我们将尽量使用网络套接字而不是文件系统套接字。文件系统套接字的缺点是，除非程序员使用一个绝对路径名，否则套接字将创建在服务器程序的当前目录下。为了让它更具通用型，你需要将它创建在一个服务器及其客户都认可的可全局访问的目录（如/tmp目录）中。而对网络套接字来说，你只需要选择一个未被使用的端口号即可。

我们的例子将选择端口号9734，这个端口号是在避开标准服务的前提下随意选择的（我们不能使用小于1024的端口号，因为它们都是为系统使用保留的）。其他端口号及通过它们提供的服务通常都列在系统文件/etc/services中。编写基于套接字的应用程序时，请注意总要选择没有列在该配置文件中的端口号。

> 请注意在程序client2.c和server2.c中有个我们故意设置的错误，我们将在client3.c和server3.c中修复这个错误。所以请不要将client2.c和server2.c中的代码用到你自己的程序中。

我们将在局域网中运行我们的客户和服务器，但网络套接字不仅可用于局域网，任何带有因特网连接（即使是一个调制解调器拨号连接）的机器都可以使用网络套接字来彼此通信。甚至可以在一台UNIX单机上运行基于网络的程序，因为UNIX计算机通常会配置了一个只包含它自身的回路（loopback）网络。出于演示的目的，我们将使用这个回路网络。回路网络对调试网络应用程序也很有用，因为它排除了任何外部网络问题。

回路网络中只包含一台计算机，传统上它被称为localhost，它有一个标准的IP地址127.0.0.1。这就是本地主机。你可以在网络主机文件/etc/hosts中找到它的地址，在该文件中还列出了在共享网络中的其他主机的名字和对应的地址。

每个与计算机进行通信的网络都有一个与之关联的硬件接口。一台计算机可能在每个网络中都有一个不同的网络名，当然也就会有几个不同的IP地址。例如，Neil的机器tilde就有3个网络接口，因此也就有3个IP地址。它们被记录在文件/etc/hosts中，如下所示：

```
127.0.0.1      localhost              # Loopback
192.168.1.1    tilde.localnet         # Local, private Ethernet
158.152.X.X    tilde.demon.co.uk      # Modem dial-up
```

第一个就是简单的回路网络，第二个是通过一块以太网卡来访问的局域网，第三个是到一个因特网接入服务提供商的调制解调器连接。你编写的基于套接字的网络程序，可以不做任何修改就能通过任何一个网络接口与服务器进行通信。

实 验 网络客户

下面是一个修改过的客户程序client2.c，它通过回路网络连接到一个网络套接字。这个程序有一个与硬件相关的细微错误，我们将在本章的后面再讨论它。

(1) 包含必要的头文件并设置变量：

```
#include <sys/types.h>
#include <sys/socket.h>
#include <stdio.h>
#include <netinet/in.h>
#include <arpa/inet.h>
#include <unistd.h>
#include <stdlib.h>

int main()
{
    int sockfd;
    int len;
    struct sockaddr_in address;
    int result;
    char ch = 'A';
```

(2) 为客户创建一个套接字：

```
    sockfd = socket(AF_INET, SOCK_STREAM, 0);
```

(3) 命名套接字，与服务器保持一致：

```
    address.sin_family = AF_INET;
    address.sin_addr.s_addr = inet_addr("127.0.0.1");
    address.sin_port = 9734;
    len = sizeof(address);
```

这个程序的剩余部分与本章前面的client1.c完全一样。运行这个版本的客户程序时，它将连接失败，因为还没有服务器运行在这台计算机的9734端口上。

```
$ ./client2
oops: client2: Connection refused
$
```

实验解析

客户程序用在头文件netinet/in.h中定义的sockaddr_in结构指定了一个AF_INET地址。它试图连接到IP地址为127.0.0.1的主机上的服务器。它用inet_addr函数将IP地址的文本表示方式转换为符合套接字地址要求的格式。inet的手册页中有对其他地址转换函数的详细说明。

实 验 网络服务器

你还需要修改服务器程序，让它在选好的端口号上等待客户的连接。下面是修改过的服务器程序server2.c。

(1) 包含必要的头文件并设置变量：

```
#include <sys/types.h>
#include <sys/socket.h>
#include <stdio.h>
```

```
#include <netinet/in.h>
#include <arpa/inet.h>
#include <unistd.h>
#include <stdlib.h>

int main()
{
    int server_sockfd, client_sockfd;
    int server_len, client_len;
    struct sockaddr_in server_address;
    struct sockaddr_in client_address;
```

(2) 为服务器创建一个未命名套接字：

```
server_sockfd = socket(AF_INET, SOCK_STREAM, 0);
```

(3) 命名套接字：

```
server_address.sin_family = AF_INET;
server_address.sin_addr.s_addr = inet_addr("127.0.0.1");
server_address.sin_port = 9734;
server_len = sizeof(server_address);
bind(server_sockfd, (struct sockaddr *)&server_address, server_len);
```

从这以后的代码与server1.c完全一样。运行client2和server2将显示与你在前面运行client1和server1一样的结果。

实验解析

服务器程序创建一个AF_INET域的套接字，并安排在它之上接受连接。这个套接字被绑定到你选择的端口。指定的地址决定了允许建立连接的计算机。通过指定像客户程序中一样的回路地址，你就把通信限制在本地主机上。

如果想允许服务器和远程客户进行通信，就必须指定一组你允许连接的IP地址。你可以用特殊值INADDR_ANY来表示，你将接受来自计算机任何网络接口的连接。如果你愿意，还可以通过分离如内部局域网和外部广域网连接的方式来区分不同的网络接口。INADDR_ANY是一个32位的整数值，它可以用在地址结构的sin_addr.s_addr域中。但首先你需要解决一个问题，如下节所示。

15.2.10　主机字节序和网络字节序

当在基于Intel处理器的Linux机器上运行新版本的服务器和客户程序时，我们可以用netstat命令来查看网络连接状况。这个命令在大多数配置了网络功能的UNIX系统上都能找到。它显示了客户/服务器连接正在等待关闭。连接将在一小段超时时间之后关闭（具体的输出内容将随Linux版本的不同而不同）。

```
$ ./server2 & ./client2
[3] 23770
server waiting
server waiting
char from server = B
$ netstat -A inet
Active Internet connections (w/o servers)
Proto Recv-Q Send-Q Local Address   Foreign Address   (State)      User
tcp      1      0 localhost:1574  localhost:1174    TIME_WAIT    root
```

> 在尝试运行本书中其他示例程序之前，请确保已终止正在运行的示例服务器程序，因为它们会争夺来自客户的连接，会导致运行结果混乱。你可以用下面的命令来将它们（包括本章后面将介绍的示例程序）一起杀掉：
>
> ```
> kilall server1 server2 server3 server4 server5
> ```

你可以看到这条连接对应的服务器和客户的端口号。local address一栏显示的是服务器，而foreign address一栏显示的是远程客户（即使是在同一台机器上，它仍然是通过网络连接的）。为了确保所有套接字都是不同的，这些客户端口一般都与服务器监听套接字不同，并且在这台计算机上是唯一的。

可是，显示的本地地址（服务器套接字）端口是1574（或者你可能会看到显示的是一个服务名mvel-lm），而我们选择的端口是9734。为什么会不一样呢？答案是，通过套接字接口传递的端口号和地址都是二进制数字。不同的计算机使用不同的字节序来表示整数。例如，Intel处理器将32位的整数分为4个连续的字节，并以字节序4-3-2-1存储到内存中，这里的1表示最高位的字节。而IBM PowerPC处理器是以字节序1-2-3-4的方式来存储整数。如果保存整数的内存只是以逐个字节的方式来复制，两个不同的计算机得到的整数值就会不一致。

为了使不同类型的计算机可以就通过网络传输的多字节整数的值达成一致，你需要定义一个网络字节序。客户和服务器程序必须在传输之前，将它们的内部整数表示方式转换为网络字节序。它们通过定义在头文件netinet/in.h中的函数来完成这一工作。这些函数如下所示：

```
#include <netinet/in.h>

unsigned long int htonl(unsigned long int hostlong);
unsigned short int htons(unsigned short int hostshort);
unsigned long int ntohl(unsigned long int netlong);
unsigned short int ntohs(unsigned short int netshort);
```

这些函数将16位和32位整数在主机字节序和标准的网络字节序之间进行转换。函数名是与之对应的转换操作的简写形式。例如"host to network, long"（htonl，长整数从主机字节序到网络字节序的转换）和"host to network, short"（htons，短整数从主机字节序到网络字节序的转换）。如果计算机本身的主机字节序与网络字节序相同，这些函数的内容实际上就是空操作。

为了保证16位的端口号有正确的字节序，你的服务器和客户需要用这些函数来转换端口地址。新服务器程序server3.c中的改动是：

```
server_address.sin_addr.s_addr = htonl(INADDR_ANY);
server_address.sin_port = htons(9734);
```

你不需要对函数调用inet_addr("127.0.0.1")进行转换，因为inet_addr已被定义为产生一个网络字节序的结果。新客户程序client3.c中的改动是：

```
address.sin_port = htons(9734);
```

服务器也做了改动，通过用INADDR_ANY来允许到达服务器任一网络接口的连接。

现在，运行server3和client3时，你将看到本地连接使用的是正确的端口。

```
$ netstat
Active Internet connections
Proto Recv-Q Send-Q Local Address   Foreign Address   (State)     User
tcp      1      0 localhost:9734  localhost:1175    TIME_WAIT   root
```

请记住，如果你使用的计算机上的主机字节序和网络字节序相同，你将不会看到任何差异。但为了让不同体系结构的计算机上的客户和服务器可以正确地操作，总是在网络程序中使用这些转换函数仍然是非常重要的。

15.3 网络信息

到目前为止，我们的客户和服务器程序一直是把地址和端口号编译到它们自己的内部。对于一个更通用的服务器和客户程序来说，我们可以通过网络信息函数来决定应该使用的地址和端口。

如果你有足够的权限，也可以将自己的服务添加到/etc/services文件中的已知服务列表中，并在这个文件中为端口号分配一个名字，使用户可以使用符号化的服务名而不是端口号的数字。

类似地，如果给定一个计算机的名字，你可以通过调用解析地址的主机数据库函数来确定它的IP地址。这些函数通过查询网络配置文件来完成这一工作，如/etc/hosts文件或网络信息服务。常用的网络信息服务有NIS（Network Information Service，网络信息服务，以前称为Yellow Pages，黄页服务）和DNS（Domain Name Service，域名服务）。

主机数据库函数在接口头文件netdb.h中声明，如下所示：

```
#include <netdb.h>

struct hostent *gethostbyaddr(const void *addr, size_t len, int type);
struct hostent *gethostbyname(const char *name);
```

这些函数返回的结构中至少会包含以下几个成员：

```
struct hostent {
    char *h_name;           /* name of the host */
    char **h_aliases;       /* list of aliases (nicknames) */
    int h_addrtype;         /* address type */
    int h_length;           /* length in bytes of the address */
    char **h_addr_list      /* list of address (network order) */
};
```

如果没有与我们查询的主机或地址相关的数据项，这些信息函数将返回一个空指针。

类似地，与服务及其关联端口号有关的信息也可以通过一些服务信息函数来获取。如下所示：

```
#include <netdb.h>

struct servent *getservbyname(const char *name, const char *proto);
struct servent *getservbyport(int port, const char *proto);
```

proto参数指定用于连接该服务的协议，它的两个取值是tcp和udp，前者用于SOCK_STREAM类型的TCP连接，后者用于SOCK_DGRAM类型的UPD数据报。

结构servent至少包含以下几个成员：

```
struct servent {
    char *s_name;           /* name of the service */
    char **s_aliases;       /* list of aliases (alternative names) */
    int s_port;             /* The IP port number */
    char *s_proto;          /* The service type, usually "tcp" or "udp" */
};
```

如果想获得某台计算机的主机数据库信息，可以调用gethostbyname函数并且将结果打印出来。注意，要把返回的地址列表转换为正确的地址类型，并用函数inet_ntoa将它们从网络字节序转换为可打印的字符串。函数inet_ntoa的定义如下所示：

```
#include <arpa/inet.h>
```

```
char *inet_ntoa(struct in_addr in)
```

这个函数的作用是，将一个因特网主机地址转换为一个点分四元组格式的字符串。它在失败时返回-1，但POSIX规范并未定义任何错误。其他可用的新函数还有gethostname，它的定义如下所示：

```
#include <unistd.h>
```

```
int gethostname(char *name, int namelength);
```

这个函数的作用是，将当前主机的名字写入name指向的字符串中。主机名将以null结尾。参数namelength指定了字符串name的长度，如果返回的主机名太长，它就会被截断。gethostname在成功时返回0，失败时返回-1，但POSIX规范中没有定义任何错误。

实 验 网络信息

下面这个程序getname.c用来获取一台主机的有关信息。

(1) 与往常一样，包含必要的头文件并声明变量：

```
#include <netinet/in.h>
#include <arpa/inet.h>
#include <unistd.h>
#include <netdb.h>
#include <stdio.h>
#include <stdlib.h>

int main(int argc, char *argv[])
{
    char *host, **names, **addrs;
    struct hostent *hostinfo;
```

(2) 把host变量设置为getname程序所提供的命令行参数，或默认设置为用户主机的主机名：

```
if(argc == 1) {
    char myname[256];
    gethostname(myname, 255);
    host = myname;
}
else
    host = argv[1];
```

(3) 调用gethostbyname，如果未找到相应的信息就报告一条错误：

```
hostinfo = gethostbyname(host);
if(!hostinfo) {
    fprintf(stderr, "cannot get info for host: %s\n", host);
    exit(1);
}
```

(4) 显示主机名和它可能有的所有别名：

```
printf("results for host %s:\n", host);
printf("Name: %s\n", hostinfo -> h_name);
printf("Aliases:");
```

```
names = hostinfo -> h_aliases;
while(*names) {
    printf(" %s", *names);
    names++;
}
printf("\n");
```

(5) 如果查询的主机不是一个IP主机，就发出警告并退出：

```
if(hostinfo -> h_addrtype != AF_INET) {
    fprintf(stderr, "not an IP host!\n");
    exit(1);
}
```

(6) 否则，显示它的所有IP地址：

```
addrs = hostinfo -> h_addr_list;
while(*addrs) {
    printf(" %s", inet_ntoa(*(struct in_addr *)*addrs));
    addrs++;
}
printf("\n");
exit(0);
}
```

此外，你也可以用gethostbyaddr函数来查出哪个主机拥有给定的IP地址。你可以在服务器上用这个函数来查找连接客户的来源。

实验解析

getname程序通过调用gethostbyname从主机数据库中提取出主机的信息。它打印出主机名、它的别名（这台计算机的其他名字）和该主机在它的网络接口上使用的IP地址。运行这个示例程序并指定主机名tilde时，程序给出了以太网和调制解调器两个网络接口的信息。如下所示：

```
$ ./getname tilde
results for host tilde:
Name: tilde.localnet
Aliases: tilde
 192.168.1.1 158.152.x.x
```

当我们使用主机名localhost时，程序只给出了回路网络的信息。如下所示：

```
$ ./getname localhost
results for host localhost:
Name: localhost
Aliases:
 127.0.0.1
```

现在可以改进我们的客户程序，使它可以连接到任何有名字的主机。这次不是连接到我们的示例服务器，而是连接到一个标准服务，这样就可以演示端口号的提取操作了。

大多数UNIX和一些Linux系统都有一项标准服务daytime，它提供系统的日期和时间。客户可以连接到这个服务来查看服务器的当前日期和时间。下面就是完成这一工作的客户程序getdate.c。

实　验　连接到标准服务

(1) 包含必要的头文件和变量声明：

15

```
#include <sys/socket.h>
#include <netinet/in.h>
#include <netdb.h>
#include <stdio.h>
#include <unistd.h>
#include <stdlib.h>

int main(int argc, char *argv[])
{
    char *host;
    int sockfd;
    int len, result;
    struct sockaddr_in address;
    struct hostent *hostinfo;
    struct servent *servinfo;
    char buffer[128];

    if(argc == 1)
        host = "localhost";
    else
        host = argv[1];
```

(2) 查找主机的地址，如果找不到，就报告一条错误：

```
hostinfo = gethostbyname(host);
if(!hostinfo) {
    fprintf(stderr, "no host: %s\n", host);
    exit(1);
}
```

(3) 检查主机上是否有daytime服务：

```
servinfo = getservbyname("daytime", "tcp");
if(!servinfo) {
    fprintf(stderr,"no daytime service\n");
    exit(1);
}
printf("daytime port is %d\n", ntohs(servinfo -> s_port));
```

(4) 创建一个套接字：

```
sockfd = socket(AF_INET, SOCK_STREAM, 0);
```

(5) 构造connect调用要使用的地址：

```
address.sin_family = AF_INET;
address.sin_port = servinfo -> s_port;
address.sin_addr = *(struct in_addr *)*hostinfo -> h_addr_list;
len = sizeof(address);
```

(6) 然后建立连接并取得有关信息：

```
result = connect(sockfd, (struct sockaddr *)&address, len);
if(result == -1) {
    perror("oops: getdate");
    exit(1);
}
```

```
    result = read(sockfd, buffer, sizeof(buffer));
    buffer[result] = '\0';
    printf("read %d bytes: %s", result, buffer);

    close(sockfd);
    exit(0);
}
```

你可以用getdate获取任一已知主机的日期和时间。

```
$ ./getdate localhost
daytime port is 13
read 26 bytes: 24 JUN 2007 06:03:03 BST
$
```

如果你看到如下所示的一条错误信息：

```
oops: getdate: Connection refused
```

或是：

```
oops: getdate: No such file or directory
```

这可能是因为你正在连接的计算机没有启用daytime服务。最新版本的Linux系统在默认情况下都没有启用该服务。在下一节中，你将学习如何启用这项服务以及其他一些服务。

实验解析

运行这个程序时，你可以指定要连接的主机。daytime服务的端口号是通过网络数据库函数getservbyname来确定的，该函数以与返回主机信息类似的方法返回和网络服务相关的信息。程序getdate尝试连接到指定主机返回的地址列表中的第一个地址，如果成功，它就读取daytime服务返回的信息——一个表示UNIX日期和时间的字符串。

15.3.1 因特网守护进程（**xinetd/inetd**）

UNIX系统通常以超级服务器的方式来提供多项网络服务。超级服务器程序（因特网守护进程xinetd或inetd）同时监听许多端口地址上的连接。当有客户连接到某项服务时，守护程序就运行相应的服务器。这使得针对各项网络服务的服务器不需要一直运行着，它们可以在需要时启动。

因特网守护进程在现代Linux系统中是通过xinetd来实现的。xinetd实现方式取代了原来的UNIX程序inetd，尽管你仍然会在一些较老的Linux系统中以及其他的类UNIX系统中看到inetd的应用。

我们通常是通过一个图形用户界面来配置xinetd以管理网络服务，但我们也可以直接修改它的配置文件。它的配置文件通常是/etc/xinetd.conf和/etc/xinetd.d目录中的文件。

每一个由xinetd提供的服务都在/etc/xinetd.d目录中有一个对应的配置文件。xinetd将在其启动时或被要求的情况下读取所有这些配置文件。

下面是一些xinetd配置文件的例子，首先是daytime服务的配置：

```
#default: off
# description: A daytime server. This is the tcp version.
service daytime
{
        socket_type      = stream
```

15

```
        protocol        = tcp
        wait            = no
        user            = root
        type            = INTERNAL
        id              = daytime-stream
        FLAGS           = IPv6 IPv4
}
```

然后是文件传输服务的配置：

```
# default: off
# description:
#   The vsftpd FTP server serves FTP connections. It uses
#   normal, unencrypted usernames and passwords for authentication.
# vsftpd is designed to be secure.
#
# NOTE: This file contains the configuration for xinetd to start vsftpd.
#       the configuration file for vsftp itself is in /etc/vsftpd.conf
service ftp
{
#       server_args             =
#       log_on_success          += DURATION USERID
#       log_on_failure          += USERID
#       nice                    = 10
 socket_type     = stream
 protocol        = tcp
 wait            = no
 user            = root
 server          = /usr/sbin/vsftpd
}
```

我们的getdate程序连接的daytime服务实际上就是由xinetd自身负责处理的（它被标记为internal，即内部），它同时支持SOCK_STREAM（tcp）和SOCK_DGRAM（udp）套接字。

ftp文件传输服务只支持SOCK_STREAM套接字，并且是由一个外部程序来提供服务的。在本例中这个程序是vsftpd，当有客户连接到ftp的端口时，守护进程就会启动它。

为了激活服务配置的修改，你需要编辑xinetd的配置文件，然后发送一个挂起信号给守护进程，但我们建议你使用一种更加友好的方式来配置服务。为了允许time-of-day客户进行连接，你可以使用Linux系统提供的工具来启用daytime服务。对于SUSE和openSUSE系统来说，你可以通过SUSE控制中心来配置服务，如图15-1所示。Red Hat的版本（包括企业版Linux和Fedora）也有一个类似的配置界面。在图15-1中，daytime服务同时针对TCP和UDP查询进行了启用。

对于使用inetd而不是xinetd的系统来说，下面是从inetd的配置文件/etc/inetd.conf中提取的完成相同功能的配置，inetd使用该配置文件来决定运行哪些服务器：

```
#
# <service_name> <sock_type> <proto> <flags> <user> <server_path> <args>
#
# Echo, discard, daytime, and chargen are used primarily for testing.
#
daytime    stream   tcp    nowait    root    internal
daytime    dgram    udp    wait      root    internal
#
# These are standard services.
```

```
#
ftp     stream    tcp     nowait    root    /usr/sbin/tcpd    /usr/sbin/wu.ftpd
telnet  stream    tcp     nowait    root    /usr/sbin/tcpd    /usr/sbin/in.telnetd
#
# End of inetd.conf.
```

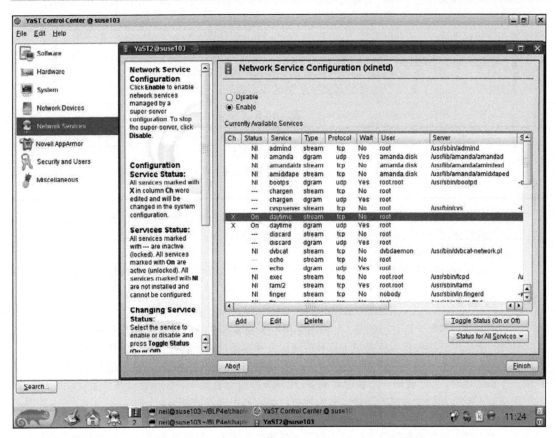

图　15-1

注意，在本例中，ftp服务是由外部程序wu.ftpd提供的。如果你的系统运行着inetd进程，你可以通过编辑文件/etc/inetd.conf（一行开头的#号表示这是一个注释行）再重新启动inetd进程的方法来改变提供的服务。你可以用kill命令向inetd进程发送一个挂起信号来重启该进程。为了方便执行这个操作，有的系统会配置成让inetd将它的进程号写入一个文件中。此外，你还可以使用killall命令，如下所示：

```
# killall -HUP inetd
```

15.3.2　套接字选项

你可以用许多选项来控制套接字连接的行为，这些选项的数目众多，我们不可能在这里对它们一一解释。setsockopt函数用于控制这些选项，它的定义如下所示：

```
#include <sys/socket.h>

int setsockopt(int socket, int level, int option_name,
        const void *option_value, size_t option_len);
```

你可以在协议层次的不同级别对选项进行设置。如果想要在套接字级别设置选项，就必须将level参数设置为SOL_SOCKET。如果想要在底层协议级别（如TCP、UDP等）设置选项，就必须将level参数设置为该协议的编号[①]（可以通过头文件netinet/in.h或函数getprotobyname来获得）。

option_name参数指定要设置的选项；option_value参数的长度为option_len字节，它用于设置选项的新值，它被传递给底层协议的处理函数，并且不能被修改。

在头文件sys/socket.h中定义的套接字级别选项，如表15-5所示。

表   15-5

选 项	说 明
SO_DEBUG	打开调试信息
SO_KEEPALIVE	通过定期传输保持存活报文来维持连接
SO_LINGER	在close调用返回之前完成传输工作

SO_DEBUG和SO_KEEPALIVE用一个整数的option_value值来设置该选项的开（1）或关（0）。SO_LINGER需要使用一个在头文件sys/socket.h中定义的linger结构，来定义该选项的状态以及套接字关闭之前的拖延时间。

setsockopt在成功时返回0，失败时返回-1。它的手册页介绍了更多的选项和错误。

15.4 多客户

到目前为止，本章一直介绍的是，如何用套接字来实现本地的和跨网络的客户/服务器系统。一旦连接建立，套接字连接的行为就类似于打开的底层文件描述符，而且在很多方面类似于双向管道。

我们现在来考虑有多个客户同时连接一个服务器的情况。你已经看到，服务器程序在接受来自客户的一个新连接时，会创建出一个新的套接字，而原先的监听套接字将被保留以继续监听以后的连接。如果服务器不能立刻接受后来的连接，它们将被放到队列中以等待处理。

原先的套接字仍然可用并且套接字的行为就像文件描述符，这一事实给我们提供了一种同时服务多个客户的方法。如果服务器调用fork为自己创建第二份副本，打开的套接字就将被新的子进程所继承。新的子进程可以和连接的客户进行通信，而主服务器进程可以继续接受以后的客户连接。这些改动对我们的服务器程序来说是非常容易的，下面的实验部分将给出修改过的服务器程序。

因为我们创建子进程，但并不等待它们的完成，所以必须安排服务器忽略SIGCHLD信号以避免出现僵尸进程[②]。

实 验　可以同时服务多个客户的服务器

（1）这个程序server4.c的开始部分与我们前面的服务器一脉相承，只是增加了一条包含signal.h头文件的include语句。变量的定义和创建、命名套接字的过程与以前一样：

---

① 原书的说明似有误，例如对于TCP协议，我们可以将level参数设置为IPPROTO_TCP。——译者注
② 原书似有误，要避免出现僵尸进程，就必须在服务器中设置SIGCHLD的信号处理函数。——译者注

```
#include <sys/types.h>
#include <sys/socket.h>
#include <stdio.h>
#include <netinet/in.h>
#include <signal.h>
#include <unistd.h>
#include <stdlib.h>

int main()
{
    int server_sockfd, client_sockfd;
    int server_len, client_len;
    struct sockaddr_in server_address;
    struct sockaddr_in client_address;

    server_sockfd = socket(AF_INET, SOCK_STREAM, 0);

    server_address.sin_family = AF_INET;
    server_address.sin_addr.s_addr = htonl(INADDR_ANY);
    server_address.sin_port = htons(9734);
    server_len = sizeof(server_address);
    bind(server_sockfd, (struct sockaddr *)&server_address, server_len);
```

(2) 创建一个连接队列，忽略子进程的退出细节，等待客户的到来：

```
    listen(server_sockfd, 5);

    signal(SIGCHLD, SIG_IGN);

    while(1) {
        char ch;

        printf("server waiting\n");
```

(3) 接受连接：

```
        client_len = sizeof(client_address);
        client_sockfd = accept(server_sockfd,
            (struct sockaddr *)&client_address, &client_len);
```

(4) 通过fork调用为这个客户创建一个子进程，然后测试你是在父进程中还是在子进程中：

```
        if(fork() == 0) {
```

(5) 如果你是在子进程中，就可以对client_sockfd上的客户执行读/写操作。5秒的延迟只是出于演示的目的：

```
            read(client_sockfd, &ch, 1);
            sleep(5);
            ch++;
            write(client_sockfd, &ch, 1);
            close(client_sockfd);
            exit(0);
        }
```

(6) 否则，你一定是在父进程中，你只需关闭这个客户：

```
        else {
```

```
        close(client_sockfd);
    }
  }
}
```

在处理客户请求时插入的5秒延迟是为了模拟服务器的计算时间或数据库访问时间。如果在前面的服务器中这样做，client3的每次运行都将花费5秒钟的时间。而新服务器可以同时处理多个client3程序，所花费的总时间将只有5秒钟多一点。

```
$ ./server4 &
[1] 26566
server waiting
$ ./client3 & ./client3 & ./client3 & ps x
[2] 26581
[3] 26582
[4] 26583
server waiting
server waiting
server waiting
  PID TTY       STAT   TIME COMMAND
26566 pts/1     S      0:00 ./server4
26581 pts/1     S      0:00 ./client3
26582 pts/1     S      0:00 ./client3
26583 pts/1     S      0:00 ./client3
26584 pts/1     R+     0:00 ps x
26585 pts/1     S      0:00 ./server4
26586 pts/1     S      0:00 ./server4
26587 pts/1     S      0:00 ./server4
$ char from server = B
char from server = B
char from server = B
ps x
  PID TTY       STAT   TIME COMMAND
26566 pts/1     S      0:00 ./server4
26590 pts/1     R+     0:00 ps x
[2]  Done                    ./client3
[3]- Done                    ./client3
[4]+ Done                    ./client3
$
```

实验解析

服务器程序现在将创建一个新的子进程来处理每个客户，所以你将看到好几个服务器在等待消息，而主进程将继续等待新的连接。ps命令的输出（这里进行了编辑）显示，PID为26566的server4进程正在等待新的客户，而3个client3进程正在由3个服务器的子进程进行服务。在经过5秒的暂停后，所有的客户都得到了它们的结果并结束运行。服务器的子进程也都退出，只留下主服务器进程在运行。

服务器程序用fork函数来处理多个客户。但在数据库应用程序中，这可能不是最佳的解决方案。因为服务器程序可能会相当大，而且在数据库访问方面还存在着需要协调多个服务器副本的问题。事实上，我们真正需要的是，如何让单个服务器进程在不阻塞、不等待客户请求到达的前提下处理多个客户。这个问题的解决方案涉及如何同时处理多个打开的文件描述符，并且它不仅仅局限于套接字应用程序，请看下一节的select系统调用。

15.4.1　**select** 系统调用

在编写Linux应用程序时，我们经常会遇到需要检查好几个输入的状态才能确定下一步行动的情况。例如，像终端仿真器这样的通信程序，需要有效地同时读取键盘和串行口。如果是在一个单用户系统中，运行一个"忙等待"循环还是可以接受的，它不停地扫描输入设备看是否有数据，如果有数据到达就读取它。但这种做法很消耗CPU的时间。

select系统调用允许程序同时在多个底层文件描述符上等待输入的到达（或输出的完成）。这意味着终端仿真程序可以一直阻塞到有事情可做为止。类似地，服务器也可以通过同时在多个打开的套接字上等待请求到来的方法来处理多个客户。

select函数对数据结构fd_set进行操作，它是由打开的文件描述符构成的集合。有一组定义好的宏可以用来控制这些集合：

```
#include <sys/types.h>
#include <sys/time.h>

void FD_ZERO(fd_set *fdset);
void FD_CLR(int fd, fd_set *fdset);
void FD_SET(int fd, fd_set *fdset);
int FD_ISSET(int fd, fd_set *fdset);
```

顾名思义，FD_ZERO用于将fd_set初始化为空集合，FD_SET和FD_CLR分别用于在集合中设置和清除由参数fd传递的文件描述符。如果FD_ISSET宏中由参数fd指向的文件描述符是由参数fdset指向的fd_set集合中的一个元素，FD_ISSET将返回非零值。fd_set结构中可以容纳的文件描述符的最大数目由常量FD_SETSIZE指定。

select函数还可以用一个超时值来防止无限期的阻塞。这个超时值由一个timeval结构给出。这个结构定义在头文件sys/time.h中，它由以下几个成员组成：

```
struct timeval {
    time_t    tv_sec;      /* seconds */
    long      tv_usec;     /* microseconds */
}
```

类型time_t在头文件sys/types.h中被定义为一个整数类型。

select系统调用的原型如下所示：

```
#include <sys/types.h>
#include <sys/time.h>

int select(int nfds, fd_set *readfds, fd_set *writefds,
           fd_set *errorfds, struct timeval *timeout);
```

select调用用于测试文件描述符集合中，是否有一个文件描述符已处于可读状态或可写状态或错误状态，它将阻塞以等待某个文件描述符进入上述这些状态。

参数nfds指定需要测试的文件描述符数目，测试的描述符范围从0到nfds-1。3个描述符集合都可以被设为空指针，这表示不执行相应的测试。

select函数会在发生以下情况时返回：readfds集合中有描述符可读、writefds集合中有描述符可写或errorfds集合中有描述符遇到错误条件。如果这3种情况都没有发生，select将在timeout指定的超时时间经过后返回。如果timeout参数是一个空指针并且套接字上也没有任何活动，这个调用将一直阻塞下去。

当select返回时，描述符集合将被修改以指示哪些描述符正处于可读、可写或有错误的状态。我们可以用FD_ISSET对描述符进行测试，来找出需要注意的描述符。你可以修改timeout值来表明剩余的超时时间，但这并不是在X/Open规范中定义的行为。如果select是因为超时而返回的话，所有描述符集合都将被清空。

select调用返回状态发生变化的描述符总数。失败时它将返回-1并设置errno来描述错误。可能出现的错误有：EBADF（无效的描述符）、EINTR（因中断而返回）、EINVAL（nfds或timeout取值错误）。

　　虽然Linux系统会把参数timeout指向的结构修改为剩余的超时时间，但大多数UNIX版本不会这样做。许多现有的使用select函数的代码在初始化timeval结构后，就一直使用它而不会重新初始化它的内容。但这些代码在Linux系统上可能会工作不正常，因为Linux会在每次select调用返回时修改timeval结构。如果你正在编写或移植使用select函数的代码，就需要注意这一区别，并且总是重新初始化timeout。注意，这两种行为都是正确的，但它们确实不同！

实　验　select系统调用

　　下面这个程序select.c演示了select函数的使用方法。我们稍后还会看到一个更复杂的例子。这个程序读取键盘（即标准输入——文件描述符为0），超时时间设为2.5秒。它只有在输入就绪时才读取键盘。它可以很容易地通过添加其他描述符（如串行线、管道、套接字等）进行扩展，具体做法取决于应用程序的需要。

　　(1) 开始部分还是与往常一样，包含必要的头文件和变量声明，然后对inputs进行初始化以处理来自键盘的输入：

```
#include <sys/types.h>
#include <sys/time.h>
#include <stdio.h>
#include <fcntl.h>
#include <sys/ioctl.h>
#include <unistd.h>
#include <stdlib.h>

int main()
{
    char buffer[128];
    int result, nread;

    fd_set inputs, testfds;
    struct timeval timeout;

    FD_ZERO(&inputs);
    FD_SET(0,&inputs);
```

　　(2) 在标准输入stdin上最多等待输入2.5秒：

```
while(1) {
    testfds = inputs;
    timeout.tv_sec = 2;
    timeout.tv_usec = 500000;

    result = select(FD_SETSIZE, &testfds, (fd_set *)NULL, (fd_set *)NULL,
                    &timeout);
```

(3) 经过这段时间之后，我们对result进行测试。如果没有输入，程序将再次循环。如果出现一个错误，程序将退出运行：

```
        switch(result) {
        case 0:
            printf("timeout\n");
            break;
        case -1:
            perror("select");
            exit(1);
```

(4) 如果在等待期间，你对文件描述符采取了一些动作，程序就将读取标准输入stdin上的输入，并在接收到行尾字符后把它们都回显到屏幕上，当你输入的字符是Ctrl+D时，就退出程序：

```
        default:
            if(FD_ISSET(0,&testfds)) {
                ioctl(0,FIONREAD,&nread);
                if(nread == 0) {
                    printf("keyboard done\n");
                    exit(0);
                }
                nread = read(0,buffer,nread);
                buffer[nread] = 0;
                printf("read %d from keyboard: %s", nread, buffer);
            }
            break;
        }
    }
}
```

运行这个程序时，它会每隔2.5秒打印一个timeout。如果在键盘上敲入字符，它就会从标准输入读取数据并报告敲入的内容。对大多数shell来说，输入会在用户按下回车键或某个控制序列时被发送给程序，所以这个程序将在你按下回车键时把输入内容显示出来。注意，回车键本身也像其他字符一样被读取和处理（你可以尝试不按下回车键，而是在敲入几个字符后按下组合键Ctrl+D，看看会怎么样）。

```
$ ./select
timeout
hello
read 6 from keyboard: hello
fred
read 5 from keyboard: fred
timeout
^D
keyboard done
$
```

实验解析

这个程序用select调用来检查标准输入的状态。程序通过事先安排的超时时间每隔2.5秒打印一个timeout信息，这是通过select调用返回0来判断的。在文件的结尾，标准输入描述符被标记为可读，但没有字符可以读取。

15

15.4.2 多客户

我们的简单服务器程序可以从select调用中获得益处,通过用select调用来同时处理多个客户就无需再依赖于子进程了。但在把这个技巧应用到实际的应用程序中时,你必须要注意,不能在处理第一个连接的客户时让其他客户等太长的时间。

服务器可以让select调用同时检查监听套接字和客户的连接套接字。一旦select调用指示有活动发生,就可以用FD_ISSET来遍历所有可能的文件描述符,以检查是哪个上面有活动发生。

如果是监听套接字可读,这说明正有一个客户试图建立连接,此时就可以调用accept而不用担心发生阻塞的可能。如果是某个客户描述符准备好,这说明该描述符上有一个客户请求需要我们读取和处理。如果读操作返回零字节,这表示有一个客户进程已结束,你可以关闭该套接字并把它从描述符集合中删除。

实 验   **一个改进的多客户/服务器**

(1) 作为本章最后一个例子server5.c,我们用头文件sys/time.h和sys/ioctl.h替换掉上一个程序中的signal.h,并且为select调用定义了一些变量:

```c
#include <sys/types.h>
#include <sys/socket.h>
#include <stdio.h>
#include <netinet/in.h>
#include <sys/time.h>
#include <sys/ioctl.h>
#include <unistd.h>
#include <stdlib.h>

int main()
{
    int server_sockfd, client_sockfd;
    int server_len, client_len;
    struct sockaddr_in server_address;
    struct sockaddr_in client_address;
    int result;
    fd_set readfds, testfds;
```

(2) 为服务器创建并命名一个套接字:

```c
    server_sockfd = socket(AF_INET, SOCK_STREAM, 0);

    server_address.sin_family = AF_INET;
    server_address.sin_addr.s_addr = htonl(INADDR_ANY);
    server_address.sin_port = htons(9734);
    server_len = sizeof(server_address);

    bind(server_sockfd, (struct sockaddr *)&server_address, server_len);
```

(3) 创建一个连接队列,初始化readfds以处理来自server_sockfd的输入:

```c
    listen(server_sockfd, 5);

    FD_ZERO(&readfds);
    FD_SET(server_sockfd, &readfds);
```

(4) 现在开始等待客户和请求的到来。因为你给`timeout`参数传递了一个空指针，所以`select`调用将不会发生超时。如果`select`调用的返回值小于1，程序将退出并报告出现的错误：

```
while(1) {
        char ch;
        int fd;
        int nread;

        testfds = readfds;

        printf("server waiting\n");
        result = select(FD_SETSIZE, &testfds, (fd_set *)0,
            (fd_set *)0, (struct timeval *) 0);

        if(result < 1) {
            perror("server5");
            exit(1);
        }
```

(5) 一旦你得知有活动发生，可以用`FD_ISSET`来依次检查每个描述符，以发现活动发生在哪个描述符上：

```
        for(fd = 0; fd < FD_SETSIZE; fd++) {
            if(FD_ISSET(fd,&testfds)) {
```

(6) 如果活动是发生在套接字`server_sockfd`上，它肯定是一个新的连接请求，你就把相关的`client_sockfd`添加到描述符集合中：

```
                if(fd == server_sockfd) {
                    client_len = sizeof(client_address);
                    client_sockfd = accept(server_sockfd,
                        (struct sockaddr *)&client_address, &client_len);
                    FD_SET(client_sockfd, &readfds);
                    printf("adding client on fd %d\n", client_sockfd);
                }
```

(7) 如果活动不是发生在服务器套接字上，那肯定是客户的活动。如果接收到的活动是`close`，就说明客户已经离开，你可以把该客户的套接字从描述符集合中删除。否则，就可以像前面的例子那样为客户进行服务。

```
                else {
                    ioctl(fd, FIONREAD, &nread);

                    if(nread == 0) {
                        close(fd);
                        FD_CLR(fd, &readfds);
                        printf("removing client on fd %d\n", fd);
                    }

                    else {
                        read(fd, &ch, 1);
                        sleep(5);
                        printf("serving client on fd %d\n", fd);
                        ch++;
```

15

```
                        write(fd, &ch, 1);
                    }
                }
            }
        }
    }
}
```

在实际应用的程序中，最好用一个变量来专门保存已连接套接字的最大文件描述符号（它不一定是最新连接的套接字文件描述符）。这可以避免循环检查数千个其实并未连接的套接字，它们根本不可能处于可读状态。出于简洁和让代码易于理解的目的，我们在这里没有这样做。

运行服务器的这个版本时，它将在一个进程中对多个客户依次进行处理。

```
$ ./server5 &
[1] 26686
server waiting
$ ./client3 & ./client3 & ./client3 & ps x
[2] 26689
[3] 26690
adding client on fd 4
server waiting
[4] 26691
  PID TTY        STAT    TIME COMMAND
26686 pts/1      S       0:00 ./server5
26689 pts/1      S       0:00 ./client3
26690 pts/1      S       0:00 ./client3
26691 pts/1      S       0:00 ./client3
26692 pts/1      R+      0:00 ps x
$ serving client on fd 4
server waiting
adding client on fd 5
server waiting
adding client on fd 6
char from server = B
serving client on fd 5
server waiting
removing client on fd 4
char from server = B
serving client on fd 6
server waiting
removing client on fd 5
server waiting
char from server = B
removing client on fd 6
server waiting

[2]   Done                    ./client3
[3]-  Done                    ./client3
[4]+  Done                    ./client3
$
```

为了让本章开头的类比更完整，表15-6对套接字连接和电话接入进行了对比。

表　15-6

电　话	网络套接字
给公司打电话，号码是555-0828	连接到IP地址127.0.0.1
接线员接听电话	建立起到远程主机的连接
要求转到财务部	转到指定端口（9734）
财务主管接听电话	服务器从select调用返回
电话转给免费账号经理	服务器调用accept，在456编号上创建新的套接字

15.5　数据报

在本章中，我们重点介绍了如何编写与客户之间维持连接的应用程序。我们用面向连接的TCP套接字来完成这一工作。但在有些情况下，在程序中花费时间来建立和维持一个套接字连接是不必要的。

早先，我们在程序getdate.c中所使用的daytime服务就是一个很好的例子。我们首先创建一个套接字，然后建立连接，读取一个响应，最后关闭连接。在这一过程中，我们使用了很多操作步骤，仅仅为了获取一个日期。

daytime服务还可以用数据报通过UDP来访问。为了访问它，发送一个数据报给该服务，然后在响应中获取一个包含日期和时间的数据报。这一过程非常简单。

当客户需要发送一个短小的查询请求给服务器，并且期望接收到一个短小的响应时，我们一般就使用由UDP提供的服务。如果服务器处理客户请求的时间足够短，服务器就可以通过一次处理一个客户请求的方式来提供服务，从而允许操作系统将客户进入的请求放入队列。这简化了服务器程序的编写。

因为UDP提供的是不可靠服务，所以你可能发现数据报或响应会丢失。如果数据对于你来说非常重要，就需要小心编写UDP客户程序，以检查错误并在必要时重传。实际上，UDP数据报在局域网中是非常可靠的。

为了访问由UDP提供的服务，你需要像以前一样使用套接字和close系统调用，但你需要用两个数据报专用的系统调用sendto和recvfrom来代替原来使用在套接字上的read和write调用。

下面是一个修改过的getdate.c版本，它通过UDP数据报服务来获取数据。对先前版本的改动将以阴影显示。

```
/*  Start with the usual includes and declarations.  */

#include <sys/socket.h>
#include <netinet/in.h>
#include <netdb.h>
#include <stdio.h>
#include <unistd.h>
#include <stdlib.h>

int main(int argc, char *argv[])
{
    char *host;
    int sockfd;
    int len, result;
    struct sockaddr_in address;
    struct hostent *hostinfo;
```

15

```
        struct servent *servinfo;
        char buffer[128];

        if(argc == 1)
            host = "localhost";
        else
            host = argv[1];

/*  Find the host address and report an error if none is found.  */

        hostinfo = gethostbyname(host);
        if(!hostinfo) {
            fprintf(stderr, "no host: %s\n", host);
            exit(1);
        }

/*  Check that the daytime service exists on the host.  */

        servinfo = getservbyname("daytime", "udp");
        if(!servinfo) {
            fprintf(stderr,"no daytime service\n");
            exit(1);
        }
        printf("daytime port is %d\n", ntohs(servinfo -> s_port));

/*  Create a UDP socket.  */

        sockfd = socket(AF_INET, SOCK_DGRAM, 0);

/*  Construct the address for use with sendto/recvfrom...  */

        address.sin_family = AF_INET;
        address.sin_port = servinfo -> s_port;
        address.sin_addr = *(struct in_addr *)*hostinfo -> h_addr_list;
        len = sizeof(address);

        result = sendto(sockfd, buffer, 1, 0, (struct sockaddr *)&address, len);
        result = recvfrom(sockfd, buffer, sizeof(buffer), 0,
                          (struct sockaddr *)&address, &len);
        buffer[result] = '\0';
        printf("read %d bytes: %s", result, buffer);

        close(sockfd);
        exit(0);
}
```

如你所见，需要改动的地方非常少。像以前一样，我们用getservbyname来查找daytime服务，但通过请求UDP协议来指定数据报服务。我们使用带有SOCK_DGRAM参数的socket调用来创建一个数据报套接字。我们还是采用与以前一样的方式来构建目标地址，但现在需要发送一个数据报而不是仅仅从套接字上读取数据。

因为我们并没有明确地建立一条到指定UDP服务的连接，所以必须用某些方式让服务器知道你需要接收一个响应。在本例中，给服务器发送一个数据报（在这里，从准备接收响应的缓存区中发送一个字节的数据），它返回包含日期和时间的响应。

sendto系统调用从buffer缓存区中给使用指定套接字地址的目标服务器发送一个数据报。它的原型如下所示：

```
int sendto(int sockfd, void *buffer, size_t len, int flags,
           struct sockaddr *to, socklen_t tolen);
```

在正常应用中，flags参数一般被设置为0。

recvfrom系统调用在套接字上等待从特定地址到来的数据报，并将它放入buffer缓存区。它的原型如下所示：

```
int recvfrom(int sockfd, void *buffer, size_t len, int flags,
             struct sockaddr *from, socklen_t *fromlen);
```

同样，在正常应用中，flags参数一般被设置为0。

为了让示例程序变得简短，我们省略了错误处理。当错误发生时，sendto和recvfrom都将返回-1并设置errno。可能的错误见表15-7。

表 15-7

errno值	说　明
EBADF	传递了一个无效的文件描述符
EINTR	产生一个信号

除非用fcntl将套接字设置为非阻塞方式（正如在前面的接受TCP连接中看到的那样），否则recvfrom调用将一直阻塞。我们可以用与前面的面向连接服务器一样的方式，通过select调用和超时设置来判断是否有数据到达套接字。此外，还可以用alarm时钟信号来中断一个接收操作（参见第11章）。

15.6　小结

在本章中，我们介绍了另一种进程间通信的方法：套接字。通过它可以开发出真正可以跨网络运行的分布式客户/服务器应用程序。我们简要介绍了一些主机数据库信息函数以及Linux是如何使用因特网守护进程来处理标准系统服务的。我们开发了几个客户/服务器示例程序来演示网络和多客户处理方法。

最后，我们介绍了select系统调用，它允许一个程序同时在多个打开的文件描述符和套接字上等待输入和输出活动的发生。

15

用GTK+进行GNOME编程

在本书前面的部分中，我们介绍了Linux程序设计中与复杂的底层问题相关的主题。现在，我们将为应用程序中增添一些活力，介绍如何在应用程序中加入图形用户界面（GUI）。在本章和下一章中，我们将介绍Linux中两个最受欢迎的GUI库：GTK+和KDE/Qt。这两个库对应两个最受欢迎的Linux桌面环境：GNOME（GTK+）和KDE。

Linux中所有的GUI库都基于被称作X视窗系统（更常见的称呼是X11或者X）的底层视窗系统。因此，在讲述GNOME/GTK+的具体细节之前，我们将首先简要介绍X视窗系统是如何运行的，并帮助读者理解该视窗系统的不同层次是如何相互配合从而创建桌面的。

本章将涵盖以下内容：

❑ X视窗系统
❑ GNOME/GTK+简介
❑ GTK+构件
❑ GNOME构件和菜单
❑ 对话框
❑ 用GNOME/GTK+编写CD数据库GUI

16.1　X视窗系统简介

如果你曾经在Linux中使用过桌面视窗系统，那么你很可能使用的是X——一个开源图形化系统。X的一个最富有创新性也最令人感到沮丧的特征，是它固守机制的要求，而不是策略的需要。它没有定义用户界面，但提供了创建用户界面的手段。这意味着你可以自由地创建自己的整个桌面环境，随意进行试验和创新。但它也在很长一段时间内妨碍了Linux和UNIX系统上用户界面的发展。在这一片相对空白的领域中，两个桌面项目逐渐浮现成为Linux用户的最爱：GNOME和KDE。然而，Linux桌面并不始于X，也不终于X。事实上，Linux中的桌面是一个相当模糊的东西，并没有哪个项目或是组织在发布的权威版本。当前主流的安装包含了大量的库、工具和应用程序，它们被总称为"桌面"。

X拥有悠久而辉煌的历史，它最初于20世纪80年代早期由MIT开发。X为当时的高端科学工作站提供一个统一的视窗系统，那些工作站都是非常昂贵的、用于复杂计算的庞然大物。

20世纪90年代，随着硬件价格的下降，一些爱好者将X移植到廉价的家用PC上，这个项目后来被称为XFree86（Intel和其他公司生产的PC处理器被称为x86处理器）。目前在Linux上发布的都是XFree86的衍生产品，大多数Linux发行版使用的是一个被称为X.Org的X变体。

X视窗系统被分为硬件级和应用程序级组件，它们分别被称为X服务器和X客户端。这些组件使用

X协议进行通信。在下面几节中，我们将依次介绍它们。

16.1.1　X服务器

X服务器运行在用户的本地机器上，它在屏幕上完成低层的绘图操作。其名字中的服务器部分经常让人困惑：X服务器运行在用户的桌面PC上，而X客户端既可以运行在用户的桌面PC上，也可以运行在网络中的其他系统（包括服务器）上。这一颠倒的术语只有在你理解它时才有意义，但它通常看上去有点反其道而行之的感觉。

因为X服务器直接与显卡交互，所以你必须使用一个适合本机显卡的X服务器，并配置好合适的分辨率、刷新率、颜色深度等。其配置文件名是xorg.conf或者Xfree86Config。在过去，你通常需要手动编辑配置文件才能使得X正常工作。幸运的是，现在的Linux发行版可以自动检测正确的设置，这节省了用户的时间，也解决了很多让人头疼的问题。

X服务器通过鼠标和键盘监听用户输入，并将键盘按键和鼠标点击传输给X客户端应用程序。这些信息被称为事件（event），它们构成GUI编程的一个关键元素。我们将在本章后面详细介绍事件及其GTK+逻辑扩展——信号（signal）。

16.1.2　X客户端

X客户端是以X视窗系统作为GUI的任何程序。例如xterm、xcalc和类似Abiword的更高级的应用程序。通常情况下，X客户端等候X服务器传送的用户事件，然后通过给X服务器发送重绘消息来响应。

X客户端不需要和X服务器运行在同一台机器上。

16.1.3　X协议

X客户端和X服务器使用X协议进行通信，这使得客户端和服务器可以通过网络分离。例如，你可以在因特网或者加密的虚拟专用网（VPN）上的一台远程计算机上运行X客户端应用程序。对于绝大多数个人Linux系统来说，X客户端和X服务器都运行在同一个系统上。

16.1.4　Xlib库

Xlib是X客户端间接用于产生X协议消息的库。它提供一个非常底层的API供客户端在X服务器上绘制非常基本的元素，并响应最简单的输入。我们必须强调，Xlib是一个非常底层的库，即使使用Xlib库创建一个像菜单这样非常简单的东西，也要耗费程序员很大的精力，它需要数百行的代码。

GUI程序员不应该直接使用Xlib进行编程。你需要一个API使得诸如菜单、按钮和下拉式列表等GUI元素能够被简单方便地创建。简而言之，这就是X工具包的作用。

16.1.5　X工具包

X工具包是一个GUI库，X客户端可以利用它来极大地简化窗口、菜单和按钮等的创建。使用工具包，你通过一次函数调用就可以创建按钮、菜单、框架等类似的元素。诸如此类的GUI元素被统称为构件（widget），你在所有的现代GUI库中都能找到这个通用术语。

你有几十个X工具包可选，每个工具包都有其长处和短处。选择哪个包对于应用程序来说是一个重要的设计决定，你应该考虑以下一些因素。

 ❑ 应用程序针对的用户是谁？

 ❑ 用户是否已经安装好了工具包库？

16

❑ 该工具包是否支持其他流行的操作系统？

❑ 该工具包使用什么软件许可证，该许可证是否与你期望的用法一致？

❑ 该工具包是否支持你的编程语言？

❑ 该工具包是否具有现代的界面外观？

历史上最流行的工具包有Motif、OpenLook和Xt，但是它们大多已经被技术上更先进的GTK+和Qt工具包所取代，这两者分别构成了GNOME和KDE桌面的基础。

16.1.6　窗口管理器

X中最后一个部分就是窗口管理器，它负责定位屏幕上的窗口。窗口管理器通常支持独立的"工作区"，这些工作区将桌面分割，增大用户可以交互的区域。窗口管理器还负责装饰每个窗口，通常这些装饰由一个框架和一个带有最大化、最小化和关闭图标的标题栏组成。窗口管理器提供了桌面的部分界面外观，例如窗口标题栏。

常见的窗口管理器包括下面几个。

❑ Metacity：GNOME桌面的默认窗口管理器。

❑ KWin：KDE桌面的默认窗口管理器。

❑ Openbox：旨在节约资源，用于较老的、较慢的系统。

❑ Enlightenment：一个有着出色图形和效果的窗口管理器。

就和X中的一切一样，你也可以切换窗口管理器。但大多数用户都使用桌面环境自带的窗口管理器。

16.1.7　创建 GUI 的其他方法——平台无关的窗口 API

其他一些不是特定于Linux的创建GUI的方法也是值得一提的。有些语言本身就支持GUI，并且可以在Linux下使用。

❑ Java语言使用Swing和较老的AWT API来支持创建GUI。Java GUI的界面外观并不是所有人都喜欢，而且在配置低的机器上，它的界面感觉比较笨拙，而且响应迟钝。使用Java的一大好处是，编译好的Java代码可以在任何具有Java虚拟机的平台（包括Linux、Windows、Mac OS以及移动设备）上运行而无需任何改动。更多信息请访问http://java.sun.com。

❑ C#是一个与Java非常类似的编程语言。Linux系统需要安装来自Mono项目（http://www.mono-project.com）的C#公共语言运行时环境（CLR）。Mono平台上的C#还支持 Windows Forms（它也在Windows中使用），以及一个被称为Gtk#的对GTK+工具包的特殊绑定。

❑ Tcl/Tk是一个脚本语言，它非常适于快速开发GUI，并支持X、Windows和Mac OS。当需要快速原型开发，或开发一些小工具（需要脚本的简单性和可维护性）时，Tck/Tk非常棒。有关该语言的更详细资料请见http://tcl.tk。

❑ Python也是一个脚本语言。你可以在Python中使用Tcl/Tk的Tk部分，或使用Python的GTK+绑定来编写GTK+程序。有关该语言的更多资料请见http://www.python.org。

❑ Perl是另一个常见的Linux脚本语言。你可以在Perl中使用Tcl/Tk的Tk部分，这被称为Perl/Tk。有关Perl的更多资料请见http://www.perl.org/。

这些语言带来的平台无关特性是需要付出代价的。与本地应用程序之间共享信息（例如使用"拖放"技术）会比较困难，而且保存配置通常必须使用专用方法而非桌面标准方法。有时Java软件的销售商通过附带平台相关的扩展来回避这些问题。

16.2　GTK+简介

了解了X视窗系统之后，下面我们该介绍GTK+工具包了。GTK+一开始是作为流行的GNU图像处理程序GIMP的一部分产生的，这也是GTK得名的原因（Gimp ToolKit的缩写）。因为GTK+已经发展并逐渐成为功能最强大和最受欢迎的工具包之一，所以GIMP程序设计者颇有远见地将GTK+变为一个独立的项目。GTK+项目的主页是http://www.gtk.org。

简而言之，GTK+是一个函数库，它提供了一组已制作好的被称为构件的组件。你通过简单易用的函数调用把这些组件和应用程序逻辑组合在一起，从而极大地简化了GUI的创建。

尽管GTK+是一个与GIMP一样的GNU项目，但是它使用的是更自由的LGPL许可证（Lesser General Public License）。LGPL允许人们使用GTK+来编写软件（包括源代码不开放的私有软件）而不用支付任何使用费、版税及受到其他限制。GTK+许可证所提供的自由度与它的竞争者Qt（下一章的主题)恰成对比，后者的GPL许可证禁止使用Qt开发商业软件（你必须购买一个商业Qt许可证）。

GTK+完全是用C语言编写的，而且绝大多数GTK+软件也是用C语言编写的。但幸运的是，有许多语言绑定使你可以在自己偏好的语言中使用GTK+，这些语言包括C++、Python、PHP、Ruby、Perl、C#和Java。

GTK+本身是建立在一组其他函数库之上的，如下所示。

- GLib：提供底层数据结构、类型、线程支持、事件循环和动态加载。
- GObject：使用C语言而不是C++语言实现了一个面向对象系统。
- Pango：支持文本渲染和布局。
- ATK：用来创建可访问应用程序，并允许用户使用屏幕阅读器和其他协助工具来运行你的应用程序。
- GDK（GIMP绘图工具包）：在Xlib之上处理底层图形渲染。
- GdkPixbuf：在GTK+程序中帮助处理图像。
- Xlib：在Linux和UNIX系统上提供底层图形。

16.2.1　GLib 类型系统

如果你阅读过GTK+代码，你可能会很奇怪为什么代码中有许多以字母g开头的C语言数据类型，如gint、gchar、gshort，还有一些像gint32和gpointer这样不熟悉的类型。这是因为GTK+建立在一个可移植的C语言库Glib和GObject之上，它们定义了这些类型来实现跨平台开发。

Glib和GObject提供了一组数据类型、函数和宏的标准替代集来进行内存管理和处理常见任务，从而实现跨平台开发。这些数据类型、函数和宏意味着作为GTK+程序员，我们可以确信我们的代码能可靠地移植到其他平台和体系结构上。

Glib还定义了一些方便的常量：

```
#include <glib/gmacros.h>

#define FALSE   0
#define TRUE    !FALSE
```

这些附加的数据类型基本上是标准C语言数据类型的替代（为了一致性和可读性），以及用于确保跨平台字节长度不变。

- gint、guint、gchar、guchar、glong、gulong、gfloat和gdouble是标准C语言数据类型

的简单替代（为一致性考虑）。

❑ gpointer 与（void *）同义。

❑ gboolean 用于表示布尔类型的值，它是对 int 的一个包装。

❑ gint8、guint8、gint16、guint16、gint32 和 guint32 是保证字节长度的有符号和无符号类型。

使用 Glib 和 GObject 几乎是透明的，这一点很有用。Glib 在 GTK+ 中被广泛地使用，因此，如果你有一个可以正常工作的 GTK+，你将发现 GLib 也被安装了。在使用 GTK+ 编程时，你甚至不需要明确地包含头文件 glib.h，这一点你将在本章后面看到。

16.2.2　GTK+对象系统

编过 GUI 程序的人都能理解，我们为什么说 GUI 库非常适合于使用面向对象编程的范型，以至于所有的现代工具包（包括 GTK+）都是以一种面向对象的风格编写的。

尽管 GTK+ 是完全用 C 语言编写的，但是它通过 GObject 库支持对象和面向对象编程。这个库通过宏来支持对象继承和多态。

让我们看一个继承和多态的例子，它取自 GTK+ API 文档中的 GtkWindow 的对象层次结构：

```
GObject
    +----GInitiallyUnowned
    +----GtkObject
            +----GtkWidget
                    +----GtkContainer
                            +----GtkBin
                                    +----GtkWindow
```

这个对象列表表明 GtkWindow 是 GtkBin 的一个子类，因此所有带 GtkBin 参数的函数在调用时都可以带 GtkWindow 参数。同样地，GtkBin 继承自 GtkContainer，而后者继承自 GtkWidget。

为方便起见，所有构件创建函数都返回一个 GtkWidget 的类型。例如：

GtkWidget*　gtk_window_new (GtkWindowType type);

假设你创建了一个 GtkWindow，并想把返回值传给某个需要以 GtkContainer 作为参数的函数（如 gtk_container_add）：

void gtk_container_add (GtkContainer *container, GtkWidget *widget);

你需要使用宏 GTK_CONTAINER 在 GtkWidget 和 GtkContainer 之间进行类型转换：

```
GtkWidget * window = gtk_window_new(GTK GTK_WINDOW_TOPLEVEL);
gtk_container_add(GTK_CONTAINER(window), awidget);
```

后面将讲解这些函数的作用。现在你只需知道宏是经常被使用的，每一种可能的类型转换都有对应的宏存在。

如果你还不是很清楚，请不要担心。掌握 GNOME/GTK+ 并不需要你理解面向对象编程的所有细节。事实上，利用 C 语言的知识背景就可以让你轻松学习面向对象编程思想和其优点。

16.2.3　GNOME 简介

GNOME 是一项 1997 年启动的项目的名称，该项目由 GIMP 程序员发起，目标是为 Linux 创建一个统一的桌面。人们有一个普遍的共识：缺乏一个一致的策略阻碍了 Linux 用作桌面平台的进程。那时，Linux 桌面就像拓荒前的美国西部一样，没有整体的标准和约定的做法，却有"无所不为"的程序员精神。由于没有一个权威组织对桌面菜单、一致的界面外观、文档、翻译等进行控制，所以说好听点，Linux桌面的新手会感到很迷惑，说难听点，这样的桌面根本无法使用。

GNOME团队着手创建一个完全遵循GPL许可证的Linux桌面，用统一和一致的风格来开发工具和配置程序，同时促进程序间通信、打印、会话管理、GUI程序设计最佳实践等方面标准的制定。

他们努力的结果是显而易见的——现在GNOME已成为Fedora、Red Hat、Ubuntu以及openSUSE等发行版的默认Linux桌面的基础（见图16-1）。

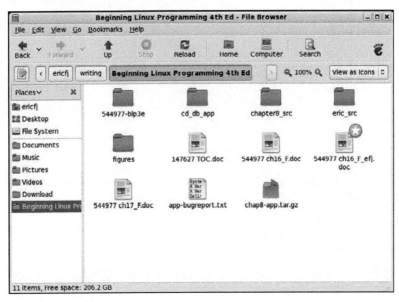

图　16-1

GNOME最初代表的是GNU Network Object Model Environment（GNU网络对象模型环境），这反映了GNOME早期的一个目标，即为Linux引入一个像Microsoft OLE一样的对象框架，这样你就可以在字处理文档中嵌入电子表格了。现在，GNOME的设计目标发生了变化，我们所知道的GNOME指的是整个桌面环境，它包括一个启动应用程序的面板、一套程序和实用工具、编程库以及开发者支持特性。

在开始编程之前，你需要确认所有库都已安装好。

16.2.4　安装 GNOME/GTK+开发库

一个带有标准应用程序和GNOME/GTK+开发库的完整GNOME桌面包括60多个软件包。因此，从头安装GNOME，无论是手工安装还是从源代码安装，都是一个令人畏惧的过程。幸运的是，现代Linux发行版都有很优秀的软件包管理工具，它使得安装GNOME/GTK+及其开发库变得轻而易举。

在Red Hat与Fedora Linux中，你通过点击应用程序菜单按钮（在左上角），并选择Add/Remove Software（增加/删除软件）来打开软件包管理工具。软件包管理工具打开后（见图16-2），请确认GNOME Software Development（GNOME软件开发）检查框被选中。它在Development（开发）区域中。

> 在本章中，你将使用GNOME/GTK+ 2，因此请确认你安装了2.x版本的库。

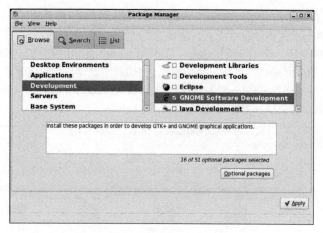

图 16-2

对使用RPM包的发行版来说，你至少要安装如下的RPM包：

```
gtk2-2.10.11-7.fc7.rpm
gtk2-devel-2.10.11-7.fc7.rpm
gtk2-engines-2.10.0-3.fc7.rpm
libgnome-2.18.0-4.fc7.rpm
libgnomeui-2.18.1-2.fc7.rpm
libgnome-devel-2.18.0-4.fc7.rpm
libgnomeui-devel-2.18.1-2.fc7.rpm
```

在本例中，文件名中的fc7指的是Fedora 7 Linux发行版。你的系统显示的名字可能稍微不同。

在Debian或基于Debian的系统（如Ubuntu）中，你可以使用apt-get命令从各种镜像站点中安装GNOME/GTK+。更多细节请访问http://www.gnome.org。

另外，你也可以尝试运行一下GTK+的演示程序，它们展示了所有构件的外观（见图16-3）：

```
$ gtk-demo
```

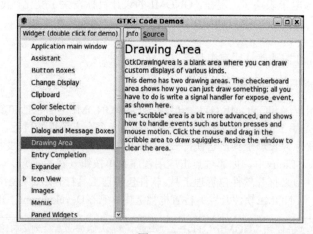

图 16-3

对每个构件，你都可以看到一个Info标签和一个Source标签。后者显示了使用指定构件的实际C语言源代码。这里提供了大量的示例。

实 验　一个空白的`GtkWindow`

让我们以一个最简单的GUI程序来开始GTK+编程吧，它用于显示一个窗口。你将看到GTK+库的实际使用情况，并看到你可以从很少的代码中获得多少功能。

(1) 输入程序的代码，并把它保存为gtk1.c：

```
#include <gtk/gtk.h>

int main (int argc, char *argv[])
{
 GtkWidget *window;

 gtk_init(&argc, &argv);
 window = gtk_window_new(GTK_WINDOW_TOPLEVEL);
 gtk_widget_show(window);
 gtk_main ();

 return 0;
}
```

(2) 为编译gtk1.c，请输入：

$ gcc gtk1.c -o gtk1 `pkg-config --cflags --libs gtk+-2.0`

　　注意，输入的是反引号，而不是单引号。请记住反引号是要求shell执行其包含的命令并将输出结果附加其后。

当使用以下命令来运行这个程序时，你的窗口将会弹出（见图16-4）：

$ ./gtk1

注意，你可以对这个窗口进行移动、调整大小、最小化和最大化。

图　16-4

实验解析

你用一条语句#include <gtk/gtk.h>来包含必需的GTK+库和相关库（包括Glib）的头文件。接着，你声明窗口为一个指向GtkWidget的指针。

为了初始化GTK+库，你必须调用gtk_init函数，将命令行参数argc和argv传递给它。这给了GTK+一个机会来解析它需要知道的任何命令行参数。注意：你必须在调用任何GTK+函数之前对其进行这样的初始化。

这个例子的核心代码是对gtk_window_new的调用，其函数原型是：

GtkWidget*　gtk_window_new (GtkWindowType type);

参数type根据窗口的目的可取下面两个值之一。

❑ GTK_WINDOW_TOPLEVEL：一个标准的有框架窗口。

❑ GTK_WINDOW_POPUP：一个适用于对话框的无框架窗口。

你几乎总是使用GTK_WINDOW_TOPLEVEL，因为你将在后面看到，还有更方便的创建对话框的方法。

gtk_window_new调用在内存中建立窗口，使得在将窗口实际显示在屏幕之前，你可以在它里面放置构件，调整它的大小，改变窗口的标题等。要实际显示窗口，你需要调用gtk_widget_show：

16

```
gtk_widget_show(window);
```

该函数只需要一个GtkWidget指针，因此你只需把窗口的引用传给它即可。

你最后调用的函数是gtk_main。这个关键函数通过把控制权交给GTK+来启动交互过程，并且一直运行，直到调用gtk_main_quit才返回。正如你所看到的，gtk1.c并未调用gtk_main_quit，因此，即使窗口被关闭，程序也不会停止。你可以试着点击关闭图标，你将看到并没有返回命令提示符。我们将在下一节学过信号和回调函数之后再来纠正这个错误。至于现在，你可以在启动gtk1程序的shell窗口中按下Ctrl+C组合键来退出这个程序。

16.3 事件、信号和回调函数

所有的GUI库都有一个共同点：必须存在某种机制来响应用户动作并执行相应代码。一个命令行程序的奢侈做法是暂停执行，等待用户输入，然后采用switch语句等方法让程序根据输入进行分支执行。但这种方法并不适用于GUI应用程序，因为应用程序必须不断响应应用用户输入，例如，它需要不断更新窗口区域。

现代窗口系统用事件和事件监听器系统来解决这个问题。其思想是，每次用户输入（通常是通过鼠标或是键盘）都触发一个事件。例如，一次击键会触发一个键盘事件。因此，程序员需要编写监听这些事件的代码，以及当事件被触发时要执行的代码。

正如你前面所看到的，X视窗系统会发出这些事件，但是它们对GTK+程序员并没有太大帮助，因为它们都是非常底层的。当鼠标按钮被点击时，X发出一个包含鼠标指针坐标的事件，而你真正需要知道的是用户何时激活了一个构件。

因此，GTK+有它自己的事件和事件监听器系统，它们被称为信号和回调函数。它们非常容易使用，因为你可以使用C语言的一个非常有用的特征——函数指针来设置信号处理器。

先看一些定义：GTK+信号是当某件事（如用户输入）发生时，由GtkObject对象发出的。一个与信号相连接，并且一旦当信号被发出，它就会被调用的函数被称为回调函数。

> 注意，GTK+信号与第11章中讨论的UNIX信号无关。

作为一个GTK+程序员，你需要关心的就是，如何编写和连接回调函数，因为发出信号的代码是内置在特定构件中的。

回调函数的原型通常如下所示：

```
void a_callback_function ( GtkWidget *widget, gpointer user_data);
```

其中传递了两个参数：第一个参数是指向发出信号的构件的指针，第二个参数是当你连接回调函数时自己选择的一个任意指针。你可将该指针用于任何目的。

连接回调函数同样简单。你只需调用g_signal_connect，并传递如下几个参数：构件、信号名（作为字符串）、回调函数指针和你的任意指针：

```
gulong g_signal_connect(gpointer *object, const gchar *name, GCallback func,
                        gpointer  user_data );
```

有一点值得指出：连接回调函数没有任何限制。你可以将多个信号连接到同一个回调函数，也可以将多个回调函数连接到同一个信号。有关每个构件发出的信号的详细资料请参阅GTK+ API文档。

> 在GTK+2之前的版本中，用于连接回调函数的函数是gtk_signal_connect，该函数已被g_signal_connect取代，你在新的代码中不应再使用该函数。

在下一个例子中，我们将使用函数g_signal_connect。

实 验 **回调函数**

在gtk2.c中，你将在窗口中添加一个按钮，并将这个按钮的"clicked"信号与回调函数连接，从而显示一条短信息：

```
#include <gtk/gtk.h>
#include <stdio.h>

static int count = 0;

void button_clicked(GtkWidget *button, gpointer data)
{
  printf("%s pressed %d time(s) \n", (char *) data, ++count);
}

int main (int argc, char *argv[])
{
  GtkWidget *window;
  GtkWidget *button;

  gtk_init(&argc, &argv);
  window = gtk_window_new(GTK_WINDOW_TOPLEVEL);
  button = gtk_button_new_with_label("Hello World!");
  gtk_container_add(GTK_CONTAINER(window), button);


  g_signal_connect(GTK_OBJECT (button), "clicked",
                   GTK_SIGNAL_FUNC (button_clicked),
                   "Button 1");
  gtk_widget_show(button);
  gtk_widget_show(window);

  gtk_main ();

  return 0;
}
```

输入这个程序的源代码并将它保存为gtk2.c。使用与前面gtk1.c示例类似的命令编译和链接这个程序。当运行这个程序时，你将看到一个带按钮的窗口，每次当你点击这个按钮时，它都会输出一条短消息（见图16-5）。

实验解析

gtk2.c的代码中引入了两个新特性：GtkButton和回调函数。GtkButton是一个简单的按钮构件，它可以包含文本（在本例中，它包含的文本是"Hello World"），并在鼠标点击这个按钮时发出被称为"clicked"的信号。

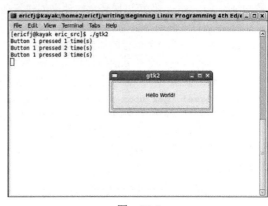

图 16-5

16

回调函数button_clicked通过g_signal_connect函数连接到按钮构件的"clicked"信号：

```
g_signal_connect(GTK_OBJECT (button), "clicked",
                 GTK_SIGNAL_FUNC (button_clicked),
                 "Button 1");
```

注意，按钮的名称Button 1作为用户数据传递给回调函数。

代码的其他部分处理按钮构件，它的创建方法与窗口类似，调用gtk_button_new_with_label函数，然后用gtk_widget_show使其可见。

通过调用gtk_container_add函数将按钮放置到窗口上。这个简单的函数将一个GtkWidget放到一个GtkContainer中，并以容器和构件作为参数：

```
void gtk_container_add (GtkContainer *container, GtkWidget *widget);
```

正如你之前看到的，GtkWindow是GtkContainer的一个子类，因此你可以通过GTK_CONTAINER宏将窗口对象转换为GtkContainer类型：

```
gtk_container_add(GTK_CONTAINER(window), button);
```

通过gtk_container_add向一个容器里放置一个构件是很方便的，但更多的情况是，你需要在一个窗口的不同位置放置好几个构件以创建一个像样的外观。GTK+有专用于此目的的构件——盒（box）或者容器（container）。

16.4 组装盒构件

GUI的布局对其可用性来说至关重要，同样也是最难做好的事情之一。排列构件的真正困难在于，你不能指望所有用户都有相同的屏幕分辨率，或有相同的窗口大小、主题、字体、颜色方案。在一个系统中令人满意的界面在另一个系统中却可能无法显示。

为创建一个在所有系统中都保持一致的GUI，你要避免使用绝对坐标来放置构件，而是采用一种更灵活的布局系统。GTK+通过容器构件来实现这一目标。它可以用来在应用程序窗口中控制构件的布局。盒构件是一个非常有用的容器构件类型。GTK+还提供了许多其他类型的容器构件，它们在GTK+的在线文档中都有介绍。

盒是一个不可见的构件，它的工作就是包含其他的构件，并控制它们的布局。为了控制盒中每个构件的大小，你为它们指定规则而不是坐标。既然盒构件可以包含任何GtkWidget，而GtkBox本身就是一个GtkWidget，你可以嵌套盒构件来创建复杂的布局。

GtkBox有下面两个主要的子类。

❑ GtkHBox是一个单行的横向组装盒构件。

❑ GtkVBox是一个单列的纵向组装盒构件。

在创建组装盒时，你需要指定两个参数（homogeneous和spacing）：

```
GtkWidget*  gtk_hbox_new (gboolean homogeneous, gint spacing);
GtkWidget*  gtk_vbox_new (gboolean homogeneous, gint spacing);
```

这些参数控制特定组装盒中所有构件的布局。homogeneous是一个布尔值，如果它被设为TRUE，则强制盒中的每个构件都占据相同大小的空间，而不管每个构件的大小。Spacing以像素为单位设置构件间的间距。

一旦创建好组装盒之后，你就可以用gtk_box_pack_start和gtk_box_pack_end函数来添加构件了：

```
void gtk_box_pack_start (GtkBox *box, GtkWidget *child,
                         gboolean expand, gboolean fill,
                         guint padding);

void gtk_box_pack_end (GtkBox *box, GtkWidget *child,
                       gboolean expand, gboolean fill,
                       guint padding);
```

gtk_box_pack_start向GtkHBox的右边和GtkVBox的底部增加构件，而gtk_box_pack_end则向GtkHbox的左边和GtkVbox的顶部增加构件。它们的参数控制组装盒中每个构件的间距和格式，

表16-1描述了可以传递给gtk_box_pack_start或gtk_box_pack_end的参数。

表　16-1

参　　数	说　　明
GtkBox *box	将被填充的组装盒
GtkWidget *child	要放入组装盒的构件
gboolean expand	如果为TRUE，则这个构件将填充与其他该标志也被设为TRUE的构件共享的所有可用空间
gboolean fill	如果为TRUE，则这个构件将填满分配给它的空间，而不是将它作为围绕它的边缘填充。这个参数只有在expand为TRUE时才有效
guint padding	围绕在构件周围的以像素为单位的填充

现在让我们来看看这些组装盒构件，并创建一个更复杂的用户界面来展示组装盒的嵌套使用。

实　验　构件容器的布局

在本例中，我们使用GtkHBox和GtkVBox来排列一些简单的GtkLabel构件。标签是一种简单的构件，它用于显示少量的文本。这个程序名为container.c。

```
#include <gtk/gtk.h>

void closeApp ( GtkWidget *window, gpointer data)
{
  gtk_main_quit();
}

/* Callback allows the application to cancel

a close/destroy event. (Return TRUE to cancel.) */

gboolean delete_event(GtkWidget *widget, GdkEvent *event, gpointer data)

{

  printf("In delete_event\n");

  return FALSE;

}

int main (int argc, char *argv[])
{
```

16

```
GtkWidget *window;
GtkWidget *label1, *label2, *label3;
GtkWidget *hbox;
GtkWidget *vbox;

gtk_init(&argc, &argv);
window = gtk_window_new(GTK_WINDOW_TOPLEVEL);

gtk_window_set_title(GTK_WINDOW(window), "The Window Title");
gtk_window_set_position(GTK_WINDOW(window), GTK_WIN_POS_CENTER);
gtk_window_set_default_size(GTK_WINDOW(window), 300, 200);


g_signal_connect ( GTK_OBJECT (window), "destroy",
                    GTK_SIGNAL_FUNC ( closeApp), NULL);

g_signal_connect ( GTK_OBJECT (window), "delete_event",

                    GTK_SIGNAL_FUNC ( delete_event), NULL);

label1 = gtk_label_new("Label 1");
label2 = gtk_label_new("Label 2");
label3 = gtk_label_new("Label 3");

hbox = gtk_hbox_new ( TRUE, 5 );
vbox = gtk_vbox_new ( FALSE, 10);

gtk_box_pack_start(GTK_BOX(vbox), label1, TRUE, FALSE, 5);
gtk_box_pack_start(GTK_BOX(vbox), label2, TRUE, FALSE, 5);

gtk_box_pack_start(GTK_BOX(hbox), vbox, FALSE, FALSE, 5);
gtk_box_pack_start(GTK_BOX(hbox), label3, FALSE, FALSE, 5);

gtk_container_add(GTK_CONTAINER(window), hbox);
gtk_widget_show_all(window);
gtk_main ();

return 0;
}
```

运行这个程序，你将在窗口中看到标签构件的布局（见图16-6）。

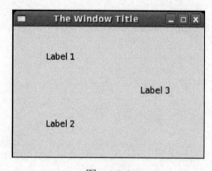

图   16-6

实验解析

上述创建了两个组装盒构件：hbox和vbox。我们用gtk_box_pack_start在vbox中添加了label1和label2，因为label2是在label1之后添加的，所以label2出现在底部。接下来，vbox本身和label3一起被添加到hbox中。

hbox最后被添加到窗口中，并使用gtk_widget_show_all显示在屏幕上。

理解组装盒布局的最好方式是通过图示（见图16-7）。

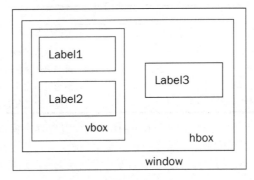

图　16-7

现在你已经学过了构件、信号、回调函数和容器构件，这些都是GTK+最本质的内容。但要成为一个优秀的GTK+程序员，你还需要了解如何充分利用好它所提供的各种构件。

16.5　GTK+构件

在本节中，我们将介绍应用程序中最常用的一些GTK+构件的API。

16.5.1　GtkWindow

GtkWindow是所有GTK+应用程序的基本元素。我们用它来持有构件：

```
GtkWidget
    +----GtkContainer
            +----GtkBin
                    +----GtkWindow
```

有许多的GtkWindow API调用，下面这些是值得特别关注的：

```
GtkWidget* gtk_window_new (GtkWindowType type);
void gtk_window_set_title (GtkWindow *window, const gchar *title);
void gtk_window_set_position (GtkWindow *window, GtkWindowPosition position);
void gtk_window_set_default_size (GtkWindow *window, gint width, gint height);
void gtk_window_resize (GtkWindow *window, gint width, gint height);
void gtk_window_set_resizable (GtkWindow *window, gboolean resizable);
void gtk_window_present (GtkWindow *window);
void gtk_window_maximize (GtkWindow *window);
void gtk_window_unmaximize (GtkWindow *window);
```

正如你刚才所看到的，gtk_window_new在内存中创建了一个新的空白窗口。窗口的标题没有设置，窗口的大小和屏幕位置都没有定义。你通常会将各种构件填入其中，并设置一个菜单和工具栏，然后才调用gtk_widget_show在屏幕上显示它。

16

gtk_window_set_title函数通过向窗口管理器发出请求来改变标题栏文本。

注意：因为是窗口管理器而不是GTK+负责绘制窗口周边，所以文字字体、颜色和大小都取决于你所选的窗口管理器。

gtk_window_set_position控制窗口在屏幕上的初始位置。参数position有5个取值，如表16-2所示。

表 16-2

位置参数	说　　明
GTK_WIN_POS_NONE	窗口位置由窗口管理器决定
GTK_WIN_POS_CENTER	窗口放在屏幕中央
GTK_WIN_POS_MOUSE	窗口放在鼠标指针位置
GTK_WIN_POS_CENTER_ALWAYS	不论窗口大小，始终保持窗口在屏幕中央
GTK_WIN_POS_CENTER_ON_PARENT	将窗口放在父窗口中央（对对话框有用）

gtk_window_set_default_size按GTK+绘图单元设置屏幕中窗口的大小。明确设置屏幕大小可以避免窗口内容不清楚或被隐藏。一旦窗口在屏幕上显示，你可以通过gtk_window_resize来强制调整窗口大小。默认情况下，用户可以以通常的方法通过拖曳窗口边框来改变其大小。要阻止用户这么做，你可以调用gtk_window_set_resizable函数，将参数resizable设为FALSE。

为了确保窗口在屏幕上并且对用户是可见的，即它没有被最小化或隐藏，你可以使用gtk_window_present来完成这个任务。gtk_window_present对于对话框来说很有用，它可以确保在你需要用户输入时它们没有被最小化。另外，要强制最大化和最小化窗口，你可以使用gtk_window_ maximize和gtk_window_minimize函数。

16.5.2　GtkEntry

GtkEntry是一个单行文本输入构件，它常用于输入简单的文本信息，例如电子邮件地址、用户名或主机名。你可以通过相应的API调用来设置和读取输入的文本，设置允许的最大字符数，以及设置其他一些属性来控制文本的定位和选择：

```
GtkWidget
    +----GtkEntry
```

GtkEntry可被设置为使用星号（或者任何其他用户定义的字符）来代替输入的字符，这在输入密码时很有用，因为你不希望别人在旁边看到你输入的文本。

下面我们将描述最有用的一些GtkEntry函数：

```
GtkWidget*  gtk_entry_new (void);
GtkWidget*  gtk_entry_new_with_max_length (gint max);
void  gtk_entry_set_max_length (GtkEntry *entry, gint max);
G_CONST_RETURN gchar* gtk_entry_get_text (GtkEntry *entry);
void  gtk_entry_set_text (GtkEntry *entry, const gchar *text);
void  gtk_entry_append_text (GtkEntry *entry, const gchar *text);
void  gtk_entry_prepend_text (GtkEntry *entry, const gchar *text);
void  gtk_entry_set_visibility (GtkEntry *entry, gboolean visible);
void  gtk_entry_set_invisible_char (GtkEntry *entry, gchar invch);
void  gtk_entry_set_editable (GtkEntry *entry, gboolean editable);
```

你可以通过gtk_entry_new或固定最大文本输入长度的gtk_entry_new_with_max_length来创建一个GtkEntry。限制输入不超过某一长度将省去你检查输入长度，并通知用户文本输入过长的负担。

要获取GtkEntry的内容，你可以调用gtk_entry_get_text函数，它将返回GtkEntry内部的一个const char指针（G_CONST_RETURN是一个GLib定义的宏）。如果你想修改这个文本或把它传给一个可能修改它的函数，就必须使用像strcpy这样的函数来复制这个字符串。

你可以通过_set_text、_append_text、_modift_text函数来手工设置或修改GtkEntry的内容。注意这些函数都使用const指针作为参数。

如果想将GtkEntry作为一个密码输入框使用，在显示字符的地方用星号来代替，你可以用gtk_entry_set_visibility函数，并将它的参数visible设为FALSE。不可见字符的替代符号可以根据需要使用gtk_entry_set_invisible_char函数来改变。

实　验　**用户名和密码输入框**

你已经了解了GtkEntry函数，现在通过一个小程序来实际演示它们。entry.c将创建一个用户名和密码输入窗口，然后将输入的密码与一个内置的密码相比较。

(1) 首先定义这个内置的密码，就选为secret吧：

```
#include <gtk/gtk.h>
#include <stdio.h>
#include <string.h>

const char * password = "secret";
```

(2) 下面是两个回调函数，分别在关闭窗口和点击OK按钮时调用：

```
void closeApp ( GtkWidget *window, gpointer data)
{
  gtk_main_quit();
}

void button_clicked (GtkWidget *button, gpointer data)
{
  const char *password_text = gtk_entry_get_text(GTK_ENTRY((GtkWidget *) data));

  if (strcmp(password_text, password) == 0)
    printf("Access granted!\n");
  else
    printf("Access denied!\n");
}
```

(3) 在main函数中，创建和排列界面，并且连接好回调函数。我们用hbox和vbox容器构件来放置标签和输入框构件。

```
int main (int argc, char *argv[])
{
  GtkWidget *window;
  GtkWidget *username_label, *password_label;
  GtkWidget *username_entry, *password_entry;
  GtkWidget *ok_button;
  GtkWidget *hbox1, *hbox2;
  GtkWidget *vbox;

  gtk_init(&argc, &argv);
```

16

```
window = gtk_window_new(GTK_WINDOW_TOPLEVEL);
gtk_window_set_title(GTK_WINDOW(window), "GtkEntryBox");
gtk_window_set_position(GTK_WINDOW(window), GTK_WIN_POS_CENTER);
gtk_window_set_default_size(GTK_WINDOW(window), 200, 200);

g_signal_connect ( GTK_OBJECT (window), "destroy",
                    GTK_SIGNAL_FUNC ( closeApp), NULL);

username_label = gtk_label_new("Login:");
password_label = gtk_label_new("Password:");

username_entry = gtk_entry_new();
password_entry = gtk_entry_new();
gtk_entry_set_visibility(GTK_ENTRY (password_entry), FALSE);

ok_button = gtk_button_new_with_label("Ok");

g_signal_connect (GTK_OBJECT (ok_button), "clicked",
                    GTK_SIGNAL_FUNC(button_clicked), password_entry);

hbox1 = gtk_hbox_new ( TRUE, 5 );
hbox2 = gtk_hbox_new ( TRUE, 5 );

vbox = gtk_vbox_new ( FALSE, 10);

gtk_box_pack_start(GTK_BOX(hbox1), username_label, TRUE, FALSE, 5);
gtk_box_pack_start(GTK_BOX(hbox1), username_entry, TRUE, FALSE, 5);

gtk_box_pack_start(GTK_BOX(hbox2), password_label, TRUE, FALSE, 5);
gtk_box_pack_start(GTK_BOX(hbox2), password_entry, TRUE, FALSE, 5);

gtk_box_pack_start(GTK_BOX(vbox), hbox1, FALSE, FALSE, 5);
gtk_box_pack_start(GTK_BOX(vbox), hbox2, FALSE, FALSE, 5);
gtk_box_pack_start(GTK_BOX(vbox), ok_button, FALSE, FALSE, 5);

gtk_container_add(GTK_CONTAINER(window), vbox);

gtk_widget_show_all(window);
gtk_main ();

return 0;
}
```

运行这个程序，你会看到如图16-8所示的窗口。

实验解析

这个程序创建了两个GtkEntry构件（username_entry和password_entry），并将password_entry的可见性设为FALSE来隐藏输入的密码。然后它创建了一个GtkButton，并将它的"clicked"信号连接到button_clicked回调函数。

在回调函数中，程序将获取输入的密码，并将它与内置的密码做比较，然后显示适当的信息。

注意，我们多次使用gtk_box_pack_start语句来向容器中增加构件。为了减少这些重复的代码，你将在后面的例子中定义一个辅助函数。

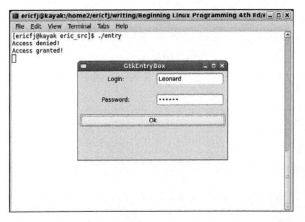

图　16-8

16.5.3　GtkSpinButton

有时候，你需要用户输入一个数字类型的值，例如一个设备的最大速度或长度。在这种情况下，使用GtkSpinButton是最理想的。GtkSpinButton限制用户只能输入数字字符，你可以为输入值设置上界和下界。这个构件还提供向上和向下的箭头，用户仅用鼠标就可以很方便地选择数值。

```
GtkWidget
    +----GtkEntry
          +----GtkSpinButton
```

相应的API函数都很简单明了，下面我们列出最常用的函数：

```
GtkWidget* gtk_spin_button_new (GtkAdjustment *adjustment, gdouble climb_rate,
                                guint digits);
GtkWidget* gtk_spin_button_new_with_range (gdouble min, gdouble max, gdouble step);
void gtk_spin_button_set_digits (GtkSpinButton *spin_button, guint digits);
void gtk_spin_button_set_increments (GtkSpinButton *spin_button, gdouble step,
                                     gdouble page);
void gtk_spin_button_set_range (GtkSpinButton *spin_button, gdouble min,
                                gdouble max);
gdouble gtk_spin_button_get_value (GtkSpinButton *spin_button);
gint gtk_spin_button_get_value_as_int (GtkSpinButton *spin_button);
void gtk_spin_button_set_value (GtkSpinButton *spin_button, gdouble value);
```

要使用gtk_spin_button_new来创建一个GtkSpinButton，你首先需要创建一个GtkAdjust-ment对象。GtkAdjustment是一个抽象对象，它包含控制有界数值的逻辑。GtkAdjustment也在其他构件中使用，如GtkHScale和GtkVScale。

要创建GtkAdjustment，你需要给它传递一个初始值、上界、下界和递增量：

```
GtkObject* gtk_adjustment_new (gdouble value, gdouble lower, gdouble upper,
                               gdouble step_increment, gdouble page_increment,
                               gdouble page_size);
```

step_increment和page_increment的值分别设置最小和最大递增量。在使用GtkSpinButton的情况下，step_increment设置点击箭头时值变化的量。page_increment和page_size对于GtkSpinButton来说不重要。

gtk_spin_button_new的第二个参数climb_rate用于控制当你持续按着箭头按钮时数值变化的

16

快慢。最后，参数digits设置构件的精度。因此，当digit值为3时，spin按钮将显示0.00。

　　gtk_spin_button_new_with_range可以很方便地在创建GtkSpinButton的同时创建一个GtkAdjustment，你只需传递给它上下界和递增量即可。

　　使用gtk_spin_button_get_value可以很容易地读取到当前值。如果希望获得一个整数值，你可以使用gtk_spin_button_get_value_as_int。

实 验　GtkSpinButton

你将通过一个小例子看到GtkSpinButton的实际使用情况。这个程序名为spin.c。

```
#include <gtk/gtk.h>

void closeApp ( GtkWidget *window, gpointer data)
{
  gtk_main_quit();
}

int main (int argc, char *argv[])
{
  GtkWidget *window;
  GtkWidget *spinbutton;
  GtkObject *adjustment;

  gtk_init (&argc, &argv);
  window = gtk_window_new(GTK_WINDOW_TOPLEVEL);
  gtk_window_set_default_size ( GTK_WINDOW(window), 300, 200);
  g_signal_connect ( GTK_OBJECT (window), "destroy",
                        GTK_SIGNAL_FUNC ( closeApp), NULL);

  adjustment = gtk_adjustment_new(100.0, 50.0, 150.0, 0.5, 0.05, 0.05);
  spinbutton = gtk_spin_button_new(GTK_ADJUSTMENT(adjustment), 0.01, 2);

  gtk_container_add(GTK_CONTAINER(window), spinbutton);
  gtk_widget_show_all(window);
  gtk_main ();

  return 0;
}
```

运行这个程序，你会得到一个数值在50～100之间的微调（spin）按钮（见图16-9）。

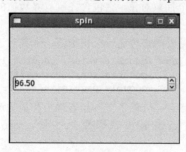

图　16-9

16.5.4 **GtkButton**

你已在程序中看过GtkButton的使用情况，但是从GtkButton还派生出很多按钮构件，它们有着更丰富的功能，非常值得一提：

```
GtkButton
    +----GtkToggleButton
            +----GtkCheckButton
                        +----GtkRadioButton
```

从上面的构件层次图中可以看到，GtkToggleButton直接继承自GtkButton，GtkCheckButton继承自GtkToggleButton，GtkRadioButton继承自GtkCheckButton。每个子构件都有其专门用处。

1. **GtkToggleButton**

GtkToggleButton和GtkButton几乎完全一样，但它们之间有一个重要区别：前者拥有状态。也就是说，它可以打开或关闭。当用户点击GtkToggleButton时，它按通常的方式发出"clicked"信号，并改变（或切换）其状态。

GtkToggleButton的API函数非常简单明了：

```
GtkWidget* gtk_toggle_button_new (void);
GtkWidget* gtk_toggle_button_new_with_label (const gchar *label);
gboolean gtk_toggle_button_get_active (GtkToggleButton *toggle_button);
void gtk_toggle_button_set_active (GtkToggleButton *toggle_button,
                                   gboolean is_active);
```

两个值得关注的函数是gtk_toggle_button_get_active和gtk_toggle_button_set_active，你调用它们来读取和设置开关按钮的状态。一个TRUE返回值表明GtkToggleButton处于"开"状态。

2. **GtkCheckButton**

GtkCheckButton是一个变相的GtkToggleButton。它不像GtkToggleButton那样显示一个令人厌烦的矩形方块，而是显示一个旁边带有文本的复选框，这看起来颇令人兴奋，但两者之间并没有功能上的差异。

```
GtkWidget* gtk_check_button_new (void);
GtkWidget* gtk_check_button_new_with_label (const gchar *label);
```

3. **GtkRadioButton**

这个按钮与前面的有很大不同，因为它可以与同类型的其他按钮分为一组。GtkRadioButton是这样一种按钮，它允许你一次只能从一组选项中选择一个。它的名字来源于老式的收音机——它们有许多机械按键，当你按下一个按键时，其他的按键都将弹起来。

```
GtkWidget* gtk_radio_button_new (GSList *group);
GtkWidget* gtk_radio_button_new_from_widget (GtkRadioButton *group);
GtkWidget* gtk_radio_button_new_with_label (GSList *group, const gchar *label);
void gtk_radio_button_set_group (GtkRadioButton *radio_button, GSList *group);
GSList* gtk_radio_button_get_group (GtkRadioButton *radio_button);
```

RadioButton（单选钮）组由一个Glib的列表对象GSList表示。为了将单选按钮放在一个组里，你可以创键一个GSlist，并通过gtk_radio_button_new和gtk_radio_button_get_group来将它传递给每一个按钮。不过，还有一个更简单的方法，通过gtk_radio_button_new_from_widget可以从一个现有的按钮中获取GSList。你将在下一个例子中看到它的使用方法。在下面的例子中，我们将使用不同的GtkButton。

16

| 实 验 | **GtkCheckButton、GtkToggleButton和GtkRadioButton** |

输入下面这个程序，并把它命名为 buttons.c。

(1) 首先将按钮指针声明为全局变量：

```
#include <gtk/gtk.h>
#include <stdio.h>

GtkWidget *togglebutton;
GtkWidget *checkbutton;
GtkWidget *radiobutton1, *radiobutton2;

void closeApp ( GtkWidget *window, gpointer data)
{
  gtk_main_quit();
}
```

(2) 这里我们定义了一个辅助函数，它将GtkWidget和GtkLabel放入一个GtkHbox中，然后将这个GtkHbox添加到一个指定的容器构件中。这样做有助于减少重复的代码。

```
void add_widget_with_label(GtkContainer * box, gchar * caption, GtkWidget * widget)
{
  GtkWidget *label = gtk_label_new (caption);
  GtkWidget *hbox = gtk_hbox_new (TRUE, 4);

  gtk_container_add(GTK_CONTAINER (hbox), label);
  gtk_container_add(GTK_CONTAINER (hbox), widget);

  gtk_container_add(box, hbox);
}
```

(3) print_active是另一个辅助函数，它以一个描述字符串的形式输出给定GtkToggleButton的当前状态。它在button_clicked函数中被调用，该函数是一个与OK按钮的clicked信号相连接的回调函数。每次这个按钮被点击时，你都将获得一个按钮状态的输出信息。

```
void print_active(char * button_name, GtkToggleButton *button)
{
  gboolean active = gtk_toggle_button_get_active(button);

  printf("%s is %s\n", button_name, active?"active":"not active");
}

void button_clicked(GtkWidget *button, gpointer data)
{
  print_active("Checkbutton", GTK_TOGGLE_BUTTON(checkbutton));
  print_active("Togglebutton", GTK_TOGGLE_BUTTON(togglebutton));
  print_active("Radiobutton1", GTK_TOGGLE_BUTTON(radiobutton1));
  print_active("Radiobutton2", GTK_TOGGLE_BUTTON(radiobutton2));
  printf("\n");
}
```

(4) 在main函数中，你创建按钮构件，将它们放在一个GtkVbox中并加上描述标签，然后将回调信号连接到OK按钮：

```
gint main (gint argc, gchar *argv[])
{
  GtkWidget *window;
  GtkWidget *button;
  GtkWidget *vbox;

  gtk_init (&argc, &argv);
  window = gtk_window_new(GTK_WINDOW_TOPLEVEL);
  gtk_window_set_default_size(GTK_WINDOW(window), 200, 200);
  g_signal_connect ( GTK_OBJECT (window), "destroy",
                     GTK_SIGNAL_FUNC (closeApp), NULL);

  button = gtk_button_new_with_label("Ok");
  togglebutton = gtk_toggle_button_new_with_label("Toggle");
  checkbutton = gtk_check_button_new();
  radiobutton1 = gtk_radio_button_new(NULL);
  radiobutton2 = gtk_radio_button_new_from_widget(GTK_RADIO_BUTTON(radiobutton1));

  vbox = gtk_vbox_new (TRUE, 4);
  add_widget_with_label (GTK_CONTAINER(vbox), "ToggleButton:", togglebutton);
  add_widget_with_label (GTK_CONTAINER(vbox), "CheckButton:", checkbutton);
  add_widget_with_label (GTK_CONTAINER(vbox), "Radio 1:", radiobutton1);
  add_widget_with_label (GTK_CONTAINER(vbox), "Radio 2:", radiobutton2);
  add_widget_with_label (GTK_CONTAINER(vbox), "Button:", button);

  g_signal_connect(GTK_OBJECT(button), "clicked",
                   GTK_SIGNAL_FUNC(button_clicked), NULL);

  gtk_container_add(GTK_CONTAINER(window), vbox);
  gtk_widget_show_all(window);
  gtk_main ();

  return 0;
}
```

图16-10显示了buttons.c程序的运行情况，里面有4种常见类型的GtkButton。

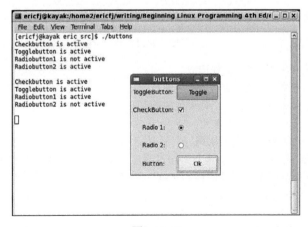

图   16-10

点击OK可以看到各种按钮的状态。

这个程序是一个简单的示例,它使用了4种类型的GtkButton,并显示了你如何通过一个单独的函数 gtk_toggle_button_get_active 来读取 GtkToggleButton、GtkCheckButton 和 GtkRadio-Button的状态。这是面向对象方法最大的好处之一,因为你不需要为每个button类型准备单独的 get_active函数,从而减少了代码量。

16.5.5 GtkTreeView

至此,我们已看到了一些简单的GTK+构件,但并不是所有的构件都是单行输入或显示的。GtkWidget的复杂性也没有受到任何限制,GtkTreeView就是一个很好的例子,它封装了大量的功能:

```
GtkWidget
    +----GtkContainer
            +----GtkTreeView
```

GtkTreeView是GTK+ 2新增的构件族的一部分,它可以创建电子表格或文件管理器中常见的数据的树和列表视图。通过GtkTreeView,你可以创建数据、混合文本、位图、甚至是使用GtkEntry构件输入的数据等的复杂视图。

测试GtkTreeView最快速的方法就是运行GTK+自带的gtk-demo应用程序。这个演示程序展示了包括GtkTreeView在内的各种GTK+构件的能力,如图16-11所示。

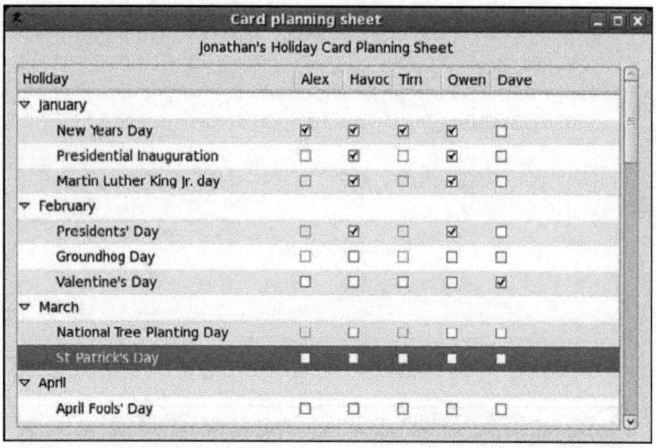

图   16-11

GtkTreeView构件族由下面4个组件构成。

❑ GtkTreeView:树和列表视图
❑ GtkTreeViewColumn:代表一个列表或树的列
❑ GtkCellRenderer:控制绘图单元
❑ GtkTreeModel:代表树和列表数据

前3个组成了所谓的视图(view),最后一个是模型(model)。这种将视图和模型分开的概念(通常称为模型/视图/控制器设计模式,或简称为MVC)并不是GTK+专有的,而是一个在整个软件行业越来越受到青睐的设计模式。

MVC设计模式的主要优点是,数据可以同时由不同的视图展示,而不需要进行不必要的复制。例如,文本编辑器可以分不同的窗格来编辑文档的不同部分,而不需要在内存中保留文档的两个副本。

MVC模式在Web编程中也很受欢迎，这是因为它使得你可以轻松创建一个满足如下要求的Web站点：使用与桌面浏览器不同的方式在手机或WAP浏览器上展示内容。你只需针对每种浏览器类型开发独立优化的视图组件即可。你还可以将获取数据的逻辑（如查询数据库）与用户界面逻辑相分离。

我们先来介绍模型组件，GTK+有两个这样的组件：GtkTreeStore用于存储如目录层次结构这样的多级数据，GtkListStore用于存储平面数据。

为了创建一个GtkTreeStore，你需要传递一个列数，接着是每列的类型：

```
Gtkwidget *store = gtk_tree_store_new (3, G_TYPE_STRING, G_TYPE_INT,
G_TYPE_BOOLEAN);
```

从store中读取、增加、编辑和删除数据就需要使用GtkTreeIter结构。这些迭代器结构指向树中的节点（或列表中的行），并对可能非常大的数据结构中的一部分进行定位和操纵。有好几个API函数可以获取树中不同位置的迭代器对象，但我们将只介绍最简单的gtk_tree_store_append。

在向树store中添加任何数据之前，你需要一个迭代器对象来指向一个新行。gtk_tree_store_append在树中填入一个GtrTreeIter对象，该对象代表一个新行，这个新行或是一个顶层行（如果你传递的第三个参数是NULL），或者是一个子行（如果你传递的第三个参数是父行的迭代器对象）。

```
GtkTreeIter    iter;
gtk_tree_store_append (store, &iter, NULL);
```

一旦有了一个迭代对象，你就可以通过gtk_tree_store_set来填充该行：

```
gtk_tree_store_set (store, &iter,
                    0, "Def Leppard",
                    1, 1987,
                    2, TRUE,
                    -1);
```

你成对地传递列号和数据，以-1结束。你将在后面使用一个枚举类型来增加列号的可读性。

为给该行增加一个分支（一个子行），你只需通过再次调用gtk_tree_store_append，并传递一个顶层行来为子行创建一个迭代器对象：

```
GtkTreeIter    child;
gtk_tree_store_append (store, &child, &iter);
```

你可以在API文档中找到更多GtkTreeStore和GtkListStore相关函数的资料。下面我们将介绍GtkTreeView视图组件。

创建GtkTreeView本身很简单，你只需要向构造函数传递GtkTreeStore或GtkListStore模型即可：

```
GtkWidget *view = gtk_tree_view_new_with_model (GTK_TREE_MODEL (store));
```

现在是配置构件让它准确显示数据的时候了。针对每列，你都必须定义一个GtkCellRenderer（渲染器对象）并设置数据源。例如，你可以选择只显示某些列或交换列的显示顺序。

GtkCellRenderer是一个用于处理在屏幕上绘制每个单元格的对象。它有3个子类，分别用于处理文本单元格、位图图形单元格和开关按钮单元格，如下所示：

❑ GtkCellRendererText；
❑ GtkCellRendererPixBuf；
❑ GtkCellRendererToggle。

你将在视图中使用文本渲染器GtkCellRendererText：

```
GtkCellRenderer *renderer = gtk_cell_renderer_text_new ();
gtk_tree_view_insert_column_with_attributes (GTK_TREE_VIEW(view),
                                             0,
                                             "This is the column title",
                                             renderer,
                                             "text", 0,
                                             NULL);
```

这里你创建了渲染器对象并将它传递给列插入函数。这个函数通过传递给它的以NULL结尾的键/值对，一次就设置好了GtkCellRendererText属性。传给函数的参数分别是树视图、列号、列标题、渲染器对象和渲染器属性。这里你设置了text属性，传递了数据源的列号。GtkCellRendererText还定义了其他几个属性，包括下划线、字体、大小等。

你将在下面的例子中看到GtkTreeView的实际使用情况。

实　验　GtkTreeView

输入这个程序，将它命名为tree.c.

(1) 程序使用一个枚举类型来标记列，这样你就可以用名字来引用它们。N_COLUMNS是总列数。

```
#include <gtk/gtk.h>

enum {
  COLUMN_TITLE,
  COLUMN_ARTIST,
  COLUMN_CATALOGUE,
  N_COLUMNS
};

void closeApp ( GtkWidget *window, gpointer data)
{
  gtk_main_quit();
}

int main (int argc, char *argv[])
{
  GtkWidget *window;
  GtkTreeStore *store;
  GtkWidget *view;
  GtkTreeIter parent_iter, child_iter;
  GtkCellRenderer *renderer;

  gtk_init(&argc, &argv);
  window = gtk_window_new(GTK_WINDOW_TOPLEVEL);
  gtk_window_set_default_size ( GTK_WINDOW(window), 300, 200);
  g_signal_connect ( GTK_OBJECT (window), "destroy",
                        GTK_SIGNAL_FUNC ( closeApp), NULL);
```

(2) 下面创建了树store，并向其传递列的总数和每列的类型：

```
store = gtk_tree_store_new (N_COLUMNS, G_TYPE_STRING,  G_TYPE_STRING,
                            G_TYPE_STRING);
```

(3) 接下来向树中增加一个父行和一个子行：

```
gtk_tree_store_append (store, &parent_iter, NULL);

gtk_tree_store_set (store, &parent_iter, COLUMN_TITLE, "Dark Side of the Moon",
                                         COLUMN_ARTIST, "Pink Floyd",
                                         COLUMN_CATALOGUE, "B000024D4P",
                                         -1);

gtk_tree_store_append (store, &child_iter, &parent_iter);

gtk_tree_store_set (store, &child_iter, COLUMN_TITLE, "Speak to Me",
                       -1);


view = gtk_tree_view_new_with_model (GTK_TREE_MODEL (store));
```

(4) 最后，把列加到视图中，并设置它们的数据源和标题：

```
renderer = gtk_cell_renderer_text_new ();
gtk_tree_view_insert_column_with_attributes (GTK_TREE_VIEW(view),
                                             COLUMN_TITLE,
                                             "Title", renderer,
                                             "text", COLUMN_TITLE,
                                             NULL);
gtk_tree_view_insert_column_with_attributes (GTK_TREE_VIEW(view),
                                             COLUMN_ARTIST,
                                             "Artist", renderer,
                                             "text", COLUMN_ARTIST,
                                             NULL);
gtk_tree_view_insert_column_with_attributes (GTK_TREE_VIEW(view),
                                             COLUMN_CATALOGUE,
                                             "Catalogue", renderer,
                                             "text", COLUMN_CATALOGUE,
                                             NULL);


gtk_container_add(GTK_CONTAINER(window), view);

gtk_widget_show_all(window);
gtk_main ();

return 0;
}
```

后面会把 GtkTreeView 作为 CD 应用程序的核心，在该程序中查询 CD 数据库时，我们将修改 GtkTreeView 的代码。

我们已经了解了 GTK+ 构件，现在我们将把注意力转向 GNOME。后面我们将学习如何使用 GNOME 库向应用程序中添加菜单，以及 GNOME 构件是如何使得为 GNOME 桌面编程变得更容易。

16.6 GNOME 构件

GTK+ 被设计成独立于桌面的。也就是说，GTK+ 并不假定它运行在 GNOME 中，甚至不假定它运

16

行在Linux上。这样，GTK+就可以被相对容易地移植到Windows或者任何其他视窗系统中。可这样导致的结果是，GTK+缺乏将程序与桌面紧密结合的方法，例如保存程序配置、显示帮助文件或编写applet（applet是在边缘面板上运行的小程序）的方法。

GNOME库包含GNOME构件，它们扩展了GTK+，并用一些更容易使用的构件替换了GTK+中的部分构件。在本节中，我们将看到如何用GNOME构件来编程。

在使用GNOME库之前，你必须在程序的一开始对它们进行初始化，就像你在使用GTK+时所做的那样。你在纯GTK+程序中调用的是gtk_init，在这里调用的是gnome_program_init。

这个函数的参数有：app_id和app_version（用于向GNOME描述你的程序）、module_info（告诉GNOME初始化哪个库模块）、命令行参数和应用程序属性（设置为以NULL结尾的"名/值"对列表）。

```
GnomeProgram* gnome_program_init (const char *app_id, const char *app_version,
                                 const GnomeModuleInfo *module_info,
                                 int argc, char **argv,
                                 const char *first_property_name,
                                 ...);
```

可选的属性列表用来设置一些属性，如位图查找目录。

实　验　一个GNOME窗口

现在让我们来看一个GNOME程序，注意GtkWindow在GNOME中被替代为GnomeApp构件。输入这个程序，将它命名为gnome1.c:

```c
#include <gnome.h>

int main (int argc, char *argv[])
{
  GtkWidget *app;

  gnome_program_init ("gnome1", "1.0", LIBGNOMEUI_MODULE, argc, argv, NULL);
  app = gnome_app_new ("gnome1", "The Window Title");
  gtk_widget_show(app);
  gtk_main ();

  return 0;
}
```

为编译这个程序，你需要包含GNOME头文件，因此传递libgnomeui和libgnome给pkg-config:

$ **gcc gnome1.c -o gnome1 `pkg-config --cflags --libs libgnome-2.0 libgnomeui-2.0`**

GnomeApp构件对GtkWindow进行了扩展，使得添加菜单、工具栏以及底部的状态栏变得很容易。因为GnomeApp继承自GtkWindow，所以你可以将GnomeApp构件用于任何GtkWindow函数。接下来，你将学习创建菜单。在本章最后一个例子中，你将添加一个状态栏。

你可以使用GTK+来创建菜单，但GNOME所提供的结构和宏使得这个工作变得更容易了。在线的GTK+文档描述了如何使用GTK+来创建菜单。

16.7　GNOME 菜单

在GNOME中创建一个下拉式的菜单栏非常简单。菜单栏中的每个菜单都由一个GnomeUIInfo结构的数组来表示，数组中的每个元素对应于一个菜单项。例如，如果你有File、Edit、View 3个菜单，就用3个数组来分别描述每个菜单的内容。

一旦定义好每个菜单，你就可以通过在另一个GnomeUIInfo结构的数组中引用这些数组来创建菜单栏本身。

GnomeUIInfo结构有点复杂，需要解释一下：

```
typedef struct {
    GnomeUIInfoType type;
    gchar const *label;
    gchar const *hint;
    gpointer moreinfo;
    gpointer user_data;
    gpointer unused_data;
    GnomeUIPixmapType pixmap_type;
    gconstpointer pixmap_info;
    guint accelerator_key;
    GdkModifierType ac_mods;
    GtkWidget *widget;
} GnomeUIInfo;
```

该结构中的第一项type定义了菜单元素的类型。它可以是GNOME定义的10个GnomeUIInfoType类型中的一个，如表16-3所示。

表 16-3

GnomeUIInfoType	说 明
GNOME_APP_UI_ENDOFINFO	表示这是数组中最后一个菜单项
GNOME_APP_UI_ITEM	一个普通的菜单项，或一个单选按钮（如果前面是一个GNOME_APP_UI_RADIOITEMS项的话）
GNOME_APP_UI_TOGGLEITEM	一个开关按钮或检查框按钮菜单项
GNOME_APP_UI_RADIOITEMS	一个单选按钮组
GNOME_APP_UI_SUBTREE	表示该元素是一个子菜单。设置moreinfo以指向子菜单数组
GNOME_APP_UI_SEPARATOR	在菜单中插入一个分割线
GNOME_APP_UI_HELP	创建一个在"帮助"菜单中使用的帮助主题列表
GNOME_APP_UI_BUILDER_DATA	为接下来的项目指定构造数据
GNOME_APP_UI_ITEM_CONFIGURABLE	一个可配置的菜单项
GNOME_APP_UI_SUBTREE_STOCK	除了标签文本需要在gnome-libs目录中查找以外，与GNOME_APP_UI_SUBTREE相同
GNOME_APP_UI_INCLUDE	除了这个项目是包含在当前菜单中而不是作为一个子菜单以外，和GNOME_APP_UI_SUBTREE相同

该结构中的第二个和第三个成员定义菜单项的文本和弹出提示（提示显示在窗口底部的状态栏中）。

moreinfo的目的取决于type。对ITEM和TOGGLEITEM，它指向菜单项被激活时调用的回调函数。对RADIOITEMS，它指向一个定义单选按钮组的GnomeUIInfo结构数组。

user_data是一个传递给回调函数的任意指针。pixmap_type和pixmap_info用于为菜单项增加一个位图图标，accelerator_key和ac_mods用于定义一个快捷键。

最后，widget用于在内部保存由菜单创建函数指向的菜单项构件。

实 验 GNOME菜单

你可以通过这个小程序来试一试菜单，这个程序名为menu1.c。

```c
#include <gnome.h>

void closeApp ( GtkWidget *window, gpointer data)
{
  gtk_main_quit();
}
```

(1) 为菜单项定义一个回调函数item_clicked:

```c
void item_clicked(GtkWidget *widget, gpointer user_data)
{
  printf("Item Clicked!\n");
}
```

(2) 接下来是菜单定义。你有一个子菜单、一个顶层菜单和一个菜单栏数组：

```c
static GnomeUIInfo submenu[] = {
  {GNOME_APP_UI_ITEM, "SubMenu", "SubMenu Hint",
   GTK_SIGNAL_FUNC(item_clicked), NULL, NULL, 0, NULL, 0, 0, NULL},
  {GNOME_APP_UI_ENDOFINFO, NULL, NULL, NULL, NULL, NULL, 0, NULL, 0, 0, NULL}
};

static GnomeUIInfo menu[] = {
  {GNOME_APP_UI_ITEM, "Menu Item 1", "Menu Hint",
   NULL, NULL, NULL, 0, NULL, 0, 0, NULL},
  {GNOME_APP_UI_SUBTREE, "Menu Item 2", "Menu Hint", submenu,
   NULL, NULL, 0, NULL, 0, 0, NULL},
  {GNOME_APP_UI_ENDOFINFO, NULL, NULL, NULL, NULL, NULL, 0, NULL, 0, 0, NULL}
};

static GnomeUIInfo menubar[] = {
  {GNOME_APP_UI_SUBTREE, "Toplevel Item", NULL, menu, NULL,
   NULL, 0, NULL, 0, 0, NULL},
  {GNOME_APP_UI_ENDOFINFO, NULL, NULL, NULL, NULL, NULL, 0, NULL, 0, 0, NULL}
};
```

(3) 在main函数中，进行一些初始化，然后创建GnomeApp构件并设置菜单：

```c
int main (int argc, char *argv[])
{
  GtkWidget *app;

  gnome_program_init ("gnome1", "0.1", LIBGNOMEUI_MODULE,
                      argc, argv,
                      GNOME_PARAM_NONE);
  app = gnome_app_new("gnome1", "Menus, menus, menus");

  gtk_window_set_default_size ( GTK_WINDOW(app), 300, 200);
```

```
        g_signal_connect ( GTK_OBJECT (app), "destroy",
                            GTK_SIGNAL_FUNC ( closeApp), NULL);

        gnome_app_create_menus ( GNOME_APP(app), menubar);

        gtk_widget_show(app);

        gtk_main();
        return 0;

}
```

试着运行menu1程序，你可以看到菜单栏、子菜单及回调函数
的实际运行情况，如图16-12所示。

GnomeUIInfo结构对程序员不是太友好，因为它包含11个成
员，大多数成员的值在通常情况下都是NULL或零。你在输入它们
的时候很容易出错，而且在一个很长的菜单项数组中，你很难将
它们一一区分。为了改善这种情况，GNOME定义了宏来减少手工
输入的麻烦。这些宏还可以增加图标和键盘快捷键，而不需要任
何开销。事实上，我们没有任何理由不使用这些宏。

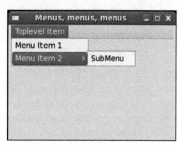

图　16-12

有两组宏，第一组定义单独的菜单项。它们需要两个参数：
回调函数指针和用户数据。

```
#include <libgnomeui/libgnomeui.h>

#define     GNOMEUIINFO_MENU_OPEN_ITEM      (cb, data)
#define     GNOMEUIINFO_MENU_SAVE_ITEM      (cb, data)
#define     GNOMEUIINFO_MENU_SAVE_AS_ITEM   (cb, data)
#define     GNOMEUIINFO_MENU_PRINT_ITEM     (cb, data)
#define     GNOMEUIINFO_MENU_PRINT_SETUP_ITEM(cb, data)
#define     GNOMEUIINFO_MENU_CLOSE_ITEM     (cb, data)
#define     GNOMEUIINFO_MENU_EXIT_ITEM      (cb, data)
#define     GNOMEUIINFO_MENU_QUIT_ITEM      (cb, data)
#define     GNOMEUIINFO_MENU_CUT_ITEM       (cb, data)
#define     GNOMEUIINFO_MENU_COPY_ITEM      (cb, data)
#define     GNOMEUIINFO_MENU_PASTE_ITEM     (cb, data)
#define     GNOMEUIINFO_MENU_SELECT_ALL_ITEM(cb, data)
... etc
```

第二组用于顶层菜单定义，你只需传递数组即可：

```
#define     GNOMEUIINFO_MENU_FILE_TREE      (tree)
#define     GNOMEUIINFO_MENU_EDIT_TREE      (tree)
#define     GNOMEUIINFO_MENU_VIEW_TREE      (tree)
#define     GNOMEUIINFO_MENU_SETTINGS_TREE  (tree)
#define     GNOMEUIINFO_MENU_FILES_TREE     (tree)
#define     GNOMEUIINFO_MENU_WINDOWS_TREE   (tree)
#define     GNOMEUIINFO_MENU_HELP_TREE      (tree)
#define     GNOMEUIINFO_MENU_GAME_TREE      (tree)
```

实　验　使用GNOME宏来定义菜单

在本例中，我们通过这些菜单来看看宏是怎样工作的。对menu1.c做如下改动，并将它保存为

menu2.c（为简单起见，本例中的菜单选择没有定义回调函数。本例只是为了说明GNOME菜单宏的便利）。

```
#include <gnome.h>
```

```
static GnomeUIInfo filemenu[] = {
  GNOMEUIINFO_MENU_NEW_ITEM ("New", "Menu Hint", NULL, NULL ),
  GNOMEUIINFO_MENU_OPEN_ITEM (NULL, NULL),
  GNOMEUIINFO_MENU_SAVE_AS_ITEM (NULL, NULL),
  GNOMEUIINFO_SEPARATOR,
  GNOMEUIINFO_MENU_EXIT_ITEM (NULL, NULL),
  GNOMEUIINFO_END
};

static GnomeUIInfo editmenu[] = {
  GNOMEUIINFO_MENU_FIND_ITEM (NULL, NULL),
  GNOMEUIINFO_END
};

static GnomeUIInfo menubar[] = {
  GNOMEUIINFO_MENU_FILE_TREE (filemenu),
  GNOMEUIINFO_MENU_EDIT_TREE (editmenu),
  GNOMEUIINFO_END
};
```

```
int main (int argc, char *argv[])
{
  GtkWidget *app, *toolbar;

  gnome_program_init ("gnome1", "0.1", LIBGNOMEUI_MODULE,
                      argc, argv,
                      GNOME_PARAM_NONE);
  app = gnome_app_new("gnome1", "Menus, menus, menus");
  gtk_window_set_default_size ( GTK_WINDOW(app), 300, 200);
  gnome_app_create_menus ( GNOME_APP(app), menubar);

  gtk_widget_show(app);

  gtk_main();
  return 0;
}
```

通过在menu2.c中使用libgnomeui宏，极大地减少了需要输入的代码量，并使菜单代码更容易理解了。这些宏不仅节省了开发者时间和精力，还有助于创建菜单并使菜单的字体、键盘快捷方式和图标与其他GNOME程序保持一致。在程序开发中，我们应该尽可能多地使用这些宏。

图16-13显示了menu2.c的运行情况，它拥有一个标准化的GNOME菜单项。

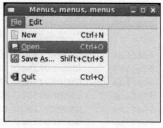

图 16-13

16.8 对话框

GUI应用程序的一个重要组成部分就是与用户交互并通知用户重要的事件。通常，你会为此创建一个临时的带有OK和Cancel按钮的窗口。如果信息非常重要，它需要一个立即响应（如删除一个文件），你就希望能够阻止用户访问任何其他窗口，直到他做出了一个选择（这类窗口被称为模式对话框）。

我们在这里讲述的就是对话框。GTK+提供了一个从`GtkWindow`派生的特殊对话框构件，可以让编程变得更加容易。

16.8.1 `GtkDialog`

正如你所看到的，`GtkDialog`是`GtkWindow`的一个子类，因此它继承了`GtkWindow`的所有函数和属性：

```
GtkWindow
    +----GtkDialog
```

`GtkDialog`将窗口分为两个区域，一个放构件的内容，一个放底部的按钮。你可以在创建对话框时指定你想要的按钮和其他对话框设置。

```
GtkWidget* gtk_dialog_new_with_buttons (const gchar *title,
                                        GtkWindow *parent,
                                        GtkDialogFlags flags,
                                        const gchar *first_button_text,
                                        ...);
```

这个函数创建了一个完整的带有标题和按钮的对话框窗口。第二个参数parent应指向应用程序的主窗口，这样GTK+才可以确保对话框是一直连接到主窗口的。当主窗口被最小化时，它也会跟着最小化。

flags参数决定了对话框可以拥有的属性组合：

❑ GTK_DIALOG_MODAL；

❑ GTK_DIALOG_DESTROY_WITH_PARENT；

❑ GTK_DIALOG_NO_SEPARATOR。

你可以将这些标记用按位或操作符组合起来，例如，（GTK_DIALOG_MODAL|GTK_DIALOG_NO_SEPARATOR）既是一个模式对话框，又是一个在主窗口区域和按钮区域之间没有分割线的对话框。

其余的参数是一个以NULL结尾的按钮和相应的响应代码列表。你将在后面看到gtk_dialog_run函数时明白响应代码的含义。通常，你会从GTK+定义好的一系列按钮中进行选择，这些按钮中也有定义好的图标。

下面显示了创建一个带有OK和Cancel按钮的对话框的代码，它会根据按下的按钮分别返回GTK_RESPONSE_ACCEPT和GTK_RESPONSE_REJECT：

```
GtkWidget *dialog = gtk_dialog_new_with_buttons ("Important question",
                                    parent_window,
                                    GTK_DIALOG_DESTROY_WITH_PARENT,
                                    GTK_STOCK_OK, GTK_RESPONSE_ACCEPT,
                                    GTK_STOCK_CANCEL, GTK_RESPONSE_REJECT,
                                    NULL);
```

我们在这里选择创建两个按钮，但是对话框并没有限制可以放置的按钮数目。此外，你可以从一组响应类型标记中进行选择。accept和reject标记没有被标准GNOME使用，因此你可以随意在应用程序中使用它们（记住，在你的应用程序中，accept应意味着接受）。其他在这里可以使用的标记包括OK和CANCEL，具体请见下一节中的GtkResponseType枚举类型。

当然，你需要向对话框中添加内容，这个GtkDialog包含一个现成的GtkVBox来容纳构件。你直

16

接从这个对象获得一个指针:

```
GtkWidget *vbox  = GTK_DIALOG(dialog)->vbox;
```

你以通常的方式使用这个GtkVBox,比如通过gtk_box_pack_start或者其他类似的函数。

一旦创建好一个对话框,下一步就是将它展现给用户,并等待响应。这可以使用下面两种方法来完成:一种是模式的方法,它阻止除对话框以外的一切输入;一种是非模式的方法,它像对待其他窗口一样对待对话框。让我们先看看运行一个模式对话框。

16.8.2 模式对话框

模式对话框强制用户首先响应,然后才能进行任何其他动作。它对以下这些情况很有用:用户将要做一件有严重后果的事情,或报告错误和警告信息。

你可以通过设置GTK_DIALOG_MODAL标记和调用gtk_widget_show函数,使一个对话框变为模式对话框。但还有一个更好的方法。gtk_dialog_run通过阻止程序的进一步执行,直到一个按钮被按下,来帮你解决这个难题。

当用户按下一个按钮(或者对话框被关闭)时,gtk_dialog_run返回一个int类型的结果来表明用户按下了哪个按钮。GTK+通常定义一个枚举类型来描述可能的值:

```
typedef enum
{
    GTK_RESPONSE_NONE = -1,
    GTK_RESPONSE_REJECT = -2,
    GTK_RESPONSE_ACCEPT = -3,
    GTK_RESPONSE_DELETE_EVENT = -4
    GTK_RESPONSE_OK       = -5,
    GTK_RESPONSE_CANCEL   = -6,
    GTK_RESPONSE_CLOSE    = -7,
    GTK_RESPONSE_YES      = -8,
    GTK_RESPONSE_NO       = -9,
    GTK_RESPONSE_APPLY    = -10,
    GTK_RESPONSE_HELP     = -11
} GtkResponseType;
```

现在我们可以解释传递给gtk_dialog_new_with_buttons的结果代码了。结果代码是在按钮被按下时,gtk_dialog_run返回的一个GtkResponseType值。如果对话框被关闭(例如用户点击了关闭图标),你将得到一个GTK_RESPONSE_NONE的结果。

switch结构非常适合于执行这个逻辑流程:

```
GtkWidget *dialog = create_dialog();
int result = gtk_dialog_run(GTK_DIALOG(dialog));

switch (result)
{
    case GTK_RESPONSE_ACCEPT:
        delete_file();
        break;
    case GTK_RESPONSE_REJECT:
        do_nothing();
        break;
    default:
```

```
            dialog_was_cancelled ();
            break;
    }
gtk_widget_destroy (dialog);
```

这就是GTK+中简单的模式对话框的所有内容了。正如你所看到的，这不需要你花费多少精力或编写多少代码。最后你只需用`gtk_widget_destroy`进行清理。

但当你需要一个非模式对话框时，事情就不是那么简单了。你不能使用`gtk_dialog_run`，而是必须将对话框的按钮与回调函数连接。

16.8.3 非模式对话框

你已看到如何用`gtk_dialog_run`来创建一个模式（阻塞）对话框了。非模式对话框的工作方式稍有不同，尽管它们是用同一种方法创建的。你不是调用`gtk_dialog_run`，而是将一个回调函数连接到GtkDialog的"response"信号（这个信号在按钮被按下或窗口被关闭时发出）。

将回调函数连接到信号是按通常的方式来完成的，但有一点不同：回调函数有一个额外的`response`参数，它起着和`gtk_dialog_run`返回值相同的作用。下面的代码片断显示了一个非模式对话框的基本用法：

```
void dialog_button_clicked (GtkWidget *dialog, gint response, gpointer user_data)
{
  switch (response)
  {

    case GTK_RESPONSE_ACCEPT:
        do_stuff();
        break;
    case GTK_RESPONSE_REJECT:
        do_nothing();
        break;
    default:
        dialog_was_cancelled ();
        break;

  }
gtk_widget_destroy(dialog);
}

int main()
{
 ...
  GtkWidget *dialog = create_dialog();

  g_signal_connect ( GTK_OBJECT (dialog), "response",
                     GTK_SIGNAL_FUNC (dialog_button_clicked), user_data );

  gtk_widget_show(dialog);
...
}
```

非模式对话框会致使复杂度增加，因为用户没有被强制立即响应对话框，他可以最小化对话框并将它忘掉。你需要考虑，如果用户在关闭第一个对话框之前又试图第二次打开这个对话框时，你该如何做。你要做的就是检查对话框指针是否为NULL，如果不是就调用gtk_window_present来重新显示已存在的对话框。你可以在本章最后一节中看到它的实际使用情况。

16.8.4   GtkMessageDialog

对于非常简单的对话框来说，即使GtkDialog也显得过于复杂了：

```
GtkDialog
    +----GtkMessageDialog
```

通过使用GtkMessageDialog，你仅用一行代码就可以创建一个消息对话框。

```
GtkWidget* gtk_message_dialog_new (GtkWindow *parent, GtkDialogFlags flags,
                                   GtkMessageType type,
                                   GtkButtonsType buttons,
                                   const gchar *message_format,
                                   ...);
```

这个函数创建了一个带有图标、标题和可配置按钮的完整对话框。参数type根据对话框的目的设置它的图标和标题，例如，警告类型有一个三角警示图标。你最常碰到的简单对话框有下面4种可能的类型值：

❑ GTK_MESSAGE_INFO；

❑ GTK_MESSAGE_WARNING；

❑ GTK_MESSAGE_QUESTION；

❑ GTK_MESSAGE_ERROR。

你还可以选择一个GTK_MESSAGE_OTHER值，它用于前述对话框类型都不适用的情况。对于GtkMessageDialog，你可以传递一个GtkButtonsType而不是分别列出每个按钮，如表16-4所示。

表   16-4

GtkButtonsType	说 明
GTK_BUTTONS_OK	OK（确认）按钮
GTK_BUTTONS_CLOSE	Close（关闭）按钮
GTK_BUTTONS_CANCEL	Cancel（取消）按钮
GTK_BUTTONS_YES_NO	Yes和No按钮
GTK_BUTTONS_OK_CANCEL	OK和Cancel按钮
GTK_BUTTONS_NONE	无按钮

剩下的都是对话框的文本了，你可以使用替换字符串来构造它，就像在printf中一样。在本例中，我们询问用户是否确实要删除一个文件：

```
GtkWidget *dialog = gtk_message_dialog_new (main_window,
                                GTK_DIALOG_DESTROY_WITH_PARENT,
                                GTK_MESSAGE_QUESTION,
                                GTK_BUTTONS_YES_NO,
                                "Are you sure you wish to delete %s?",
                                filename);
result = gtk_dialog_run (GTK_DIALOG (dialog));
gtk_widget_destroy (dialog);
```

这个对话框如图16-14所示。

图 16-14

GtkMessageDialog是传递信息或询问yes/no类型问题的最简单方法。你将在下一节为CD应用程序创建GUI时用到它。

16.9 CD 数据库应用程序

在前面的章节中，你用MySQL和C语言接口开发了一个CD数据库应用程序。现在你将看到，用GNOME/GTK+给该程序创建一个GUI前端是多么容易，开发一个丰富的用户界面是多么快捷。

就像第8章中的CD数据库应用程序的需求一样，为运行本章中的CD数据库应用程序，你必须安装好了MySQL数据库和MySQL开发库。

为了简明起见，你将开发一个基础的、骨架式的用户界面，它仅实现应用程序的部分功能。例如，你不允许往CD里增加曲目信息或从CD里删除曲目信息。你将在这个应用程序里看到本章所介绍的构件的实际使用情况，这样你就可以了解它们在现实情况中是如何使用的了。

你将实现的主要功能有：

❑ 通过GUI登录数据库；
❑ 查找CD；
❑ 显示CD和曲目信息；
❑ 向数据库中增加一张CD；
❑ 创建一个"关于"（About）窗口；
❑ 在用户退出时进行确认。

你把代码分为3个源文件，它们共享同一个头文件cdapp_gnome.h。源文件将把创建窗口和对话框的函数——界面生成函数与回调函数分开。

实 验 cdapp_gnome.h

先来看看cdapp_gnome.h，它声明了那些你需要实现的函数。

(1) 包含GNOME头文件和你在第8章中开发的接口函数所对应的头文件。这个示例程序使用了第8章中的app_mysql.h文件和app_mysql.c文件，以及该章中创建的数据库。

```
#include <gnome.h>
#include "app_mysql.h"
```

(2) 枚举类型标记了GtkTreeView构件的列，你将用GtkTreeView来显示CD和曲目信息：

```
enum {
  COLUMN_TITLE,
  COLUMN_ARTIST,
  COLUMN_CATALOGUE,
  N_COLUMNS
};
```

(3) 在 interface.c 文件中有 3 个窗口创建函数：

```
GtkWidget *create_main_window();

GtkWidget *create_login_dialog();

GtkWidget *create_addcd_dialog();
```

(4) 针对菜单项、工具栏、对话框按钮和搜索按钮的回调函数在 callbacks.c 文件中：

```
/* Callback to quit application */
void quit_app( GtkWidget * window, gpointer data);

/* Callback useful for confirming exit before quitting */
gboolean delete_event_handler ( GtkWidget *window, GdkEvent *event, gpointer data);

/* Callback connected to 'response' signal of addcd dialog */
void addcd_dialog_button_clicked (GtkDialog * dialog, gint response,
                                  gpointer userdata);

/* Callback for menu and toolbar 'Add CD' button */

void on_addcd_activate (GtkWidget *widget, gpointer user_data);

/* Callback for menu 'About' button */
void on_about_activate (GtkWidget  *widget, gpointer user_data);

/* Callback for search button */
void on_search_button_clicked (GtkWidget *widget, gpointer userdata);
```

实　验　interface.c

接着，首先来看一下 interface.c，该文件定义了你在应用程序中使用的窗口和对话框。

(1) 首先是在 callbacks.c 和 main.c 中引用的一些构件指针：

```
#include "app_gnome.h"

GtkWidget *treeview;
GtkWidget *appbar;
GtkWidget *artist_entry;
GtkWidget *title_entry;
GtkWidget *catalogue_entry;
GtkWidget *username_entry;
GtkWidget *password_entry;
```

(2) app 是一个具备文件作用域的主窗口指针：

```
static GtkWidget *app;
```

(3) 定义一个辅助函数，它把一个带有指定文本标签的构件添加到容器中：

```
void add_widget_with_label ( GtkContainer *box, gchar *caption, GtkWidget *widget)
{
  GtkWidget *label = gtk_label_new (caption);
  GtkWidget *hbox = gtk_hbox_new (TRUE, 4);
```

```
  gtk_container_add(GTK_CONTAINER (hbox), label);
  gtk_container_add(GTK_CONTAINER (hbox), widget);

  gtk_container_add(box, hbox);
}
```

(4) 为方便起见，菜单栏的定义使用了GNOMEUIINFO宏：

```
static GnomeUIInfo filemenu[] =
{
  GNOMEUIINFO_MENU_NEW_ITEM ("_New CD", NULL, on_addcd_activate, NULL),
  GNOMEUIINFO_SEPARATOR,
  GNOMEUIINFO_MENU_EXIT_ITEM (close_app, NULL),
  GNOMEUIINFO_END
};

static GnomeUIInfo helpmenu[] =
{
  GNOMEUIINFO_MENU_ABOUT_ITEM (on_about_activate, NULL),
  GNOMEUIINFO_END
};

static GnomeUIInfo menubar[] =
{
  GNOMEUIINFO_MENU_FILE_TREE (filemenu),
  GNOMEUIINFO_MENU_HELP_TREE (helpmenu),
  GNOMEUIINFO_END
};
```

(5) 创建主窗口，向其中添加菜单和工具栏，设置其大小，将它放置在屏幕中央，组装构成用户界面的构件。注意，这个函数并未在屏幕上显示窗口，而是返回一个指向窗口的指针。

```
GtkWidget * create_main_window()
{
  GtkWidget *toolbar;
  GtkWidget *vbox;
  GtkWidget *hbox;
  GtkWidget *label;
  GtkWidget *entry;
  GtkWidget *search_button;
  GtkWidget *scrolledwindow;
  GtkCellRenderer *renderer;

  app = gnome_app_new ("GnomeCD", "CD Database");

  gtk_window_set_position ( GTK_WINDOW( app), GTK_WIN_POS_CENTER);
  gtk_window_set_default_size ( GTK_WINDOW( app ), 540, 480);

  gnome_app_create_menus (GNOME_APP (app), menubar);
```

(6) 使用GTK+自带的图标来创建工具栏，并连接回调函数：

```
  toolbar = gtk_toolbar_new ();
  gnome_app_add_toolbar (GNOME_APP (app), GTK_TOOLBAR (toolbar), "toolbar",
                         BONOBO_DOCK_ITEM_BEH_EXCLUSIVE,
```

16

```
                                    BONOBO_DOCK_TOP, 1, 0, 0);
gtk_container_set_border_width (GTK_CONTAINER (toolbar), 1);
gtk_toolbar_insert_stock (GTK_TOOLBAR (toolbar),
                          "gtk-add",
                          "Add new CD",
                          NULL, GTK_SIGNAL_FUNC (on_addcd_activate),
                                NULL, -1);
gtk_toolbar_insert_space (GTK_TOOLBAR (toolbar), 1);
gtk_toolbar_insert_stock (GTK_TOOLBAR (toolbar),
                          "gtk-quit",
                          "Quit the Application",
                          NULL, GTK_SIGNAL_FUNC (on_quit_activate),
                                NULL, -1);
```

(7) 创建用于搜索CD的构件：

```
label = gtk_label_new("Search String:");
entry = gtk_entry_new ();
search_button = gtk_button_new_with_label("Search");
```

(8) gtk_scrolled_window提供滚动条，使构件（在本例中是GtkTreeView）可以扩展超出窗口的大小：

```
scrolledwindow = gtk_scrolled_window_new (NULL, NULL);
gtk_scrolled_window_set_policy (GTK_SCROLLED_WINDOW (scrolledwindow),
                                GTK_POLICY_AUTOMATIC,
                                GTK_POLICY_AUTOMATIC);
```

(9) 接下来，像通常那样用容器构件来排列界面元素：

```
vbox = gtk_vbox_new (FALSE, 0);
hbox = gtk_hbox_new (FALSE, 0);
gtk_box_pack_start (GTK_BOX (vbox), hbox, FALSE, FALSE, 5);
gtk_box_pack_start (GTK_BOX (hbox), label, FALSE, FALSE, 5);
gtk_box_pack_start (GTK_BOX (hbox), entry, TRUE, TRUE, 6);
gtk_box_pack_start (GTK_BOX (hbox), search_button, FALSE, FALSE, 5);
gtk_box_pack_start (GTK_BOX (vbox), scrolledwindow, TRUE, TRUE, 0);
```

(10) 然后创建GtkTreeView构件，增加3列，并将其放在GtkScrolledWindow中：

```
treeview = gtk_tree_view_new();
renderer = gtk_cell_renderer_text_new ();
gtk_tree_view_insert_column_with_attributes (GTK_TREE_VIEW(treeview),
                                             COLUMN_TITLE,
                                             "Title", renderer,
                                             "text", COLUMN_TITLE,
                                             NULL);
gtk_tree_view_insert_column_with_attributes (GTK_TREE_VIEW(treeview),
                                             COLUMN_ARTIST,
                                             "Artist", renderer,
                                             "text", COLUMN_ARTIST,
                                             NULL);
gtk_tree_view_insert_column_with_attributes (GTK_TREE_VIEW(treeview),
                                             COLUMN_CATALOGUE,
                                             "Catalogue", renderer,
                                             "text", COLUMN_CATALOGUE,
```

```
                                          NULL);

      gtk_tree_view_set_search_column (GTK_TREE_VIEW (treeview),
                                       COLUMN_TITLE);

      gtk_container_add (GTK_CONTAINER (scrolledwindow), treeview);
```

(11) 最后，设定主窗口的内容，增加一个GnomeAppbar，并连接必要的回调函数：

```
      gnome_app_set_contents (GNOME_APP (app), vbox);

      appbar = gnome_appbar_new (FALSE, TRUE, GNOME_PREFERENCES_NEVER);
      gnome_app_set_statusbar (GNOME_APP (app), appbar);

      gnome_app_install_menu_hints (GNOME_APP (app), menubar);

      g_signal_connect (GTK_OBJECT (search_button), "clicked",
                        GTK_SIGNAL_FUNC (on_search_button_clicked),
                        entry);

      g_signal_connect (GTK_OBJECT(app), "delete_event",
                        GTK_SIGNAL_FUNC ( delete_event_handler ),
                        NULL);

      g_signal_connect (GTK_OBJECT(app), "destroy",
                        GTK_SIGNAL_FUNC ( quit_app ), NULL);

      return app;
}
```

(12) 下面的函数创建了一个简单的对话框，用来向数据库中添加一张新的CD。它包括艺术家、标题和类别的输入框，以及OK和Cancel按钮：

```
GtkWidget *create_addcd_dialog()
{
  artist_entry = gtk_entry_new();
  title_entry = gtk_entry_new();
  catalogue_entry = gtk_entry_new();

  GtkWidget *dialog =  gtk_dialog_new_with_buttons ("Add CD",
                                        app,
                                        GTK_DIALOG_DESTROY_WITH_PARENT,
                                        GTK_STOCK_OK,
                                        GTK_RESPONSE_ACCEPT,
                                        GTK_STOCK_CANCEL,
                                        GTK_RESPONSE_REJECT,
                                        NULL);

  add_widget_with_label ( GTK_CONTAINER (GTK_DIALOG (dialog)->vbox),
                          "Artist", artist_entry);
  add_widget_with_label ( GTK_CONTAINER (GTK_DIALOG (dialog)->vbox),
                          "Title", title_entry);
  add_widget_with_label ( GTK_CONTAINER (GTK_DIALOG (dialog)->vbox),
                          "Catalogue", catalogue_entry);
```

16

```
g_signal_connect ( GTK_OBJECT (dialog), "response",
                        GTK_SIGNAL_FUNC (addcd_dialog_button_clicked), NULL);

return dialog;
}
```

(13) 用户在查询数据库之前需要先登录数据库。下面这个函数创建一个对话框，用于输入用户名和密码：

```
GtkWidget *create_login_dialog()
{
    GtkWidget *dialog = gtk_dialog_new_with_buttons ("Database Login",
                                                     app,
                                                     GTK_DIALOG_MODAL,
                                                     GTK_STOCK_OK,
                                                     GTK_RESPONSE_ACCEPT,
                                                     GTK_STOCK_CANCEL,
                                                     GTK_RESPONSE_REJECT,
                                                     NULL);

    username_entry = gtk_entry_new();
    password_entry = gtk_entry_new();

    gtk_entry_set_visibility(GTK_ENTRY (password_entry), FALSE);

    add_widget_with_label ( GTK_CONTAINER (GTK_DIALOG (dialog)->vbox) , "Username",
                            username_entry);
    add_widget_with_label ( GTK_CONTAINER (GTK_DIALOG (dialog)->vbox) , "Password",
                            password_entry);

    gtk_widget_show_all(GTK_WIDGET (GTK_DIALOG (dialog)->vbox));

    return dialog;
}
```

实 验　**callbacks.c**

文件callbacks.c包含用于UI构件的回调函数定义。

(1) 首先，需要包含头文件和引用一些在interface.c中定义的全局变量，这样你就可以读取和更改某些构件的属性了：

```
#include "app_gnome.h"

extern GtkWidget *treeview;
extern GtkWidget *app;
extern GtkWidget *appbar;
extern GtkWidget *artist_entry;
extern GtkWidget *title_entry;
extern GtkWidget *catalogue_entry;

static GtkWidget *addcd_dialog;
```

(2) 在quit_app中，调用database_end在退出前做清理工作并关闭数据库：

```
void quit_app( GtkWidget *window, gpointer data)
{
  database_end();
  gtk_main_quit();
}
```

(3) 接下来的函数弹出一个简单的对话框，用于确认你是否想要退出应用程序，并返回一个 gboolean类型的响应：

```
gboolean confirm_exit()
{
  gint result;
  GtkWidget *dialog = gtk_message_dialog_new (NULL,
                                    GTK_DIALOG_MODAL,
                                    GTK_MESSAGE_QUESTION,
                                    GTK_BUTTONS_YES_NO,
                                    "Are you sure you want to quit?");

  result = gtk_dialog_run (GTK_DIALOG (dialog));
  gtk_widget_destroy (dialog);

  return (result == GTK_RESPONSE_YES);
}
```

(4) delete_event_handler是一个与主窗口的Gdk删除事件相连接的回调函数。这个事件在你试图关闭窗口时发送，但它位于GTK+ destroy信号发出之前。

```
gboolean delete_event_handler ( GtkWidget *window, GdkEvent *event, gpointer data)
{
  return !confirm_exit();
}
```

(5) 下一个函数在用户点击增加CD对话框中的按钮时被调用。如果点击了OK按钮，程序将字符串复制到一个非const的字符数组中，并将其中的数据传递给MySQL的接口函数add_cd：

```
void addcd_dialog_button_clicked (GtkDialog * dialog, gint response,
    gpointer userdata)
{
  const gchar *artist_const;
  const gchar *title_const;
  const gchar *catalogue_const;
  gchar artist[200];
  gchar title[200];
  gchar catalogue[200];
  gint *cd_id;

  if (response == GTK_RESPONSE_ACCEPT)
  {
    artist_const = gtk_entry_get_text(GTK_ENTRY (artist_entry));
    title_const =  gtk_entry_get_text(GTK_ENTRY (title_entry));
    catalogue_const = gtk_entry_get_text(GTK_ENTRY (catalogue_entry));

    strcpy(artist, artist_const);
    strcpy(title, title_const);
```

16

```
    strcpy(catalogue, catalogue_const);

    add_cd(artist, title, catalogue, cd_id);
  }

  addcd_dialog = NULL;
  gtk_widget_destroy(GTK_WIDGET(dialog));
}
```

(6) 这是整个应用程序的核心部分：获取搜索结果，并填充GtkTreeView。

```
void on_search_button_clicked (GtkButton *button, gpointer userdata)
{
  struct cd_search_st cd_res;
  struct current_cd_st cd;
  struct current_tracks_st ct;
  gint res1, res2, res3;
  gchar track_title[110];
  const gchar *search_string_const;
  gchar search_string[200];
  gchar search_text[200];
  gint i = 0, j = 0;

  GtkTreeStore *tree_store;
  GtkTreeIter parent_iter, child_iter;

  memset(&track_title, 0, sizeof(track_title));
```

(7) 你从输入框构件中得到搜索字符串，将其复制到一个非const的变量中，然后获取匹配CD的ID：

```
  search_string_const = gtk_entry_get_text(GTK_ENTRY (userdata));
  strcpy (search_string, search_string_const);
  res1 = find_cds(search_string, &cd_res);
```

(8) 接着，更新appbar来显示一条消息，通知用户搜索结果：

```
  sprintf(search_text, " Displaying %d result(s) for search string ' %s '",
          MIN(res1, MAX_CD_RESULT), search_string);
  gnome_appbar_push (GNOME_APPBAR( appbar), search_text);
```

(9) 现在你得到了搜索结果，可以用它来填充GtkTreeStore了。对每个CD ID，你需要获取其对应的current_cd_st结构（这个结构包含了CD的标题和作曲家信息），然后获取其曲目列表。还要限制CD条目的总数不超过app_mysql.h中定义的MAX_CD_RESULT值，来确保GtkTreeStore不会溢出。

```
  tree_store = gtk_tree_store_new (N_COLUMNS,
                                   G_TYPE_STRING,
                                   G_TYPE_STRING,
                                   G_TYPE_STRING);

  while (i < res1 && i < MAX_CD_RESULT)
```

```
{
    res2 = get_cd(cd_res.cd_id[i], &cd);

    /* Add a new row to the model */
    gtk_tree_store_append (tree_store, &parent_iter, NULL);
    gtk_tree_store_set (tree_store, &parent_iter,
                        COLUMN_TITLE, cd.title,
                        COLUMN_ARTIST, cd.artist_name,
                        COLUMN_CATALOGUE, cd.catalogue, -1
                        );

    res3 = get_cd_tracks(cd_res.cd_id[i++], &ct);
    j = 0;
    /* Populate the tree with the current cd's tracks */
    while (j < res3)
    {

        sprintf(track_title, " Track %d. ", j+1);
        strcat(track_title, ct.track[j++]);

        gtk_tree_store_append (tree_store, &child_iter, &parent_iter);
        gtk_tree_store_set (tree_store, &child_iter,
                            COLUMN_TITLE, track_title, -1);
    }
  }

  gtk_tree_view_set_model (GTK_TREE_VIEW (treeview), GTK_TREE_MODEL(tree_store));

}
```

(10) addcd对话框是非模式的。因此，你需要在创建和显示它之前先检查它是否已存在：

```
void on_addcd_activate (GtkMenuItem * menuitem, gpointer user_data)
{
  if (addcd_dialog != NULL)
      return;

  addcd_dialog = create_addcd_dialog();
  gtk_widget_show_all (addcd_dialog);

}

gboolean close_app ( GtkWidget * window, gpointer data)
{
  gboolean exit;

  if ((exit = confirm_exit()))
  {
    quit_app(NULL, NULL);
  }
  return exit;
}
```

(11) 当点击About按钮时，一个标准的GNOME about（关于）窗口将弹出：

```
void on_about_activate (GtkMenuItem * menuitem, gpointer user_data)
{
  const char * authors[] = {"Wrox Press", NULL};
  GtkWidget *about = gnome_about_new ("CD Database", "1.0",
                                      "(c) Wrox Press",
                                      "Beginning Linux Programming",
                                      (const char ** ) authors, NULL,
                                      "Translators", NULL);
  gtk_widget_show(about);
}
```

实　验　main.c

输入下面代码，将它命名为main.c，它包含这个程序的main函数。

(1) 在include语句之后，你引用在interface.c中定义的用户名和密码输入构件：

```
#include <stdio.h>
#include <stdlib.h>

#include "app_gnome.h"

extern GtkWidget *username_entry;
extern GtkWidget *password_entry;

gint main(gint argc, gchar *argv[])
{
  GtkWidget *main_window;
  GtkWidget *login_dialog;
  const char *user_const;
  const char *pass_const;
  gchar username[100];
  gchar password[100];
  gint result;
```

(2) 像通常一样初始化GNOME库，然后创建并显示主窗口和登录对话框：

```
gnome_program_init ("CdDatabase", "0.1", LIBGNOMEUI_MODULE,
                    argc, argv,
                    GNOME_PARAM_APP_DATADIR, "",
                    NULL);
main_window = create_main_window();
gtk_widget_show_all(main_window);

login_dialog = create_login_dialog();
```

(3) 程序不断循环，直到用户输入了一个正确的用户名和密码。用户可以通过点击Cancel按钮退出，此时程序会询问他是否确认这个操作。

```
while (1)
{
  result = gtk_dialog_run (GTK_DIALOG (login_dialog));
```

```
if (result != GTK_RESPONSE_ACCEPT)
{
  if (confirm_exit())
    return 0;
  else
    continue;
}
user_const = gtk_entry_get_text(GTK_ENTRY (username_entry));
pass_const = gtk_entry_get_text(GTK_ENTRY (password_entry));
strcpy(username, user_const);
strcpy(password, pass_const);

if (database_start(username, password) == TRUE)
  break;
```

(4) 如果database_start失败，它将显示一条错误信息，并重新显示登录对话框：

```
GtkWidget * error_dialog = gtk_message_dialog_new (GTK_WINDOW(main_window),
            GTK_DIALOG_DESTROY_WITH_PARENT,
            GTK_MESSAGE_ERROR,
            GTK_BUTTONS_CLOSE,
            "Could not log on! - Check Username and Password");
gtk_dialog_run (GTK_DIALOG (error_dialog));
gtk_widget_destroy (error_dialog);
}

gtk_widget_destroy (login_dialog);
gtk_main();

return 0;
}
```

(5) 你将编写一个makefile文件来编译这个应用程序。和第8章中一样，你可能需要添加mysqlclient库的路径，如下所示：

-L/usr/lib/mysql

在-L之后指定你的系统中放置MySQL库的目录。

```
all:  app

app: app_mysql.c callbacks.c interface.c main.c app_gnome.h app_mysql.h
    gcc -o app -I/usr/include/mysql app_mysql.c callbacks.c interface.c main.c -
lmysqlclient `pkg-config --cflags --libs libgnome-2.0 libgnomeui-2.0`

clean:
    rm -f app
```

(6) 现在只需使用make命令来编译这个CD应用程序即可：

make -f Makefile

运行app，你将会看到一个GNOME风格的CD应用程序（如图16-15）。

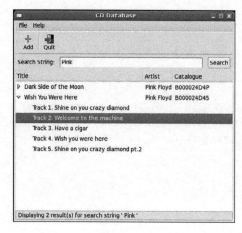

图　16-15

16.10　小结

在本章中，你学习了如何用GTK+/GNOME库来编写具有专业界面外观的GUI应用程序。首先，你了解了X视窗系统以及工具包是如何与之相适应的，然后简要了解了GTK+及其对象系统和信号/回调函数机制是如何运作的。

接着，你开始学习GTK+构件的API函数，我们通过一些程序展示了其或简单或高级的实际使用情况。在学习GnomeApp构件时，你看到通过辅助宏创建菜单是多么容易。最后，你学习了如何创建模式和非模式对话框来与用户进行交互。

在本章的最后，你为CD数据库创建了一个GNOME/GTK+的GUI，你可以通过它登录数据库、搜索CD，以及向数据库中增加CD。

在第17章中，你将看到GTK+的竞争者Qt，并学习如何使用Qt来编写KDE程序。

用Qt进行KDE编程

在第16章中，你学习了在X环境下使用GNOME/GTK+ GUI库来创建图形用户界面。但并非只能使用那些库来开发GUI，Linux的GUI领域中的另一大主角是KDE/Qt。在本章中，你将会学习这些库，并看到它们是怎样在与GNOME/GTK+的竞争中发展的。

Qt是用C++语言编写的，C++也是编写Qt/KDE程序的标准语言。因此在本章中，你必须把注意力从你熟悉的C语言转移到C++语言上来。你也可借此机会重温一下C++语言，特别是回顾一下派生、封装、方法重载和虚函数的基本原理。

本章我们将介绍以下内容：

- ❏ Qt简介
- ❏ 安装Qt
- ❏ 开始编程
- ❏ 信号/槽机制
- ❏ Qt构件
- ❏ Qt对话框
- ❏ KDE环境下的菜单和工具栏
- ❏ 使用KDE/Qt创建CD数据库应用程序

17.1　KDE和Qt简介

KDE（K桌面环境）是一个基于Qt GUI库的开源桌面环境。KDE中包含了大量的应用程序和工具，其中包括一整套办公套件、一个Web浏览器，甚至还有一个功能齐全的KDE/Qt应用程序集成开发环境（即在第9章中介绍的KDevelop）。当苹果公司选用KDE的Web浏览器作为Mac OS X的主要Web浏览器Safari（被认为是最快速的浏览器）的核心时，业界才发现KDE的程序有多先进。

KDE项目的主页是http://www.kde.org，在那里你可以了解它的更多信息、下载KDE和KDE应用程序、查找文档、加入邮件列表，以及了解其他开发者的信息。

　　在写作本书时，KDE的最新版本是3.5.7。因为这是当前Linux发行版自带的版本，所以我们将假设你已经安装了KDE 3.5或者更高的版本。目前，开发人员正在开发KDE的一个主要升级版本KDE 4.0。你也可以下载KDE 4.0的预览版。同样地，Qt的最新版本是4.3，但大多数Linux发行版自带的版本是Qt 3，如Qt 3.3。本章将介绍Qt3.3，因为它是目前最常见的一个版本。

从程序员的角度来看，KDE提供了许多KDE构件，这些构件通常来源于伴随它们的Qt，但相比功能增强了并且也更易使用了。与单独使用Qt相比，KDE构件提供了与KDE桌面更好的集成。例如，你可以进行会话管理。

Qt是一个用C++编写的、成熟的、跨平台的GUI工具包。它是挪威Trolltech公司的产品，该公司为商业市场开发、销售和支持Qt及Qt相关软件。Trolltech着力大肆宣传Qt的跨平台能力，这个能力的确令人印象深刻。Qt本身就支持Linux和类UNIX系统、Windows、Mac OS X，甚至嵌入式平台，这是Qt相比其竞争对手的一大竞争优势。

Qt有一个可以在手机上运行的专用版本。它的另一个版本可以运行在Sharp Zaurus PDA和类似的平台上。Qt Jambi还提供了该工具包的一个Java版本。

Trolltech公司目前以一个对临时用户和爱好者来说非常高的价格在销售Qt的商业版本。但值得庆幸的是，Trolltech公司意识到了为自由软件社区提供一个免费版本的价值。因此，它提供了一个支持Linux、Windows和Mac OS X的Qt开源版本。为此，Trolltech公司也赢得了一个庞大的用户群、一个大型的程序员社区和对其产品的高度认可。

Qt开源版本遵循GPL许可证，这意味着你可以用Qt库编写程序，并且免费发布自己的GPL软件。据我们所知，Qt开源版本与Qt专业版本之间的两个主要区别是：前者缺乏支持以及你不能在商业应用程序中使用Qt软件。Trolltech的网站http://www.trolltech.com上有你需要的所有API文档。

17.2   安装 Qt

除非你有特殊的原因需要从源代码开始编译，否则最好直接找一个针对你的Linux发行版的二进制软件包或RPM包来安装Qt。Fedora Linux 7自带了`qt-3.3.8-4.i386.rpm`，你可以用下面的命令来安装它：

```
$ rpm -Uvh qt-3.3.8-4.i386.rpm
```

你也可以用软件包管理器来安装Qt和KDE编程库（见图17-1）。

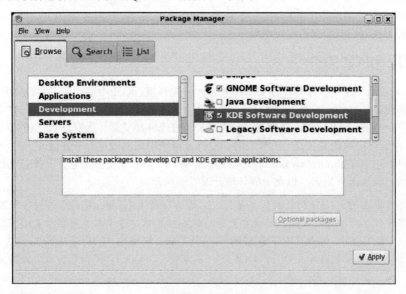

图   17-1

如果想自己下载源代码并编译Qt，你可以从Trolltech公司的FTP站点ftp://ftp.trolltech.com/qt/source/下载最新的源代码包。tar软件包中的INSTALL文件详细说明了如何编译和安装Qt：

```
$ cd /usr/local
$ tar -xvzf qt-x11-free-3.3.8.tar.gz
$ ./configure
$ make
```

你还需要在/etc/ld.so.conf文件中添加如下一行（该行可以添加在这个文件中的任何位置）：

```
/usr/lib/qt-3.3/lib
```

在Fedora和Red Hat Linux系统中，这行内容是保存在文件/etc/ld.so.conf.d/qt-i386.conf中的。如果你是按图17-1所示的方式安装的Qt，那么这一步骤可以省略，因为系统已经帮你做好了。

在安装好Qt后，环境变量QTDIR应被设置为Qt的安装目录。你可以用如下命令进行检查：

```
$ echo $QTDIR
/usr/lib/qt-3.3
```

同时，要确认lib目录已被添加到/etc/ld.so.conf文件中。

接下来以超级用户的身份运行如下命令：

```
# ldconfig
```

你先尝试运行下面这个最简单的Qt程序，以确保你的Qt安装能够正常工作。

实　验　QMainWindow

输入这个程序（或对下载的代码进行复制、粘贴），将其命名为qt1.cpp：

```
#include <qapplication.h>
#include <qmainwindow.h>

int main(int argc, char **argv)
{
  QApplication app(argc, argv);
  QMainWindow *window = new QMainWindow();

  app.setMainWidget(window);

  window->show();

  return app.exec();
}
```

要编译这个程序，你需要包含Qt的include和lib目录：

```
$ g++ -o qt1 qt1.cpp -I$QTDIR/include -L$QTDIR/lib -lqui
```

在某些平台上，上面命令最后的库是-lqt。不过对Qt 3.3来说，应使用-lqui。

运行这个程序，你将看到一个Qt窗口（见图17-2）。

```
$ ./qt1
```

图　17-2

实验解析

与GTK+不同，Qt中没有一个涵盖一切的`qt.h`头文件，因此你必须明确包含对应每个你所使用对象的头文件。

你遇到的第一个对象是`QApplication`。这是必须构造的主Qt对象，你将命令行参数传递给它。每个Qt应用程序必须有且仅有一个`QApplication`对象，而且你必须在做其他任何事之前创建它。`QApplication`负责处理一些底层操作，如事件处理、字符串本地化和控制界面外观等。

上述使用了两个`QApplication`的方法：一个是`setMainWidget`，它设置应用程序的主构件；另一个是`exec`，它启动事件循环。`exec`将一直运行，直到`QApplication::quit()`被调用或主构件被关闭。

`QMainWindow`是一个Qt基础窗口构件，它支持菜单、工具栏和状态栏。本章会详细讲述如何扩展它，以及为其添加构件以创建一个用户界面。

接下来，我们将介绍事件驱动编程的机制，你将为应用程序添加一个`PushButton`构件。

17.3　信号和槽

正如你在第16章中所看到的，信号和信号处理是GUI应用程序用来响应用户输入的主要机制，也是所有GUI库的核心特征。Qt的信号处理机制由信号（signal）和槽（slot）构成，它们相当于GTK+中的信号和回调函数，或者Java中的事件和事件句柄。

注意，Qt信号与第11章中讨论的UNIX信号是完全不同的两个概念。

这里再回顾一下事件驱动编程的原理：一个GUI是由菜单、工具栏、按钮、输入框和许多其他GUI元素组成的，这些元素被统称为构件。当用户与一个构件交互时，例如激活菜单项或者在输入框中输入一些文本，构件将发出一个命名信号，如`clicked`、`text_changed`或`key_pressed`。你通常要对用户的动作做出响应，例如保存一个文档或退出应用程序。你通过把一个信号连接到一个回调函数（在Qt的说法中，是一个槽）来做到这一点。

在Qt中使用信号和槽的方法比较特别，Qt定义了两个新的很贴切的伪关键字（`signals`和`slots`），它用这两个伪关键字来标识代码中类的信号和槽。这非常有利于增强代码的可读性和可维护性，但它也意味着，代码必须经过一个单独的预—预处理阶段（pre-pre processing），来搜索这些伪关键字并用额外的C++代码对它们进行替换。

因此，Qt代码并不是真正的C++代码。这有时候对某些开发人员来说是一个问题。http://doc.trolltech.com/上的Qt文档中包含了使用这些新的伪C++关键字的原因。此外，信号和槽的使用与Windows中的微软基础类或MFC并没有什么不同，后者也使用了一个C++语言的修改定义。

Qt中信号和槽的使用有一些限制，但这些限制不是太严重。

❑ 信号和槽必须是`QObject`的派生类的成员函数。
❑ 如果使用多重继承，`QObject`必须在类列表中第一个出现。
❑ 在类声明中必须出现`Q_OBJECT`语句。
❑ 信号不能在模板中使用。
❑ 函数指针不能用作信号和槽的参数。
❑ 信号和槽不能被覆写和提升为公共（public）方法。

因为你需要在QObject的派生类中编写信号和槽，而且Qt基础构件QWidget派生自QObject，所以通过扩展和定制构件来创建界面是合情合理的。在Qt中，你几乎都是通过扩展如QMainWindow这样的构件来创建界面。

一个典型的针对GUI的类定义MyWindow.h如下所示：

```
class MyWindow : public QMainWindow
{
  Q_OBJECT
  public:
    MyWindow();
    virtual ~MyWindow();

  signals:
    void aSignal();

  private slots:
    void doSomething();
}
```

该类继承自QMainWindow，它为应用程序中的主窗口提供功能。类似地，当需要一个对话框时，你将创建一个QDialog的子类。类声明的第一条语句是Q_OBJECT，它充当一个预处理器标记，接下来就是通常的构造函数和析构函数原型，然后是信号和槽的定义。

你有一个信号和一个槽，二者均无参数。要发出一个信号，你只需在代码的某处调用emit：

```
emit aSignal();
```

也就是说，其他的所有事情都是由Qt来处理，你甚至不需要提供一个aSignal()的实现。

要使用槽，你必须将它们连接到一个信号。这是通过QObject类中的静态方法connect来完成的：

bool QObject::connect (const QObject * sender, const char * signal,
const QObject * receiver, const char * member)

你只需传递4个参数：拥有信号的对象（发送者）、信号函数、拥有槽的对象（接收者）、槽的名字。

在上面的MyWindow例子中，如果想把QPushButton构件的clicked信号连接到doSomething槽，你可以这样写：

```
connect (button, SIGNAL(clicked()), this, SLOT(doSomething()));
```

注意，你必须用SIGNAL和SLOT宏来包围信号和槽函数。与GTK+类似，一个给定信号可以连接任意数目的槽，一个槽也可以连接任意数目的信号，只要多次调用connect方法即可。如果连接失败，它将返回FALSE。

剩下的事就是实现槽函数，它采用的是一个普通成员函数的形式：

```
void MyWindow::doSomething()
{
  // Slot code
}
```

实　验　信号和槽

你已经了解了信号和槽的工作原理，现在通过一个例子来使用它们。扩展QMainWindow并增加一个按钮，然后把按钮的clicked信号连接到一个槽。

17

(1) 输入下面的类声明，把它命名为 `ButtonWindow.h`：

```
#include <qmainwindow.h>


class ButtonWindow : public QMainWindow
{
  Q_OBJECT

  public:
    ButtonWindow(QWidget *parent = 0, const char *name = 0);
    virtual ~ButtonWindow();

  private slots:
    void Clicked();

};
```

(2) 接下来是类的实现 `ButtonWindow.cpp`：

```
#include "ButtonWindow.moc"
#include <qpushbutton.h>
#include <qapplication.h>
#include <iostream>
```

(3) 在构造函数中，你设置窗口标题，创建按钮，并且把按钮的 `clicked` 信号连接到槽。`setCaption` 是 `QMainWindow` 中设置窗口标题的方法：

```
ButtonWindow::ButtonWindow(QWidget *parent, const char *name)
             : QMainWindow(parent, name)
{
  this->setCaption("This is the window Title");
  QPushButton *button = new QPushButton("Click Me!", this, "Button1");
  button->setGeometry(50,30,70,20);
  connect (button, SIGNAL(clicked()), this, SLOT(Clicked()));
}
```

(4) Qt 自动管理构件的析构函数，所以你的析构函数是空的：

```
ButtonWindow::~ButtonWindow()
{
}
```

(5) 接下来是槽的实现代码：

```
void ButtonWindow::Clicked(void)
{
  std::cout << "clicked!\n";
}
```

(6) 最后，在 `main` 函数中，你只创建了 `ButtonWindow` 的一个实例，把它设置成应用程序的主窗口，然后在屏幕上显示它：

```
int main(int argc, char **argv)
{
  QApplication app(argc,argv);
```

```
ButtonWindow *window = new ButtonWindow();

app.setMainWidget(window);
window->show();

return app.exec();
}
```

(7) 在编译这个例子之前，你需要对头文件运行预处理程序。这个预处理程序被称为元对象编译器（moc），它位于Qt软件包中。在ButtonWindow.h上运行moc，将输出结果保存为ButtonWindow.moc：

$ **moc ButtonWindow.h -o ButtonWindow.moc**

现在你可以像往常那样编译程序了，将moc的输出链接进来：

$ **g++ -o button ButtonWindow.cpp -I$QTDIR/include -L$QTDIR/lib -lqui**

运行该程序，你将看到如图17-3所示的内容。

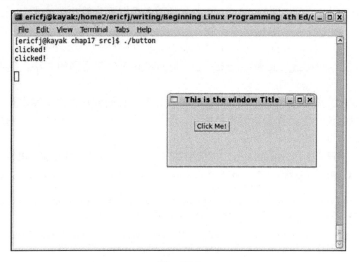

图 17-3

实验解析

我们在这里引入了一个新的构件和一些新函数，下面就对它们分别进行介绍。QPushButton是一个简单的按钮构件，它有一个标签和位图，用户可以通过使用鼠标点击或按键盘来激活它。

QPushButton的构造函数很简单：

QPushButton::QPushButton(const QString &text, QWidget *parent, const char* name=0)

第一个参数是按钮标签的文本，第二个是父构件，最后一个是由Qt在其内部使用的按钮名字。

parent参数是所有QWidget都有的参数，父构件控制该构件什么时候显示和销毁，以及其他各种特性。传递NULL给parent参数表示该构件是顶层构件，Qt将创建一个空白窗口来包含它。在本例中，你使用this为parent参数传递了当前的ButtonWindow对象，这将把这个按钮添加到ButtonWindow主区域中。

name参数设置构件在Qt内部使用的名字。如果Qt遇到错误，则该名字会显示在输出的错误信息中，因此你应该选择一个合适的构件名字，这样可以在调试时节省大量时间。

17

你可能已注意到，程序只是很随便地通过设置 QPushButton 构造函数的 parent 参数，将 QPushButton 添加到 ButtonWindow 中。它没有指定构件的位置、大小、边界或其他类似的属性。如果想精确控制构件的布局（这对创建一个有吸引力的用户界面很关键），你就必须使用 Qt 的布局对象。下面就让我们来看看它。

Qt 中有很多种方法可以用来排列构件的位置和布局。你已经看到可以通过调用 setGeometry 来设置绝对坐标，但这很少使用。因为当调整窗口大小时，构件不会做相应地调整来适应窗口。

排列构件的首选方法是使用 QLayout 类或 Box 构件，在你给出构件的边距值和构件间的间距值后，它们会根据情况自动调整大小。

QLayout 类和 Box 构件之间的主要不同是：布局对象不是构件。

布局类派生自 QObject 而不是 QWidget，因此你在使用它时受到一些限制。比如，你不能将 QVBoxLayout 作为 QMainWindow 的中心构件。

与布局类相反，Box 构件（如 QHBox 和 QVBox）派生自 QWidget，因此你可以把它们看做为普通的构件。你可能会奇怪为什么 Qt 同时有 QLayout 和 QBox 且两者具有重复的功能。其实 QBox 构件只是为了方便，本质上它是在一个 QWidget 中包含了一个 QLayout。QLayout 具备自动调整大小的优势，而构件则必须通过调用 QWidget::resizeEvent() 来手工调整大小。

QLayout 的子类 QVBoxLayout 和 QHBoxLayout 是创建界面最常用到的方法，也是你在 Qt 代码中最常见的类。

QVBoxLayout 和 QHBoxLayout 都是不可见的容器对象，它们分别以垂直和水平的方向包含其他构件和布局。你可以创建一个任意复杂的构件排列，因为你可以对布局进行嵌套。例如，将一个横向布局作为一个元素放置到一个纵向布局中。

下面是我们感兴趣的 3 个 QVBoxLayout 构造函数（QHBoxLayout 有相似的 API）：

```
QVBoxLayout::QVBoxLayout (QWidget *parent, int margin, int spacing, const char
                          *name)
QVBoxLayout::QVBoxLayout (QLayout *parentLayout, int spacing, const char * name)
QVBoxLayout::QVBoxLayout (int spacing, const char *name)
```

QLayout 的 parent 参数可以是一个构件或是另一个 QLayout。如果没有指定 parent，那么你以后只能通过 addLayout 方法把这个布局加到另外一个 QLayout 中去。

margin 和 spacing 设置围绕在 QLayout 四周的边距和构件间的间隔的像素值。

一旦创建了 QLayout 对象，你就可以用下面两个方法分别添加子构件和布局：

```
QBoxLayout::addWidget (QWidget *widget, int stretch = 0, int alignment = 0 )
QBoxLayout::addLayout (QLayout *layout, int stretch = 0)
```

实 验　使用 QBoxLayout 类

在本例中，你通过在 QMainWindow 中安排一个 QLable 构件来了解 QBoxLayout 类的实际使用情况。

(1) 首先，编写头文件 LayoutWindow.h：

```
#include <qmainwindow.h>

class LayoutWindow : public QMainWindow
{
    Q_OBJECT

    public:
```

```
    LayoutWindow(QWidget *parent = 0, const char *name = 0);
    virtual ~LayoutWindow();

};
```

(2) 然后，编写类的实现文件LayoutWindow.cpp：

```
#include <qapplication.h>
#include <qlabel.h>
#include <qlayout.h>

#include "LayoutWindow.moc"

LayoutWindow::LayoutWindow(QWidget *parent, const char *name) : QMainWindow(parent, name)
{
  this->setCaption("Layouts");
```

(3) 你需要创建一个哑QWidget来容纳QHBoxLayout，这是因为你不能在QMainWindow中直接增加
QLayout：

```
    QWidget *widget = new QWidget(this);
    setCentralWidget(widget);

    QHBoxLayout *horizontal = new QHBoxLayout(widget, 5, 10, "horizontal");
    QVBoxLayout *vertical = new QVBoxLayout();

    QLabel* label1 = new QLabel("Top", widget, "textLabel1" );
    QLabel* label2 = new QLabel("Bottom", widget, "textLabel2");
    QLabel* label3 = new QLabel("Right", widget, "textLabel3");

    vertical->addWidget(label1);
    vertical->addWidget(label2);
    horizontal->addLayout(vertical);
    horizontal->addWidget(label3);
    resize( 150, 100 );
}

LayoutWindow::~LayoutWindow()
{
}

int main(int argc, char **argv)
{
  QApplication app(argc,argv);
  LayoutWindow *window = new LayoutWindow();

  app.setMainWidget(window);
  window->show();

  return app.exec();
}
```

像前面一样，你需要在编译之前在头文件上运行moc：

```
$ moc LayoutWindow.h -o LayoutWindow.moc
$ g++ -o layout LayoutWindow.cpp -I$QTDIR/include -L$QTDIR/lib -lqui
```

17

运行这个程序，你将看到几个QLabel的位置被安排好了（见图17-4）。试着改变窗口的大小，看看标签怎样根据窗口的大小放大和缩小。

图　17-4

实验解析

LayoutWindow.cpp的代码创建了两个盒布局构件用于放置构件，分别是横向盒布局构件和纵向盒布局构件。纵向盒布局放置了两个标签，分别为Top和Bottom。横向盒布局也放置了两个构件，一个是显示为Right的标签，另一个是纵向盒布局构件。你可以像本例中那样，随意地在一个布局构件中放置另一个布局构件。

你可以尝试修改LayoutWindow.cpp中的代码，以便更好地了解盒布局的工作原理。

我们已经介绍了Qt的基本概念——信号和槽、moc和布局。现在是时候进一步讨论各个构件了。

17.4　Qt 构件

Qt中有针对各种用途的构件，如果全部讨论就会占用很大的篇幅。在本节中，你将看到一些常见的Qt构件，包括：数据输入构件、按钮、组合框和列表构件。

17.4.1　QLineEdit

QLineEdit是Qt的单行文本输入构件。你可以用它来输入简短的文本，如用户的名字。在使用该构件时，你可以使用一个输入掩码来限制输入以符合模板的要求，或者为了实现最终控制，你可以应用一个验证函数（例如，为了确保用户输入一个正确的日期、电话号码或其他类似的值）。QLineEdit具有编辑特性，它允许你从一个用户的角度或是使用API的角度来选择部分文本、剪切和粘贴、撤销、重做等。

它的构造函数和最有用的方法有：

```
#include <qlineedit.h>

QLineEdit::QlineEdit (QWidget *parent, const char* name = 0 )
QLineEdit::QlineEdit (const QString &contents, QWidget *parent,
                      const char *name = 0 )
QLineEdit::QlineEdit (const QString &contents, const QString &inputMask,
                      QWidget *parent, const char *name = 0 )


void    setInputMask (const QString &inputMask)
void    insert (const QString &newText )
bool    isModified (void)
void    setMaxLength (int length)
void    setReadOnly (bool read)
void    setText (const QString &text)
QString text (void)
void    setEchoMode(EchoMode mode)
```

在构造函数中，你像往常一样通过参数parent和name来设置父构件和构件名。

一个有趣的属性是EchoMode，它决定文本在构件中的显示方式。

它可以取下面3个值之一。

❑ QLineEdit::Normal：显示输入的字符（默认）。

❑ QLineEdit::Password：显示星号（用星号来取代字符）。

❑ QLineEdit::NoEcho: 什么也不显示。

使用setEchoMode来设置模式:

```
lineEdit->setEchoMode(QLineEdit::Password);
```

Qt 3.2引入了一个增强特性inputMask,它按掩码规则来限制输入。

inputMask是一个由字符组成的字符串,其中每个字符都对应一个接受某个特定字符范围的规则。如果你熟悉正则表达式,inputMask使用的原理与其基本相同。

inputMask字符有两种类型:一类是表示某个特定字符必须出现,另一类指示如果某个字符出现,它需要受到规则的限制。表17-1显示了这些字符的示例和它们的含义。

表 17-1

必需字符	可选字符	含　义
A	a	ASCII字符A~Z, a~z
N	n	ASCII字符A~Z, a~z, 0~9
X	x	任意字符
9	0	数字0~9
D	d	数字1~9

inputMask是一个由这些字符组合在一起构成的字符串,有时以分号结束。还有几个具有特殊含义的字符,如表17-2所示。

表 17-2

字　符	含　义
#	+/字符可以出现但不是必须的
>	将接下来的输入字符转换为大写
<	将接下来的输入字符转换为小写
!	停止大小写转换
\	将特殊字符转义为分隔符

inputMask中的所有其他字符在QLineEdit中都被视为分隔符。

表17-3显示了一些掩码示例和它们允许的输入。

表 17-3

例　子	允许的输入
"AAAAAA-999D"	允许Athens-2004,不允许Sydney-2000或Atlanta-1996
"AAAAnn-99-99;"	允许March-03-12,不允许May-03-12或September-03-12
"000.000.000.000"	允许输入IP地址,例如:192.168.0.1

17

实　验　QLineEdit

现在看一下QLineEdit的实际使用情况。

(1) 首先是头文件LineEdit.h:

```
#include <qmainwindow.h>
#include <qlineedit.h>
#include <qstring.h>

class LineEdit : public QMainWindow
{
  Q_OBJECT

  public:
    LineEdit(QWidget *parent = 0, const char *name = 0);
    QLineEdit *password_entry;

  private slots:
    void Clicked();
};
```

(2) LineEdit.cpp是我们很熟悉的类实现文件：

```
#include "LineEdit.moc"
#include <qpushbutton.h>
#include <qapplication.h>
#include <qlabel.h>
#include <qlayout.h>
#include <iostream>

LineEdit::LineEdit(QWidget *parent, const char *name) : QMainWindow(parent, name)
{
  QWidget *widget = new QWidget(this);
  setCentralWidget(widget);
```

(3) 用QGridLayout排列构件。指定行数、列数、边距和间隔：

```
  QGridLayout *grid = new QGridLayout(widget,3,2,10, 10,"grid");

  QLineEdit *username_entry = new QLineEdit( widget, "username_entry");
  password_entry = new QLineEdit( widget, "password_entry");
  password_entry->setEchoMode(QLineEdit::Password);

  grid->addWidget(new QLabel("Username", widget, "userlabel"), 0, 0, 0);
  grid->addWidget(new QLabel("Password", widget, "passwordlabel"), 1, 0, 0);

  grid->addWidget(username_entry, 0,1, 0);
  grid->addWidget(password_entry, 1,1, 0);

  QPushButton *button = new QPushButton ("Ok", widget, "button");
  grid->addWidget(button, 2,1,Qt::AlignRight);

  resize( 350, 200 );

  connect (button, SIGNAL(clicked()), this, SLOT(Clicked()));
}

void LineEdit::Clicked(void)
{
```

```
    std::cout << password_entry->text() << "\n";
}

int main(int argc, char **argv)
{
    QApplication app(argc,argv);
    LineEdit *window = new LineEdit();

    app.setMainWidget(window);
    window->show();

    return app.exec();
}
```

运行这个程序，你将看到如图17-5所示的窗口。

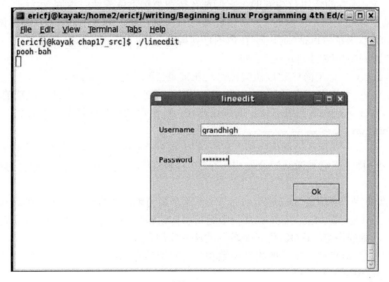

图　17-5

实验解析

上述创建了两个QLineEdit构件，其中一个通过设置它的EchoMode将其变为密码输入框，当你点击PushButton按钮时，它的内容将被输出。注意，程序中引入了一个QGridLayout构件，当在网格模式下布置构件时，它非常有用。当你要把一个构件添加到网格中时，需要传递行号和列号。左上角的单元格是起始单元格，它的行列号分别是0，0。

17.4.2　Qt按钮

按钮构件是一种随处可见的构件，不同的工具包中它的外观、用法和API都变化不大。Qt当然也提供了标准的PushButton、CheckBox和RadioButton的变体。

1. QButton：按钮基类

Qt中的按钮构件都是派生自抽象类QButton。这个类有查询和切换按钮开关状态的方法，还有设

17

置按钮文本或位图的方法。

你永远不需要实例化一个QButton构件自身（不要混淆QButton和QPushButton），所以这里也不用显示它的构造函数，但下面列出了它的几个有用的成员函数：

```
#include <qbutton.h>

virtual void QButton::setText ( const QString & )
virtual void QButton::setPixmap ( const QPixmap & )
bool QButton::isToggleButton () const
virtual void QButton::setDown ( bool )
bool QButton::isDown () const
bool QButton::isOn () const
enum QButton::ToggleState { Off, NoChange, On }
ToggleState QButton::state () const
```

isDown和isOn函数的作用是相同的。它们都在按钮被按下或激活时返回TRUE。

通常，当某个选项当前不可用时，你希望能禁用它或让它显示为灰色。你可以通过调用QWidget::setEnable(FALSE)来禁用包括QButton在内的任何构件。

下面是3个我们感兴趣的QButton子类。

❑ QPushButton：一个简单的按钮构件，它在被点击时执行一些动作。

❑ QCheckBox：一个可以在开/关（on/off）状态之间切换，用于表示某一选项的按钮构件。

❑ QRadioButton：通常在组中使用的按钮构件，一组内同时只能激活一个按钮。

2. QPushButton

QPushButton是一个标准的通用按钮，它包含如OK或Cancel这样的文本或一个像素映射图标。与所有的QButton一样，当它被激活时会发出一个clicked信号，这个信号通常会连接到一个槽并执行一些动作。

你已在前面的例子中用过QPushButton，关于这个最简单的Qt构件还有一件值得说的事：你可以调用setToggleButton将QPushButton从一个无状态按钮转变为一个开关按钮（即它可以被打开或关闭）。请回忆上一章的内容，GTK+用一个单独的构件实现此功能。

从完整性考虑，这里提供了它的构造函数和几个有用的方法：

```
#include <qpushbutton.h>

QPushButton (QWidget *parent, const char *name = 0)
QPushButton (const QString &text, QWidget *parent, const char *name = 0)
QPushButton (const QIconSet &icon, const QString &text,
             QWidget *parent, const char * name = 0 )

void QPushButton::setToggleButton (bool);
```

3. QCheckBox

QCheckBox是一个有状态的按钮，也就是说，它可以被打开或关闭。它的外观取决于当前的窗口样式（Motif、Windows等），但它通常是一个右边有文本的打勾框。

你还可以将QCheckBox设置为第三种状态（即中间状态）以表示"无改变"。这在极少数情况下会用到，比如说你无法读取QCheckBox代表的选项的状态（因此，你自己设置QCheckBox的打开或关闭），但是仍然想给用户一个机会保持它状态的不变。

```
#include <qcheckbox.h>
```

```
QCheckBox (QWidget *parent, const char *name = 0 )
QCheckBox (const QString &text, QWidget *parent, const char *name = 0 )

bool QCheckBox::isChecked ()
void QCheckBox::setTristate ( bool y = TRUE )
bool QCheckBox::isTristate ()
```

4. QRadioButton

单选按钮是开关按钮,它用于在一组选项中只能选择一个选项的情况(回想那些老式汽车的收音机,每次只有一个电台按钮可以被按下)。QRadioButton本身与QCheckBox几乎没有什么区别,这是因为按钮的分组和单选性都是由QButtonGroup类来处理的。它们之间主要的区别是,单选按钮的外观是圆的,而不是一个打勾框。

QButtonGroup是一个构件,它提供了一些便捷的方法,使得按钮组的处理更加容易:

```
#include <qbuttongroup.h>

QButtonGroup (QWidget *parent = 0, const char * name = 0 )
QButtonGroup (const QString & title, QWidget * parent = 0, const char * name = 0 )

int    insert (QButton *button, int id = -1)
void   remove (QButton *button)
int    id (QButton *button) const
int    count () const
int    selectedId () const
```

QButtonGroup的用法非常简单,如果你使用带title参数的构造函数,它甚至还提供了一个可选的包围按钮的框架。

你有两种向QButtonGroup添加一个按钮的方法:一种是用insert方法,另一种是将QButtonGroup指定为按钮的父构件。你可以在调用insert时指定一个id来唯一标识组中的每个按钮。这在查询哪个按钮被选中时特别有用,因为selectId返回被选中按钮的id。

所有加到组内的QRadioButton都自动具有了单选性。

下面是QRadioButton的构造函数和唯一的方法:

```
#include <qradiobutton.h>

QRadioButton (QWidget *parent, const char *name = 0 )
QRadioButton (const QString &text, QWidget *parent, const char *name = 0 )

bool   QRadioButton::isChecked ()
```

实　验　**QButton**

让我们通过一个Qt按钮的示例程序来应用这些知识。下面这个程序通过创建不同类型的按钮(单选按钮、检查框和标准按钮)来显示如何在应用程序中使用这些构件。

(1) 输入Buttons.h:

```
#include <qmainwindow.h>
#include <qcheckbox.h>
#include <qbutton.h>
```

17

```
#include <qradiobutton.h>

class Buttons : public QMainWindow
{
  Q_OBJECT

  public:
    Buttons(QWidget *parent = 0, const char *name = 0);
```

(2) 稍后，你将在槽函数中查询按钮的状态，所以在类定义中将按钮指针声明为私有，还有一个辅助函数 PrintActive 也是私有的：

```
private:
    void PrintActive(QButton *button);
    QCheckBox *checkbox;
    QRadioButton *radiobutton1, *radiobutton2;

  private slots:
    void Clicked();

};
```

(3) 下面是 Buttons.cpp：

```
#include "Buttons.moc"
#include <qbuttongroup.h>

#include <qpushbutton.h>

#include <qapplication.h>
#include <qlabel.h>
#include <qlayout.h>

#include <iostream>

Buttons::Buttons(QWidget *parent, const char *name) : QMainWindow(parent, name)
{
  QWidget *widget = new QWidget(this);
  setCentralWidget(widget);

  QVBoxLayout *vbox = new QVBoxLayout(widget,5, 10,"vbox");

  checkbox = new QCheckBox("CheckButton", widget, "check");
  vbox->addWidget(checkbox);
```

(4) 你为两个单选按钮创建了一个 QButtonGroup：

```
  QButtonGroup *buttongroup = new QButtonGroup(0);

  radiobutton1 = new QRadioButton("RadioButton1", widget, "radio1");
  buttongroup->insert(radiobutton1);
  vbox->addWidget(radiobutton1);

  radiobutton2 = new QRadioButton("RadioButton2", widget, "radio2");
  buttongroup->insert(radiobutton2);
```

```
    vbox->addWidget(radiobutton2);

    QPushButton *button = new QPushButton ("Ok", widget, "button");
    vbox->addWidget(button);

    resize( 350, 200 );

    connect (button, SIGNAL(clicked()), this, SLOT(Clicked()));
}
```

(5) 接下来是一个输出给定QButton状态的便捷方法：

```
void Buttons::PrintActive(QButton *button)
{
  if (button->isOn())
    std::cout << button->name() << " is checked\n";
  else
    std::cout << button->name() << " is not checked\n";
}

void Buttons::Clicked(void)
{
  PrintActive(checkbox);
  PrintActive(radiobutton1);
  PrintActive(radiobutton2);
  std::cout << "\n";
}

int main(int argc, char **argv)
{
  QApplication app(argc,argv);
  Buttons *window = new Buttons();

  app.setMainWidget(window);
  window->show();

  return app.exec();
}
```

实验解析

这个简单的例子显示了如何查询各种类型的Qt按钮。正如你所看到的，这些构件在创建后大多数情况下的工作方式基本相同。例如，PrintActive函数显示了如何获取一个按钮的状态（打开或关闭）。请注意，这个函数可以用于所有维持状态的按钮类型，如检查框和单选按钮。在大多数情况下，只有创建这些按钮构件的方法彼此不同。相对而言，单选按钮的创建过程是最复杂的（因为一个组中同时只能有一个按钮处于打开状态），它需要的工作量最大。对单选按钮来说，你需要先创建一个QButtonGroup，以确保组中在任何时候只能有一个单选按钮是激活的。

17

17.4.3 QComboBox

单选按钮适用于用户从少量选项（6个或更少）中进行选择的情况。当多于6个选项时，你就很难控制窗口的大小在一个合理的范围内，而且随着选项数目的增多，这一状况会越来越严重。一个完美的解决方案是使用一个带有下拉菜单的输入框,即组合框。当你点击菜单时选项才会出现,选项的数目只受到搜索选项列表方便程度的限制。

QComboBox结合了QLineEdit、QPushButton和下拉菜单的功能,它使用户可以从一个无限的选项中选择一个选项。

QComboBox可以是读/写或只读的。在读/写模式下,用户可以输入一个替代选项;而在只读模式下,用户只能从下拉菜单中进行选择。

在创建QComboBox时,你可以通过其构造函数的一个布尔值参数来指定它是读/写模式,还是只读模式:

```
QComboBox *combo = new QComboBox(TRUE, parent, "widgetname");
```

传递TRUE将QComboBox设置为读/写模式。其他参数是常见的父构件指针和构件名。

与所有Qt构件一样,QComboBox的使用方式很灵活,而且它提供了大量的功能。你可以单个添加选项,也可以一次添加一组(使用QString或传统的char*格式)。

你可以调用insertItem来插入一个选项:

```
combo->insertItem(QString("An Item"), 1);
```

它有一个QString对象参数和一个位置索引参数。值1设置该选项为列表中的第一个选项。如果你想将它添加到列表的末尾,只需传递一个任意的负整数即可。

更常见的情况是一次添加多个选项,这时你可以使用QStrList类,或者像下面这样用一个char*数组:

```
char* weather[] = {"Thunder", "Lightning", "Rain", 0};
combo->insertStrList(weather, 3);
```

同样,你也可以指定插入项在列表中的索引。

如果QComboBox是读/写模式,那么用户输入的值将自动加入到选项列表中。这是一个很有用的节省时间的功能,当用户想不止一次地选择同一个输入值时,它可以节省用户重复输入的时间。

InsertionPolicy控制新输入的值在选项列表的何处插入。你可以选择的选项见表17-4。

表　17-4

选　项	作　用
QComboBox::AtTop	将新输入的值作为列表的第一项插入
QComboBox::AtBottom	将新输入的值作为列表的最后一项插入
QComboBox::AtCurrent	替换前一个选中的项
QComboBox::BeforeCurrent	在前一个选中的项之前插入新输入的值
QComboBox::AfterCurrent	在前一个选中的项之后插入新输入的值
QComboBox::NoInsertion	新输入的值不插入选项列表

你可以调用setInsertionPolicy方法来设置QComboBox的插入策略:

```
combo->setInsertionPolicy(QComboBox::AtTop);
```

下面看一下QComboBox的构造函数和部分方法:

```
#include <qcombobox.h>

QComboBox (QWidget *parent = 0, const char *name = 0)
```

```
QComboBox (bool readwrite, QWidget *parent = 0, const char *name = 0)
```

```
int      count ()
void     insertStringList (const QStringList &list, int index = -1)
void     insertStrList (const QStrList &list, int index = -1)
void     insertStrList (const QStrList *list, int index = -1)
void     insertStrList (const char **strings, int numStrings = -1, int index = -1)
void     insertItem (const QString &t, int index = -1)
void     removeItem (int index)
virtual void setCurrentItem (int index)
QString  currentText ()
virtual void setCurrentText (const QString &)
void     setEditable (bool)
```

count函数返回列表中选项的数目。QStringList和QStrList是你可以用来增加选项的Qt字符串集合类。你可以调用removeItem来删除选项，调用currentText和setCurrentText来获取和设置当前选项，调用setEditable来切换可编辑状态。

每当一个新选项被选中时，QComboBox就发出textChanged（QString&）信号，并以新选中的选项作为其参数。

实　验　**QComboBox**

在本例中，你将尝试使用QComboBox，并看到带参数的信号和槽是如何工作的。你将创建一个继承自QMainWindow的ComboBox类。它有两个QComboBox，一个是读/写模式，一个是只读模式，你将连接textChanged信号，以获取每次选中的值。

(1) 输入下列代码，并将它命名为ComboBox.h：

```cpp
#include <qmainwindow.h>
#include <qcombobox.h>

class ComboBox : public QMainWindow
{
  Q_OBJECT

  public:
    ComboBox(QWidget *parent = 0, const char *name = 0);

  private slots:
    void Changed(const QString& s);
};
```

(2) 界面由两个QComboBox构件组成，一个可编辑，另一个是只读模式。你在两个构件中放置相同的选项列表：

```cpp
#include "ComboBox.moc"

#include <qlayout.h>
#include <iostream>

ComboBox::ComboBox(QWidget *parent, const char *name) : QMainWindow(parent, name)
{
  QWidget *widget = new QWidget(this);
```

```
  setCentralWidget(widget);

  QVBoxLayout *vbox = new QVBoxLayout(widget, 5, 10,"vbox");

  QComboBox *editablecombo = new QComboBox(TRUE, widget, "editable");
  vbox->addWidget(editablecombo);
  QComboBox *readonlycombo = new QComboBox(FALSE, widget, "readonly");
  vbox->addWidget(readonlycombo);

  static const char* items[] = { "Macbeth", "Twelfth Night", "Othello", 0 };
  editablecombo->insertStrList (items);
  readonlycombo->insertStrList (items);

  connect (editablecombo, SIGNAL(textChanged(const QString&)),
           this, SLOT(Changed(const QString&)));
  resize( 350, 200 );

}
```

(3) 下面是槽函数。注意由信号传递的QString参数：

```
void ComboBox::Changed(const QString& s)
{
  std::cout << s << "\n";
}


int main(int argc, char **argv)
{
  QApplication app(argc,argv);
  ComboBox *window = new ComboBox();

  app.setMainWidget(window);
  window->show();

  return app.exec();
}
```

在图17-6中，你可以看到，可编辑的QComboBox里新选中的选项输出在命令行上。

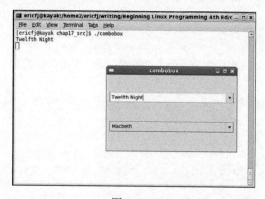

图   17-6

实验解析

　　创建组合框构件的过程与创建任何其他构件的过程非常相似。它主要增加了一个对 insertStrList 函数的调用来存储组合框的选项列表。

　　和其他包含文本的构件一样，你可以设置一个函数，每当组合框中的值（或更通用的说法：文本）被改变时，该函数就会被调用。

17.4.4 QListView

　　Qt 中的列表和树由 QListView 构件提供。QListView 既可以显示平面列表，也可以显示被分为行和列的层次化数据。它非常适合于显示如目录结构这样的数据，因为子元素可以通过点击加减（+/−）框被展开和收起，就像一个文件查看器一样。

　　与 GTK+ 的 ListView 构件不同，QListView 同时处理数据和视图，虽然它没有提供很好的灵活性，但却提供了很好的易用性。

　　在使用 QListView 时，你可以选择行或单独的单元，然后剪切和粘贴数据、按列排序，而且你可以在单元里放置 QCheckBox 构件。QListView 内建了很多功能，程序员只需添加数据和建立一些格式规则。

　　你按通常的方式创建 QListView，指定父构件和构件名：

```
QListView *view = new QListView(parent, "name");
```

　　你可以使用 addColumn 方法来设置列标题：

```
view->addColumn("Left Column", width1 ); // Fixed width
view->addColumn("Right Column"); // Width autosizes
```

　　列宽按像素设置，如果省略此参数，那么默认它为该列中最宽的元素的宽度。当列中元素增加或减少时，列会自动调整其宽度。

　　数据通过 QListViewItem 对象添加到 QListView，它代表了一行数据。你所要做的就是把 QListView 和行元素传递给 QListViewItem 的构造函数，然后它就被附加到视图中：

```
QListViewItem *toplevel = new QListViewItem(view, "Left Data", "Right Data");
```

　　第一个参数要么是一个 QListView（本例即是如此），要么是另一个 QListViewItem。如果你传递了一个 QListViewItem，这一行会变成该 QListViewItem 的子节点。树形结构就是通过传递一个 QListView 作为顶层节点，后续传递的 QListViewItem 作为子节点而形成的。

　　其余参数是每列的数据，如果没有设置就默认为 NULL。

　　这样，添加一个子节点只需要传递一个顶层指针。如果不想在将来继续在一个 QListViewItem 下添加子节点，你就不需要保存返回的指针：

```
new QListViewItem(toplevel, "Left Data", "Right Data"); // A Child of toplevel
```

　　如果看一下 QListViewItem 的 API，你会看到用于遍历树的各种方法（如果你想要修改特定行的话）：

```
#include <qlistview.h>

virtual void    insertItem ( QListViewItem * newChild )
virtual void    setText ( int column, const QString & text )
```

17

```
virtual QString text ( int column ) const
QListViewItem   *firstChild () const
QListViewItem   *nextSibling () const
QListViewItem   *parent () const
QListViewItem   *itemAbove ()
QListViewItem   *itemBelow ()
```

你可以通过在 QListView 自身上调用 firstChild 来获取树中的第一行。然后，通过反复调用 firstChild 和 nextSibling 来返回这个树的一部分或全部。

下面这段代码输出所有顶层节点的第一列：

```
QListViewItem *child = view->firstChild();
while(child)
{
  cout << myChild->text(1) << "\n";
  myChild = myChild->nextSibling();
}
```

你可以在 Qt API 文档中找到关于 QListView、QListViewItem 和 QCheckListView 的所有细节。

实　验　**QListView**

在这个实验中，运用你所学的知识，编写一个短小的 QListView 构件示例程序。

为简洁起见，让我们跳过头文件，直接看类的实现文件 ListView.cpp：

```
#include "ListView.moc"

ListView::ListView(QWidget *parent, const char *name) : QMainWindow(parent, name)
{
  listview = new QListView(this, "listview1");

  listview->addColumn("Artist");
  listview->addColumn("Title");
  listview->addColumn("Catalogue");

  listview->setRootIsDecorated(TRUE);

  QListViewItem *toplevel = new QListViewItem(listview, "Avril Lavigne",
                                              "Let Go", "AVCD01");

  new QListViewItem(toplevel, "Complicated");
  new QListViewItem(toplevel, "Sk8er Boi");

  setCentralWidget(listview);
}

int main(int argc, char **argv)
{
  QApplication app(argc,argv);
  ListView *window = new ListView();

  app.setMainWidget(window);
  window->show();
```

```
    return app.exec();
}
```

实验解析

QListView构件看上去很复杂，因为它同时扮演了项目列表和项目树的角色。你的代码需要为列表中的每个元素创建一个QListViewItem实例。每个QListViewItem实例都有一个父节点。使用构件本身作为其父节点的是顶层节点，使用另一个QListViewItem作为其父节点的是子节点。这个例子显示了一个只有一层深度的QListViewItem实例，但你实际上可以创建更深的节点树。

编译并运行这个ListView例子，你将看到如图17-7所示的QListView构件。

注意：子行是如何相对于父行缩进的。加/减框表明那里有隐藏或可折叠的行，它们在默认情况下不展现出来。你是通过setRootIs-Decorated来设置它们的。

图   17-7

17.5 对话框

到现在为止，你都是通过继承QMainWindow来创建界面。对应用程序中的主窗口来说，使用QMainWindow是合适的，但对于生命期比较短的对话框来说，你应该使用QDialog构件。

当你想让用户为某一特定任务输入特定的信息时，或者你想向用户显示一些信息（如一条警告或错误信息）时，对话框是很有用的。通过继承QDialog来完成这些任务是一个好方法，因为你可以获取到一些便捷的方法来运行对话框，使用专门设计的信号和槽来处理用户响应。

除了通常的模式对话框和非模式对话框以外，Qt还提供了一种半模式对话框。下面我们来回顾一下模式对话框和非模式对话框的区别，同时也看看何为半模式对话框。

- ❑ **模式对话框**：阻止所有其他窗口的输入，以强制用户响应当前对话框。它用于从用户那里获取即时的响应和显示严重的错误信息。
- ❑ **非模式对话框**：非阻塞窗口，与应用程序中的其他窗口一起正常操作。它用于搜索或输入窗口，你可以在它和主窗口之间复制、粘贴数据。
- ❑ **半模式对话框**：一个没有自己的事件循环的模式对话框。这样可以将控制权返回到应用程序，但仍阻塞对话框以外的所有窗口输入。它只在极少数情况下有用，比如当你有一个进度条表示某个耗时的关键操作的进度时，你可能想要给用户一个取消的机会。因为半模式对话框没有自己的事件循环，所以你必须定期调用QApplication::processEvents来更新对话框。

17.5.1 QDialog

QDialog是Qt中的对话框基类，它提供了exec和show方法来处理模式与非模式对话框，集成了QLayout，并有几个用于响应按钮按下的信号和槽。

你通常将为对话框创建一个继承自QDialog的类，向其中增加构件来创建对话框界面：

```
#include <qdialog.h>

MyDialog::MyDialog(QWidget *parent, const char *name) : QDialog(parent, name)
```

17

```
{
    QHBoxLayout *hbox = new QHBoxLayout(this);

    hbox->addWidget(new Qlabel("Enter your name"));
    hbox->addWidget(new QLineEdit());
    hbox->addWidget(ok_pushbutton);
    hbox->addWidget(cancel_pushbutton);

    connect (ok_pushbutton, SIGNAL(clicked()), this, SLOT(accept()));
    connect (cancel_pushbutton, SIGNAL(clicked()), this, SLOT(reject()));
}
```

与QMainWindow不同，你可以直接将QLayout对象的parent参数设置为MyDialog，而无需创建一个无用的QWidget，并将它作为QLayout的父构件。

注意，这个例子省略了用于创建ok_pushbutton和cancel_pushbutton构件的代码。

QDialog有两个槽：（accept和reject），它们用于表明对话框的结果。这个结果由exec方法返回。通常情况下，你将OK和Cancel按钮的信号连接到槽，就像在上面的MyDialog类中所做的那样。

1. 模式对话框

要将对话框作为模式对话框，你需要调用exec。该函数弹出对话框，并根据被激活的槽返回QDialog::Accepted或QDialog::Rejected：

```
MyDialog *dialog = new MyDialog(this, "mydialog");
if (dialog->exec() == QDialog::Accepted)
{
    // User clicked 'Ok'
    doSomething();
}
else
{
    // user clicked 'Cancel' or dialog killed
    doSomethingElse();
}
delete dialog;
```

对话框在exec返回时会自动隐藏，但你仍然要从内存中删它。

注意，在调用exec时，其他所有处理都被阻塞，所以当程序中有对时间要求比较高的代码时，使用非模式或半模式对话框更加合适一些。

2. 非模式对话框

非模式对话框与普通主窗口没有多大区别，主要的不同是非模式对话框将它们自己定位在其父窗口之上，与父窗口共享任务栏，并在accept或reject槽被调用时自动隐藏。

要显示一个非模式对话框，与显示QMainWindow的方式相同，调用show方法即可：

```
MyDialog *dialog = new MyDialog(this, "mydialog");
dialog->show();
```

show函数显示对话框，随后立即返回继续处理循环。为了处理按钮按下事件，你需要编写槽函数并连接槽：

```
MyDialog::MyDialog(QWidget *parent, const char *name) : QDialog(parent, name)
{
```

```
    ...
    connect (ok_pushbutton, SIGNAL(clicked()), this, SLOT(OkClicked()));
    connect (cancel_pushbutton, SIGNAL(clicked()), this, SLOT(CancelClicked()));
}

MyDialog::OkClicked()
{
    //Do some processing
}
MyDialog::CancelClicked()
{
    //Do some other processing
}
```

与模式对话框一样，当一个按钮被按下时，对话框将自动隐藏。

3. 半模式对话框

要创建半模式对话框，你必须在QDialog的构造函数中设置模式标志，并使用show方法：

QDialog (QWidget *parent=0, const char *name=0, bool modal=FALSE, WFlags f=0)

对于模式对话框，你没有将modal设置为TRUE的原因是：调用exec将强制对话框变为模式对话框，而不管这个标志是什么。

半模式对话框的构造函数如下所示：

```
MySMDialog::MySMDialog(QWidget *parent, const char *name):QDialog(parent, name, TRUE)
{
    ...
}
```

一旦定义好一个对话框，你就可以调用show函数，然后继续运行程序，并定期调用QApplication::ProcessEvents来更新对话框：

```
MySMDialog *dialog = MySMDialog(this, "semimodal");
dialog->show();
while (processing)
{
    doSomeProcessing();
    app->processEvents();
    if (dialog->wasCancelled())
        break;
}
```

在继续处理之前，要保证对话框未被取消。注意，wasCancelled并不是QDialog的一部分，你必须自己提供它。

Qt还提供了现成的QDialog子类，它们专用于特定的任务，如文件选择、文本输入、进度条和消息框等。使用这些构件可以省去你许多麻烦。

17.5.2 QMessageBox

QMessageBox是一个模式对话框，它用于显示一段简单的消息，并伴有图标和按钮。图标的样式取决于消息的严重程度，它可以是常规信息、警告或其他的关键信息。

下面是QMessageBox类用于创建和显示这3类信息的静态方法：

17

```
#include <qmessagebox.h>

int information (QWidget *parent, const QString &caption, const QString &text,
                int button0, int button1=0, int button2=0)
int warning    (QWidget *parent, const QString &caption, const QString &text,
                int button0, int button1, int button2=0)
int critical   (QWidget *parent, const QString &caption, const QString &text,
                int button0, int button1, int button2=0)
```

QMessageBox预先提供了一系列的按钮，它们与上述静态方法的返回值相对应：

❑ QMessageBox::Ok；

❑ QMessageBox::Cancel；

❑ QMessageBox::Yes；

❑ QMessageBox::No；

❑ QMessageBox::Abort；

❑ QMessageBox::Retry；

❑ QMessageBox::Ignore。

QMessageBox的一个典型使用方法如下所示：

```
int result = QMessageBox::information(this,
             "Engine Room Query", "Do you wish to engage the HyperDrive?",
             QMessageBox::Yes | QMessageBox::Default,
             QMessageBox::No | QMessageBox::Escape);

switch (result) {
  case QMessageBox::Yes:
    hyperdrive->engage();
    break;
  case QMessageBox::No:
    // do something else
    break;
}
```

你将按钮代码与Default和Escape做或（|）运算，是为了设置键盘上的Enter键和Esc键被按下时的默认动作。最终的对话框如图17-8所示。

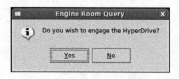

图 17-8

17.5.3 QInputDialog

QInputDialog用于输入单值数据，它可以是文本、一个下拉列表中的选项、一个整数或一个浮点数。QInputDialog类有与QMessageBox类似的静态方法，不过更复杂一点，因为它们有许多参数，但好在大多数参数都有默认值。

```
#include <qinputdialog.h>

QString getText  (const QString &caption, const QString &label,
```

```
                        QLineEdit::EchoMode mode=QLineEdit::Normal,
                        const QString &text=QString::null, bool * ok = 0,
                        QWidget * parent = 0, const char * name = 0)

QString getItem    (const QString &caption, const QString &label,
                    const QStringList &list, int current=0, bool editable=TRUE,
                    bool * ok=0, QWidget *parent = 0, const char *name=0)

int getInteger     (const QString &caption, const QString &label, int num=0,
                    int from = -2147483647, int to = 2147483647, int step = 1,
                    bool * ok = 0, QWidget * parent = 0, const char * name = 0)

double getDouble (const QString &caption, const QString &label, double num = 0,
                    double from = -2147483647, double to = 2147483647,
                    int decimals = 1, bool * ok = 0, QWidget * parent = 0,
                    const char * name = 0 )
```

如果要输入一行文本，你可以这样编写代码：

```
bool result;
QString text = QInputDialog::getText("Question", "What is your Quest?:",
                                     QLineEdit::Normal,
                                     QString::null, &result, this, "input" );

if (result) {
  doSomething(text);
} else {
// user pressed cancel
}
```

QInputDialog由一个QLineEdit构件和OK、Cancel按钮组成，见图17-9。

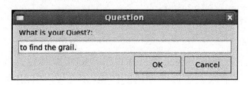

图 17-9

由QInputDialog::getText创建的对话框使用了一个QLineEdit构件。你传递给getText函数的编辑模式参数用于控制如何将文本回显给用户，这与QLineEdit构件中同一模式的作用完全相同。你还可以设置默认的文本或像上面那样将它设置为空。每个QInputDialog都有OK和Cancel按钮，它传递一个布尔值指针给该方法以表明哪个按钮被按下。如果用户按下OK按钮，那么result将为TRUE。

getItem通过QComboBox向用户提供一个选项列表：

```
bool result;
QStringList options;
options << "London" << "New York" << "Paris";
QString city = QInputDialog::getItem("Holiday", "Please select a destination:",
                                     options, 1, TRUE, &result, this, "combo");
if (result)
  selectDestination(city);
```

生成的对话框见图17-10。

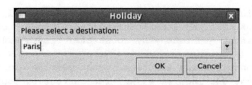

图　17-10

getInteger和getDouble的工作方式都类似，我们在这里就不展开讲了。

17.5.4　使用 qmake 简化 makefile 文件的编写

编译使用KDE库和Qt库的应用程序相当繁琐，因为你的makefile文件变得非常复杂，它需要使用moc，并且到处都要用到库。幸运的是，Qt自带了一个被称为qmake的工具，它可以帮助你创建makefile文件。

> 如果以前使用过Qt，你可能会对工具tmake比较熟悉，它是较早版本的Qt自带的一个早期的、类似qmake的工具（现在已不用）。

qmake以.pro文件作为输入。这个文件包含了编译所需的最基本信息，如源文件、头文件、目标二进制文件和KDE/Qt库的位置。

一个典型的KDE .pro文件如下所示：

```
TARGET = app
MOC_DIR = moc
OBJECTS_DIR = obj
INCLUDEPATH = /usr/include/kde
QMAKE_LIBDIR_X11 += /usr/lib
QMAKE_LIBS_X11 += -lkdeui -lkdecore
SOURCES = main.cpp window.cpp
HEADERS = window.h
```

你指定了目标二进制文件、临时的moc和目标目录、KDE库路径、要编译的源文件和头文件。注意，KDE头文件和库文件的目录取决于你所使用的Linux发行版。SUSE用户要把INCLUDEPATH设置为/opt/kde3/include，QMAKE_LIBDIR_X11设置为/opt/kde3/lib。

$ **qmake file.pro -o Makefile**

接下来，你就可以像通常一样运行make，就这么简单。对于任何复杂程度的KDE/Qt程序来说，你都应该使用qmake来简化编译过程。

17.6　KDE 的菜单和工具栏

为了展示KDE构件的强大功能，我们把菜单和工具栏留到最后来讲，因为它们非常好地说明了，相比使用Qt或其他图形用户界面工具包，KDE库是如何节省时间和精力的。

通常在GUI库中，菜单项和工具栏项是不同的元素，它们各有各的构件。你必须分别针对它们创建对象并跟踪其变化，例如单独禁用某一项。

KDE程序员提出了一个更好的解决方案。与使用分开解决的方法不同，KDE定义了一个KAction构件来代表应用程序可以执行的动作。这个动作可以是打开新文档、保存文件或显示帮助窗口等。

创建KAction时，向它传递一个文本、快捷键、图标和槽（KAction被激活时调用）：

```
KAction *new_file = new KAction("New", "filenew",
                        KstdAccel::shortcut(KstdAccel::New),
                        this, SLOT(newFile()), this, "newaction");
```

然后，KAction可以在不加任何其他描述的情况下插入到菜单和工具栏中：

```
new_file->plug(a_menu);
new_file->plug(a_toolbar);
```

这样你就创建了一个New菜单和工具栏项。在它被点击时，将调用newFile。

如果你想禁用KAction，比如说你不想让用户创建新文件，只需下面一行代码：

```
new_file->setEnabled(FALSE);
```

这就是KDE菜单和工具栏的所有内容，的确很简单。下面看一下KAction的构造函数：

#include <kde/kaction.h>

**KAction (const QString &text, const KShortcut &cut, const QObject *receiver,
        const char *slot, QObject *parent, const char *name = 0)**

KDE提供了标准的KAction对象，这确保了文本、图标和快捷键在所有KDE应用程序中都是一样的：

#include <kde/kaction.h>

**KAction * openNew (const QObject *recvr, const char *slot,
        KActionCollection* parent,
        const char *name = 0)**
KAction * save ...
KAction * saveAs ...
KAction * revert ...
KAction * close ...
KAction * print ...
etc...

每个标准动作都使用相同的参数：槽接收者和槽函数，一个KActionCollection对象和KAction名字。KActionCollection对象管理窗口中的KAction，你可以通过调用KMainWindow的action-Collection方法来得到当前对象：

```
KAction *saveas = KStdAction::saveAs(this, SLOT(saveAs()), actionCollection(),
                        "saveas");
```

实 验 一个带有菜单和工具栏的KDE应用程序

你将在下面这个例子中尝试在KDE应用程序中使用KAction。

(1) 首先，从头文件KDEMenu.h开始。KDEMenu是KMainWindow的子类，KMainWindow本身又是QMainWindow的子类。KMainWindow在KDE中处理会话管理，它集成了工具栏和状态栏。

```
#include <kde/kmainwindow.h>

class KDEMenu : public KMainWindow
{
  Q_OBJECT

  public:
    KDEMenu(const char * name = 0);
```

17

```
private slots:
   void newFile();
   void aboutApp();
};
```

(2) 在KDEMenu.cpp中，第一行的#include语句用于包括你将使用的构件声明：

```
#include "KDEMenu.h"

#include <kde/kapp.h>
#include <kde/kaction.h>
#include <kde/kstdaccel.h>
#include <kde/kmenubar.h>
#include <kde/kaboutdialog.h>
```

(3) 在构造函数中，你创建了3个KAction构件。new_file以手工定义的方式创建，quit_action和help_action使用标准的KAction定义：

```
KDEMenu::KDEMenu(const char *name = 0) : KMainWindow (0L, name )
{
  KAction *new_file = new KAction("New", "filenew",
                                  KstdAccel::shortcut(KstdAccel::New),
                                  this, SLOT(newFile()), this, "newaction");

  KAction *quit_action = KStdAction::quit(KApplication::kApplication(),
                                          SLOT(quit()), actionCollection());

  KAction *help_action = KStdAction::aboutApp(this, SLOT(aboutApp()),
                                              actionCollection());
```

(4) 创建两个顶层菜单，并把它们插入到KApplication菜单栏中：

```
QPopupMenu *file_menu = new QPopupMenu;
QPopupMenu *help_menu = new QPopupMenu;

menuBar()->insertItem("&File", file_menu);
menuBar()->insertItem("&Help", help_menu);
```

(5) 现在，在菜单和工具栏中插入动作，并在new_file和quit_action之间插入一个分隔线：

```
new_file->plug(file_menu);
file_menu->insertSeparator();
quit_action->plug(file_menu);
help_action->plug(help_menu);

new_file->plug(toolBar());
quit_action->plug(toolBar());
}
```

(6) 最后是一些槽定义：aboutApp创建一个KAbout对话框来显示程序相关信息。注意，quit槽是作为KApplication的一部分来定义的：

```
void KDEMenu::newFile()
{
  // Create new File
}
```

```
void KDEMenu::aboutApp()
{
   KAboutDialog *about = new KAboutDialog(this, "dialog");
   about->setAuthor(QString("A. N. Author"), QString("an@email.net"),
                    QString("http://url.com"), QString("work"));
   about->setVersion("1.0");
   about->show();
}

int main(int argc, char **argv)
{
  KApplication app( argc, argv, "cdapp" );;
  KDEMenu *window = new KDEMenu("kdemenu");

  app.setMainWidget(window);
  window->show();

  return app.exec();
}
```

(7) 接下来，你需要为qmake创建一个menu.pro文件：

```
TARGET   = kdemenu
MOC_DIR = moc
OBJECTS_DIR = obj
INCLUDEPATH = /usr/include/kde
QMAKE_LIBDIR_X11 += -L$KDEDIR/lib
QMAKE_LIBS_X11 += -lkdeui -lkdecore
SOURCES = KDEMenu.cpp
HEADERS = KDEMenu.h
```

(8) 运行qmake来创建Makefile，然后编译和运行。

```
$ qmake menu.pro -o Makefile
$ make
$ ./kdemenu
```

实验解析

虽然这个例子看上去比其他例子要长，但其创建菜单栏和菜单的代码还是相对比较简洁的。KAction构件的好处是：你可以在多个地方使用它，如在工具栏中和在菜单栏上的菜单中，这些都在这个例子中有所表现。

编译KDE应用程序所需的工作量比编译其他大多数程序都要多，至少乍一看是这样。但事实上，menu.pro文件和qmake命令已隐藏了大量的设置，否则你必须在makefile文件中手工进行这些设置。

图17-11和图17-12显示了窗口中菜单和工具栏按钮的外观。

图　17-11

图　17-12

至此，我们已经学习完了Qt和KDE，并且介绍了GUI应用程序的基本元素，包括窗口、布局、按钮、对话框和菜单。但还有许多Qt和KDE构件未介绍，如QColorDialog（颜色选取对话框）、KHTML（Web浏览器构件）等，它们在Trolltech和KDE的网站上都有详细的文档介绍。

17.7 使用 KDE/Qt 编写 CD 数据库应用程序

让我们再次把注意力集中到CD应用程序上来，现在你可以用KDE/Qt的强大功能来实现它了。你将使用和第16章一样的窗口布局，并实现类似的功能。

先回忆一下你想让CD数据库应用程序实现的功能：

❑ 通过GUI界面登录数据库；
❑ 搜索CD；
❑ 显示CD和曲目信息；
❑ 向数据库中添加CD；
❑ 显示一个"关于"（About）窗口。

17.7.1 主窗口

我们从编写应用程序的主窗口开始，它包含搜索输入构件和搜索结果列表。

(1) 先输入MainWindow.h的代码（或从本书的网站上下载它）。因为窗口包含一个用于搜索CD的QLineEdit构件和一个用于显示搜索结果的QListView构件，所以你需要包含qlistview.h和qlineedit.h头文件：

```
#include <kde/kmainwindow.h>
#include <qlistview.h>
#include <qlineedit.h>

class MainWindow : public KMainWindow
{
  Q_OBJECT

  public:
    MainWindow (const char *name);

  public slots:
    void doSearch();
    void AddCd();

  private:
    QListView *list;
    QLineEdit *search_entry;

};
```

(2) MainWindow.cpp是这个程序中最复杂的部分。在构造函数中，你创建主窗口界面并将必需的信号连接到槽。与以往一样，从#include语句开始：

```
#include "MainWindow.h"
#include "AddCdDialog.h"
#include "app_mysql.h"
```

```
#include <qvbox.h>
#include <qlineedit.h>
#include <qpushbutton.h>
#include <qlabel.h>
#include <qlistview.h>
#include <kde/kapp.h>
#include <kde/kmenubar.h>
#include <kde/klocale.h>
#include <kde/kpopupmenu.h>
#include <kde/kstatusbar.h>
#include <kde/kaction.h>
#include <kde/kstdaccel.h>

#include <string.h>


MainWindow::MainWindow ( const char * name ) : KMainWindow ( 0L, name )
{
  setCaption("CD Database");
```

(3) 现在用 KAction 构件创建菜单和工具栏项：

```
KAction *addcd_action = new KAction("&Add CD", "filenew",
                        KStdAccel::shortcut(KStdAccel::New),
                        this,
                        SLOT(AddCd()),
                        this);

KAction *quit_action = KStdAction::quit(KApplication::kApplication(),
                        SLOT(quit()), actionCollection());

QPopupMenu * filemenu = new QPopupMenu;
QString about = ("CD App\n\n"
                "(C) 2007 Wrox Press\n"
                "email@email.com\n");

QPopupMenu *helpmenu = helpMenu(about);
menuBar()->insertItem( "&File", filemenu);
menuBar()->insertItem(i18n("&Help"), helpmenu);

addcd_action->plug(filemenu);
filemenu->insertSeparator();
quit_action->plug(filemenu);

addcd_action->plug(toolBar());
quit_action->plug(toolBar());
```

(4) 为了寻求变化，你用 QBox 布局构件来取代通常的 QLayout 类：

```
QVBox *vbox = new QVBox (this);
QHBox *hbox = new QHBox (vbox);

QLabel *label = new QLabel(hbox);
label->setText( "Search Text:" );
```

17

```
search_entry = new QLineEdit ( hbox );
QPushButton *button = new QPushButton( "Search", hbox);
```

(5) 接下来是QListView构件，它占据了窗口的大部分区域。然后，你将必需的信号连接到doSearch槽，来执行CD数据库查询。你添加一条空信息让KMainWindow的状态栏可见：

```
list = new QListView( vbox, "name", 0L);
list->setRootIsDecorated(TRUE);
list->addColumn("Title");
list->addColumn("Artist");
list->addColumn("Catalogue");

connect(button, SIGNAL (clicked()), this, SLOT (doSearch()));
connect(search_entry , SIGNAL(returnPressed()), this, SLOT(doSearch()));

statusBar()->message("");
setCentralWidget(vbox);
resize (300,400);
}
```

(6) doSearch槽是应用程序中最重要的部分。它读取搜索字符串，提取所有匹配的CD和它们的曲目。其逻辑和第16章中GNOME/GTK+的doSearch完全相同。

```
void MainWindow::doSearch()
{
  cd_search_st *cd_res = new cd_search_st;
  current_cd_st *cd = new current_cd_st;
  struct current_tracks_st ct;
  int res1, i, j, res2, res3;
  char track_title[110];
  char search_text[100];
  char statusBar_text[200];
  QListViewItem *cd_item;

  strcpy(search_text, search_entry->text());
```

(7) 提取匹配CD的标识（id），更新状态栏以显示搜索结果：

```
  res1 = find_cds(search_text, cd_res);
  sprintf(statusBar_text, " Displaying %d result(s) for search string ' %s '",
         res1, search_text);
  statusBar()->message(statusBar_text);

  i = 0;
  list->clear();
```

(8) 对每个id，取得CD信息，插入到QListView中，并获取这个CD的所有曲目：

```
  while (i < res1) {

    res2 = get_cd(cd_res->cd_id[i], cd);

    cd_item = new QListViewItem(list, cd->title, cd->artist_name, cd->catalogue);

    res3 = get_cd_tracks(cd_res->cd_id[i++], &ct);
```

```
    j = 0;
    /* Populate the tree with the current cd's tracks */
  while (j < res3) {

    sprintf(track_title, " Track %d. ", j+1);
    strcat(track_title, ct.track[j++]);

    new QListViewItem(cd_item, track_title);
    }
  }
}
```

(9) 当addcd_action菜单项或工具栏按钮被激活时，AddCd槽将被调用：

```
void MainWindow::AddCd()
{
  AddCdDialog *dialog = new AddCdDialog(this);
  dialog->show();
}
```

其运行结果见图17-13。

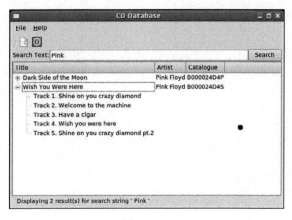

图　17-13

17.7.2 `AddCdDialog`

要向数据库中添加CD，你需要编写一个对话框，对话框中有一些需要输入的字段。

(1) 输入以下代码，将它命名为AddCdDialog.h。注意：AddCdDialog继承自KDialogBase（一个KDE对话框构件）。

```
#include <kde/kdialogbase.h>
#include <qlineedit.h>

class AddCdDialog : public KDialogBase
{
  Q_OBJECT

  public:
    AddCdDialog (QWidget *parent);
```

17

```
private:
  QLineEdit *artist_entry, *title_entry, *catalogue_entry;

public slots:
  void okClicked();
};
```

(2) 接下来是AddCdDialog.cpp，它在okClicked槽中调用了MySQL接口代码的add_cd：

```
#include "AddCdDialog.h"
#include "app_mysql.h"

#include <qlayout.h>
#include <qlabel.h>

AddCdDialog::AddCdDialog( QWidget *parent)
  : KDialogBase( parent, "AddCD", false, "Add CD",
    KDialogBase::Ok|KDialogBase::Cancel, KDialogBase::Ok, true )
{

  QWidget *widget = new QWidget(this);
  setMainWidget(widget);

  QGridLayout *grid = new QGridLayout(widget,3,2,10, 5,"grid");

  grid->addWidget(new QLabel("Artist", widget, "artistlabel"), 0, 0, 0);
  grid->addWidget(new QLabel("Title", widget, "titlelabel"), 1, 0, 0);
  grid->addWidget(new QLabel("Catalogue", widget, "cataloguelabel"), 2, 0, 0);

  artist_entry = new QLineEdit( widget, "artist_entry");
  title_entry = new QLineEdit( widget, "title_entry");
  catalogue_entry = new QLineEdit( widget, "catalogue_entry");

  grid->addWidget(artist_entry, 0,1, 0);
  grid->addWidget(title_entry, 1,1, 0);
  grid->addWidget(catalogue_entry, 2,1, 0);

  connect (this, SIGNAL(okClicked()), this, SLOT(okClicked()));
 }

void AddCdDialog::okClicked()
{
  char artist[200];
  char title[200];
  char catalogue[200];
  int cd_id = 0;

  strcpy(artist, artist_entry->text());
  strcpy(title, title_entry->text());
  strcpy(catalogue, catalogue_entry->text());
  add_cd(artist, title, catalogue, &cd_id);

}
```

图17-14显示了`AddCdDialog`的运行结果。

图 17-14

17.7.3 `LogonDialog`

当然，你在没有登录数据库的情况下是不能查询它的，所以你需要一个简单的对话框来输入登录信息。我们将这个类称为`LogonDialog`。

(1) 首先是头文件`LogonDialog.h`。注意：为了寻求变化，这里继承类`QDialog`而不是`KDialogBase`。

```
#include <qdialog.h>
#include <qlineedit.h>

class LogonDialog : public QDialog
{
  Q_OBJECT

  public:
    LogonDialog (QWidget *parent = 0, const char *name = 0);
    QString getUsername();
    QString getPassword();

  private:
    QLineEdit *username_entry, *password_entry;

};
```

(2) 这次，你有更好的方法来管理用户名和密码，而不是在`LogonDialog.cpp`中封装`database_start`调用，下面是`LogonDialog.cpp`的代码：

```
#include "LogonDialog.h"
#include "app_mysql.h"

#include <qpushbutton.h>
#include <qlayout.h>
#include <qlabel.h>

LogonDialog::LogonDialog( QWidget *parent, const char *name): QDialog(parent, name)
{
  QGridLayout *grid = new QGridLayout(this, 3, 2, 10, 5,"grid");

  grid->addWidget(new QLabel("Username", this, "usernamelabel"), 0, 0, 0);
  grid->addWidget(new QLabel("Password", this, "passwordlabel"), 1, 0, 0);
```

17

```
username_entry = new QLineEdit( this, "username_entry");
password_entry = new QLineEdit( this, "password_entry");
password_entry->setEchoMode(QLineEdit::Password);

grid->addWidget(username_entry, 0, 1, 0);
grid->addWidget(password_entry, 1, 1, 0);

QPushButton *button = new QPushButton ("Ok", this, "button");
grid->addWidget(button, 2, 1,Qt::AlignRight);

connect (button, SIGNAL(clicked()), this, SLOT(accept()));

}

QString LogonDialog::getUsername()
{
  if (username_entry == NULL)
    return NULL;

  return username_entry->text();
}

QString LogonDialog::getPassword()
{
  if (password_entry == NULL)
    return NULL;

  return password_entry->text();
}
```

其运行结果见图17-15。

图　17-15

17.7.4 `main.cpp`

现在只剩下main函数未编写了，你把它放在一个单独的源文件main.cpp中。

(1) 在main.cpp中，你先打开一个LogonDialog，然后通过database_start登录。如果登录失败，就将显示一个QMessageBox，或者如果用户想退出LogonDialog，就将询问用户是否确定要退出。

```
#include "MainWindow.h"
#include "app_mysql.h"
#include "LogonDialog.h"

#include <kde/kapp.h>
#include <qmessagebox.h>
```

```
int main( int argc, char **argv )
{
  char username[100];
  char password[100];

  KApplication a( argc, argv, "cdapp" );

  LogonDialog *dialog = new LogonDialog();

  while (1)
  {
    if (dialog->exec() == QDialog::Accepted)
    {
      strcpy(username, dialog->getUsername());
      strcpy(password, dialog->getPassword());

      if (database_start(username, password))
        break;

      QMessageBox::information(0, "Title",
                              "Could not Logon: Check username and/or password",
                              QMessageBox::Ok);
        continue;
    }
    else
    {
      if (QMessageBox::information(0, "Title",
                   "Are you sure you want to quit?",
                   QMessageBox::Yes, QMessageBox::No)
        == QMessageBox::Yes)
      {
        return 0;
      }
    }
  }
  delete dialog;

  MainWindow *window = new MainWindow( "Cd App" );
  window->resize( 600, 400 );

  a.setMainWidget( window );
  window->show();

  return a.exec();
}
```

(2) 剩下的就是编写.pro文件，并将它传递给qmake。这个文件名为cdapp.pro：

17

```
TARGET = app
MOC_DIR = moc
OBJECTS_DIR = obj
INCLUDEPATH = /usr/include/kde /usr/include/mysql
QMAKE_LIBDIR_X11 += /usr/lib
QMAKE_LIBDIR_X11 += /usr/lib/mysql
```

```
QMAKE_LIBS_X11 += -lkdeui -lkdecore -lmysqlclient
SOURCES = MainWindow.cpp main.cpp app_mysql.cpp AddCdDialog.cpp LogonDialog.cpp
HEADERS = MainWindow.h app_mysql.h AddCdDialog.h LogonDialog.h
```

注意：这里你只是将app_mysql.c改名为app_mysql.cpp，这样它将被看做为一个普通的C++源文件。这可以避免将C语言的目标文件链接到C++带来的麻烦。

```
$ qmake cdapp.pro -o Makefile
$ make
$ ./app
```

如果一切正常，你的CD数据库应用程序就制作完成了！

你可能想尝试用MySQL接口实现其他功能（如向CD中添加曲目或删除CD），来进一步了解KDE/Qt。你可以创建对话框、新的菜单项和工具栏项，以及编写底层逻辑。尽管去尝试吧！

17.8　小结

在本章中，你学习了如何使用Qt GUI库，并看到了KDE构件的使用情况。你了解到Qt是一个用信号/槽机制来实现事件驱动编程的C++库。还学习了基本的Qt构件，并且编写了一些示例程序，了解了如何在实际情况中使用它们。最后，你用KDE/Qt实现了一个CD应用程序的GUI前端。

第 18 章

Linux标准

18

L inux刚开始的时候仅仅只是一个内核，但内核本身并不是非常有用。我们还需要许多其他有用的程序，例如登录系统的程序、管理文件的程序、编译器等。为了使Linux系统变得更加有用，许多GNU项目的工具被添加进来。它们都是当时在UNIX和类UNIX系统中非常流行的程序的克隆版本。将Linux系统变得与UNIX非常相似设置了Linux的第一个标准，它为C语言程序员提供了一个非常熟悉的环境。

不同的UNIX（及其后的Linux）厂商为他们所提供的命令和工具添加了一些专有的扩展，而且它们所使用的文件系统布局之间也有一些细微的差别。这使得创建可以在多个系统中正常工作的应用程序变得很困难。更糟的是，程序员甚至不能指望不同的系统会以相同的方式提供系统工具或配置文件在不同的系统中都位于同一个位置。

很显然，我们必须要建立一些标准以避免UNIX系统的分化，目前已经完成了一些优秀的UNIX标准化工作。

不仅这些标准在随着时间不断发展，而且Linux自身也在随着网络社区（通常由商业组织如Red Hat和Canonical，甚至包括非Linux厂商如IBM所支持）的推动而以惊人的速度不断增强。在发展的过程中，Linux和GCC编译器集不仅保持与相应标准的一致，而且在既有标准不满足需要时，还会有新的标准推出。事实上，随着Linux及其相关工具和实用程序变得越来越流行，UNIX厂商已开始对他们的UNIX系统做出修改，以使它们与Linux兼容性更好。

在本书的最后一章中，我们将介绍这些标准。我们还将给出一些注意事项，以便让你编写的应用程序不仅可以在自己的Linux系统（包括以后的升级版本）中运行，而且可以移植到其他Linux版本，甚至其他类UNIX系统中，从而与其他用户分享。

我们将主要介绍以下几方面内容。

❑ C编程语言标准。

❑ UNIX标准，特别是由IEEE开发的POSIX标准，以及由开放组织（Open Group）开发的单一UNIX规范。

❑ 由自由标准组织（Free Standard Group）所做的工作，特别是Linux标准化规范（Linux Standard Base），它定义了标准的Linux文件系统布局。

了解Linux相关标准的一个好起点是Linux标准化规范（LSB），你可以通过访问Linux基金会网站http://www.linux-foundation.org来找到它。

我们并不准备详细介绍这些标准的内容，其中许多标准的内容篇幅太长。我们将指出一些关键标准，并介绍这些标准发展的历史背景，以及告诉你哪些标准对你有用。

18

18.1　C 编程语言

C语言是Linux编程语言事实上的标准，所以为了在Linux上编写可移植的C语言程序，我们需要了解一些C语言的起源，它是如何发展的，而更重要的是如何检查程序来保持和标准的一致。

18.1.1　发展历史简介

那些对历史不感兴趣的读者无需担心，因为本书是介绍编程，而不是讲述历史，所以我们只是简单介绍C语言的发展历史。

C编程语言诞生于20世纪70年代，它部分基于早先的编程语言BCPL，并对B语言进行了扩展。Dennis M. Ritchie在1974年为该语言写了一个参考手册，同一时间，对PDP-11机器上的UNIX内核的改写也是以C语言为基础的。1978年，Brian W. Kernighan和Ritchie写了一本经典的C语言参考书籍《C编程语言》（*C Programming Language*），其后该书又针对C语言的改进做了更新，直至今日，这本书还在不断地重印出版。

C语言如此快速地流行起来，毫无疑问这里面有部分原因应归功于UNIX用户的快速增加，但也与其自身强大的功能和清晰的语法分不开。C语言的语法根据开发者的共识也在不断发展，但既然它与原先参考书籍中所描述的语言分歧越来越大，很明显我们需要一个标准，它既符合当前的应用，又更加精确。

1983年，ANSI建立了X3J11标准委员会来开发一个清晰、简明的C语言定义。在开发的过程中，他们对C语言做了稍许的改进，特别是增加了一个非常受欢迎的功能——声明参数类型，但总的来说，委员会只对构成C语言常见用法的已有定义做了阐明和合理化。这个标准最终在1989年发表了，它被称为ANSI C编程语言标准*X*3.159-1989，或简称为C89，有时又被称为C90（后者后来成为ISO C编程语言标准ISO/IEC 9899:1990。这两个标准在技术上是相同的）。

如同大多数标准一样，这个标准的发表并未结束委员会的工作，他们继续努力以阐明在规范中发现的小的差异。1993年，委员会又开始制定下一个版本的标准，即C9*X*。同时，他们还针对当前的标准陆续在1994、1995和1996年发表了小的修正和更新。

这个标准的最新版本出现在20世纪90年代，它正式成为C99标准并被ISO采纳，成为ISO/IEC 9899:1999。目前还有一个工作委员会J11在继续进行C语言及其函数库的标准化研究，但它现在是在国际委员会下为信息技术标准组工作。你可以通过网址http://j11.incits.org/找到更多有关当前C语言标准化工作的信息。

18.1.2　GNU 编译器集

开发了Emacs编辑器（是的，我们爱Emacs）后，GNU项目的下一个主要成就（正如我们在第1章讨论的）是一个完全免费的C语言编译器gcc，它的第一个正式版本发表于1987年。

gcc最初只是一个GNU C语言的编译器，但由于目前该编译器的基本框架已支持C++、Object-C、FORTRAN、Java和Ada等许多其他编程语言及其函数库，所以对gcc的定义被修改为更合适的GNU编译器集。

gcc始终是，并且看来以后也将会是Linux上的标准编译器，并且C或C++语言也是Linux上程序设计的基本语言。更多信息可参见gcc的主页http://gcc.gnu.org。

GNU C语言编译器总是非常好地保持与C语言标准开发进度的一致，同时它也允许一些扩展功能，并且不可避免地像所有其他编译器一样，在标准正式推出和编译器完全实现该标准之间有稍微的延迟。但有时也会出现相反的情况，gcc期望标准能稍作一些修改，这一点也让人非常困惑。gcc包含许多命令行命令和选项，它们允许你指定希望gcc遵守的C语言标准版本，以及控制编译器审查程序语法时的严格程度。

18.1.3　gcc 选项

在了解了一些C语言标准发展的背景之后，现在我们来查看gcc编译器提供的一些选项，它们可以用来确保我们所编写的C语言程序是完全遵守该语言的标准的。我们可以用3种方法来确保编写的C语言代码不仅遵守标准，而且还是代码清晰的。它们是：用可以控制标准版本的选项来指定我们期望代码兼容的标准版本；定义用来控制头文件的常量；用警告选项对代码进行更严格的检查。

gcc编译器包含有大量的选项，在这里，我们将只介绍那些最重要的选项。完整的选项列表可以在gcc手册页中找到。我们还将简单介绍一些可以使用的#define选项，它们通常必须在源代码中的任何#include语句之前设置或在gcc命令行上定义。你可能会感到惊讶，为什么需要用这么多选项来选择一个要使用的标准，而不能只用一个标记来强制使用当前的标准呢？原因是，由于许多以前的程序依赖编译器的历史行为，如果要将它们全部更新到遵守最新的标准，我们需要付出巨大的努力，并且我们并不希望编译器升级以后就不再支持以前可以正常工作的代码，而且随着标准的发展，我们希望编译器能够针对特定的标准正常工作，即使它并不是最新版本的标准。

即使仅仅是为个人使用而编写一个小的程序，在这种情况下，虽然让程序遵守标准显得并不是那么重要，但仍然值得在编译时启用更多的gcc警告选项，因为这样可以让编译器在真正运行程序之前找出程序代码中的错误。与使用调试器以步进的方式来查找代码问题相比，使用这种方式更有效率。编译器包括很多选项，它们的功能不仅仅只是检查代码是否遵守标准的规定，而且还可以检查出虽然遵守标准但可能包含歧义的代码。例如，代码中可能存在一个执行序列，它将允许变量在未初始化之前就被访问。

如果确实需要将编写的代码与他人分享，除了在编译时选择需要遵守的标准版本和合适的警告选项外，还有非常重要的一点是，要努力确保你的代码在编译时没有任何警告信息出现。如果你在编译时允许出现一些警告信息并且养成习惯忽略它们，那么当有一天在编译时出现非常严重的警告信息时，你也可能会把它忽略。如果代码在编译时永远都保持整洁，那么当出现新的警告信息时，它就会显得非常明显。我们应该养成保持编译代码整洁的习惯。

1. 控制标准版本的编译选项

这些选项在命令行上传递给gcc。我们只在下面讲解那些最重要的选项。

❑ -ansi：这是最重要的标准选项，它告诉编译器遵守C语言的ISO C90标准。它关闭那些与标准不兼容的gcc扩展，禁用C语言程序中的C++ (//) 风格注释，并启用ANSI的三字母词（trigraph）特性。同时通过定义宏__STRICT_ANSI__来关闭在头文件中与标准不兼容的一些gcc扩展。未来的编译器版本可能会修改这个选项指向的C语言标准。

❑ -std=：通过这个选项可以对使用的标准进行更精细地控制，它通过使用一个参数来设置需要的标准。其主要的选项如下所示。

　■ c89：支持C89标准。

　■ iso9899:1999：支持最新的ISO C99标准。

　■ gnu89：支持C89标准，但同时支持GNU的扩展和一些C99特性。对于gcc的4.2版本来说，这是默认行为。

2. 控制标准版本的常量

这些常量（#define）可以通过编译器的命令行选项来设置，或者通过源代码中的#define语句来定义。我们通常建议用前者设置这些常量。

- ❑ __STRICT_ANSI__：强制使用C语言的ISO标准。这个常量在使用编译器的命令行选项-ansi时被定义。
- ❑ _POSIX_C_SOURCE=2：启用由IEEE Std 1003.1和1003.2标准定义的特性。我们还会在本章后面的内容中谈到这些标准。
- ❑ _BSD_SOURCE：启用BSD类型的特性。如果这些特性与POSIX定义冲突，则以BSD的定义为准。
- ❑ _GNU_SOURCE：启用大量特性，其中包括GNU扩展。如果这些特性与POSIX定义冲突，则以POSIX定义为准。

3. 编译器的警告选项

这些选项在编译器的命令行上传递。我们在下面只列出主要的选项。完整的选项列表可以在gcc的手册页中找到。

- ❑ -pedantic：这是用于检查C语言代码的功能最强大的编译器选项。它除了启用用于检查代码是否遵守C语言标准的选项外，还关闭了一些不被标准允许的传统C语言结构，并且禁用所有的GNU扩展。如果你希望代码能够尽可能地做到可移植，就需要使用这个选项。这个选项的缺点是，它在检查代码时显得非常挑剔，有时你不得不非常仔细地思考，以去除那些最后的警告信息。
- ❑ -Wformat：检查printf系列函数所使用的参数类型是否正确。
- ❑ -Wparentheses：检查是否总是提供了需要的圆括号，即使在某些环境中并不是必须要使用它们。当想要检查对一个复杂结构的初始化是否按照预期进行时，这个选项就很有用。
- ❑ -Wswitch-default：检查是否所有的switch语句都包含一个default case，这通常是一个好的编码习惯。
- ❑ -Wunused：检查诸如声明静态函数但没有定义、未使用的参数和丢弃返回结果等情况。
- ❑ -Wall：启用绝大多数gcc的警告选项，包括所有以-W为前缀的选项（不包括选项-pedantic），这个选项对保持代码的整洁很有用。

　　gcc还包括许多警告选项，详细情况请阅读gcc的网页。一般来说，我们建议使用选项-Wall，它在检查代码质量和不让编译器生成太多的琐碎警告之间达到了很好的平衡，因为要清除掉这些琐碎的警告需要耗费程序员太多的精力。

18.2　接口和 LSB

　　现在我们将讨论比C语言代码高一个层次的由操作系统提供的接口（系统函数）。这一级别的标准化工作由下面两个组件构成：由函数库提供的函数和由底层的操作系统提供的系统调用。在这两个组件之中又分别包含两个层次的细节：提供的是哪一个接口和接口的定义。

　　在这一领域的针对Linux的权威性文档是LSB，你可以在http://www.linuxbase.org或http://www.linux-foundation.org/en/LSB上找到它。该标准已发布了多个版本，其工作还正在进行之中。

　　你可以在http://www.linux-foundation.org/en/products上找到通过验证的Linux发行版列表。Red Hat、SUSE和Ubuntu的各种版本都通过了验证，但请记住，一个发行版在发布之后需要经过一段时间的测试来通过验证。这个站点还列出了正处于测试中的发行版，以及需要进行一些更新才能通过验证测试的发行版。

Linux标准化规范（版本3.1）定义了3个需要遵守的领域。

- ❑ 核心：主要的函数库、工具和一些重要的文件系统位置。
- ❑ C++：C++函数库。
- ❑ 桌面：用于桌面安装的其他文件，主要是各种图形库。

我们感兴趣的主要领域是这个规范的核心部分。

LSB规范在其自身的文档中涵盖了许多领域,同时它还引用了一些针对特定接口定义的外部标准。其涵盖的领域包括:

- ❑ 可兼容二进制程序的对象格式;
- ❑ 动态链接标准;
- ❑ 标准函数库,包括基础函数库和X视窗系统函数库;
- ❑ shell和其他命令行程序;
- ❑ 执行环境,包括用户和组;
- ❑ 系统初始化和运行级别。

在本章中,我们只对标准函数库、用户和系统初始化感兴趣,所以这也是下面将要介绍的内容。

18.2.1　LSB 标准函数库

LSB定义了必须以两种方式呈现的接口。对于那些主要是由GNU C函数库实现的或试图成为Linux专属标准的函数,它定义接口及其行为。对于主要来自UNIX系统的其他接口,规范只是说明必须存在一个特定接口,并且该接口的行为必须与其他标准定义的一样,这里所说的其他标准通常指的是公共应用环境（Common Application Environment,CAE）或更常见的单一UNIX规范（Single UNIX Specification）。后者的网址为http://www.opengroup.org,其中一部分内容可以通过http://www.unix.org/online.html（需要注册）访问。

但遗憾的是,Linux的底层标准,即UNIX标准的历史非常复杂,存在相当多的标准可供选择,虽然其中大部分标准的不同版本之间的兼容性都很好。

1. UNIX标准历史简介

UNIX诞生在20世纪60年代末的AT&T公司的贝尔实验室。最初,Ken Thompson和Dennis Ritchie只是出于个人使用的目的编写了一个操作系统并将其命名为Unics,不知何故这个名字后来又被更名为UNIX。AT&T公司允许大学获取该操作系统的源代码来进行研究,并且由于UNIX非常整洁的设计和强大的概念,它很快就变得非常流行。开放源代码也产生了非常重大的意义,因为它允许人们对其进行修改和实验。

BSD操作系统作为UNIX系统的一个分支,由加州大学伯克利分校开发,其中的许多工作主要集中在操作系统的网络功能上。

当AT&T公司在20世纪80年代中期开始将UNIX系统商业化时,它对其发布的UNIX系统进行了命名,其中最流行的一个版本是UNIX System V。

与此同时,也出现了许多其他的UNIX分支,数量太多,我们就不在这里一一列出了。这些UNIX分支都与UNIX基本的标准有些细微的区别并增加了一些功能,因为公司一般都会尝试通过私有扩展来增加操作系统的功能。

1994年,当AT&T决定退出UNIX产业并将它的UNIX系统实验室卖给Novell公司之后,情况开始变得真正复杂起来,UNIX商标的所有权变得有些混乱,并成为了各种诉讼案件的主题。

1988年,IEEE（http://www.ieee.org）发表了一系列UNIX标准中的第一个标准POSIX（又被称为IEEE

18

1003标准），它试图成为权威性的针对计算机环境的可移植接口规范。虽然它是一个好的、定义明确的标准，但同时它也是一个非常核心的规范并且它所涵盖的范围也非常有限。

1994年，X/OPEN公司作为一个厂商中立的机构，发表了一组较大规模的规范*X*/OPEN CAE（又被称为公共应用环境），它是IEEE POSIX标准的一个超集并且从技术角度来说有很多领域与它相同。*X*/OPEN公司后来和OSF合并成立了Open Group，它的网址是http://www.opengroup.org/。CAE标准在2002年被更新并以单一UNIX规范版本3的形式由Open Group发表。

单一UNIX规范是Linux标准化规范最常参考的一个规范。

注意，"Linux" 是一个由Linus Torvalds拥有的商标（见http://www.linuxmark.org/ ）。

2. 针对函数库使用LSB标准

上一节的介绍对读者了解UNIX标准的历史已经足够，但这对那些希望自己编写的C语言（或C++语言）的程序可移植的程序员来说意味着什么呢？

首先，需要检查你所使用的库函数是否被列在了LSB规范中。如果它不在这个规范中，你所编写的程序就可能不会那么容易地被移植，这时就需要查找一种标准的方法来执行你想要完成的工作。你可能需要用Linux命令`apropos`来搜索在线手册页，以找到合适的帮助页面。

其次，也是更困难的一步，就是检查你所使用的函数行为是否是规范定义的行为，并且没有在程序中依赖系统特定的函数行为。如果函数的用法未在LSB中定义，你可能不得不参考单一UNIX规范来检查。

用于检查未定义或可能产生错误行为的函数的一个非常好的方法是使用Linux的在线手册。手册中的许多页面都包含一个BUGS（漏洞）小节，它是一个无价的信息来源。它可以告诉我们，Linux中的某个特定函数调用可能没有完全按照标准中的定义来实现，或者它在执行时有一些已知的漏洞或奇怪的行为。

18.2.2　LSB 用户和组

规范中这一部分的内容非常简明且容易理解。下面是一些规范中的定义。.

- 它告诉我们，一定不能直接读取如`/etc/passwd`这样的文件，而是应该总是使用如`getpwent`这样的标准库函数调用或者如`passwd`这样的标准工具来访问用户详细信息。
- 它告诉我们，在root组中必须有一个名为root的用户，这个root用户是一个拥有全部权限的管理员。同时还有一组可选的用户和组也绝对不能在标准应用程序中使用，它们由Linux发行版自身来使用。
- 它还告诉我们，用户ID小于100的账号是系统账号，用户ID在100到499之间的账号是由系统管理员和安装后脚本分配的，用户ID在500及其以上的账号用于普通用户。

一般来说，上面这些内容对大多数需要了解用户标准的Linux程序员来说已足够。

18.2.3　LSB 系统初始化

至少对于我们来说，系统初始化方面的内容总是一件在不同Linux发行版之间有着细微区别的让人烦恼的事情。

Linux继承了类UNIX操作系统运行级别的思想，运行级别定义了在不同级别中允许启动的服务。对于Linux来说，常见的运行级别定义见表18-1。

表 18-1

运行级别	说　明
0	停止。用作一种可以在系统关闭时切换到的逻辑状态
1	单用户模式。非根目录的其他目录可能不会在这种模式下被装载，网络功能也将被禁用。这个模式通常用于系统维护
2	多用户模式，但未启用网络功能
3	正常的带网络功能的多用户模式，使用文本模式的登录界面
4	保留
5	正常的带网络功能的多用户模式，使用图形登录界面
6	用于重启系统的伪运行级别

　　LSB列出了这些运行级别，但并不要求使用它们，但实际上它们是非常常见的。

　　与这些运行级别相伴的是一组用于启动、关闭和重启服务的初始化脚本。以前的Linux系统会将这些脚本放在/etc目录下的不同位置，一般是放在目录/etc/init.d或/etc/rc.d/init.d下。这种不确定性通常让用户困惑，因为当他们更换了Linux发行版后，他们就不能在期望的目录下找到初始化脚本了，而且在安装程序时，当你试图将初始化脚本放在一个错误的目录下时，也会导致安装程序失败。

　　LSB 3.1将这些初始化脚本放置的目录定义为/etc/init.d，但它也允许这个目录可以是对其他目录的一个连接。

　　在/etc/init.d目录中的每个脚本都有一个与其提供的服务相关联的名字。由于这是在Linux系统中所有服务必须共享的一个公用命名空间，所以保证名字的唯一性是非常重要的。例如，如果MySQL和PostgreSQL都决定将它们的脚本命名为database，那么情况就会变得比较复杂。为了避免发生这样的冲突，我们还有另外一组标准，它就是"Linux分配名字和数字机构"（Linux Assigned Names And Numbers Authority，简称为LANANA），它的网址为http://www.lanana.org/。幸运的是，你不需要对它了解太多，只需要知道它维护了一个已注册脚本和软件包名字列表，从而减轻了Linux系统用户的工作负担。

　　初始化脚本必须用一个参数来控制它的行为。已定义的参数见表18-2。

表 18-2

参　数	说　明
start	启动（或重启）服务
stop	停止服务
restart	重启服务，它一般是通过先停止服务再重启服务的方式来实现的
reload	重置服务，在不停止服务的情况下重新装载所有的参数。并不是所有的服务都支持这个选项，所以这个参数可能并不能被所有的脚本所支持，或者是虽然被脚本接受，但不会产生任何效果
force-reload	如果服务支持这个选项，就重载服务，否则，就重启服务
status	以文本方式打印服务的状态信息，并返回一个可以用来确定服务状态的状态码

　　所有的命令在成功时返回0，失败时返回表明错误原因的错误代码。使用status参数时，如果服务正在运行则返回0，否则返回表明服务没有运行原因的状态码。

18.3　文件系统层次结构标准

　　在本章中我们要介绍的最后一个标准是文件系统层次结构标准（Filesystem Hierarchy Standard，

18

简称为FHS)，它的网址为http://www.pathname.com/fhs/。

这个标准的目的是定义Linux文件系统的标准路径，使得开发者和用户可以在合理的位置找到需要的东西。长期以来，使用不同类UNIX操作系统的用户都对文件系统布局的细微区别感到无奈，而FHS向Linux发行版提供了一种方法来避免这样的问题。

乍看起来，Linux系统中的文件布局好像是对文件和目录基于历史实践的一种比较随意的安排。从某种程度上来说，事实确实如此，但这种布局是经过多年的合理演变才形成我们今天见到的构架的。大体的想法是将文件和目录分为如下3组。

❑ 对运行Linux的某一特定系统唯一的文件和目录，例如启动脚本和配置文件。

❑ 可以在运行Linux的不同系统之间共享的只读文件和目录，例如可执行应用程序。

❑ 可以在运行Linux或其他操作系统的不同系统之间共享的可读可写的目录，例如用户家目录。

虽然，在一个由Linux机器组成的网络中，确保只有一份主要程序目录的副本，并且可以在许多机器之间共享是非常好的做法，但在本书中，我们对在不同版本的Linux系统之间共享文件并不是太感兴趣。这种做法只对无盘工作站特别有用。

FHS定义的顶级结构包含一些必须存在的子目录和一小部分可选的目录，如表18-3所示。

表　18-3

目　　录	是否需要	用　　途
/bin	是	重要的系统二进制文件
/boot	是	启动系统所需要的文件
/dev	是	设备文件
/etc	是	系统配置文件
/home	否	用于放置用户文件的目录
/lib	是	标准函数库
/media	是	用于装载可移动媒体的位置，它针对每一个系统支持的媒体类型都有一个单独的子目录
/mnt	是	方便临时装载如CD-ROM和闪存棒等设备的目录
/opt	是	其他应用程序软件
/root	否	root用户的文件
/sbin	是	在系统启动时需要的重要的系统二进制文件
/srv	是	用于系统提供的服务的只读数据
/tmp	是	临时文件
/usr	是	第二级的目录层次，传统上用户的文件也可以放置在这个目录下，但现在认为这是一种不好的做法，所以普通用户应该没有对/usr目录的写权限
/var	是	可变的数据，如日志文件

另外，可能还会有一些其他目录也以lib为前缀，但这并不是很常见。你通常还会看到目录/lost+found（用于fsck命令进行文件系统的恢复）和目录/proc，后者其实是一个伪文件系统，它提供了对当前运行系统的一个映射。当前的FHS标准提到了/proc文件系统，但并不要求它一定存在。虽然我们在第4章简单介绍了/proc目录，但关于它的细节已超出了本书介绍的范围。

下面，我们将简单介绍根目录下每个标准子目录的用途。

❑ /bin：包含可以被root用户和普通用户使用的二进制文件，它们都可以在单用户模式下运行，即在其他一些目录结构还未装载的情况下也能单独运行。例如，核心命令如cat和ls都可以在这里找到，当然也包括命令sh。

❑ /boot：这个目录下放置的是启动Linux系统时所需使用的文件。这些文件通常都比较小，文件长度不超过100 MB。我们通常会为这个目录单独划分一个分区，在基于PC的系统中这样做非常方便，但由于BIOS通常会对活动分区有所限制，所以需要将该分区分配在磁盘的前2 G或4 G空间中。为这个目录单独划分一个分区，可以使我们在决定如何分配剩余的磁盘空间时更灵活。

❑ /dev：这个目录下放置的是映射到硬件的特殊设备文件。例如/dev/hda将映射到第一个IDE磁盘。

❑ /etc：这个目录下放置的是配置文件。历史上有些二进制文件也放置在这个目录下，但在现在的大多数Linux系统中都不会再出现这种情况。在/etc目录下最有名的文件可能就是passwd文件，它包含系统中用户的信息。其他有用的文件有fstab（列出分区装载选项）、hosts（列出IP地址和主机名的映射关系）、httpd目录（包含Apache服务器的配置文件）。

❑ /home：这是用于放置用户文件的目录。正常情况下，每个用户都会在这个目录下有一个与他们的登录名相同的子目录，而这个子目录就是他们的默认登录目录。例如，用户rick在登录进系统后，将会发现自己位于目录/home/rick中。

❑ /lib：这个目录下放置的是基本的共享函数库和内核模块，特别是那些在系统启动或系统位于单用户模式时需要用到的文件。

❑ /media：这个顶级目录用于包含装载可移动媒体的其他子目录。其目的是消除不必要的顶级目录，如/cdrom和/floppy。

❑ /mnt：这个目录只是用来方便用户临时装载一些其他的文件系统。以前，一些Linux发行版还会在该目录中针对不同的设备添加一些子目录，如/mnt目录下的cdrom和floppy子目录，但现在用于装载这些设备的首选位置是在/media目录下，/mnt目录将作为一个顶级的临时装载位置。

❑ /opt：软件厂商在向系统中添加软件时会用到这个目录。按照惯例，Linux发行版一般不会将自己发布的软件放置在这个目录下，而是将这个目录开放给第三方厂商来使用。厂商通常会在这个目录下以它们的名字创建一个子目录，然后针对它们的应用程序，在这个子目录下继续创建如/bin和/lib等子目录。

  按照惯例，大多数开放源码的Linux软件包将目录/usr/local作为它们的安装点。

❑ /root：这个目录下放置的是root用户使用的文件。它并没有放置在/home目录下的原因是，在单用户模式下，/home目录可能未被装载进系统。

❑ /sbin：这个目录下放置的是通常只能由系统管理员使用的命令，以及在系统启动时或进入单用户模式时需要使用的命令。命令fsck、halt和swapon等就在这个目录中。

❑ /srv：这个目录用于放置站点特定的只读配置数据，但它目前还未被普遍使用。

❑ /tmp：这个目录下放置的是临时文件。系统通常会在（但并不总是）启动时清理这个目录。

❑ /usr：这是一个相当复杂的二级文件系统，在这个目录下，通常将包含除在系统启动或进入单用户模式所需要的文件以外的所有系统类的命令和函数库。它包含许多子目录，如/bin、/lib、/X11R6和/local。

  在UNIX和Linux发展的早期，/usr目录下还有用于记录日志和放置邮件队列等的子目录，但现在它们都已经从usr目录下移出并放置到var目录中。这样做的好处是，/usr目录作为一个可装载的文件系统，可以在大部分时间里以只读的方式装载到系统中。当/usr目录以只读方式装载时，它可以通过网络与其他系统共享，而且当系统由于一些不可控制的原因，

18

如断电而造成停机时，这个目录中的内容也不容易遭到损坏。

❑ /var：这个目录下放置的数据是会经常改变的，如用于打印的队列文件、应用程序的日志文件和邮件队列目录等。

18.4 更多标准

如果你想编写和分发一个具备完全可移植性的Linux应用程序，除了上面所介绍的内容外，当然还需要考虑许多其他事情。

你想本地化应用程序，让它可以在不同的地点、使用不同的语言运行吗？即使你在程序中坚持使用英语，你仍然需要考虑如货币、数字分隔符和日期格式等许多其他问题。你猜对了，人们正在对这些事务进行标准化，你可以访问http://www.openi18n.org/来查看它们的标准化情况。

编写应用程序时，另一个需要考虑的问题是目标系统安装了哪个版本的函数库，它使用的选项是什么，等等。幸运的是，由于我们在本章中所看到的标准化工作，这个问题已经显得不那么明显，但它仍然是一个比较困难的问题。有一组GNU工具可以极大地帮助我们解决这一问题，它们是autoconf和automake。虽然你可能不会直接使用它们，但当通过源代码安装软件，在命令行键入命令./configure; make时，你几乎肯定会看到它们带来的好处。

这些工具的用法已超出了本书介绍的范围，但你可以通过GNU的网站http://www.gnu.org/software/autoconf和http://www.gnu.org/software/automake找到关于它们的更多信息。

18.5 小结

在本章中，我们简单介绍了众多UNIX标准中的一部分，它们帮助Linux成为一个易于编程的平台，并且确保许多不同的Linux发行版遵守一些基本的标准。遵守标准可以让编程人员和用户的工作变得更加轻松，所以我们要求和鼓励读者使用标准。

欢迎加入

图灵社区 iTuring.cn

——最前沿的IT类电子书发售平台

电子出版的时代已经来临。在许多出版界同行还在犹豫彷徨的时候，图灵社区已经采取实际行动拥抱这个出版业巨变。作为国内第一家发售电子图书的IT类出版商，图灵社区目前为读者提供两种DRM-free的阅读体验：在线阅读和PDF。

相比纸质书，电子书具有许多明显的优势。它不仅发布快，更新容易，而且尽可能采用了彩色图片（即使有的书纸质版是黑白印刷的）。读者还可以方便地进行搜索、剪贴、复制和打印。

图灵社区进一步把传统出版流程与电子书出版业务紧密结合，目前已实现作译者网上交稿、编辑网上审稿、按章发布的电子出版模式。这种新的出版模式，我们称之为"敏捷出版"，它可以让读者以较快的速度了解到国外最新技术图书的内容，弥补以往翻译版技术书"出版即过时"的缺憾。同时，敏捷出版使得作、译、编、读的交流更为方便，可以提前消灭书稿中的错误，最大程度地保证图书出版的质量。

优惠提示：现在购买电子书，读者将获赠书款20%的社区银子，可用于兑换纸质样书。

——最方便的开放出版平台

图灵社区向读者开放在线写作功能，协助你实现自出版和开源出版的梦想。利用"合集"功能，你就能联合二三好友共同创作一部技术参考书，以免费或收费的形式提供给读者。（收费形式须经过图灵社区立项评审。）这极大地降低了出版的门槛。只要你有写作的意愿，图灵社区就能帮助你实现这个梦想。成熟的书稿，有机会入选出版计划，同时出版纸质书。

图灵社区引进出版的外文图书，都将在立项后马上在社区公布。如果你有意翻译哪本图书，欢迎你来社区申请。只要你通过试译的考验，即可签约成为图灵的译者。当然，要想成功地完成一本书的翻译工作，是需要有坚强的毅力的。

——最直接的读者交流平台

在图灵社区，你可以十分方便地写作文章、提交勘误、发表评论，以各种方式与作译者、编辑人员和其他读者进行交流互动。提交勘误还能够获赠社区银子。

你可以积极参与社区经常开展的访谈、乐译、评选等多种活动，赢取积分和银子，积累个人声望。